U0281861

凝固的时空

琥珀中的昆虫及其他无脊椎动物

张巍巍——著

重庆大学出版社

F R O

The Fossil Insects and other Invertebrates

D I M

S I O

Z E N

n Amber by Zhang Weiwei

E N

N S

推荐序　以史为鉴，可以知兴替

“以史为鉴，可以知兴替”。在生物多样性与系统学研究中，如不充分地了解过去，则无法理解现在，也不可能预见未来。

现在的生态系统，内容丰富多彩，但在地质历史发展的长河中，这只不过是短暂的一瞬间。地球至少已经存在47亿年了，如果以时间为坐标轴，以一定的时间间隔为单位（百万年、千万年），将地球的发展过程横切开来观察，在生物的演化过程中，可以看到由无数个生态系统组成的演化片断，这好比一场多幕戏剧。而整个生物的发展演化过程，就是由这无数个“片断”来完整体现的。可以设想，如果我们没有完整地看完一部戏，如何能对戏剧结尾的艺术感染力产生心灵的震动，又怎能对其给予准确的评价呢？对一部真正的戏剧，一个迟到了的观众若想了解戏的全部情节，究其因果，尚可第二天买票把戏再看一遍，但生物圈的发展过程却是转瞬即逝，不再重复。时光不能倒流，现在的人类就好比一名迟到的观众，只不过我们已不可能花钱买票去把激动人心的生物圈演化和地球的发展过程重新目睹一遍。

琥珀作为远古生命活动的历史瞬间永恒保留的“3D照相机”和“时间胶囊”，可以带领我们穿越时空，真实地再现古老生态系统中生物个体真实的立体影像，让我们领略在创世纪大舞台上各个角色光彩夺目的瞬间。琥珀的科学价值就在于此！

琥珀中的生物化石具有其他化石类型所无法比拟的特殊表现能力，在生物特征的结构和形态精细分析中起着不可替代的作用。

琥珀在世界很多地区的不同地层层位中均有产出。从科学研究的角度来讲，一般认为地质时代越古老，科学价值就越大。20世纪人们最常见的还是新生代的琥珀为多。世界许多古生物学者和地质学家从不同的角度对世界各地的琥珀开展了研究。但近十余年以来，中生代的琥珀开始大量出现，尤其是缅甸北部克钦邦晚白垩世的琥珀引起了科学工作者和收藏家的高度关注，保存精美的各种生物类型的琥珀标本大量涌现，许多标本流失到世界各地。张巍巍先生早在多年前就敏锐地意识到琥珀的科学价值，不仅开始倾力收藏缅甸琥珀，而且毫无保留地与国内昆虫学家共同分享和研究他的藏品，由此产生了一批具有重要影响力的科研成果。今天呈现给大家的这一本《凝固的时空：琥珀中的昆虫及其他无脊椎动物》就是他多年来研究成果的具体体现。

在科学技术和商品经济高速发展的今天，从事生物分类学和生物多样性野外调查的专职人员数量急剧减少、博士的研究领域变得越来越专一和微观化。博物学家，这个在 18 至 20 世纪初期常出现的名词，现在几乎已经绝迹。

以张巍巍为代表的昆虫学家及其相关成果的出现，为博物学家这一古老的名称赋予了新的内容。张巍巍集昆虫学家、生态摄影师、科普作家、集邮家为一身，近年来出版了一系列的昆虫学和生物学著作，以一种全新的方式为我国生物学和科普事业的发展作出了独特的贡献。值得一提的是，这些高质量的学术成果没有从国家拿一分钱，工作目的完全出自于个人的兴趣和对大自然的热爱，是纯科学的。他完全配得上“新时代的博物学家”这一称号。

这本书用精美的画面和生动活泼的语言，将中生代那个喧嚣的世界通俗易懂地呈现给广大读者，是一本融科学性、艺术性、趣味性于一体的精彩原创著作，适合于昆虫学者、昆虫和古生物爱好者及广大青少年仔细品读。我在将本书推荐给读者的同时也期待着张巍巍先生更多优秀著作的诞生。

任东

国际古昆虫学会副主席，北京学者，首都师范大学生命科学学院教授

作者序　我的虫珀缘

我最早接触虫珀是在 2001 年。那一年，新闻里报道说发现了一个昆虫新目，而且最初是发现于波罗的海琥珀中的，后来才顺藤摸瓜在纳米比亚找到了现生的种类，这就是螳䗛目。当时觉得很神奇，就上网搜索，终于发现一枚形态极为近似的波罗的海虫珀，不知是竹节虫还是螳䗛？翻了翻手头仅有的一本波兰出版的虫珀书，虽然看不懂波兰语的内容，但其中的图表还是可以看明白的，即便是竹节虫，也是属于存世比例少于 2.1% 的“其他昆虫”范畴。于是下决心将其请了回来。虽然后来证实了这仅仅是一枚竹节虫琥珀化石，但还是兴奋不已。

波罗的海琥珀毕竟离我的生活实在是太遥远了，有了这一枚珍贵的竹节虫之后，基本上没有再关注过虫珀。

说起来真是造化弄人，2008—2011 年，为了寻找一种神秘的天蚕蛾，我每年都会到滇西转上一两圈。腾冲、盈江、陇川、瑞丽，这一带也算是混得相当熟悉了。昆虫考察的空闲之时，我也曾在腾冲跟玉石商贩有过闲聊，在畹町亲眼目睹过翡翠赌石，在瑞丽逛过珠宝集市，在陇川见证过一夜间冒出来的黄龙玉市场。然而，就是没有见过“琥珀”二字，否则我定会驻足多看一眼。

2011 年，我在藏东南的雅鲁藏布大峡谷首次拍摄到了墨脱缺翅虫的生态照片，这是国人第一次拍摄到这种神秘的稀有昆虫。当时，全世界只有 34 个现生缺翅目种类被发现（目前已增至 41 种），除了美国的广布种类之外，世界其他地方的缺翅虫几乎都没有像样的影像资料。应《西藏人文地理》杂志之邀，我写了《天使之虫——墨脱缺翅虫和她的亲戚们》一文，文中甚至提到了有 9 个化石种类被发现于多米尼加和缅甸等国的琥珀中。

2012 年，我终于没有再去滇西。但就是在这一年，缅甸琥珀开始规模化进入腾冲五天一次的“珠宝市集”，并占据了腾冲珠宝的半壁江山。

2013 年春节，回中国农业大学与几位昆虫界的师友小聚，席间提到虫珀，也提到了缅甸琥珀在腾冲的迅猛发展。回到家中，想起当年没有得到螳䗛目的遗憾，于是马上 eBay 海淘，终于如愿以偿买到了一枚，并购入一些波罗的海和多米尼加的虫珀。与此同时，关注了淘宝上与腾冲一同崛起的缅甸琥珀市场，并看中了一枚螳蛉琥珀，心想螳螂都属于极为罕见之虫，螳蛉自然是少之又少了！谁知卖家奇货可居，一时没有谈成。数日后，我在泰国南部的一个国家公园拍摄昆虫，淘宝卖家居然主动找我降价，立刻约好一周后回国付款，于是有了我的第一枚缅甸虫珀。淘宝虽好，毕竟不如亲眼所见。很快我就亲自到腾冲和瑞丽寻宝了。至此，也拉开了我疯狂收集虫珀的序幕。

凭借多年来对现生昆虫各个类群的了解，我渐渐发现了缅甸琥珀的独特魅力。虽然波罗的海和多米尼加琥珀珀体更加干净透彻，但昆虫种类却多数跟现生种类近似。而缅甸琥珀则不同，不仅内含物种类繁多，而且很多与现生种类差异极大，甚至闻所未闻！

更为特殊的是，由于缅甸琥珀开采的特殊历史背景，造成了世界范围内对其内含物的研究严重不足，经研究发表的论文少之又少。好在近两年各国昆虫和古生物学者加大了对缅甸琥珀的研究力度，成果如同“井喷”般呈现。我也陆续跟国内外昆虫和古生物学者展开合作，希望对揭开白垩纪昆虫之谜贡献一点绵薄之力。但遗憾的是，其中的一些成果因为论文发表的原因，无缘此书。或许将来有机会将此书修订之时，可以增补进去。

我集虫珀如同收集昆虫邮票，非常在意其系统性。因此，虽然时间不长，但成效显著，除个别极少类群外，曾在琥珀中出现过的无脊椎动物类群，大多收入囊中，并在此书中尽量展现给读者。

2013 年，我有幸受邀到巴西里约热内卢参加世界集邮展览的评审工作，之后独自前往亚马逊地区考察拍摄昆虫数日，顺便找到并拍摄了多米尼加琥珀树古孪叶豆的现生后裔照片；2015 年又专门造访了俄罗斯加里宁格勒的琥珀矿区，并作短暂考察。平日，我还注意收集了不少有关琥珀的文献资料，特别是一些古籍的原本，在此书中也将其精彩部分奉献给读者。

本书中部分虫珀物种的鉴定得到了以下师友的鼎力支持：杨星科研究员（鞘翅目）、白明博士（鞘翅目）、彩万志教授（蝽类）、杨定教授（双翅目）、刘星月博士（脉翅目、蛇蛉目、广翅目）、张志升教授（蛛形纲、唇足纲、等足目）、梁爱萍研究员（胸喙亚目）、吴超先生（直翅目、螳螂目）、王宗庆博士（蜚蠊目）、袁峰先生（细腰亚目）、刘经贤博士（细腰亚目）、马惠钦博士（倍足纲）、魏美才教授（广腰亚目）、张浩淼博士（蜻蜓目）、梁飞扬博士（啮虫目、二叠啮虫目）、武三安教授（介壳虫）、高志忠博士（伪蝎目）、张魁艳博士（双翅目）、王永杰博士（双翅目）、王吉申先生（长翅目）、李卫海博士（襀翅目）、陈尽先生（蜉蝣目）、张加勇博士（石蛃目、衣鱼目）、卢秀梅博士（捻翅目）、陈睿博士（蚜虫）、党利红博士（缨翅目）、邢立达博士（恐龙）、张奠湘研究员（植物）、吴鹏程研究员（苔藓）、张献春研究员（蕨类）、丁亮先生（细腰亚目）、邸智勇博士（蝎目）、何径先生（蜗牛）、肖波博士（真菌）、王志良博士（象甲）。值得说明的是，这些鉴定多数是根据我提供的照片完成的，琥珀中的物种本身就与现生类群有相当大的差别，仅凭一两张照片更加容易造成错误的判断。因此，在感谢以上各位师友的同时，如有鉴定上的错误，理当由本人承担。

书中虫珀照片绝大多数是作者本人收藏并拍摄，但一些稀有少见的虫珀得到了以下朋友的支持，允许将他们的珍藏在本书中展示：邢立达博士（P. 596 下、P. 597、P.600-603）、贾晓女士（P.113、P.390、P.564-565、P.594-595）、Mr. Philippe Gouveia （P. 506-507、P.522 下、P.523）、李墨女士（P. 590-591）、赵雷先生（P.676 上）、周美序女士（P.224、P.226 下）、王宁先生（P. 227 下、P. 232 下、P.233）、倪一农先生（P. 605）。

以下朋友赠送了部分产地琥珀的原矿标本，他们是：刘晔先生（黎巴嫩琥珀、婆罗洲柯巴脂）、Ms. Leelee Li（新西兰柯巴脂）、王宁先生（抚顺琥珀）、王义超先生（波罗的海部分产区琥珀）、逄锦来先生（多米尼加琥珀）。

董华宝先生提供了拍自缅甸琥珀矿区的照片、诸葛亮（Paul Cabo）先生提供了拍自多米尼加琥珀矿区的照片，王宁先生提供了拍自抚顺琥珀矿区的照片，这些深入矿区得来的原创照片弥足珍贵。

在本人收集琥珀的过程中，曾得到过以下朋友的大力支持，他们是：李墨女士、尹敞帮先生、吴峰先生、吴友林先生、才勇先生、阚会军先生、吕俊先生、王义超先生、佟李轩先生、詹广川先生、谭文涛先生。

本书虫珀标本的拍摄设备，得到了北京大学附属中学张继达老师、倪一农老师、李朝红老师和董鹏老师以及国家天文台张超先生的大力支持和帮助。

蒋正刚先生绘制了3张虫珀主要产区彩色生态复原图，张弈先生和成宇霄先生绘制本书收录的各个目的黑白素描图75幅（其中蜘蛛目、无鞭目、有鞭目、裂盾目、盲蛛目、蝎目、避日目为成宇霄绘制）。这些精美的画作，均为本书增色不少！

王钊博士协助查阅了大量我国古籍中有关琥珀的一手资料。其中的一些是在其他关于琥珀的文献中从未涉及的。

重庆大学出版社梁涛女士、龙云飞先生，重庆作家协会李元胜先生，以及本书美术设计付禹霖小姐，为此书的编写、设计出谋划策，煞费苦心。

任东教授百忙之中欣然为本书作序，是对本人的极大鼓励！

在此，我对以上老师和朋友们的关怀、支持与鼓励，表示由衷的感谢！

此外，本书还得到重庆市科学技术委员会“重庆市科委科技计划（科普类）项目”的资助。

最后，我还要感谢我的父母、妻子和女儿长期以来对我的支持和宽容。特别值得一提的是，本书的全部虫珀标本照片都是在北京陪伴女儿纾意参加高考的过程中拍摄完成的，也算是我们父女共同努力的见证。纾意目前已经选择了生命科学的道路，作为父亲，我衷心期望她学业有成，前程似锦。

2016年10月12日于重庆

CONTENTS　目录

Part 4 永恒的瞬间

632 ~ 679

Part 5 虫珀的保存状态

680 ~ 691

琥珀中的生物复原图

缅甸

01　缅甸仙女蝎蛉（雄）*Burmomerope eureka*（P.496 下）
02　长角张木虻 *Linguatormyia teletacta*（P.483 上）
03　扁泥甲（幼虫）Psephenidae sp.（P.433 上）
04　集昆竜蝽 *Chresmoda chikuni*（P.304）
05　豉甲 Gyrinidae sp.（P.422 上）
06　拾荒草蛉（幼虫）Chrysopoidea sp.（P.384 下、P.638）
07　龟眼甲 Ommatidae sp.（P.418 上）
08　短鞘奇翅虫 *Alienopterus brachyelytrus*（P.260）
09　缅甸栉蚕 *Cretoperipatus burmiticus*（P.54）
10　缅甸黎明花 *Eoepigynia burmensis*（P.630 上）

波罗的海

01　正在蜕皮中的蟑螂（P.670 上）
02　小蜉 Ephemerellidae sp.（P.215 下）
03　鱼蛉 Chauliodinae sp.（P.408）
04　波罗的海衣鱼 Lepismatidae sp.（P.208 上）
05　蛾类幼虫的巢（P.636 下）
06　缝螳蝽 *Raptophasma* sp.（P.274 上）
07　古钩虾 *Palaeogammarus* sp.（P.572）
08　龙虱 Dytiscidae sp.（P.421 下）

多米尼加

01　象白蚁 *Nasutitermes* sp.（P.236 上）
02　多米尼加沃蚬蝶 *Voltinia dramba*（P.522 下）
03　无刺蜂 *Proplebeia* sp.（P.560）
04　猎蝽 Reduviidae sp.（P.339 下）
05　球金龟 Ceratocanthinae sp.（P.431 下）
06　肿腿蜂 Bethylidae sp. 交配（P.645 下）
07　跳蛛 Salticidae sp.（P.77）
08　隐翅虫 Staphylinidae sp.（P.427 上）
09　长小蠹 Platypodinae sp.（P.465 下）
10　长小蠹羽化后自树干中推出的粪便（P.666）

>> 缅甸

>> 波罗的海

>> 多米尼加

本书使用指南

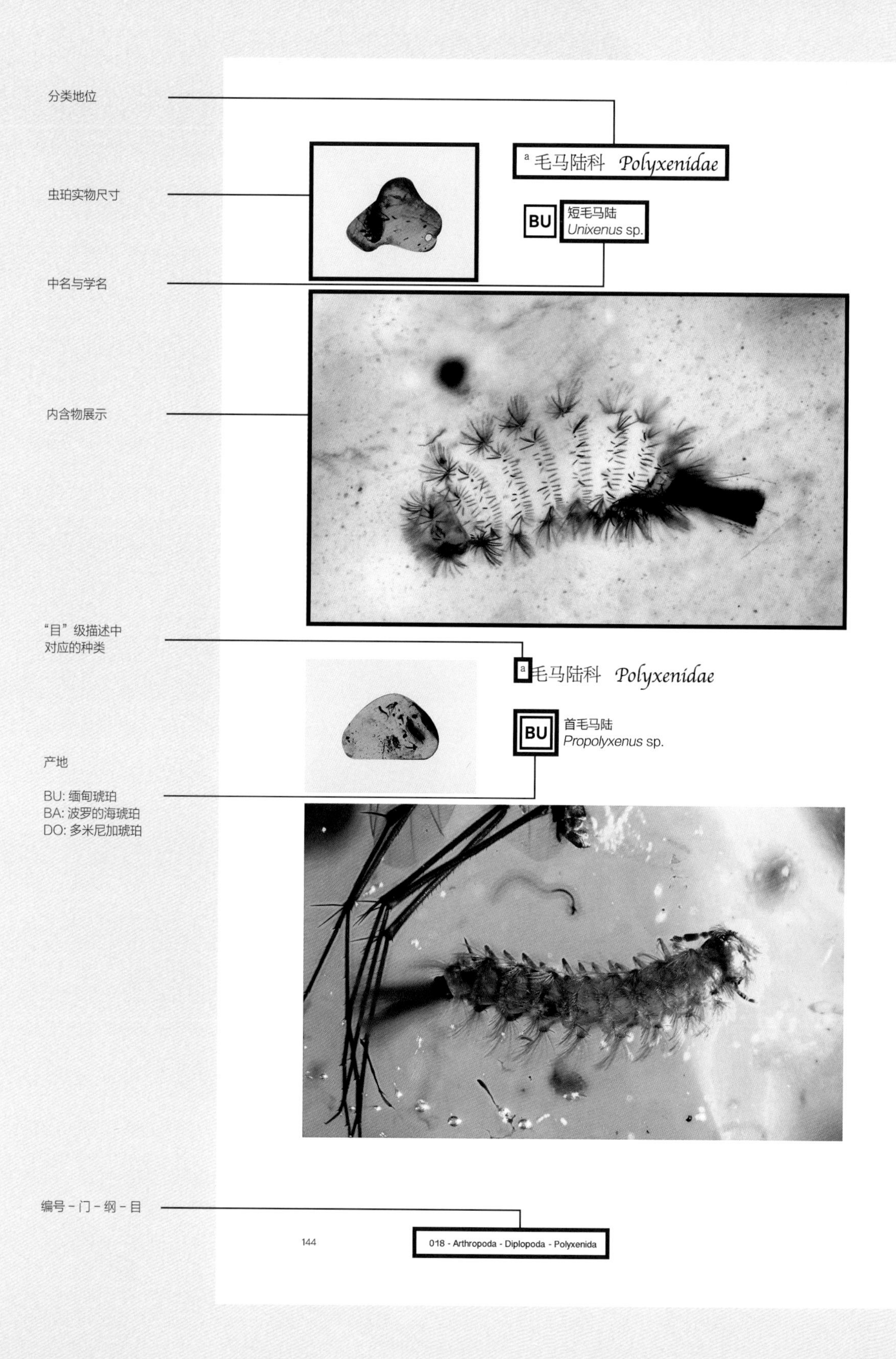

分类地位
虫珀实物尺寸
中名与学名
内含物展示
“目”级描述中
对应的种类
产地
BU: 缅甸琥珀
BA: 波罗的海琥珀
DO: 多米尼加琥珀
编号 - 门 - 纲 - 目
a 毛马陆科 Polyxenidae
BU
短毛马陆
Unixenus sp.
a 毛马陆科 Polyxenidae
BU
首毛马陆
Propolyxenus sp.
144
018 - Arthropoda - Diplopoda - Polyxenida

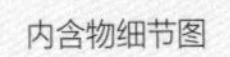

内含物细节图

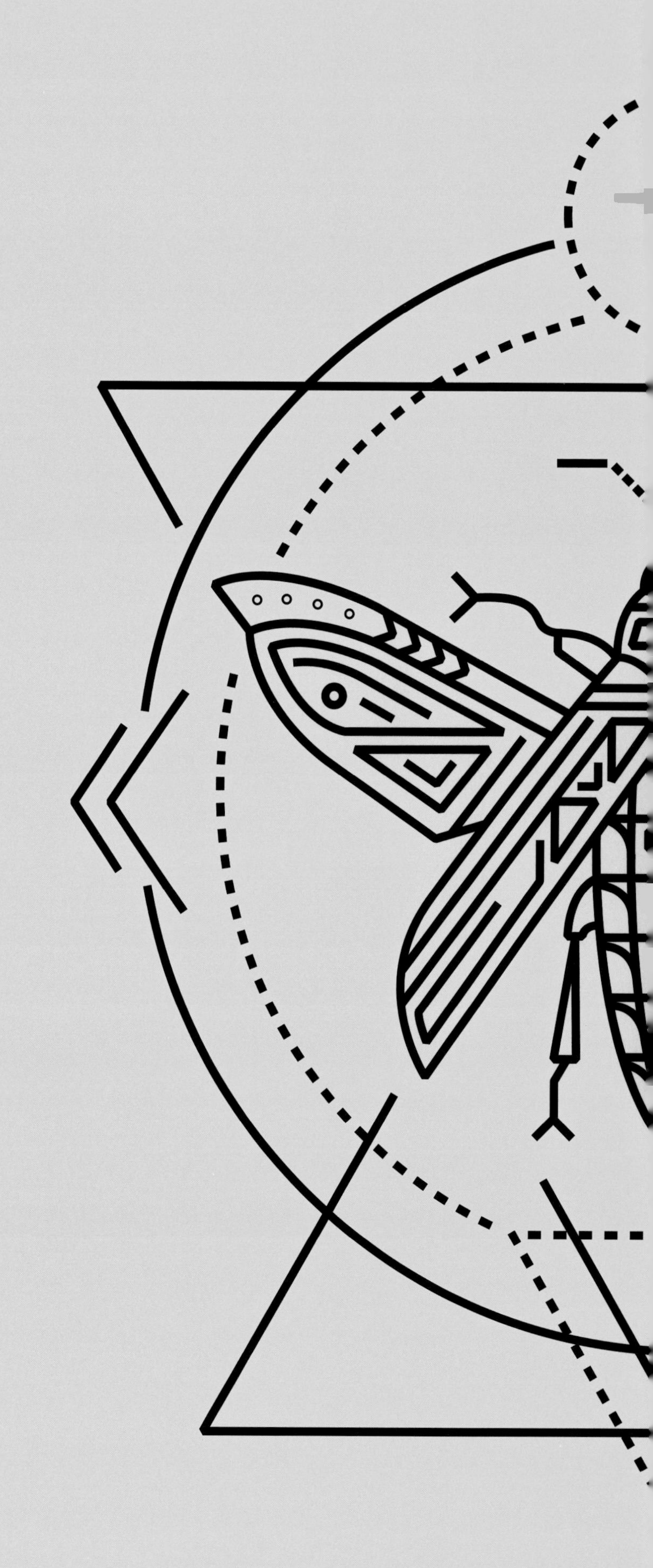

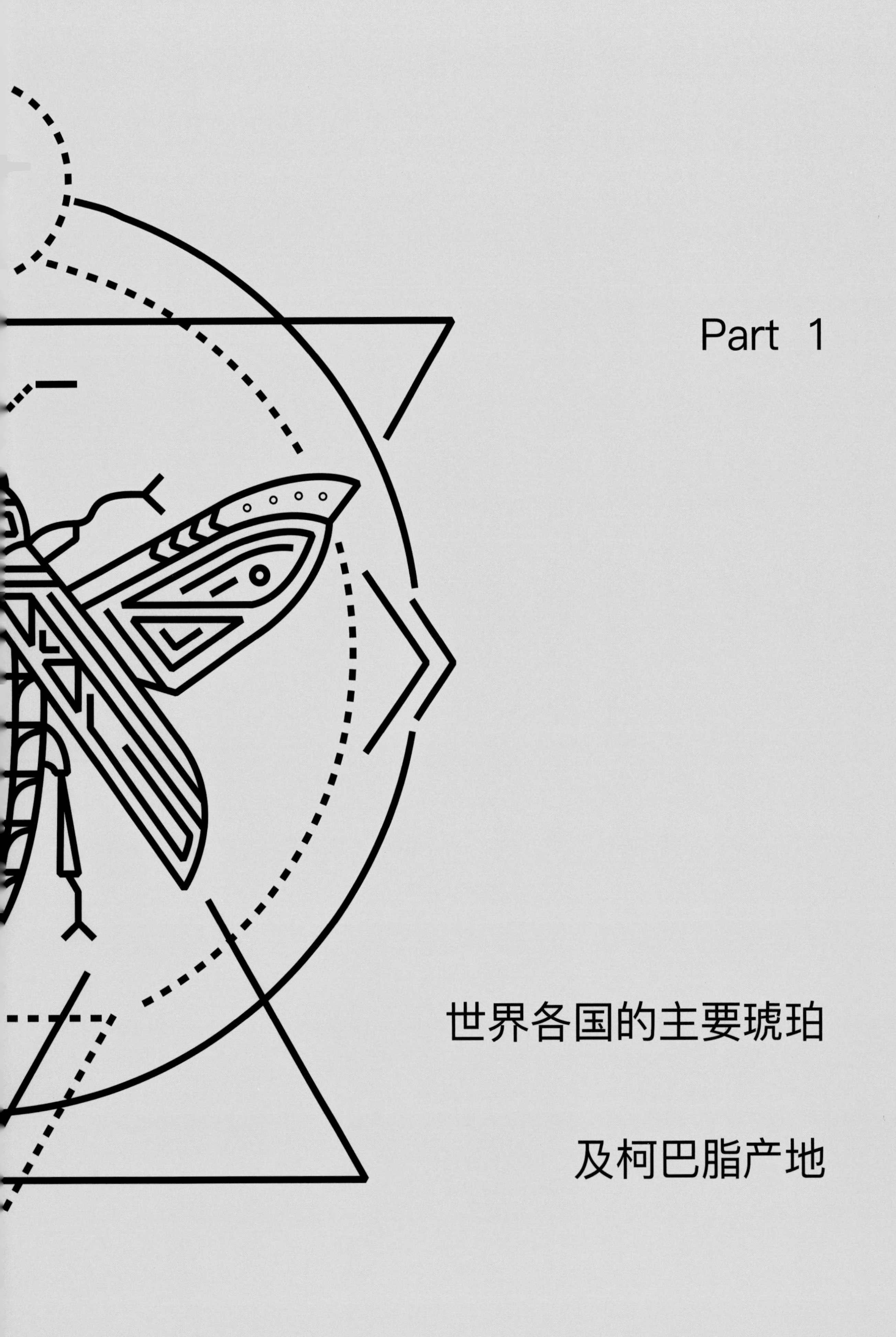

Part 1

世界各国的主要琥珀及柯巴脂产地

琥珀是远古的树木分泌的树脂，被埋于地下变成了“树脂的化石”。这些已知的树脂化石，除一般的松、杉、柏等针叶树之外，还有豆科等阔叶树也较为常见。

由于琥珀是流动的树脂所形成，因此当树木分泌树脂时把周边活动的昆虫等动物包裹进去，形成了人们今天所见到的“虫珀”。琥珀中的化石除昆虫和其他无脊椎动物以外，也包含了蜥蜴、青蛙、蝾螈、非鸟恐龙与古鸟类的羽毛、植物等。此外，远古的空气与水也常常被发现。

已知最古老的琥珀形成于古生代石炭纪（约3亿年前），在英国、西伯利亚和美国等地被发现。

最早的虫珀化石则来自意大利东北部。这些古老的琥珀中包含有两亿三千万年前的原始螨类，它们看起来和现在的瘿螨虫很相似。明显的不同是现在的瘿螨寄生于开花植物中，而这种古老的螨类却存在于开花植物进化出来之前。美国自然历史博物馆昆虫学家大卫·格里马尔迪（David Grimaldi）说：“看得出来，这种虫子虽然经过了数亿年的进化，但是变化却不大。在两亿多年前，那个时候还不存在开花植物，大西洋也不存在，甚至连恐龙都没有进化出来。对于这些独特的虫子来说，它们赖以生存的就是那些植物，而把它们变成琥珀，终结它们生命的凶手也是这些植物。”

我国琥珀作为中药材及宝石应用历史久远，在“山海经”中即有记载。明李时珍的《本草纲目》中对琥珀的药用叙述更详细，“琥珀性甘平，散瘀通淋，镇惊通便，治癫痫目疾、瘀血”等。并被认为是安神去邪的吉祥物。自春秋起，琥珀被雕琢成装饰品，战国墓中曾出土琥珀珠。汉、东晋、辽代及明定陵、清乾陵中都曾出土琥珀饰品。自汉、唐、北宋、明及清代，均有各附属国或邻国向朝廷进贡的琥珀料及制品。清代乾隆时，荷兰、意大利进贡的琥珀极多，并成为皇帝、贵妃、民众等的朝珠、琥珀盘等。

对于内含生物体的琥珀，在我国历代古诗中也有记载。唐代韦应物曾赋诗《咏琥珀》："曾为老茯神，本是寒松液。蚊蚋落其中，千年犹可觌。"描绘的是带有昆虫内含物的琥珀。清朝乾隆皇帝也曾赋《灵珀诗》一首："灵珀含精气，仙胎托古松。一丸无满缺，四序识春冬。屈草祥祛佞，嘉禾瑞兆农。书传诚或有，目睹未曾逢。"诗中描绘了一块神奇的植物珀。可见琥珀在我国古代早有科学的认识和多方面的利用。

现在全世界已知的琥珀产地有100多个，每年还在发现新的挖掘点。除著名的波罗的海之外，目前已知的琥珀产地还有欧洲的英国、法国、罗马尼亚、地中海意大利的西西里岛；南美洲的多米尼加、墨西哥；巴拿马运河以北的北美洲的美国南部、加拿大；亚洲的中国抚顺、西峡、漳浦，日本的九慈、盘城、铫子，缅甸的北部，泰国，印度，朝鲜，俄国的西伯利亚北部；大洋洲的澳大利亚和新西兰等地。

琥珀的形成经历了树脂—柯巴脂—琥珀的过程。从树木分泌出来的树脂，一滴滴聚合成体，最后硬化形成柯巴脂。柯巴脂埋入泥土或沉积物中，经过漫长岁月石化形成琥珀。而这个石化（形成化石）过程最少需要2 000万年。

柯巴脂是不足年分的树脂，分为两种：一种是距今100万～1 000万年尚未完全石化的树脂，称为真柯巴脂；另一种是生柯巴脂，完全是现代的产物。

本书收录下列世界各地的琥珀和柯巴脂，以作者收藏为主，并无极强的系统性，较为粗略地介绍了这些琥珀和柯巴脂的产地、地质年代、琥珀树种类及内含物等。

[1] 波罗的海琥珀

○ 原产地：

波罗的海沿岸国家（波兰、俄罗斯、乌克兰、立陶宛、丹麦、德国等）

○ 地质年代：

新生代（始新世，5 000 万年前）

○ 琥珀树种类：

琥珀松 ***Pinus succinifera*** **（松科 Pinaceae）**

75

DE BARNSTEEN VISSCHER.

DE Viſſchers blyven Viſſchers , en weeten meenig glas ſchoon te vee-gen , alſchoonſe met Barnſteen te Viſſchen beeſig zyn. Onſe beken-de Viſſchers komen nauwelyks uit de Beek, of ze kyken al na de Beekers , waar in

>> 1

>> 2

1. 1699 年欧洲古书上描绘的正在打捞琥珀的“琥珀渔夫”

2. 1878 年欧洲古书上的波罗的海虫珀

3. 波罗的海琥珀（白蜜蜡）

4. 俄罗斯矿珀原石

5. 附着有藤壶的波罗的海“海漂”琥珀

6. 乌克兰矿珀原石

>> 3

>> 4

>> 5

>> 6

○ 简介:

北欧是琥珀的重要产地之一，波罗的海在 5 000 万年前曾被茂盛的原始森林覆盖，树木产生的丰富的黏稠树脂在树木枯死后腐烂并逐渐被掩埋，经过千万年的压力和热力影响，氧化变质形成了琥珀。后来北欧的大片森林变成了海洋，琥珀便被埋藏在了波罗的海海底，并在海浪的作用下被冲上海岸。琥珀最先被波罗的海沿岸的渔民发现，他们认为这些琥珀形成于海洋，称其为“海上的漂流物”（琥珀，英语：Amber，源自古阿拉伯语“海上的漂流物”）。在北欧的民间传说中，琥珀是海神女儿美人鱼叹息相恋的王子而留下的眼泪，安徒生童话的《美人鱼》中就记载了人鱼公主的这段故事。

由于琥珀有着太阳般的色泽，加上神话色彩，北欧人认为它能够驱除邪恶，把它制成护身符、扣子和挂珠等。此后，琥珀逐渐在古埃及和古罗马流行起来，成为贵族们的装饰品。据记载，佩戴琥珀挂饰同时也具有防治甲状腺肿的功效。但是，由于欧洲中部阿尔卑斯山的阻隔，北欧同地中海之间不通商路，无法大量运输琥珀。约公元前 2 000 年开始，精明的地中海商人来到波罗的海地区购买琥珀，运回地中海向贵族们换取同等质量的黄金，从此开辟了“琥珀之路”，琥珀也被称为“北方黄金”。最早的琥珀之路从丹麦北部的日德兰半岛开始，向南贯穿欧洲大陆一直到达地中海。

波罗的海琥珀通常呈现黄色或者浅黄色。琥珀的颜色范围从白色、黄色、棕色一直到红色，其他的还有绿色、蓝色、灰色甚至黑色琥珀，还包括一些介于这些颜色之间的色调。琥珀可以是完全透明或者完全不透明的。一块琥珀上不一定只有一种颜色，可能包括两种或者以上颜色及色调。正因如此，琥珀成为一种独特的富于变化魅力的宝石。

这种含有大量琥珀的地层一直延伸到海中，因此，当海浪把岩层掀起打碎时，密度与水相近的琥珀便被海浪冲起浮到岸边，形成独特的波罗的海“黄金海岸”。

俄罗斯琥珀的储量占世界储量的 90%，当地每年开采琥珀 600 ~ 700 t。当地的开采一般是露天或坑采，沿含琥珀的矿层开掘。由于开采方便，一个工人每天能采到上百千克的原料。近海边的含矿层经过海水冲刷，也会冲出琥珀。

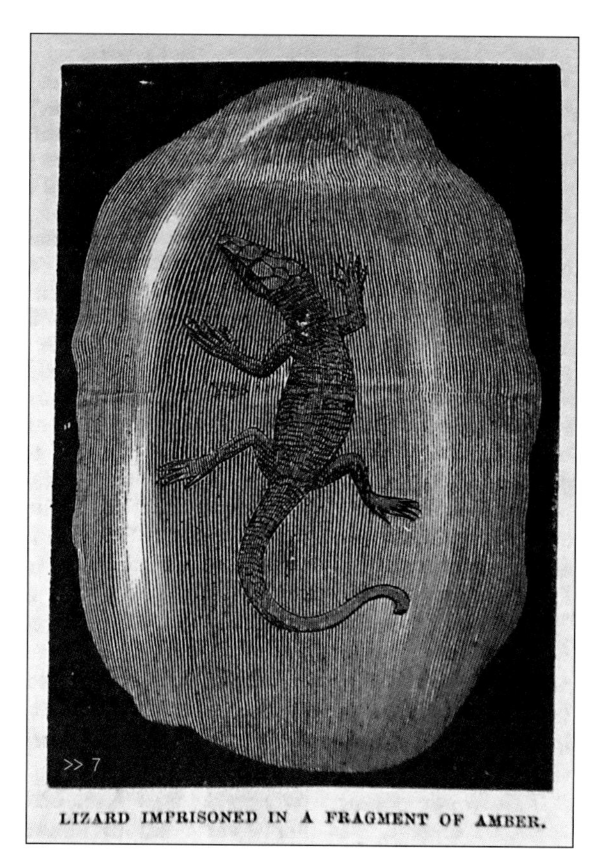

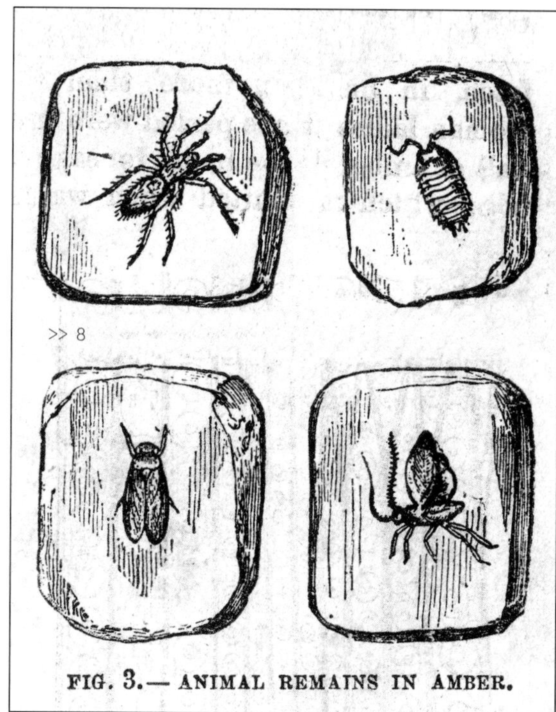

○ 内含物的种类和研究:

波罗的海琥珀中的内含物极为丰富，特别是无脊椎动物。据 2010 年的统计，已发现的波罗的海琥珀中的节肢动物化石，539 科 1 535 属 3 068 种，主要包括蛛形动物、甲壳动物、多足动物和昆虫类，其中昆虫占了相当大的比例。

波罗的海琥珀内含物中已知超过 100 种的类群有：双翅目 800 种、蜘蛛目 587 种、膜翅目 448 种、半翅目 228 种（含胸喙亚目 107 种）、毛翅目 185 种、鞘翅目 130 种、缨翅目 114 种、蜱螨目 101 种。

介形纲的介形虫和软甲纲的钩虾都是其他琥珀产地未发现过的淡水类群，极为罕见。

昆虫纲中的螳䗛目更是以其从琥珀到现生的发现过程被传为佳话。丹麦哥本哈根大学研究生索普（O. Zompro）在研究竹节虫过程中，发现波罗的海琥珀中一种怪虫，其前足呈镰刀状，很像螳螂，但它的前胸小，有能捕食昆虫的镰刀状中足，又不像螳螂；另外，它体型细长，翅膀和中、后足退化，则像竹节虫。卵产在卵囊中，又不像竹节虫。随后，索普与其他昆虫学家组成的考察队，在纳米比亚布兰德山采到了这种神奇的现生“角斗士”，并将其命名为螳䗛目。截至目前已发现 4 科 11 属 18 个现生种类，4 个发现于波罗的海琥珀中的化石种类，1 个发现于我国内蒙古的侏罗纪化石种类。

7. 1878 年欧洲杂志上的铜版画：蜥蜴琥珀

8. 1882 年欧洲古杂志上的节肢动物琥珀线条图

9. 1880 年欧洲古书上的波罗的海虫珀

GEMS.
PLATE 2.
Turquoise.
Lapis Lazuli.
Amber.
Opal.
Amethyst.
Chalcedony.
Agate-pebble.
>> 9

>> 10

>> 11

>> 12

>> 14

10. 俄罗斯加里宁格勒的琥珀矿区

11. 俄罗斯加里宁格勒的琥珀矿区

12. 俄罗斯加里宁格勒的琥珀矿区

13. 北欧地区出土的 2000 多年前古罗马时代的琥珀珠子

14. 北欧地区出土的 2000 多年前古罗马时代的琥珀珠子

[2] 缅甸琥珀

○ 原产地：
缅甸北部克钦邦，胡康河谷 Hukawng Valley

○ 地质年代：
中生代（白垩纪，9 900 万年前）

○ 琥珀树种类：
尚未确认，可能是一种接近现生的贝壳杉属 *Agathis*（南洋杉科 Araucariaceae）植物，但也可能是龙脑香科 Dipterocarpaceae 植物。

>> 1

1. 大象是缅甸琥珀矿区的主要运输工具
2. 明代文俶所绘《金石昆虫草木状》中的琥珀与翳珀
3. 缅甸琥珀矿区
4. 缅甸琥珀矿区
5. 缅甸琥珀原石

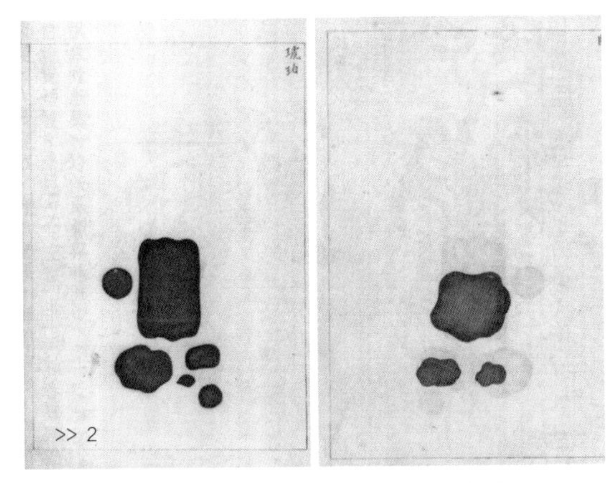

>> 2

>> 3

>> 4

>> 5

○ 简介:

除了波罗的海地区以外，缅甸也是世界上重要的琥珀产地之一，是亚洲琥珀的最重要来源。缅甸琥珀的颜色偏红，一般呈棕红色，绝对没有波罗的海琥珀那种明黄的色调。缅甸琥珀中最贵重者为明净的樱桃红，这种樱桃红琥珀非常稀少，近似于血珀，但更加艳红，是琥珀中的珍品。缅甸琥珀的特点是它在空气中氧化后，颜色会变得更红，这一点跟我国抚顺的琥珀类似。

缅甸琥珀是世界上唯一的硬琥珀品种。缅甸琥珀与其他地区所发现的琥珀（Amber）不同，形成的同时有方解石类的物质构成，导致缅甸琥珀的硬度超过任何地区所出产的琥珀，被命名为缅甸硬琥珀（Burmite）。

缅甸琥珀一开始被认为形成于始新世，其依据是琥珀伴生的海洋微生物化石。但是，20 世纪 90 年代对部分缅甸琥珀进行认真研究后表明，缅甸琥珀里的昆虫与波罗的海琥珀中的昆虫差别很大，其中一些昆虫属于灭绝的类群，而且这些灭绝的类群在白垩纪晚期就不再被发现。人们这才对缅甸琥珀进行重新甄别，并认为缅甸琥珀可能属于白垩纪时期的琥珀。之所以有如此多的疑问，可能是由于琥珀原本埋藏的位置被侵蚀，之后在年轻很多的地层中再次沉积所造成。

公元后 1 世纪，缅甸琥珀就销往中国，一直持续到 1885 年英国人占领缅甸。缅甸琥珀的采矿点在缅甸北部的胡康河谷，1898—1940 年大约采选矿 82 吨。在这一时期，缅甸琥珀中的昆虫就受到了广泛的重视，这也是伦敦自然历史博物馆在 20 世纪 20 年代的采购重点。

缅甸琥珀中最有意思的文化工艺品是耳烛。一个世纪前，由女孩成为妇女的成年礼是克钦文化的一个重要部分。根据早期的记录，一个占卜者将选择这个仪式的日期，那天所有朋友和家人都被邀请，其最鲜明的特征就是耳朵被穿孔并塞进了耳烛。

○ 内含物的种类和研究：

对缅甸琥珀内含物的研究因开采时期的关系，明显分为两个阶段。

1941年前，缅甸琥珀的开采基本由英国所主导。第二次世界大战之后缅甸独立，加上连年战乱，使得缅甸琥珀的开采完全停滞，欧美等国的科研人员只能根据战前留存的标本进行少量研究。

近五六年以来，缅甸琥珀逐渐恢复开采，特别是其全球最大集散地落户云南腾冲，受到了国内外的广泛关注，大量缅甸琥珀化石被发掘出来，全球范围内对其内含物的研究，也迅速达到了一个新的高度。

截至2010年5月的统计表明，已经有一些新的“科”级高阶类群被发现，已知的节肢动物有36目216科228种，其中记载较多的类群有双翅目72种、鞘翅目51种、膜翅目48种、半翅目33种、蜘蛛目28种。这个数字对于短短几年之后的今天来说仅仅是个开始。

虽然波罗的海琥珀和多米尼加琥珀的产量和知名度明显高于缅甸琥珀，而且对其内含物的研究也经历了相当长的持续过程，但就目前我们所看到的缅甸琥珀内含物分析，缅甸琥珀中的各个生物类群多样性极高，其他产地罕见的蜥蜴、螳螂等类群，在缅甸琥珀中并非罕见。特别是近两年，关于缅甸琥珀内含物的研究成果如同“井喷”一般爆发，势不可挡。仅就昆虫纲而言，除了蝗蝻目和蚤目外，世界其他地区已发现的各个昆虫的目级阶元均已有发现。本书中记载的蛩蠊目更是首次在世界各地琥珀中被发现，本书收录的奇翅目昆虫，也是2016年的最新记录，目前仅知存在于缅甸琥珀中。据知更多前所未有的惊人发现将会在近年陆续公诸于世。

6. 刚刚开采出来的缅甸琥珀原石

7. 耳烛

8. 带耳烛的青年妇女

>>8

[3] 多米尼加琥珀

○ 原产地：
多米尼加共和国

○ 地质年代：
新生代（渐新世，约 3 000 万年前）

○ 琥珀树种类：
多米尼加琥珀是由一种叫做古栾叶豆 *Hymenaea protera*（豆科 Fabaceae）的古植物的树脂形成的。有趣的是，孪叶树产生树脂原本是为了驱赶靠近的昆虫和防止真菌的生长，没想到树脂却反而成为了保存昆虫的完美包裹体。琥珀树的很多部位都能分泌树脂，包括花瓣、叶子、果实、枝条和树皮。琥珀树花瓣上的点状斑纹，就是它分泌树脂的器官。琥珀树能长到 30 多米高，属于琥珀森林中的上层乔木，是组成当时热带雨林树冠层的主要植物。由于琥珀树能在垂直方向贯穿森林，又有多个部位能分泌树脂，因此，它往往能包裹并保存下来很多森林中的物种，也为我们还原那个失落的远古森林提供了尽可能多的琥珀化石样本。

1. 1492 年哥伦布首次登上多米尼加岛，并接受土著人馈赠的琥珀饰品
2. 多米尼加露天开采的琥珀矿
3. 多米尼加琥珀矿洞
4. 多米尼加蓝珀，在散射光下未呈现蓝色
5. 多米尼加蓝珀，在灯光直射下呈现蓝色

>> 2

>> 3

>> 4

>> 5

○ 简介:

多米尼加琥珀主要产于多米尼加北部山区的Cordillera和Cotui以及东部的Sabana。不同产地的琥珀形成的年代跨度较大，Cotui的年代最短，距今1 500—1 700万年；Cordillera的年代最久，距今3 000—4 000万年。Cordillera和Cotui的琥珀主要分布在Los Cabelleros的北部与东部，范围达60 km^2，共7个矿区，其中Los Cacaos、Palo Quemado和Lomael Penon三个较大的矿区出产高品质的琥珀，尤其是举世闻名的蓝琥珀。多米尼加琥珀主要存在于石灰岩、泥灰岩和砾岩中，但较集中于灰色碳质泥灰岩中并常与褐煤混存。Sabana的琥珀属于中新世，主要赋存于石灰岩、黏土层、灰色碳质泥灰岩中；褐煤与琥珀层向西倾斜，整个地层面与构造运动面平行；约有15个矿区，灰色碳质泥灰岩的质地较北部的松软；所产琥珀粒度较大，曾产出8 kg重的琥珀，这与地质构造运动不如北部的频繁有关。

○ 内含物的种类和研究:

多米尼加不仅是琥珀的主要产地之一，而且是琥珀含生物化石种类最多的产地之一。由于化石年代相对较近，因此多米尼加琥珀多数内含物保存完好，十分清晰，便于研究。

1999年的一份名录就记载了多米尼加琥珀中的508个化石种类（其中263种仅鉴定到属）。2008年，这一数字超过了1 000种。2005年的统计表明，多米尼加琥珀中的化石昆虫达到了21目120科308属429种；截至2008年已知的多米尼加蜘蛛琥珀化石，达到171种。

截至2008年，多米尼加琥珀化石类群最多的5个目分别为：双翅目241种、膜翅目209种、鞘翅目175种、蜘蛛目171种、半翅目85种。

6. 多米尼加琥珀树古柰叶豆的现生后裔植株（摄于巴西亚马逊地区）

7. 多米尼加琥珀树古柰叶豆的现生后裔的叶子（摄于巴西亚马逊地区）

8. 多米尼加琥珀树古柰叶豆的现生后裔的果实（摄于巴西亚马逊地区）

9. 琥珀中的古孪叶豆花瓣

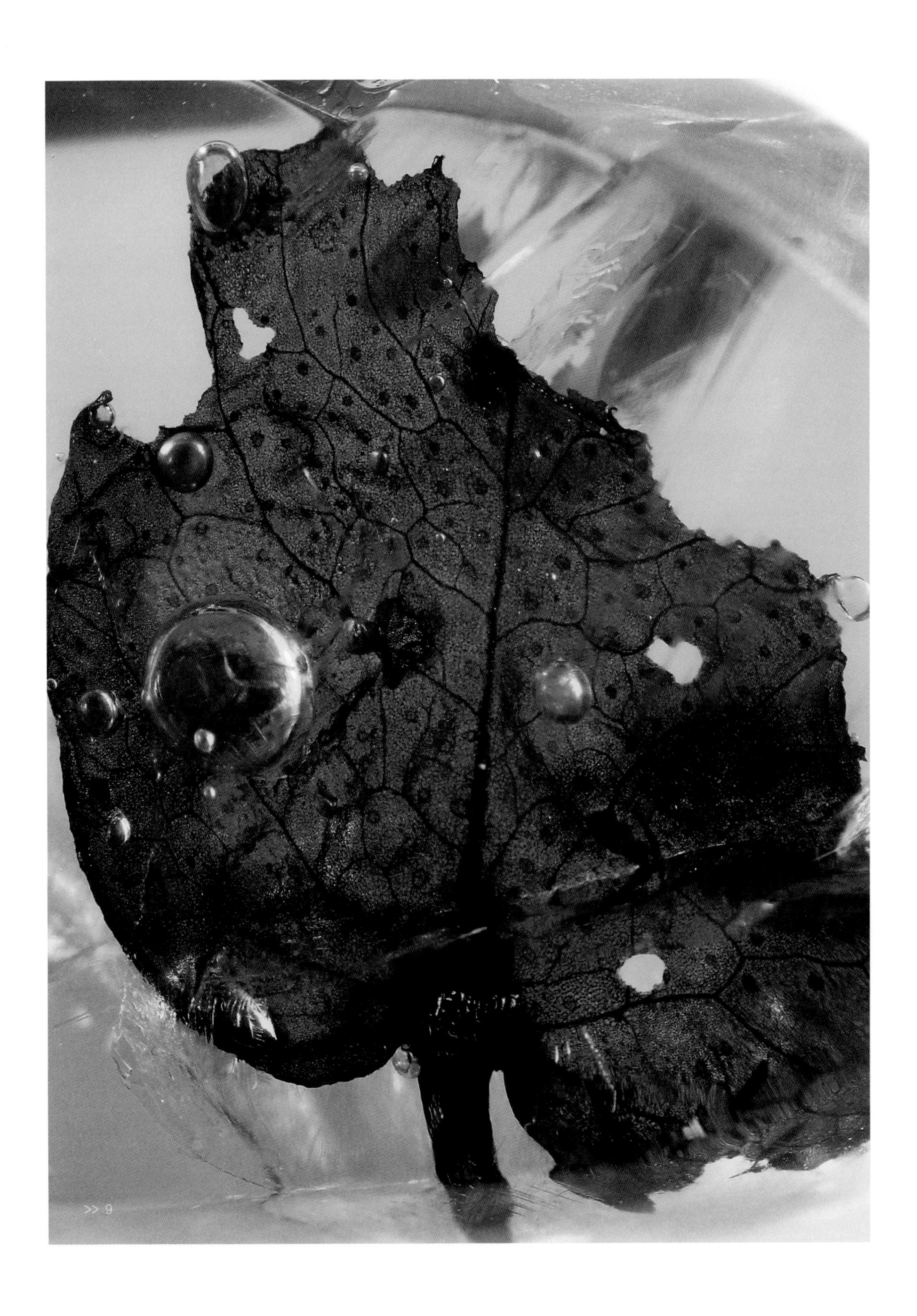
>> 9

[4] 墨西哥琥珀

○ 原产地：
墨西哥东南部恰帕斯州 (Chiapas)

○ 地质年代：
新生代（渐新世，约 3 000 万年前）

○ 琥珀树种类：
古栾叶豆 *Hymenaea protera*（豆科 Fabaceae）

○ 简介：

墨西哥琥珀发现至今仅100多年的历史，这种琥珀和多米尼加琥珀简直就是一对孪生兄弟，不论是形成年代、形成的树种和形成的环境，甚至是颜色都是完全一样。从地理环境上看，恰帕斯州距多米尼加共和国直线距离不过 800 km，多国属于岛国，两地同属一个大陆架，极有可能是在千万年前分裂开的。

○ 内含物的种类和研究：

最早关于墨西哥琥珀内含物的两篇研究文章均发表于 1959 年，分别描述了一种无刺蜂和一种鞭蛛。在1962年的一篇文章中，概要说明了已有18个目92个科的节肢动物化石被发现于墨西哥琥珀中，其中包括蜘蛛目、无鞭目、鞘翅目、半翅目、蜱螨目、弹尾目、双翅目和石蛃目。2004 年的一份报告表明当时已知的墨西哥琥珀节肢动物化石达到 176 个科，并描述了 120 个化石种类，其中 11 种被认为跟现生种类相同，目前仍生活在中美洲一带，这 11 种分属弹尾纲、鞘翅目和膜翅目。

2007 年，已知最多的墨西哥琥珀节肢动物化石类群分别是：双翅目 894 种、膜翅目 661 种、鞘翅目 192 种、“同翅目”175 种、蜘蛛目 87 种、弹尾纲 85 种、蜱螨目 60 种、啮虫目 55 种、等翅目 54 种。

1. 墨西哥琥珀中的白蚁化石

2. 墨西哥琥珀原石

>> 1

>> 2

[5] 中国抚顺琥珀

○ 原产地：
辽宁抚顺西露天矿

○ 地质年代：
新生代（始新世，5 000 多万年前）

○ 琥珀树种类：
水杉属 ***Metasequoia*** **（柏科 Cupressaceae）**

○ 简介：

抚顺琥珀矿体赋存于抚顺群古城子组的巨厚煤层和煤层顶底板或煤与夹干的接触面上，成条带状、透镜状，分布于煤层中的多为琥珀颗粒或呈星散状的琥珀煤；呈结核状或不规则状的较大粒度富集于煤层顶底板或煤与夹干的接触面上；少量呈液滴状赋存于煤核中，极少偶见于煤精中，长度很少超过 10 cm。

抚顺琥珀色彩丰富，有黄色系、红色系、白色系、黑色系和其他色系等，这些颜色构成了抚顺琥珀的丰富色彩。

始新世早期亚洲大陆主体与欧洲、北美、印度次大陆之间仍有海峡隔开，抚顺琥珀保存有始新世时期亚洲大陆唯一的琥珀生物群，这对了解当时欧洲—亚洲—印度—北美生物分布格局提供了直接证据，进而为研究气候变化和构造事件对欧亚大陆生物演化的影响提供了重要线索。

○ 内含物的种类和研究：

抚顺琥珀中发现昆虫等节肢动物至少 22 个目，超过 80 个科 150 种；另有大量微体化石以及植物化石。多足纲有蜈蚣，蛛形纲有丰富的螨、蜱、蜘蛛、盲蛛和拟蝎。抚顺琥珀中昆虫最为丰富，至少有 16 目 79 科上百个种。其中最常见的是双翅目，约占总数量的 70%；其次为膜翅目（包括各种蜂和蚂蚁）；再次为半翅目蚜虫以及啮虫目。

1. 镶嵌在煤块上的抚顺琥珀
2. 镶嵌在煤块上的抚顺琥珀
3. 抚顺琥珀原石
4. 抚顺琥珀中的蛾蠓化石

>> 1

>> 2

>> 3

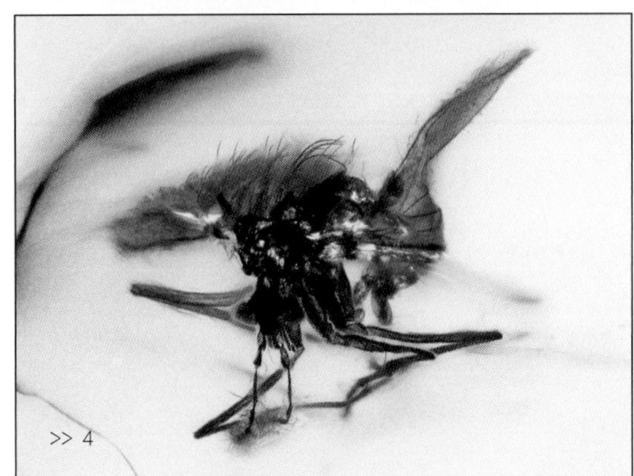
>> 4

5. 抚顺西露天矿

[6] 日本久慈琥珀

○ 原产地：
日本本州岩手县久慈

○ 地质年代：
中生代（白垩纪，8 500 万年前）

○ 琥珀树种类：
南洋杉科 Araucariaceae

○ 简介：

久慈琥珀沉积在山上斜坡 600 m 左右的深度，以茶色、黄色的不透明琥珀居多，最大者是 1927 年发现的一块琥珀，重达 19.875 kg。久慈琥珀中的内含物比例很低，不到 1%，包含的昆虫比例则更低，据说已经发现的化石个体数量 2 000 余件。绝大多数琥珀化石被送往日本各地的博物馆收藏研究。

在日本，曾有从北海道旧石器时代的墓穴中发现距今 14 000 年前的琥珀饰品的报告，被指定为国家重要的文化遗产。

○ 内含物的种类和研究：

日本久慈琥珀中的化石鲜有报道，目前已知的有双翅目、膜翅目、蜚蠊目、等翅目和螳螂目的一些种类。其中，最为出名的是 2008 年发现的一个原始螳螂，这块琥珀目前保存在久慈琥珀博物馆。

1. 日本久慈琥珀原石

2. 日本久慈琥珀原石

>> 1

>> 2

[7] 美国新泽西琥珀

○ 原产地 :
美国新泽西州塞尔维尔镇（Sayreville）附近

○ 地质年代 :
中生代（白垩纪，9 200 万年前）

○ 琥珀树种类 :
水杉属 *Metasequoia*（柏科 Cupressaceae）

○ 简介:

1995 年 4 月发行的美国《宝石杂志》利用 4 页的篇幅刊登了新泽西发现琥珀的文章，几位试图寻找植物标本的收藏家无意中在废弃的黏土矿坑中发现了琥珀，3 个星期内采集到约 5 000 块琥珀。新泽西州开始大量开采黏土始于 1800 年，之后被废弃。这些新泽西琥珀发现于褐煤层只有几英尺的表面，镶嵌在黏土层的褐煤上，大多数的琥珀仅有豌豆大小。新泽西的琥珀颜色通常是黄色至红色，半透明状，品质不佳，非珠宝级琥珀。

○ 内含物的种类和研究:

新泽西琥珀的内含物包括植物、真菌以及线虫动物、缓步动物、节肢动物和脊椎动物等。截至 2010 年已描述的新泽西琥珀内含物包括真菌（蘑菇）1 种、缓步动物 1 种、节肢动物 102 种（其中双翅目 30 种、膜翅目 24 种、半翅目 15 种、脉翅目 12 种、蜉蝣目 5 种、毛翅目 5 种、鞘翅目 3 种、蜘蛛目 2 种、螳螂目 2 种、蜱螨目 1 种、等翅目 1 种、蛇蛉目 1 种、缨翅目 1 种）。

1. 新泽西琥珀中的蜉蝣
2. 新泽西琥珀原石
3. 新泽西琥珀原石

>> 1

>> 2

>> 3

[8] 黎巴嫩琥珀

○ 原产地：
黎巴嫩及其邻近地区

○ 地质年代：
中生代（白垩纪，1 亿 3 000 万至 1 亿 3 500 万年前）

○ 琥珀树种类：
黎凡特贝壳杉 *Agathis levantensis*（南洋杉科 Araucariaceae）

○ 简介：

19 世纪初，人们开始关注黎巴嫩琥珀，这种琥珀以黄色为主，通常带有非常多的裂缝，使得琥珀十分易碎。这种产量较少易碎的琥珀几乎没有珠宝价值。

○ 内含物的种类和研究：

黎巴嫩琥珀虽然品质较差，但其内含物却十分丰富，受到各国科学家的广泛关注。根据 2010 年的统计，已经描述的节肢动物共有 163 种，分别为：双翅目 77 种、半翅目 19 种、鞘翅目 14 种、膜翅目 10 种、缨翅目 9 种、啮虫目 8 种、蜘蛛目 7 种、脉翅目 6 种、蜚蠊目 3 种、毛马陆目 2 种、蝎目 1 种、石蛃目 1 种、蜉蝣目 1 种、等翅目 1 种、鳞翅目 1 种、螳螂目 1 种、蜻蜓目 1 种、直翅目 1 种。

1. 镶嵌在岩石上的黎巴嫩琥珀原石

2. 黎巴嫩琥珀原石

>> 1

>> 2

[9] 埃塞俄比亚琥珀

○ 原产地：
埃塞俄比亚西北高原东部

○ 地质年代：
中生代（白垩纪，9 300 万 — 9 500 万年前）

○ 琥珀树种类：
据红外光谱检测，埃塞俄比亚琥珀不属于任何已知的树脂化石类型，可能来自一个以前未知的产生树脂的树种。

○ 简介：

埃塞俄比亚琥珀具有较高的硬度，是一种达到宝石级水准的琥珀，近年来才被发现，并开始受到重视。埃塞俄比亚琥珀以绿色和黄色为主，绿色的埃塞俄比亚琥珀在世界各国出产的琥珀中独树一帜。

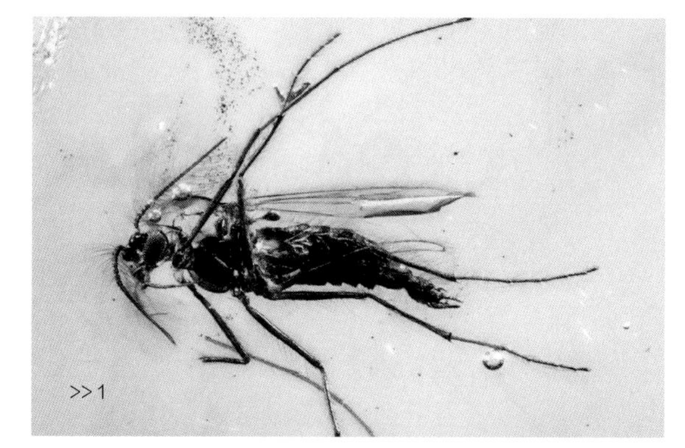

○ 内含物的种类和研究：

埃塞俄比亚琥珀中已经发现昆虫纲（缨翅目、鳞翅目、鞘翅目、啮虫目、半翅目、缺翅目、双翅目、膜翅目）、弹尾纲、蛛形纲（蜘蛛目、蜱螨目）3 纲 11 目 30 科的节肢动物，以及一些微生物、真菌和蕨类植物的星状毛等。

1. 埃塞俄比亚琥珀中的蚊类化石

2. 埃塞俄比亚琥珀中的蝇类化石

3. 埃塞俄比亚琥珀原石

>> 3

[10] 中国福建琥珀

○ 原产地：
福建漳浦至龙海一带

○ 地质年代：
新生代（新近纪，中新世）

○ 琥珀树种类：
龙脑香科 Dipterocarpaceae

○ 简介：

福建省的琥珀资源主要分布于漳浦至龙海一带，产于第三系佛昙群下部岩层中，琥珀矿体呈透镜状、似层状。琥珀常与泥岩、油页岩、褐煤等互层产出，产有血珀、金珀、蜜黄珀等。

福建琥珀品质一般，达不到宝石级别，但比河南西峡琥珀好很多，大块的有指甲盖大。

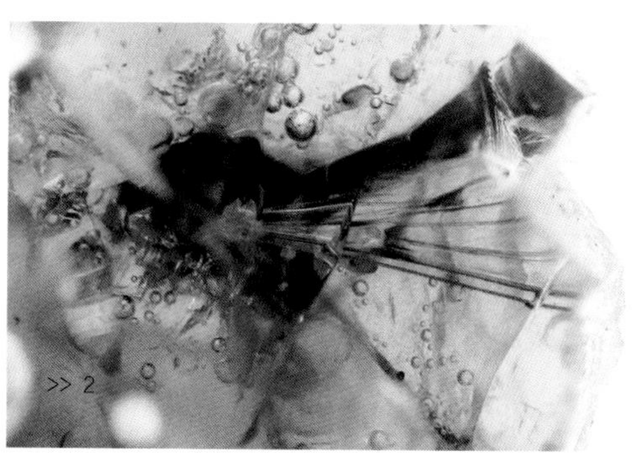

○ 内含物的种类和研究：

目前在漳浦琥珀中发现了植物、动物的包裹体，有很重要的科研价值，但尚未见到任何相关的报道。

1. 福建漳浦琥珀原石

2. 福建漳浦琥珀中的蚊类化石

[11] 中国河南西峡琥珀

○ 原产地 :
河南琥珀主要分布在西峡、内乡等地

○ 地质年代 :
中生代（白垩纪，晚白垩世）

○ 琥珀树种类 :
水杉属 *Metasequoia*（柏科 Cupressaceae）

○ 简介:

河南西峡的琥珀在古代即有开采，分布于细砂岩层中，整体的分布面积还是很广的。这里出产的琥珀基本都是窝形为主，在一窝之中的琥珀质量可达到十千克到数十千克。河南西峡的琥珀主要有黄色、棕黄色、红色、黑色等 , 有时由几种色调组成，透明至半透明，非晶质 , 呈菱形或方形块状。该琥珀油脂或树脂光泽，松香味甚浓。河南西峡风化很严重，均为严重的断裂或者碎料，只能作为药材使用。

○ 内含物的种类和研究:

到目前为止，西峡琥珀中尚无昆虫等内含物被发现。

>> 1

1. 河南西峡琥珀原石

[12] 加拿大琥珀

○ 原产地：
加拿大艾伯塔省格拉西莱克（Grassy Lake）

○ 地质年代：
中生代（白垩纪，7 800 万—7 900 万年前）

○ 琥珀树种类：
贝壳杉属 *Agathis*（南洋杉科 Araucariaceae）

○ 简介：

在加拿大的琥珀产地，有着大量的琥珀沉积。但这些琥珀通常嵌入煤层或砂岩中，一般体积较小，多数呈碎片状，颜色多为红色和棕色。

○ 内含物的种类和研究：

加拿大琥珀中最著名的内含物例子是2011年发现的羽毛化石，虽然不可确定该化石出自鸟类还是恐龙，但其精美的结构足以媲美现代鸟类羽毛。

>> 1

>> 2

1. 镶嵌在岩石上的加拿大琥珀
2. 镶嵌在岩石上的加拿大琥珀

[13] 俄罗斯库页岛琥珀

○ 原产地 :

俄罗斯库页岛南萨哈林斯克（Yuzhno）以北鄂霍茨克海（Okhotsk Sea）附近的 Starodubskoye 村的靠近 Naiba 河的入海口的海滩。

○ 地质年代 :

新生代（始新世，6 000 万年前）

○ 琥珀树种类 :

不详

○ 简介:

库页岛琥珀以橙黄色和暗红色为主。目前用做研究的库页岛琥珀标本多数来自前苏联科学院古生物研究所1972年的考察所得。库页岛琥珀形成时间的确认花费了相当长的时间。20 世纪，库页岛琥珀被认为是从古新世（达宁期）到始新世之间。最终才被确认为中始新世，大约 6 000 万年前。库页岛琥珀较为接近罗马尼亚琥珀类型，在琥珀形成过程中受到了高温高压的作用，因此，其中的昆虫等内含物往往强烈变形，由此使得内含物的研究非常困难。

○ 内含物的种类和研究:

在库页岛琥珀中，大约有 840 种昆虫纲和蛛形纲的物种已经被发现，但大多数并未进行研究。这些内含物中最多的当属蚜虫和摇蚊，其中已经描述过的物种包括摇蚊、蠓、螨、蚂蚁、跳小蜂、蜈蚣、蟑螂、甲虫、椿象、啮虫、蓟马等。

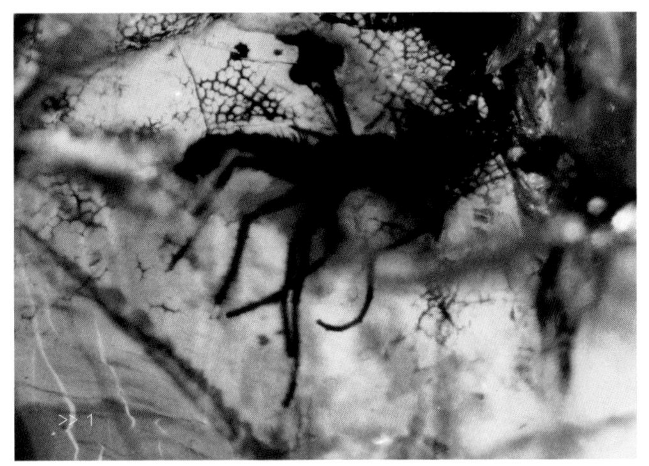

>> 1

>> 2

>> 3

1. 库页岛琥珀中的蚊类化石
2. 库页岛琥珀原石
3. 库页岛琥珀原石

[14] 葡萄牙琥珀

○ 原产地：
葡萄牙中西部的卡斯凯什 (Cascais)

○ 地质年代：
中生代（白垩纪，1亿1 200万年前）

○ 琥珀树种类：
不详

○ 简介：

葡萄牙琥珀研究很少，一般附着在褐煤层的岩石上，多数为 2 ~ 3 mm 的小碎块，也有较大并达到宝石级的琥珀存在。葡萄牙琥珀的颜色多为橙黄色。

>> 1

○ 内含物的种类和研究：

已发现的内含物有双翅目昆虫等，但未见深入研究。

>> 2

1. 葡萄牙琥珀原石
2. 葡萄牙琥珀原石

[15] 哥伦比亚柯巴脂

○ 原产地：
哥伦比亚科尔多瓦（Cordoba）的 Puerto Nariño

○ 地质年代：
新生代（新近纪，200 万—1000 万年间）

○ 琥珀树种类：
南美孪叶豆 *Hymenaea courbaril*（豆科 Fabaceae）

○ 简介：

哥伦比亚柯巴脂较为接近琥珀，比起一般柯巴脂的触感更硬，内部更清澈，抛光面更亮，有较鲜艳的红色，因此也较容易被误认为琥珀。

○ 内含物的种类和研究：

内含物较为丰富，各个节肢动物类群多有发现，但基本上与现生种类差异不大，很少引起科研人员的重视，部分种类有过报道。

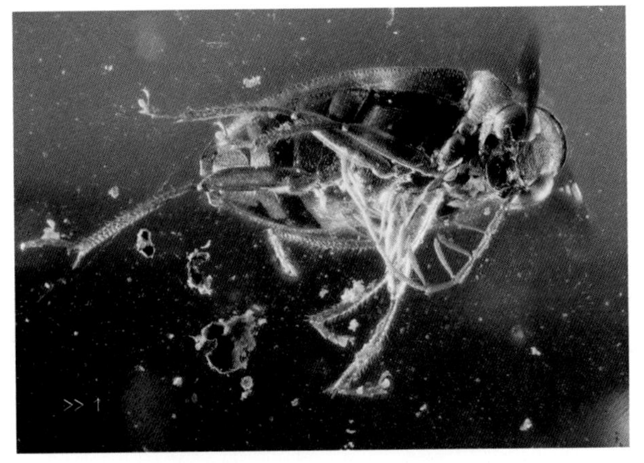

1. 哥伦比亚柯巴脂中的甲虫
2. 抛光后的哥伦比亚柯巴脂

[16] 马达加斯加柯巴脂

○ 原产地：
马达加斯加岛

○ 地质年代：
新生代（第四纪，不足 1 万年）

○ 琥珀树种类：
疣果孪叶豆 *Hymenaea verrucosa*（豆科 Fabaceae）

○ 简介：

马达加斯加柯巴脂颜色一般为很浅的黄色，透明，与波罗的海琥珀较为相似，常有人用来冒充波罗的海琥珀。但是其形状大都是不规则长条或者扁片状，也没有波海料子的外皮。由于其质地很软，不好抛光故较为容易辨认。

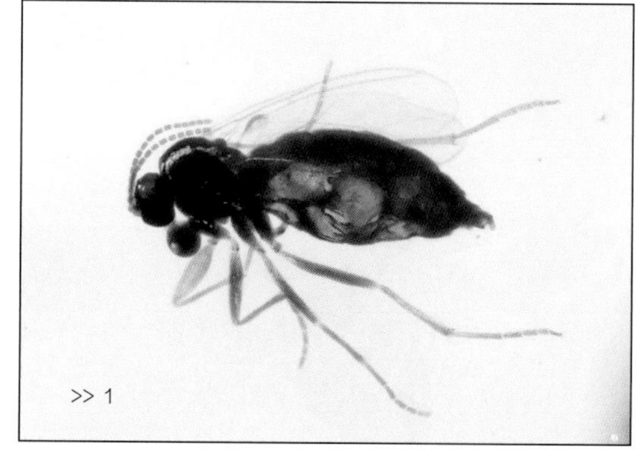
>> 1

○ 内含物的种类和研究：

内含物非常丰富，各个节肢动物类群多有发现，但基本上与现生种类差异不大，很少引起科研人员的重视，部分种类有过报道。

>> 2

1. 马达加斯加柯巴脂中的蚋，被树脂包裹时发生应激反应吐出一滴红色血液，这种保存完好的颜色通常只出现在年代较短的柯巴脂中

2. 马达加斯加柯巴脂原石

[17] 婆罗洲柯巴脂

○ 原产地 :

婆罗洲岛（马来西亚沙捞越和沙巴、印度尼西亚加里曼丹）

○ 地质年代 :

新生代（新近纪，1 500 万—1 700 万年间）

○ 琥珀树种类 :

柯巴脂贝壳杉 *Agathis dammara*（南洋杉科 Araucariaceae）

○ 简介:

婆罗洲柯巴脂也称沙捞越琥珀或者印尼琥珀，产于婆罗洲岛。其颜色通常为暗红，甚至于黑色，少见黄色块。这种琥珀一般绞含一点蜡。有部分的黄色块还没完全化石化，仍然是柯巴脂。婆罗洲琥珀矿藏于煤层之中，比较结实，不易碎很好打磨。婆罗洲柯巴脂有一种特殊的矿石味道，和其他琥珀的松香味有明显差别。婆罗洲柯巴脂不溶于酒精，但是用手搓，表面就会发黏，有点黏乎乎的感觉。

>> 1

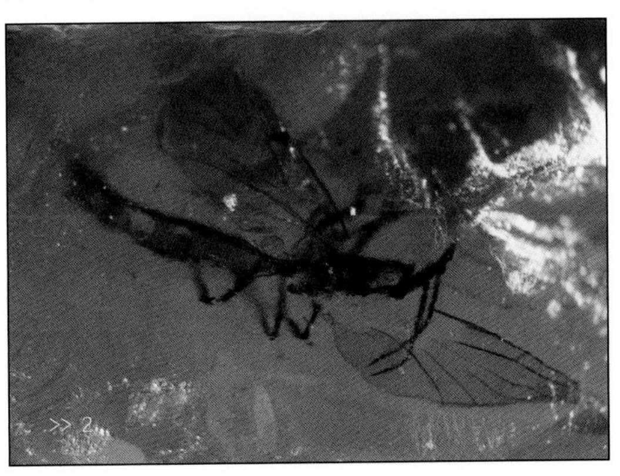

>> 2

○ 内含物的种类和研究:

由于婆罗洲柯巴脂通常颜色较深，虽有一些昆虫等内含物被发现，但基本上与现生种类差异不大，故很少有人进行研究。

1. 婆罗洲柯巴脂原石
2. 婆罗洲柯巴脂中的蚊类

[18] 新西兰柯巴脂

○ 原产地：
新西兰北岛

○ 地质年代：
新生代（第四纪，1万 — 3万年）

○ 琥珀树种类：
新西兰贝壳杉 *Agathis australis*（南洋杉科 Araucariaceae）

○ 简介：

新西兰柯巴脂在当地被称作贝壳杉树脂（Kauri Gum），历史上曾有过大量贸易，仅 1850 年出口到英国和北美就达 1 000 多吨。新西兰柯巴脂表面看上去很像波罗的海琥珀，一般肉眼不好分辨，打磨之后也很像老蜜蜡，但是它的颜色很怪异，很少有透明的颜色。新西兰柯巴脂溶于酒精，故容易和波罗的海琥珀区分开。

○ 内含物的种类和研究：

新西兰柯巴脂含有丰富的动植物内含物，但其透明度不高，其种类基本上与现生种类差异不大，故很少有人进行研究。

1. 1917 年发现的一块当时最大的贝壳杉树脂
2. 一颗巨大的贝壳杉树
3. 挖贝壳杉树脂的毛利人，1911 年
4. 新西兰柯巴脂原石
5. 新西兰柯巴脂原石

>> 4

>> 5

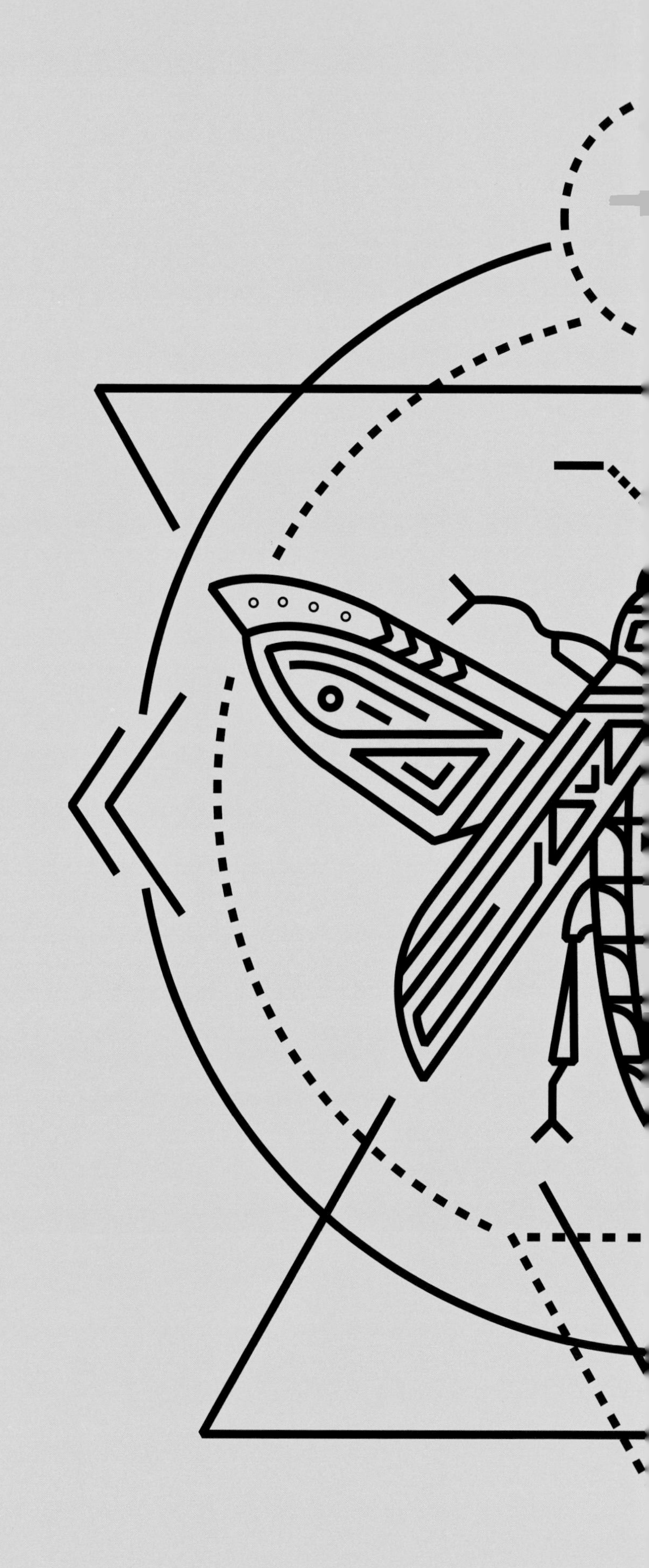

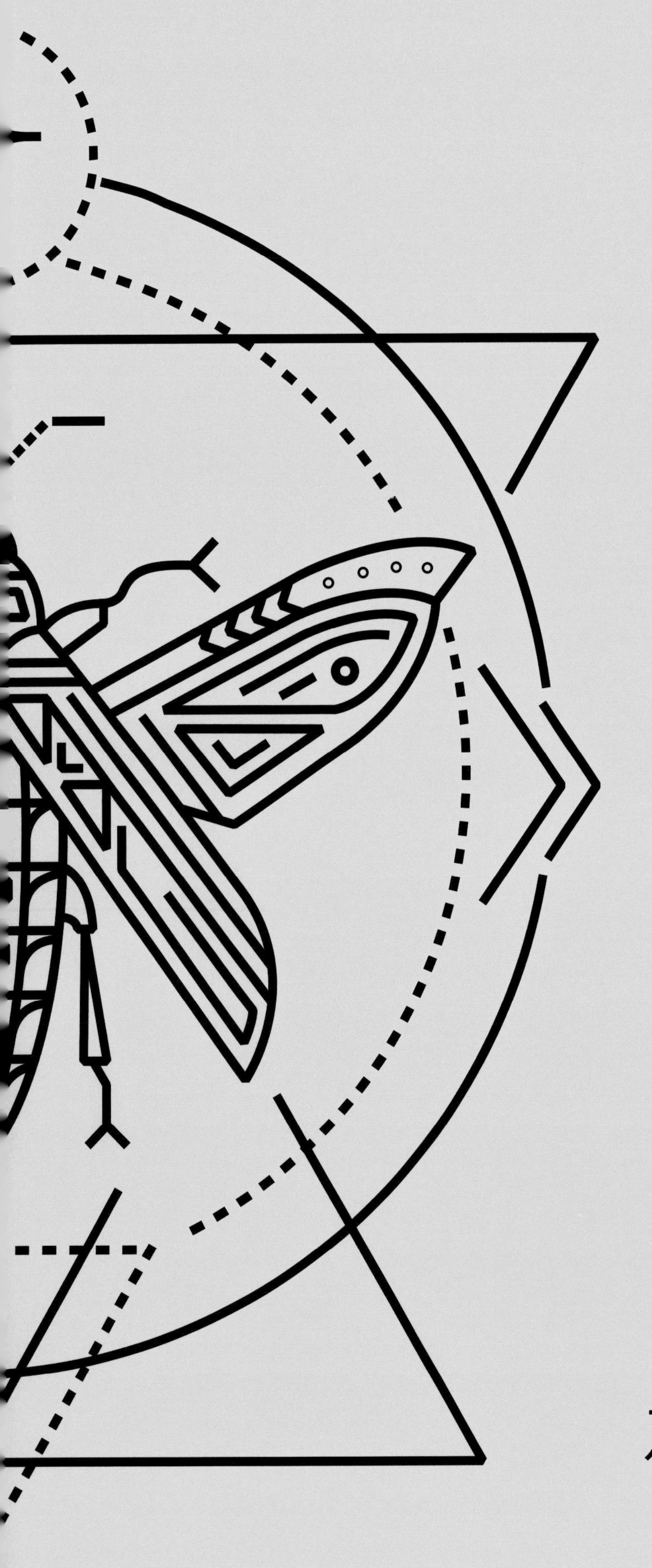

Part 2

琥珀中的昆虫

及其他无脊椎动物

Mermithida

索虫目

线虫动物门（Nematoda）是动物界中最大的门之一，为假体腔动物，有超过 28 000 个已被记录的物种，还有大量种类尚未命名。绝大多数物种体小呈圆柱形，又称圆虫（Roundworm）。它们在淡水、海水、陆地上随处可见，不论是个体数或物种数都超越其他动物，并在极端的环境如南极和海沟都可能发现。此外，有许多种的线虫是寄生性的（超过 16 000 种），包括许多植物及人类在内的动物的病原体。只有节肢动物比线虫更多样化。

线虫原先在 1919 年被命名为 Nemata。后来，它们被降级为囊蠕虫中的一纲，最后才被重新分类至线虫动物门。

索虫目的身体细长如索，可达 50 cm，幼虫也较细长。成虫无口囊，具 16 个头感器，由口直接连接咽，咽细长，肠特化成两行大的营养细胞。幼虫寄生于昆虫及无脊椎动物体内，成虫在土壤或淡水中自由生活，如无尾大雨虫（Agamermis decaudata）、索虫（Mermis）。

被树脂黏住的昆虫，在挣扎时体内寄生的索线虫有时会从体内钻出来，这样就形成了难得一见的寄主和线虫同时存在于琥珀中的状况。这样的琥珀自然是非常罕见的，本书收录了一个来自多米尼加的琥珀，一只索线虫[a]刚刚从一个蚊虫体内挣脱出来，活灵活现，仿佛就像刚刚发生一般。

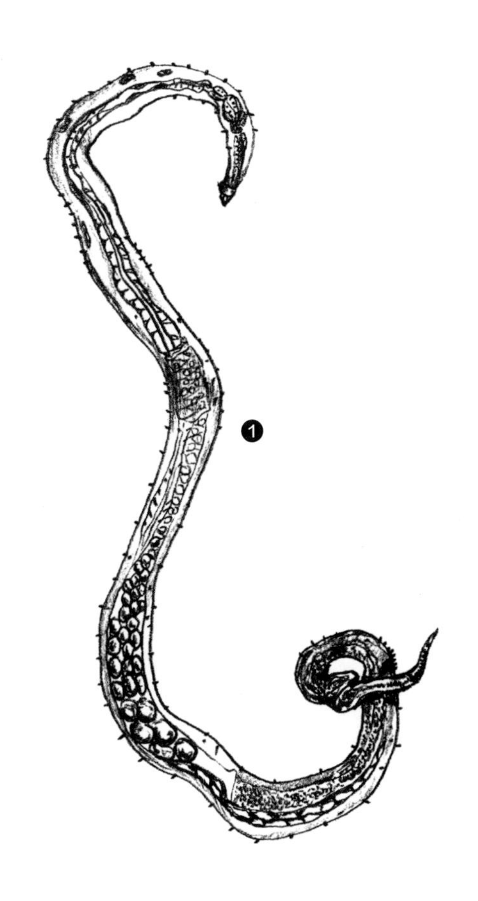

❶ 身体细长如索；

❷ 成虫无口囊。

[a] 索线虫科 *Mermithidae*

DO 索线虫
Mermithidae sp.

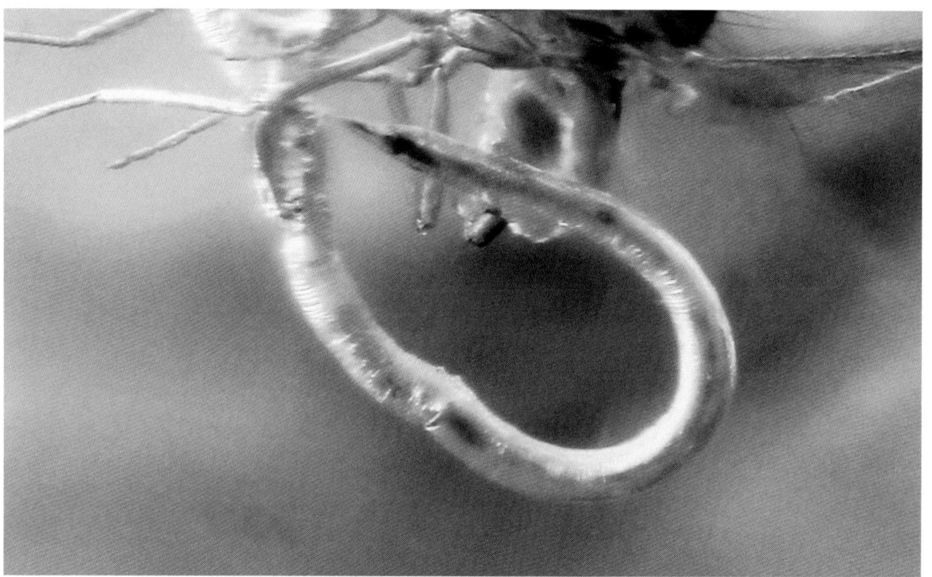

Haplotaxida

单向蚓目

蚯蚓是对环节动物门寡毛类动物的通称，在科学分类中它们属于单向蚓目。世界已知蚯蚓有 2 500 多种。

作为常见的一种陆生环节动物，蚯蚓生活在潮湿、疏松、肥沃的土壤中，昼伏夜出，以腐败有机物为食，连同泥土一同吞入，也摄食植物的茎叶等碎片。蚯蚓可使土壤疏松、改良土壤、提高肥力，促进农业增产。

蚯蚓通过肌肉收缩向前移动，具有避强光、趋弱光的特点。蚯蚓无视觉及听觉器官，但能感受光线及震动。蚯蚓一般留在土壤表层，但气候干旱时或冬季可钻入 2 m 深处。

蚯蚓为雌雄同体，异体受精。交配时两条蚯蚓互抱，并分泌黏液使双方的腹面黏住，各排出精子输入对方受精囊内。交配后两个个体分开，形成蚓茧，蚯蚓自蚓茧向后退出，茧前移至第 14 体节时成熟的卵落入，经过第 9–10 体节时，受精囊内来自对方的精子逸出，使蚓茧中的卵受精。交配后 24 小时，蚓茧从蚯蚓的头端脱出，留在土壤中。通常于 2 ~ 4 周后微小的幼体自蚓茧钻出，60 ~ 90 天后性成熟，约一年后发育完成。

蚯蚓的琥珀可以说是极为罕见的，此前已知唯一的记录是法国夏朗德 (Charentes) 琥珀中出现的线蚓科（Enchytraeidae）化石。本书则收录了一块同样罕见的缅甸琥珀蚯蚓[a]化石，具体分类地位尚待进一步研究。

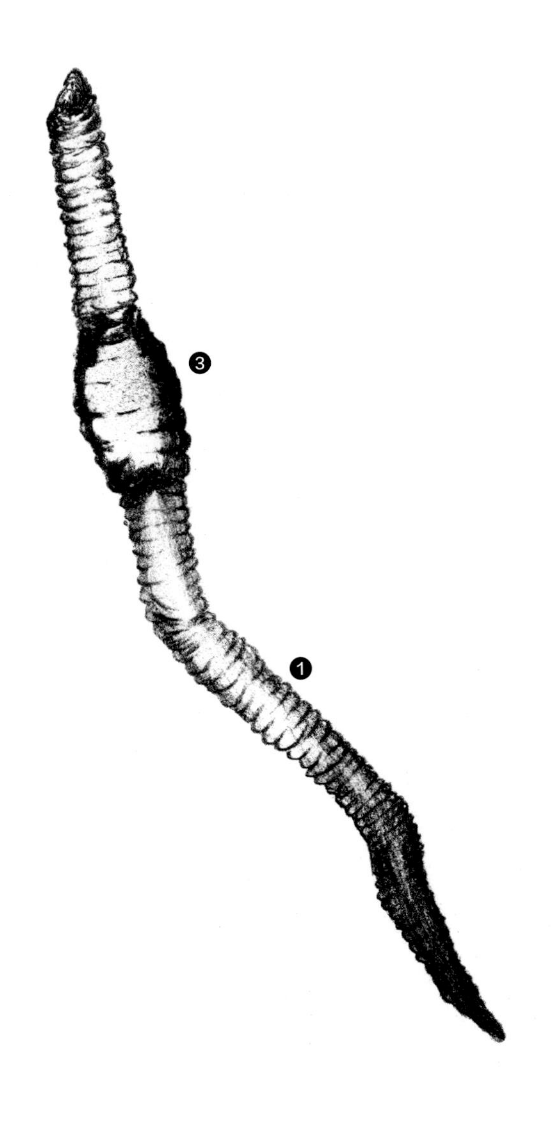

❶ 蚯蚓体呈圆柱状，细长，两侧对称，由 100 多个体节组成，各体节相似；

❷ 没有骨骼，在体表覆盖一层具有色素的薄角质层；

❸ 前段稍尖，后端稍圆，在前端有一个分解不明显的环带；

❹ 除了身体前两节之外，其余各节均具有刚毛，在蚯蚓爬行时起固定支撑作用；

❺ 在 11 节体节后，各节背部背线处有背孔，有利于呼吸，保持身体湿润；

❻ 腹面颜色较浅；

❼ 雌雄同体，异体受精。

[a] 蚯蚓待定科 *Incertae Sedis*

蚯蚓
N/A

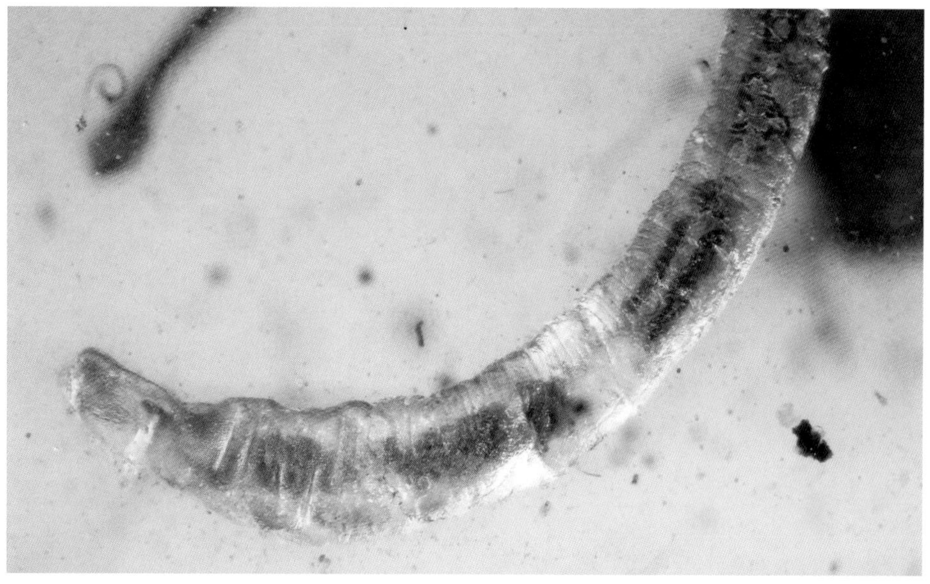

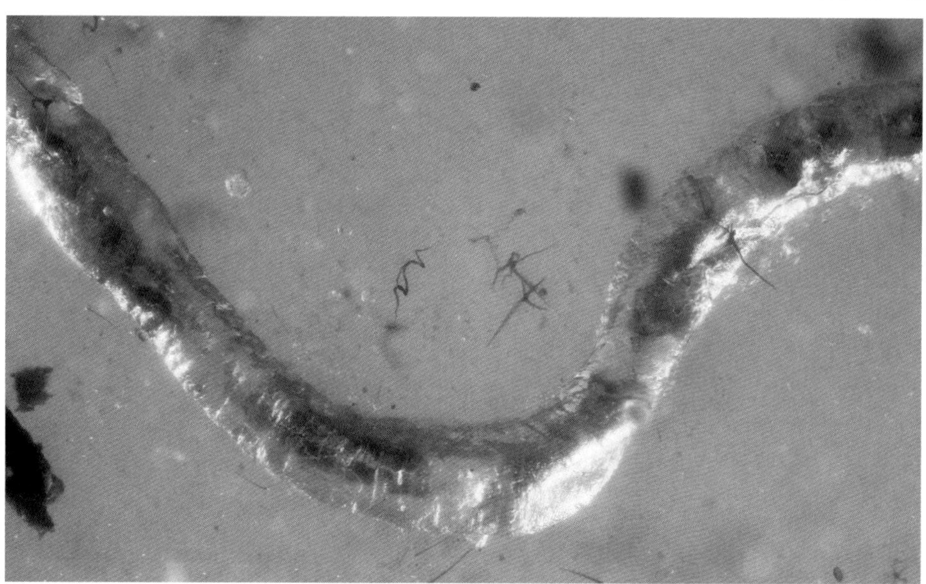

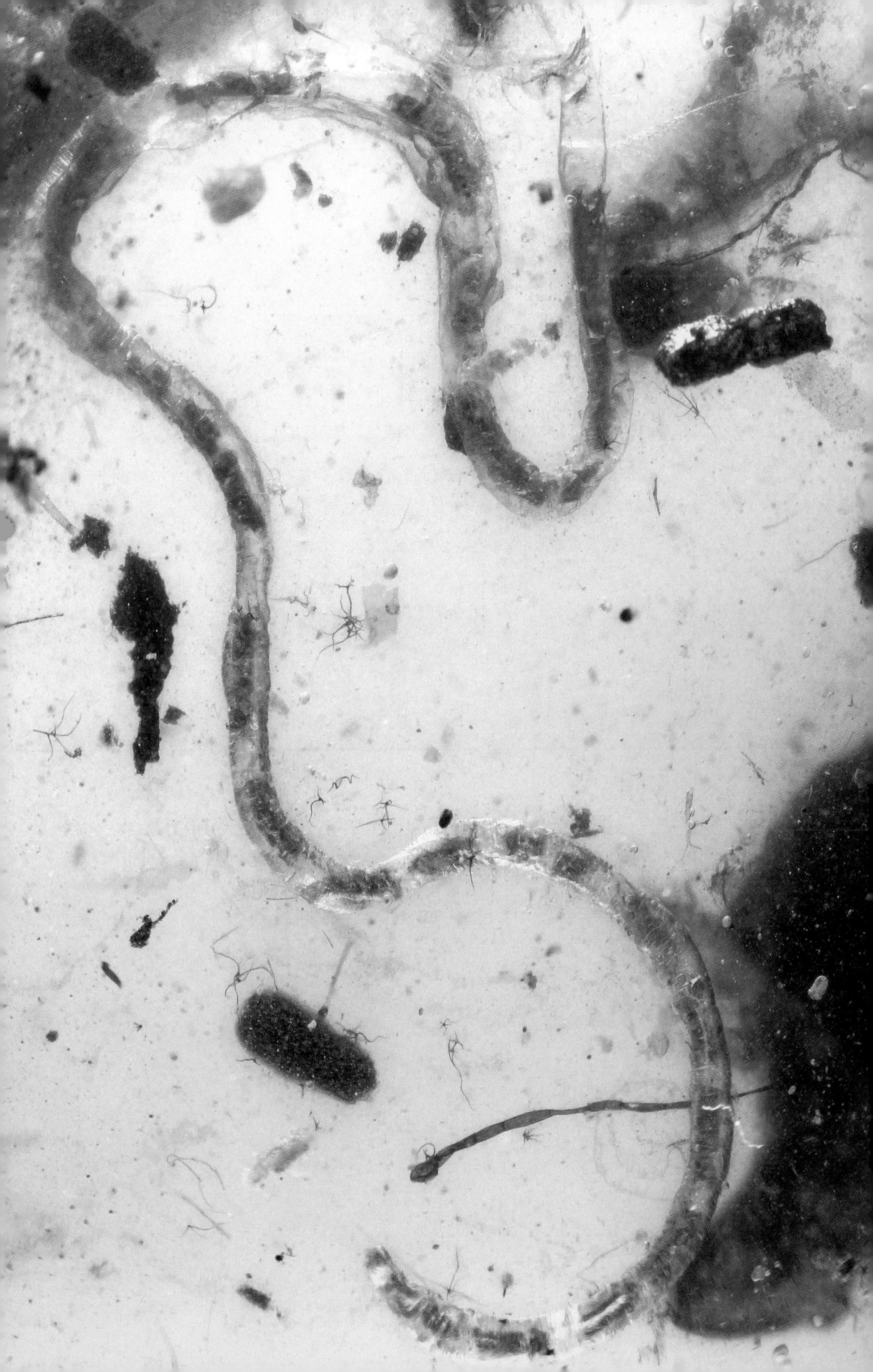

Euonychophora

有爪目

栉蚕又称天鹅绒虫（Velvet Worm），属有爪动物门。有爪动物门仅一个目，即：有爪目。现生的栉蚕分属 2 科 197 种，分布于非洲、亚洲、加勒比海以及南美。

栉蚕是一种像丝绸般爬行的蠕虫，有着柔弱的外表，但它们属于捕食性动物，几乎“进食任何活动的生物体”。栉蚕生活于热带地区的林下落叶层、苔藓以及腐朽的树皮之下，夜间活动，通过喷射黏液来捕捉猎物。

在动物学家的眼中，栉蚕具有特别重要的意义，其身体结构介于蠕虫和节肢动物之间。几十年来，很多科学家一直坚持认为，栉蚕是蠕虫向节肢动物演化过程中“缺失的一环”，而栉蚕 5.4 亿年的进化时间也进一步证实了这一观点。但最新的研究显示，栉蚕的大脑与蜘蛛大脑有着惊人的相似处。这种“活化石”可能并没有人们想象的那么古老，它可能只是螃蟹和蜘蛛的祖先，而非所有节肢动物进化中缺失的一环。

栉蚕的化石，全部来自琥珀中，缅甸、波罗的海和多米尼加各一种。本书收录两块来自缅甸的栉蚕[a]琥珀标本，弥足珍贵。

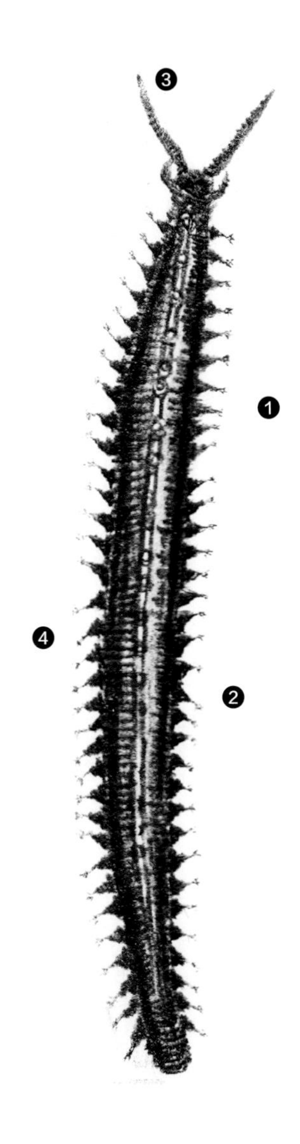

❶ 外形像毛毛虫；

❷ 足多且成对；

❸ 头部有触角；

❹ 体表有环但不分节。

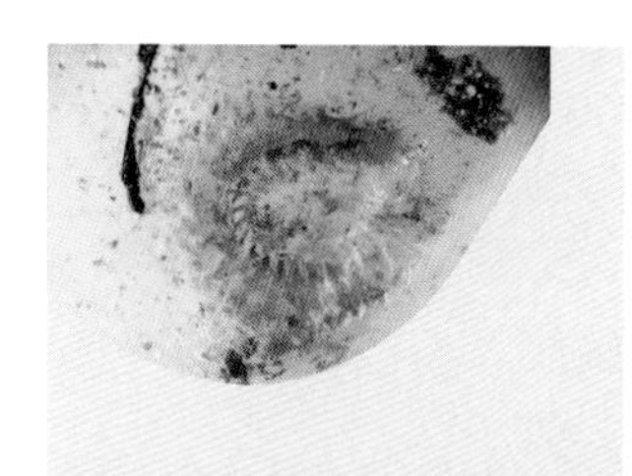

[a] 栉蚕科 *Peripatidae*

BU 缅甸栉蚕
Cretoperipatus burmiticus

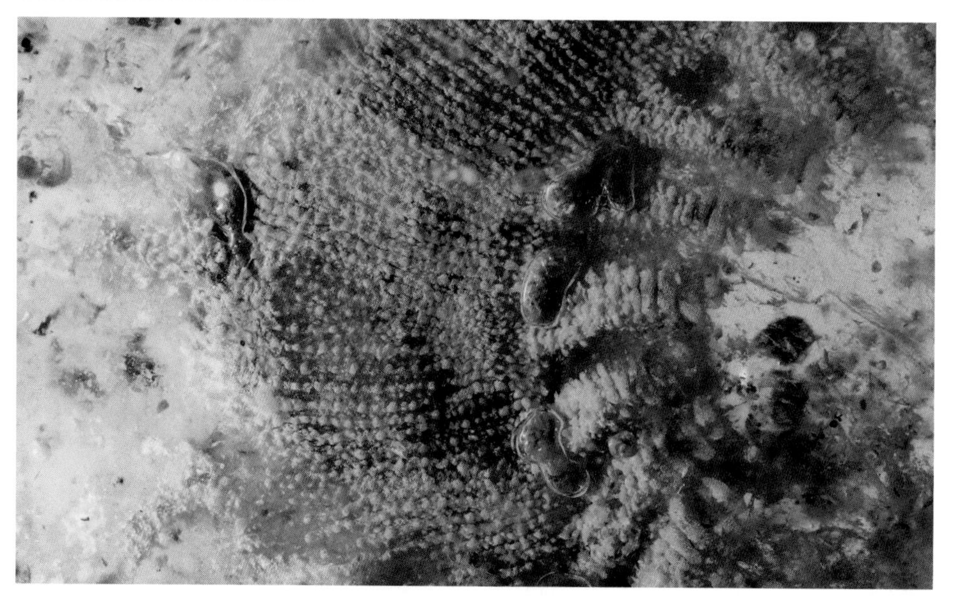

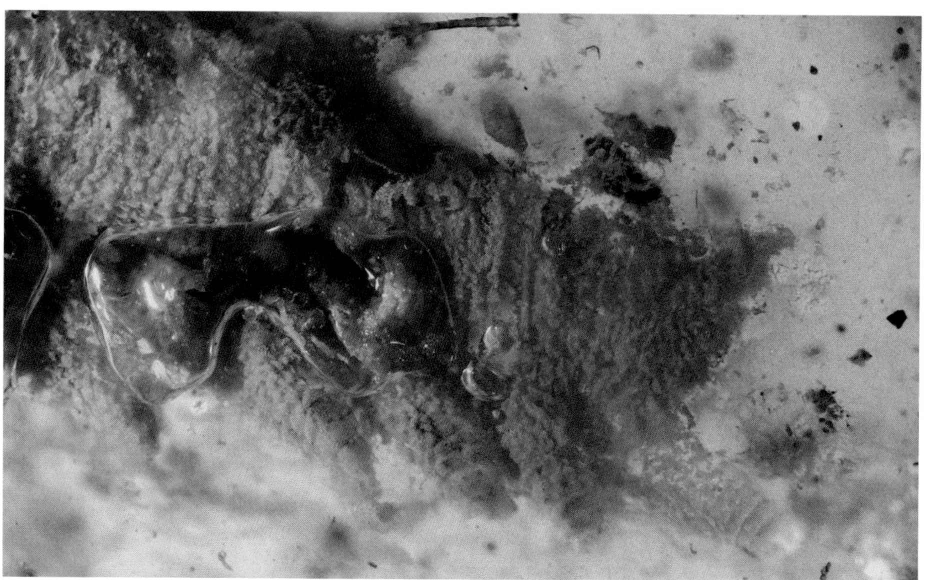

[a] 栉蚕科 *Peripatidae*

BU 缅甸栉蚕
Cretoperipatus burmiticus

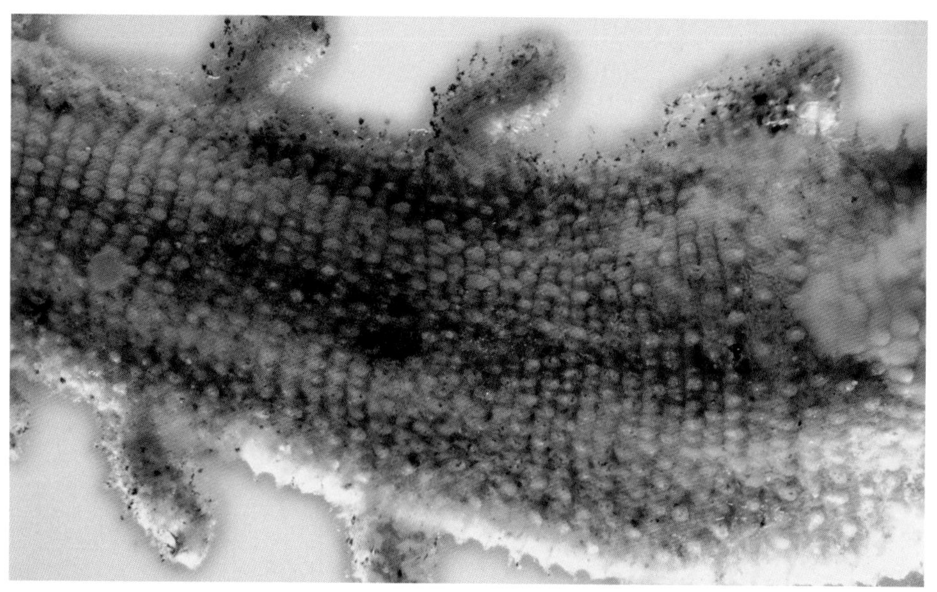

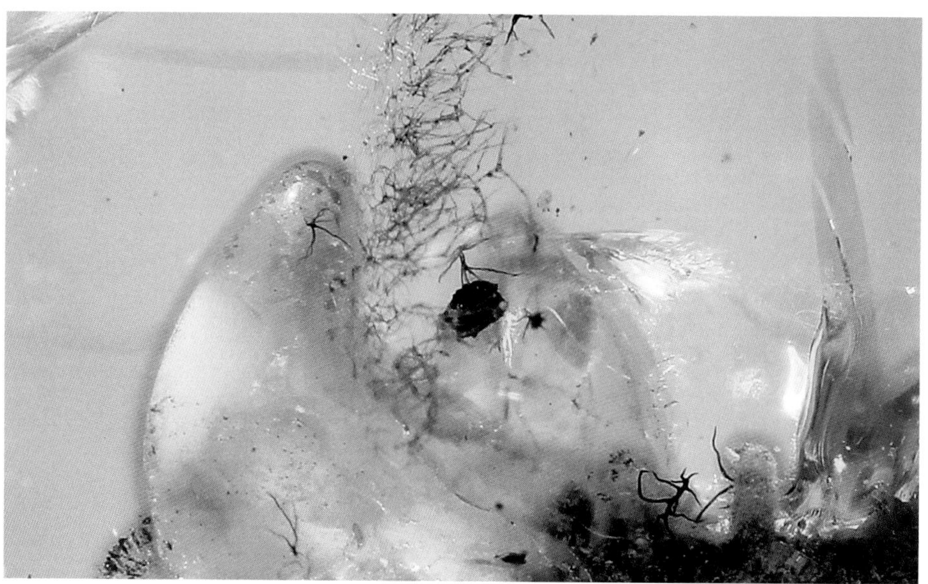

Araneae

蜘蛛目

蜘蛛目是节肢动物门螯肢亚门蛛形纲的一个目。全世界已知蜘蛛有100科42 000多种。

蜘蛛为捕食性节肢动物，主要捕食小昆虫，水边的盗蛛能捕食小鱼虾，有些捕鸟蛛还有捕鸟的记载。游猎蜘蛛主动扑向捕食对象，结网蜘蛛则以网捕食。结网蜘蛛的视力不发达，但对震动很敏感，能通过丝的震动确定捕获物的大小和位置。蜘蛛用螯肢捕食，利用螯牙刺入捕获物，把毒液注入虫体，将其麻醉或杀死。然后，从口吐出消化液，注入猎获物的伤口，将其组织消化后，再吸入蛛体。园蛛等能在螯肢叮咬前后，把捕获物用丝缠绕，使其不能活动或固着在网上。游猎蛛在植物高处捕食时，也有用丝缠绕猎物的。无毒腺的蜘蛛完全靠丝捆缚捕获物。少数种类营程度不等的社会生活，多只蜘蛛共有1张网，并合作捕食。

蜘蛛琥珀化石种类很多，本书收录了15个科的代表。其中古蛛科[a] Archaeidae的种类因其发达的大颚引起广大虫珀爱好者的追捧，被称作“刺客蛛”；节板蛛科[b] Liphistidae的部分种类的幼体，腹部有明显的分节现象，这在蜘蛛目中也是极为罕见的。

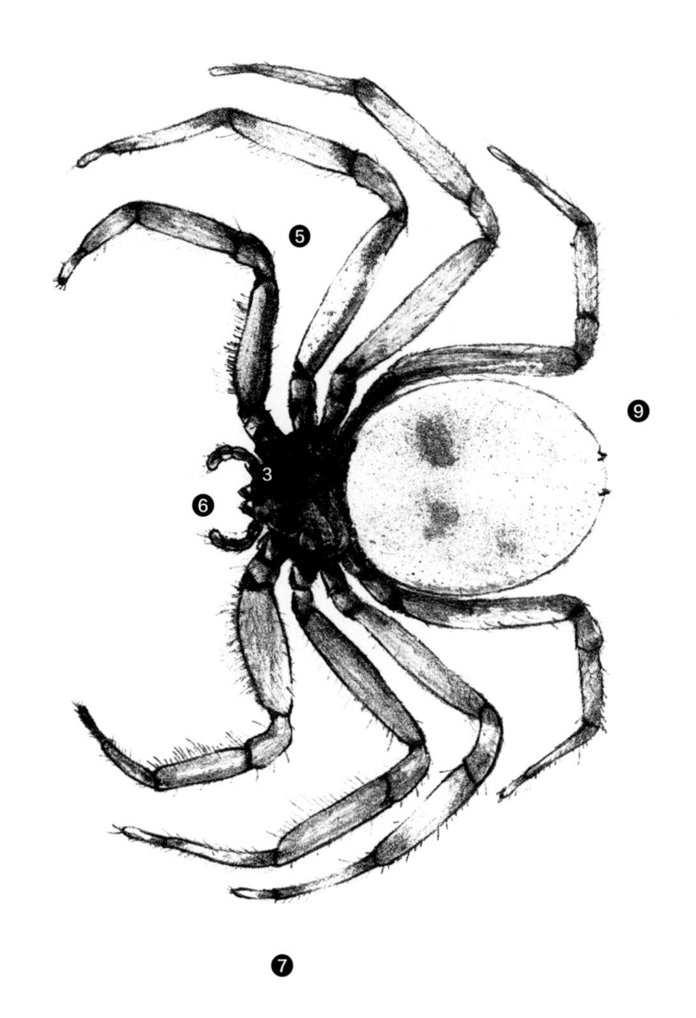

❶ 体长小到大型；

❷ 身体分头胸部和腹部；

❸ 头胸部背面有背甲，背甲的前端通常有 8 个单眼，排成 2 ~ 4 行；

❹ 腹面有一片大的胸板，胸板前方中间有下唇；

❺ 头胸部有 6 对附肢：1 对螯肢、1 对触肢和 4 对步足；

❻ 螯肢由螯基和螯牙两部分构成，触肢 6 节；

❼ 步足在胫节和跗节之间有后跗节，共 7 节；

❽ 腹柄由第 1 腹节演变而来；

❾ 腹部多为圆形或卵圆形，但有的有各种突起，形状奇特；

❿ 除少数原始种类的腹部背面保留分节的背板外，多数种类已无明显的分节痕迹。

球蛛科 *Theridiidae*

球蛛（雄，亚成体）
Theridiidae sp.

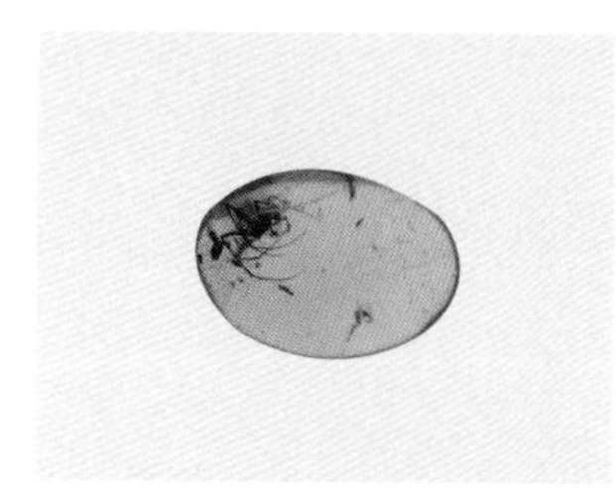

拟态蛛科 *Mimetidae*

拟态蛛（雄）
Mimetidae sp.

拟态蛛科 *Mimetidae*

拟态蛛（雄，亚成体）
Mimetidae sp.

[a]古蛛科 *Archaeidae*

非古蛛
Afrarchaea sp.

a 古蛛科 *Archaeidae*

BU 古蛛（雌）
Archaeidae sp.

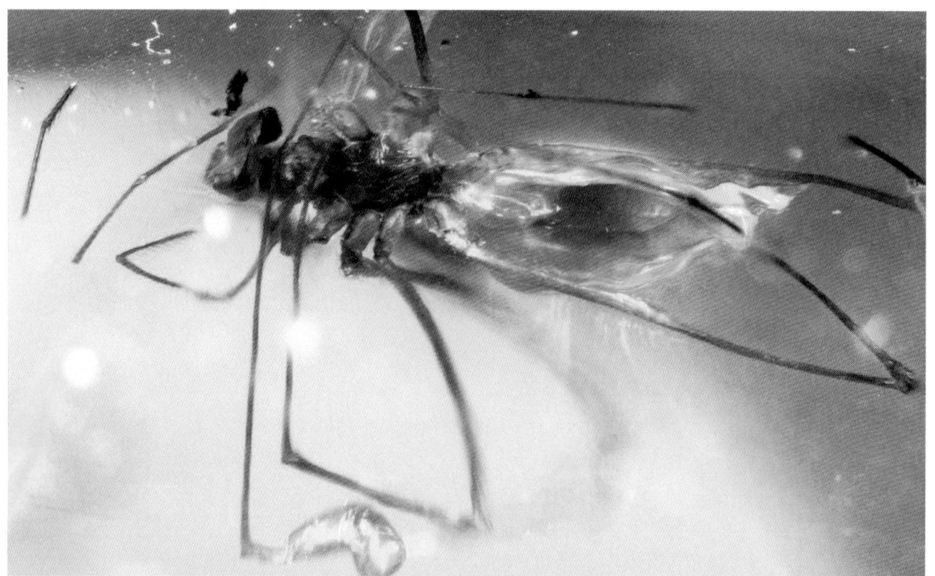

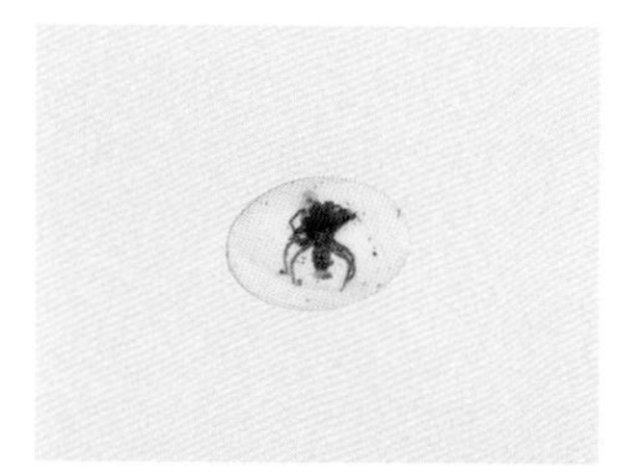

[b] 节板蛛科 *Liphistidae*

BU 节板蛛（幼体）
Liphistidae sp.

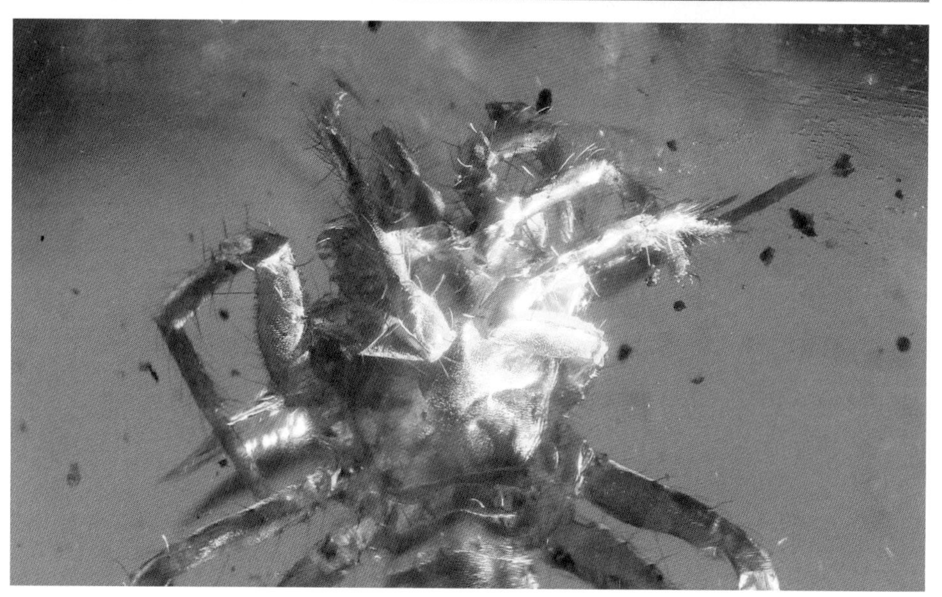

[b] 节板蛛科 *Liphistidae*

BU 七纺蛛（雄）
Liphistidae sp.

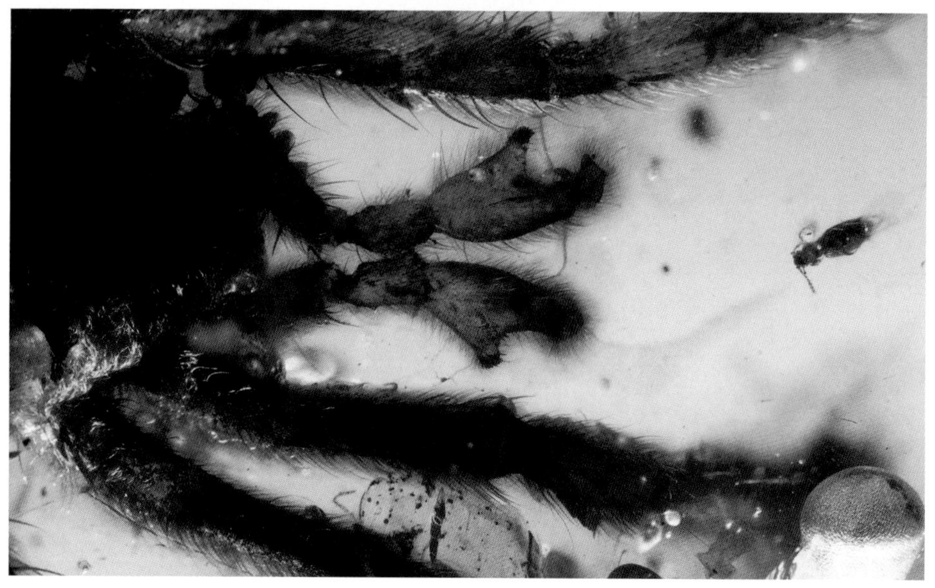

幽灵蛛科 *Pholcidae*

BU 幽灵蛛（雌）
Pholcidae sp.

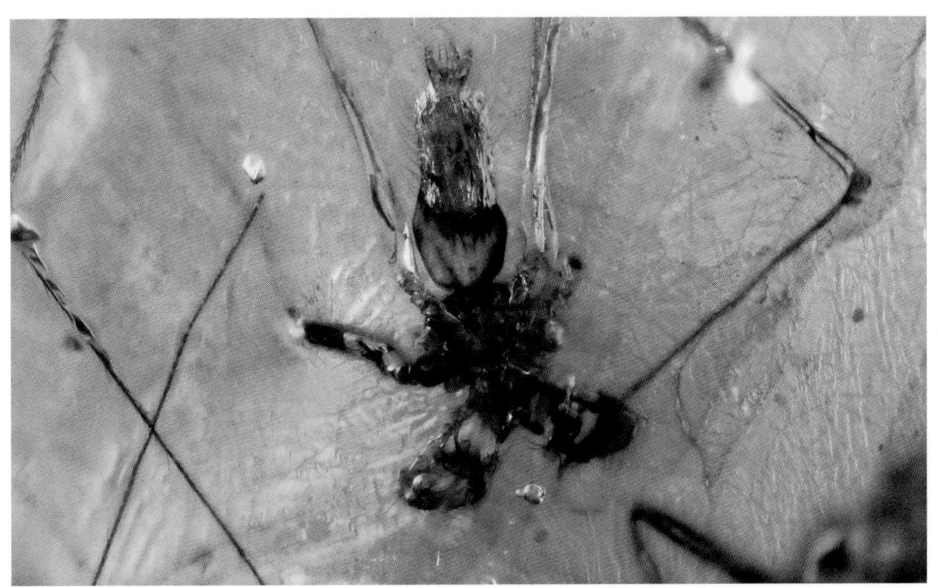

幽灵蛛科 *Pholcidae*

BU 幽灵蛛（雌）
Pholcidae sp.

幽灵蛛科 *Pholcidae*

BU 幽灵蛛（雌）
Pholcidae sp.

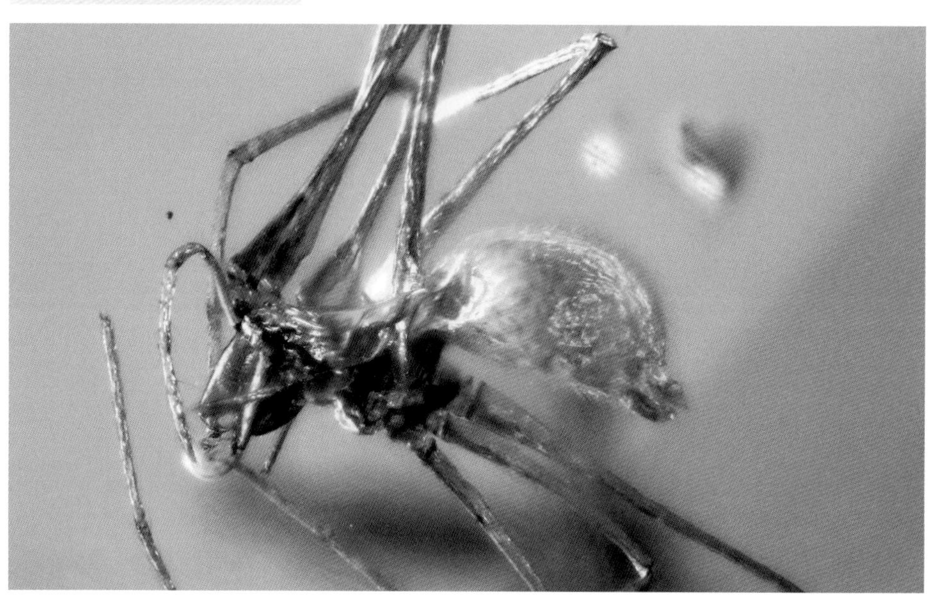

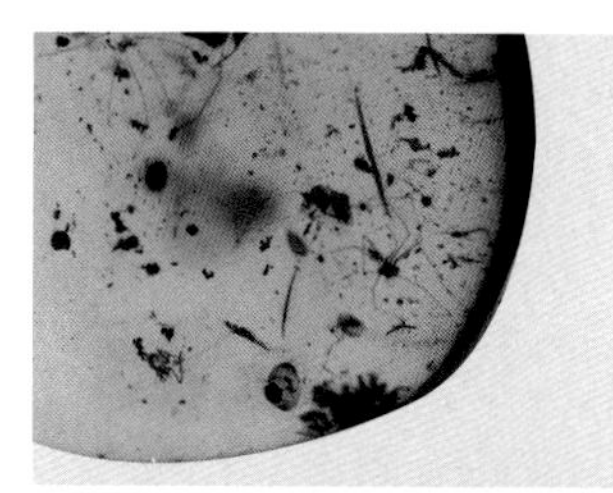

幽灵蛛科 *Pholcidae*

幽灵蛛（雌）
Pholcidae sp.

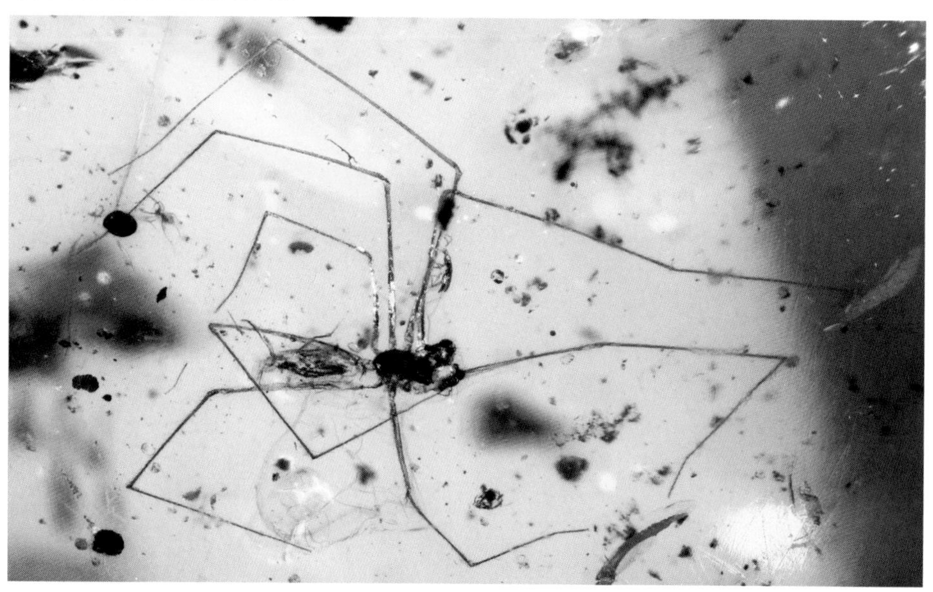

蟹蛛科 *Thomisidae*

蟹蛛
Thomisidae sp.

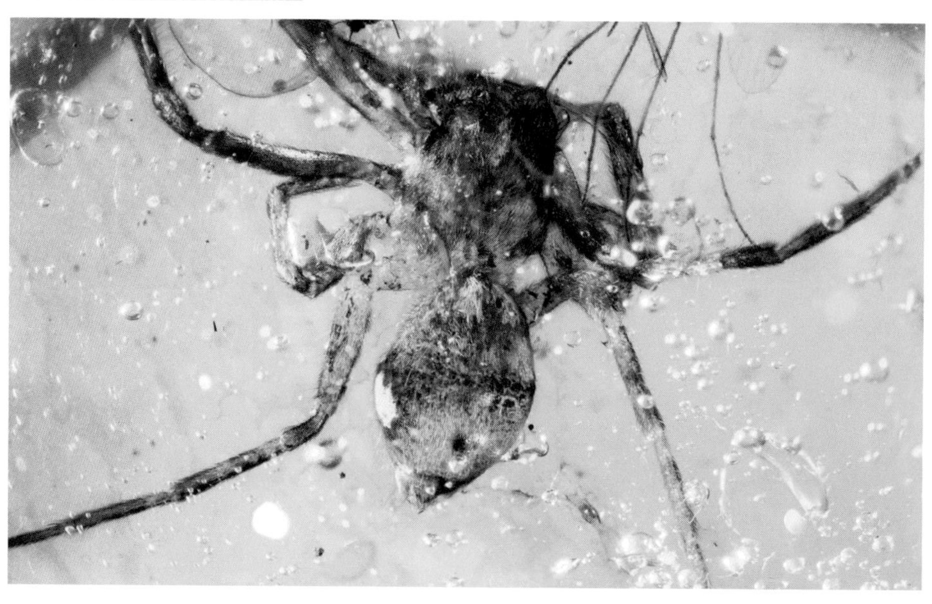

蟹蛛科 *Thomisidae*

BU 蟹蛛
Thomisidae sp.

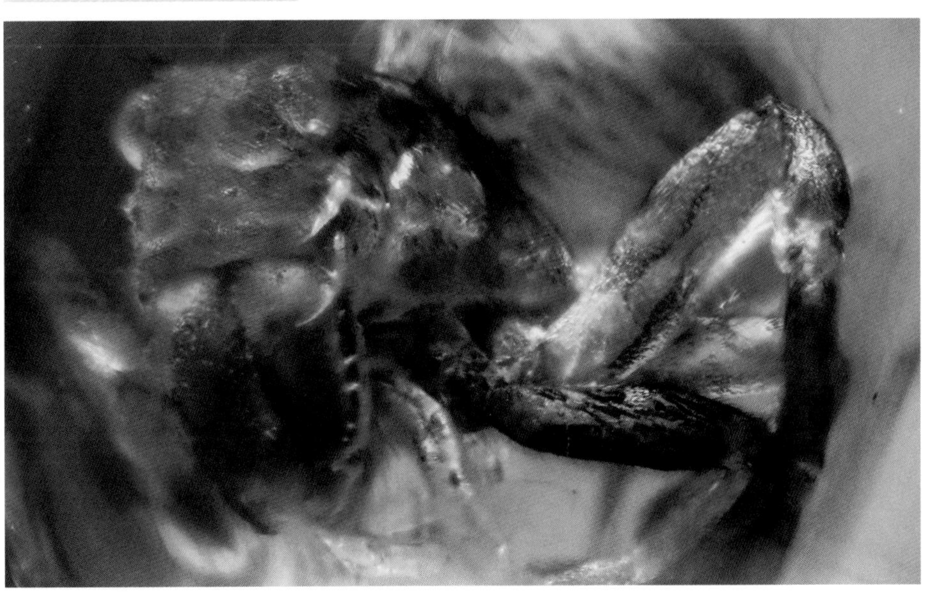

蟹蛛科 *Thomisidae*

BU 蚁蟹蛛
Amyciaea sp.

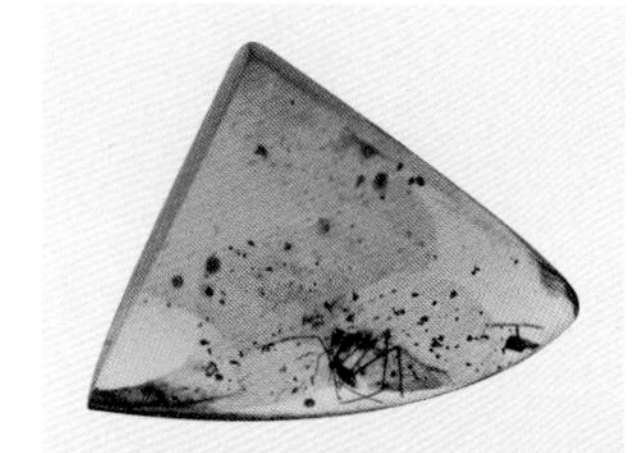

褛网蛛科 *Psechridae*

褛网蛛
Psechridae sp.

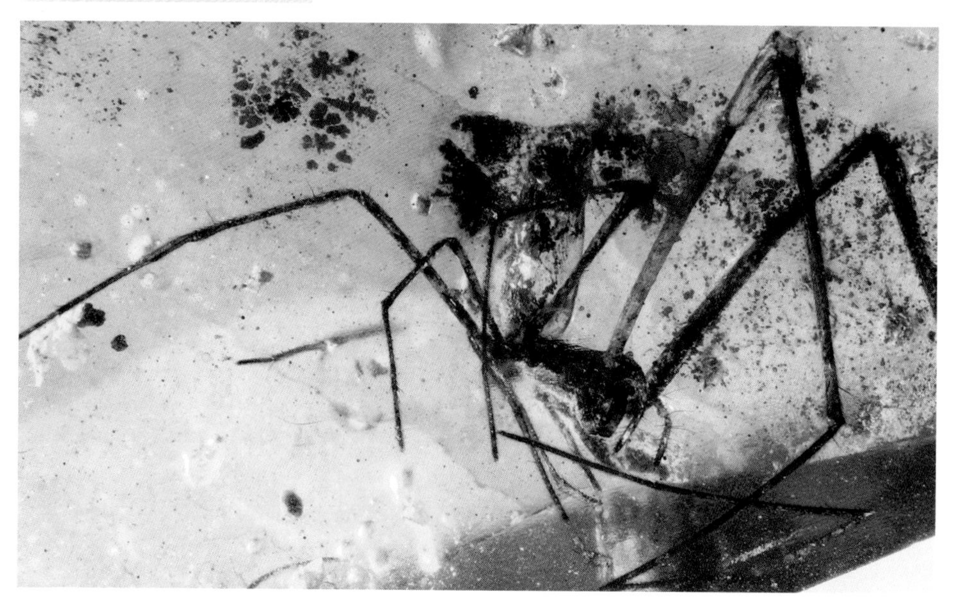

管巢蛛科 *Clubionidae*

管巢蛛（雌）
Clubionidae sp.

管巢蛛科 *Clubionidae*

BU 管巢蛛（幼体）
Clubionidae sp.

异纺蛛科 *Hexathelidae*

BU 异纺蛛（幼体）
Hexathelidae sp.

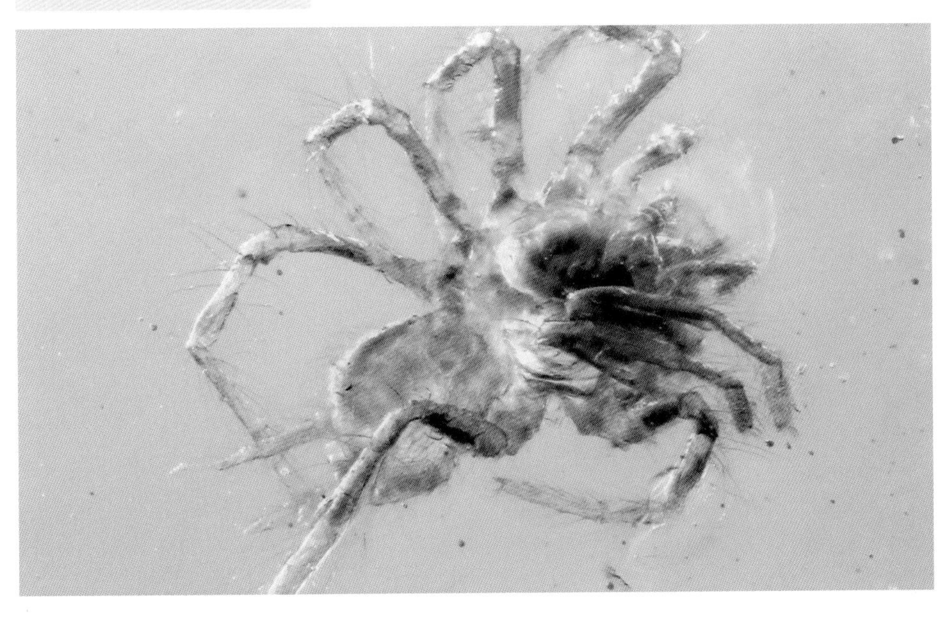

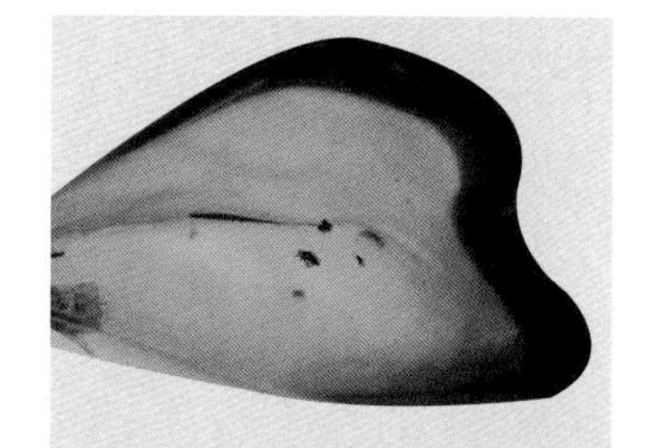

卵形蛛科 *Oonopidae*

卵形蛛（雌）
Oonopidae sp.

妩蛛科 *Uloboridae*

涡蛛（雌）
Octonoba sp.

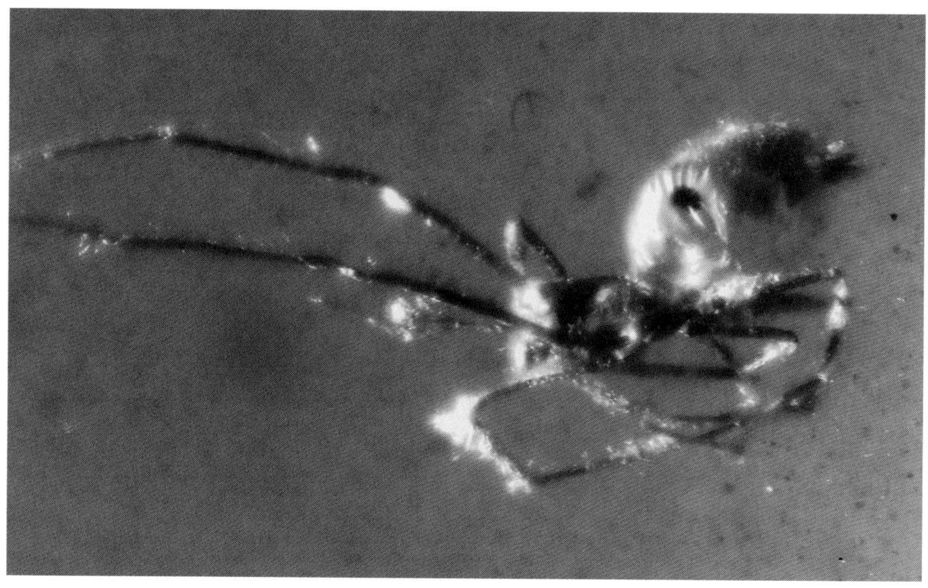

妩蛛科 *Uloboridae*

妩蛛
Uloboridae sp.

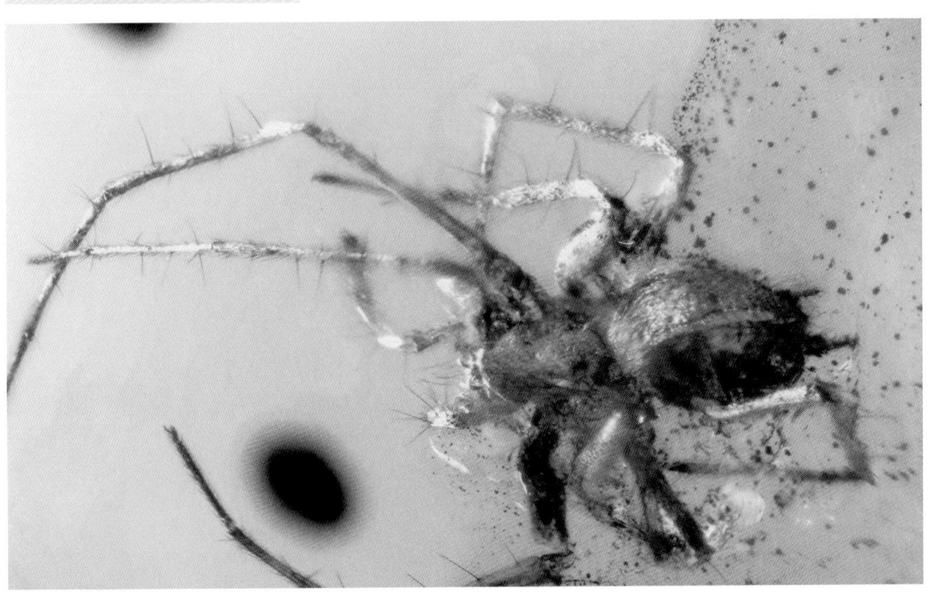

跳蛛科 *Salticidae*

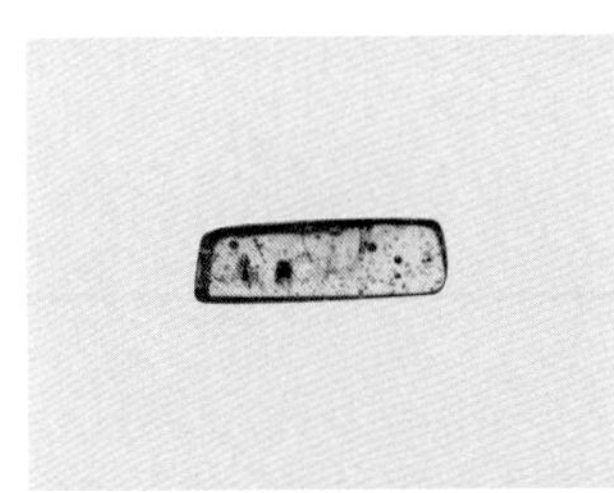

跳蛛
Salticidae sp.

跳蛛科 *Salticidae*

跳蛛
Salticidae sp.

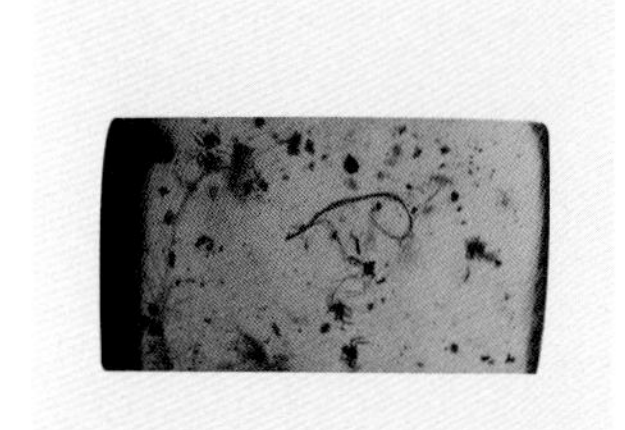

跳蛛科 *Salticidae*

跳蛛
Salticidae sp.

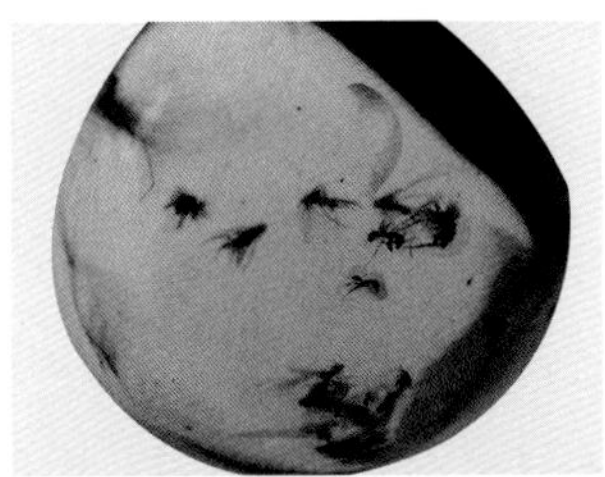

跳蛛科 *Salticidae*

跳蛛（幼体）
Salticidae sp.

跳蛛科 *Salticidae*

跳蛛（雌）
Salticidae sp.

盔蛛科 *Terablemmidae*

鹿角盔蛛
Electroblemma bifida

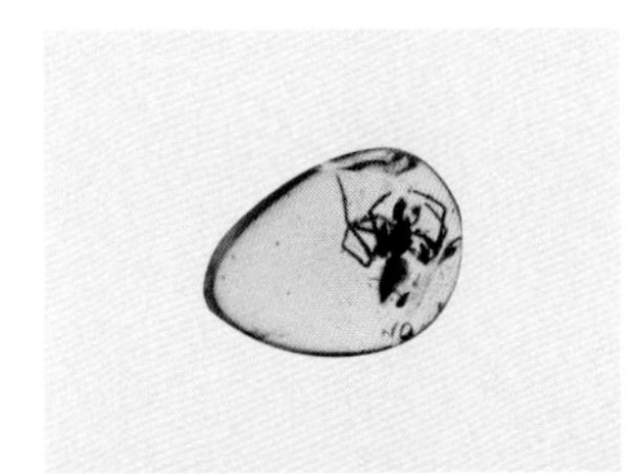

猫蛛科 *Oxyopidae*

猫蛛（雄性亚成体）
Oxyopidae sp.

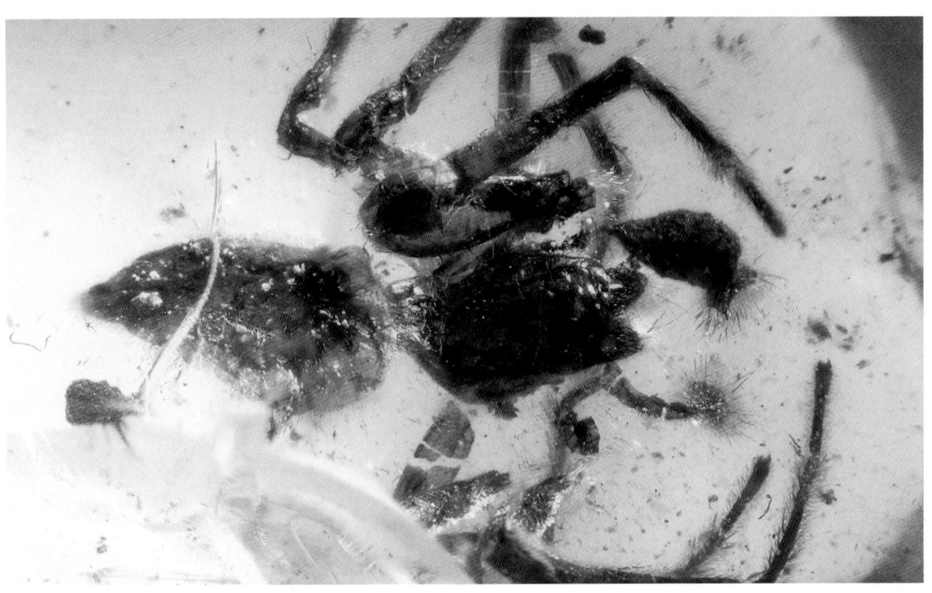

光盔蛛科 *Liocranidae*

膨颚蛛（雄）
Oedignatha sp.

Amblypygi

无鞭目

无鞭目统称鞭蛛或无鞭蝎，体长 5 ~ 60 mm，是节肢动物门螯肢动物亚门蛛形纲的 1 个目，全世界已知 5 科 17 属 155 种，生活在美洲、亚洲和非洲的热带和亚热带地区。鞭蛛的第 1 对长足探定昆虫的位置后，触肢迅速捕获猎物，使之不能动弹。螯肢撕裂猎物，像蜘蛛那样吸食液汁。书肺 2 对，位于第 2，3 腹节的腹侧。

鞭蛛交配时，雄体颤动触角状足，并向雌体摇动身体。产出精荚，用触肢和第 1 足引导雌体到精荚上取精液。每次产卵 6 ~ 60 粒。将产卵时，生殖腺分泌纸状膜，把卵携带在雌腹的下面，直到孵出并蜕第 1 次皮。幼体爬上母腹直到蜕第 2 次皮，然后从腹部后端爬离母体。

鞭蛛昼伏夜出，白天隐蔽在木头、树皮、石块和叶下，有的在洞穴中，一般喜潮湿的环境。

最早的鞭蛛化石出现于石炭纪末期，自古生代至中生代和新生代均有发现。鞭蛛琥珀化石则记录于缅甸、印度、墨西哥和多米尼加琥珀中，数量极为稀少。本书收录了一个来自缅甸的鞭蛛琥珀化石[a]，与已经记录的缅甸琥珀种类明显不同，有待进一步研究。

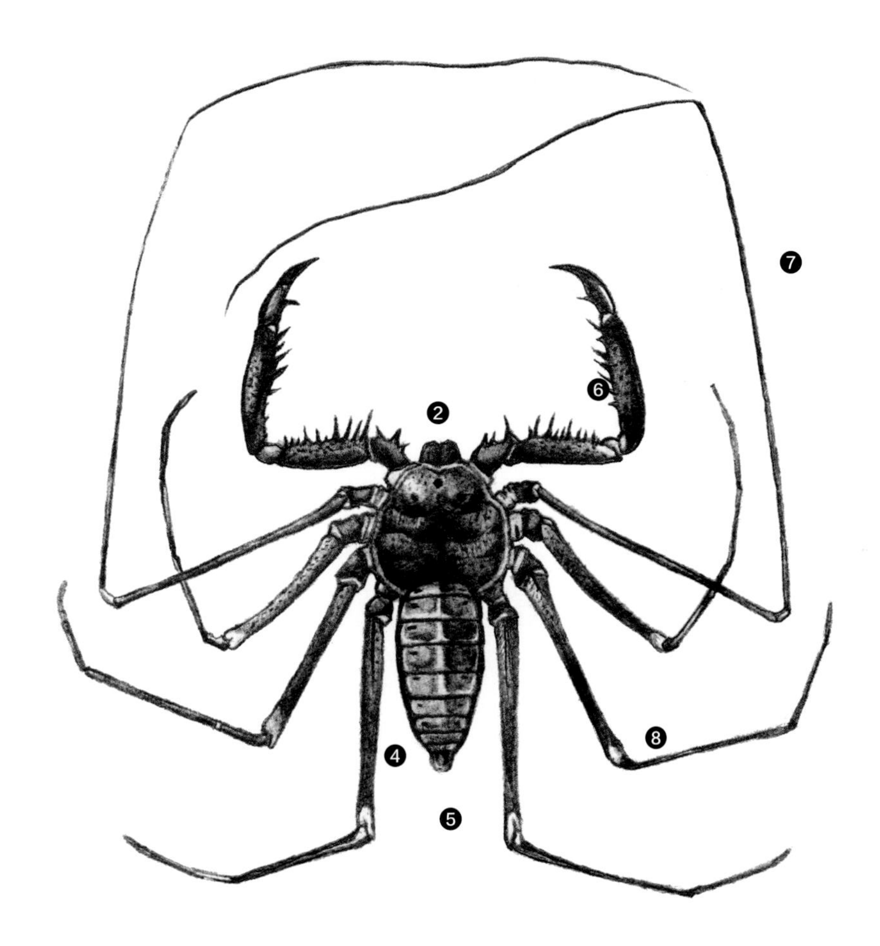

❶ 体扁平；

❷ 前体宽大于长，由一背甲覆盖；

❸ 眼 8 个，其中，中眼 2 个，两组侧眼各 3 个；

❹ 后体 12 节，第 1 节形成腹柄；

❺ 体后端无鞭；

❻ 螯肢 2 节，其形状和功能很像蜘蛛的螯肢，但内部无毒腺；

❼ 第 1 对足细长，胫节和跗节分成许多小节，有感觉功能，通常一根伸向前方，另一根伸向体的某一侧进行探索；

❽ 后 3 对步足各由 7 节组成，末端有 2 爪，有的有爪垫。

[a] 鞭蛛待定科 *Incertae Sedis*

BU 鞭蛛（雌）
Amblypygi sp.

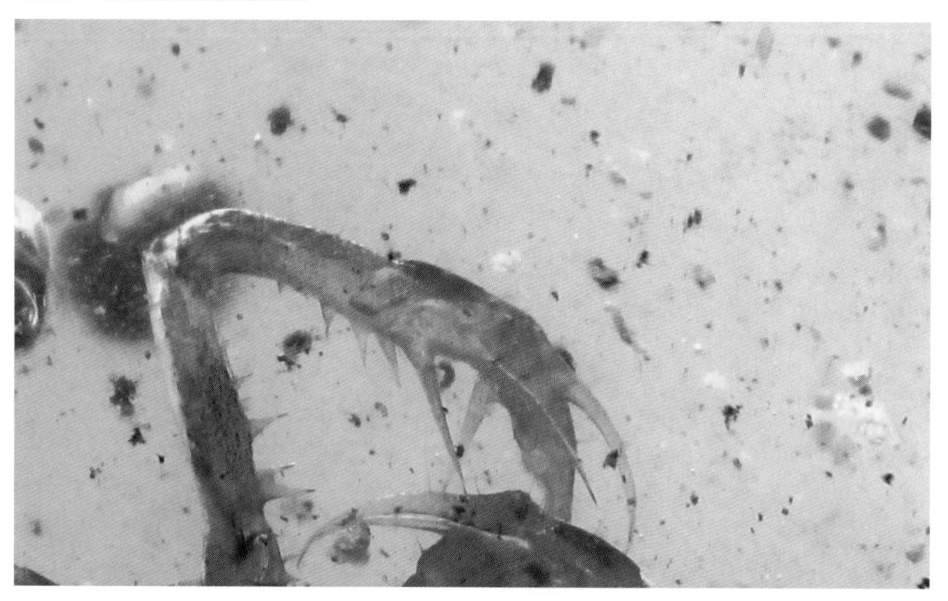

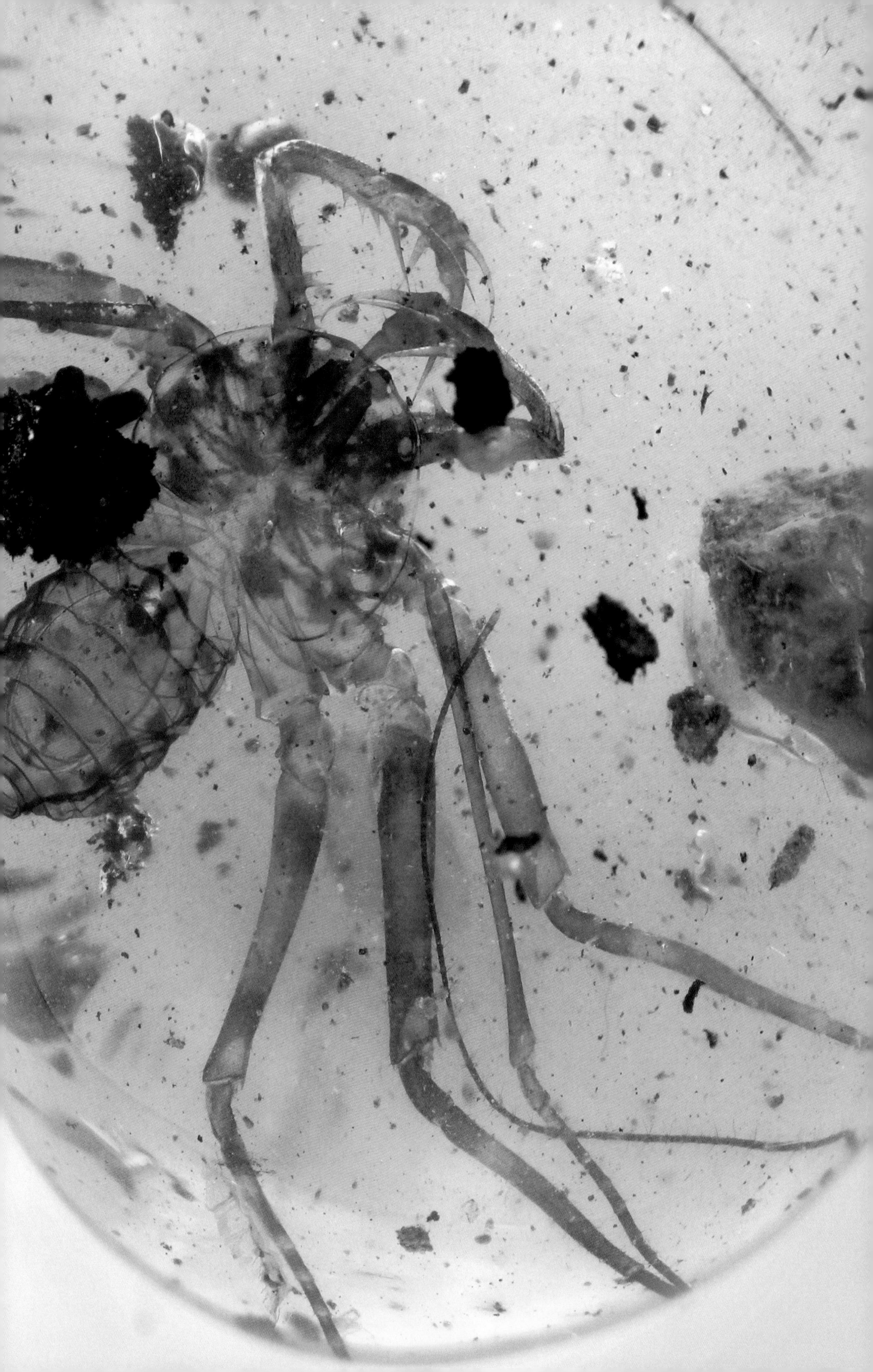

Uropygi

有鞭目

有鞭目的种类俗称鞭蝎，是蛛形纲中的 1 个小目。体长 25 ~ 85 mm，多数种类不超过 30 mm。全世界仅 1 个现生科和 1 个化石科，已记录种类超过 100 种，分布于除欧洲和澳大利亚以外的热带和亚热带地区。

鞭蝎以蟑螂、蟋蟀、蝗虫、蚂蚁等昆虫为食，由触肢捉住并撕裂猎物，然后转给螯肢。

鞭蝎受惊时，举起腹部后端，射出肛门腺的分泌液。鞭蝎的分泌物中含 84%的醋酸和 5%的辛酸，辛酸使醋酸穿入来犯的节肢动物体内。这种液体能灼伤人的皮肤。

交配时，雄体以螯肢夹住雌体的第 1 足的末端，雌体生殖区捡起雄体所产的精荚。鞭肛蝎以触肢把精荚塞入雌孔。三盾蝎的雌体用螯肢夹住雄体的鞭，雄体把雌体拉到精荚上面。雌体在隐蔽处产卵不超过 40 个，并守候到卵孵化。幼蝎附在母背上脱皮数次才离散。母蝎不久即死亡。有些种类需 3 年才成熟。

鞭蝎夜间活动，白天则隐蔽在叶、石块等下面。少数生活在沙漠中，但大多数喜欢潮湿的生境，行动一般迟缓。

有记载的鞭蝎化石全世界只有 3 种，均为石质，而琥珀化石尚无正式的记录。本书收录的鞭蝎琥珀化石 [a] 来自缅甸琥珀，弥足珍贵。

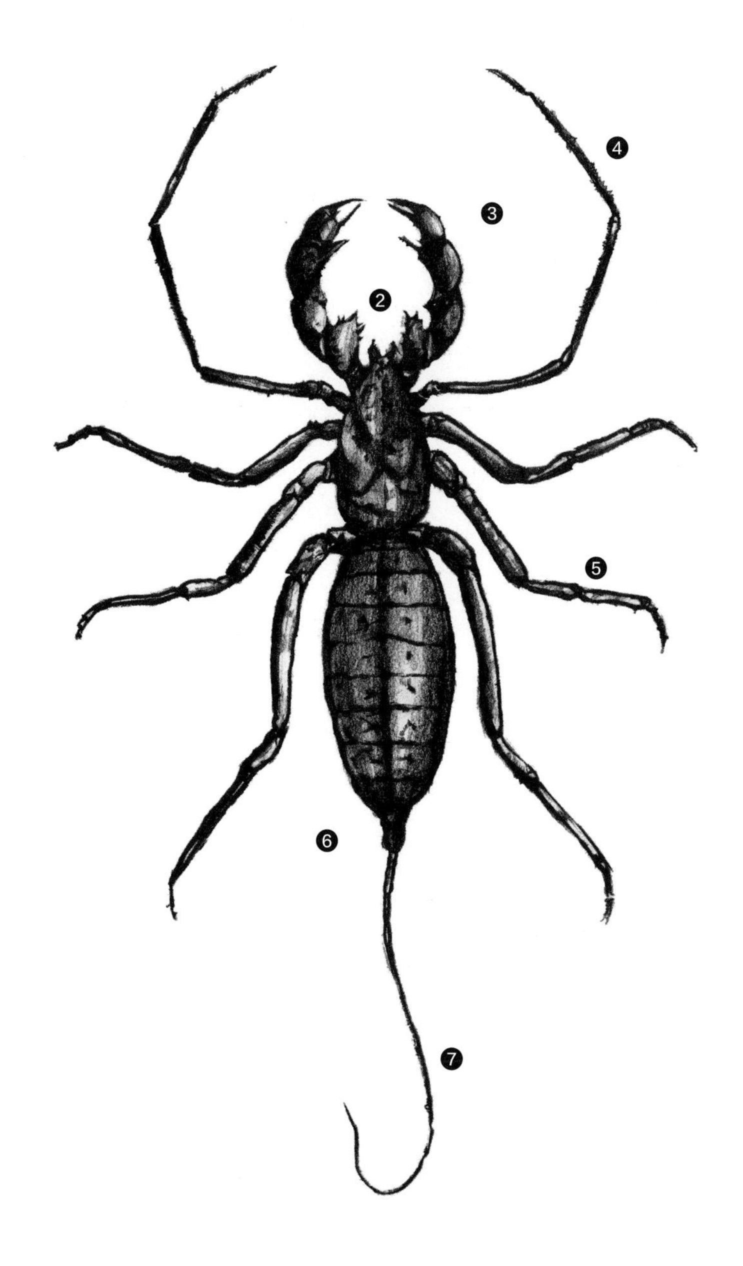

❶ 体躯分前体和后体两部分；

❷ 前体有背甲覆盖，背甲上有 8 ~ 12 个眼，分 3 组，在近前端的中部有 1 组，为 2 个中眼，两侧各 1 组，各由 3 ~ 4 个眼组成；

❸ 螯肢分 2 节，第 2 节为螯牙，与基节的突出部组成钳；

❹ 触肢粗壮，分基节、转节、腿节、胫节、基跗节和跗节 6 节；

❺ 步足一般分 7 节，第 1 足感受化学刺激和湿度，不用于步行，第 2 ~ 4 对步足为步行足；

❻ 后体（腹部）由 12 节组成，第 10 ~ 12 节退化，非常小，其各节的背板和腹板愈合；

❼ 第 12 腹节之后为尾鞭，由 30 ~ 40 小节组成。

[a] 鞭蝎待定科 *Incertae Sedis*

鞭蝎
Thelyphonida sp.

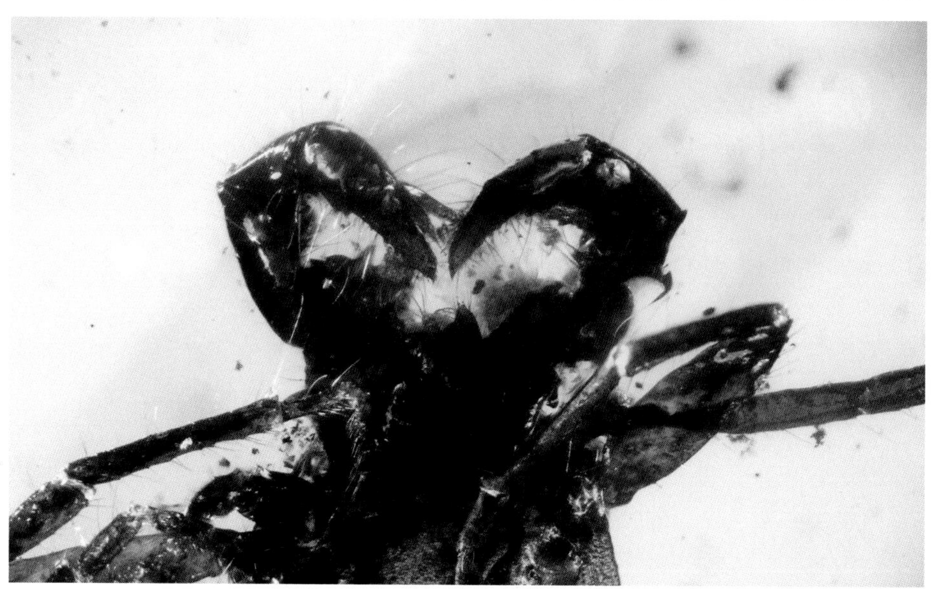

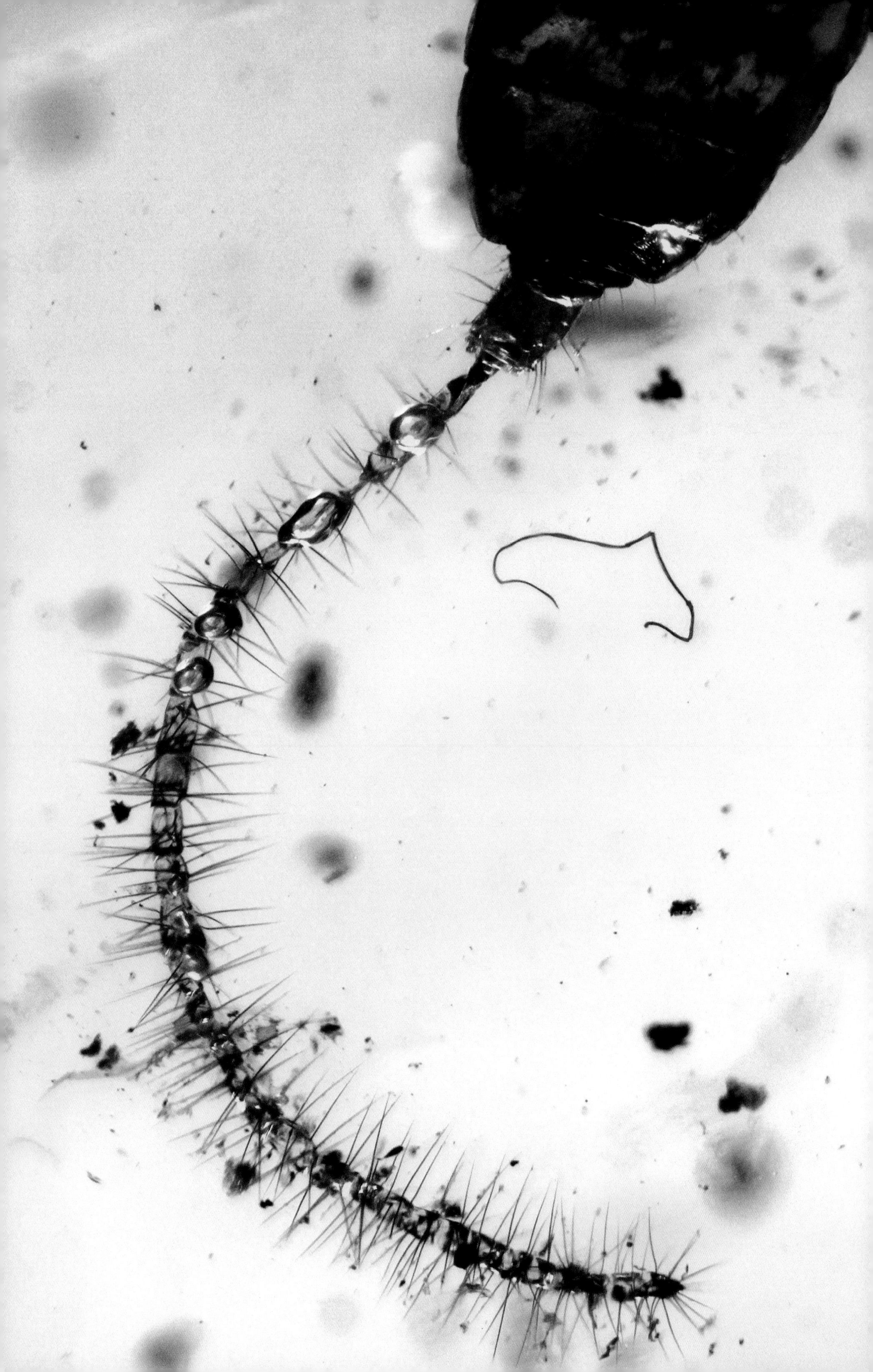

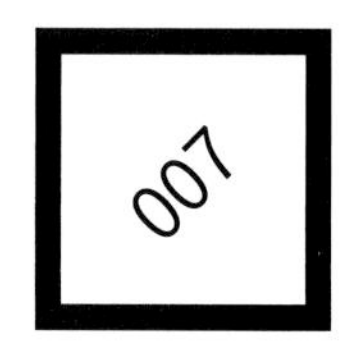

Schizomida

裂盾目

裂盾目俗称裂盾，又称短尾鞭蝎，是蛛形纲的1个小目，其体长不足10 mm，体柔软。裂盾分布于非洲、亚洲和美洲的热带地区。

陆生，生活在石块下、倒木下或落叶层中。

全世界裂盾仅3科（包括1个化石科），已记录种类超过260种。

此前已经报道的所有裂盾化石都出自新生代，其中4种石质的裂盾化石有3种来自美国亚利桑那州，1种来自中国山东东营，另外两种琥珀裂盾化石均来自多米尼加。本书记载的缅甸裂盾[a]琥珀，属白垩纪，是最早的裂盾记录。

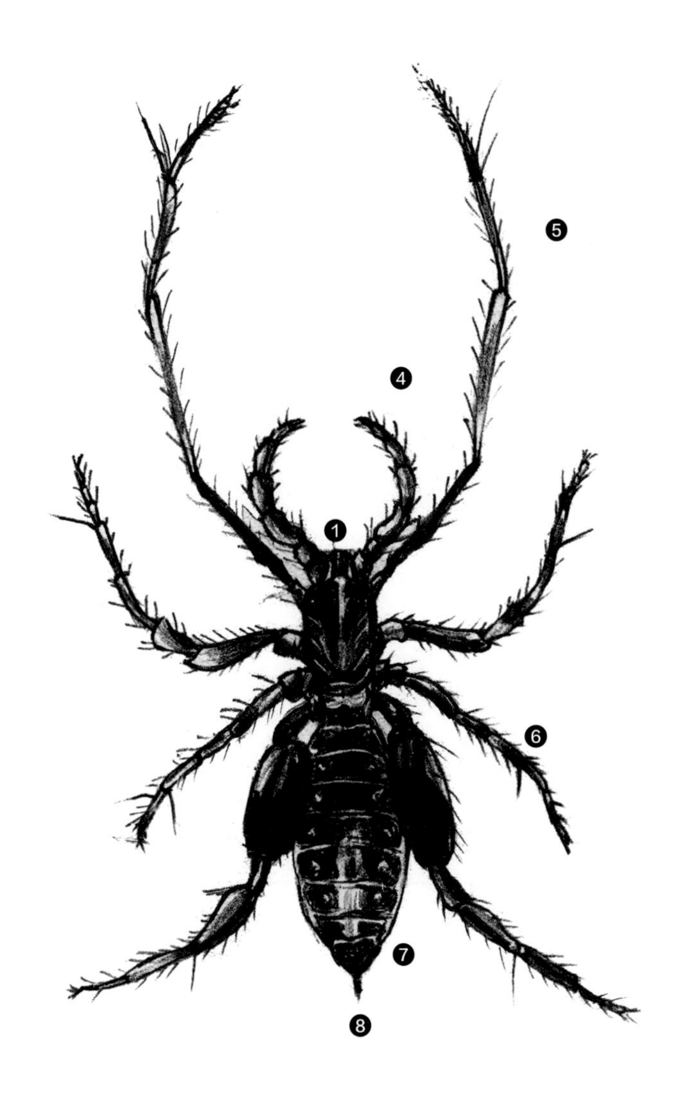

❶ 前体分成 3 部分，前面的一大区由 1 块大的前盾板覆盖，小的中区（第 3 步足）有 1 对小的中盾板，稍大的后区（第 4 步足 ）有 1 对较大的后盾板覆盖；

❷ 无眼；

❸ 螯肢分 2 节，钳状；

❹ 触肢步足状，分 6 节；

❺ 第 1 步足为触角状器官，非步行用，基节特别长，无膝节，跗节分成 8 节，无爪；

❻ 第 2–4 对步足各由 7 节组成，跗节末端有 3 爪；

❼ 腹部由 12 节组成，第 1 节缩小而形成腹柄，第 2–9 节宽，各有背板和腹板，并有侧膜相连，第 10–12 节细，组成后腹部，其背板和腹板愈合；

❽ 后面有由 1–4 节组成的短鞭，鞭的形状，雌、雄不同。

[a] 裂盾待定科 *Incertae Sedis*

裂盾（雌）
Schizomida sp.

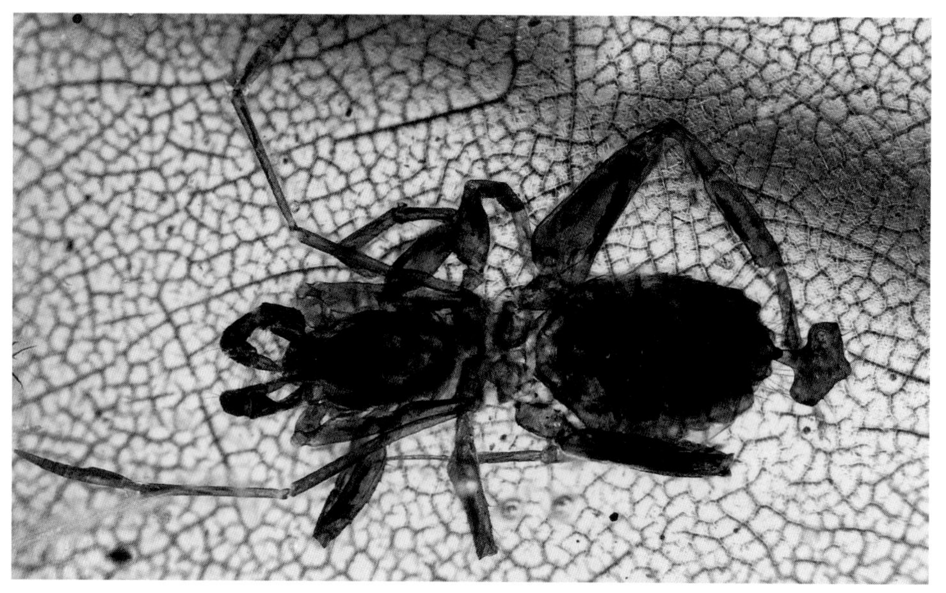

[a] 裂盾待定科 *Incertae Sedis*

裂盾（雄）
Schizomida sp.

Ricinulei

节腹目

节腹目统称节腹蛛，是蛛形纲的1个小目，现生种仅1个科，已知58种，外形很容易被误认为是蜘蛛，见于非洲和美洲的热带地区。

节腹蛛生活在腐木下、落叶下和洞穴中，取食小型节肢动物。雄性外生殖器位于第2足的跗节第1节，其内有吸管。雄虫交配前先吸入精液，交配时用第3对足从背面抱住雌虫，然后将交配突插入雌虫生殖孔，完成交配过程。产卵的情况不清楚，但节腹蛛属的一种把单个的卵携带在头盖下。孵出的幼体像蜱螨的幼体，具6足。

节腹蛛化石记录相当稀少，仅17种，分属2个科，其中15种节腹目化石发现于欧洲和北美的石炭纪地层中，另外两种发现于缅甸琥珀中。本书收录其中一种缅甸琥珀化石节腹蛛[a]，是非常难得的记录。

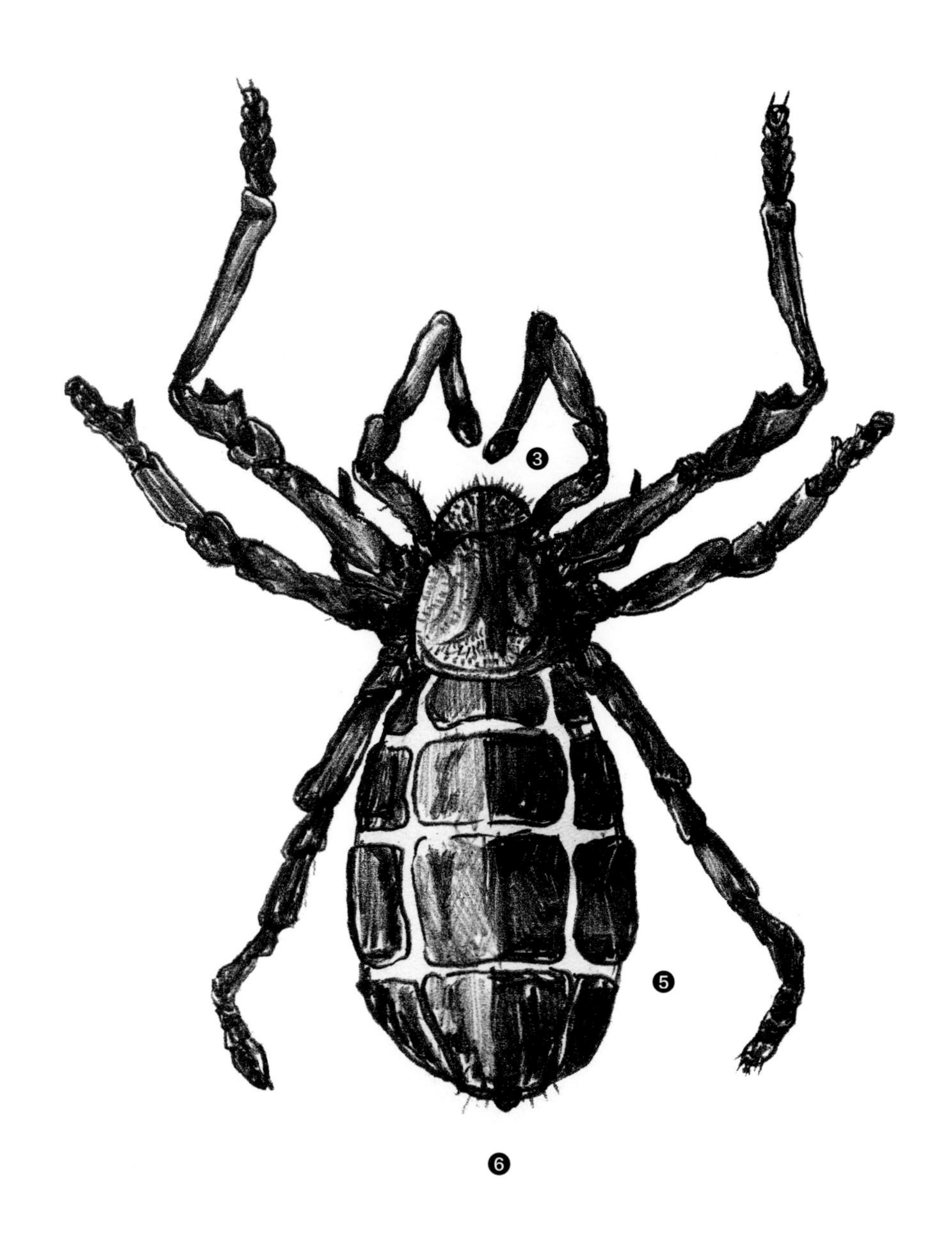

❶ 体短粗，长 5 ~ 10 mm；

❷ 无眼；

❸ 背甲近方形，前缘有 1 片可动的头盖；

❹ 头盖下垂时能保护口和螯肢；

❺ 腹部可以看到明显的分节；

❻ 腹部的前方形成腹柄，后端形成 1 个突起，末端有肛门。

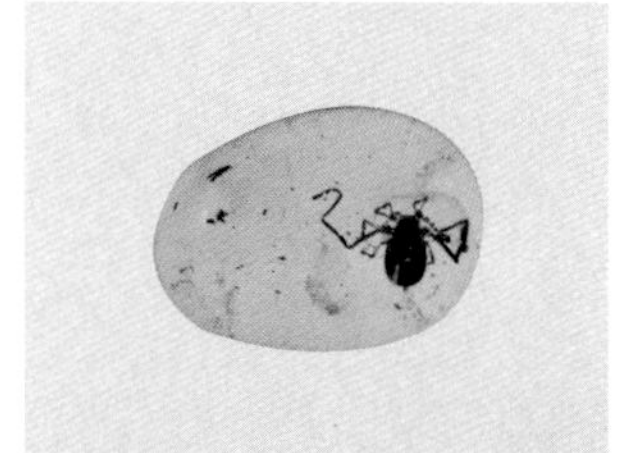

[a] 泊节腹蛛总科 *Poliocheroidea*

BU

白垩泊节腹蛛
Poliochera cretacea

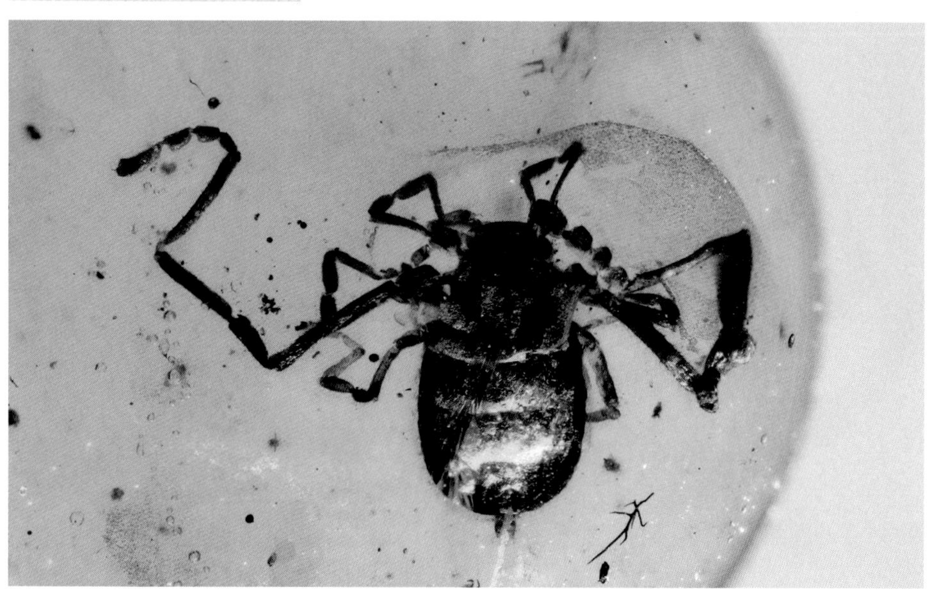

[a] 泊节腹蛛总科 *Poliocheroidea*

BU

白垩泊节腹蛛
Poliochera cretacea

Acari

蜱螨目

大多数分类学家认为，蜱螨是蛛形纲的一个亚纲，其下又分若干总目或者目。本书为了方便阅读，依旧沿用蜱螨目这一名称。

全世界已知蜱螨有超过 50 000 种，包括了蜱、螨、疥螨、恙螨、寄螨等类群。蜱螨的体型大多数比较细小，即使是最大的，也只有 10 mm 左右。

蜱螨类生活史可分为卵、幼虫、若虫和成虫等期。幼虫有足 3 对，若虫与成虫则有 4 对。若虫与成虫形态很相似，但生殖器官未成熟。在生活史发育过程中有 1 ~ 3 个或更多若虫期。成熟雌虫可产卵、产幼虫，有的可产若虫。发育阶段雌雄有别。雌性经过卵、幼螨、第一若螨、第二若螨到成螨；雄性则无第二若螨期。有些种类进行孤雌生殖。繁殖迅速，一年最少 2 ~ 3 代，最多 20 ~ 30 代。

有些螨生活在陆地上，有些则生活在水中；有些以农作物与果树叶为食， 是农作物的害虫；有些身上带着能够产生疾病的微生物；有些螨则是有益的，它们以蚜虫卵和线虫类幼虫为猎物。蜱生活在陆地上，主要在森林和牧场。蜱是会吸血的寄生虫，它能携带病菌，通过叮咬把病菌传给哺乳动物、鸟、爬行动物。

蜱螨在琥珀中非常常见，种类也相当多。本书收录部分来自缅甸琥珀中的蜱螨化石，其中，有刚刚吸完血，身体滚圆的软蜱[a]种类，也有背上“开花”的前气门亚目螨类[b]。

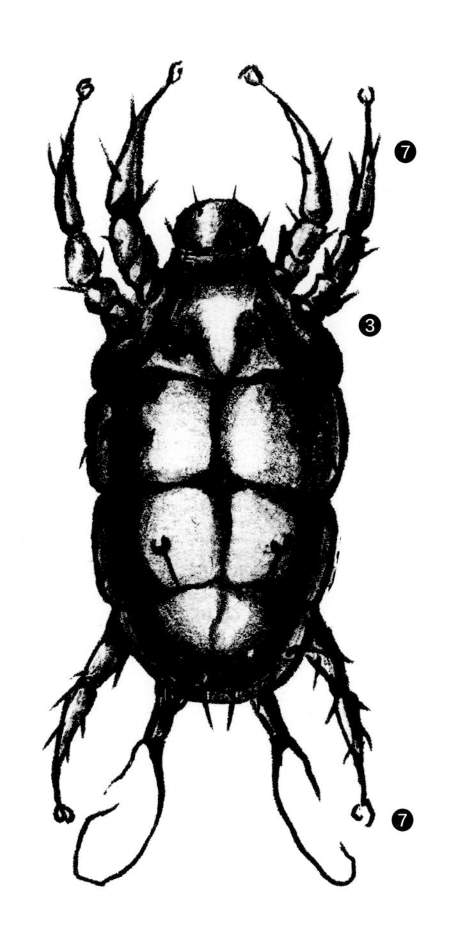

❶ 体小型，外观有圆形、卵圆形或长形等；

❷ 虫体基本结构可分为颚体，又称假头与躯体两部分；

❸ 身体通常由 4 个体段构成，分别为颚体段、前肢体段、后肢体段、末体段；

❹ 颚体段即头部，生有口器，口器由 1 对螯肢和 1 对足须组成；

❺ 有些种类有眼，多数位于躯体的背面；

❻ 口器分为刺吸式或咀嚼式两类；

❼ 腹面有足 4 对，通常分为 6 节（基节、转节、股节、膝节、胫节和跗节），跗节末端有爪和爪间突；

❽ 末体段即腹部，肛门和生殖孔一般开口于末体段腹面。

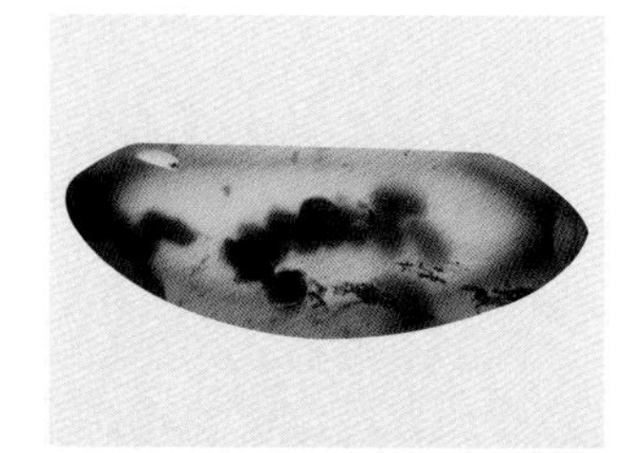

[a] 软蜱科 *Argasidae*

软蜱
Argasidae sp.

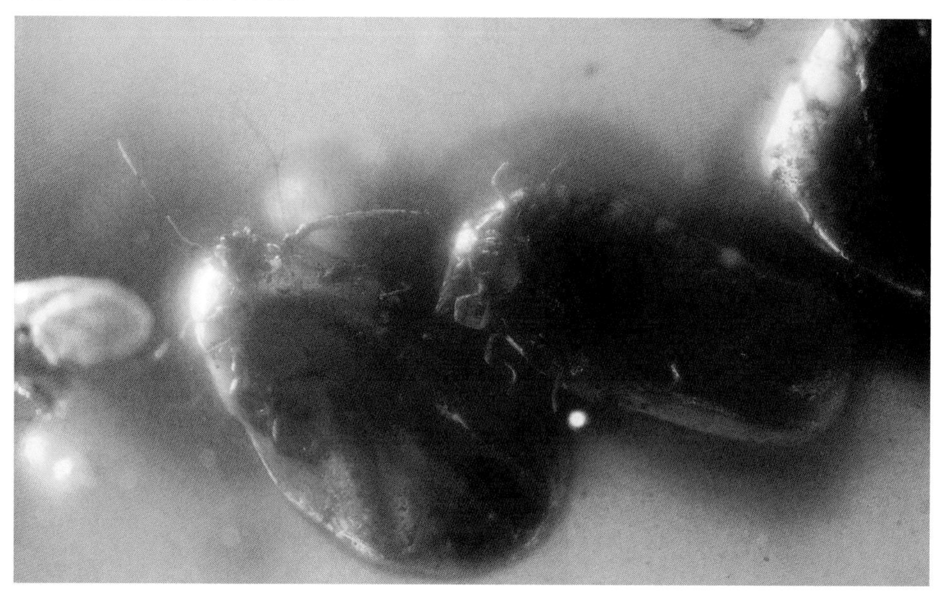

硬蜱科 *Ixodidae*

硬蜱
Ixodidae sp.

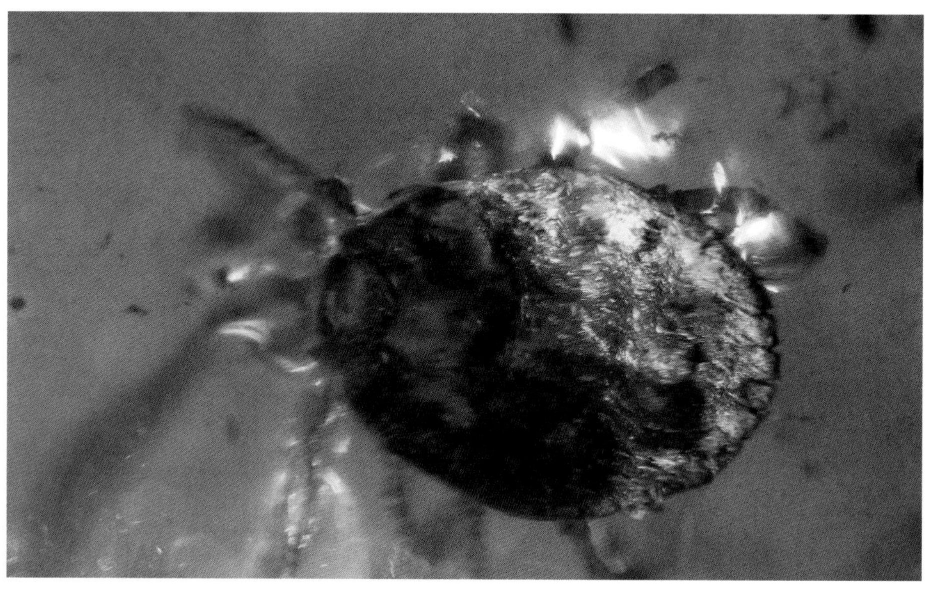

硬蜱科 *Ixodidae*

硬蜱
Ixodidae sp.

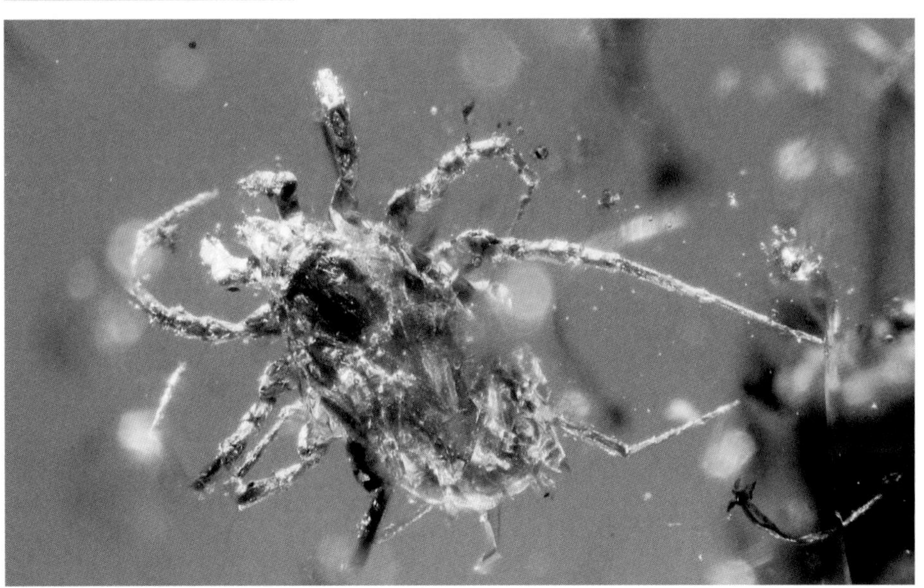

硬蜱科 *Ixodidae*

硬蜱
Ixodidae sp.

中气门亚目 *Mesostigmata*

中气门螨类
N/A

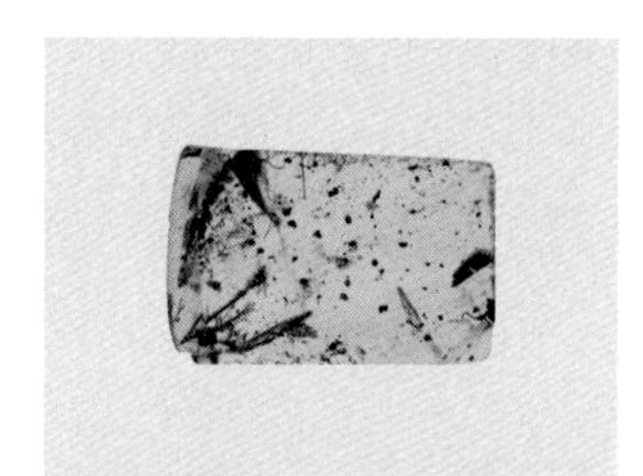

甲螨亚目 *Oribatida*

甲螨
N/A

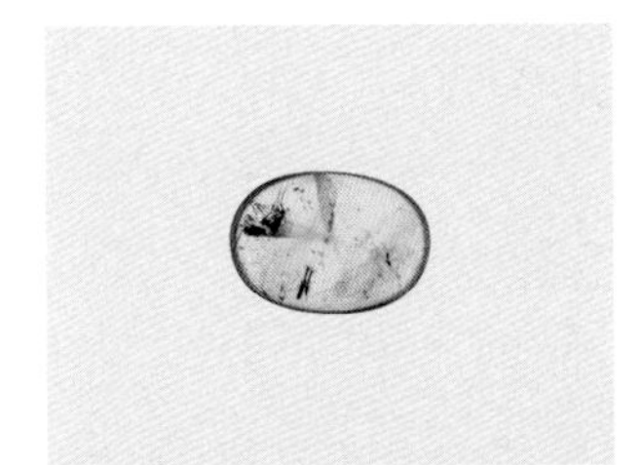

赤螨科 *Erythraeidae*

BU 赤螨（幼体）
Erythraeidae sp.

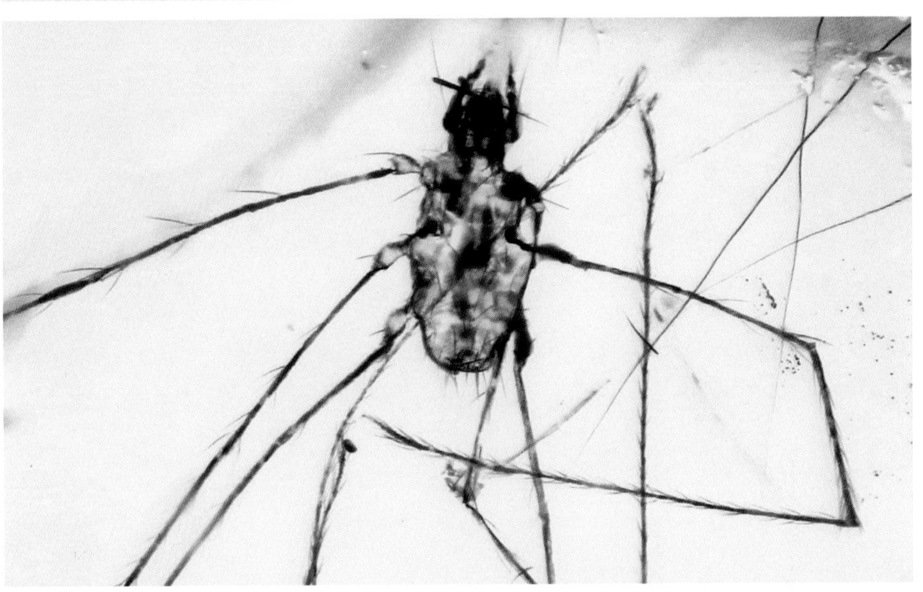

绒螨科 *Trombidiidae*

BU 绒螨
Trombidiidae sp.

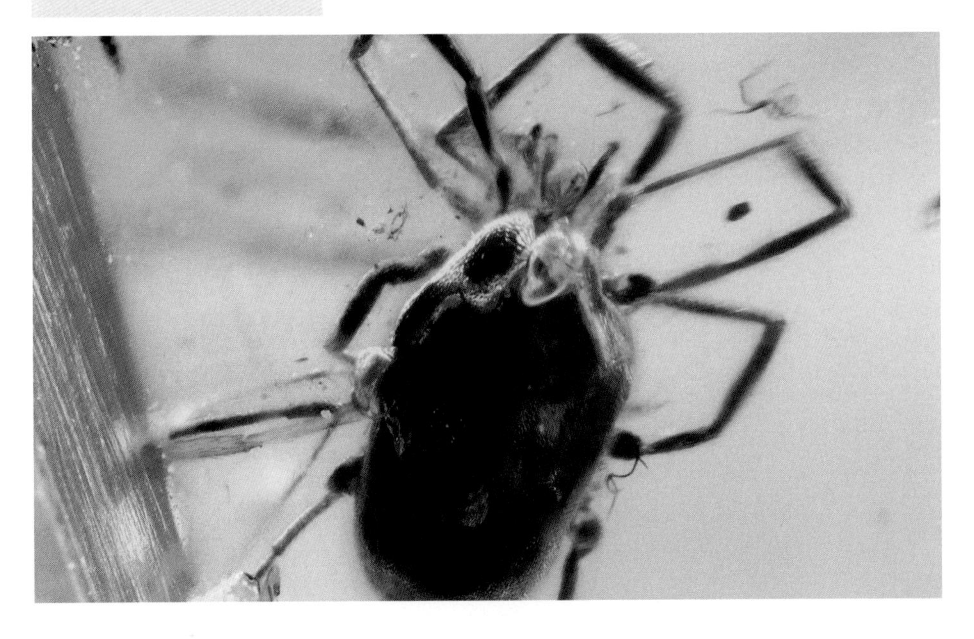

绒螨科 *Trombidiidae*

绒螨
Trombidiidae sp.

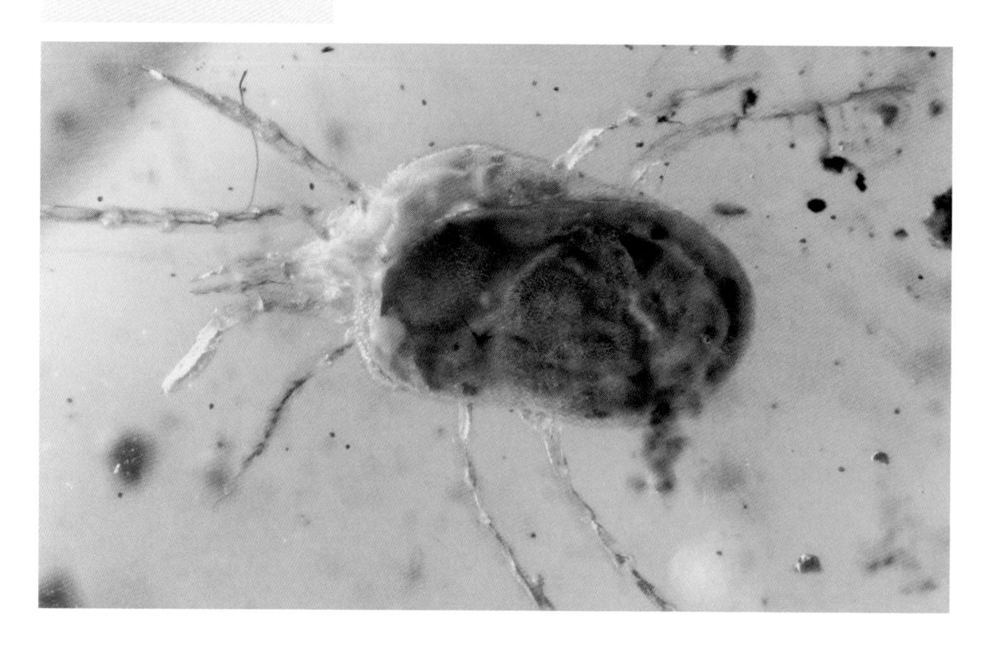

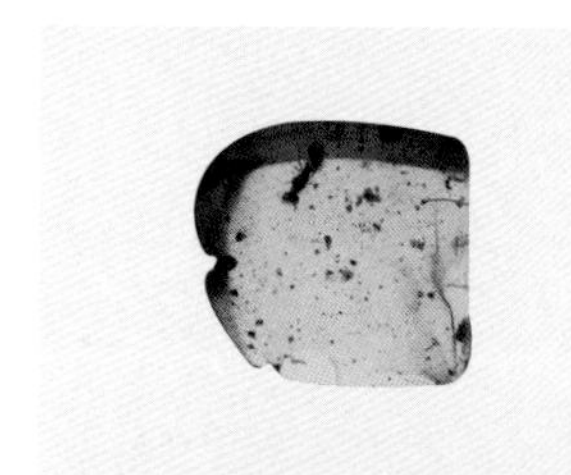

绒螨科 *Trombidiidae*

绒螨
Trombidiidae sp.

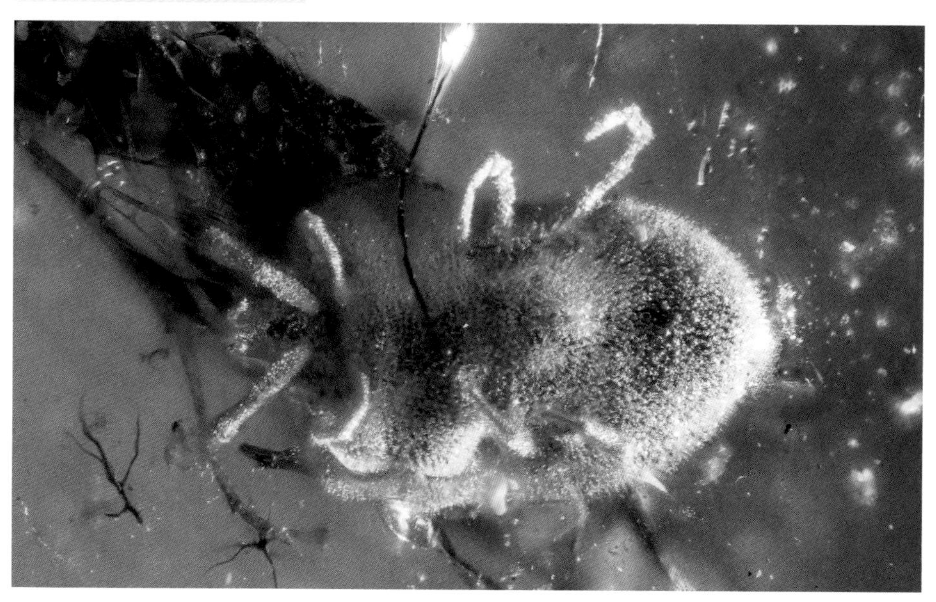

前气门亚目 *Prostigmata*

前气门螨类
N/A

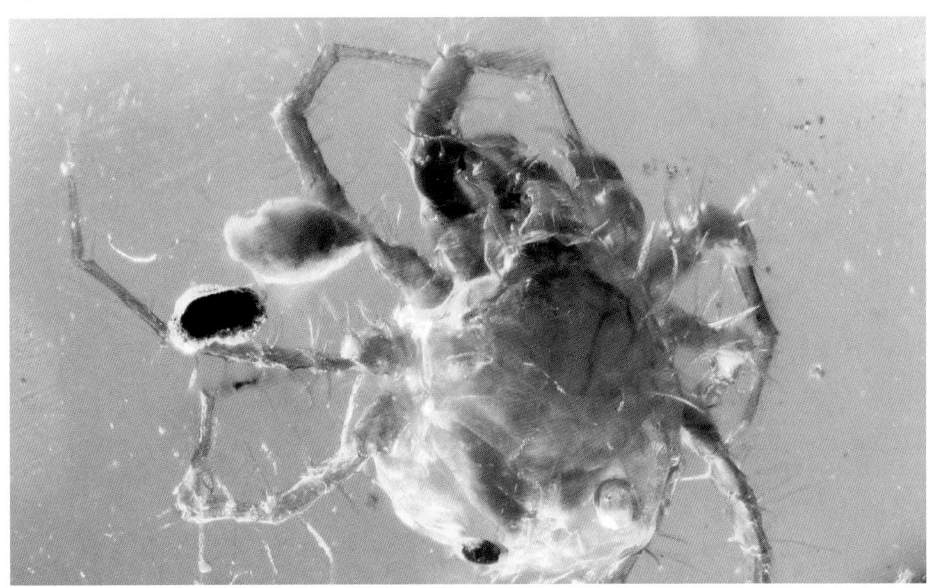

前气门亚目 *Prostigmata*

前气门螨类
N/A

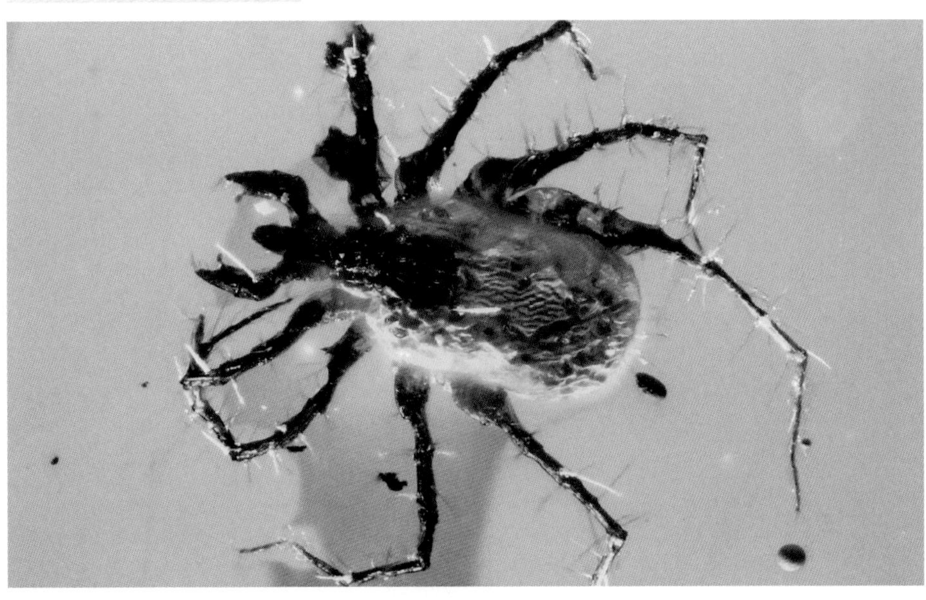

前气门亚目 *Prostigmata*

前气门螨类
N/A

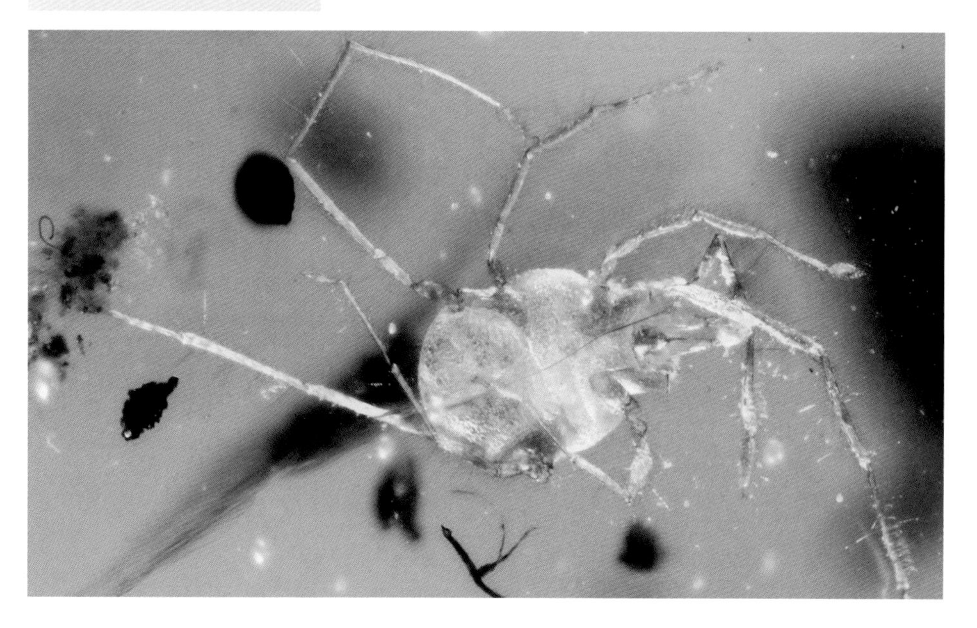

前气门亚目 *Prostigmata*

前气门螨类
N/A

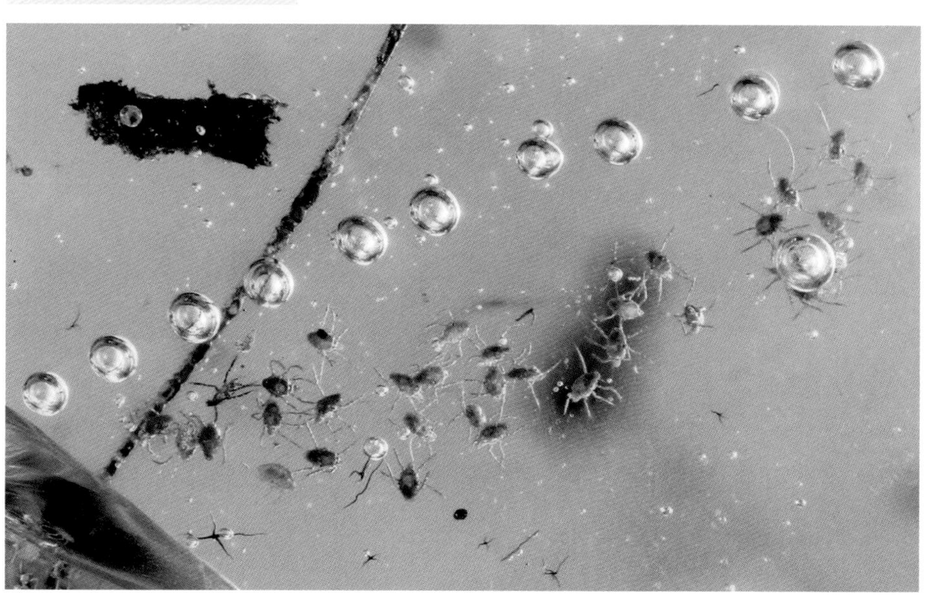

前气门亚目 *Prostigmata*

前气门螨类
N/A

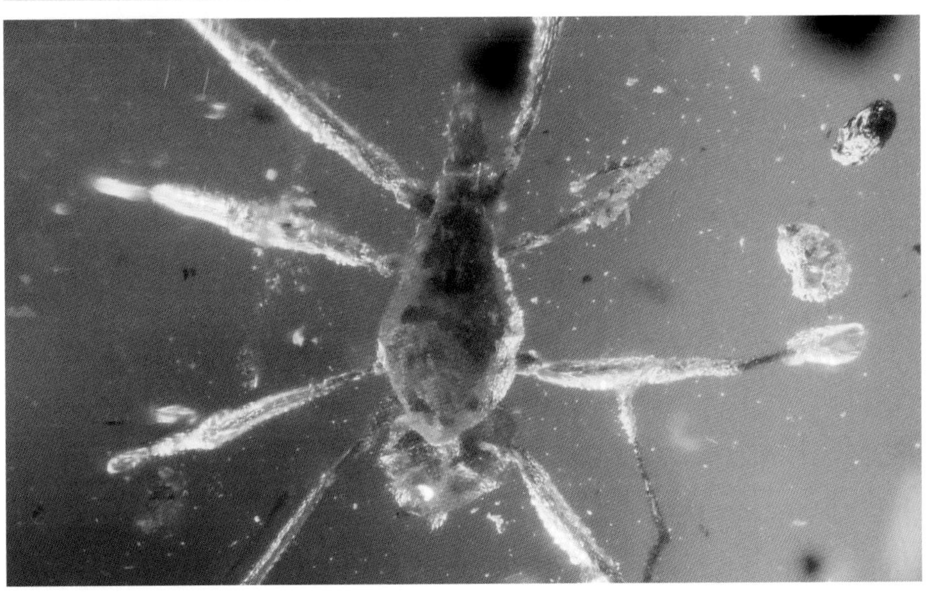

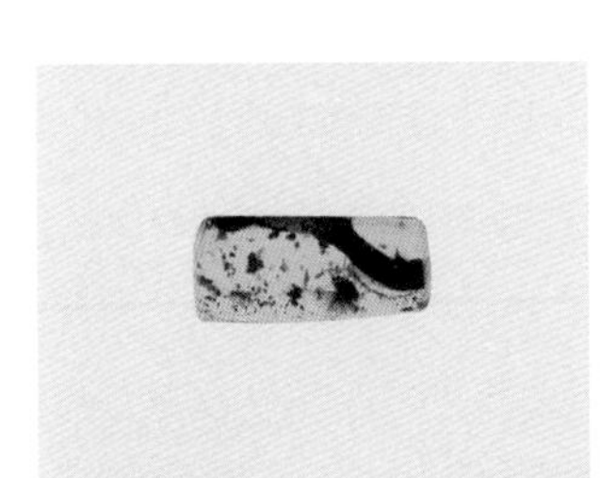

[b]前气门亚目 *Prostigmata*

前气门螨类
N/A

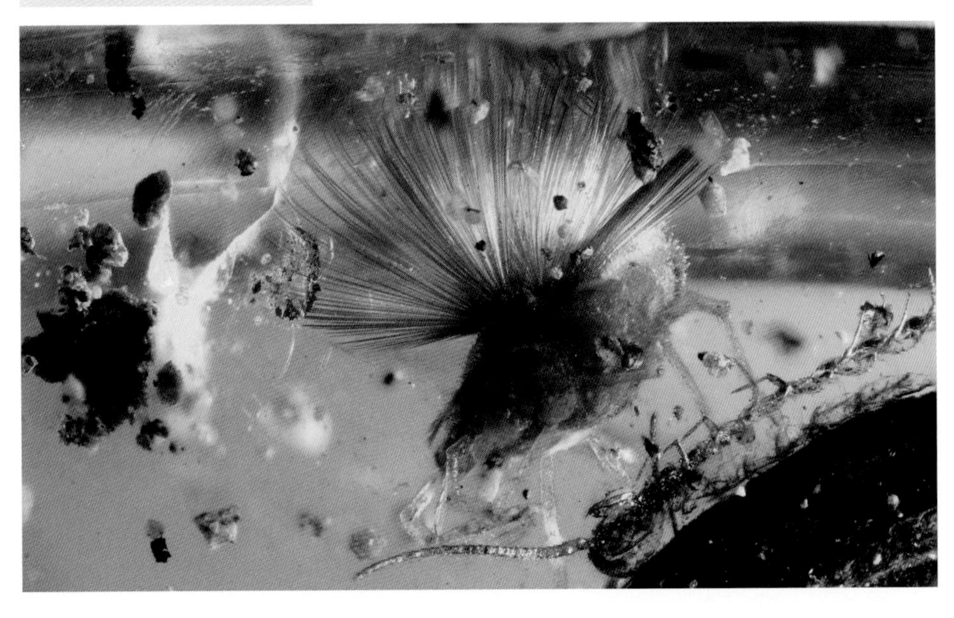

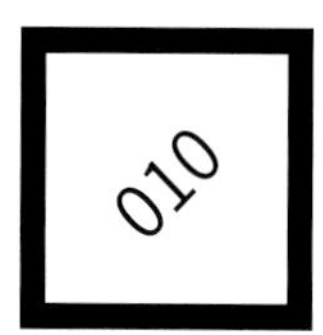

Opiliones

盲蛛目

盲蛛为蛛形纲的一个目，全世界已知 6 500 多种，生活在温、热带，多生活在潮湿的环境中，在山区的树干、草丛、石块下或墙角处经常可以发现，平时行走很慢，受惊时能快速奔跑。

一般体长（足除外）5 ~ 10 mm，但热带种类最大的体长 20 mm，足长 160 mm。相反，也有一些种类体小，足短。植食性种类步足细长，上颌及触须无明显特化；肉食性则步足粗短，上颌及触须特化成钳状之捕食构造。雌性有产卵器，位于腹部腹面正中，管状，藏在鞘内，将卵产入土中、腐木和树皮下、植物或螺壳内。有的种类营孤雌生殖。

盲蛛为掠食或腐食性，取食小型节肢动物、螺类、动物尸体和植物屑。用触肢捕物，传给螯肢，弄碎。不但吸汁液，也吃小颗粒，大部分在中肠内消化，不像蜘蛛那样能长时间耐饥。

最早的盲蛛化石发现于泥盆纪的地层中，并已经具有现代盲蛛的主要特征。由于盲蛛的身体结构以及生活环境，在石质的化石中并不多见，反而是琥珀中发现较多。在德国、波罗的海和多米尼加的新生代琥珀中，共有 15 个种类被发现。中生代琥珀中迄今只有沙玛弱盲蛛[a] *Petrobunoides sharmai* 和格氏大眼姬盲蛛[b] *Halitherses grimaldii* 被发现于缅甸琥珀中，在本书中也有收录。

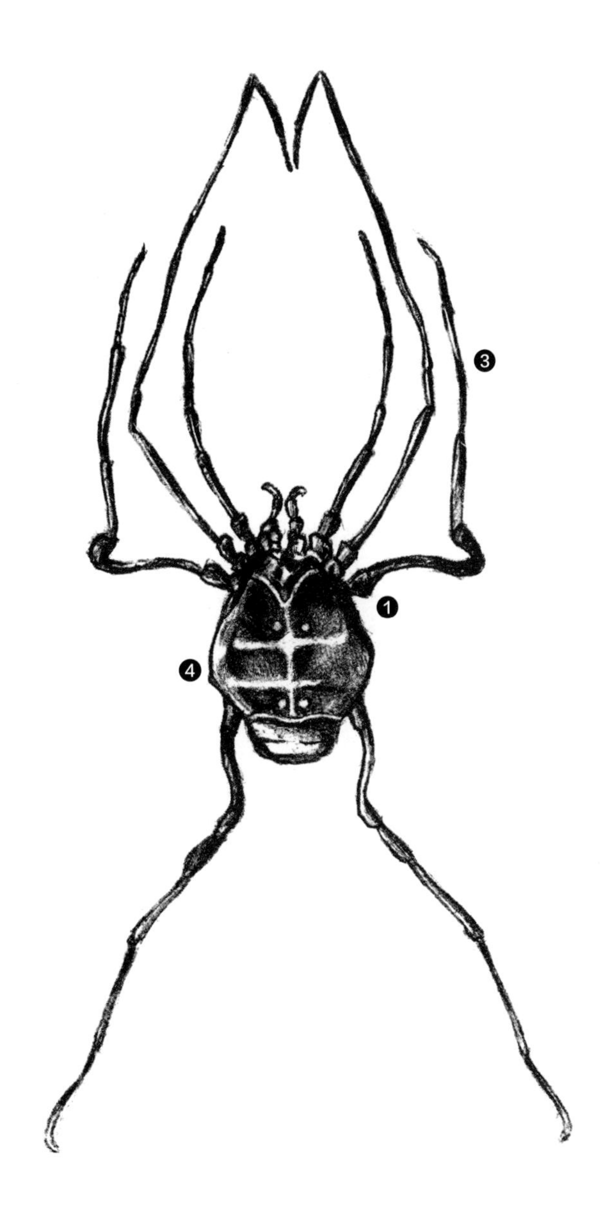

❶ 头胸部和腹部之间无腹柄，整体呈椭圆形；

❷ 背甲中部有一隆丘，其两侧各有一眼；

❸ 步足多细长；

❹ 腹部有分节的背板和腹板；

❺ 气管呼吸；

❻ 不吐丝。

a 弱盲蛛科 *Epedanidae*

BU 沙玛弱盲蛛
Petrobunoides sharmai

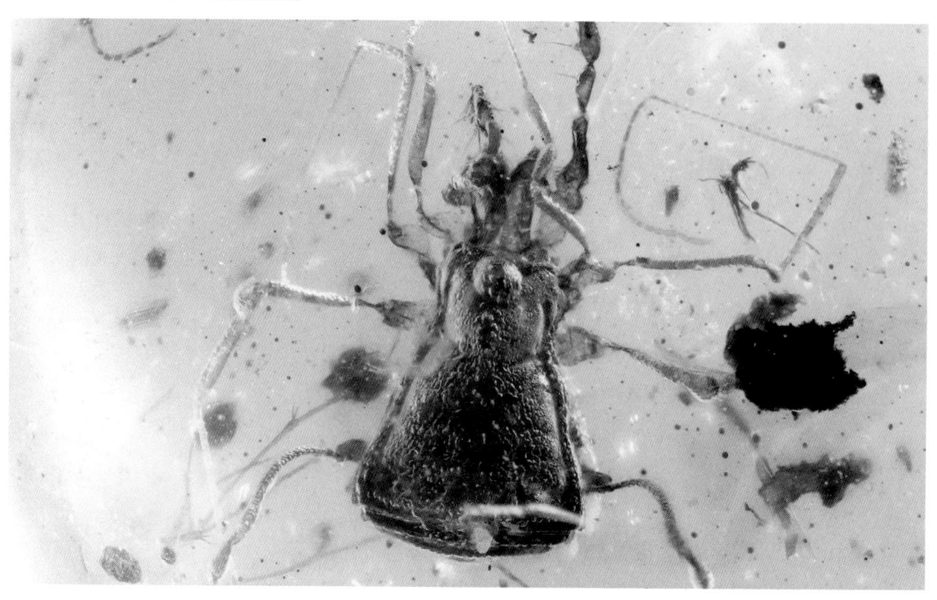

硬体盲蛛科 *Sclerosomatidae*

BU 硬体盲蛛
Sclerosomatidae sp.

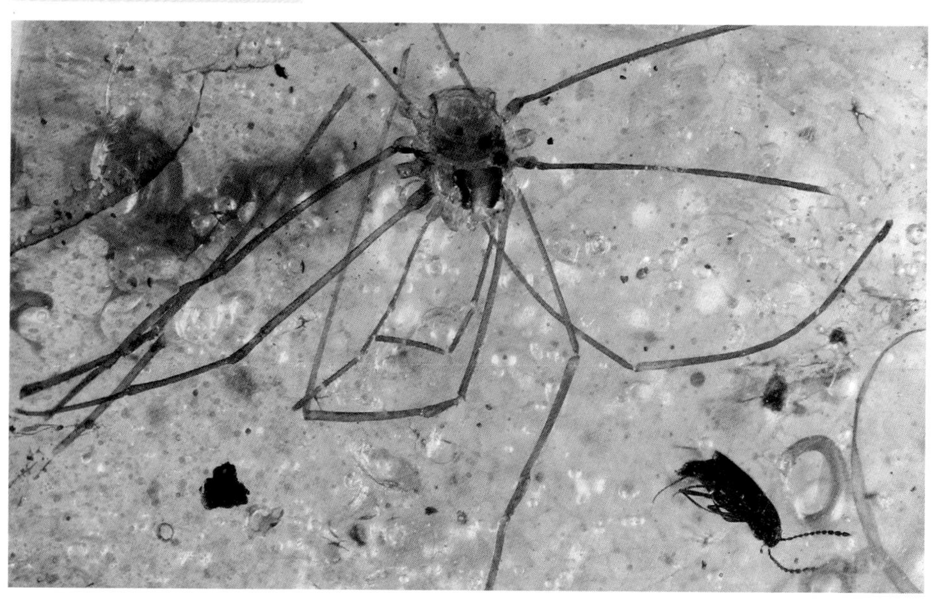

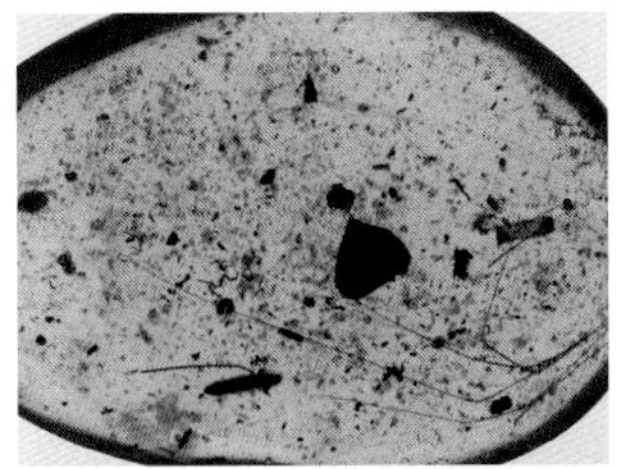

硬体盲蛛科 *Sclerosomatidae*

BU 硬体盲蛛
Sclerosomatidae sp.

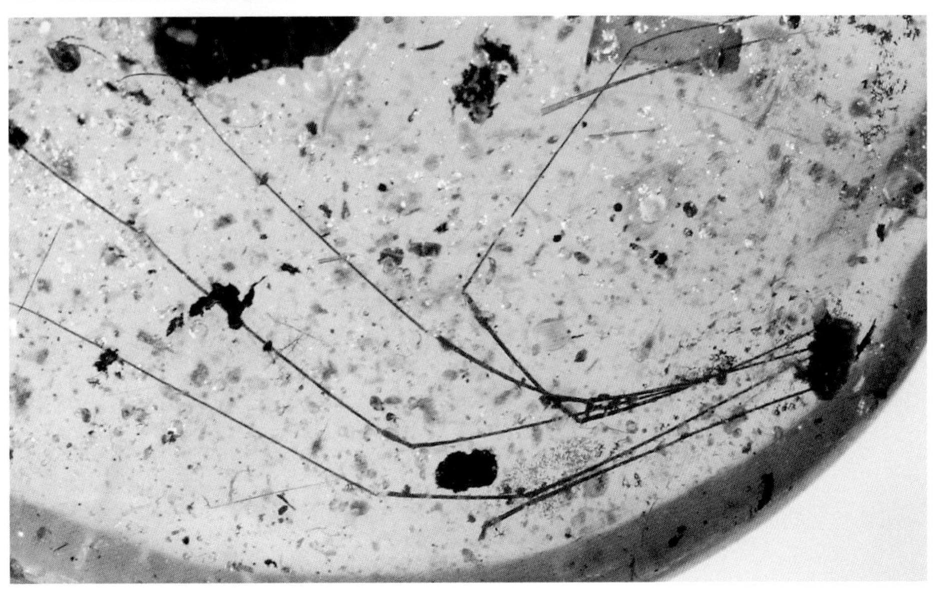

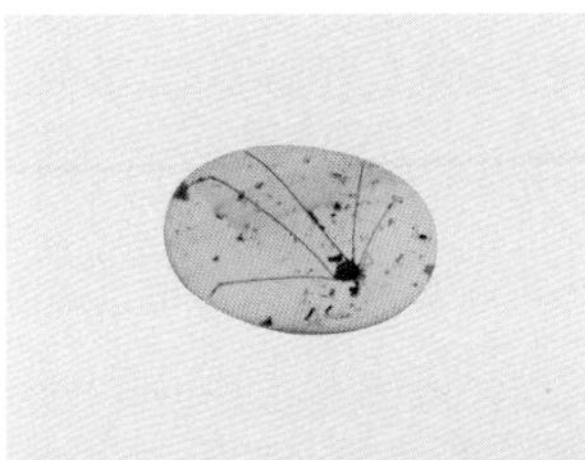

b 姬盲蛛总科 *Troguloidea*

BU 格氏大眼姬盲蛛
Halitherses grimaldii

Scorpiones

蝎目

蝎目的种类统称为蝎子，属蛛形纲的一个目。全世界已知约 1 750 种，现生种类分属 13 个科。

大多数体长 30 ~ 90 mm，最大可达 180 mm，已灭绝的石炭纪的蝎长 440 ~ 860 mm。

蝎子为肉食性，取食无脊椎动物，如蜘蛛、蟋蟀、蜈蚣、多种昆虫的幼虫和若虫。它靠触肢上的听毛或跗节毛和缝感觉器发现猎物的位置。蝎取食时，用触肢将捕获物夹住，后腹部（蝎尾）举起，弯向身体前方，用毒针螫刺。大多数蝎子的毒素足以杀死昆虫，但对人无致命的危险，只引起灼烧样的剧烈疼痛。蝎子用螯肢把食物慢慢撕开，先吸食捕获物的体液，再吐出消化液，将其组织于体外消化后再吸入。进食的速度很慢。

蝎子大多生活于片状岩杂以泥土的山坡、不干不湿、植被稀疏、有些草和灌木的地方。在树木成林、杂草丛生、过于潮湿、无石土山或无土石山以及蚂蚁多的地方，蝎子少或无。它们居住在天然的缝隙或洞穴内，但也能用前 3 对步足挖洞。

蝎子是最古老的陆生节肢动物之一。蝎子的化石可追溯到志留纪。但志留纪和泥盆纪的蝎子是水生的，有鳃，跗节无爪，陆生蝎子出现于石炭纪。

蝎子琥珀在主要的琥珀产区均有发现，但数量稀少，完整的更是难得，因此被人称作“虫珀三宝”之一。但在缅甸琥珀中，蝎子的种类和数量都相对多米尼加和波罗的海为多，并非极其稀少的类群。

本书收录了阿蝎科 [a] Archaeobuthidae 和豚钳蝎科 [b] Chaerilobuthidae 的部分种类。

❶ 体分头胸部和腹部，其中腹部又分成前腹部和后腹部；

❷ 前腹部和头胸部较宽并紧密相连，可合称躯干；

❸ 后腹部窄长，可称作“尾”，末端还有一袋形尾节，尾节末端为一弯钩状毒针；

❹ 头胸部短宽，近四边形，背面由 1 块坚硬的背甲包围，中央部位有 1 对大的中眼，长在眼丘上；

❺ 头胸部由 6 节组成，共 6 对附肢，其中 1 对螯肢、1 对触肢和 4 对步足；

❻ 触肢十分强大，着生于背甲前缘的两侧，既可捕食，又可御敌；

❼ 触肢分 6 节：基节、转节、腿节、胫节、掌节（有一不动指，又称上钳指）和可动指（下钳指）；

❽ 步足分 7 节：基节、转节、腿节、膝节、胫节、跗节和前跗节，末端有 2 爪。

[a] 阿蝎科 *Archaeobuthidae*

古缅阿蝎
Palaeoburmesebuthus sp.

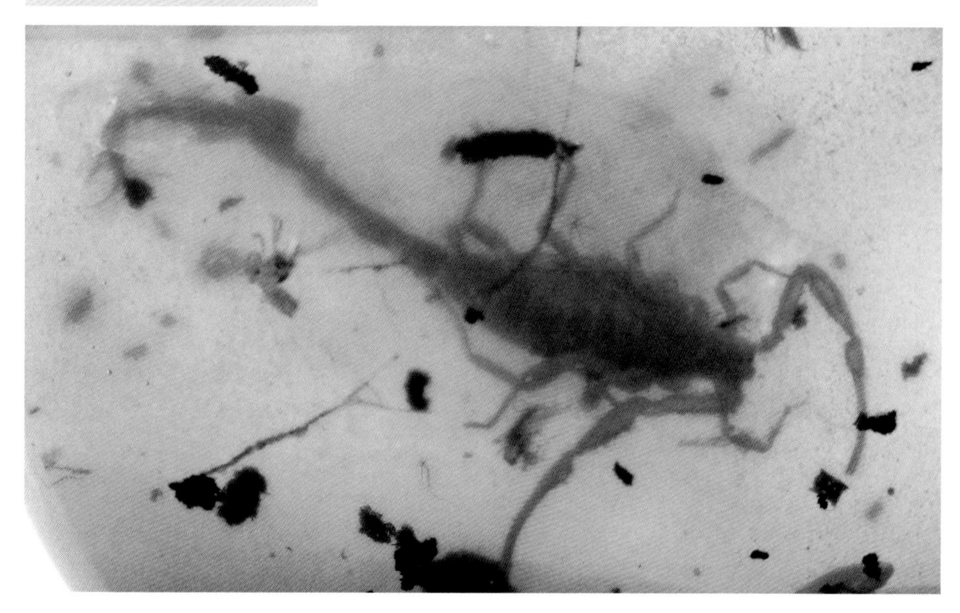

[a] 阿蝎科 *Archaeobuthidae*

试缅阿蝎
Betaburmesebuthus sp.

b 豚钳蝎科 *Chaerilobuthidae*

BU 豚钳蝎
Chaerilobuthidae sp.

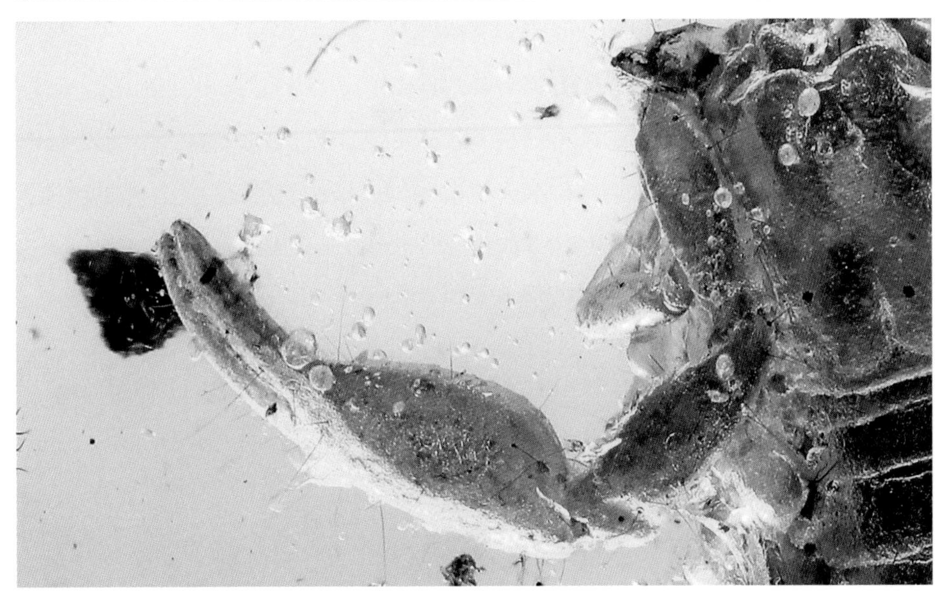

Pseudoscorpionida

伪蝎目

伪蝎目统称伪蝎或拟蝎，属节肢动物门蛛形纲的一个目，体型小，体长不超过 8 mm。广泛分布于世界各地，有记录的超过 3 300 种。

伪蝎因触肢非常发达、末端钳状、体型似蝎子而得名，但它无尾状的后腹部和带毒针的尾节，与蝎子显然不同。

伪蝎体型小，一般体长不超过 8 mm。生活在落叶层、土壤中、树皮和石块下以及某些哺乳动物巢内。少数生活在洞穴中，某些种类常在潮间带的水草和漂流物上。有的生活在建筑物的木板间和书页间。伪蝎有携播的习性，能附着在双翅目、膜翅目、鞘翅目、半翅目、直翅目等昆虫和盲蛛、鸟类的身上，随之迁到别处。

伪蝎捕食弹尾类和螨类等小型节肢动物，以触肢中的毒液杀死或麻痹猎物后，用螯肢撕开猎物的外皮，使头前端的上唇能伸入猎物体内。它分泌消化液到体外，对猎物的组织进行消化后再吸入。螯肢的鞭状毛也能把食物残屑溶解并摄入伪蝎体内。摄食后，用螯肢指上的内、外锯齿清理口前腔的周围。

伪蝎以气管进行呼吸，卵胎生。

已知的最古老的伪蝎化石可以追溯到 3.8 亿年前的泥盆纪，并具有了现代伪蝎的基本特征，说明伪蝎是最早进化成陆生节肢动物的类群之一。伪蝎琥珀在多米尼加、墨西哥、波罗的海、缅甸等琥珀主要产地都有发现，且均有一些种类的记述。本书记载 8 个科的种类，来自缅甸和波罗的海琥珀。

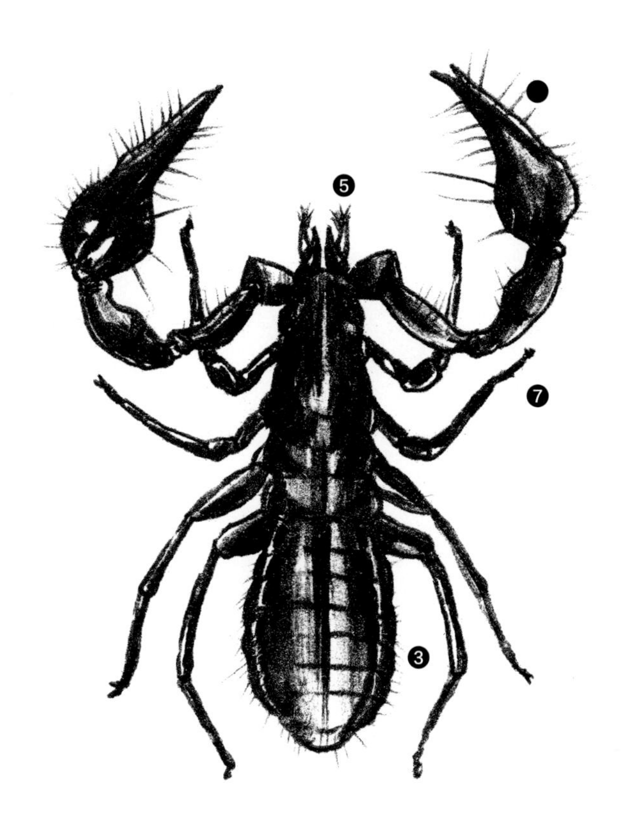

❶ 头胸部有方形或三角形的背甲，每个前侧角各有 1 个或 2 个眼或无眼；
❷ 腹面无大的胸板，有时留一痕迹，这一区域主要由触肢和步足的基节组成；
❸ 腹部卵圆形，由 12 节组成，每节有背板和腹板；
❹ 螯肢分 2 节：第 1 节为掌节，第 2 节为可动指，与掌节延长的不动指相对而组成钳；
❺ 触肢与蝎相似，但在掌或指内有毒腺，开口于指尖的 1 个齿端；
❻ 触肢上还有听毛；
❼ 步足前 2 对向前方，后 2 对向后方，一般 7 节：基节、转节、前腿节、腿节、基跗节、跗节和后跗节，后跗节上有爪和爪垫；
❽ 爪垫能使伪蝎在垂直面上攀登，也能在光滑的平面上爬动；
❾ 以气管进行呼吸，气孔 2 对，位于第 3，4 腹节的腹面；
❿ 感觉器有间接眼、触觉毛、听毛和琴形器。

土伪蝎总科 *Chthonioidea*

BU 土伪蝎
Chthonioidea sp.

土伪蝎总科 *Chthonioidea*

土伪蝎
Chthonioidea sp.

土伪蝎科 *Chthoniidae*

土伪蝎
Chthoniidae sp.

木伪蝎科 *Neobisiidae*

木伪蝎
Neobisiidae sp.

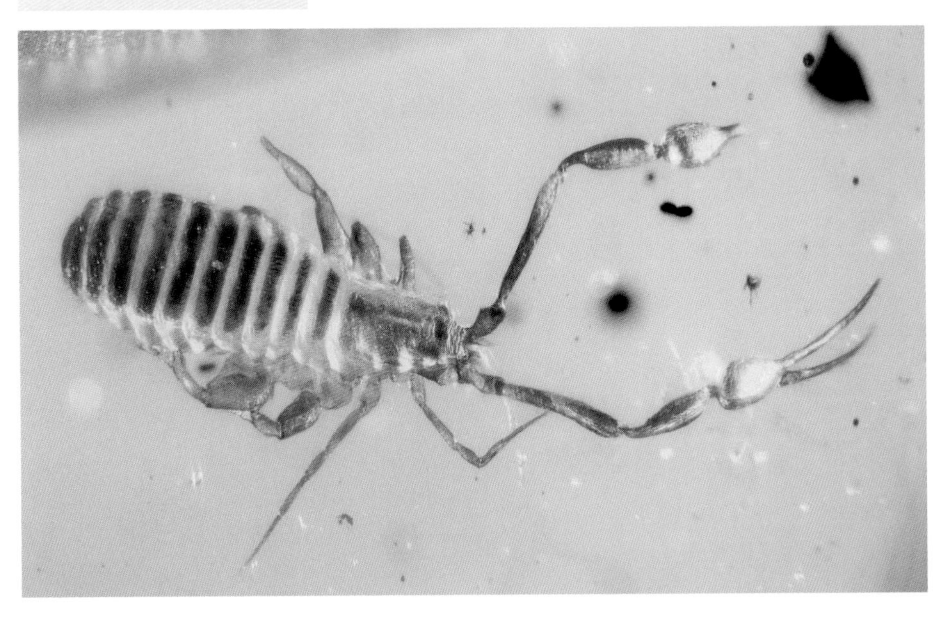

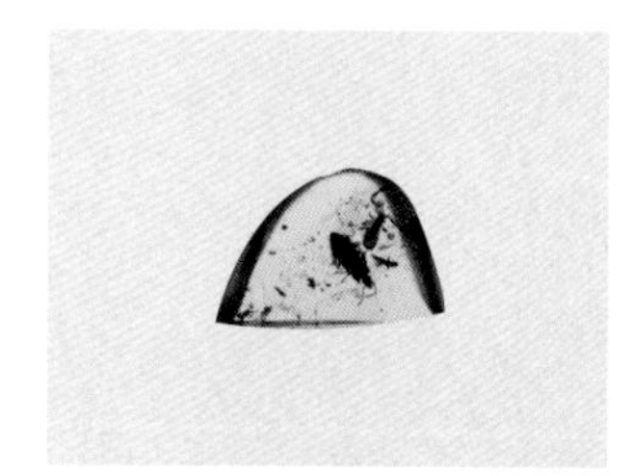

木伪蝎科 *Neobisiidae*

木伪蝎
Neobisiidae sp.

手伪蝎科 *Cheiridiidae*

手伪蝎（幼体）
Cheiridiidae sp.

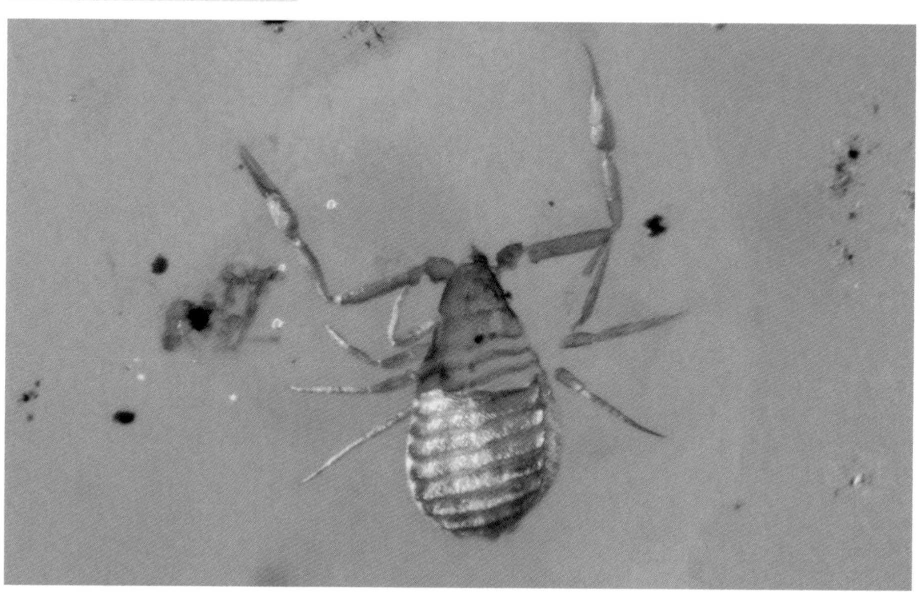

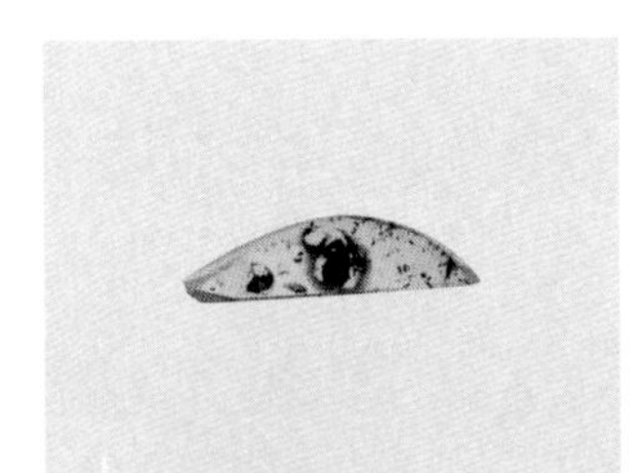

拟手伪蝎科 *Pseudocheiridiidae*

拟手伪蝎
Pseudocheiridiidae sp.

拟手伪蝎科 *Pseudocheiridiidae*

拟手伪蝎
Pseudocheiridiidae sp.

威伪蝎科 *Withiidae*

威伪蝎
Withiidae sp.

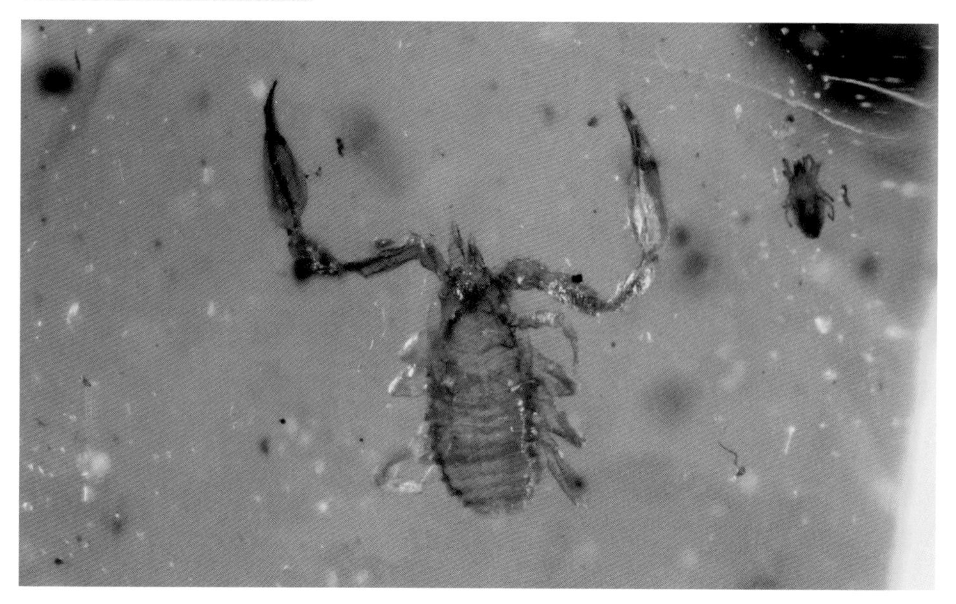

螯伪蝎科 *Cheliferidae*

螯伪蝎
Cheliferidae sp.

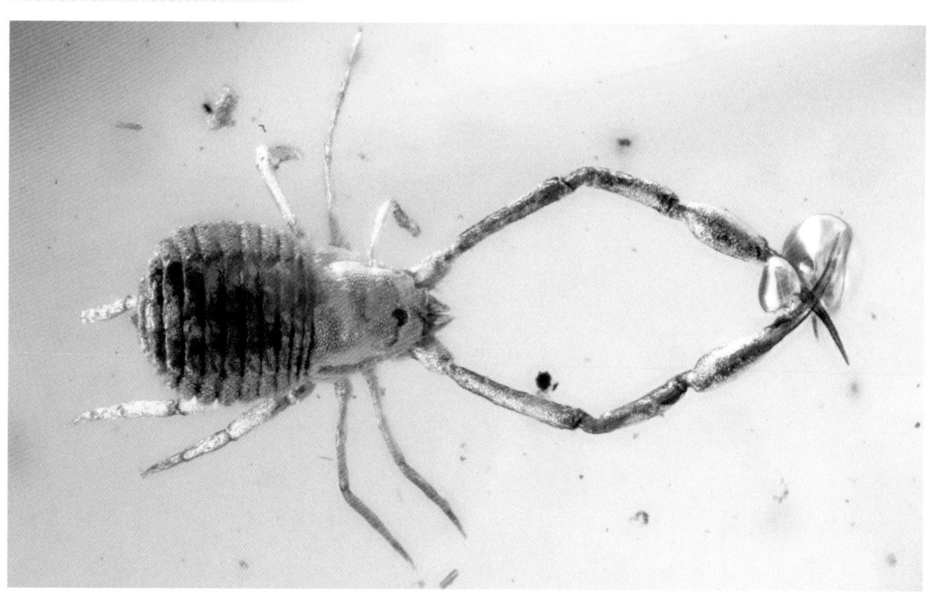

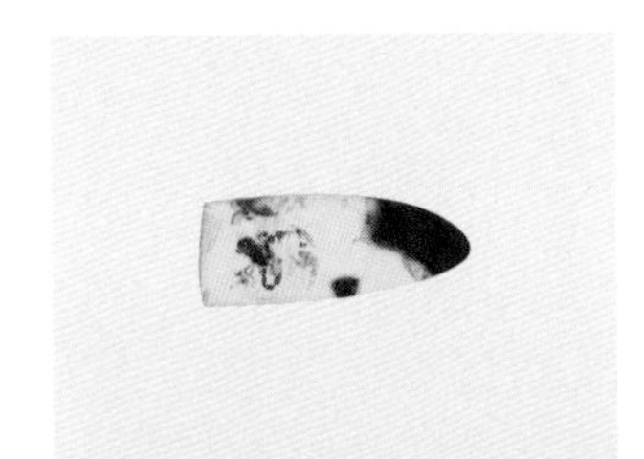

苦伪蝎科 *Chernetidae*

波海苦伪蝎
Chernetidae sp.

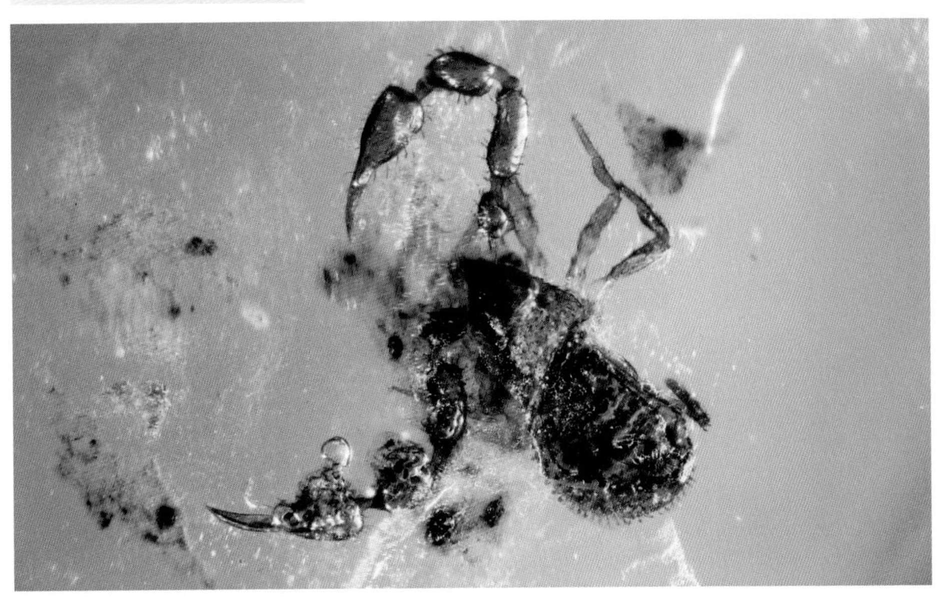

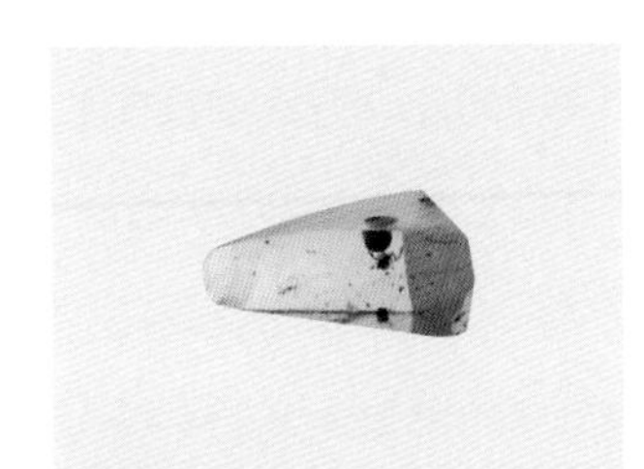

苦伪蝎科 *Chernetidae*

缅甸苦伪蝎
Chernetidae sp.

Solifugae

避日目

避日目种类俗称避日蛛或风蝎，隶属节肢动物门蛛形纲。避日蛛得名于其夜行习性，它们在世界各地还有诸多其他别名。避日蛛因其迅猛的奔走速度（爆发可达 530 mm/s），被称为风蝎（wind scorpion）或风蛛（wind spider）。一些种类因其拱起的头胸部背板被称为骆驼蛛（camel spider）。避日蛛移动速度快，体型较大，常被民间传说夸张地描述为一种危险可怕的生物，但它们对人畜基本无害。

避日蛛体型各异，大型种类体长可达 70 mm（足伸展开最大可达 120 ~ 150 mm），小型种类则仅有不足 10 mm。避日蛛的躯体类似蜘蛛，分为头胸部和腹部，没有类似蝎子的鞭状第三体节。大部分种类避日蛛头胸部前端具有特征性的巨大螯肢，用以进食和发声。避日蛛捕食各类小动物，包括小蜥蜴等小型脊椎动物。

避日目现存 12 科（另有一化石科），153 属，共计 1 100 余种。避日蛛适应炎热干旱的气候，分布于除南极洲和澳大利亚外的大陆。

尽管被视为沙漠生物群系的特有生物，避日蛛也常发现于半沙漠地区及灌木林，也有一些种类栖息于草原和森林。避日蛛以耐热耐旱闻名，有些种类能在 49 ℃，相对湿度低于 10% 的恶劣环境下生存 24 h。多数避日蛛为夜行性，它们白天藏身洞穴中以避开地表的高温。避日蛛体表水分散失很少，通常能从猎物的体液中获得充足的水分。

避日目的化石种类极其稀少，最早的避日蛛化石发现于 3 亿年前的石炭纪地层中。石质的避日蛛化石仅见于波兰、美国、巴西等地。琥珀中的避日蛛则发现于多米尼加、波罗的海和缅甸琥珀[a]中，且每个产地仅有 1 ~ 2 种被描述。

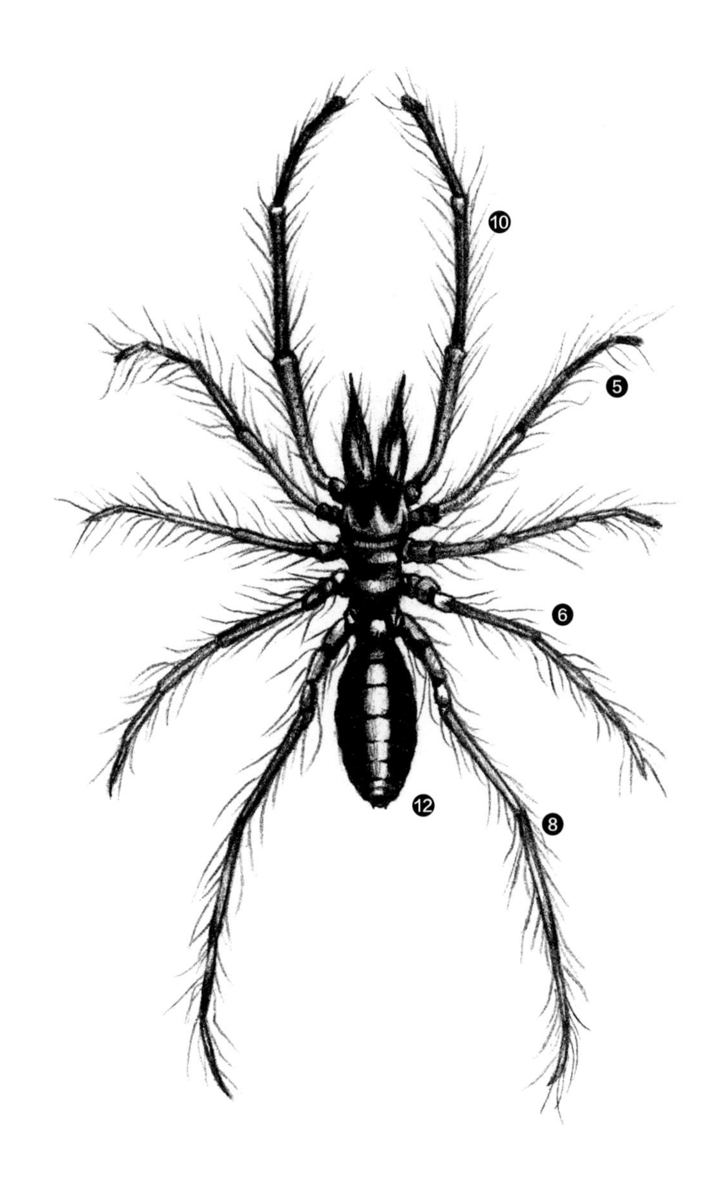

❶ 身体分为头胸部和腹部；

❷ 前体的背甲分两部分：一片大的前背甲，其前缘中部有一对眼，另有一个短的后背甲；

❸ 仅第 1 胸节与头部愈合而成头胸部，后 3 个胸节游离；

❹ 一些种类具有较大的中眼，能辨别形状，用以狩猎与避敌；

❺ 4 对步足和 1 对特别延长的触肢，为感觉器官，形似第 5 对步足；

❻ 每只步足分为 7 节：基节、转节、腿节、膝节、胫节、基附节和附节；

❼ 第 1 对步足较小，具触觉功能；

❽ 其余 3 对行走用；

❾ 螯肢特别大，长度超过前体，分 2 节，组成钳；

❿ 触肢分为 5 节，除了触感，也用于移动、进食及打斗；

⓫ 触肢像步足，末端有一特殊的黏附器官用于捕食；

⓬ 腹部大而分节。

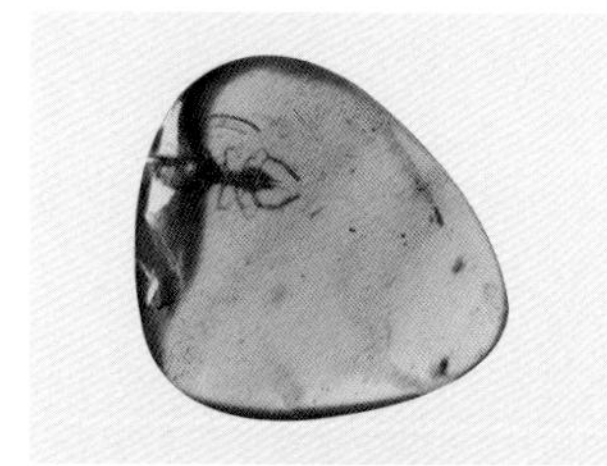

[a] 避日蛛待定科 *Incertae Sedis*

艾氏库欣避日蛛
Cushingia ellenbergeri

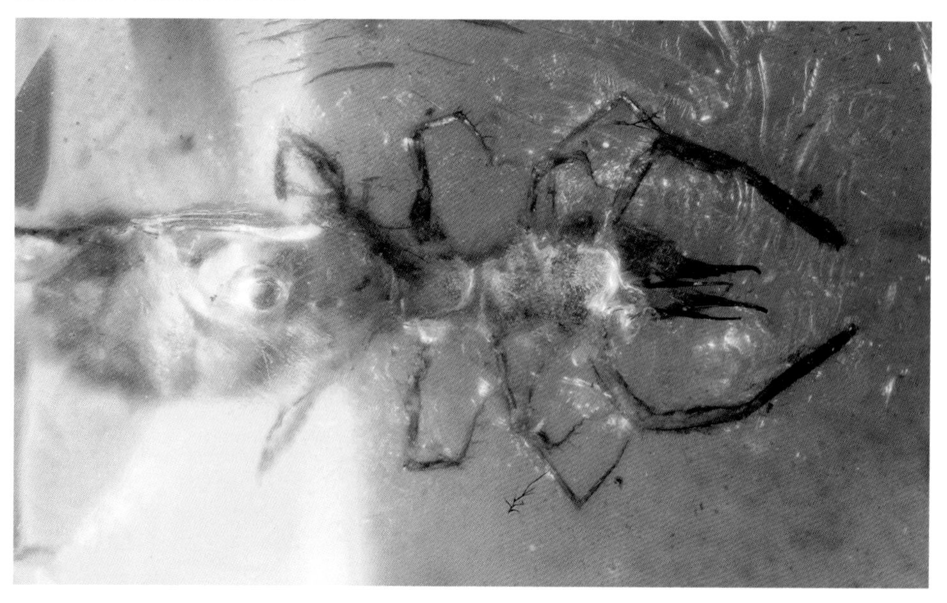

[a] 避日蛛待定科 *Incertae Sedis*

避日蛛
N/A

[a] 避日蛛待定科 *Incertae Sedis*

BU 避日蛛
N/A

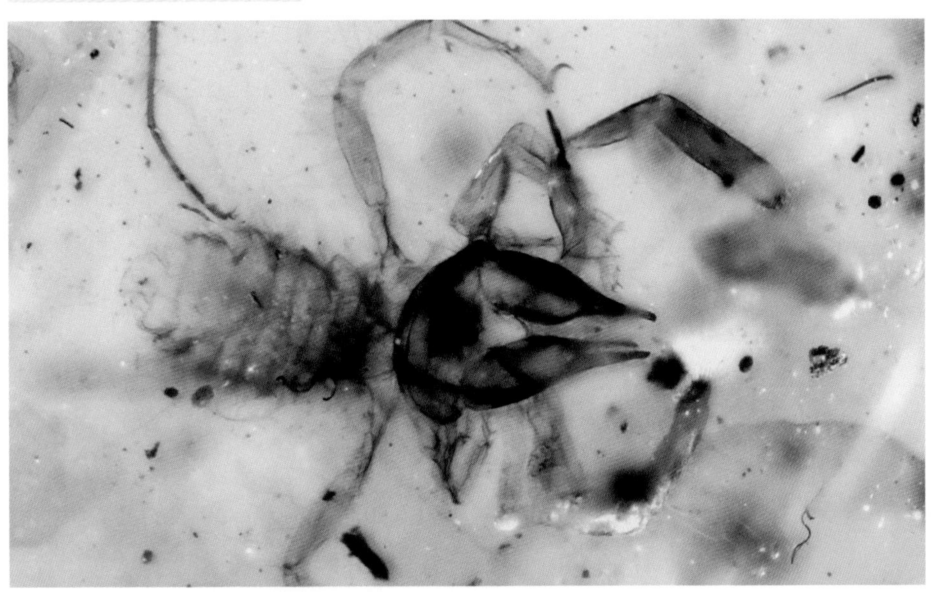

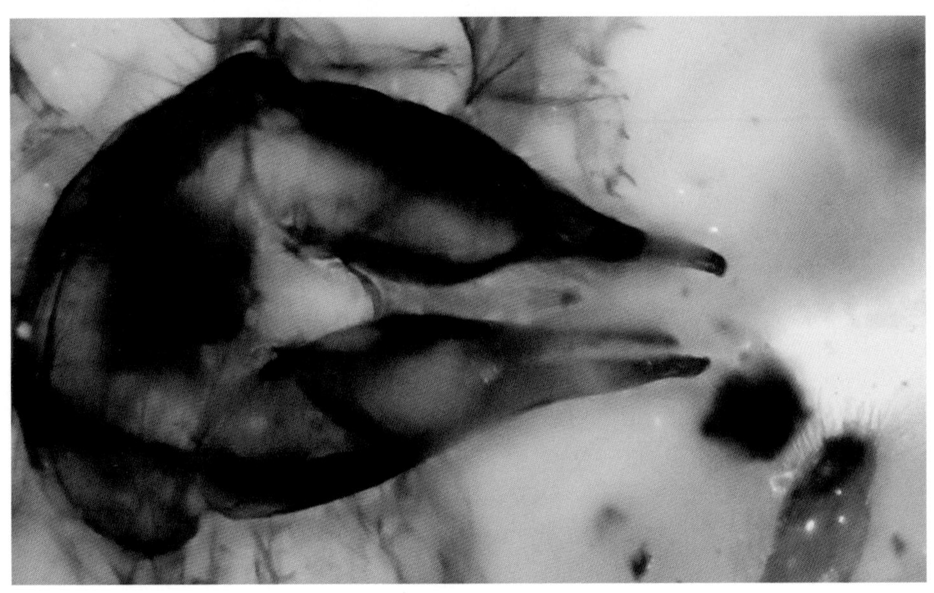

Scolopendromorpha

蜈蚣目

蜈蚣目统称蜈蚣或百足虫，属节肢动物门唇足纲 Chilopoda。蜈蚣为世界性分布，但以亚热带和热带地区种类最为丰富。全球已知 3 科 32 属 620 余种。

成熟的个体体长一般为 10 ~ 100 mm，最大可达 400 mm。蜈蚣是夜行性食肉动物，常生活在温暖湿润的环境中，如石块下、树皮里、苔鲜丛中、落叶层和洞穴内。蜈蚣成体生性凶猛，被它取食的对象很广泛，多以昆虫和小型动物为主，大型种类的蜈蚣甚至可以攻击小型的兽类、鸟和蛇等脊椎动物。

蜈蚣目虽在世界各地均有分布，但因为无翅，所以扩散能力相对较弱，许多类群仅限于局部地区，并且呈现了独特的地理分布格局。因此，蜈蚣可以作为研究历史生物地理学的很好材料。

最早的化石蜈蚣发现于 4 亿年前的泥盆纪，是陆生节肢动物朝不同方向进化的一支。蜈蚣琥珀在主要琥珀产区均有发现，但因体形细长，保存完好者并不多见。

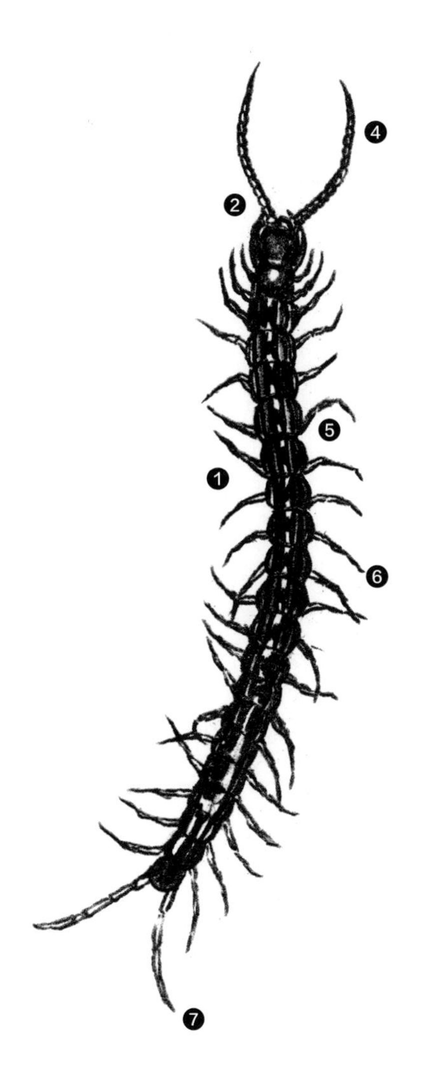

❶ 体长；
❷ 头部扁平；
❸ 无复眼而只有单眼，或完全无眼；
❹ 触角 17 ~ 31 节；
❺ 躯干部通常分为 25 体节；
❻ 有 21 对或 23 对步足；
❼ 最后 1 对足较长，特称尾足，上带短棘；
❽ 躯干节的背板大小略有差别。

盲蜈蚣科 *Cryptopidae*

盲蜈蚣
Cryptopidae sp.

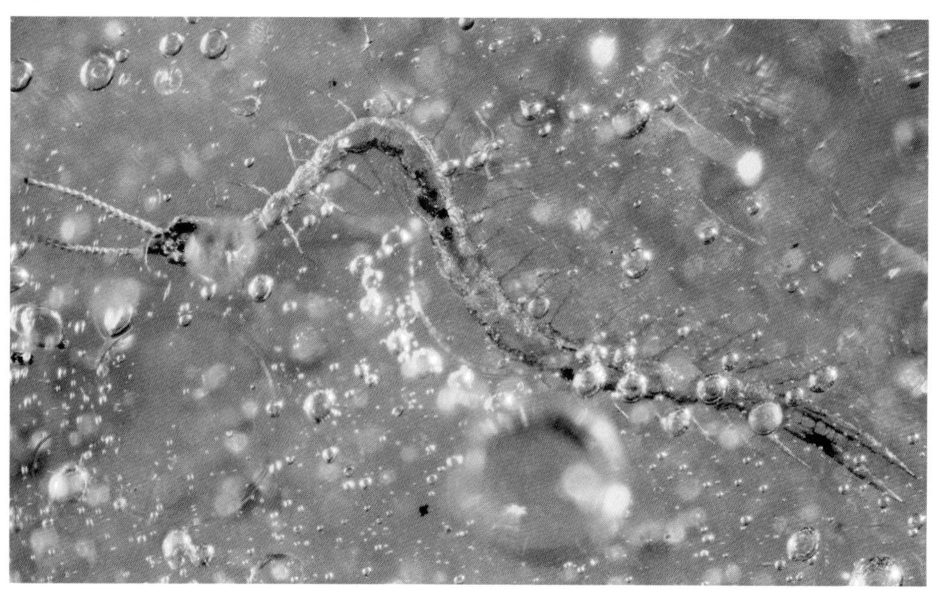

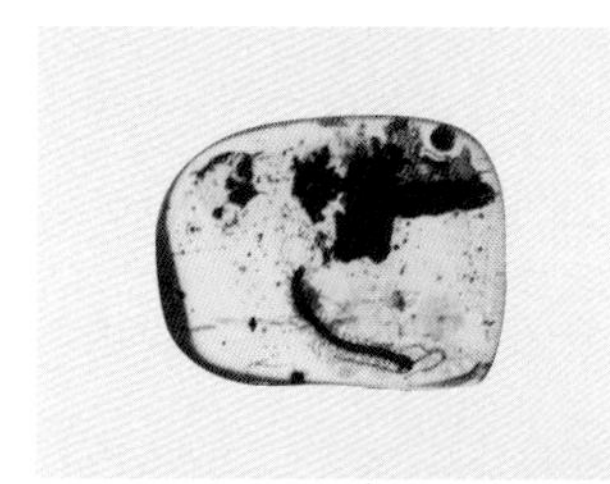

蜈蚣科 *Scolopendridae*

蜈蚣
Scolopendridae sp.

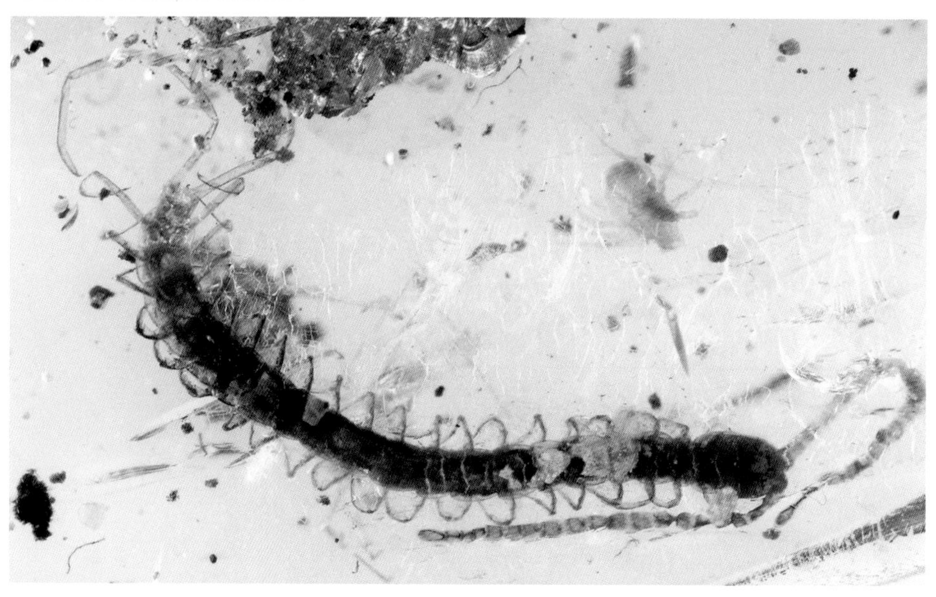

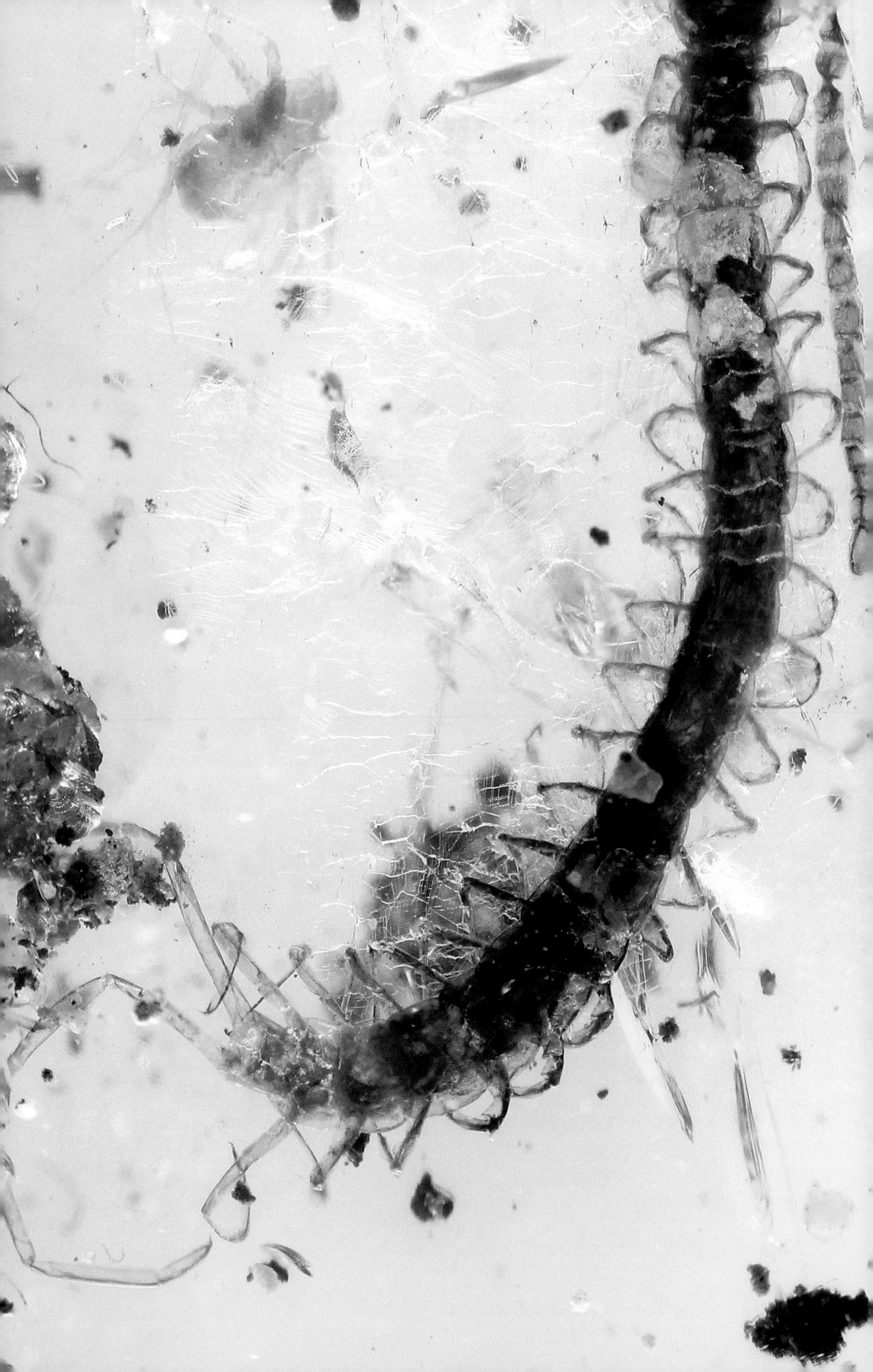

Lithobiomorpha

石蜈蚣目

石蜈蚣是节肢动物门唇足纲的一个目，统称石蜈蚣。石蜈蚣主要生活在热带和亚热带地区，寒冷地区较少见到。全世界已知 3 科 1 500 多种。

石蜈蚣是典型的肉食性动物，以小型节肢动物等为食，主要依靠颚足的毒钩取食。

石蜈蚣白天在腐叶、朽木中休息，晚上出来觅食，行动迅速。其视力较差，主要靠触角爬行、捕食和寻找栖息场所。石蜈蚣喜欢阴暗潮湿的生境，大多栖息于山坡、田野、路旁、杂草丛生的砖石瓦块之下，或者较为潮湿的柴堆及枯枝落叶中，行动迅速。也有部分种类栖息在洞穴中。

石蜈蚣化石较为少见，本书收录波罗的海[a]和缅甸[b]琥珀化石各一种。

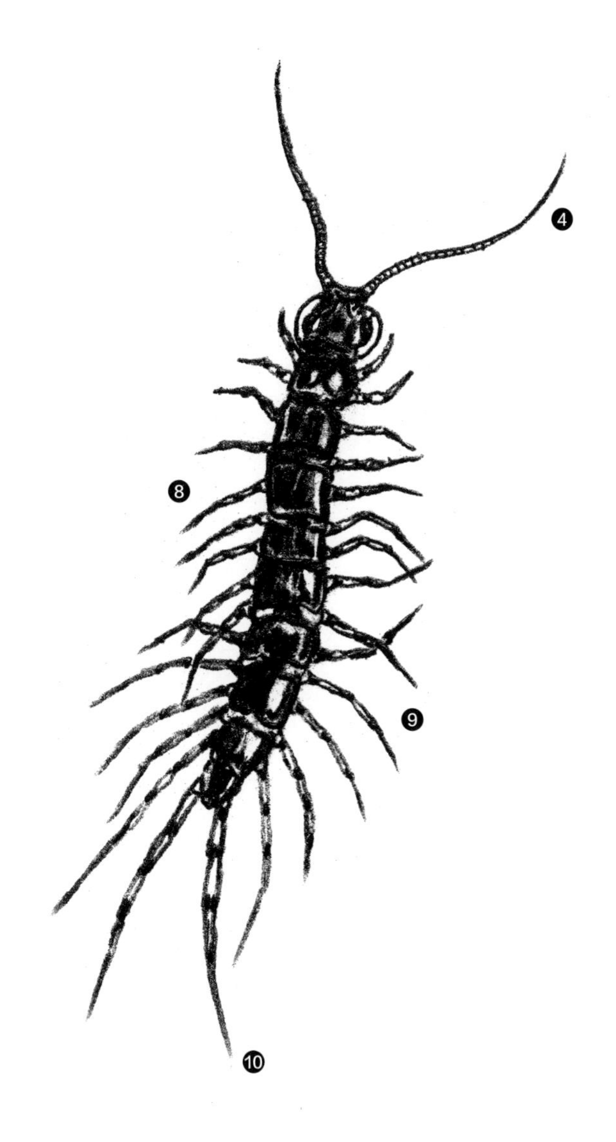

❶ 身体细长；

❷ 背腹扁平；

❸ 身体分为头部与躯干部；

❹ 头部前端有 1 对触角；

❺ 无单眼或有 1 对单眼，或具有单眼群；

❻ 头的腹面具有口器；

❼ 躯干部第 1 躯干节完全退化，已难分辨，但是其 1 对附肢却十分发达，形成颚足，也称毒爪；

❽ 躯干部由多数体节组成，背板大小交替排列；

❾ 躯干部每节有 1 对步足，共计 15 对；

❿ 最后 1 对步足较粗长，伸向后方，特称尾足或肛足，是石蜈蚣的感觉器官。

[a] 石蜈蚣目 *Lithobiomorpha*

BA

波海石蜈蚣
Lithobiomorpha sp.

[b] 石蜈蚣目 *Lithobiomorpha*

BU

缅甸石蜈蚣（幼体）
Lithobiomorpha sp.

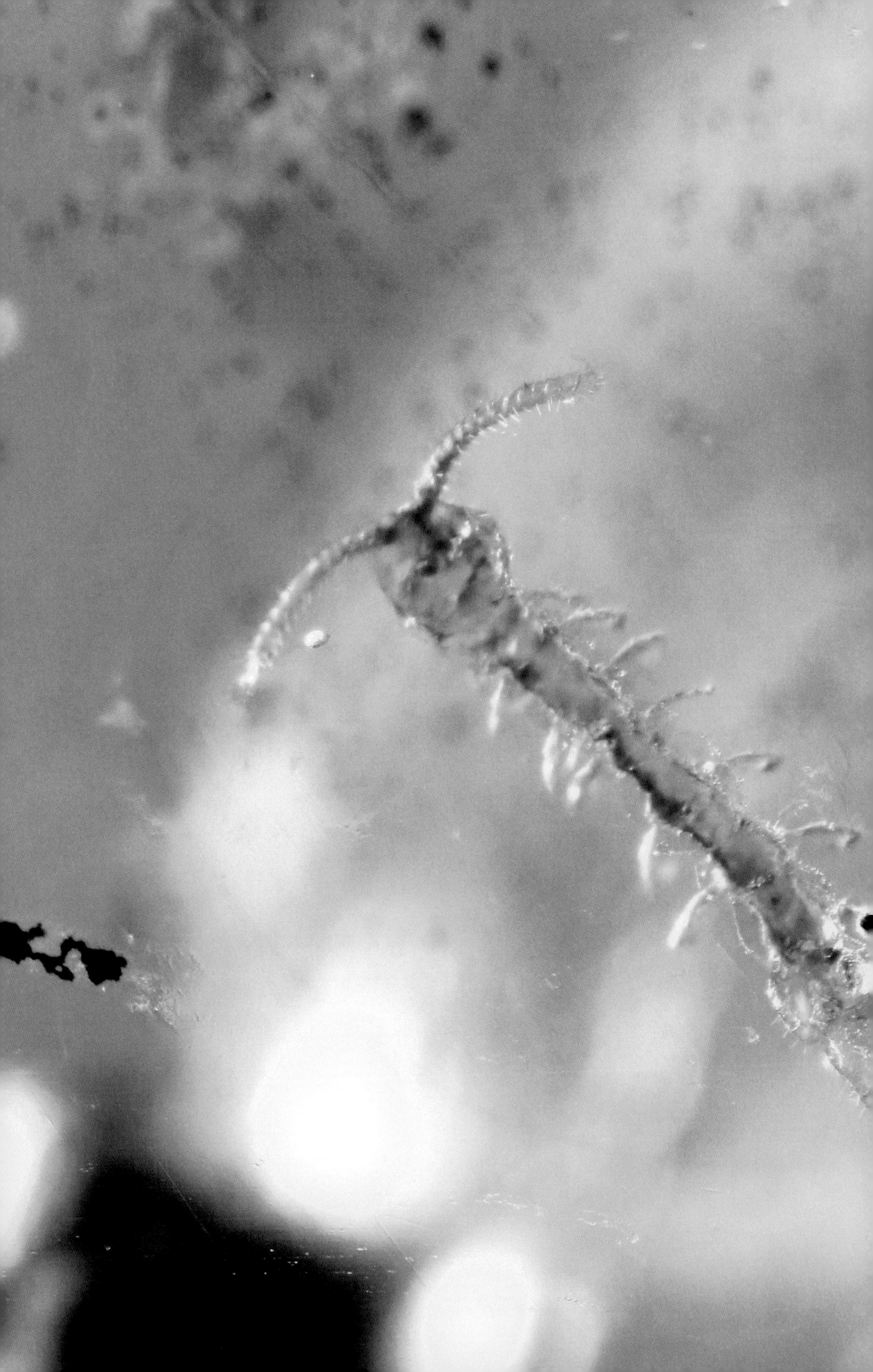

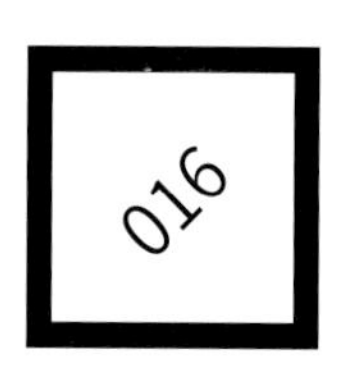

Geophilomorpha

地蜈蚣目

地蜈蚣属节肢动物门唇足纲，已知共有 13 科、215 现生属和 3 灭绝属，约 1 250 种。分布于除南极洲和北极地区的全世界范围内。

地蜈蚣身体扁平，黄色到褐色，窄而细长，成体体长可达 5 ~ 220 mm，蠕虫状。卵孵育，幼体与成体体节数相同。地蜈蚣雌性具孵育习性，常用腹板围绕卵或刚孵化的幼体。

地蜈蚣毒性较小，喜潮湿，一般以小型昆虫为食，多在石下、朽木中发现。

地蜈蚣目种类的化石较为稀少，可见于多米尼加和缅甸[a]琥珀中。

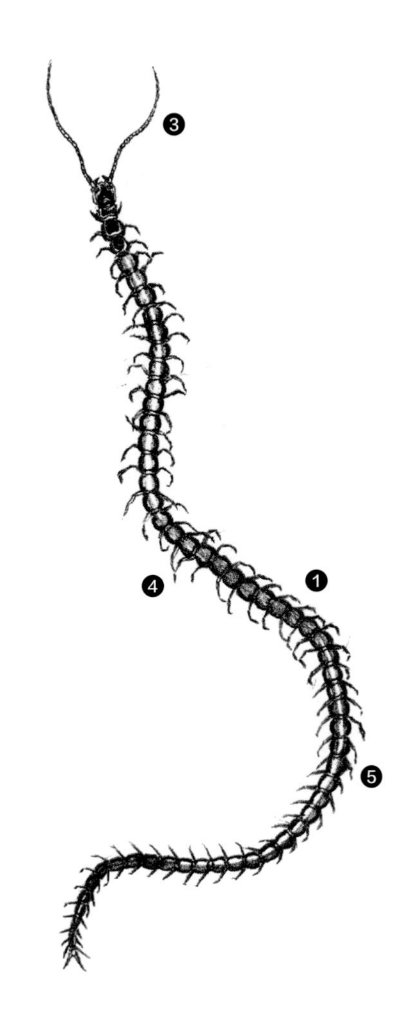

❶ 体形十分细长；

❷ 无眼和托氏器；

❸ 丝状触角 14 节；

❹ 有足体节 31 ~ 173 个，或更多；

❺ 步足粗短，27 ~ 191 对，成虫和幼虫的步足对数相等；

❻ 除第 1 和最末 1 个体节外，每个体节都有 1 对气门；

❼ 气门近扁圆形或呈杯状。

[a] 地蜈蚣待定科 *Incertae Sedis*

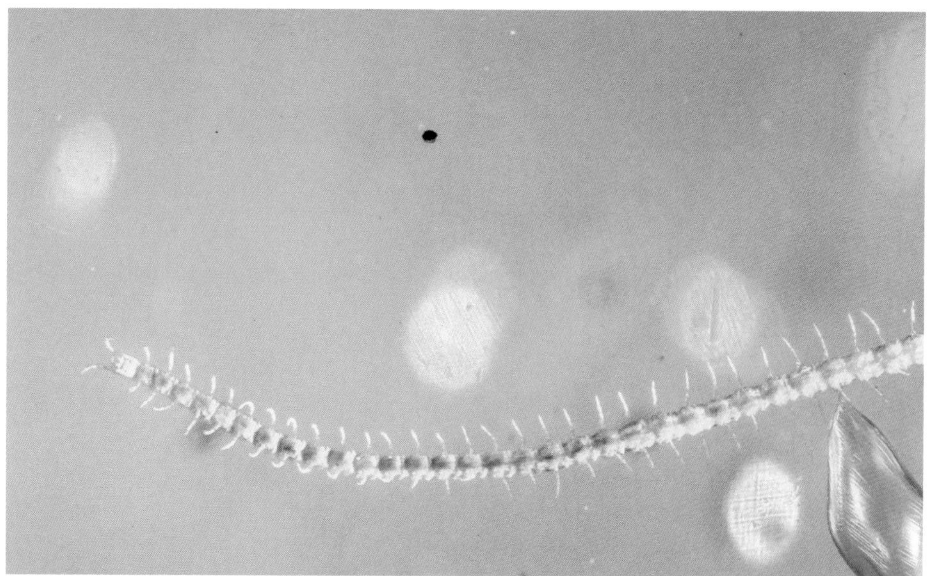

Scutigeromorpha

蚰蜒目

蚰蜒，俗称钱串子，属节肢动物门唇足纲，主要分布于温暖地带，已知 100 余种。

蚰蜒成虫体长 25 ~ 210 mm（含尾须），一般种类不超过 60 mm。蚰蜒外观接近蜈蚣，体色黄褐，全身分 15 节，每节有细长的足 1 对，最后 1 对足特长。当蚰蜒的一部分足被捉住的时候，这部分步足就从身体上断落下来，使身体可以逃脱，这是蚰蜒逃避敌害的一种方式。

蚰蜒白天在腐叶、朽木中躲藏，夜间出来觅食，行动迅速，以昆虫及蜘蛛为主食。

蚰蜒化石极为稀少，本书收录两个来自缅甸的琥珀化石[a]。

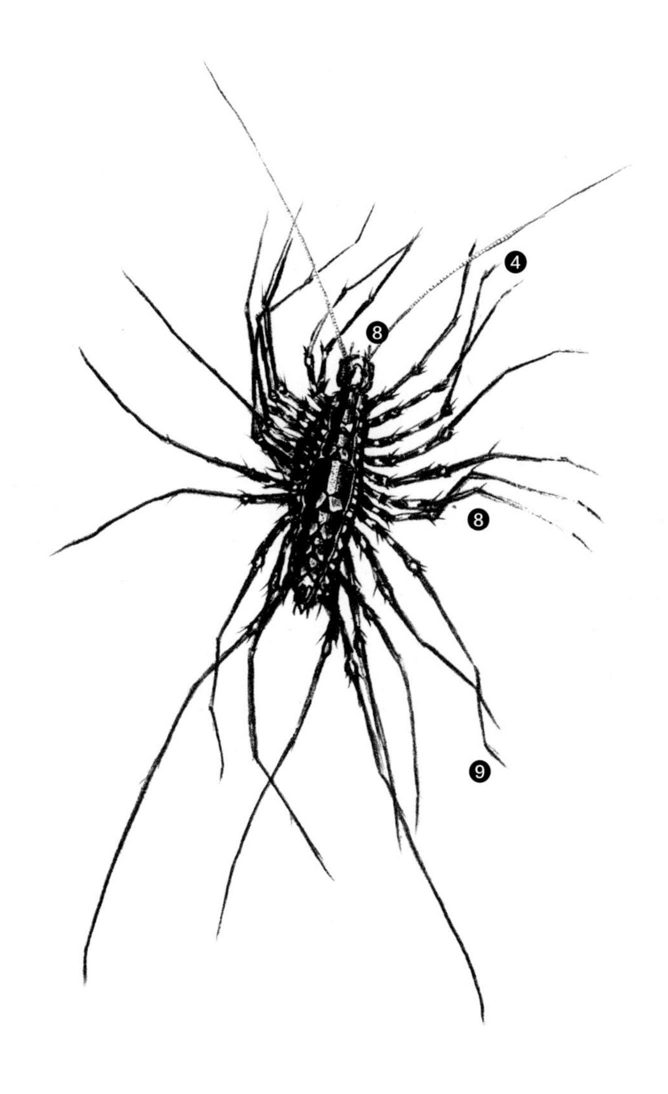

❶ 体短；

❷ 头部不扁平，呈圆形；

❸ 有 1 对大的复眼；

❹ 足及触角特长；

❺ 躯干部共分 18 体节，但只有 10 块背板；

❻ 第 1 躯干节的背板很小，后续 7 块大，各块覆盖 2 个躯干节，第 9 和第 10 块分别盖在第 16 和第 17 躯干节上，末 1 节为尾节，无背板；

❼ 第 2 至第 9 块背板近后缘中央各有一纵裂的气孔；

❽ 第 1 躯干节的 1 对附肢是颚足，后续共 15 对步足；

❾ 步足跗节分成多数小节；

❿ 第 17 躯干节也就是生殖节，具有生殖肢，雌体 1 对，雄体 2 对；

⓫ 气孔不成对，开口在背板的背中线上。

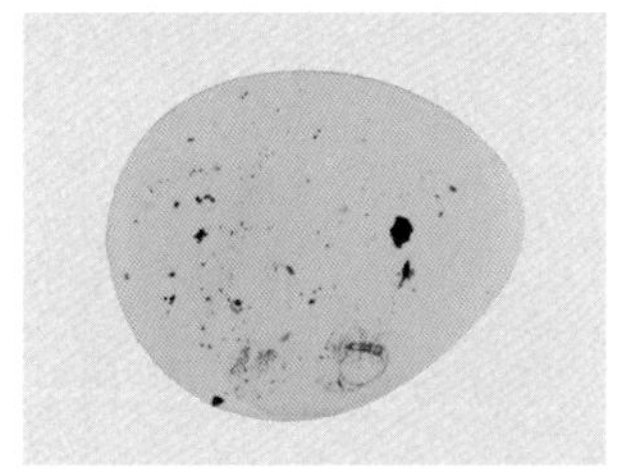

[a] 蚰蜒目 *Scutigeromorpha*

蚰蜒
Scutigeromorpha sp.

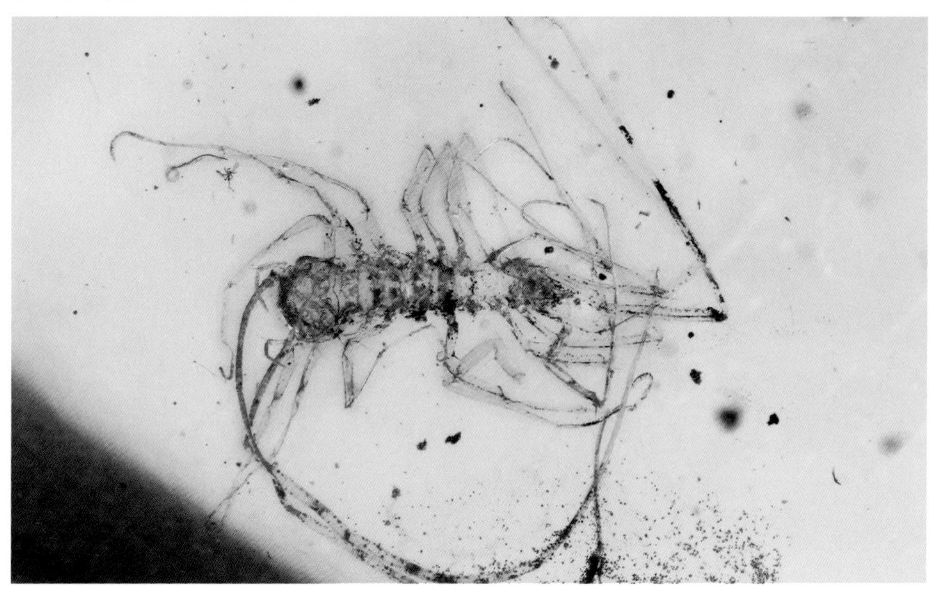

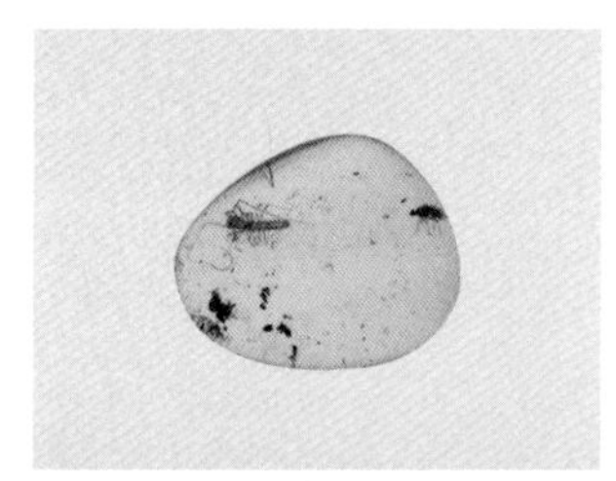

[a] 蚰蜒目 *Scutigeromorpha*

蚰蜒
Scutigeromorpha sp.

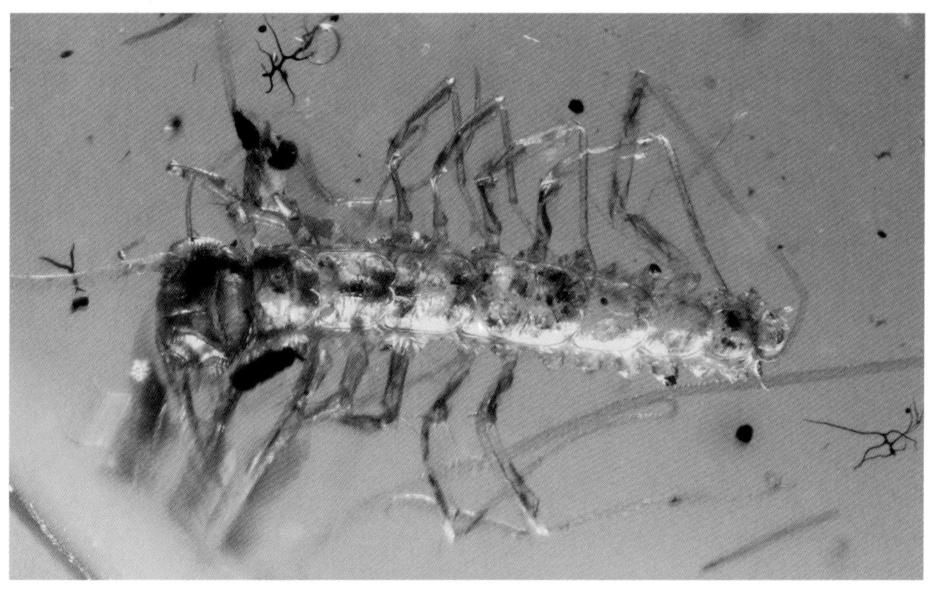

Polyxenida

毛马陆目

毛马陆在倍足纲中是非常容易分辨的，体长通常不超过 7 mm。

毛马陆体壁柔软，头大且圆，单眼 1 ~ 3 个。背侧无纵向凹沟，无侧突，背甲有一簇簇柔软的刚毛，在身体末端的 2 簇刚毛较长。步足绝不多于 17 对。成体无生殖肢和后面的端肢，无性繁殖。

毛马陆共计 4 个科 170 种左右，其中包括来自黎巴嫩琥珀和缅甸琥珀的白垩纪化石种类各一种。目前已经在缅甸琥珀中发现了更多未正式报道的种类。

毛马陆喜欢潮湿的环境，生活于落叶层、石下和苔藓下等，广泛分布于世界各地温暖地区。

本书收录毛马陆科 [a]Polyxenidae 和合马陆科 [b]Synxenidae 的部分种类，均出自缅甸的白垩纪琥珀化石，多数种类尚无正式报道。

❶ 体形小，体长不超过 4 mm；

❷ 头大而圆；

❸ 单眼 1 ~ 3 个；

❹ 步足不超过 17 对。

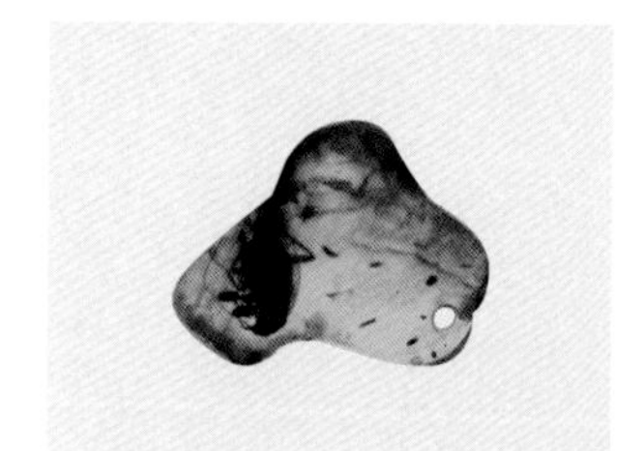

[a] 毛马陆科 *Polyxenidae*

短毛马陆
Unixenus sp.

[a] 毛马陆科 *Polyxenidae*

首毛马陆
Propolyxenus sp.

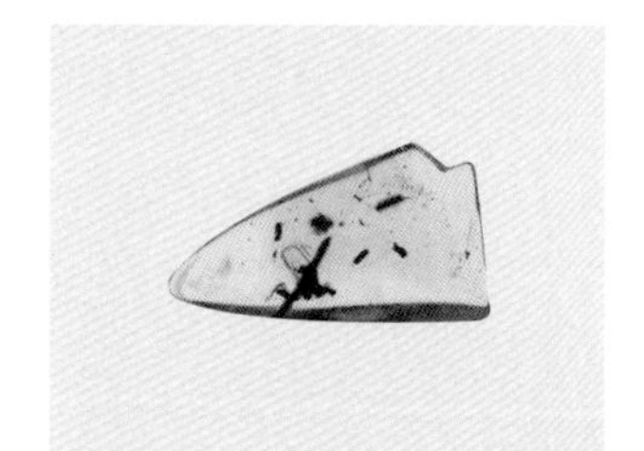

[a] 毛马陆科 *Polyxenidae*

毛马陆
Polyxenus sp.

[b] 合马陆科 *Synxenidae*

合马陆
Synxenidae sp.

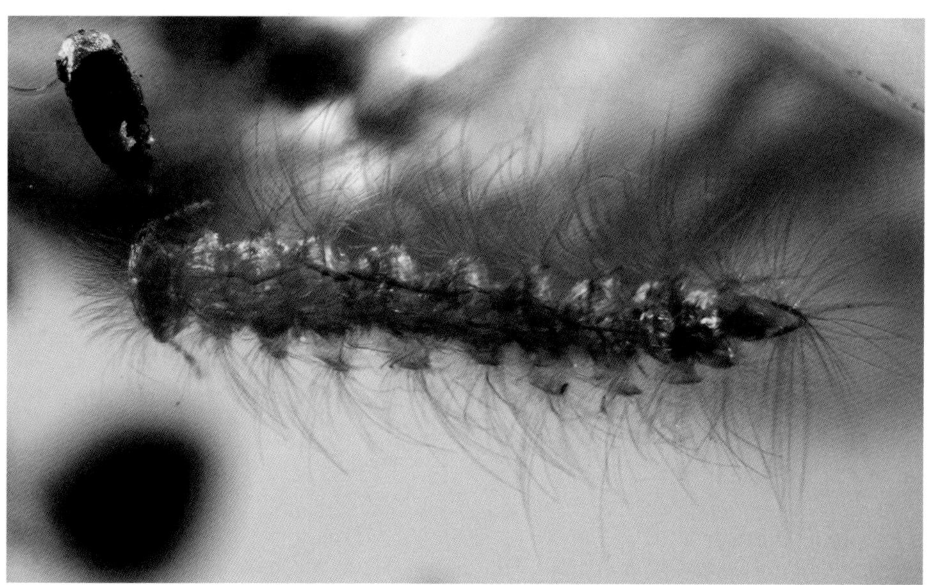

[b] 合马陆科 *Synxenidae*

缅甸合马陆
Phryssonotus burmiticus

[b] 合马陆科 *Synxenidae*

缅甸合马陆
Phryssonotus burmiticus

Glomerida

球马陆目

球马陆体长通常在 2.5 ~ 20 mm。头大且圆，无眼或有眼，如果有小眼则排成一行，触角长且细弱，第 3 节和第 6 节最长，托马氏器器官很大，呈马蹄形，两对端肢。成体体节 12 节，像 11 节，颈板狭窄，第 2 体节的背甲长且宽。第 2，3 节背板可能退化，第 11 节可能很小或者部分隐藏，最后一个体节比较大，颈部（第 1 体节位于头部后面的部分）在第 2 体节扩大的情况下一般比较小，成熟雄性最后 1 对足特化为带有钩子的用于交配的附肢。背部无纵向沟，无侧突。防御用的腺体在背侧，而大部分马陆的腺体都在侧面。雄性 17 对步足，雌性 19 对步足。身体能卷成球形。

球马陆目根据不同的分类系统，分为 3 ~ 4 个科，已知至少 30 个属，估计种类 280 ~ 450 种。

球马陆在地面的枯枝落叶层生活，以植物碎屑和腐殖质为食。绝大多数球马陆分布于北半球，包括欧洲、中亚和东南亚、北非和北美洲。

目前在波罗的海、缅甸的琥珀中都已发现了球马陆的化石种类。

本书收录缅甸琥珀中的带球马陆科[a] Glomeridellidae 一种，为带球马陆属 *Glomeridella* 种类。

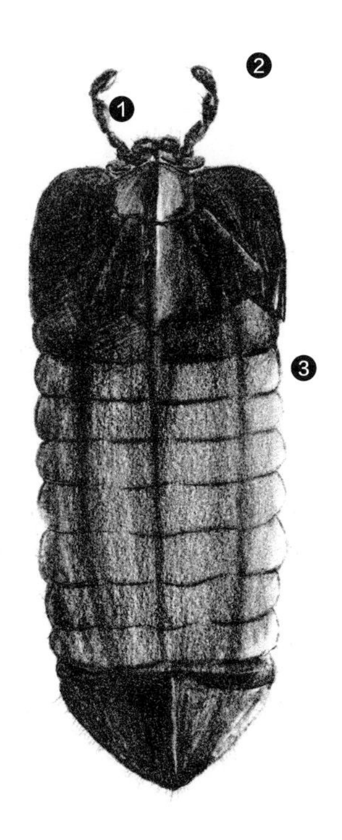

❶ 头大且圆，无眼或有眼，如果有小眼则排成一行；

❷ 触角长且细弱，第 3 节和第 6 节最长；

❸ 成体体节 12 节，像 11 节；

❹ 雄性 17 对步足，雌性 19 对步足；

❺ 身体能卷成球形。

a 带球马陆科 *Glomeridellidae*

带球马陆
Glomeridella sp.

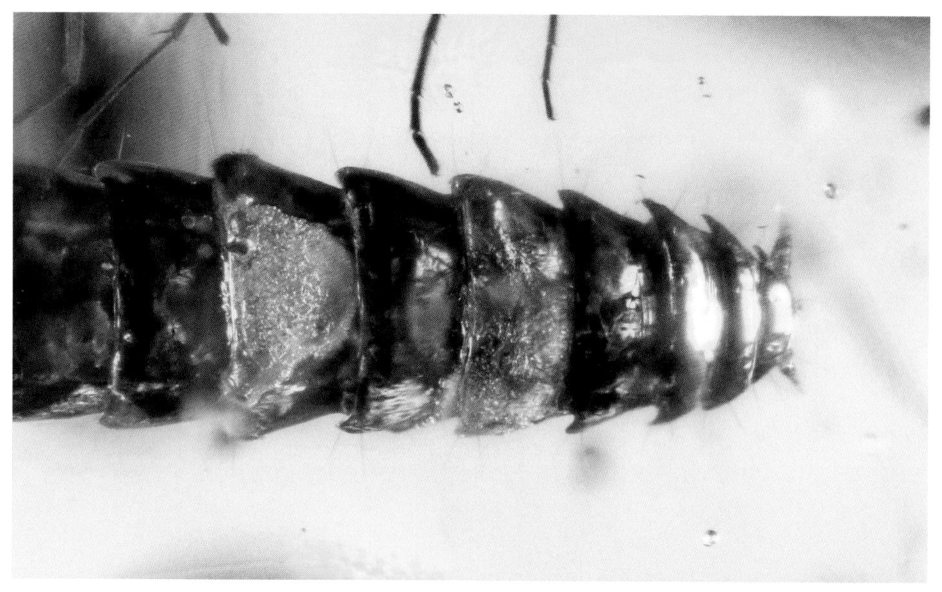

Sphaerotheriida

圆马陆目

圆马陆多为中型到大型种类，体长 20 ~ 80 mm，受到干扰时，身体能卷成球形，一般种类如樱桃大小，而马达加斯加的一些种类甚至可以达到橘子般大小（超过 95 mm）。圆马陆背侧无纵向凹沟，无侧突。头大且圆，眼睛大且呈肾形，是由数个小眼所构成，触角粗短，常有感觉锥。成体体节 13 节，颈板小且椭圆形，第 2 体节的背甲非常宽，第 13 节最宽，无臭腺孔。雌性有 21 对足；雄性个体最后 1 对步足极度变形，两对端肢。

圆马陆没有任何有毒物质，也没有任何可以排泄特殊气味的腺体，只能靠卷曲身体来保护自己。当圆马陆卷起时，其背侧板的结构使其成为一个密封的球，捕食者便无法将其打开。但在南非则有一些蜗牛专门以圆马陆为食。另据报道，一些猫鼬则将卷起的圆马陆在岩石上猛击，以砸破这个球体，便于食用。

部分种类的圆马陆可以发出声音，一些非洲种类则被拿来药用。

目前全世界已知圆马陆目超过 326 种，分属 5 个科，绝大多数的地理分布相互不重叠。

圆马陆是森林中的分解者，通常在地面的枯枝落叶层生活，以植物碎屑和腐殖质为食，部分种类树栖。分布于印度、东南亚、澳大利亚、新西兰、非洲东部、西部以及马达加斯加岛等地。

本书收录了缅甸琥珀中的泽圆马陆科 [a] Zephroniidae 种类。

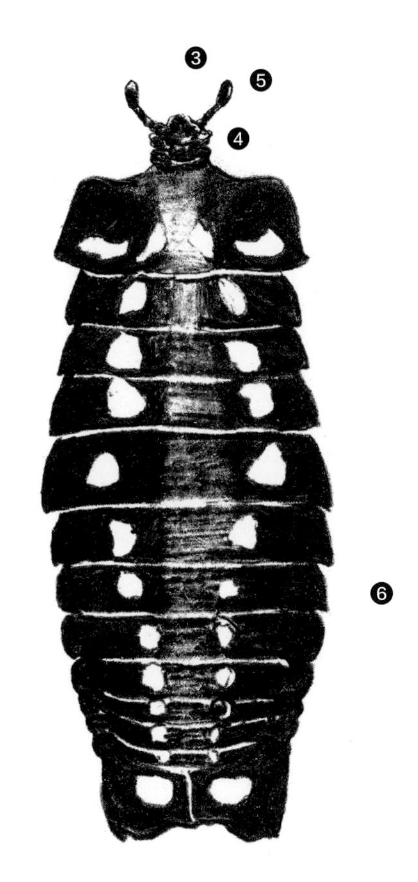

❶ 中型到大型种类；

❷ 受到干扰时，身体能卷成球形；

❸ 头大且圆；

❹ 眼睛大且呈肾形，由数个小眼所构成；

❺ 触角粗短；

❻ 成体体节 13 节。

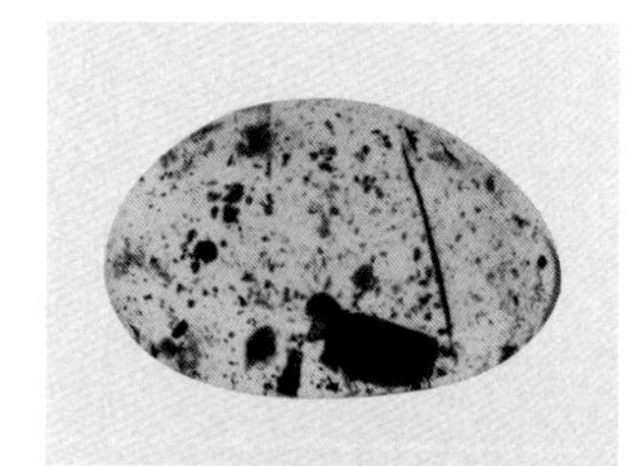

[a] 泽圆马陆科 *Zephroniidae*

泽圆马陆
Zephroniidae sp.

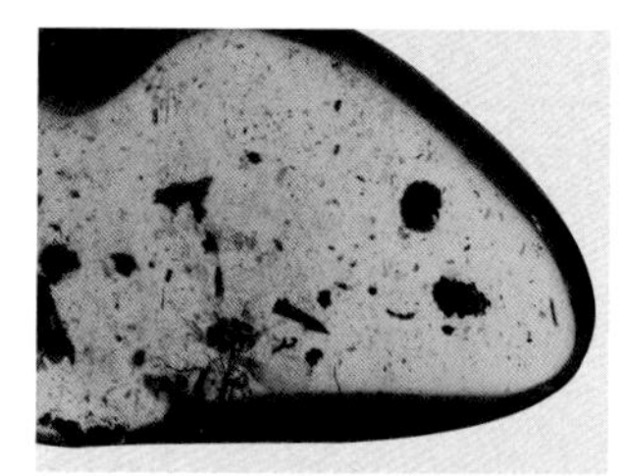

[a] 泽圆马陆科 *Zephroniidae*

泽圆马陆
Zephroniidae sp.

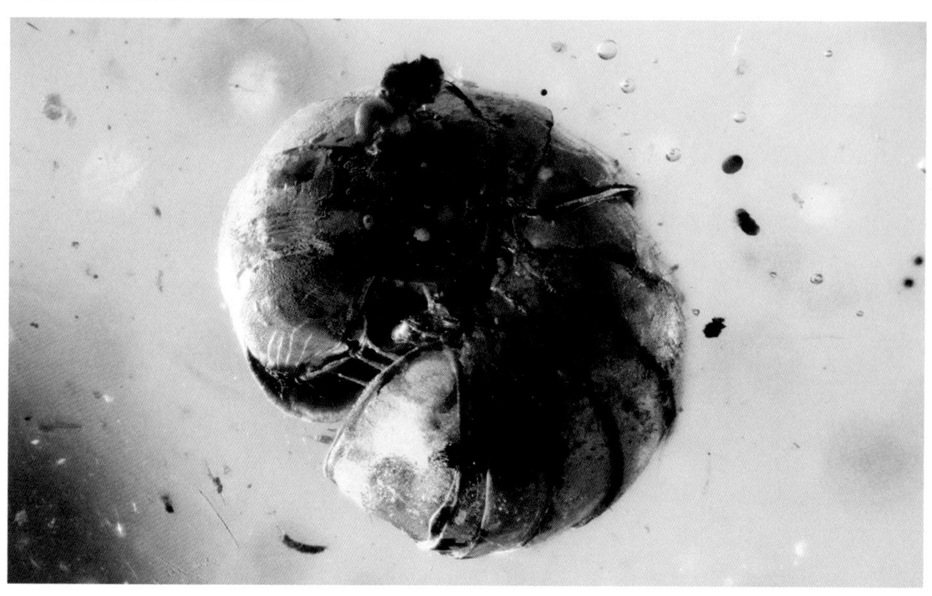

Platydesmida

扁带马陆目

体长可达 60 mm，躯干或多或少扁平，侧突明显。头小，近三角形，无眼，头部在触角窝上方有一突起。颚唇退化程度低，具叶柄和舌片。背中部常常具明显刻纹和纵向凹沟，侧突长且扁平。成体体节达到 30 ~ 110 节。雄性成体第 7 节的后 1 对和第 8 节的前 1 对步足特化成生殖肢。

扁带马陆目共有 2 科 60 余种。部分种类的雄性有护卵行为。

跟大多数马陆类群不同，扁带马陆并不是以分解落叶为食，而是专一地取食菌类。分布于北美洲、中美洲、欧洲的地中海地区以及中国、日本和东南亚等地。

本书收录缅甸琥珀中的雄颌马陆科[a] Andrognathidae 短头马陆属 *Brachycybe* 种类。

❶ 躯干或多或少扁平，侧突明显，长且扁平；
❷ 头小，近三角形；
❸ 无眼；
❹ 成体体节达到 30 ~ 110 节。

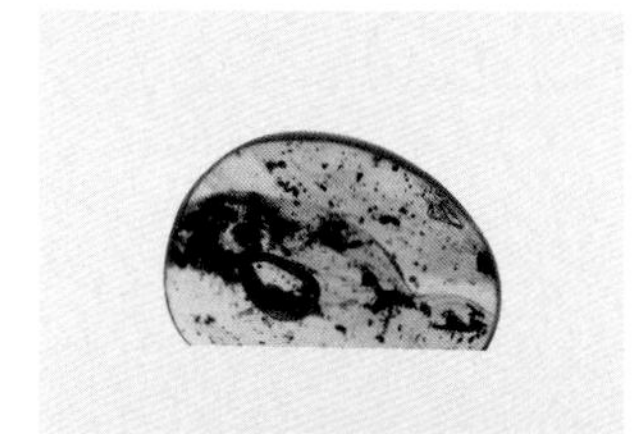

[a] 雄颌马陆科 *Andrognathidae*

短头马陆
Brachycybe sp.

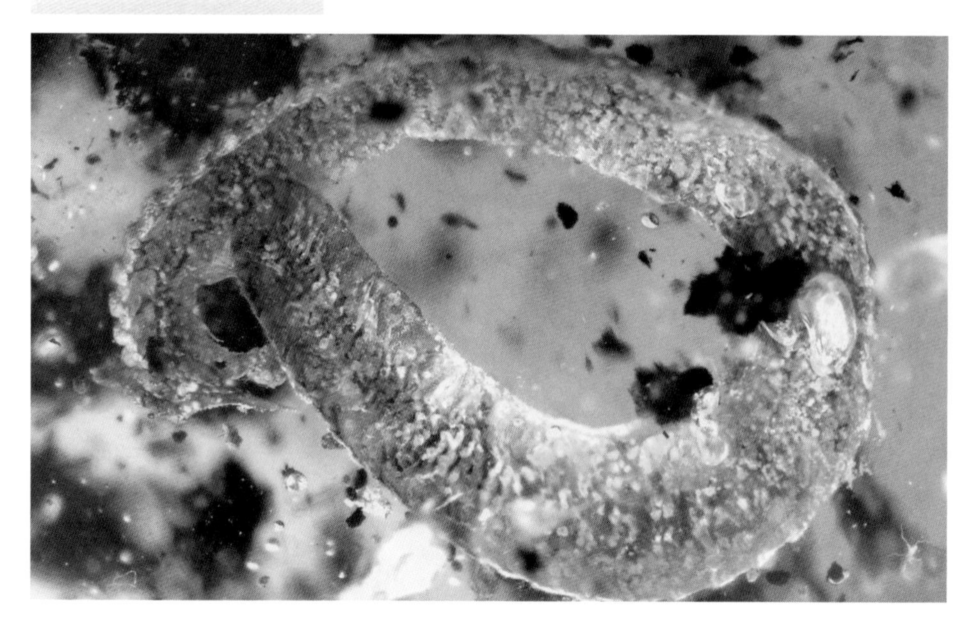

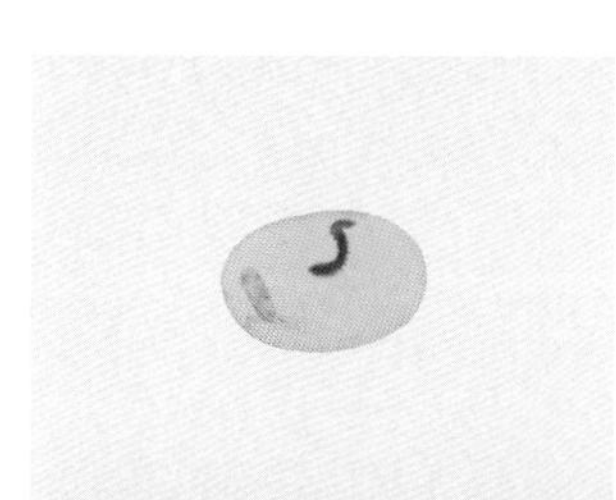

[a] 雄颌马陆科 *Andrognathidae*

短头马陆
Brachycybe sp.

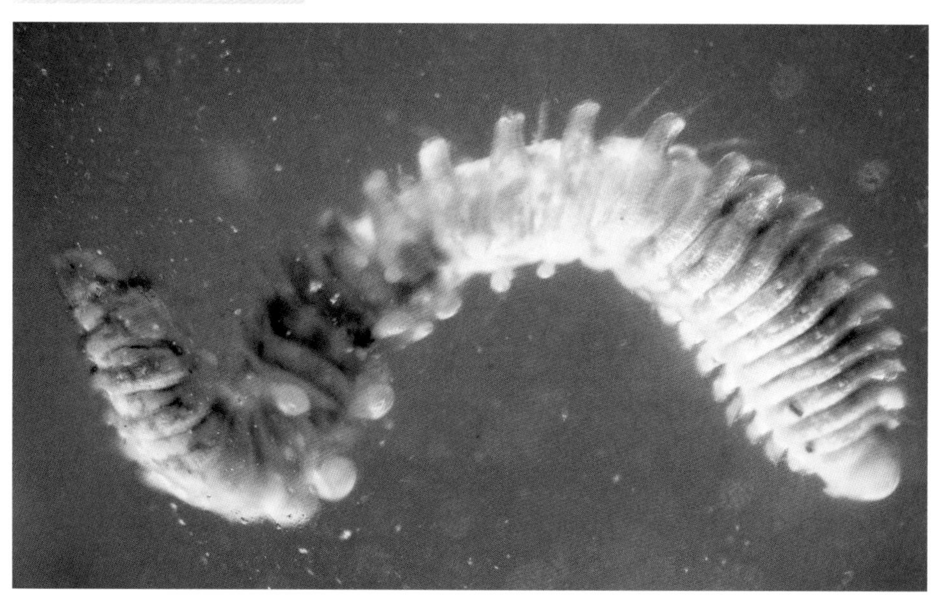

Polyzoniida

多板马陆目

身体水蛭形，头小，近锥形，两侧各有 2 ~ 3 个黑色单眼。背部无纵向沟，背板拱形并向侧面延伸呈扁平状，腹部平坦，无侧突。颈节增大，颚唇侧片融合退化成一个较大的三角板（无侧片或叶柄和前突或舌片，有时仅剩明显的分离标志）。躯干多于 30 节，雄性成体第 7 节的后 1 对和第 8 节的前 1 对步足特化成生殖肢。

多板马陆目共有 3 个科，至少 74 个已知种类，分布于北美、加勒比海、欧洲、印度洋群岛、东亚和南亚。

本书收录多板马陆科[a] Polyzoniidae 短多板马陆属 *Bdellozonium* 一种，见于缅甸琥珀中。

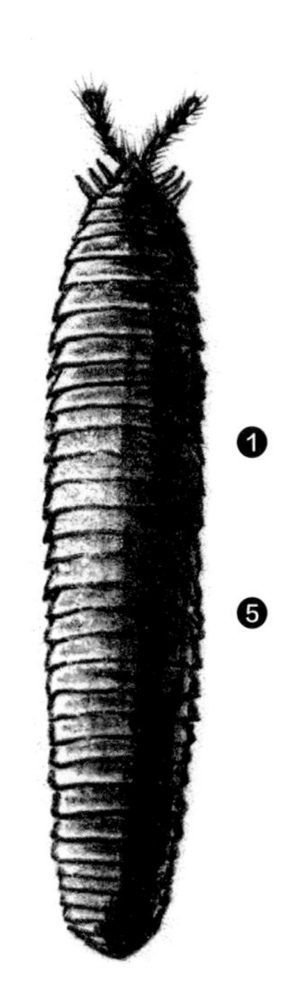

❶ 身体水蛭形；

❷ 头小，近锥形；

❸ 头两侧各有 2 ~ 3 个黑色单眼；

❹ 背板拱形并向侧面延伸呈扁平状；

❺ 躯干多于 30 节。

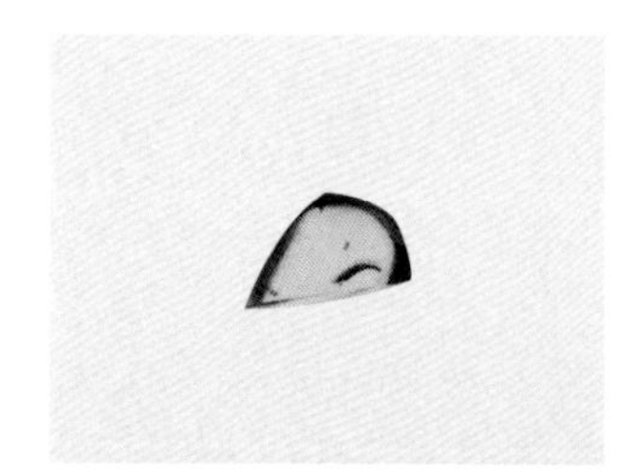

[a] 多板马陆科 *Polyzoniidae*

BU 短多板马陆
Bdellozonium sp.

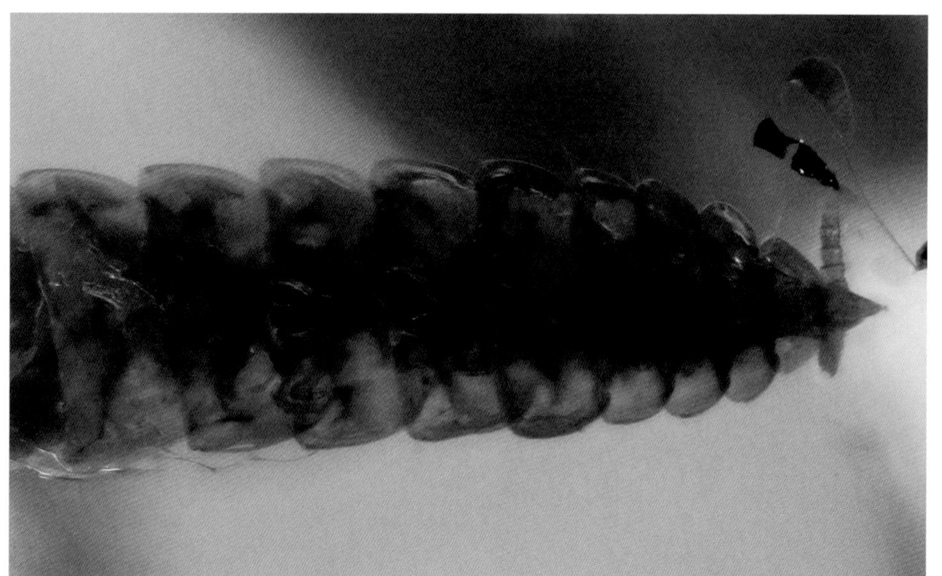

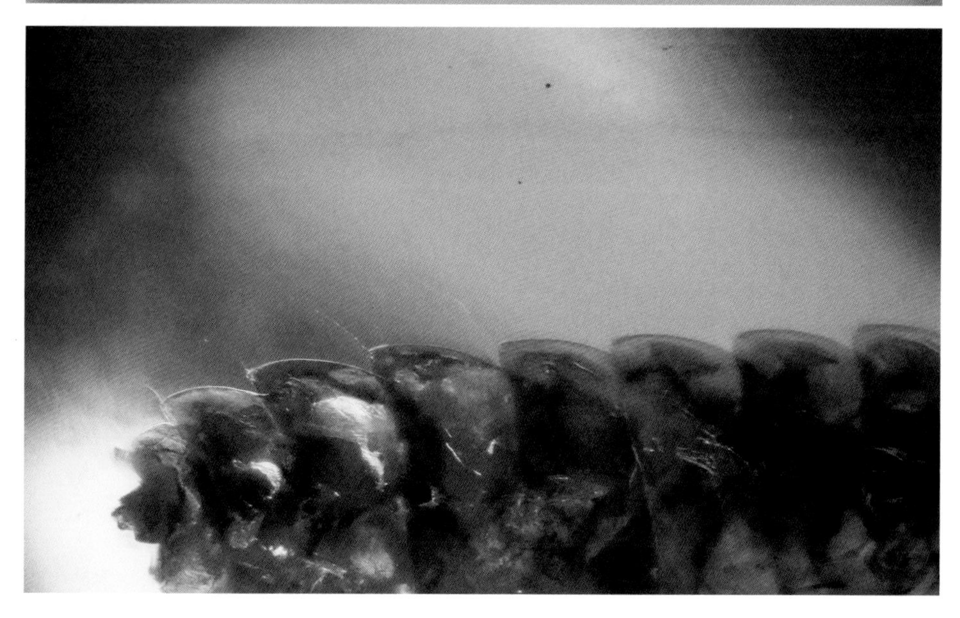

Siphonophorida

管颚马陆目

体长可达 36 mm，形似蠕虫，体节不变大；身体横切面呈半圆形，腹部扁平。头部前方逐渐变细，整个头呈三角形，形似鸟喙，无眼。有细小的刚毛紧密覆盖躯体，触角的末端数节变大且加厚。背板背侧无纵向凹沟，无侧突，步足短。躯干部至少 30 节，多达 192 节，雄性成体的第 7 体节的后 1 对步足和第 8 体节的前 1 对步足特化为生殖肢。

管颚马陆目包括 2 个科，超过 100 个已知种类，其中有拥有最多条腿的马陆种类。

分布于美洲的北部、中部及南部，南非，印度及东南亚，澳大利亚和新西兰。

本书收录了来自多米尼加 [a] 和缅甸 [b] 琥珀中管颚马陆科 Siphonorhinidae 的几个种类。

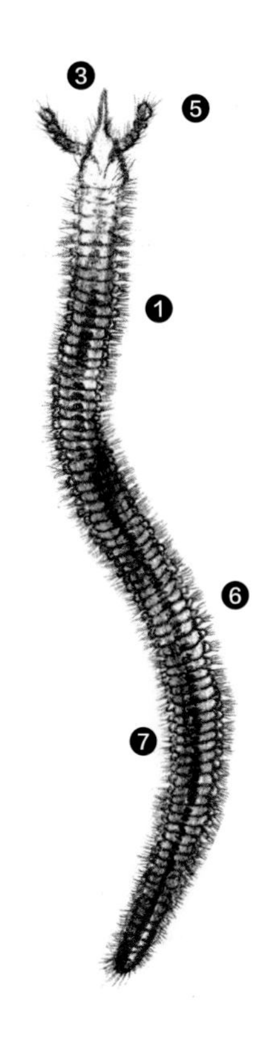

❶ 形似蠕虫，体节不变大；

❷ 身体横切面呈半圆形；

❸ 头部前方逐渐变细，整个头呈三角形，形似鸟喙；

❹ 无眼；

❺ 触角的末端数节变大且加厚；

❻ 步足短；

❼ 躯干部至少 30 节，多达 192 节。

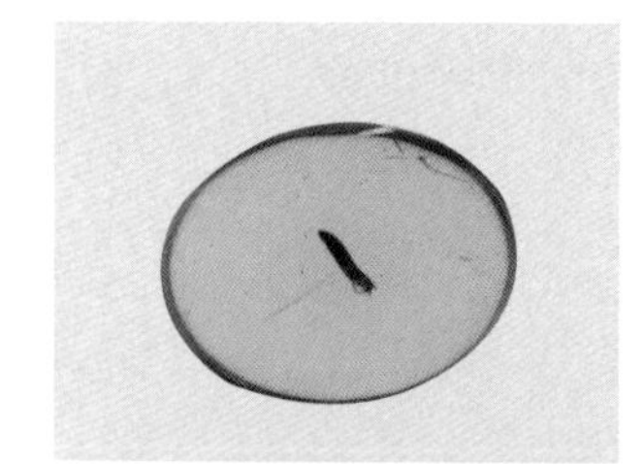

[a] 管颚马陆科 *Siphonorhinidae*

多米尼加管颚马陆
Siphonorhinidae sp.

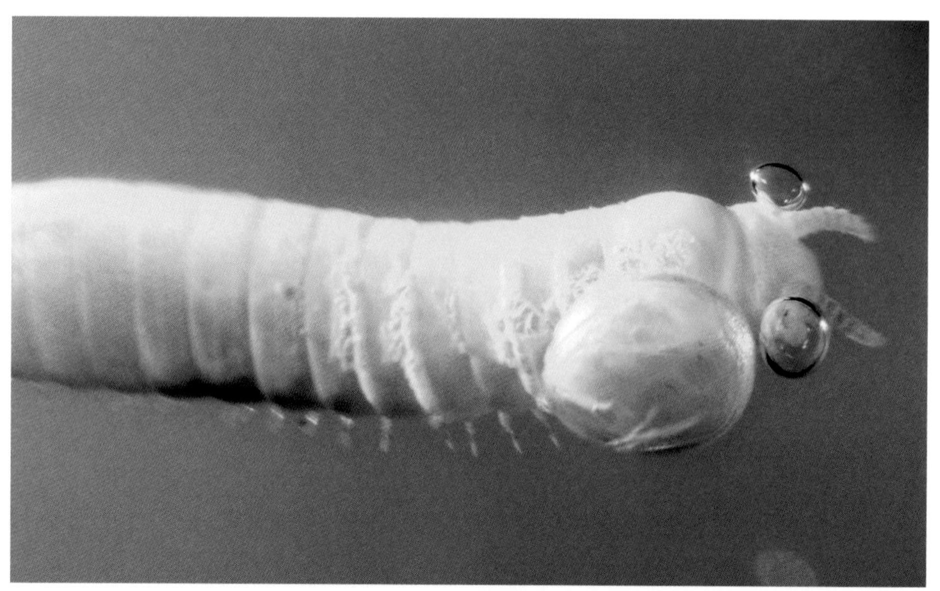

b 管颚马陆科 *Siphonorhinidae*

管颚马陆
Siphonorhinidae sp.

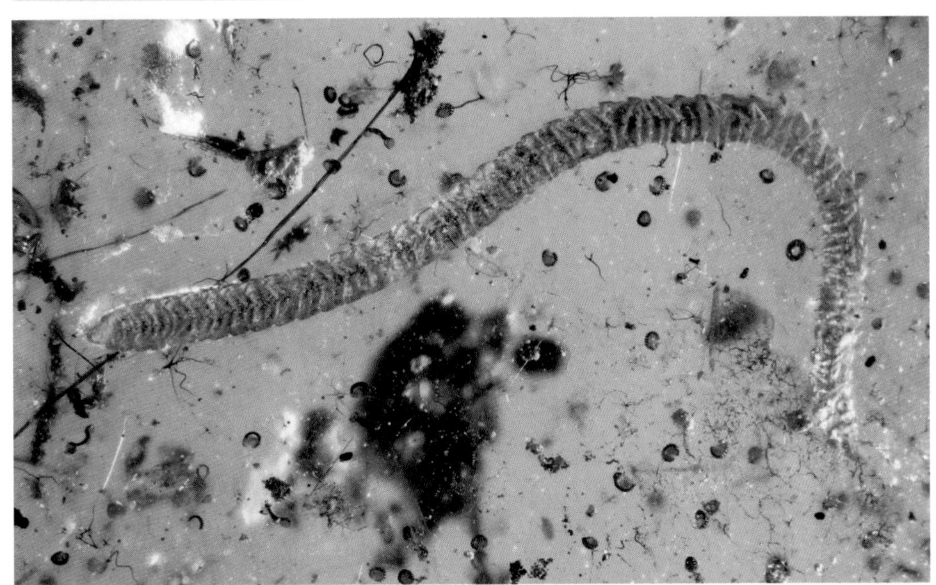

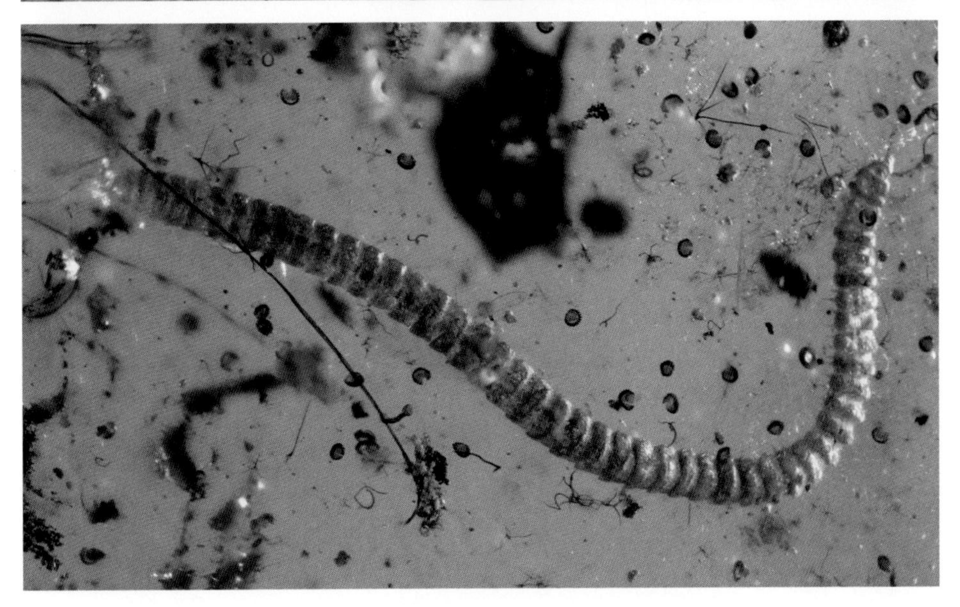

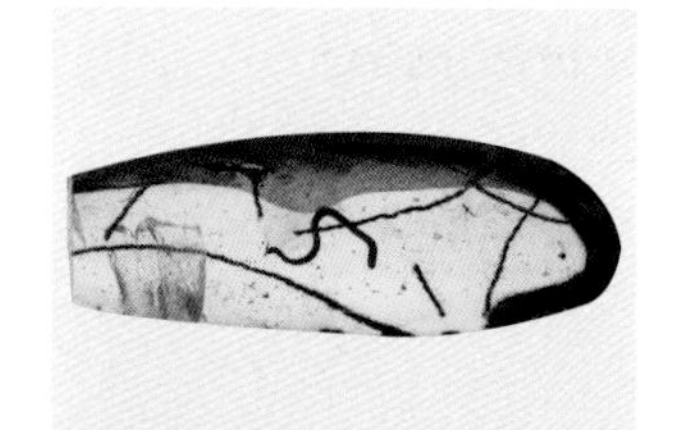

[b] 管颚马陆科 *Siphonorhinidae*

管颚马陆
Siphonorhinidae sp.

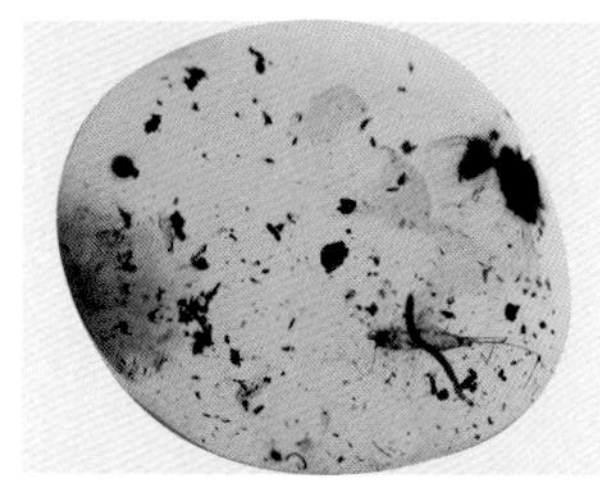

[b] 管颚马陆科 *Siphonorhinidae*

管颚马陆
Siphonorhinidae sp.

b 管颚马陆科 *Siphonorhinidae*

BU 管颚马陆
Siphonorhinidae sp.

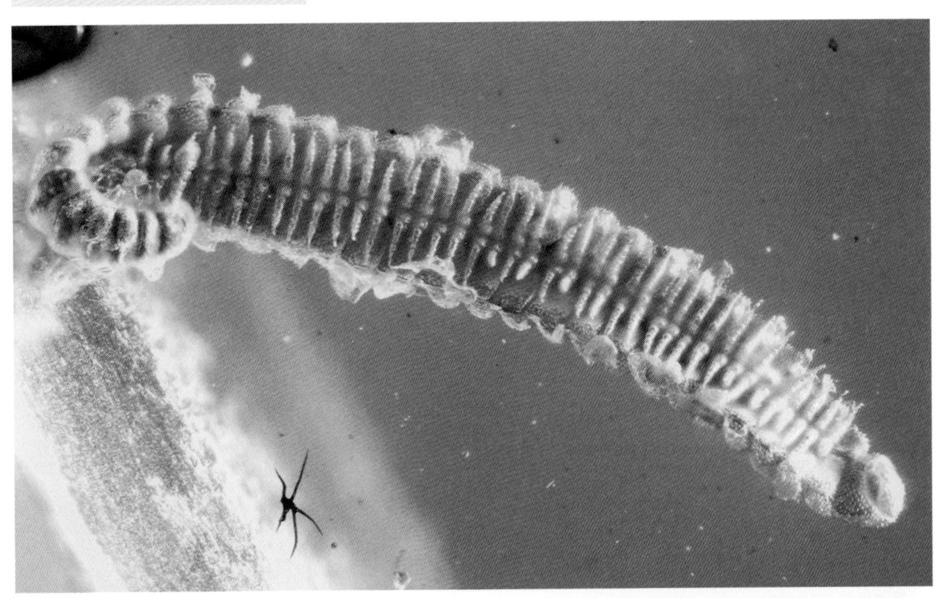

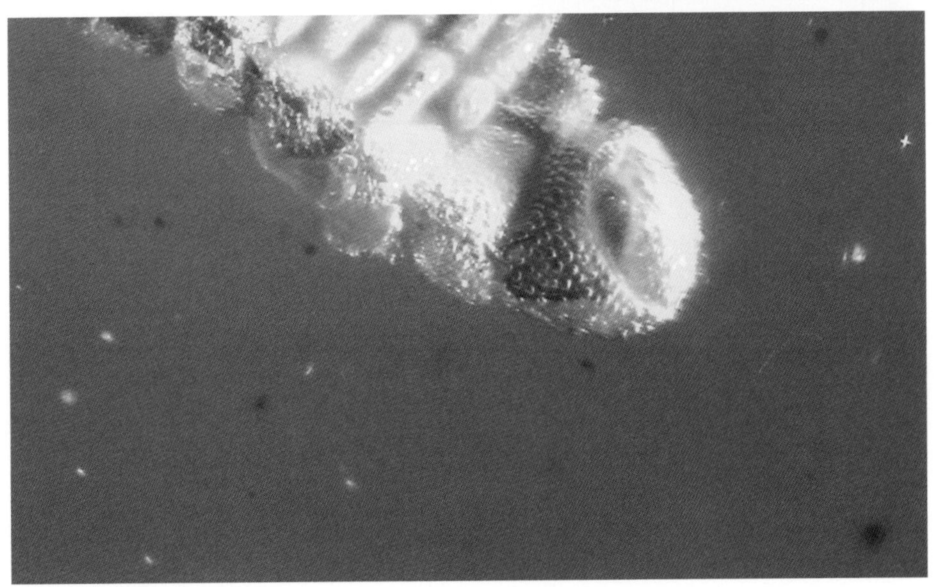

Spirostreptida

异蛩目

异蛩目也称旋马陆目。体长最大可达 300 mm，身体通常光滑呈圆柱形。头大且圆，上唇无中间缝合线，颚唇板侧片分离。大部分背部无纵向沟（条蛩科 Cambalidea 除外），躯干节具后背板龙骨，身体的主要体节具 2 个横向带（前和后背侧板），后一个常常有龙骨或刻纹。第 4 体节无附肢，第 5 体节 2 对步足。大颚具 9 ~ 12 个梳状片，颏大几乎成等边三角形。30~90 体节，体形从细小到巨大粗壮，包括来自非洲的已知最长的马陆种类。雄性成体第 1 对步足不似勾状，雄性成体第 7 体节的两对步足特化为生殖肢，凹陷于外骨骼内。

异蛩目被分为两个亚目和至少 10 个科，超过 1 000 个已知种，是倍足纲的第二大目。

异蛩目多见于热带地区，包括非洲、南亚（到喜马拉雅山）和东南亚（到日本）、澳大利亚，以及美国至阿根廷。

本书收录了来自缅甸琥珀的条蛩科 Cambalidae 条蛩属 *Cambala* 一种。

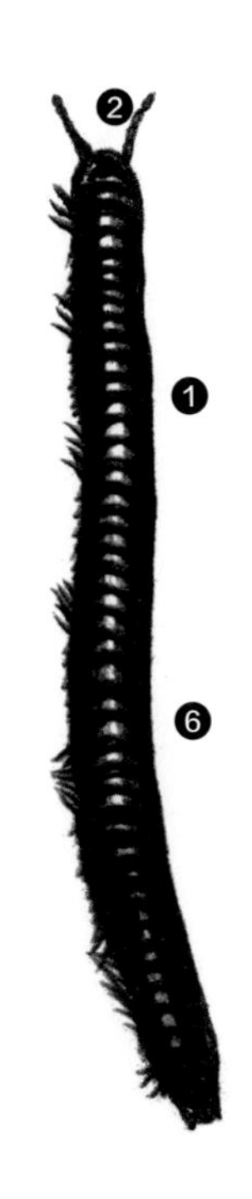

❶ 身体通常光滑呈圆柱形；

❷ 头大且圆；

❸ 身体的主要体节具 2 个横向带（前和后背侧板）；

❹ 第 4 体节无附肢；

❺ 第 5 体节 2 对步足；

❻ 30 ~ 90 体节。

[a] 条蛩科 *Cambalidae*

条蛩
Cambala sp.

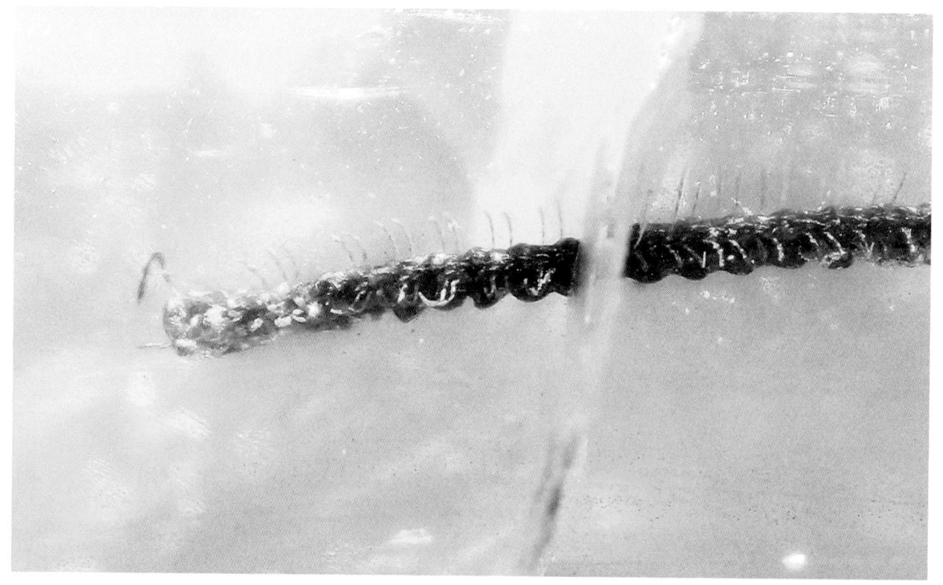

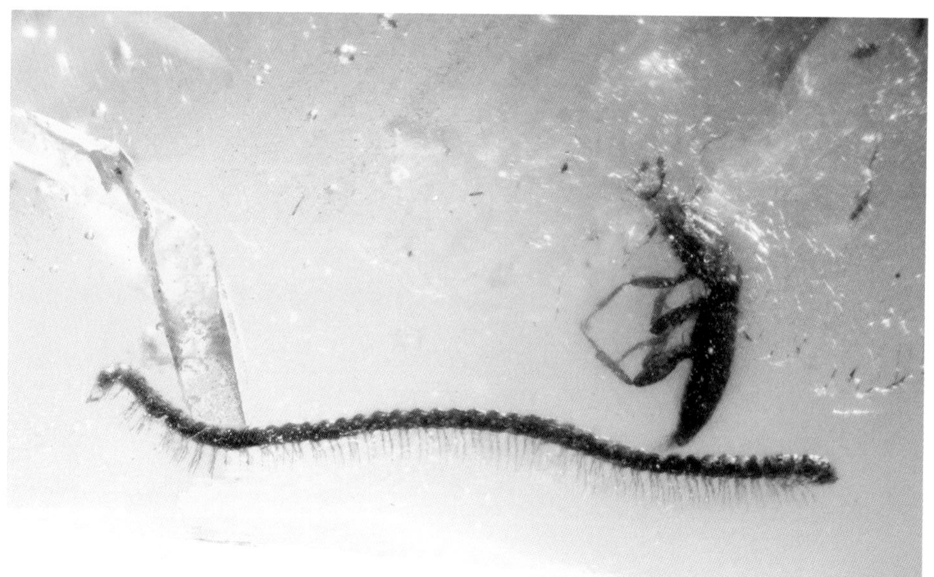

Chordeumatida

泡马陆目

泡马陆目的学名源自希腊语的“香肠”，体长 4 ~ 25 mm，身体近圆筒形，头大且圆，不似鸟喙，多数具眼，单眼散布成堆，身体末端渐细，锥形。有些种类不具侧突。颈节常常柔软形成颈部。成体体节 26 ~ 32 节，多数 30 节。每节背甲背部有一排刚毛为 3 + 3 排列，背部具纵向凹沟，较小的标本凹沟不易发现，均无趋避孔。步足较长。雄性成体第 7 对体节的两对步足组成生殖肢。肛上板三裂，末端具纺嘴。

泡马陆目分属约 50 个科，近 1 200 种，但撒哈拉沙漠以南的非洲大陆及南美热带地区除外。

本书收录了棍泡马陆科 [a] Anthroleucosomatidae 和节泡马陆科 [b] Tingupidae 的种类，均来自缅甸琥珀。

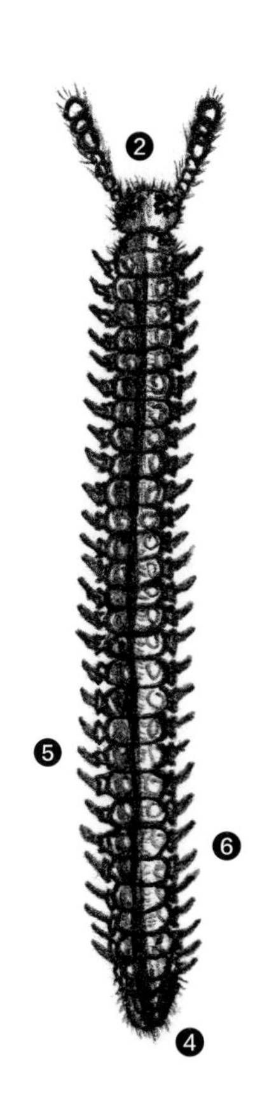

❶ 身体近圆筒形；

❷ 头大且圆，不似鸟喙；

❸ 多数具眼，单眼散布成堆；

❹ 身体末端渐细，锥形；

❺ 成体体节 26 ~ 32 节，多数 30 节；

❻ 步足较长。

[a] 棍泡马陆科 *Anthroleucosomatidae*

棍泡马陆
Anthroleucosomatidae sp.

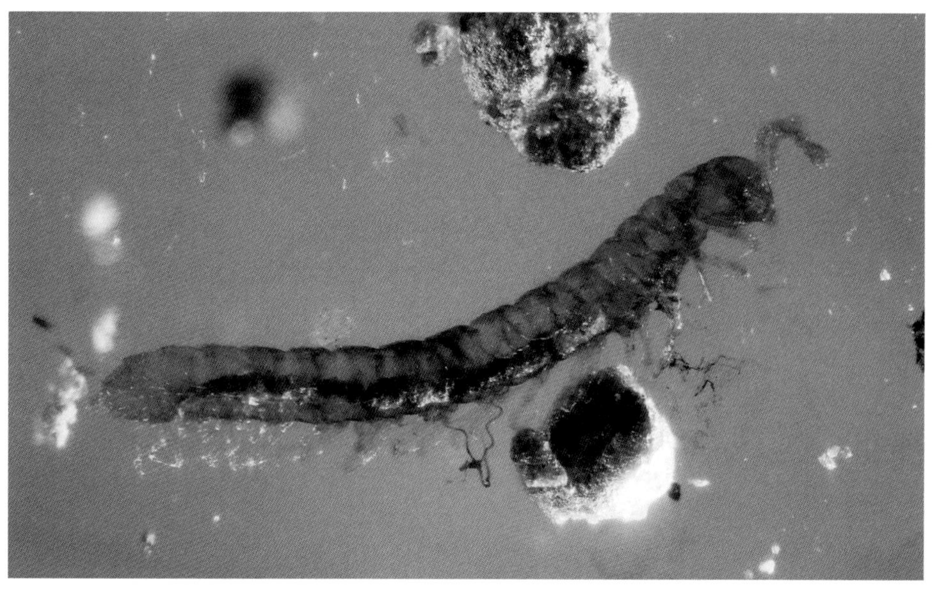

[b] 节泡马陆科 *Tingupidae*

节泡马陆（幼体）
Tingupa sp.

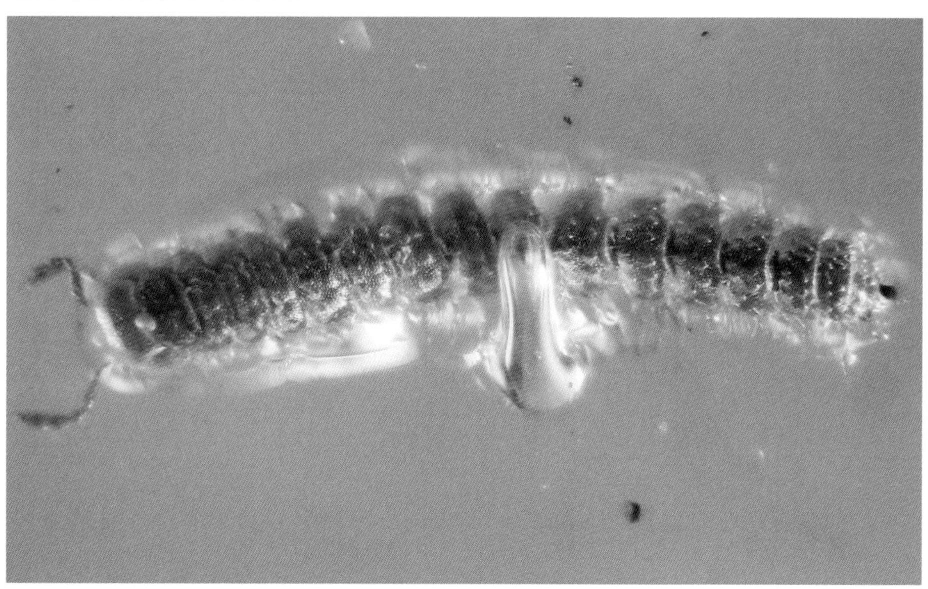

b 节泡马陆科 *Tingupidae*

节泡马陆（幼体）
Tingupa sp.

Polydesmida

多带马陆目

体长 3 ~ 130 mm，色彩鲜亮，常常带有鲜红色、橘黄色、蓝色和蓝紫色斑点或条带。头大且圆，无眼。成体体节 18 ~ 22 节，多为 20 节，背板、侧板和腹板融合形成一个背部不具纵向凹沟的整体。唇颚片和颏形成一个基部尖锐的三角形板，前颏小，不明显，叶柄前部宽阔与它们相分离，不向后延伸并超过颏基部。舌板长大约是颚唇的一半。光滑无变化到具大量裂片或突起，后背侧板常常向侧面突起形成侧突。侧突若有，则常为扁平状，有些种类无侧突。雄性成体第 7 体节的两对步足中的前面那一对特化成生殖肢，而后面那一对步足仍为正常步足。

多带马陆目大多数种类能够分泌一种氰化物来防御敌害，部分大型种类具有鲜明的体色，用以警告捕食者。

多带马陆目是倍足纲最大的目，分属 4 个亚目 28 科，已知种类超过 3 500 种。

常见于落叶层中，广泛分布于世界各地。

本书记载了条带马陆科 [a] Paradoxosomatidae 和带马陆科 [b] Polydesmidae 的部分种类，均来自缅甸琥珀。

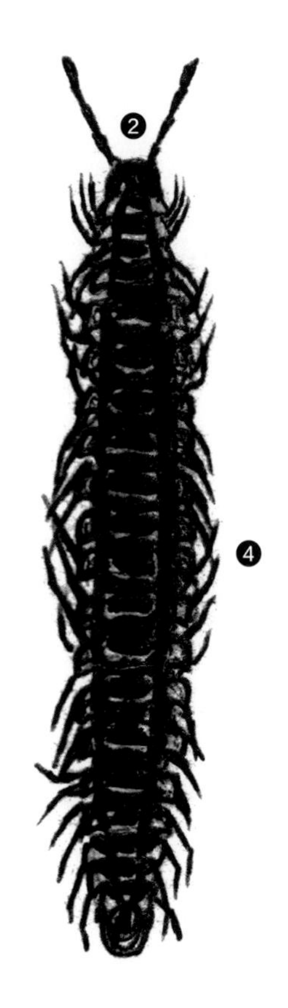

❶ 多数种类具有鲜明的体色；

❷ 头大且圆；

❸ 无眼；

❹ 成体体节 18 ~ 22 节，多为 20 节；

❺ 背板、侧板和腹板融合形成一个背部不具纵向凹沟的整体。

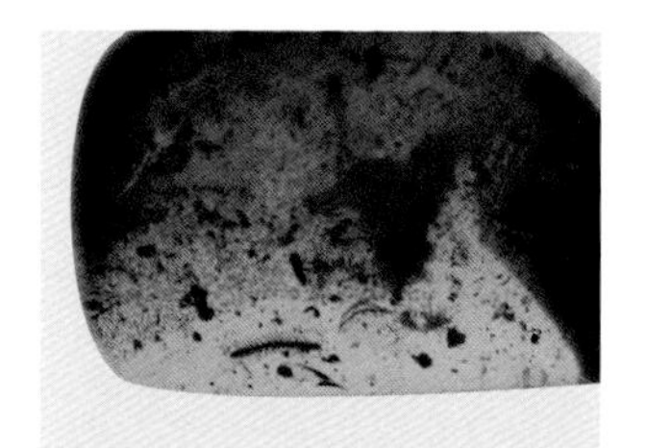

a 条带马陆科 *Paradoxosomatidae*

条带马陆
Paradoxosomatinae sp.

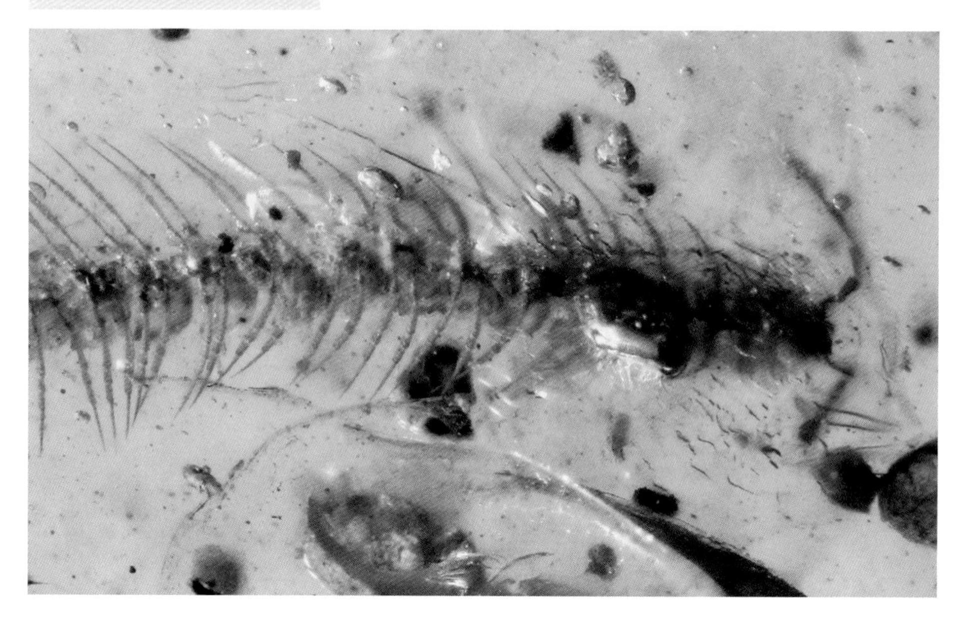

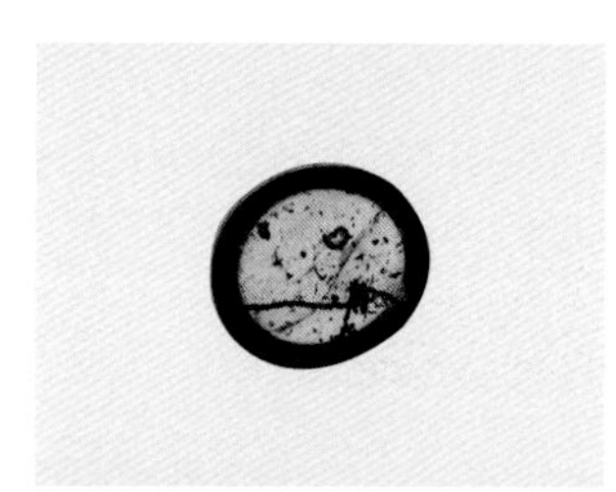

b 带马陆科 *Polydesmidae*

带马陆
Scytonotus sp.

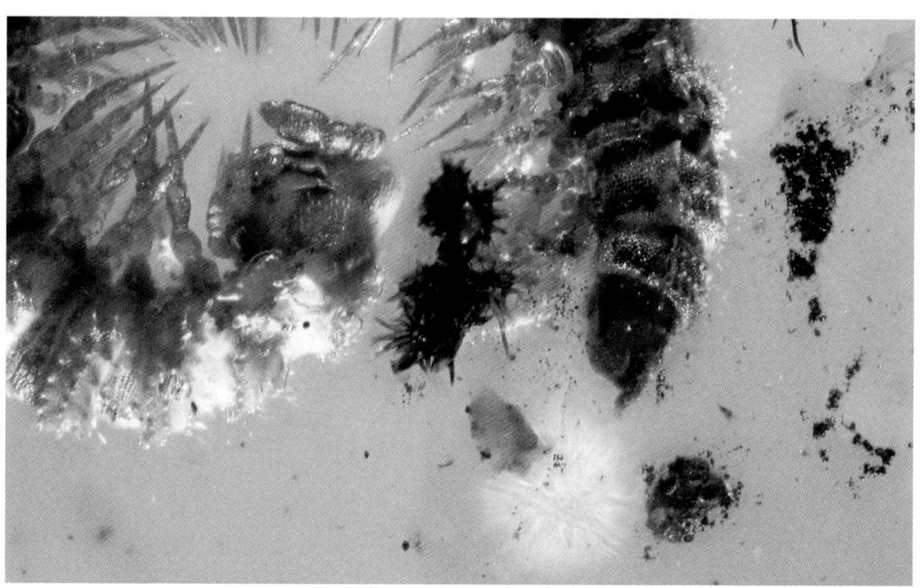

Poduromorpha

原跳虫目

弹尾纲种类通称跳虫，是一类原始的六足动物，现代的动物分类学将它们单独列为弹尾纲，可以说是一类非常原始的昆虫。因为该类昆虫的腹部末端有弹跳器，故得此名，俗称跳虫或弹尾虫。

跳虫广泛分布于世界各地，目前已知达 8 000 余种，据估计，这个数字远远低于实际种类，有人认为全世界弹尾纲的种数应该在 50 000 种左右。最古老的跳虫化石，是发现于英格兰的泥盆纪种类，距今已经有 4 亿年的历史了。

跳虫常大批群居在土壤中，多栖息于潮湿隐蔽的场所，如土壤、腐殖质、原木、粪便、洞穴，甚至终年积雪的高山上也有分布，跳虫的集居密度十分惊人，曾有人在 1 acre（英亩）（1acre=4 046.86 m^2）草地的表面至地下 9 in（英寸）（1 in=0.025 4 m）深的范围内发现了 2 亿 3 000 万个跳虫。

现代分类学将弹尾纲分成 3 个目：原跳虫目 Poduromorpha、长跳虫目 Entomobryomorpha 和愈腹跳虫目 Symphypleona。

原跳虫目跳虫的体形多为略扁平的圆柱形，细长并有清晰的分节。与其他跳虫相比，前胸总是布满发达的刚毛。原跳虫目的跳虫通常很小，有些甚至只有 0.4 mm，最大的种类则可以达到 10 mm。世界已知原跳虫的种类在 3 000 种以上。

原跳虫目跳虫的体色通常是单一的，以白色、蓝色或红色为主。高纬度和高海拔地带的种类颜色较深，可以在阳光照射下迅速提升体温。深蓝甚至偏黑的体色则发现于海边，说明其对紫外线照射敏感，黑色素的沉淀，可以起到保护的作用。只有少数种类是双色的，通常为深蓝色和黄色，偶尔也有红色和黄色，甚至红黄白三色的。

目前已经在加拿大、缅甸、西班牙等地的琥珀中发现了原跳虫目跳虫。

本书收录一种疣跳虫，属疣跳虫科[a] Neanuridae 种类。

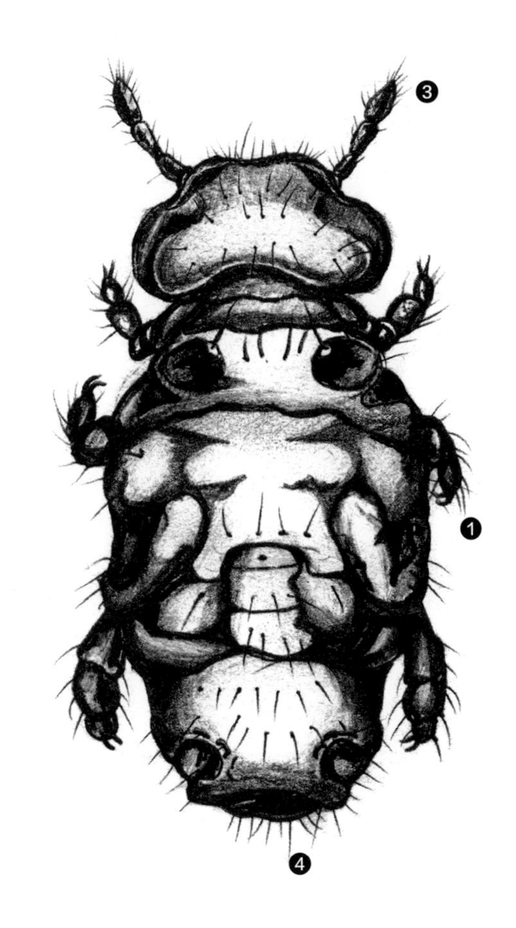

❶ 体形多为略扁平的圆柱形；

❷ 细长并有清晰的分节；

❸ 触角短；

❹ 绝大多数种类弹器退化；

❺ 体色通常是单一的，以白色、蓝色或红色为主。

[a] 疣跳虫科 *Neanuridae*

疣跳虫
Neanuridae sp.

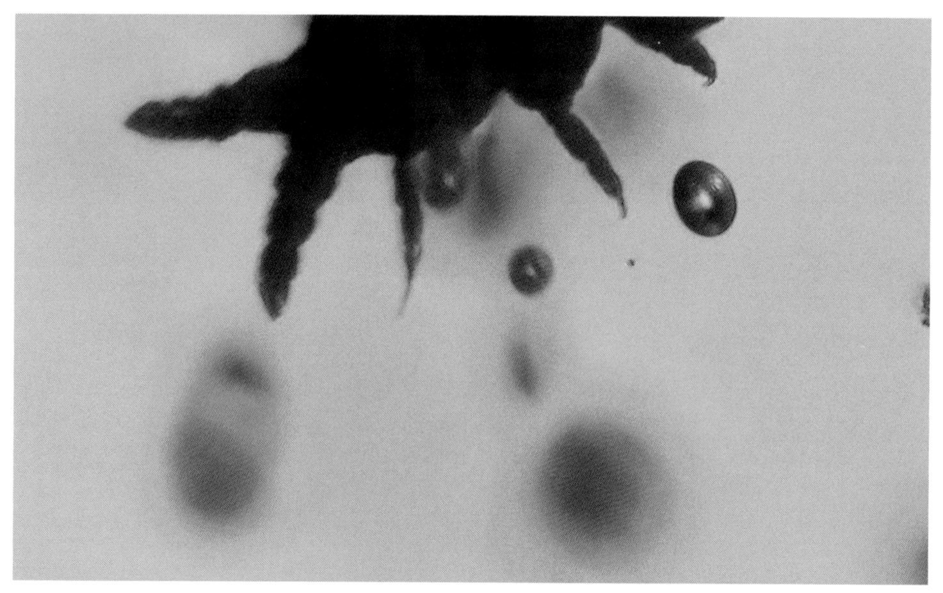

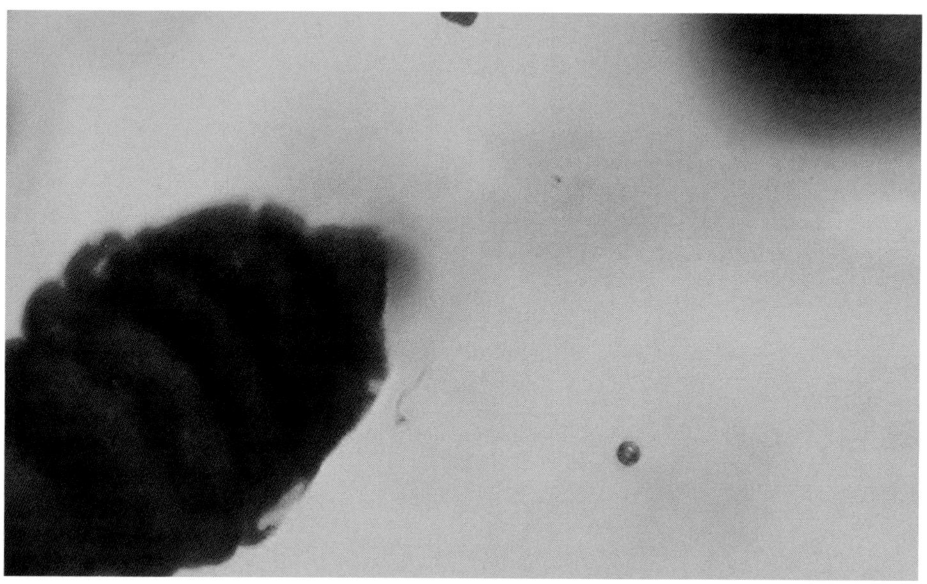

Entomobryomorpha

长跳虫目

长跳虫目的跳虫通常身体较长，并具有较长的足和触角以及发达的弹器。部分种类的足和触角略短，但身体仍较为细长。部分种类身体被有鳞片或毛。

长跳虫目被分为 4 个总科 11 个科。

长跳虫多见于树皮、真菌、土壤表层、朽木、石下、落叶内等潮湿阴暗的环境。

长跳虫在琥珀中较为常见，已经发现于多米尼加、墨西哥、波罗的海、加拿大、缅甸、西班牙等地的琥珀中。但因为身体柔弱，通常保存状态并不好，且缺乏深入研究。

本书收录部分种类，但都无法鉴定。

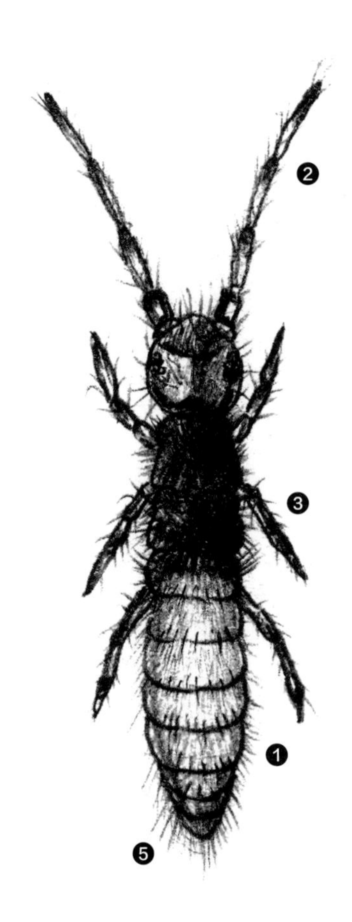

❶ 通常身体较长；

❷ 具有较长的触角；

❸ 具有较长的足；

❹ 弹器发达；

❺ 部分种类身体被有鳞片或毛。

长跳虫待定科 *Incertae Sedis*

长跳虫
N/A

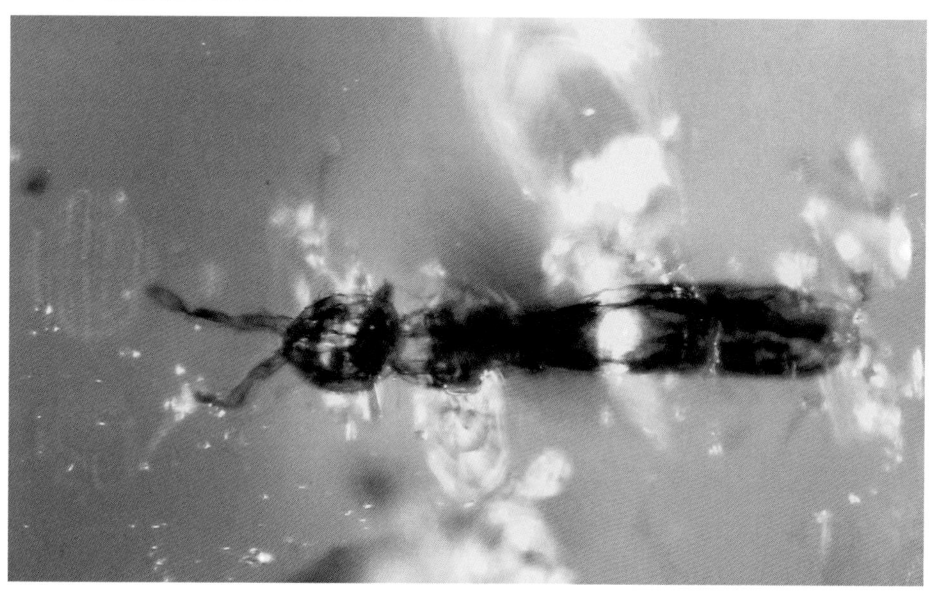

长跳虫待定科 *Incertae Sedis*

长跳虫
N/A

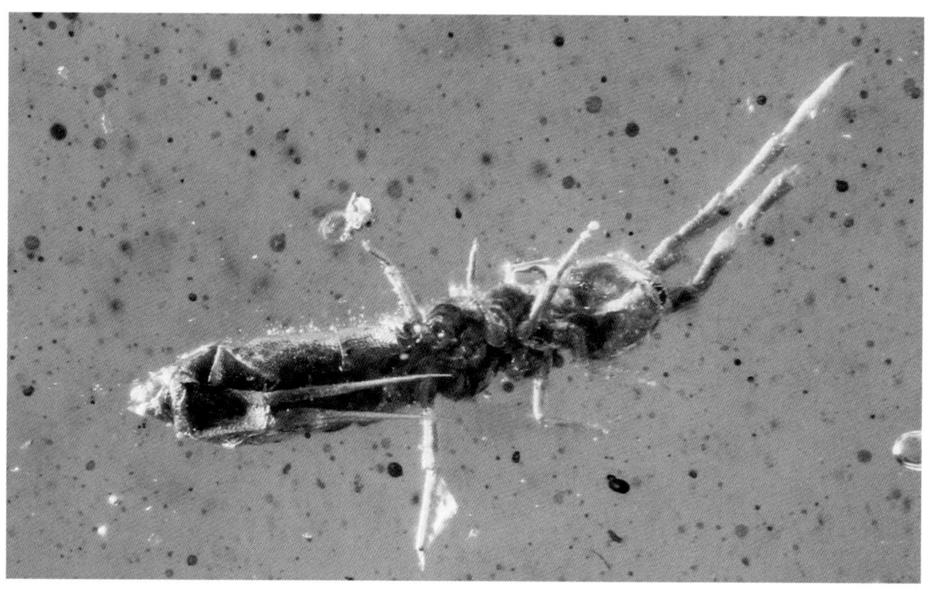

长跳虫待定科 *Incertae Sedis*

BU 长跳虫
N/A

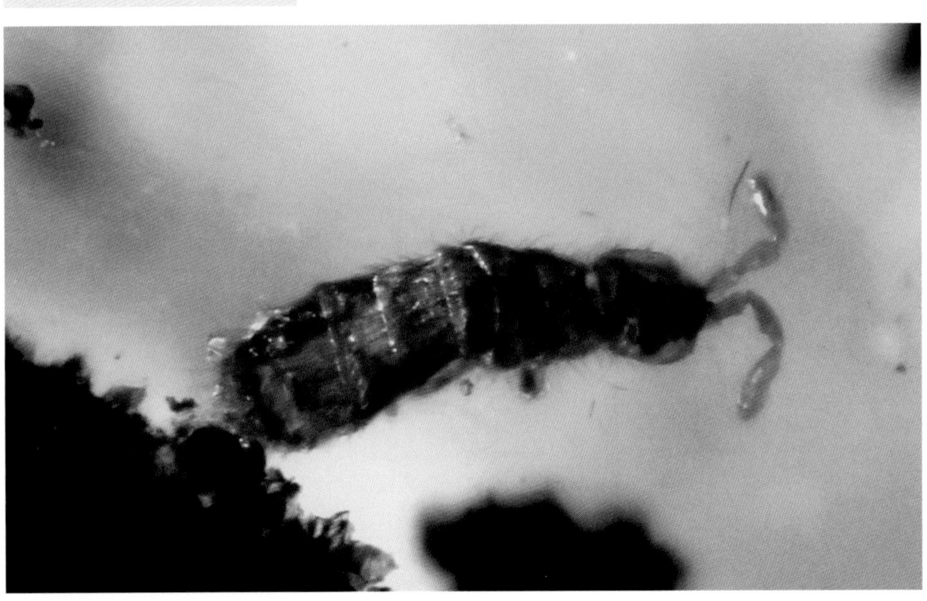

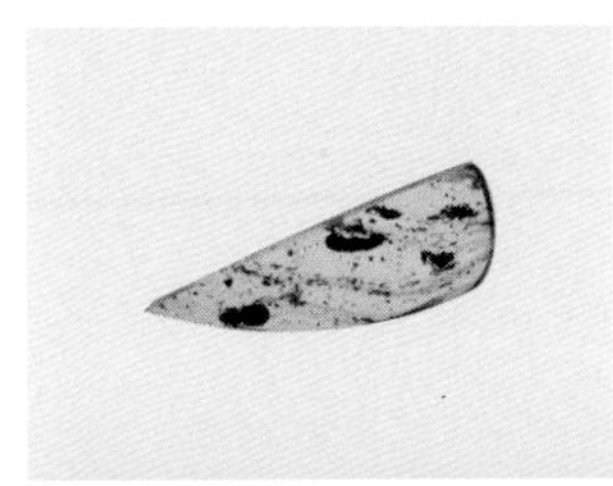

长跳虫待定科 *Incertae Sedis*

长跳虫
N/A

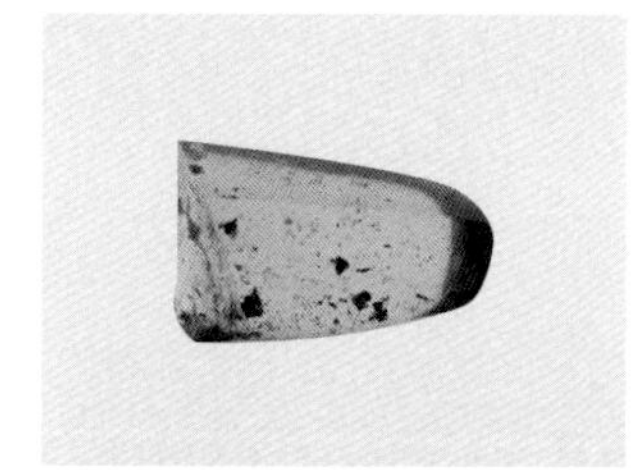

长跳虫待定科 *Incertae Sedis*

长跳虫
N/A

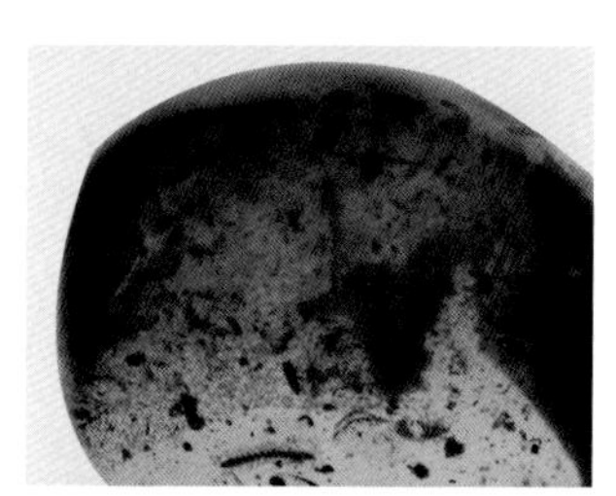

长跳虫待定科 *Incertae Sedis*

长跳虫
N/A

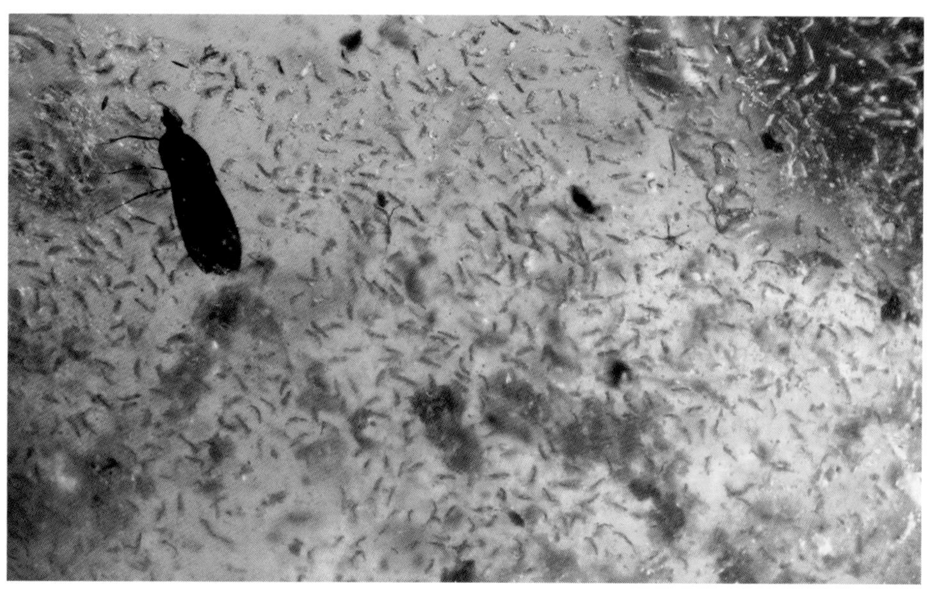

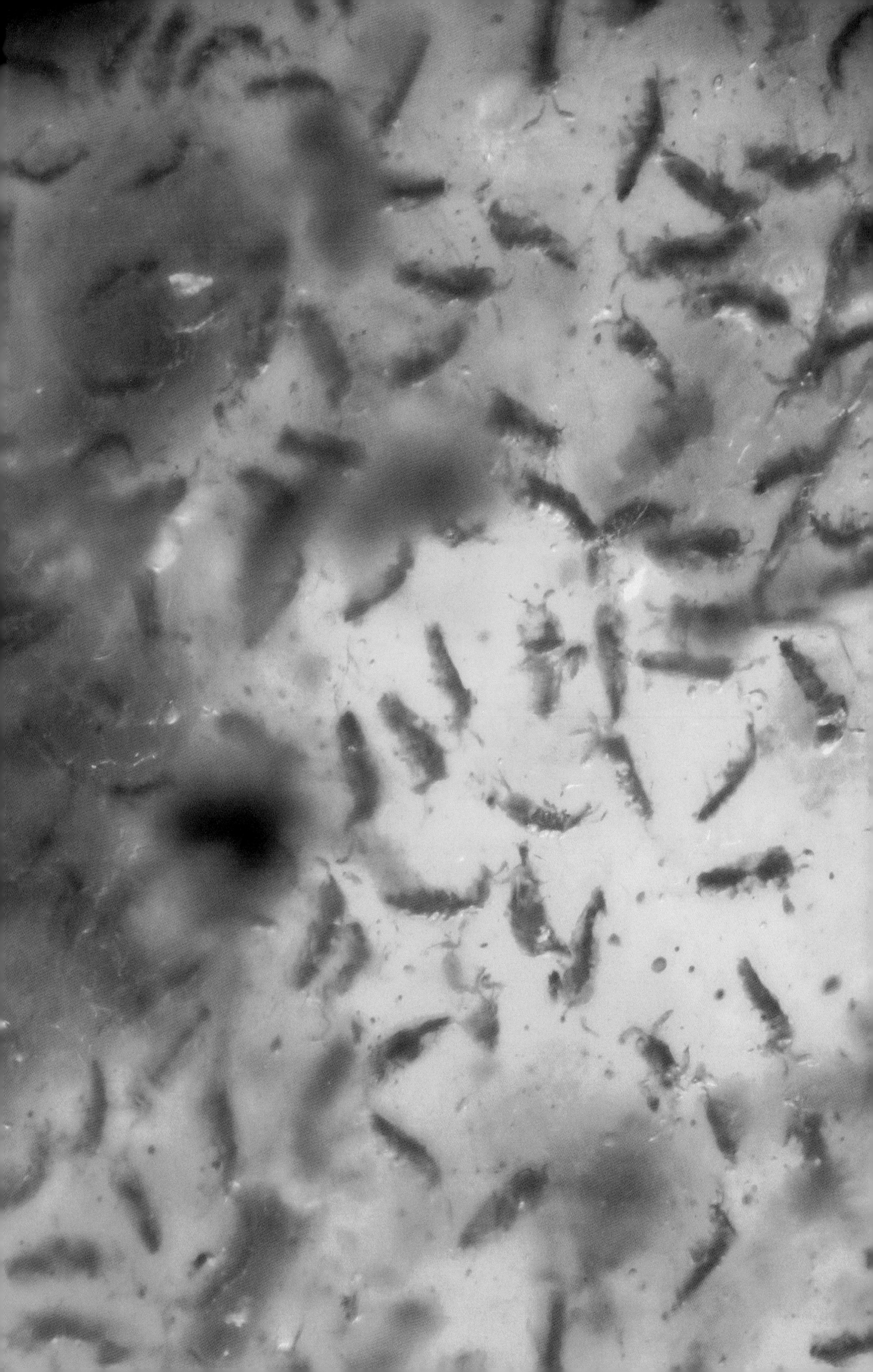

Symphypleona

愈腹跳虫目

愈腹跳虫目统称圆跳虫，身体近乎球形，触角长，胸部和腹部分节不明显，弹器发达，善跳跃；很多种类具有黄色、粉色、红色等鲜明的颜色。

愈腹跳虫目共分 5 个总科，11 个科，其中 4 个科为化石科。

长跳虫多见于树皮、土壤表层、朽木、石下、苔藓等潮湿阴暗的环境。

圆跳虫在琥珀中较为多见，目前已经发现于多米尼加、波罗的海、加拿大、缅甸、西班牙等地的琥珀中。

本书收录部分圆跳虫科 Sminthuridae 种类，来自波罗的海 [a] 和缅甸 [b] 的琥珀。

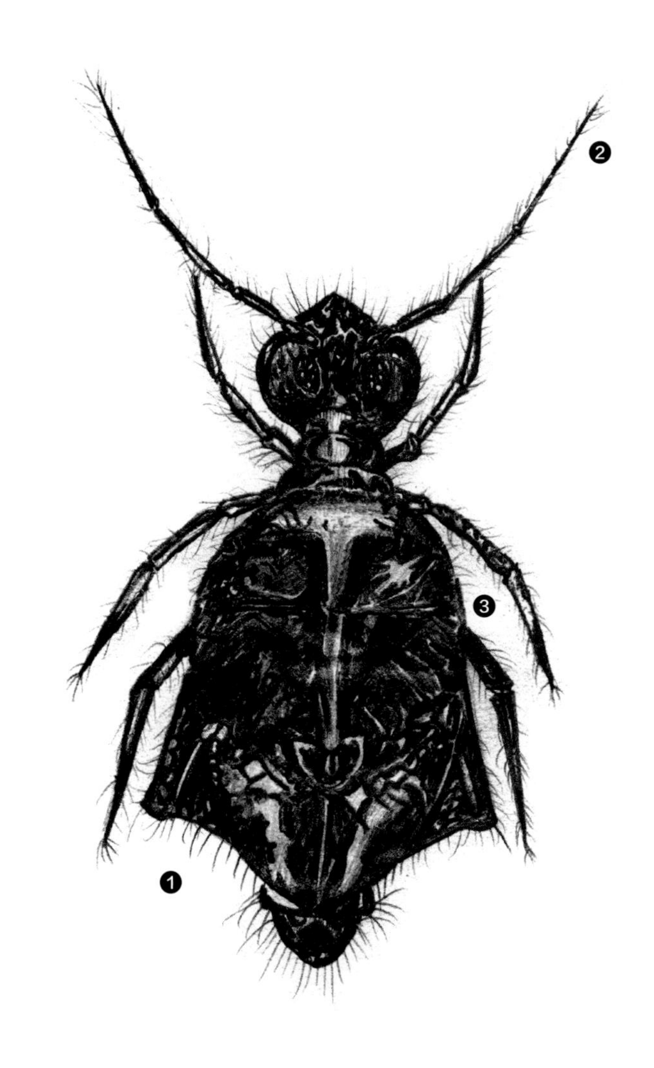

❶ 身体近乎球形；

❷ 触角长；

❸ 胸部和腹部分节不明显；

❹ 弹器发达，善跳跃；

❺ 很多种类具有黄色、粉色、红色等鲜明的颜色。

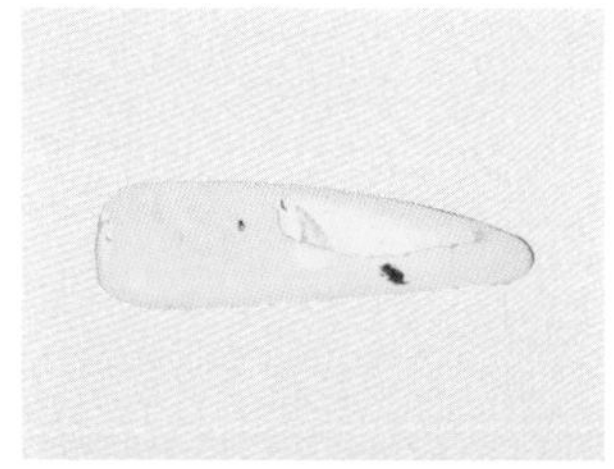

[a] 圆跳虫科 *Sminthuridae*

波罗的海圆跳虫
Sminthuridae sp.

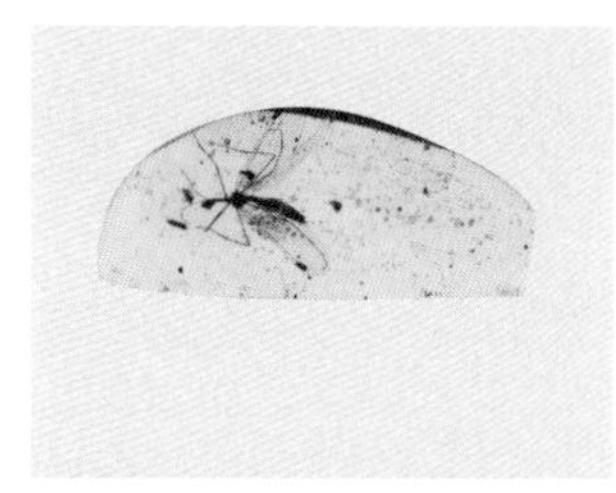

[b] 圆跳虫科 *Sminthuridae*

格林内尔圆跳虫
Grinnellia sp.

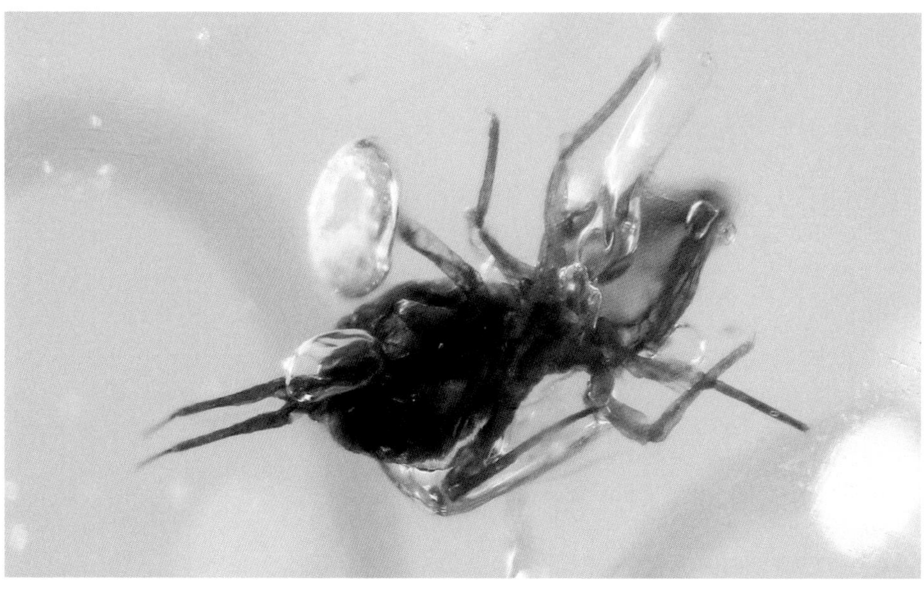

[b] 圆跳虫科 *Sminthuridae*

BU 格林内尔圆跳虫
Grinnellia sp.

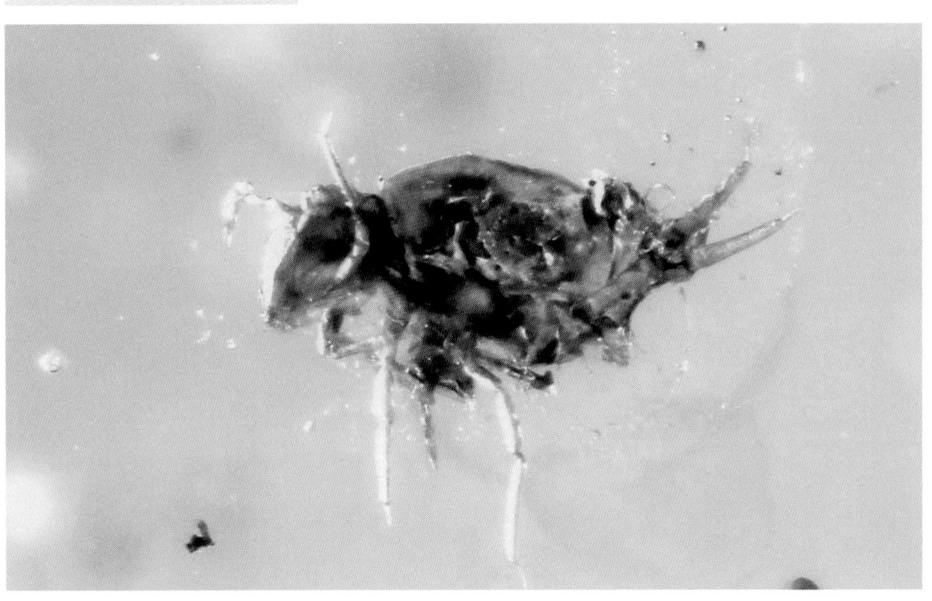

[b] 圆跳虫科 *Sminthuridae*

BU 史密圆跳虫
Sminthuricinus sp.

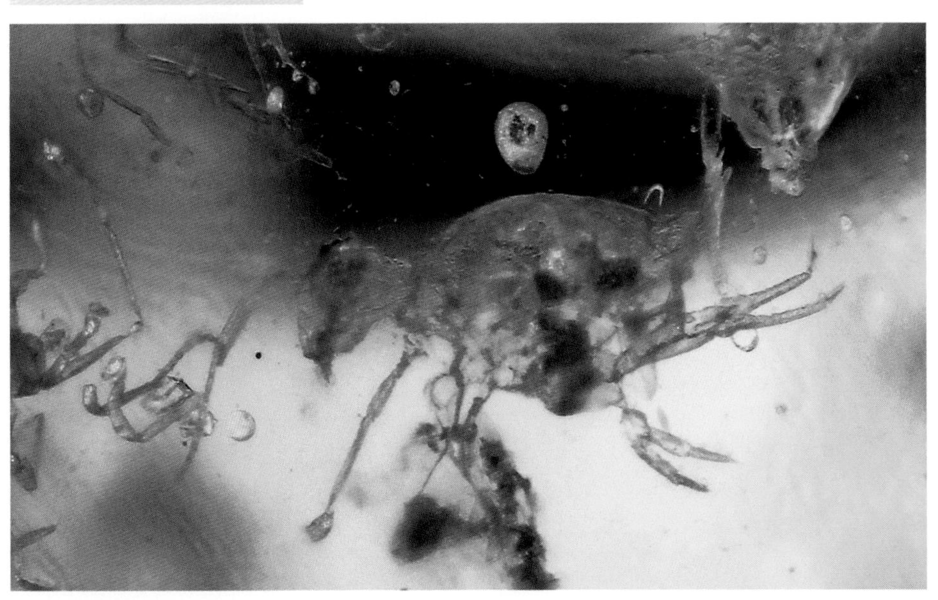

Diplura

双尾目

双尾纲原属于昆虫纲双尾目，现独立成一个纲（仅双尾目一个目），但仍属广义的昆虫范畴。双尾纲通称“虮”， 体长一般在 20 mm 以内，最大的可达 58 mm。主要包括两大类：双尾虫和铗尾虫，双尾虫具有一对分节的尾须，较长；铗尾虫具有一对单节的尾铗。全世界已知的双尾虫和铗尾虫有 7 ~ 9 个科，共计 800 多种。

变态类型为表变态，是比较原始的变态类型。其若虫和成虫除体躯大小和性成熟度外，在外形上无显著差异，腹部体节数目也相同。可生存 2 ~ 3 年，每年脱皮多至 20 次，一般第 8 - 11 次脱皮后可达到性成熟，但成虫期一般还要继续脱皮。

双尾纲的昆虫生活在土壤、洞穴等环境中，活动迅速，当你在石头下面发现它们的时候，它们会迅速钻到土壤缝隙中逃脱。取食活的或死的植物、腐殖质、菌类或捕食小动物等。

双尾纲的化石非常罕见，目前最早的记录是石炭纪的化石种类。琥珀中的双尾纲虽然已经在缅甸、波罗的海、多米尼加和墨西哥琥珀中均有发现，但至今没有相关研究报告发表。

康虮科 [a] Campodeidae 通常被称作双尾虫，身体非常柔软；两根尾须通常较长，与长长的触角首尾呼应。本书收录了来自波罗的海和多米尼加以及缅甸的琥珀中的双尾虫。

铗虮科 [b] Japygidae 统称铗尾虫，体白色或黄色；前胸小，中、后胸相似；尾须骨化成钳状；见于石下，腐殖质丰富的土中。铗尾虫在琥珀中更加少见，本书种类来自缅甸琥珀。

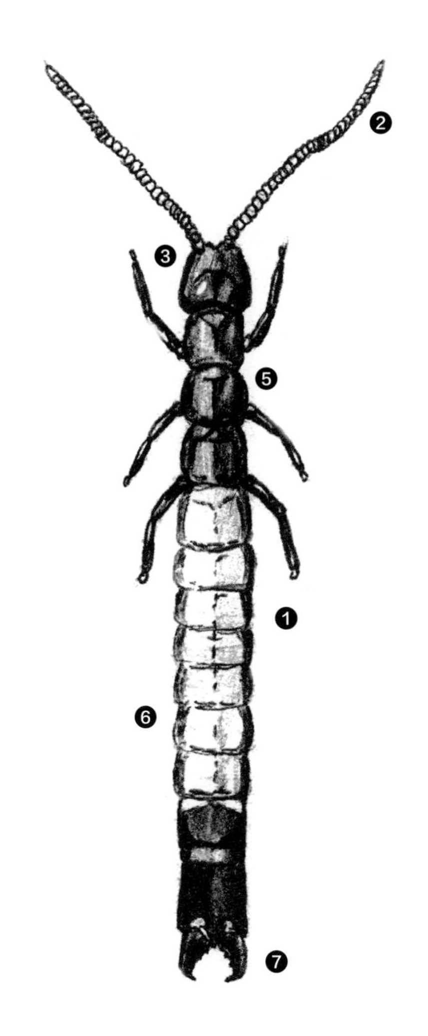

❶ 身体细长；

❷ 触角长并呈念珠状；

❸ 无复眼和单眼；

❹ 口器为咀嚼式，内藏于头部腹面的腔内；

❺ 胸部构造原始，3 对足的差别不大，跗节 1 节；

❻ 腹部 11 节，第 1-7 腹节腹面各有 1 对针突；

❼ 腹末有 1 对尾须或尾铗，线状分节或钳状，无中尾丝；

❽ 体色多为白色或乳白色，有时也带有黄色。

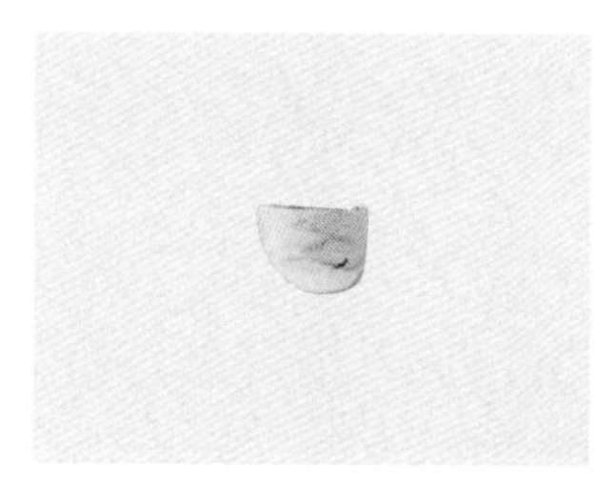

[a] 康虮科 *Campodeidae*

缅甸双尾虫
Campodeidae sp.

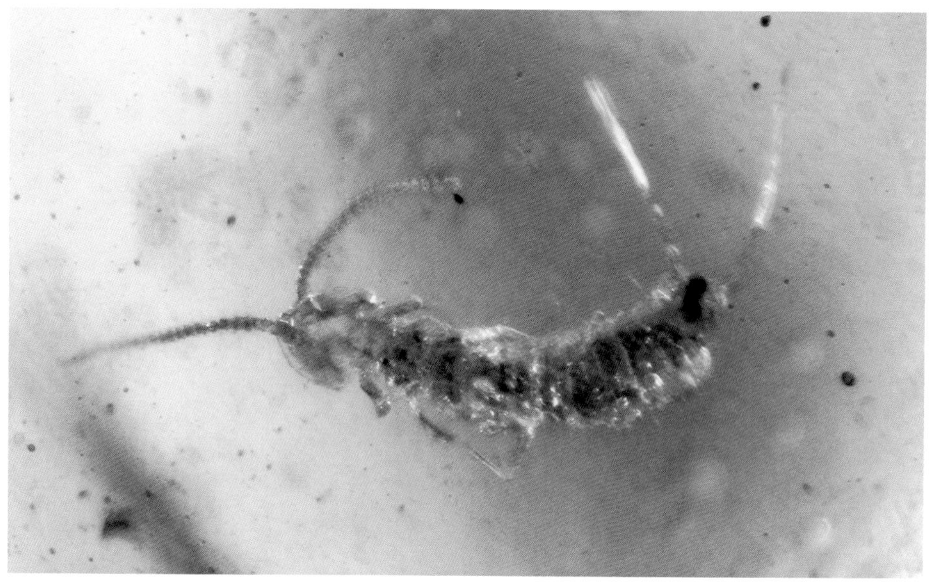

[a] 康虮科 *Campodeidae*

白垩纪双尾虫
Campodeidae sp.

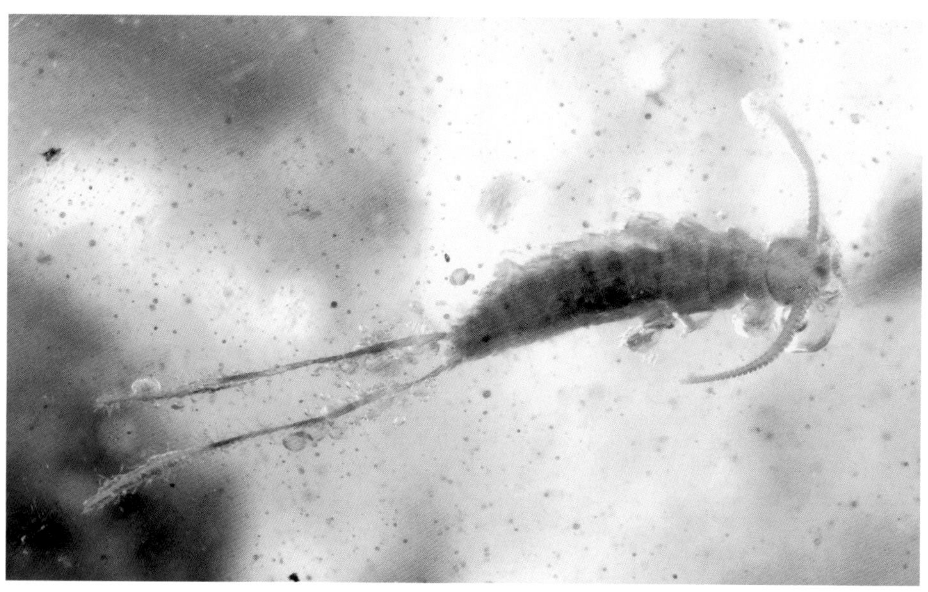

[a] 康虮科 *Campodeidae*

波罗的海双尾虫
Campodeidae sp.

[a] 康虮科 *Campodeidae*

多米尼加双尾虫
Campodeidae sp.

[b] 铗虮科 *Japygidae*

BU 铗尾虫
Japygidae sp.

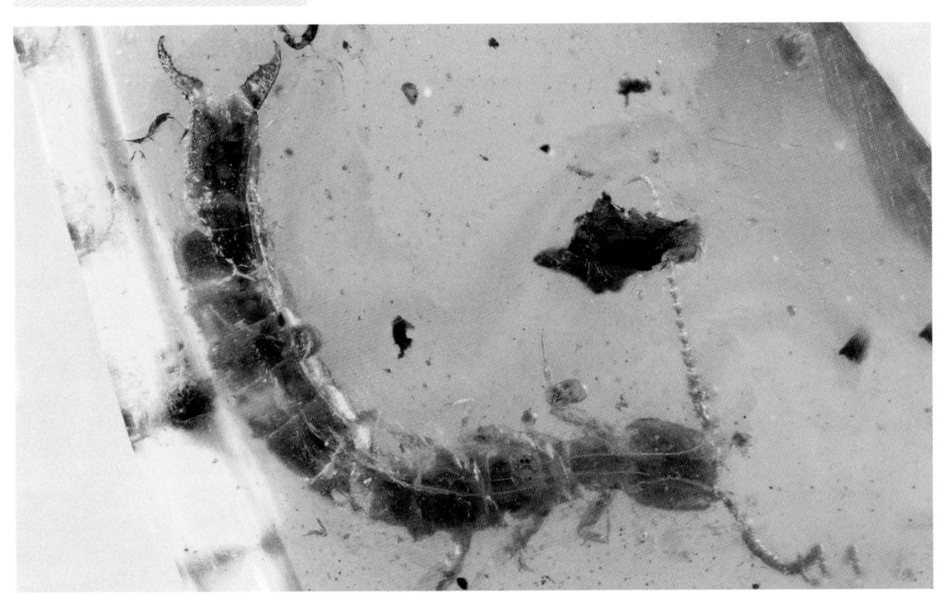

[b] 铗虮科 *Japygidae*

BU 铗尾虫
Japygidae sp.

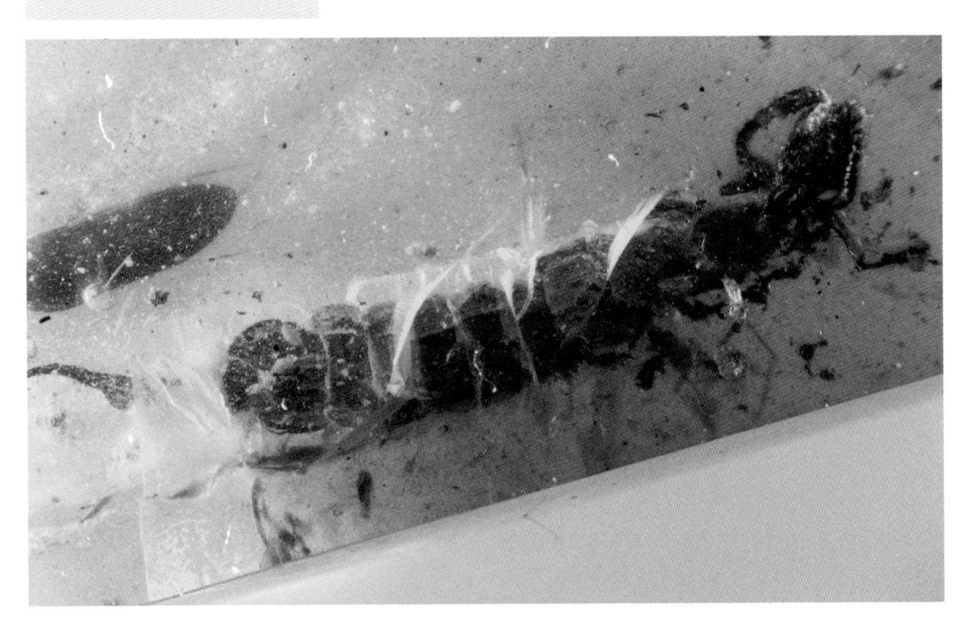

Microcoryphia

石蛃目

石蛃目是较原始的小型昆虫，因具有原始的上颚而得名，俗名石蛃，原与衣鱼同属于缨尾目 Thysanura，但在现代的昆虫分类系统中，因两者在系统发育上的特征有着很大的区别，已经分属于两个不同的目，即石蛃目和衣鱼目 Zygentoma。到目前为止，石蛃目共 2 科 65 属约 500 种。

石蛃为表变态。幼虫和成虫在形态和习性方面非常相似，主要区别在于大小和性成熟度。

石蛃适应能力强，全世界广泛分布，与湿度的关系密切，多喜阴暗，少数种类可以在海拔 4 000 m 左右的阴暗潮湿的岩石缝隙中生存。一般生活在地表，生境非常多样，可生活在枯枝落叶丛的地表、或树皮的缝隙中、或岩石的缝隙中、或在阴暗潮湿的苔藓地衣表面等。其许多类群为石生性或者为亚石生性，在海边的岩石上也发现有石蛃。石蛃目昆虫食性广泛，以植食性为主，如腐败的枯枝落叶、苔藓、地衣、藻类、菌类等，少数种类取食动物性产品。

琥珀中的石蛃化石在多米尼加、波罗的海和缅甸被发现，另有石质的化石种类发现于法国、俄罗斯和北美。

本书收录的光角蛃科 Meinertellidae 种类来自波罗的海[a]和缅甸[b]琥珀。

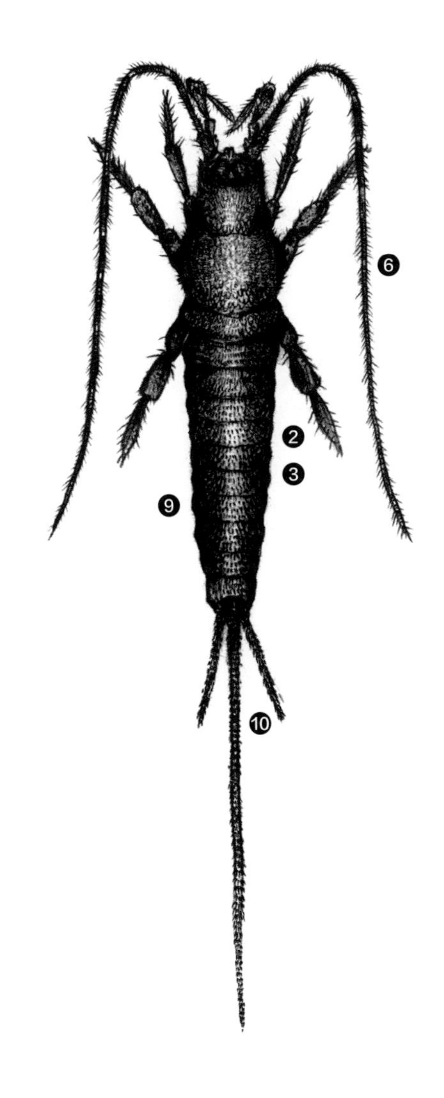

❶ 体小型，体长通常在 15 mm 以下；

❷ 近纺锤形，类似衣鱼但有点呈圆柱形，胸部较粗而向背方拱起；

❸ 体表一般密披不同形状的鳞片，有金属光泽；

❹ 体色多为棕褐色，有的背部有黑白花斑；

❺ 有单眼，复眼大，左右眼在体中线处相接，但有个别愈合不全；

❻ 触角长，丝状；

❼ 口器咀嚼式；

❽ 无翅；

❾ 腹部分 11 节，第 2-9 节有成对的刺突；

❿ 有 3 根多节尾须，中尾丝长。

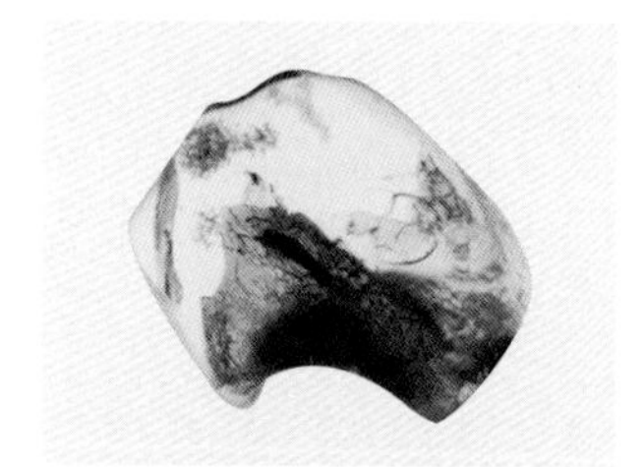

[a] 光角蛃科 *Meinertellidae*

波罗的海光角蛃
Meinertellidae sp.

[a] 光角蛃科 *Meinertellidae*

波罗的海光角蛃
Meinertellidae sp.

[b] 光角蛃科 *Meinertellidae*

BU 缅甸光角蛃
Meinertellidae sp.

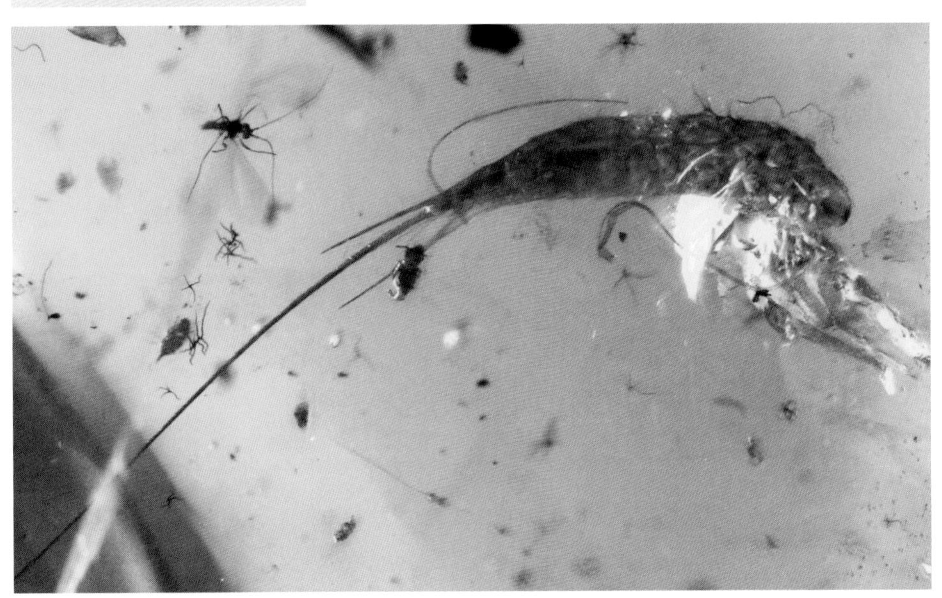

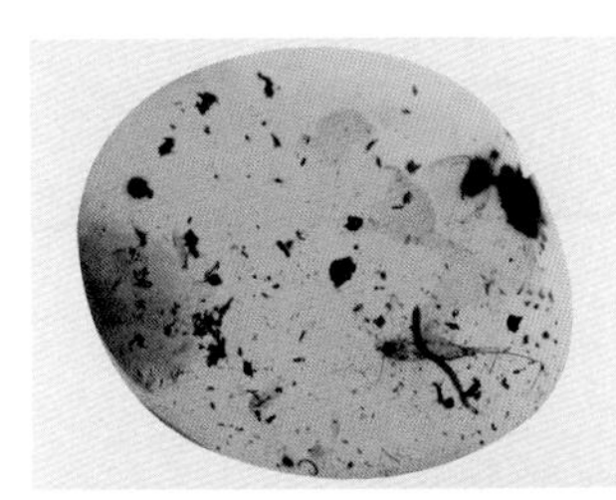

[b] 光角蛃科 *Meinertellidae*

BU 光角蛃
Meinertellidae sp.

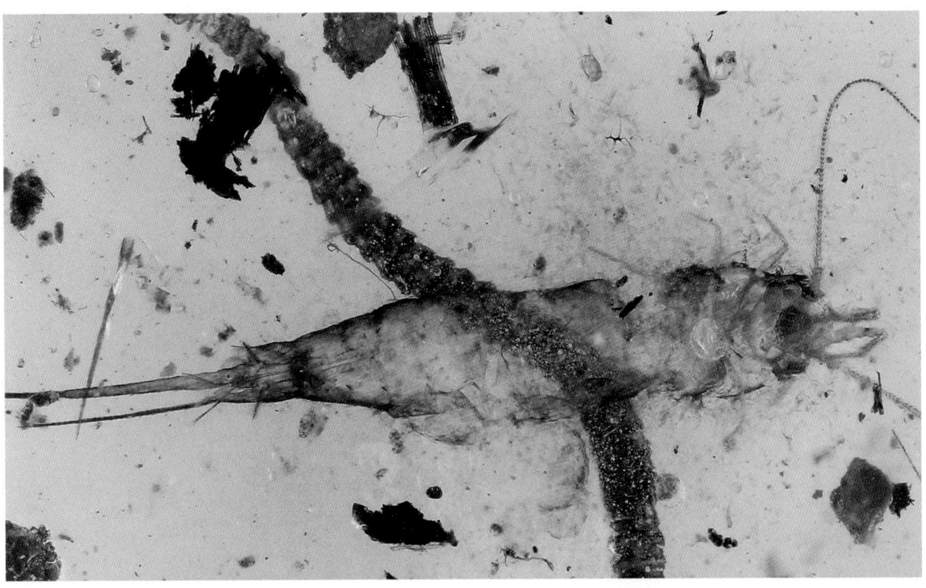

Zygentoma

衣鱼目

衣鱼目是较原始的小型昆虫，以其腹部末端具有缨状尾须及中尾丝而得名，俗称衣鱼、家衣鱼、银鱼。到目前为止，衣鱼目共 5 科约 370 种。

衣鱼表变态。卵单产或聚产，产在缝隙或产卵器掘出的洞中。幼虫变成虫需要至少 4 个月的时间，有时发育期会长达 3 年，寿命为 2 ~ 8 年。幼虫与成虫仅有大小差异，生活习性相同。成虫期仍蜕皮，多达 19 ~ 58 次。

衣鱼喜温暖的环境，多数夜出活动，广泛分布于世界各地，生境大致可以分为 3 种类型：第一，潮湿阴暗的土壤、朽木、枯枝落叶、树皮树洞、砖石等缝隙；第二，室内的衣服、纸张、书画、谷物以及衣橱等日用品之间；第三，蚂蚁和白蚁的巢穴中。大多数以生境所具有的食物为食，主要喜好碳水化合物类食物，也取食蛋白性食物，室内种类可危害书籍、衣服，还可取食各类有机质等。

衣鱼化石多发现于第三纪和白垩纪的琥珀中，也有些化石种类发现于巴西、美国等地的化石中。

本书收录了衣鱼科 [a] Lepismatidae 和土衣鱼科 [b] Nicoletiidae 的部分种类。

衣鱼科复眼左右远离，无单眼；全身被鳞片；喜干燥环境。本书介绍了来自波罗的海和缅甸的种类。

土衣鱼科无单眼和复眼；多数种类体表无鳞片；土壤中生活。本书介绍的是来自多米尼加的琥珀种类。

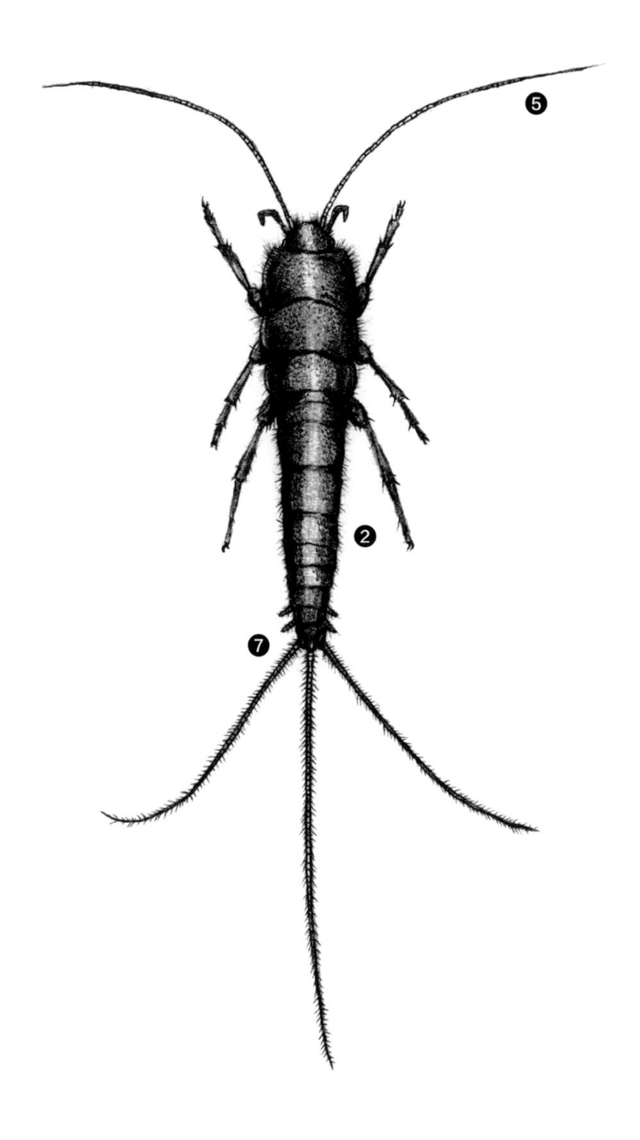

❶ 体小至中型，通常 5 ~ 20 mm；

❷ 体略呈纺锤形，背腹部扁平且不隆起；

❸ 体表多密披不同形状的鳞片，有金属光泽，通常为褐色，室内种类多呈银灰色或银白色；

❹ 口器咀嚼式；

❺ 触角长丝状；

❻ 无翅；

❼ 腹部 11 节，第 11 节具 1 对尾须和中尾丝，长而多节。

[a] 衣鱼科 *Lepismatidae*

波罗的海衣鱼
Lepismatidae sp.

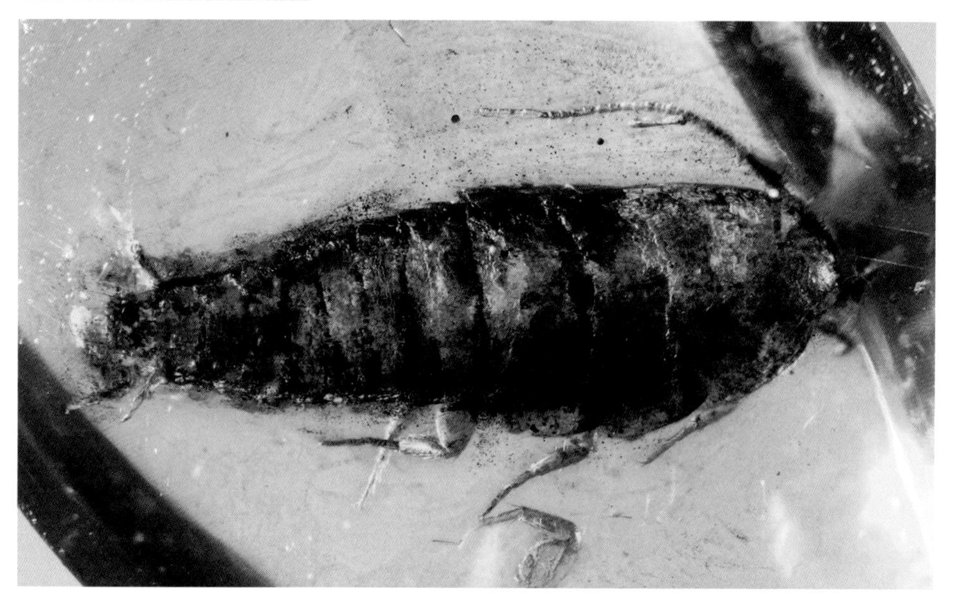

[a] 衣鱼科 *Lepismatidae*

缅甸衣鱼
Lepismatidae sp.

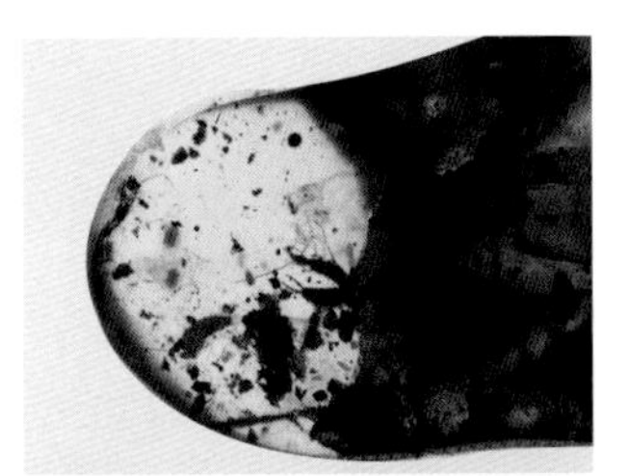

a 衣鱼科 *Lepismatidae*

缅甸衣鱼
Lepismatidae sp.

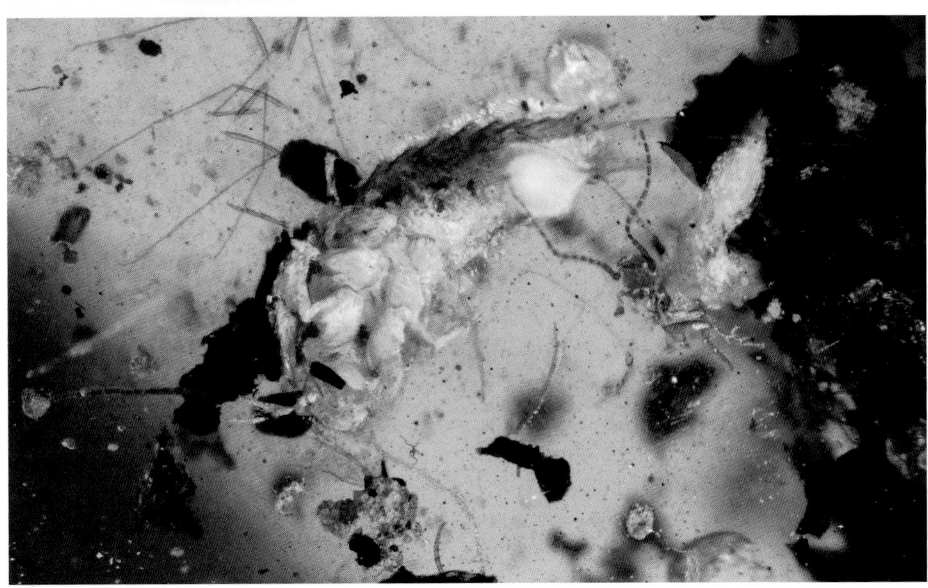

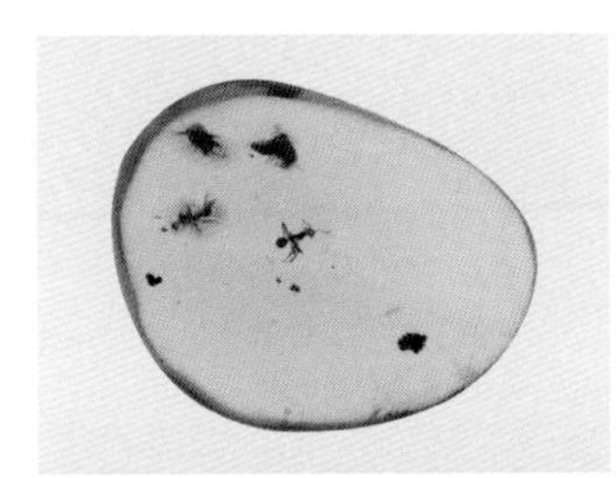

b 土衣鱼科 *Nicoletiidae*

螱型土衣鱼
Nicoletiidae sp.

[b] 土衣鱼科 *Nicoletiidae*

DO 土衣鱼
Nicoletiidae sp.

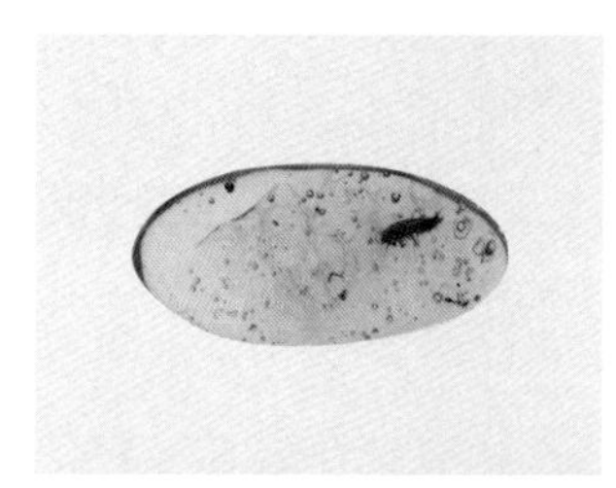

[b] 土衣鱼科 *Nicoletiidae*

DO 鬣型土衣鱼
Nicoletiidae sp.

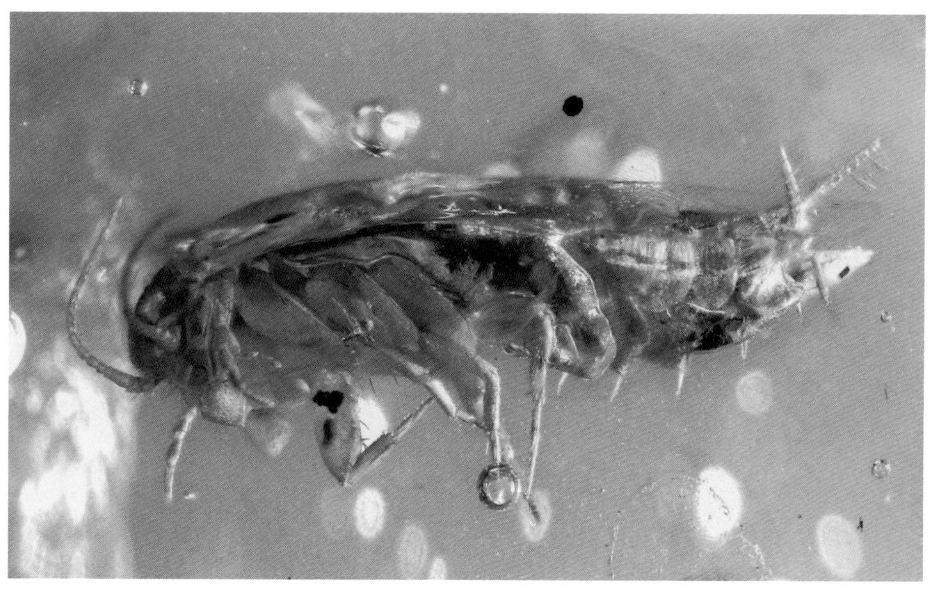

Ephemeroptera

蜉蝣目

蜉蝣目通称蜉蝣，起源于石炭纪，距今至少已有2亿年的历史，是现存最古老的有翅昆虫。蜉蝣主要分布在热带至温带的广大地区，全世界已知 2 300 多种。

蜉蝣羽化的成虫交尾产卵后便结束了自己的一生，因此蜉蝣被称为只有一天生命的昆虫，但其稚虫通常要在水中度过半年至一年。低中纬度地方的蜉蝣多见于春夏交接之季，正如它们的英文名“mayfly”所表现的含义，5 月份是多数种类的盛发期。

蜉蝣原变态，一生经历卵、稚虫、亚成虫和成虫 4 个时期。大部分种每年 1 代或 2 ～ 3 代，在春夏之交常大量发生。雌虫产卵于水中。稚虫常扁平，复眼和单眼发达；触角长，丝状；腹部第 1~7 节有成对的气管鳃，尾丝两三条；水生，主要取食水生高等植物和藻类，少数种类捕食水生节肢动物，稚虫也是鱼及多种动物的食料。具有亚成虫期是蜉蝣目昆虫独特的特征；亚成虫形似成虫，但体表、翅、足具微毛，色暗，翅不透明或半透明，前足和尾须短，不如成虫活跃。蜉蝣变为成虫后还要蜕皮。成虫不取食，寿命极短，存活数小时，多则几天，故有朝生暮死之说。

蜉蝣稚虫生活于清冷的溪流、江河上中游及湖沼中，因对水质特别敏感，所以常把其稚虫作为监测水体污染的指示生物之一。

在世界范围内，蜉蝣化石都是非常多见的，除南极洲以外，各大洲均有发现。广义的蜉蝣自石炭纪晚期就已出现，在众多化石中，蜉蝣很多是以稚虫的形态出现的。目前已经被描述的化石蜉蝣种类超过 200 种。但蜉蝣琥珀并不多见，多为成虫，保存完好的十分稀有。

本书收录了来自缅甸和波罗地海的 5 个科的蜉蝣成虫琥珀化石，包括等蜉科 [a] Isonychiidae、扁蜉科 [b] Heptageniidae、小蜉科 [c] Ephemerellidae、蜉蝣科 [d] Ephemeridae 和四节蜉科 [e] Baetidae。

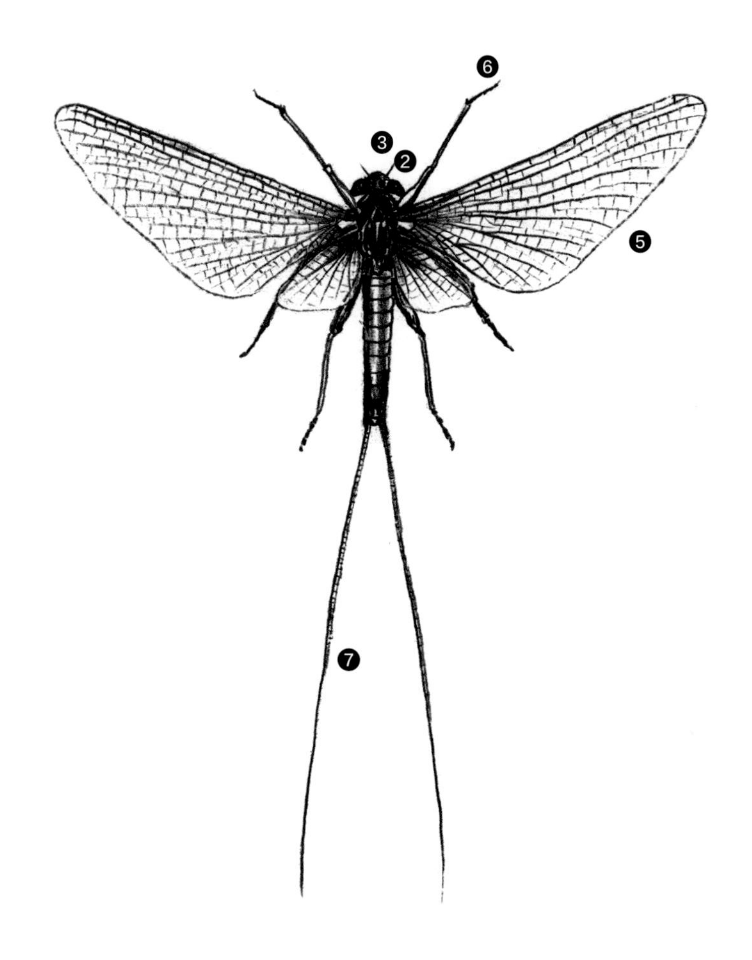

❶ 成虫体小至中型，细长，体壁柔软、薄而有光泽，常为白色和淡黄色；

❷ 复眼发达，单眼 3 个；

❸ 触角短，刚毛状；

❹ 口器咀嚼式，但上下颚退化，没有咀嚼能力；

❺ 翅膜质，前翅很大，三角形；后翅退化，小于前翅，翅脉原始，多纵脉和横脉，呈网状，休息时竖立在身体背面；

❻ 雄虫前足延长，用于在飞行中抓住雌虫；

❼ 腹部末端两侧生着 1 对长的丝状尾须，一些种类还有一根长的中尾丝。

a 等蜉科 *Isonychiidae*

等蜉
Isonychiidae sp.

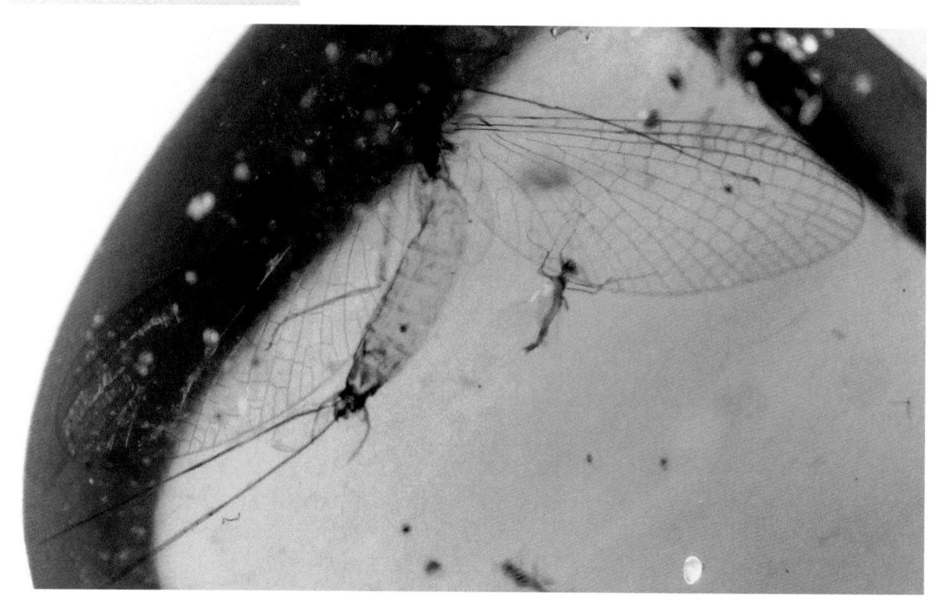

b 扁蜉科 *Heptageniidae*

扁蜉（雌性）
Heptageniidae sp.

[b] 扁蜉科 *Heptageniidae*

扁蜉（雄性）
Heptageniidae sp.

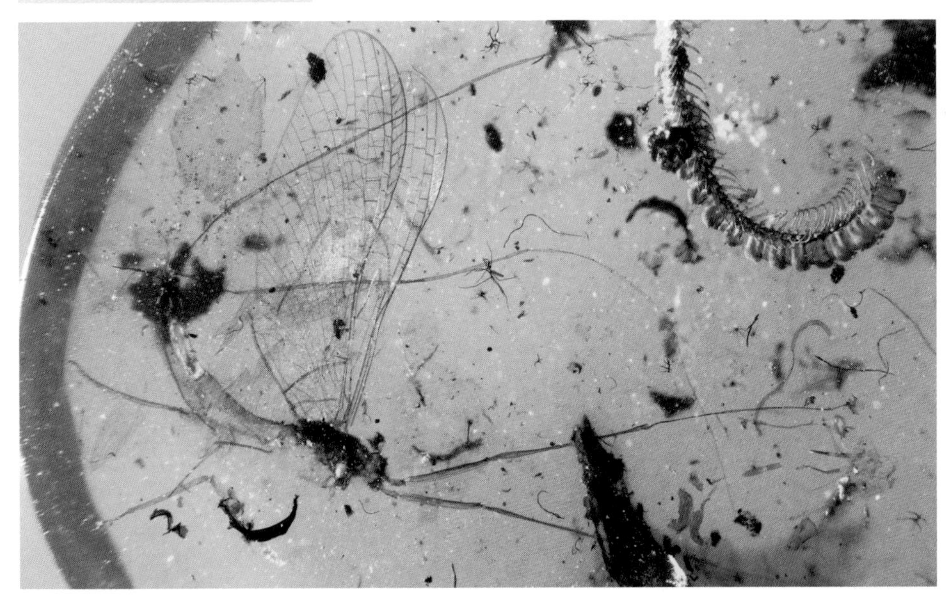

[c] 小蜉科 *Ephemerellidae*

小蜉
Ephemerellidae sp.

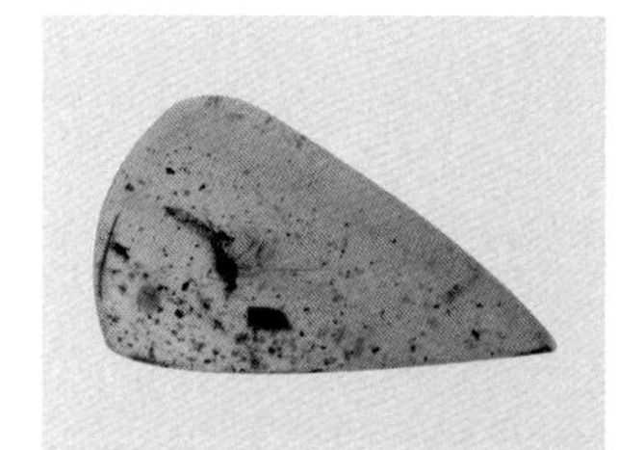

[d] 蜉蝣科 *Ephemeridae*

BU 缅甸蜉蝣
Ephemeridae sp.

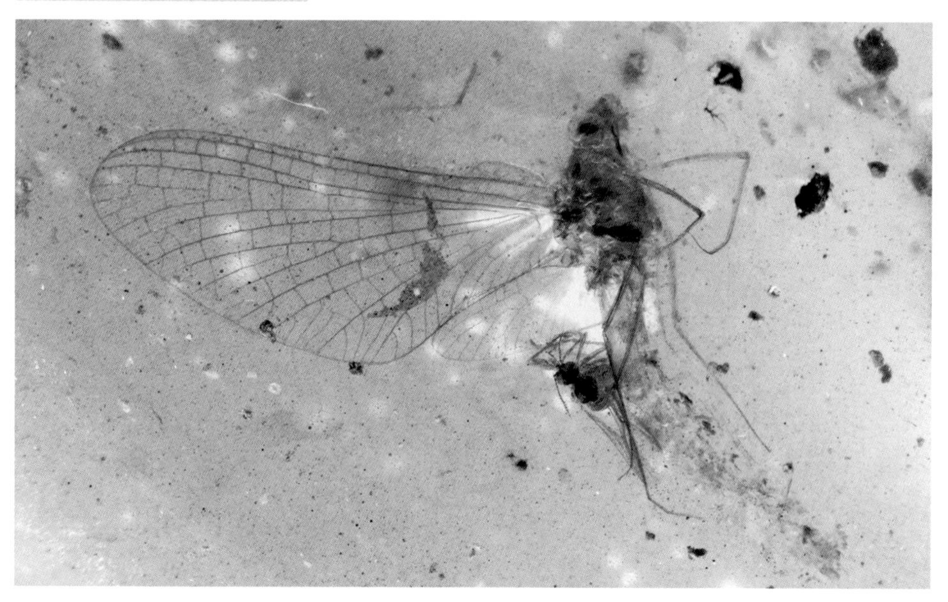

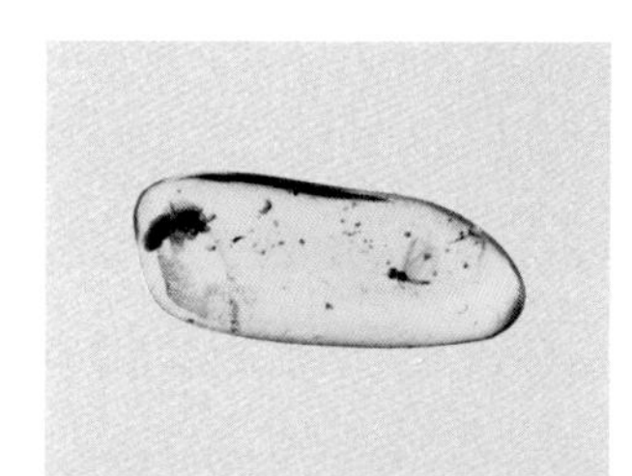

[e] 四节蜉科 *Baetidae*

大眼四节蜉
Baetidae sp.

Odonata

蜻蜓目

蜻蜓目是一类较原始的有翅昆虫，与蜉蝣目同属古翅部，俗称蜻蜓、豆娘。现生类群共包括 3 个亚目：差翅亚目 (Anisoptera，统称蜻蜓)、束翅亚目 (Zygoptera，统称豆娘或螅) 及间翅亚目 (Anisozygoptera，统称昔蜓)。蜻蜓目世界性分布，尤以热带地区最多，目前，全世界已知 29 科约 6 500 种。

蜻蜓半变态，一生经历卵、稚虫和成虫 3 个时期。许多蜻蜓一年一代，有的种类要经过 3 ~ 5 年才完成一代。雄虫在性成熟时，把精液储存于交配器中，交配时，雄虫用腹部末端的肛附器捉住雌虫头顶或前胸背板，雄前雌后，一起飞行，有时雌虫把腹部弯向下前方，将腹部后方的生殖孔紧贴到雄虫的交合器上，进行受精。卵产于水面或水生植物体内，许多蜻蜓没有产卵器，它们在池塘上方盘旋，或沿小溪往返飞行，在飞行中将卵撒落水中。有的种类贴近水面飞行，用尾点水，将卵产到水里。稚虫称水虿，水生，栖息于溪流、湖泊、塘堰和稻田等的砂粒、泥水或水草间，取食水中的小动物，如蜉蝣及蚊类的幼虫，大型种类还能捕食蝌蚪和小鱼；老熟稚虫出水面后爬到石头、植物上，常在夜间羽化。成虫飞行迅速敏捷，多在水边或开阔地的上空飞翔，捕食飞行中的小型昆虫。

蜻蜓目化石在世界各地，甚至南极洲都有发现。原始的蜻蜓（原蜻蜓目）始于 3 亿年前的晚石炭纪。而大多数现生的科，在侏罗纪和白垩纪化石中都可以见到，但在琥珀中却显得十分稀有。

琥珀中出现的蜻蜓目昆虫多属于束翅亚目，也就是我们通常所说的豆娘。而差翅亚目蜻蜓琥珀，仅有多米尼加、缅甸和黎巴嫩琥珀中有部分翅的残片报道，完整的则未见发表。作者曾在网上见过一个几乎完整的墨西哥蜻蜓琥珀，此外就只有本书中首次披露的完整的缅甸琥珀春蜓科 [a] Gomphidae 种类了。本书记载的一对完整的蜻科 [b] Libellulidae 种类翅膀和蜓科 [c] Aeschnidae 稚虫，也都属首次在琥珀中出现。

本书束翅亚目共收录 5 个科的种类，其中色螅科 [d] Calopterygidae 体大型，在琥珀中非常罕见。豆娘的稚虫 [e] 在水中生活，因此在琥珀中也非常难得见到。

❶ 成虫多为中至大型，细长，20 ~ 150 mm；

❷ 头大且转动灵活；

❸ 复眼极其发达，占头部的大部分，单眼 3 个；

❹ 触角短、刚毛状，3 ~ 7 节；

❺ 口器咀嚼式；

❻ 前胸小，较细如颈，中、后胸愈合成强大的翅胸；

❼ 翅狭长，膜质、透明，前、后翅近等长，翅脉网状、多横脉，有翅痣和翅结，休息时平伸或直立，不能折叠于背上；

❽ 足细长；

❾ 腹部细长；

❿ 具尾须；

⓫ 雄虫腹部第 2，3 节腹面有发达的次生交配器。

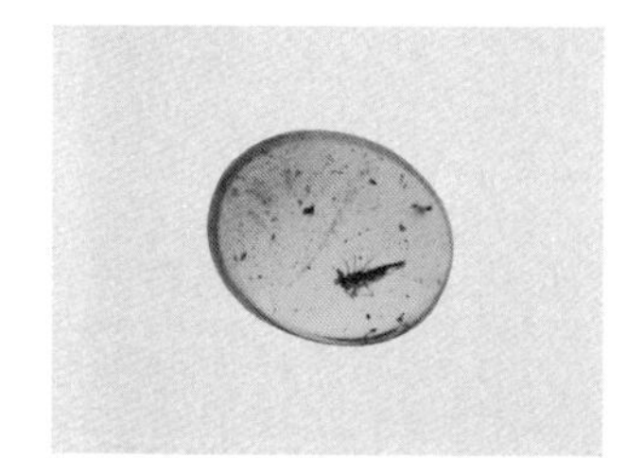

C 蜓科 *Aeschnidae*

BU 缅甸蜓（稚虫）
Aeschnidae sp.

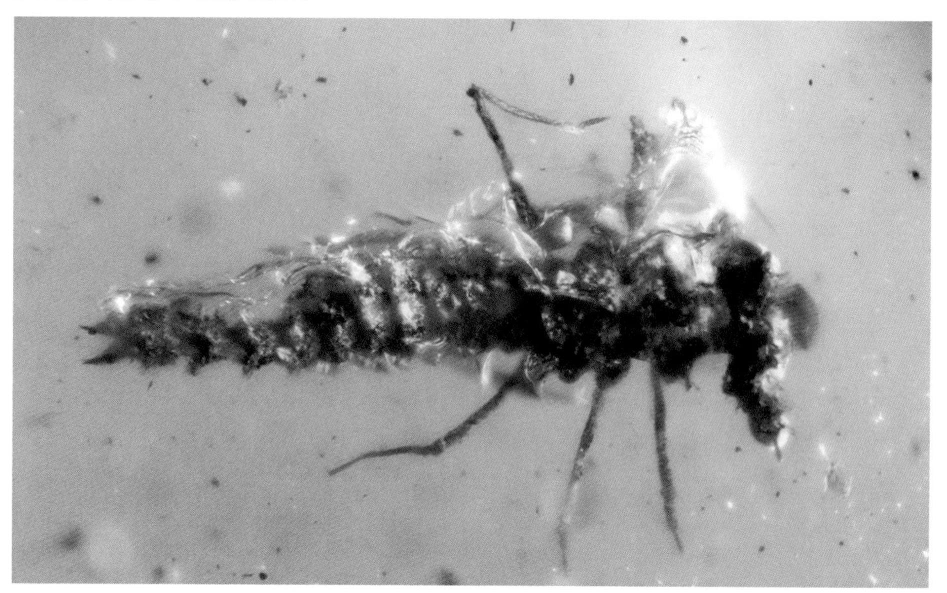

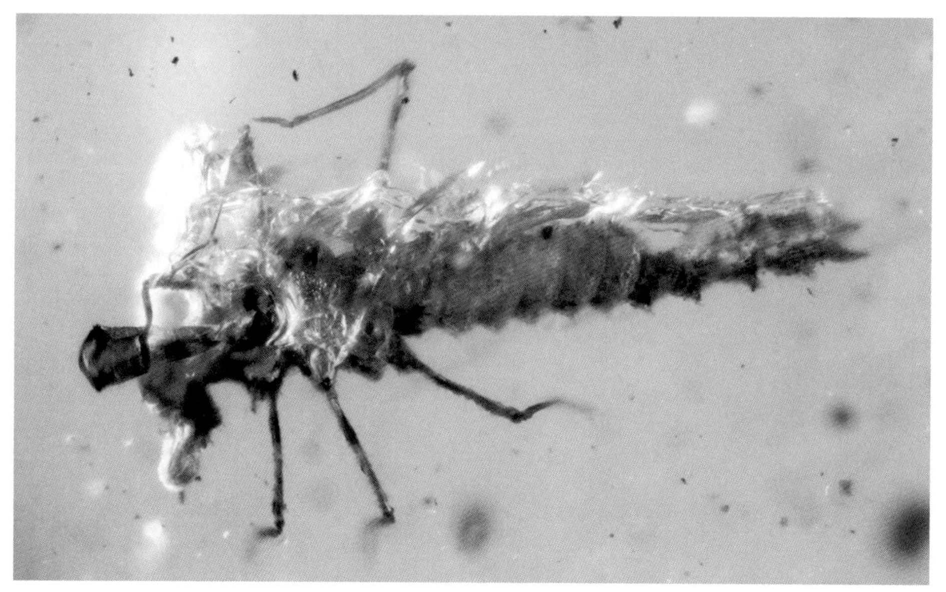

b 蜻科 *Libellulidae*

缅甸蜻
Libellulidae sp.

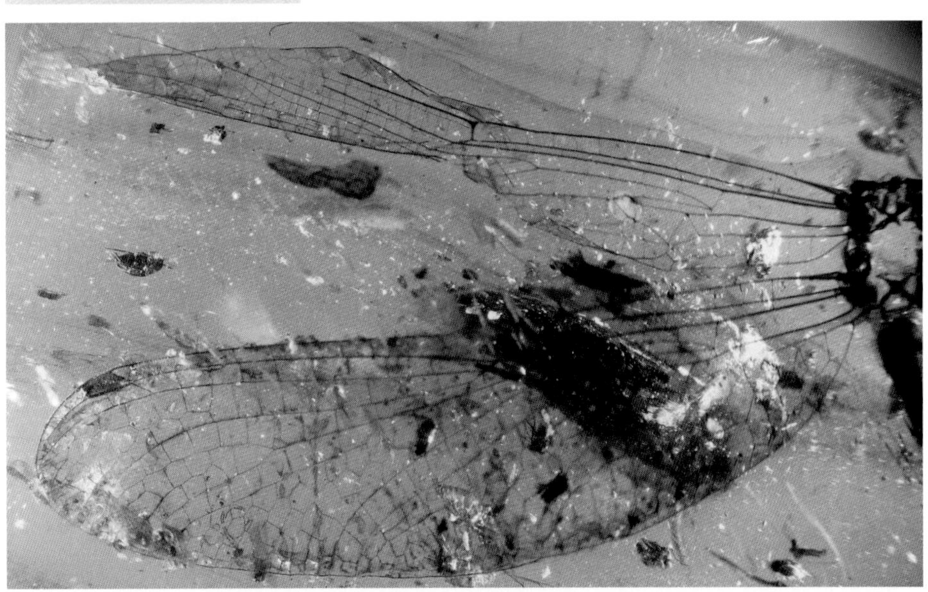

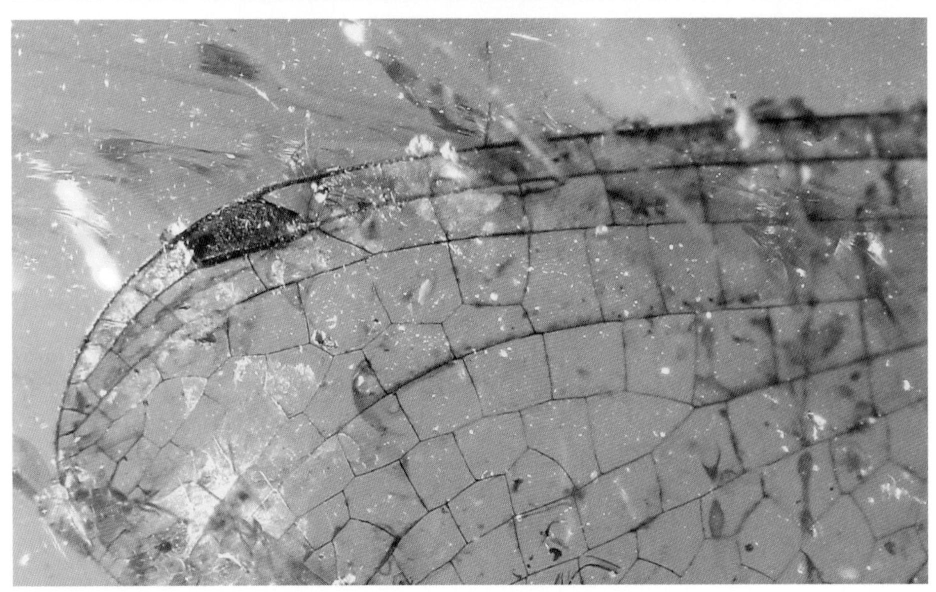

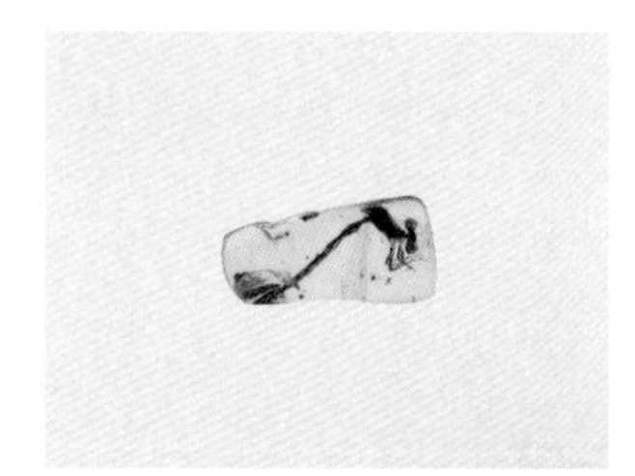

扁蟌科 *Platystictidae*

扁蟌
Platystictidae sp.

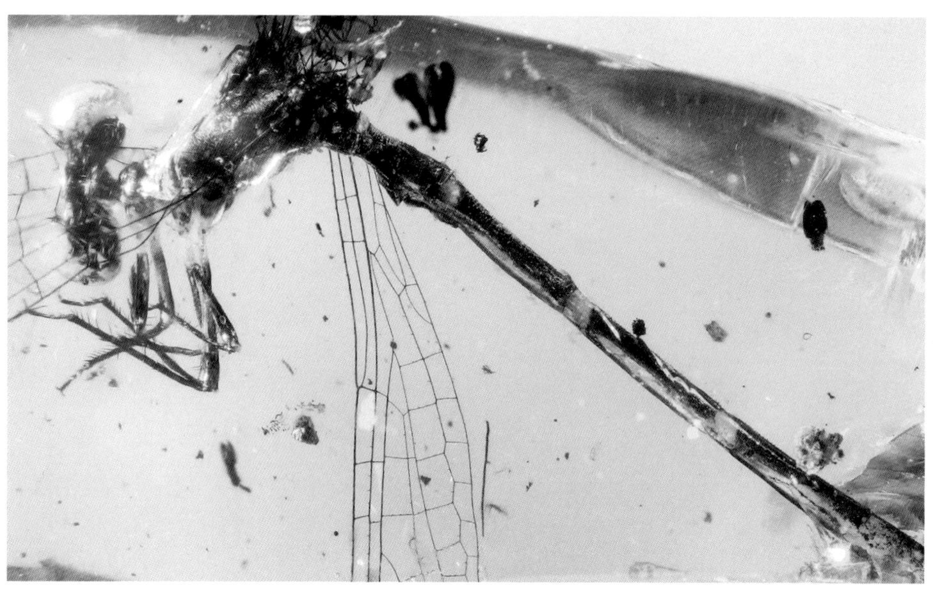

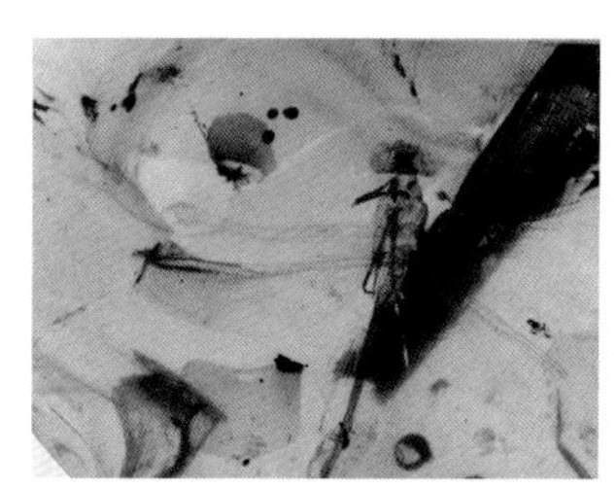

[a]春蜓科 *Gomphidae*

钩尾春蜓
Gomphidae sp.

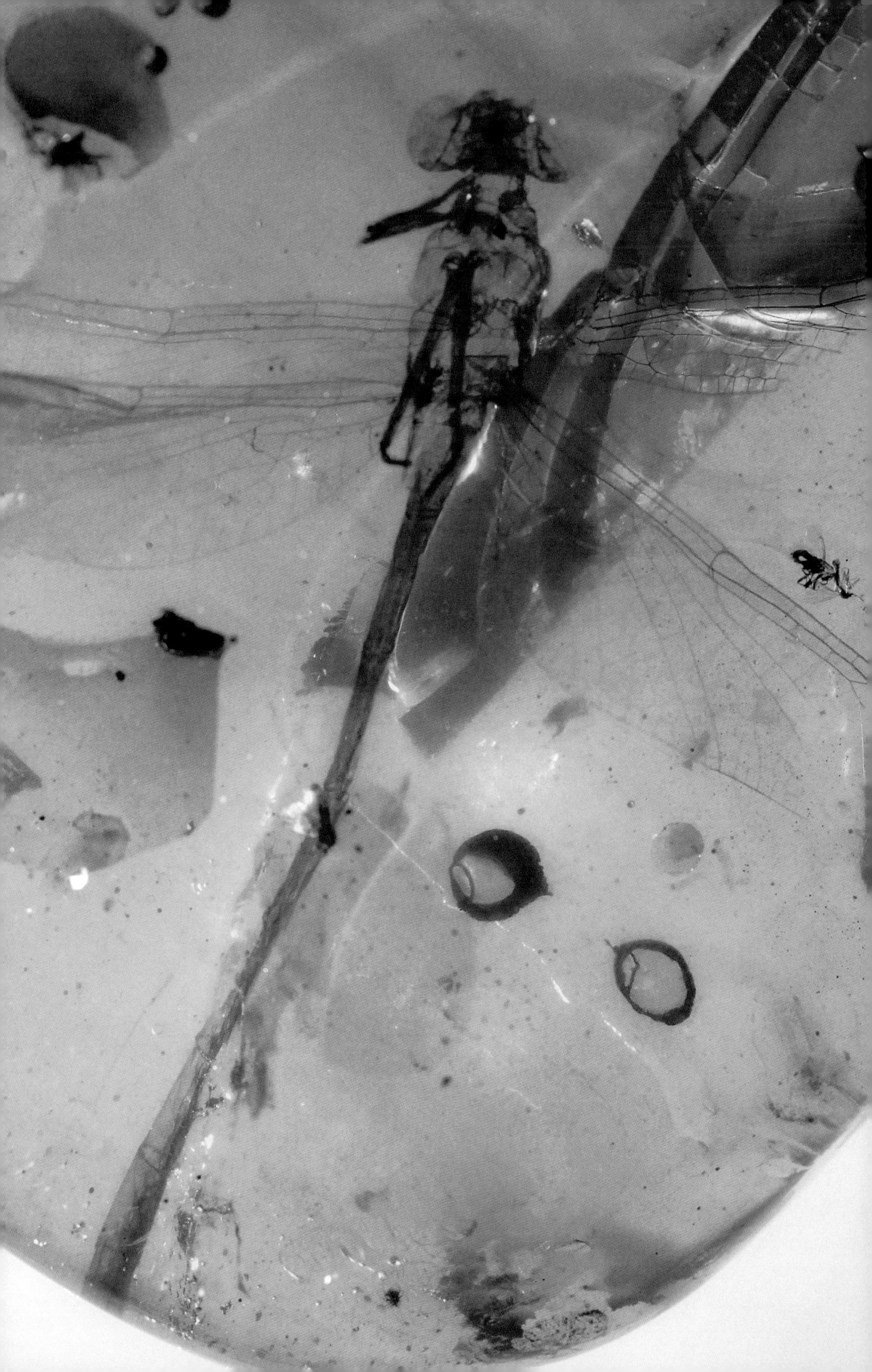

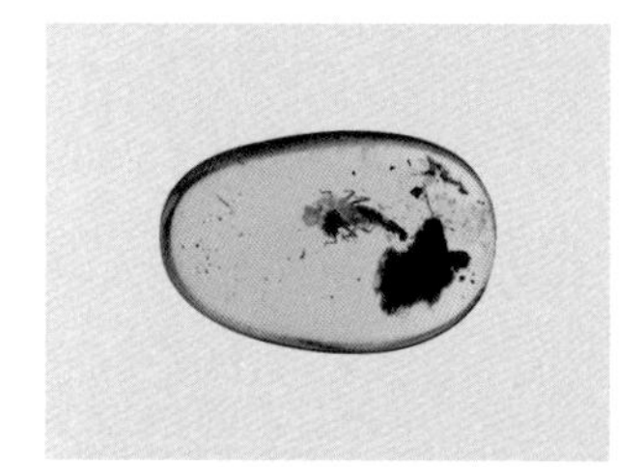

e 山蟌科 *Megapodagrionidae*

BU 山蟌（稚虫）
Megapodagrionidae sp.

e 蟌科 *Coenagrionidae*

BU 白垩蟌（稚虫）
Coenggrionidae sp.

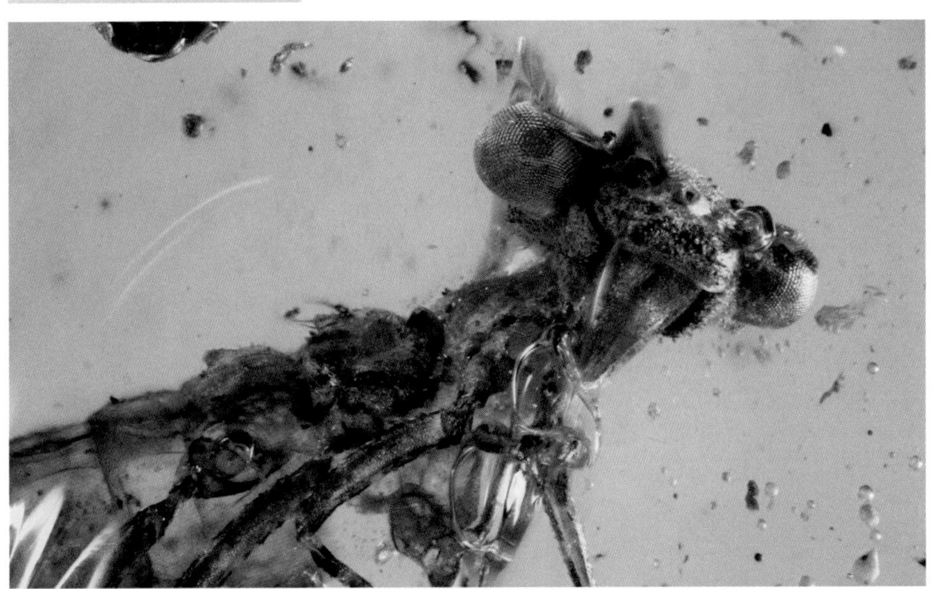

蟌科 *Coenagrionidae*

缅甸蟌
Coenagrionidae sp.

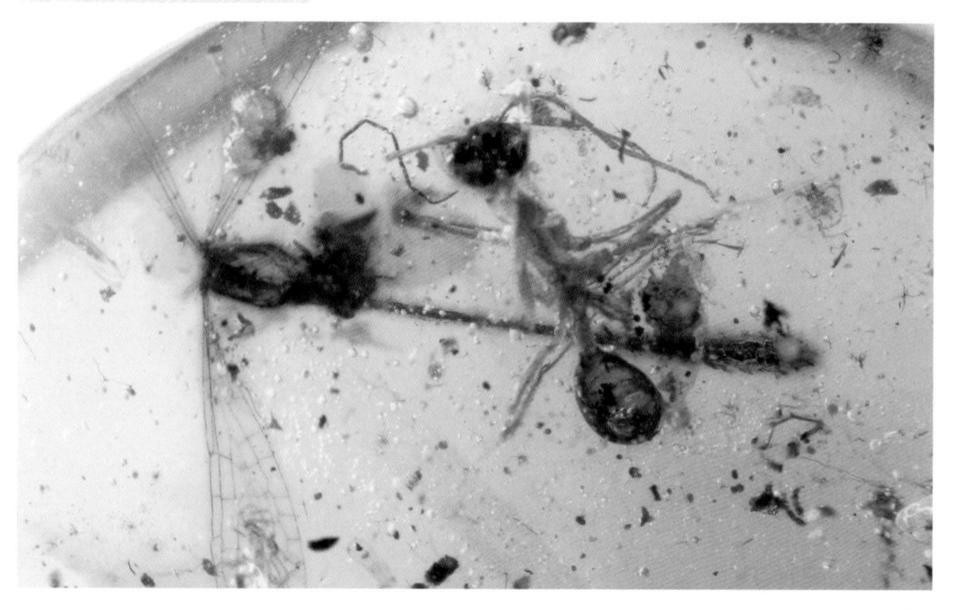

扇蟌科 *Platycnemididae*

扇蟌
Platycnemididae sp.

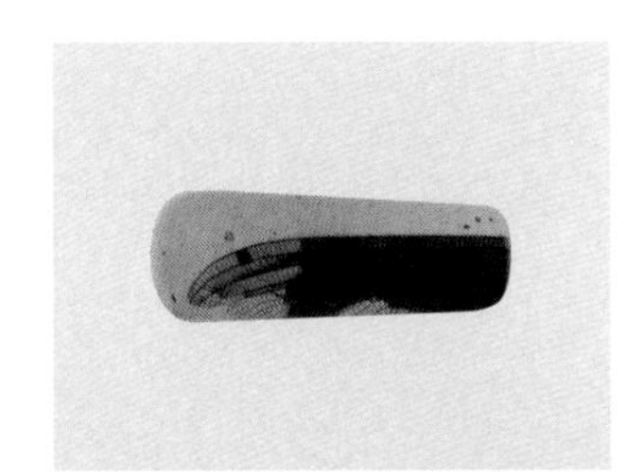

[d] 色蟌科 *Calopterygidae*

缅甸色蟌
Calopterygidae sp.

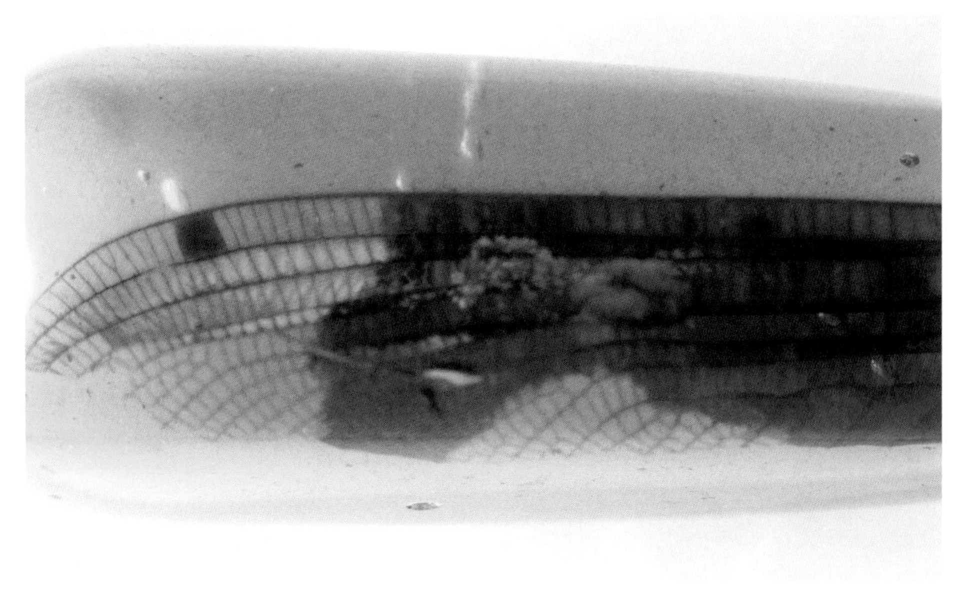

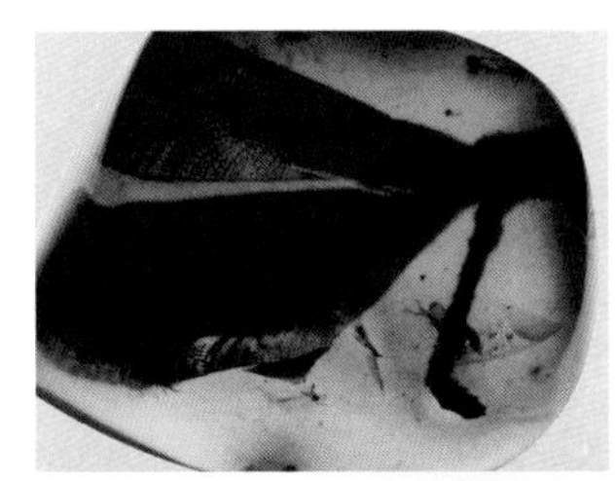

[d] 色蟌科 *Calopterygidae*

白垩色蟌
Calopterygidae sp.

Plecoptera

襀翅目

襀翅目因常栖息在山溪的石面上而有石蝇之称，是一类较古老的原始昆虫。全世界已知超过 3 750 种。

半变态。小型种类一年一代，大型种类 3~4 年一代。卵产于水中，稚虫水生。

石蝇喜欢山区溪流，不少种类在秋冬季或早春羽化、取食和交配。稚虫有些捕食蜉蝣的稚虫、双翅目（如摇蚊等）的幼虫或其他水生小动物，有些取食水中的植物碎屑、腐败有机物、藻类和苔藓。成虫常栖息于流水附近的树干、岩石上，部分植食性，主要取食蓝绿藻。

石蝇化石已记录者大约有 250 种。襀翅目的原始祖先被发现于石炭纪和二叠纪地层中，但真正的石蝇出现比较晚，从中生代才开始出现。琥珀中的石蝇被发现于多米尼加、德国、波罗的海、缅甸、西班牙琥珀中。

本书收录的襀翅目琥珀均来自缅甸，除襀科 [a] Perlidae 成虫外，还有未定科的成虫 [b] 和稚虫 [c] 的蜕皮。石蝇的稚虫水生，很难被树脂黏住，即便是蜕皮，也是非常的难得。

❶ 成虫体中小型，体软；

❷ 细长而扁平；

❸ 口器咀嚼式；

❹ 复眼发达，单眼 3 个；

❺ 触角长丝状，多节，至少等于体长的一半；

❻ 前胸大，方形；

❼ 翅膜质，前翅狭长，后翅臀区发达，翅脉多，变化大，休息时翅平折在虫体背面；

❽ 跗节 3 节；

❾ 尾须长、丝状、多节。

[a] 襀科 *Perlidae*

白垩石蝇
Perlidae sp.

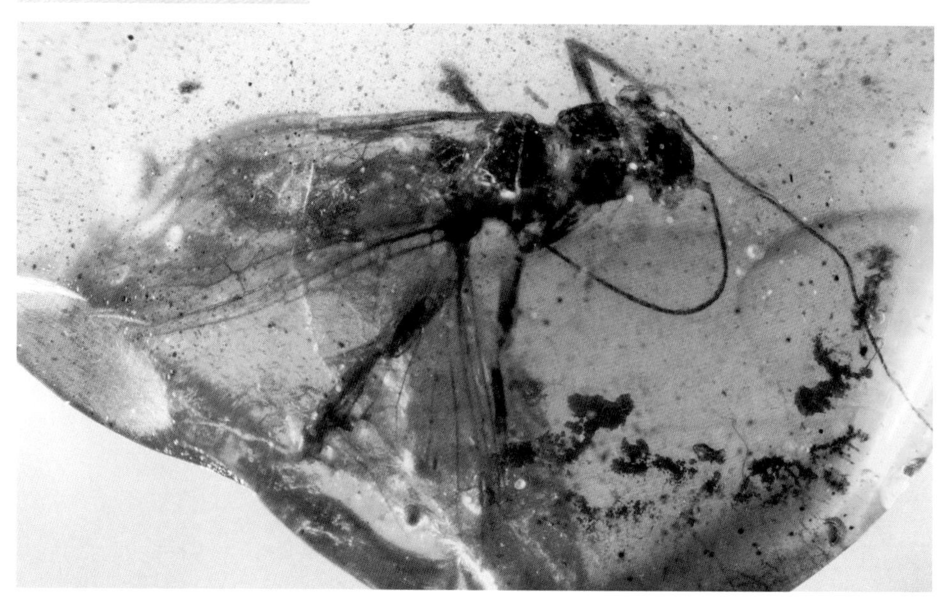

[a] 襀科 *Perlidae*

白垩石蝇
Perlidae sp.

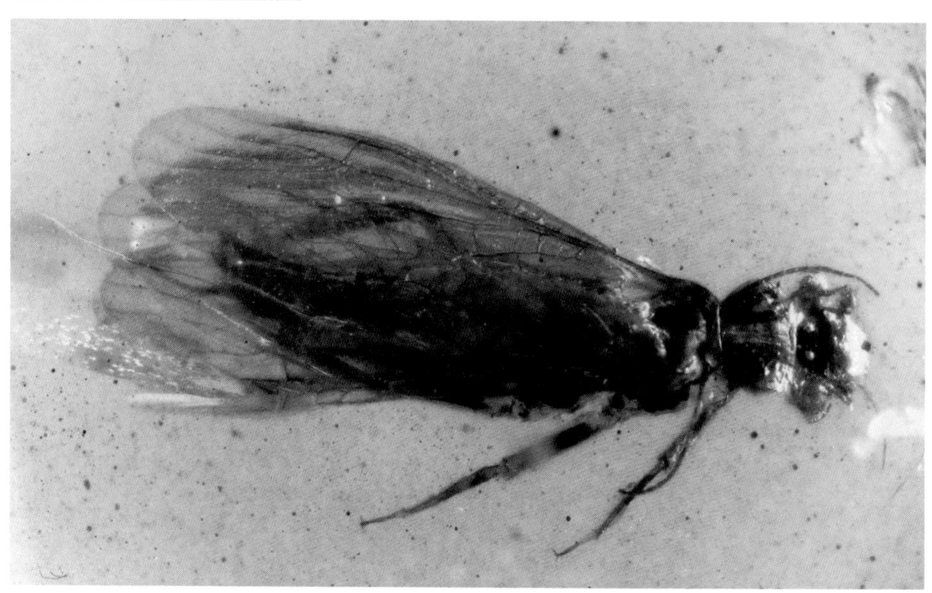

[a] 襀科 *Perlidae*

白垩石蝇
Perlidae sp.

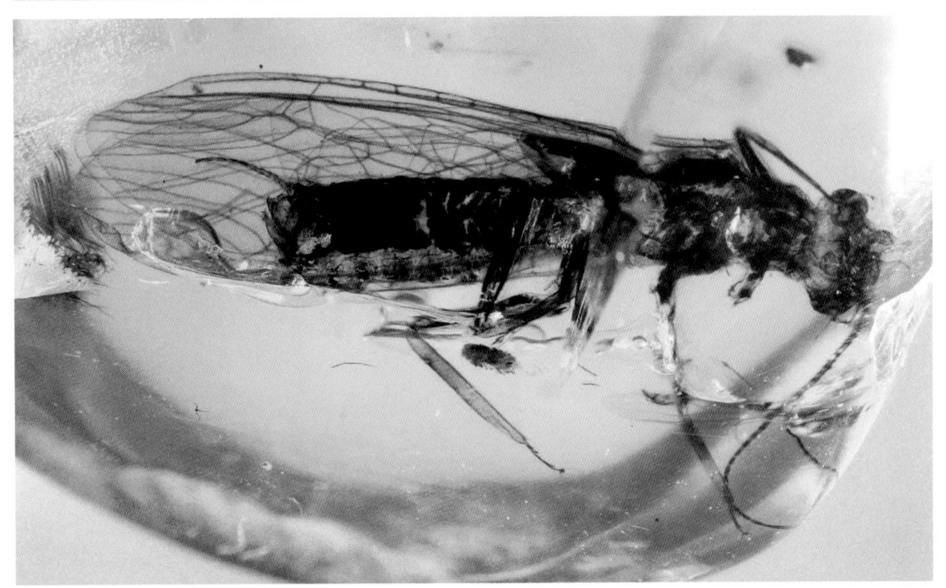

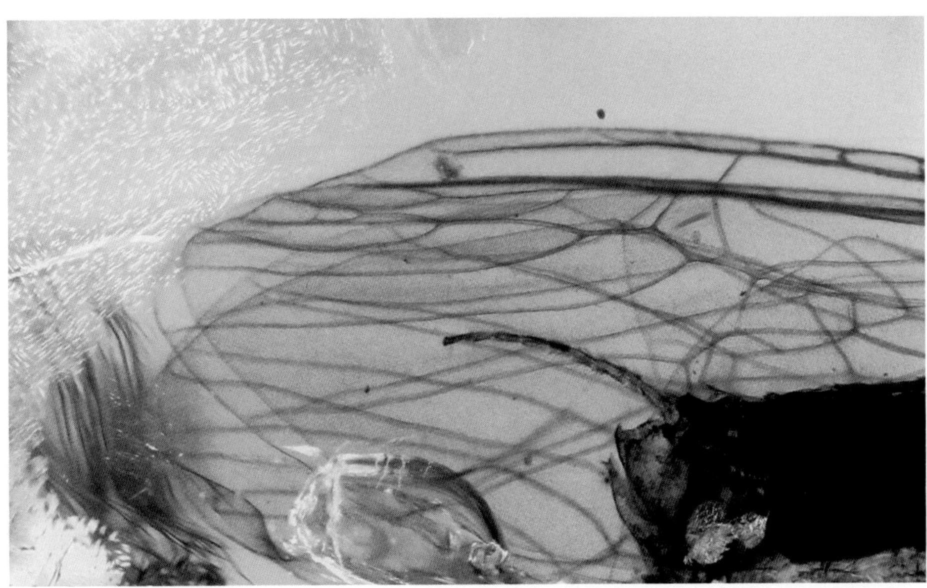

[b] 石蝇待定科 *Incertae Sedis*

石蝇
N/A

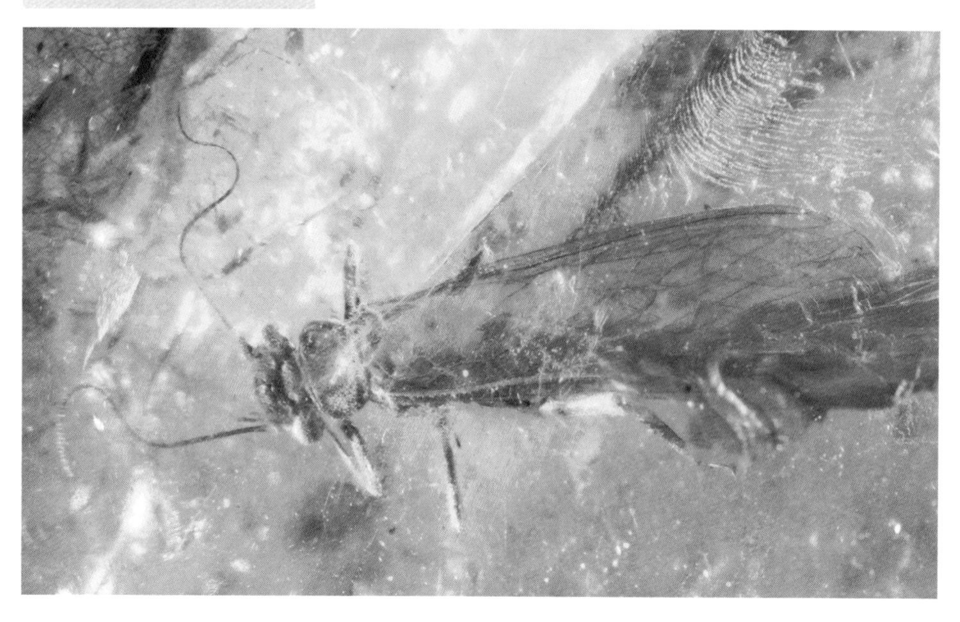

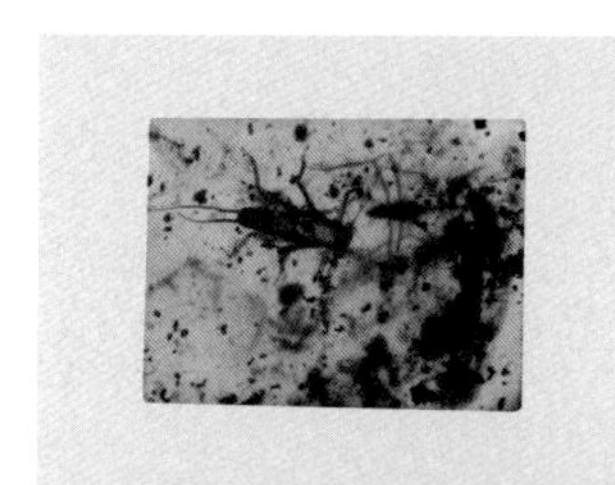

[c] 石蝇待定科 *Incertae Sedis*

石蝇（稚虫蜕皮）
N/A

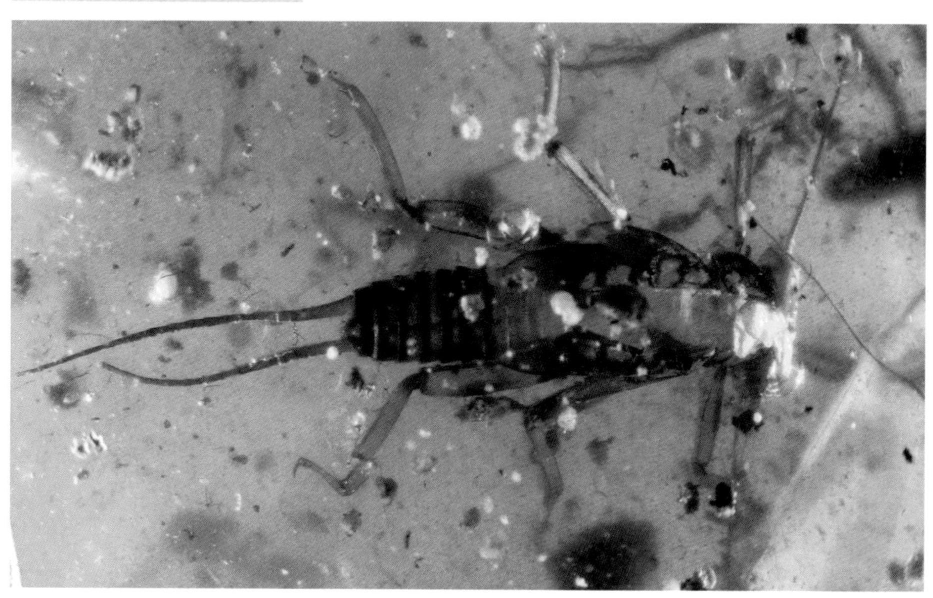

Isoptera

等翅目

等翅目俗称白蚁，分布于热带和温带。截至 2013 年，包括化石种类在内，世界已知白蚁 3 106 种，分属 12 个科。最新的研究成果表明，白蚁应列入蜚蠊目，而非一个独立的目，这一成果已经得到学术界的广泛认可。为习惯起见，本书仍将等翅目作为一个独立的目对待。

白蚁营群体生活，是真正的社会性昆虫，生活于隐藏的巢居中。生殖蚁司生殖功能；工蚁饲喂蚁后、兵蚁和幼期若虫，照顾卵，还清洁、建筑、修补巢穴、蛀道，搜寻食物和培育菌圃。兵蚁体型较大，无翅，头部骨化，复眼退化，上颚粗壮，主要对付蚂蚁或其他捕食者。成熟蚁后每天产卵多达数千粒，蚁后一生产卵科超过数百万粒。繁殖蚁个体能活 3 ~ 20 年，并经常交配。土栖性白蚁筑巢穴于土中或地面，蚁塔可高达 8 m，巢穴结构复杂，在一些白蚁的巢穴中工蚁培育子囊菌或担子菌的菌圃，采收菌丝供蚁后和若蚁食用。白蚁主要危害房屋建筑、枕木、桥梁、堤坝等建筑物，取食森林、果园和农田的农作物等。

白蚁的石质化石主要发现于欧洲和美洲，琥珀化石则来自黎巴嫩、缅甸、法国、波罗的海、美国和多米尼加等地。

本书收录的白蚁来自缅甸和多米尼加，分属白蚁科 [a] Termitidae 和木白蚁科 [b]Kalotermitidae，以及一些未定种类。

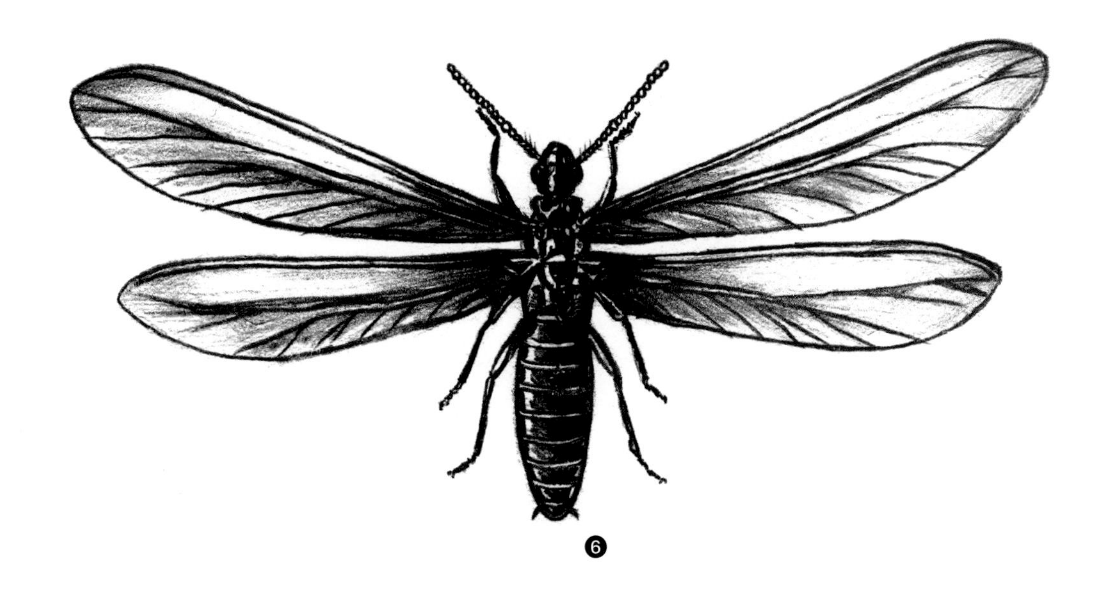

❶ 成虫体小至中型；

❷ 体壁柔弱；

❸ 多型；

❹ 工蚁白色，头常为圆形或长形，口器咀嚼式，触角长、念珠状，无翅；

❺ 兵蚁类似工蚁，但头较大，上颚发达；

❻ 最常见的繁殖蚁包括发育完全的有翅的雄蚁和雌蚁，头圆，口器咀嚼式，触角长，念珠状，复眼发达，翅 2 对，透明，前、后翅的大小、形状均相似，婚飞后翅脱落，翅基有脱落缝，翅脱落后仅留下翅鳞，具尾须，母蚁腹部后期膨大，专司生殖。

[a] 白蚁科 *Termitidae*

象白蚁（兵蚁）
Nasutitermes sp.

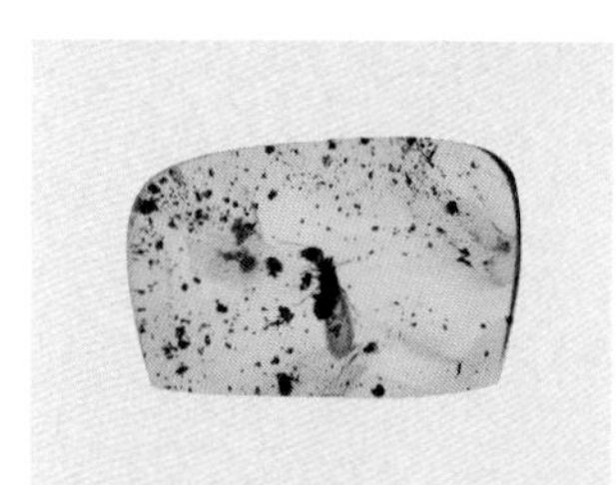

[b] 木白蚁科 *Kalotermitidae*

前琥珀白蚁（繁殖蚁）
Proelectrotermes sp.

白蚁待定科 *Incertae Sedis*

BU 缅王长头白蚁（繁殖蚁）
Tanytermes anawrahtai

白蚁待定科 *Incertae Sedis*

BU 白蚁（繁殖蚁，翅脱落）
N/A

白蚁待定科 *Incertae Sedis*

BU 白蚁（工蚁）
N/A

白蚁待定科 *Incertae Sedis*

白蚁（工蚁）
N/A

白蚁待定科 *Incertae Sedis*

BU 白蚁（繁殖蚁）
N/A

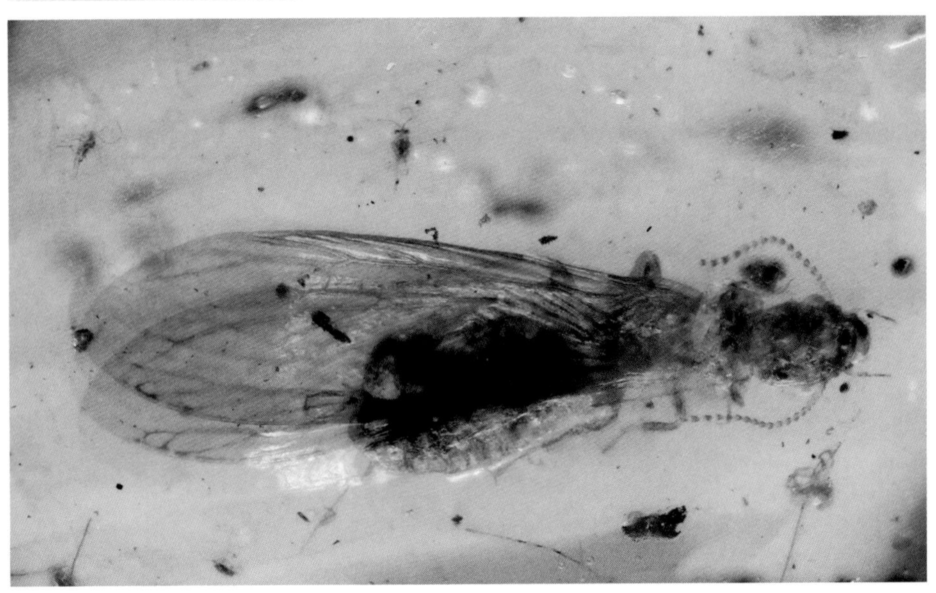

白蚁待定科 *Incertae Sedis*

BU 白蚁（繁殖蚁）
N/A

Blattodea

蜚蠊目

蜚蠊，又名蟑螂。到目前为止，蜚蠊分类系统尚未完全统一，目前最新的且被广大学者所接受的是蜚蠊类群作为一个亚目，归入网翅目 Dictyoptera，现生种类分为 6 个科。全世界已知蜚蠊种类约有 4 337 种。

蜚蠊适应性强，分布较广，有水、有食物并且温度适宜的地方都可能生存。大多数种类生活在热带、亚热带地区，少数分布在温带地区，在人类居住环境发生普遍，并易随货物、家具或书籍等人为扩散，分布到世界各地。这些种类生活在室内，常在夜晚出来觅食，能污染食物、衣物和生活用具，并留下难闻的气味，传播多种致病微生物，是重要的病害传播媒介。但也有种类（地鳖、美洲大蠊）可以作为药材，用于提取生物活性物质，治疗人类多种疑难杂症。野生种类，喜潮湿，见于土中、石下、垃圾堆、枯枝落叶层、树皮下或木材蛀洞内、各种洞穴，以及社会性昆虫和鸟的巢穴等生境。多数种类白天隐匿，夜晚活动；少数种类色彩斑纹艳丽，白天也出来活动。

缅甸琥珀中的蜚蠊种类很多，形态也各异。本书中收录的羽毛状[a]和毛刷状[b]触角的蜚蠊，都是其中最有特色的。

1973 年，我国昆虫学家陈世骧和谭娟杰将甘肃玉门白垩纪地层中发现的一块昆虫化石定名为玉门甲科 Umenocoleidae，但后来一些国外学者认为，玉门甲并非甲虫，而是一种长相酷似甲虫的蜚蠊，并且在世界各地陆续发现了不少形态近似的化石。最终，科学家们认为玉门甲还是甲虫，而后来发现的那些，很多确实是形态酷似甲虫的“小强”，于是人们为这些“小强”单独成立了一个甲蠊科[c] Ponopterixidae。本书介绍的两种甲蠊来自缅甸琥珀，均为未记载的种类，其属名借用已发表的其他地区化石和琥珀蜚蠊名称，不一定准确。

蜚蠊的很多种类所产的卵由卵荚包被，有些种类甚至在雌虫腹部末端一直携带至孵化（P.649、P.650 上）。因此，在琥珀中，有时也可看到单独的卵荚[d]。

❶ 小型至大型，体长 2 ~ 100 mm，甚至更长；

❷ 体宽，多扁平，体壁光滑、坚韧；

❸ 头小，三角形，常被宽大的盾状前胸背板盖住，部分种类休息时仅露出头的前缘；

❹ 触角长，丝状，多节；

❺ 复眼发达，仅极少数种类复眼相对退化；

❻ 单眼退化；

❼ 口器咀嚼式；

❽ 多数种类具两对翅，盖住腹部，前翅覆翅狭长，后翅膜质，臀区大，翅脉具分支的纵脉和大量横脉；

❾ 3 对足相似，步行足，爬行迅速，跗节 5 节；

❿ 尾须多节。

姬蠊科 *Blattellidae*

BU 姬蠊（若虫）
Blattellidae sp.

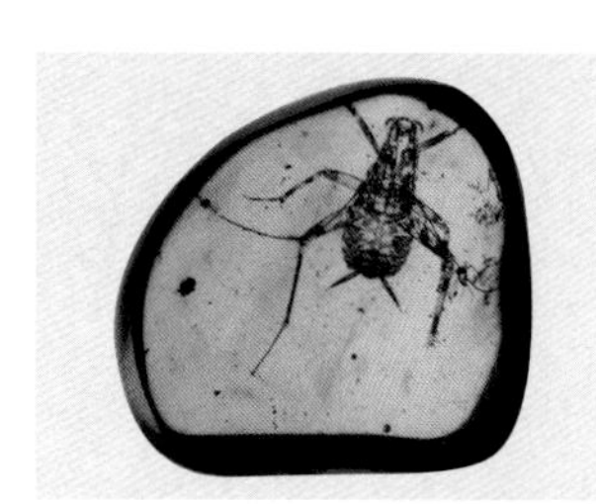

姬蠊科 *Blattellidae*

BU 姬蠊（蜕皮）
Blattellidae sp.

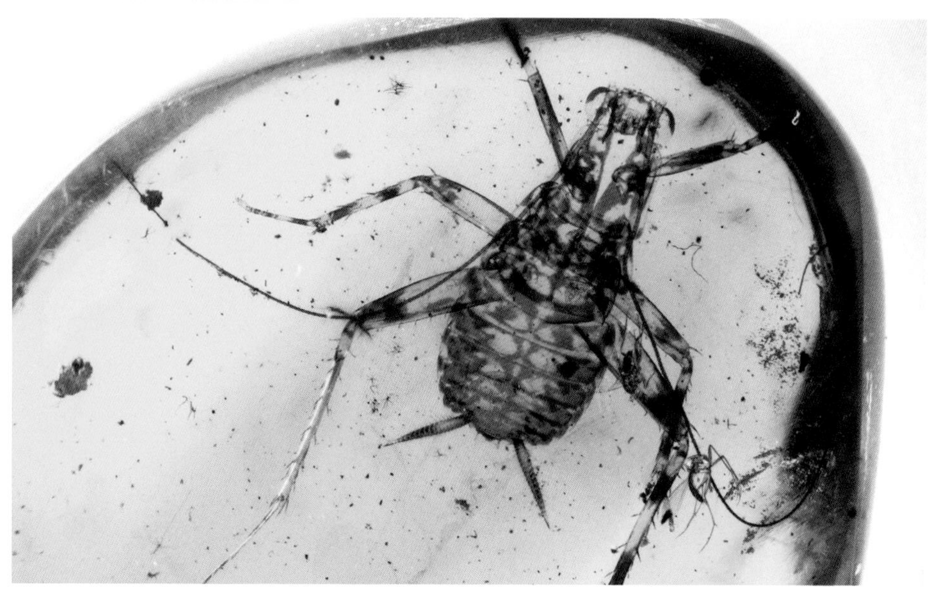

姬蠊科 *Blattellidae*

BU 宽翅姬蠊
Blattellidae sp.

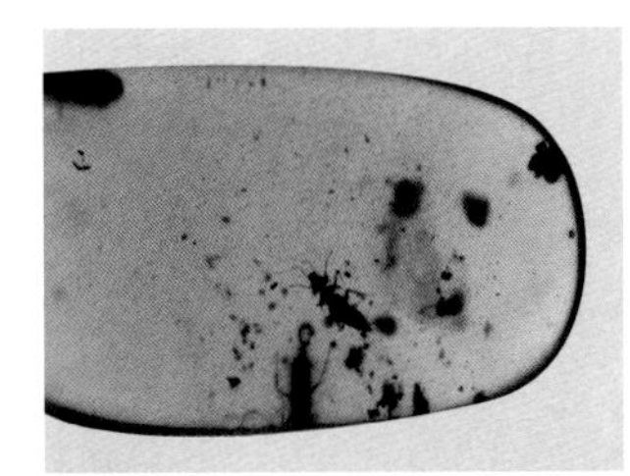

姬蠊科 *Blattellidae*

BU 三角姬蠊（若虫）
Blattellidae sp.

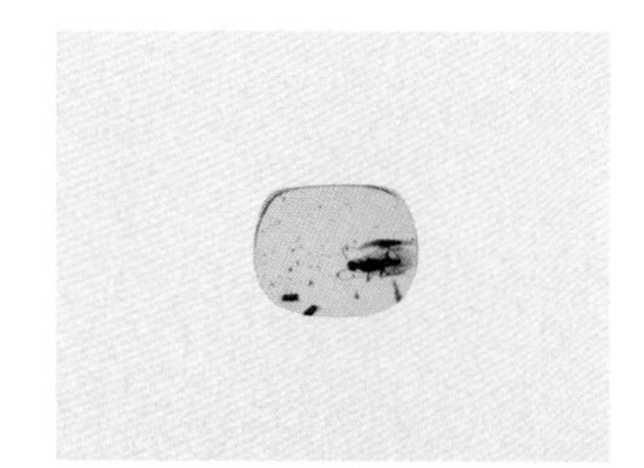

硕蠊科 *Blaberidae*

BU 球蠊
Perisphaerinae sp.

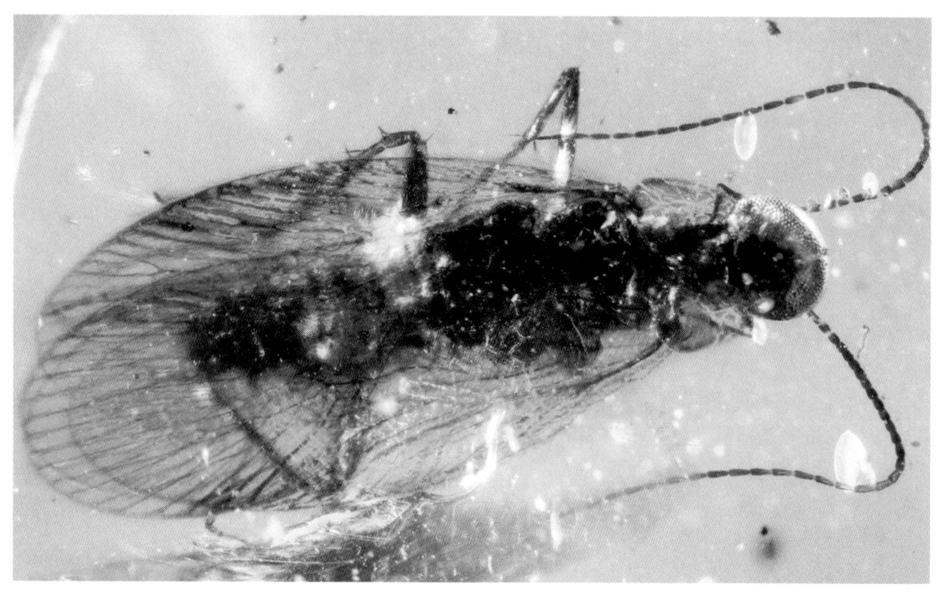

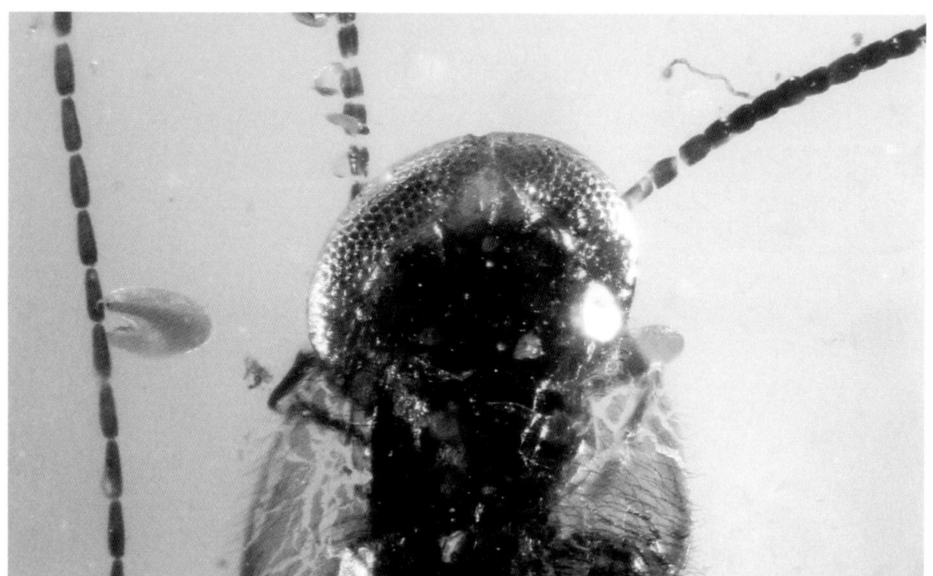

长足蠊科 *Manipulatoridae*

长足蠊
Manipulator sp.

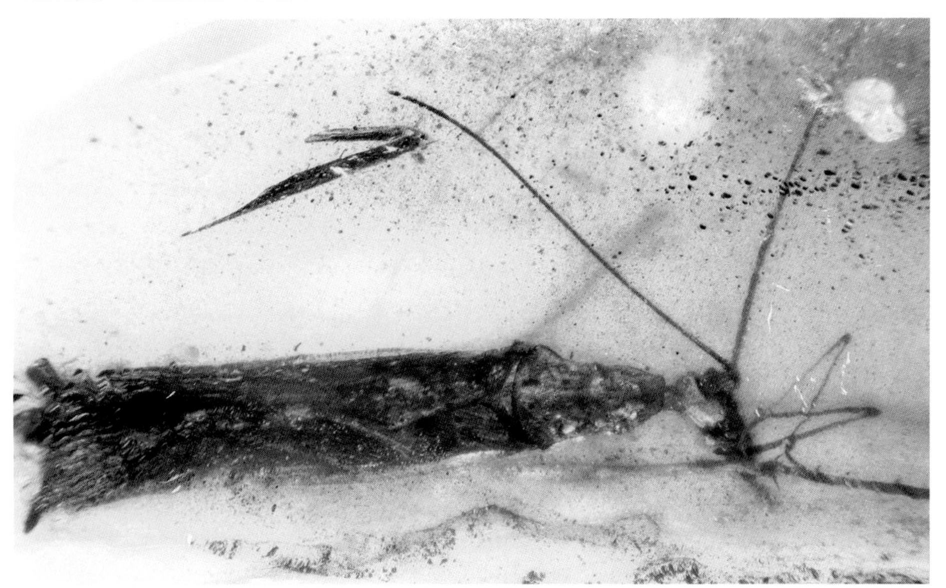

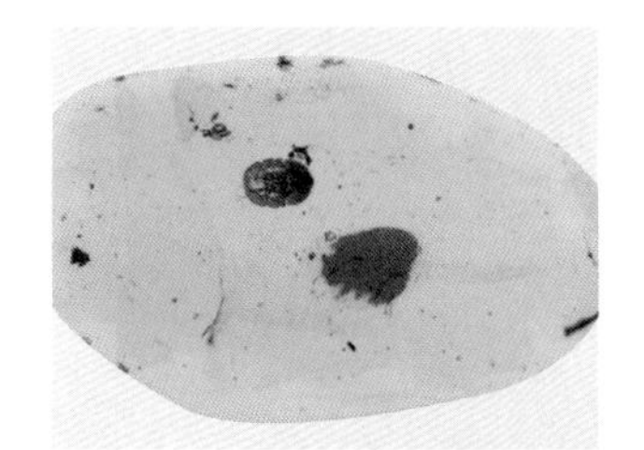

硕蠊科 *Blaberidae*

BU 球蠊
Perisphaerinae sp.

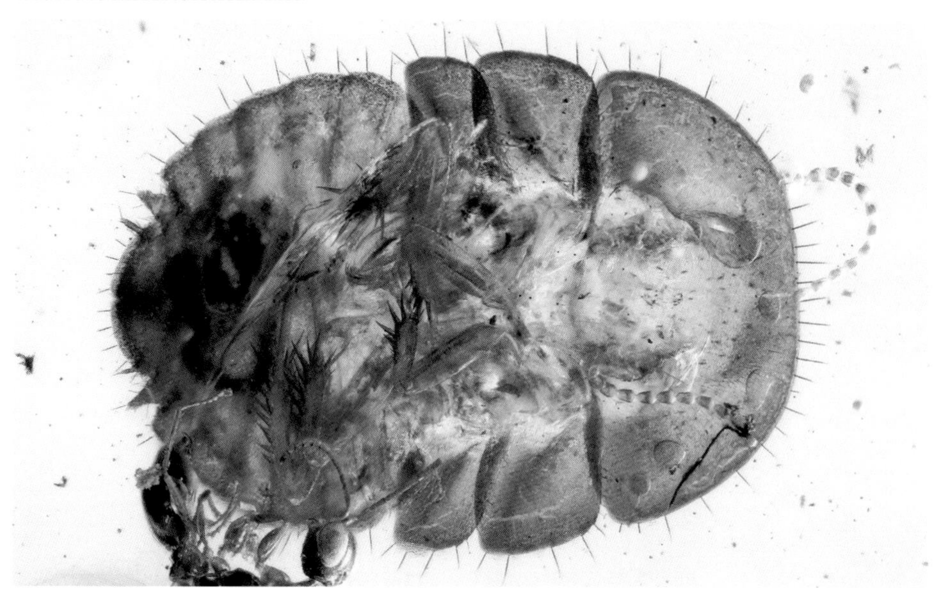

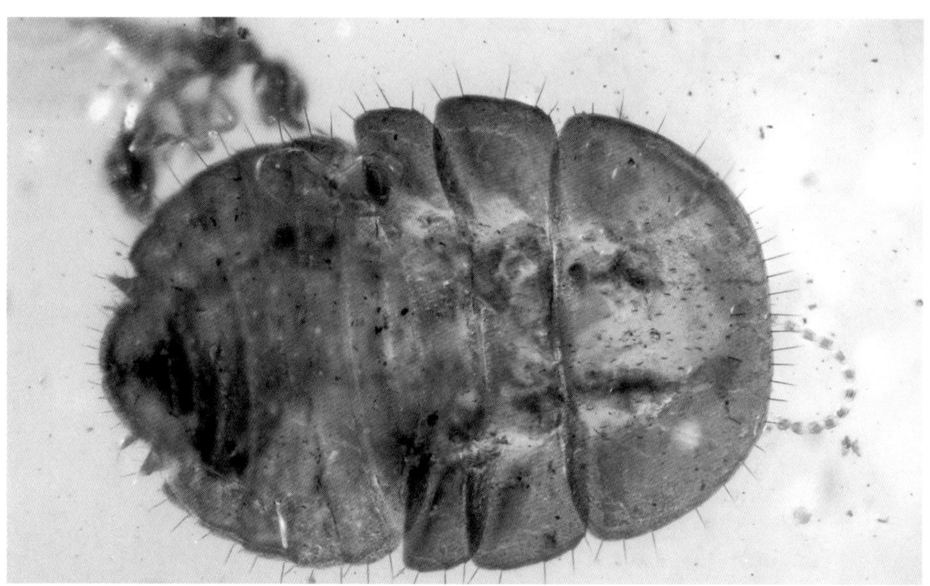

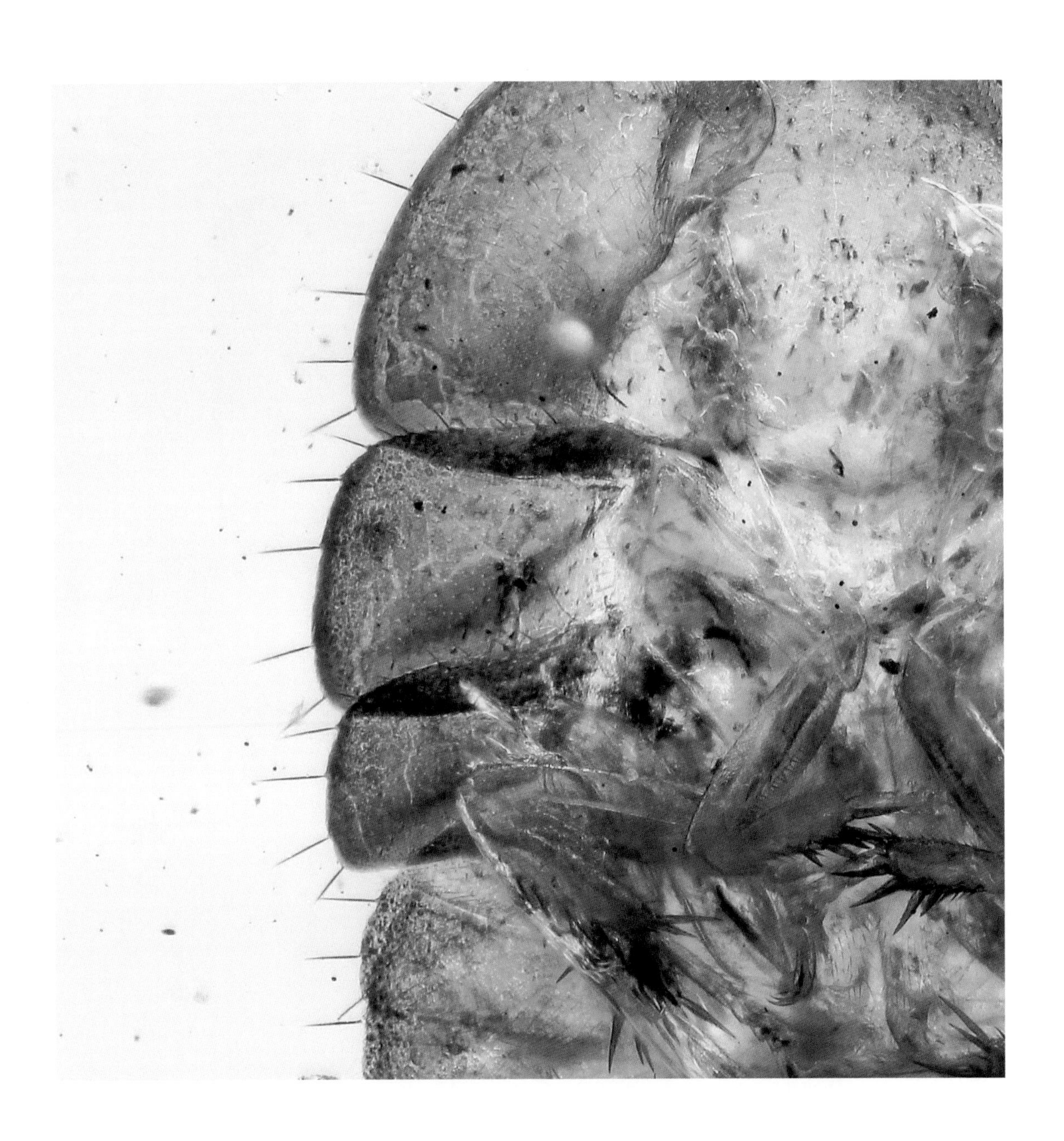

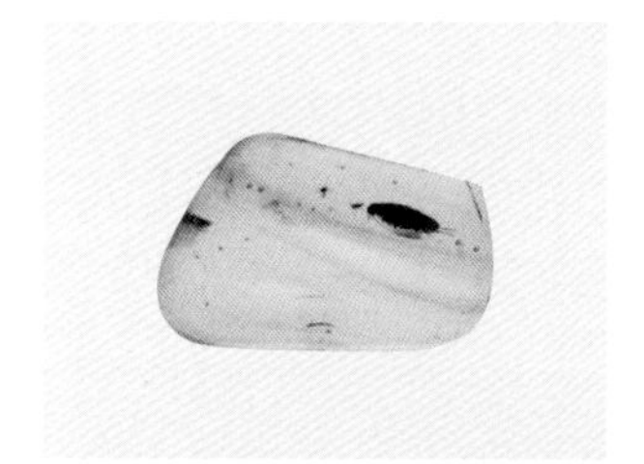

c 甲蠊科 *Ponopterixidae*

琥珀甲蠊
Jantaropterix sp.

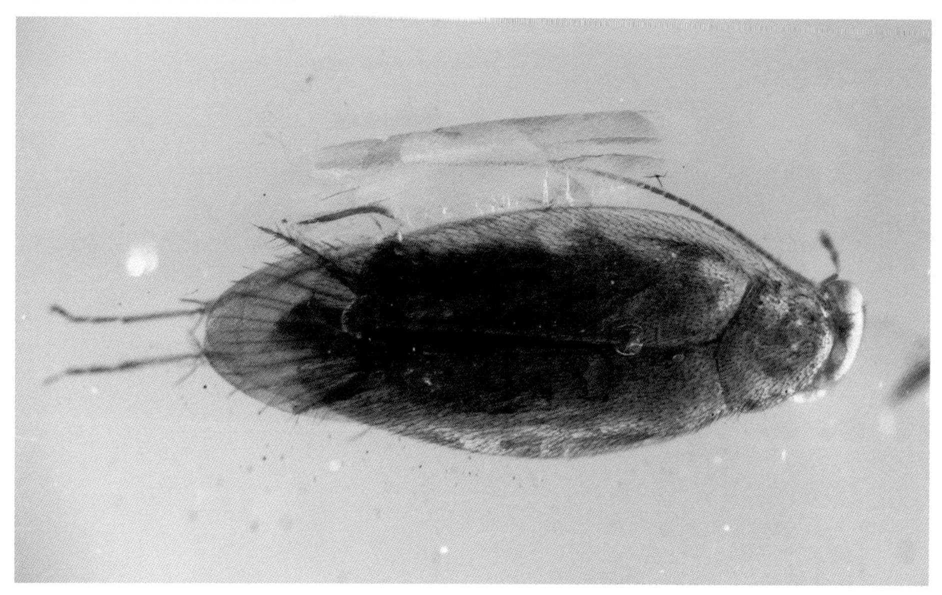

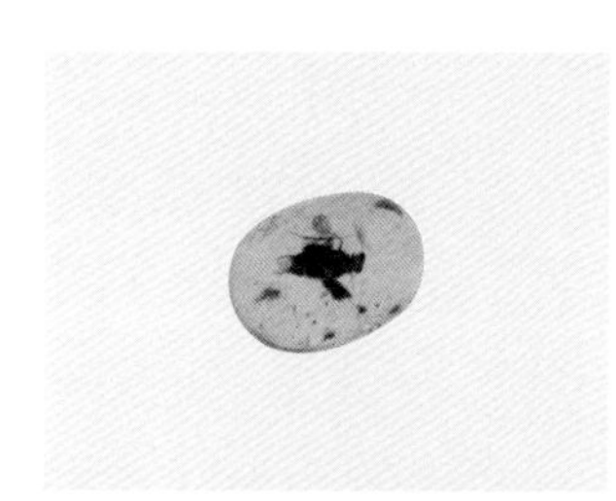

c 甲蠊科 *Ponopterixidae*

珀诺甲蠊
Ponopterix sp.

[d] 蜚蠊科 *Blattidae*

蜚蠊（卵荚）
Blattidae sp.

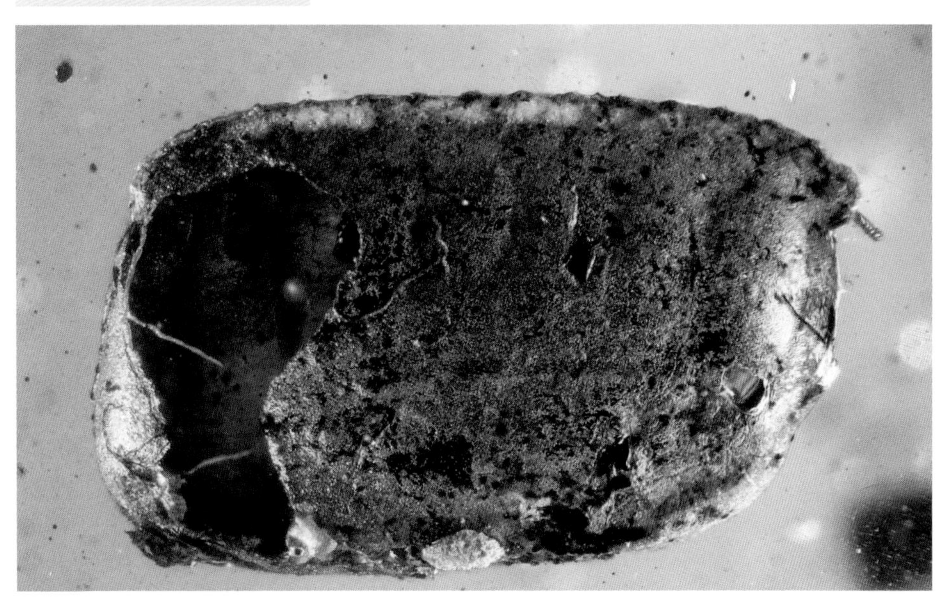

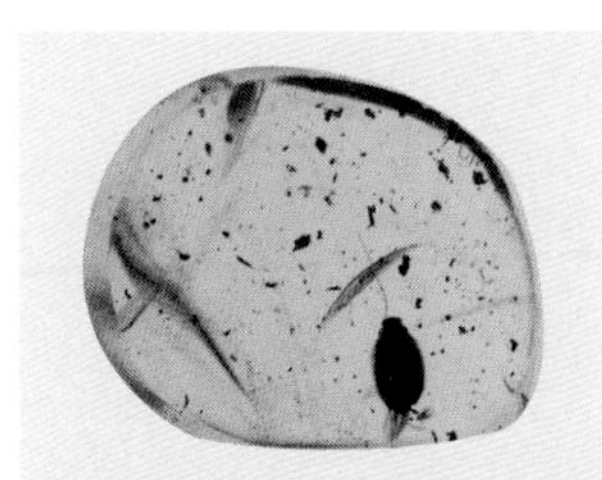

蜚蠊待定科 *Incertae Sedis*

多米尼加拟甲蜚蠊
N/A

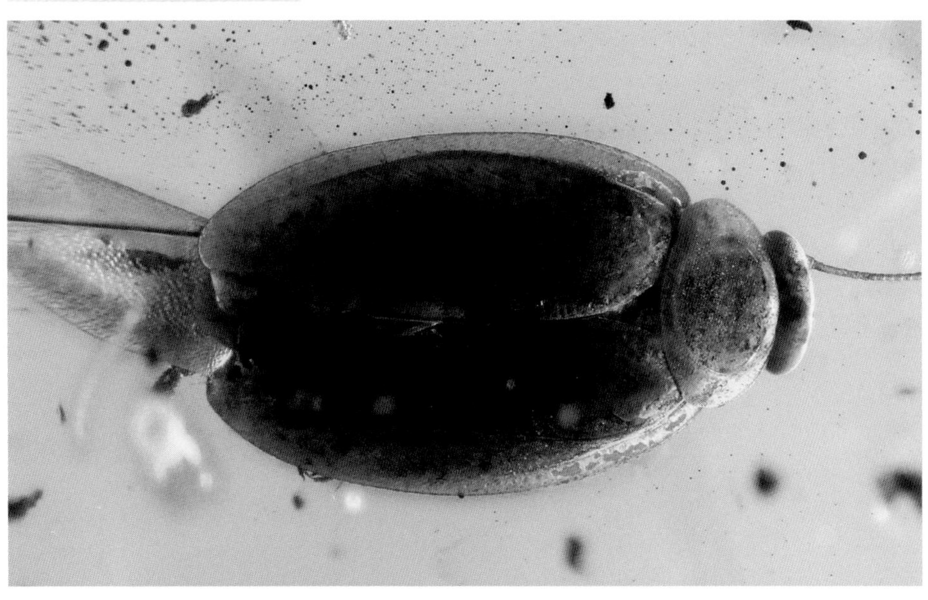

蜚蠊待定科 *Incertae Sedis*

蜚蠊
N/A

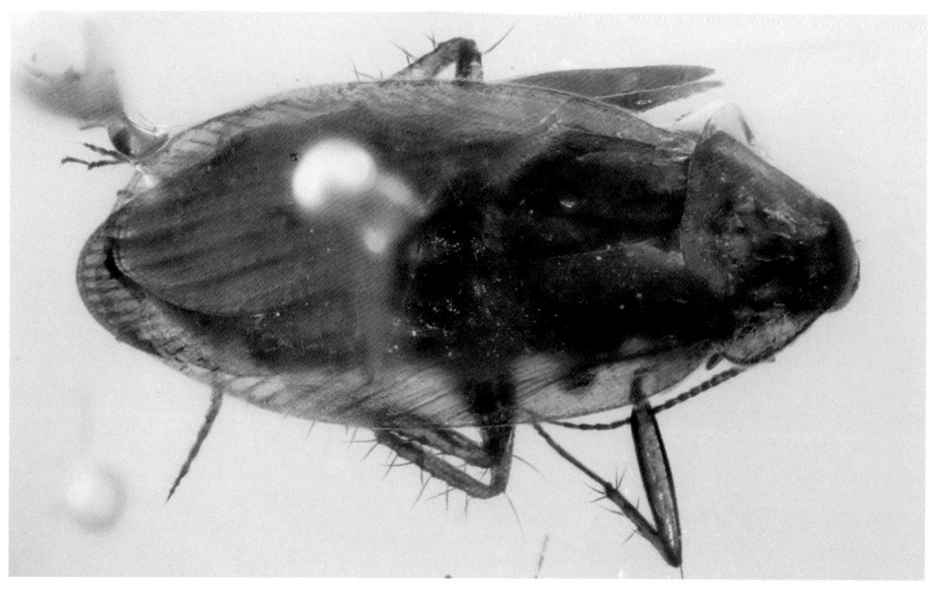

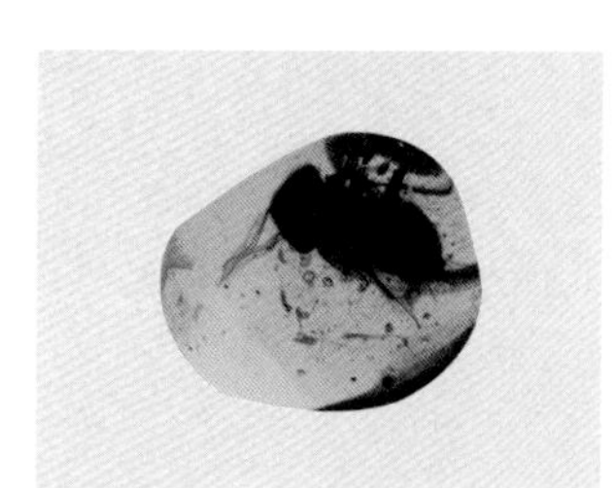

[a] 蜚蠊待定科 *Incertae Sedis*

羽角蜚蠊
N/A

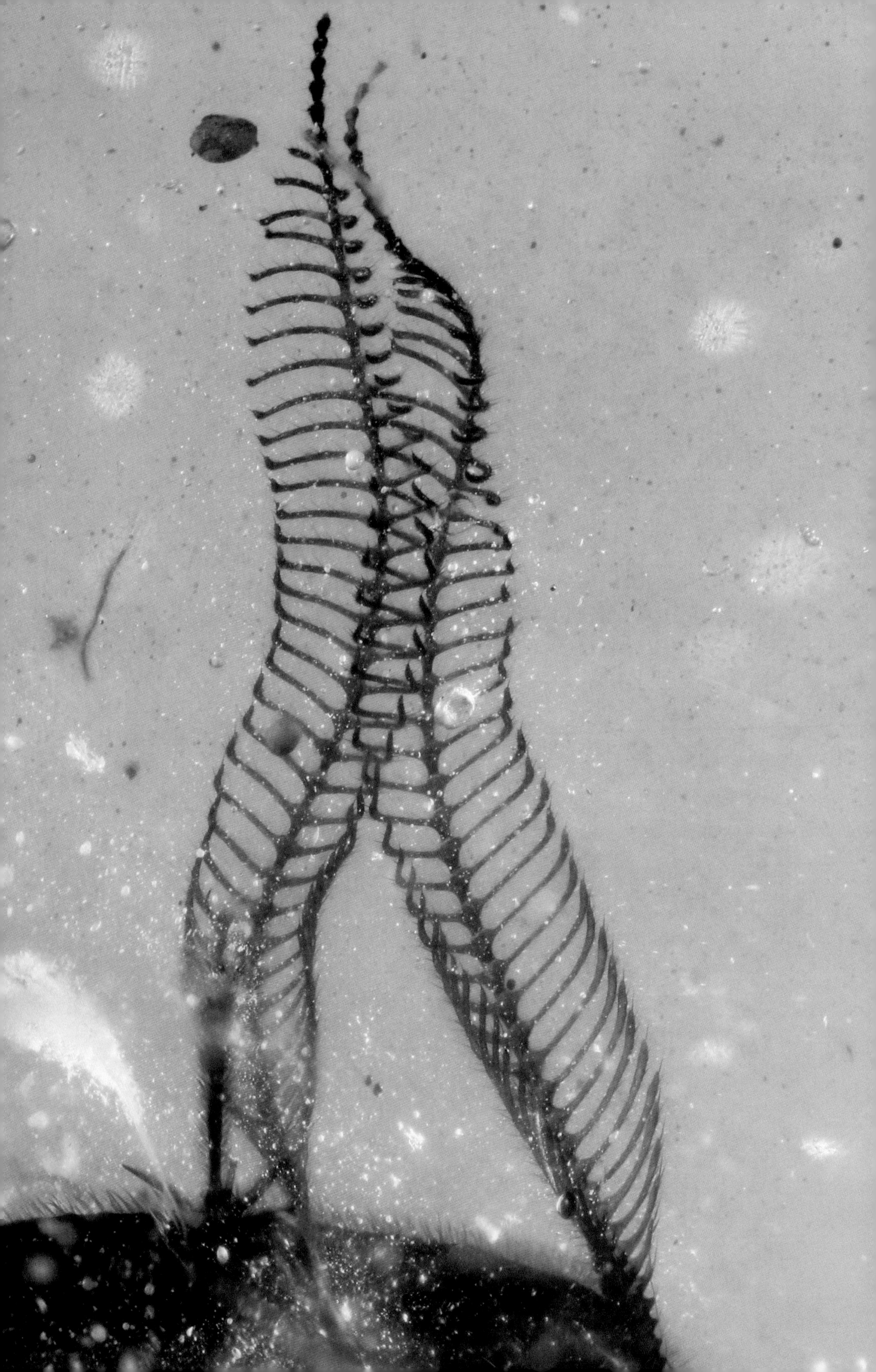

蜚蠊待定科 *Incertae Sedis*

BU

长翅蜚蠊
N/A

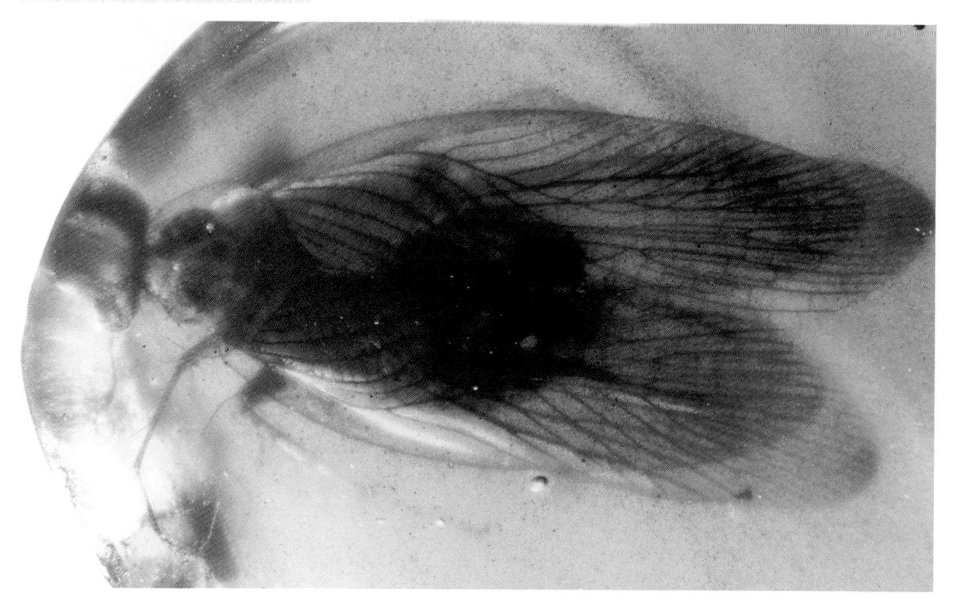

蜚蠊待定科 *Incertae Sedis*

BU

蜚蠊
N/A

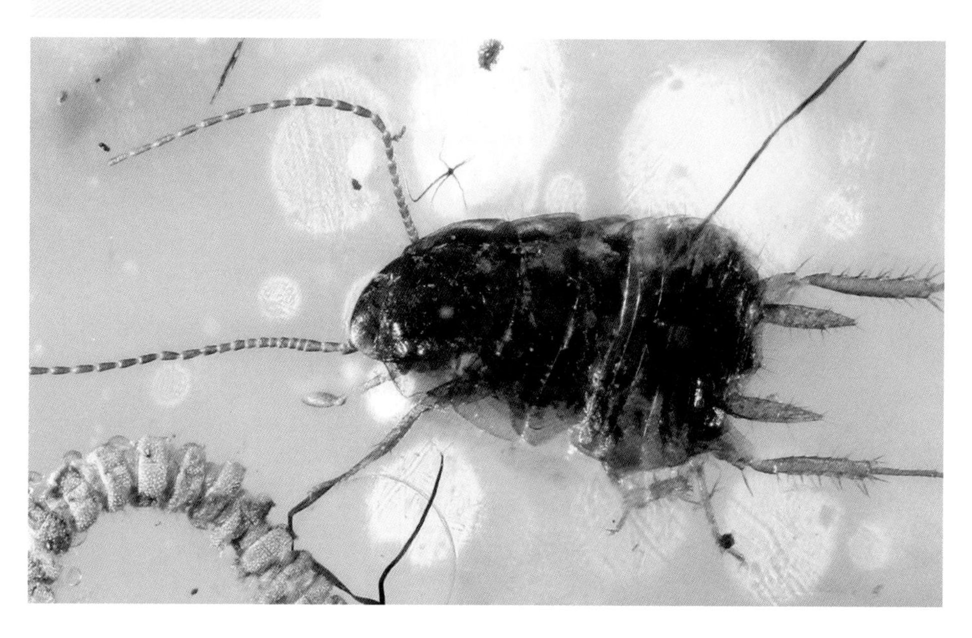

蠼螋待定科 *Incertae Sedis*

BU 水晶蠼螋（若虫）
N/A

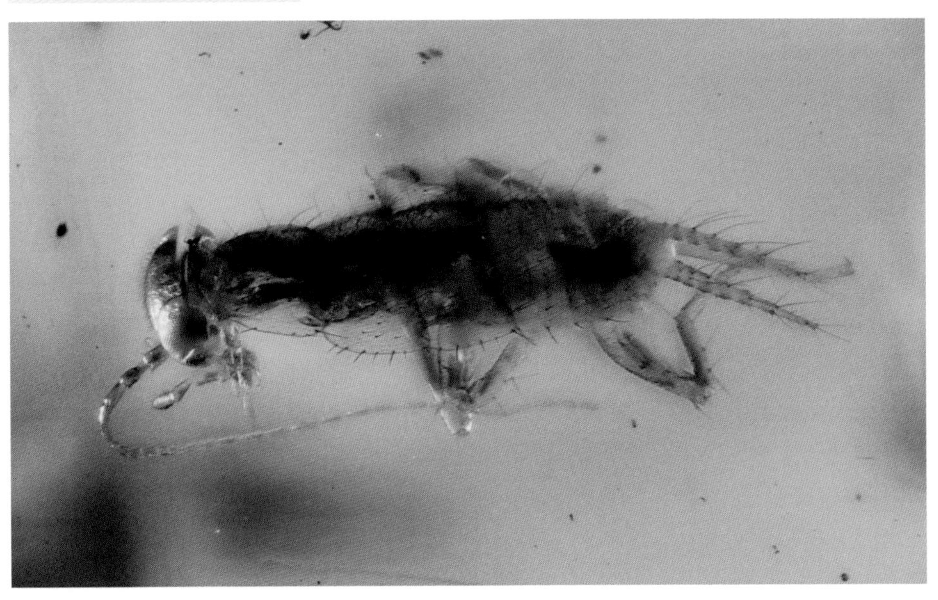

蠼螋待定科 *Incertae Sedis*

BU 银带蠼螋（若虫）
N/A

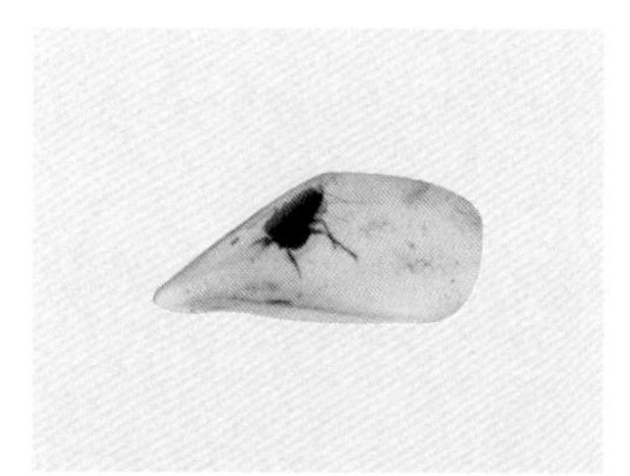

蜚蠊待定科 *Incertae Sedis*

BU 蜚蠊（若虫）
N/A

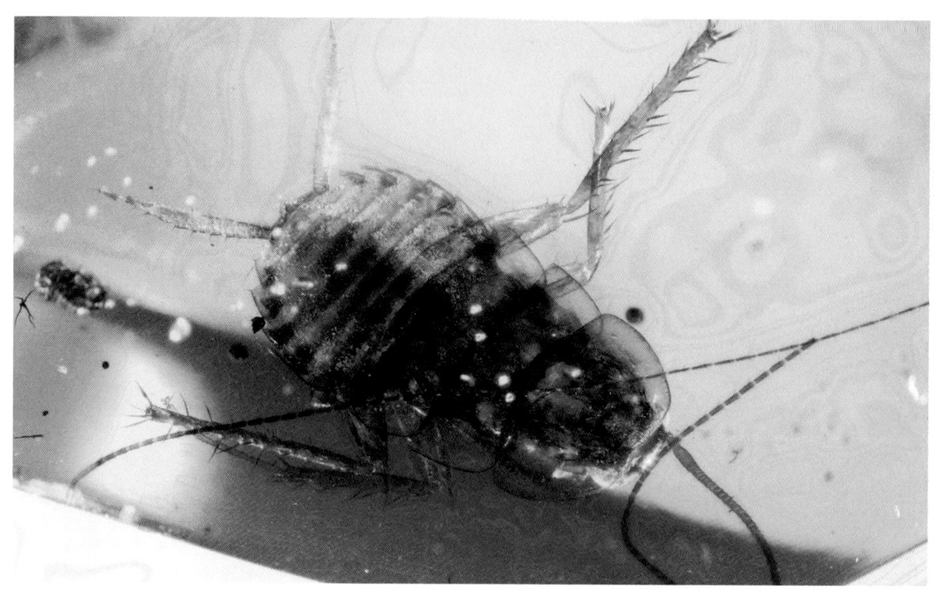

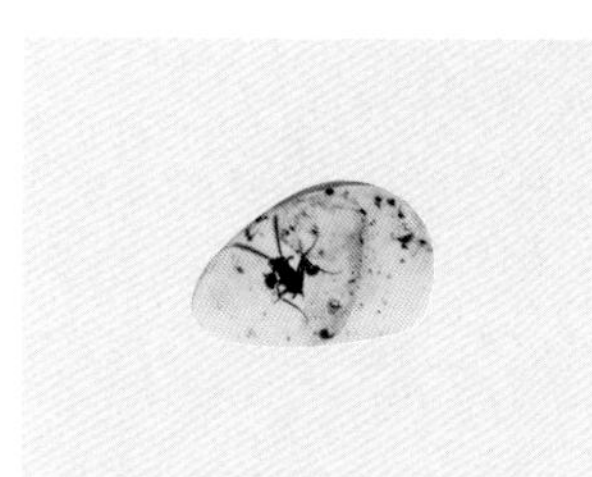

b 蜚蠊待定科 *Incertae Sedis*

BU 刷角蜚蠊（若虫）
N/A

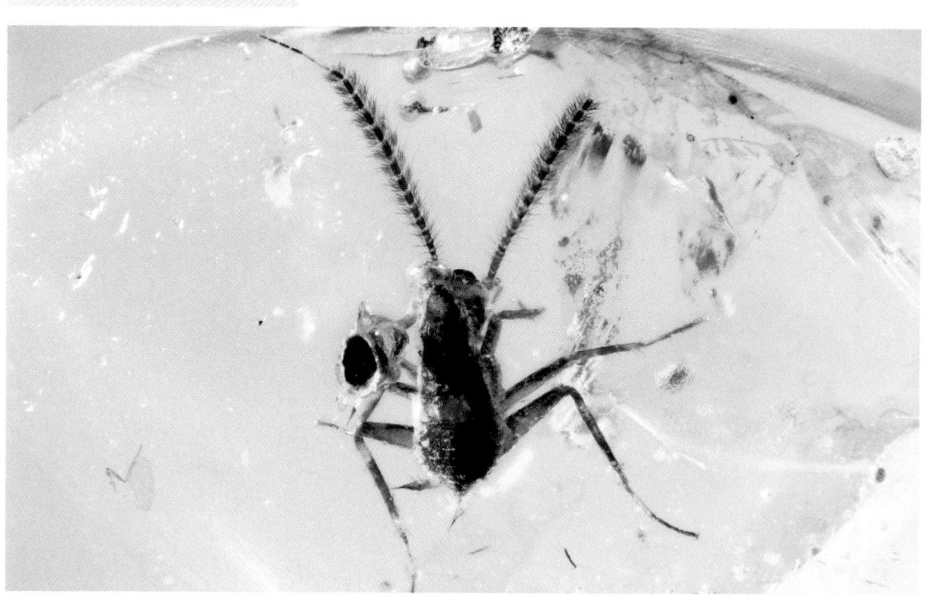

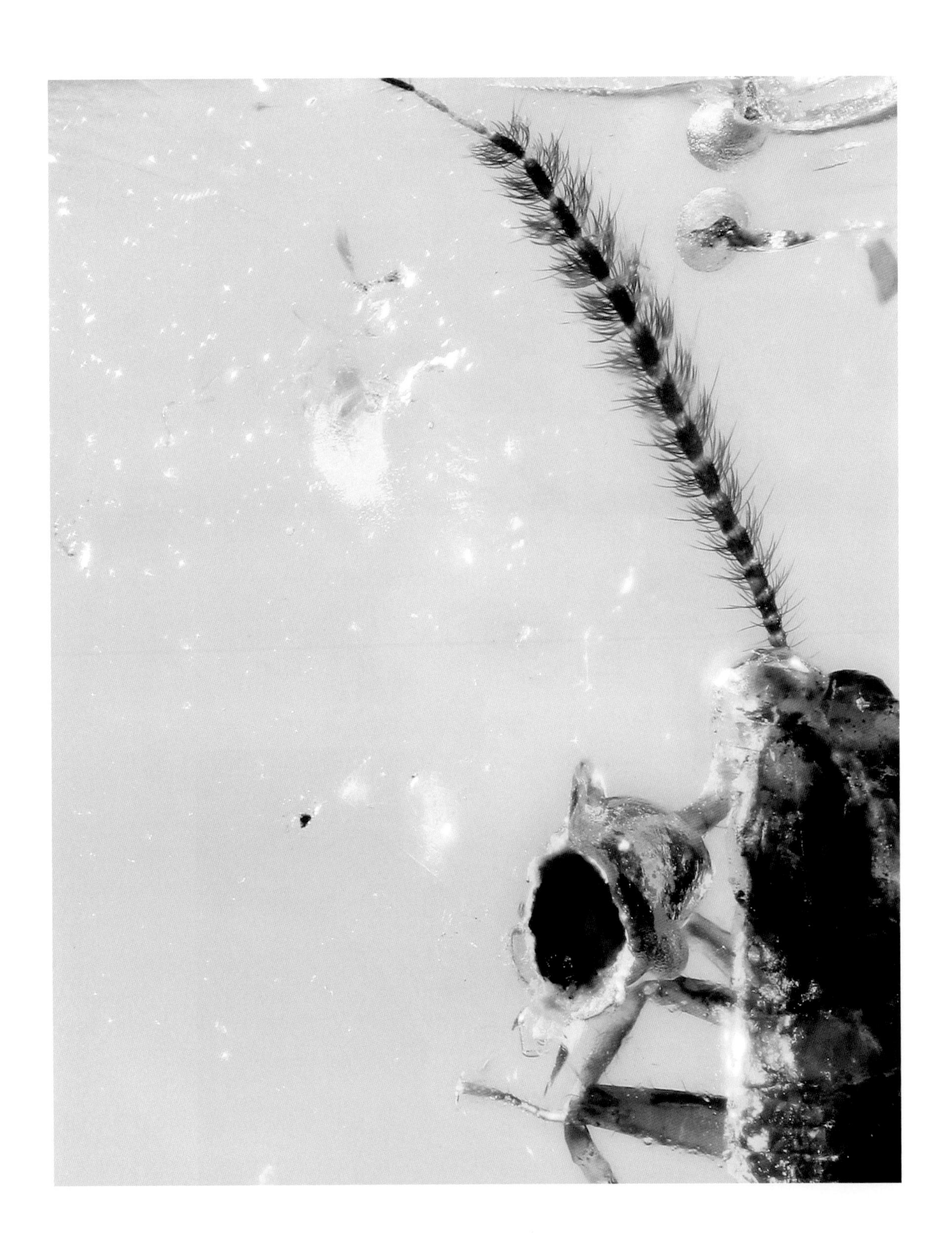

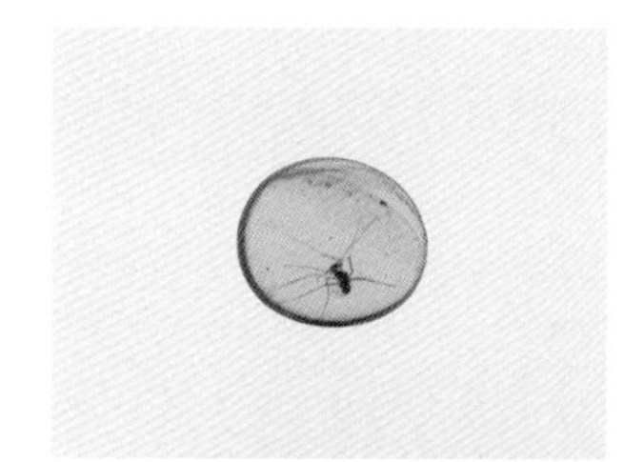

蜚蠊待定科 *Incertae Sedis*

BU 长腿蜚蠊（若虫）
N/A

[d] 蜚蠊待定科 *Incertae Sedis*

蜚蠊卵荚
N/A

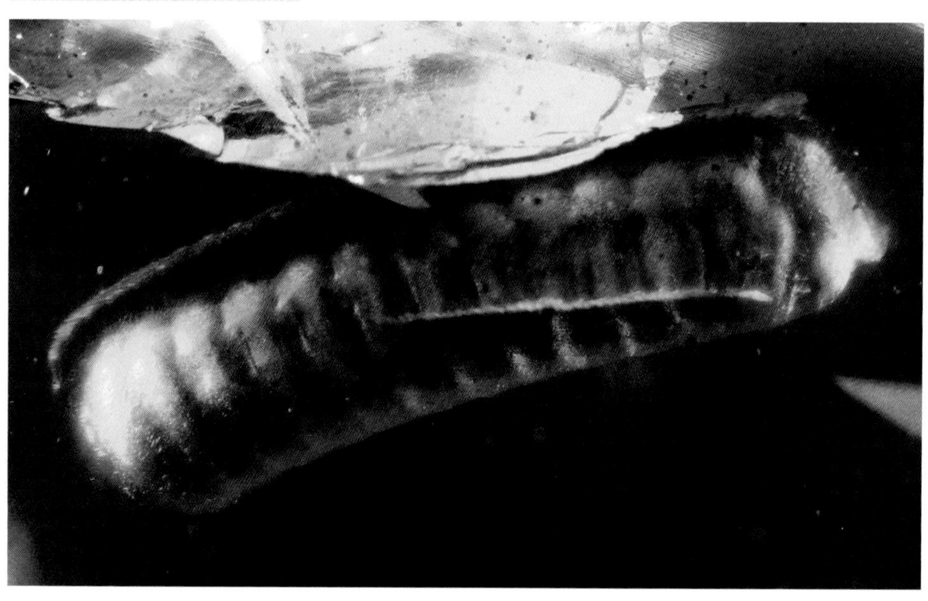

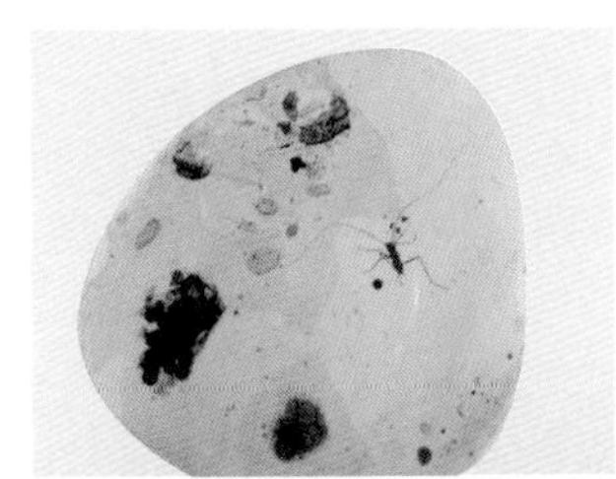

蜚蠊待定科 *Incertae Sedis*

BU 蜚蠊（若虫）
N/A

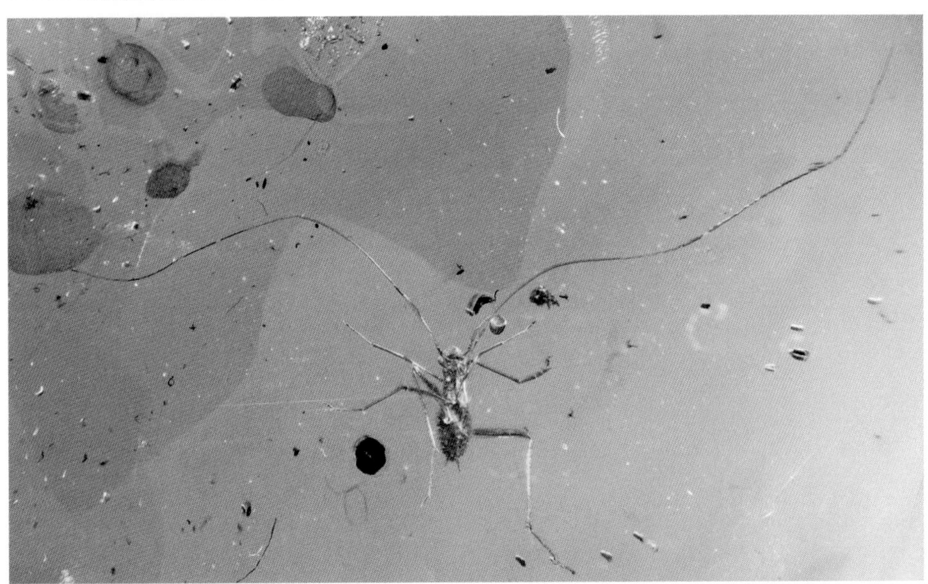

Alienoptera

奇翅目

奇翅目是 2016 年刚刚从缅甸琥珀中建立的一个化石昆虫新目，目前仅发现于缅甸琥珀中，是白垩纪特有的类群。通称为奇翅虫，现已灭绝。

奇翅虫是网翅类昆虫中介于蜚蠊和螳螂之间的一个“不成功”的演化分支，是昆虫进化过程中缺失的一环。

奇翅目有着与其他各类昆虫截然不同的外观，甚至可以说是昆虫中的“三不像”：三角形的头部、发达的咀嚼式口器以及具有捕捉功能的前足（前足腿节和胫节无齿，仅前足腿节具毛列），与螳螂颇为近似；极短的圆盖状的前翅明显是较为坚硬的革翅甚至鞘翅，同时具有发达的后翅，又使人不得不想起蠼螋或隐翅虫，以及拥有类似形态的澳大利亚分布的部分螽斯；3 对足前端发达且上翘的爪垫，跟螳螂又有异曲同工之妙。

虽然奇翅虫尚未发现现生后裔存世，但生活习性从其特立独行的外貌也可推测一二。很显然，奇翅虫是肉食性的，这一点从发达的咀嚼式口器和原始的捕捉足就可以看出。虽然其前翅很短，完全不能用于飞翔，但是却具有极其发达的后翅，加上其长短适中的 6 足，不难看出它超强的飞行和灵活的攀爬能力。据推测，奇翅虫的生活环境应该是灌木丛或者高大的落叶乔木间，以捕捉小型节肢动物为食，与大多数螳螂相似。

目前奇翅目仅有奇翅科 [a] Alienopteridae 的短鞘奇翅虫 *Alienopterus brachyelytrus* 一个种的雄虫被描述。但在缅甸琥珀中，已经有其他种类被陆续发现。我们相信会有更多有关奇翅目的研究成果，在近年内将被揭示出来。

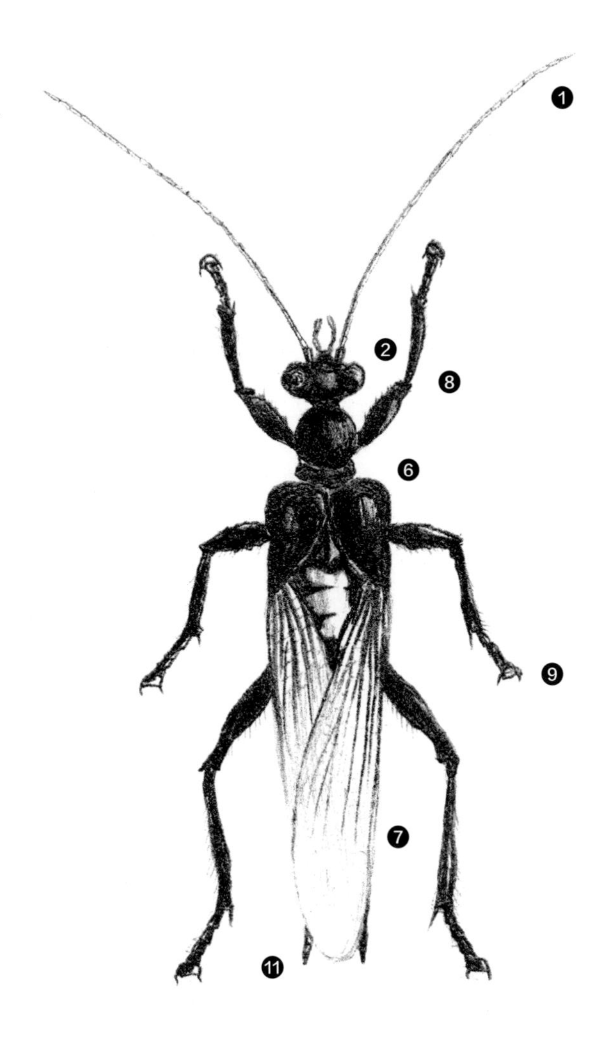

❶ 触角丝状，多节；

❷ 复眼大而突出；

❸ 单眼 3 个；

❹ 下口式；

❺ 咀嚼式口器；

❻ 前翅短，革质；

❼ 后翅长，翅脉发达；

❽ 前足捕捉足；

❾ 前跗节均有明显的爪垫；

❿ 雄性生殖器非对称，与螳螂接近；

⓫ 尾须多节，圆锥形。

[a] 奇翅科 *Alienopteridae*

BU 短鞘奇翅虫
Alienopterus brachyelytrus

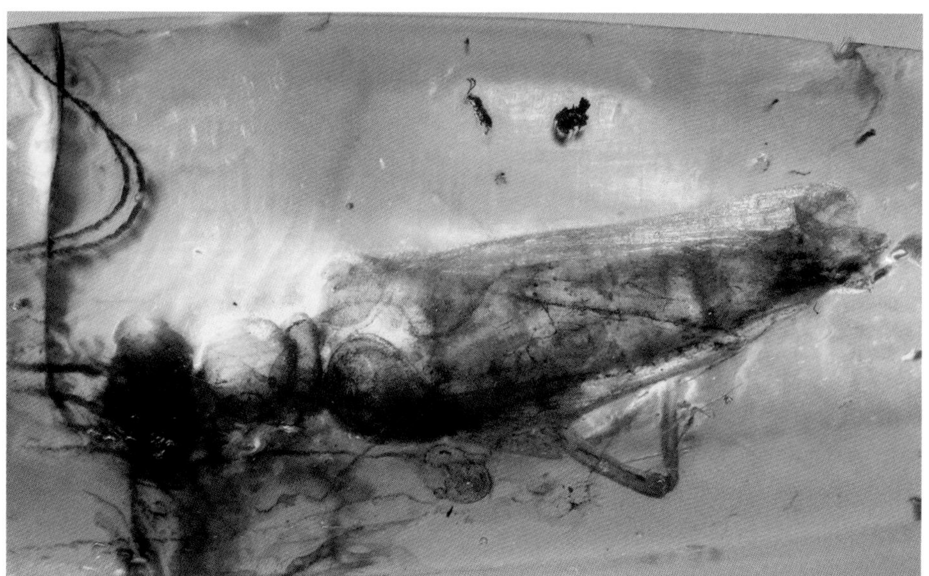

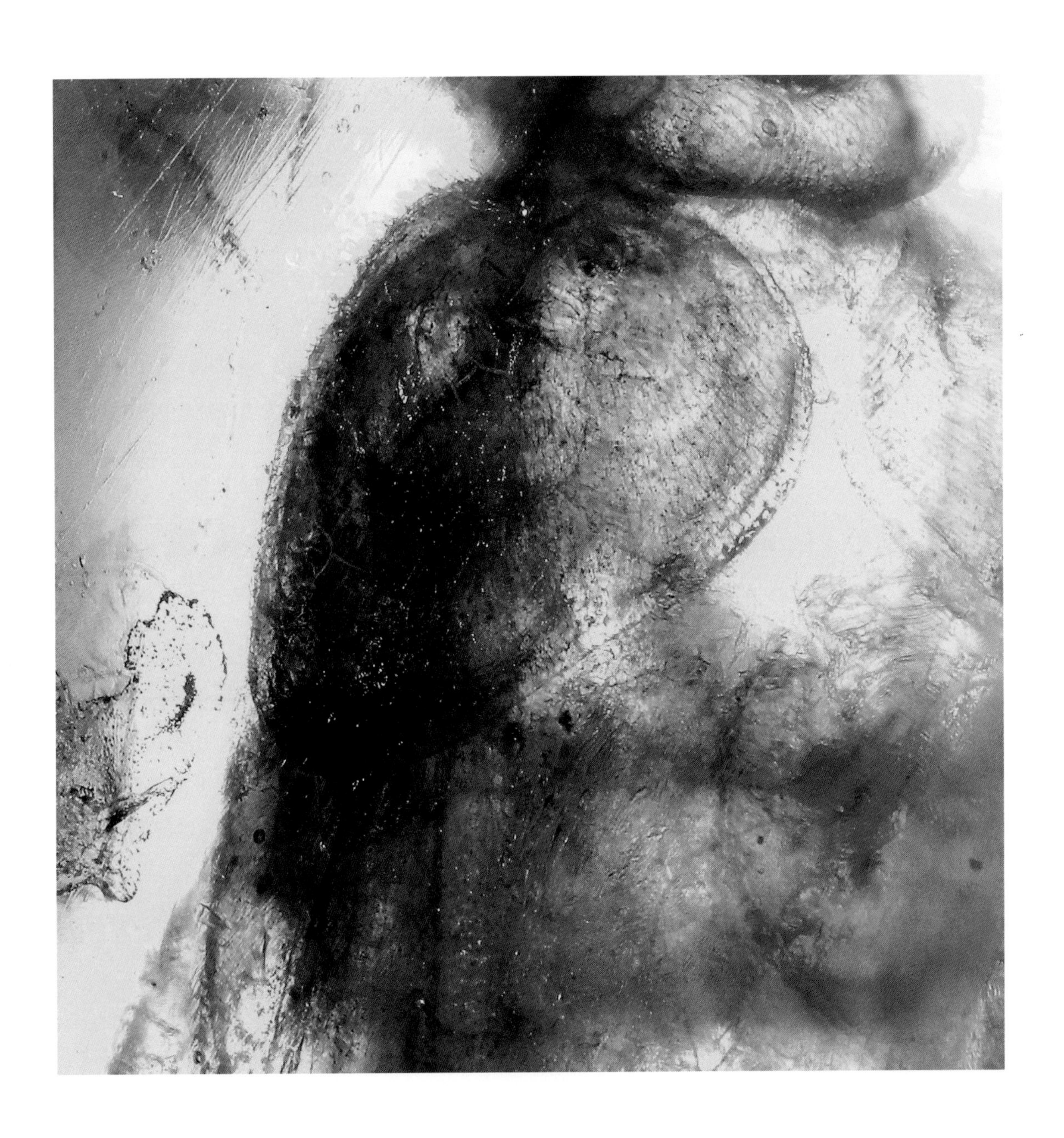

Mantodea

螳螂目

螳螂目俗称螳螂，除极寒地带外，广布世界各地，尤以热带地区种类最为丰富，目前已知 2 400 多种。

渐变态。卵产于卵鞘内，每枚卵鞘有卵数粒至百余粒，排成 2 ~ 4 列。每个雌虫可产 4 ~ 5 个卵鞘，卵鞘是泡沫状的分泌物硬化而成，多黏附于树枝、树皮、墙壁等物体上。初孵出的若虫为“预若虫”，脱皮 3 ~ 12 次后羽化为成虫。一般一年一代，以卵在卵鞘中越冬，有些种类营孤雌生殖。

若虫、成虫均为捕食性，猎捕各类昆虫和小动物，在田间和林区能消灭不少害虫，如中华刀螳、枯叶刀螳、广斧螳、薄翅螳、棕静螳等是农、林、果树和观赏植物害虫的重要天敌，在昆虫界享有“温柔杀手”的美誉。若虫和成虫均具自残行为，尤其在交配过程中有“妻食夫”的现象。卵鞘可入中药，是重要的药用昆虫。

螳螂有保护色，有的并有拟态，与其所处环境相似，借以捕食其他昆虫。性格残暴好斗，缺食时常有大吞小和雌吃雄的现象。分布在南美洲的个别种类竟能不时攻击小鸟、蜥蜴或蛙类等小动物。

世界各地发现的螳螂化石仅有 20 多种，其中一半左右是来自新泽西、缅甸、黎巴嫩、西伯利亚、多米尼加和波罗的海的琥珀。

来自缅甸琥珀的化石螳螂已记录 2 种，本书均有收录，分别是缅甸泽西螳 *Jersimantis burmiticus* 和亚洲缅螳 *Burmantis asiatica*，均属已经灭绝的桑塔螳科[a] Santanmantidae。

本书收录的其余未定名螳螂则来自缅甸琥珀和多米尼加琥珀。

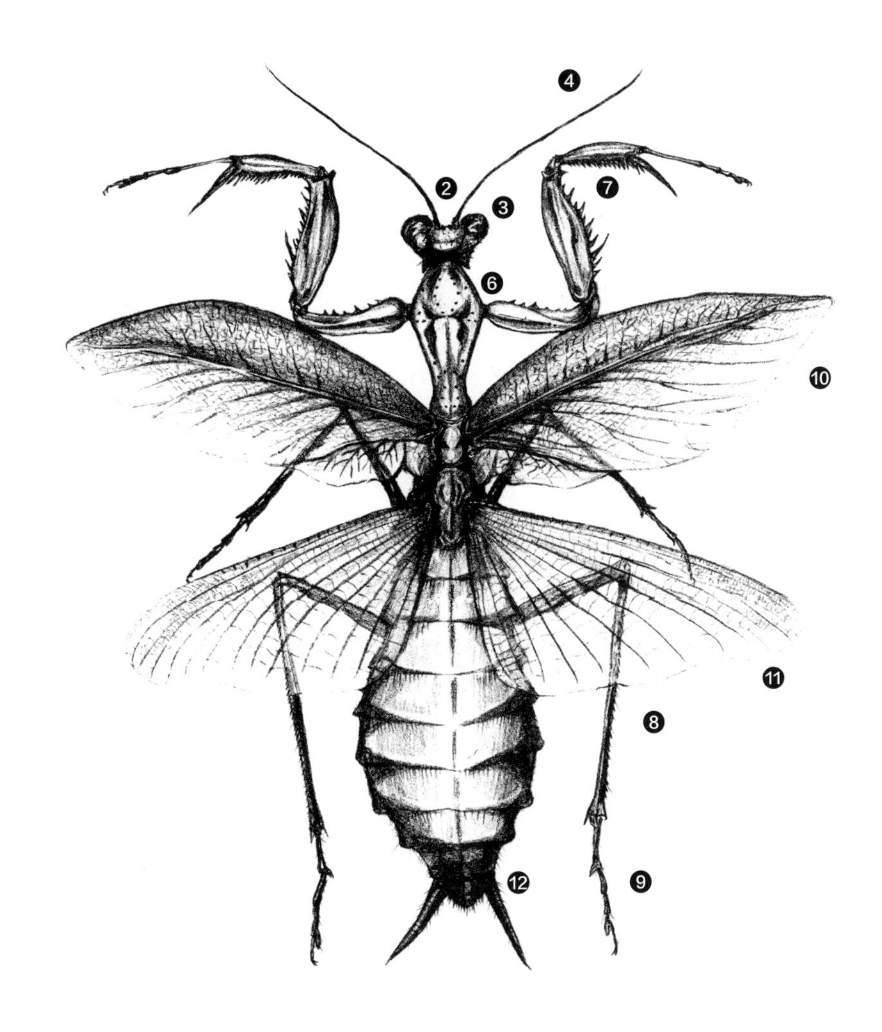

❶ 成虫体中至大型，细长；
❷ 头大，呈三角形，且活动自如；
❸ 复眼突出，单眼 3 个，排成三角形；
❹ 触角长，丝状；
❺ 口器咀嚼式，上颚强劲；
❻ 前胸特别延长；
❼ 前足捕捉式，基节很长，胫节可折嵌于腿节的槽内，呈镰刀状，腿节和胫节生有倒勾的小刺，用以捕捉各种昆虫；
❽ 中、后足适于步行；
❾ 跗节 5 节，有爪 1 对；
❿ 前翅皮质，为覆翅；
⓫ 后翅膜质，臀区发达、扇状，休息时叠于背上；
⓬ 尾须 1 对。

[a] 桑塔螳科 *Santanmantidae*

缅甸泽西螳
Jersimantis burmiticus

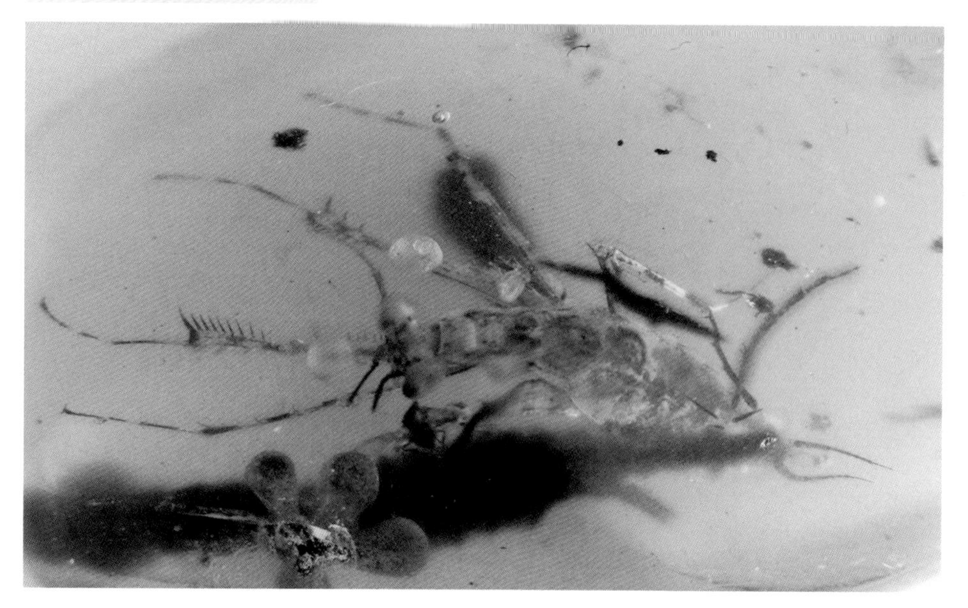

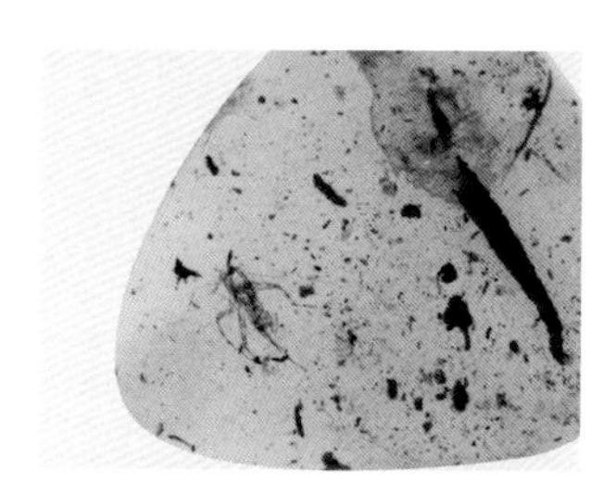

[a] 桑塔螳科 *Santanmantidae*

缅螳（蜕皮）
Burmantis sp.

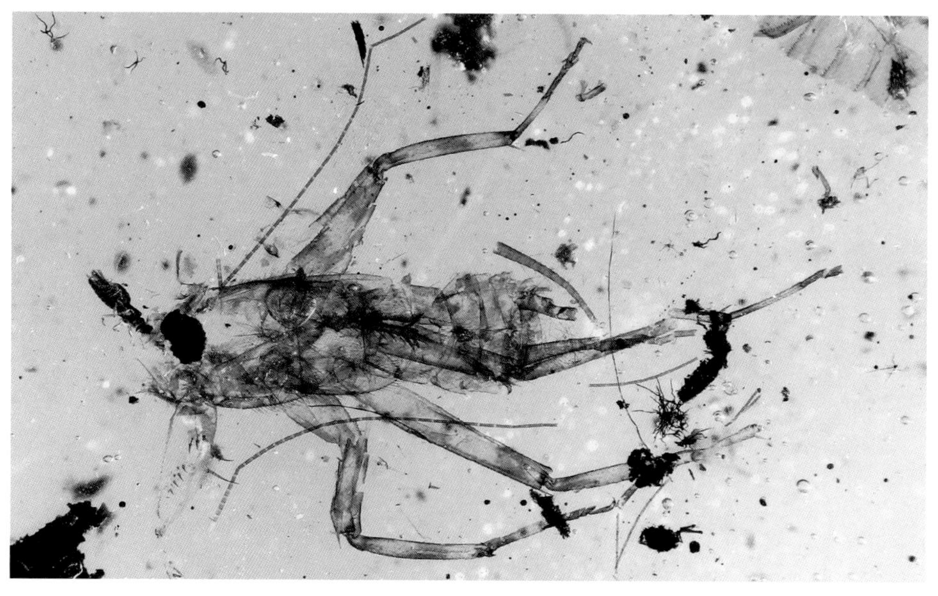

[a] 桑塔螳科 *Santanmantidae*

BU 亚洲缅螳（蜕皮）
Burmantis asiatica

螳螂待定科 *Incertae sedis*

BU 短翅螳螂
N/A

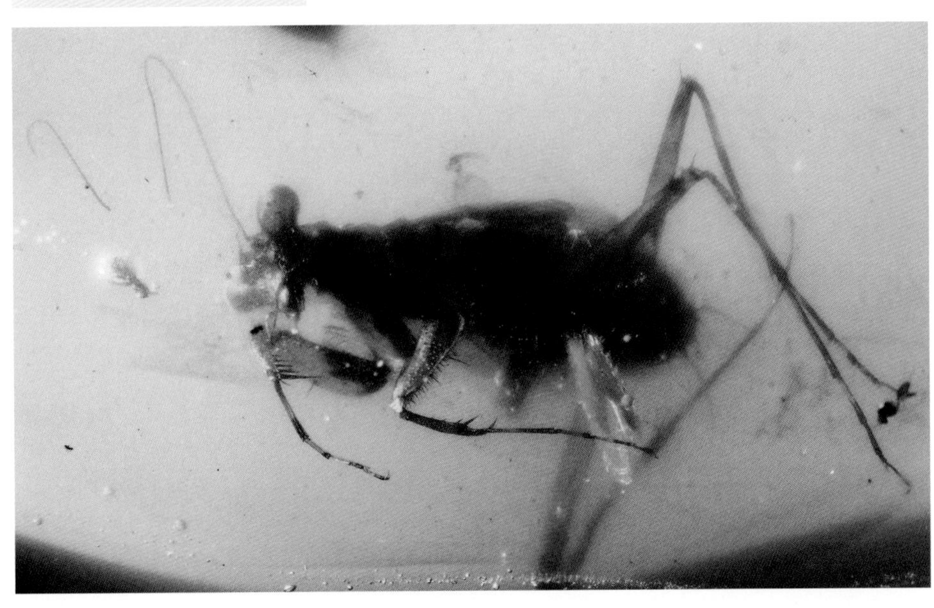

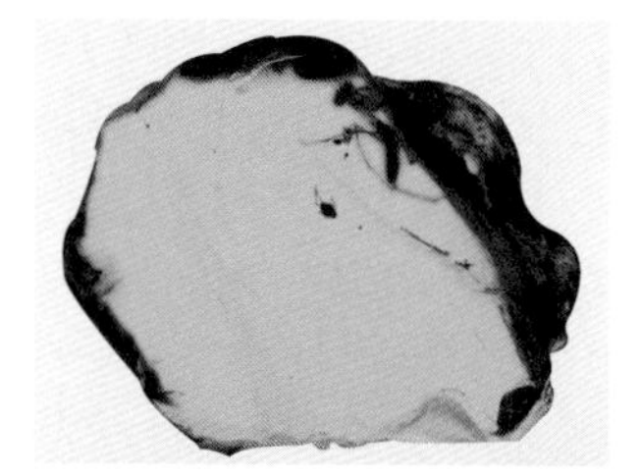

螳螂待定科 *Incertae sedis*

多米尼加螳螂（若虫）
N/A

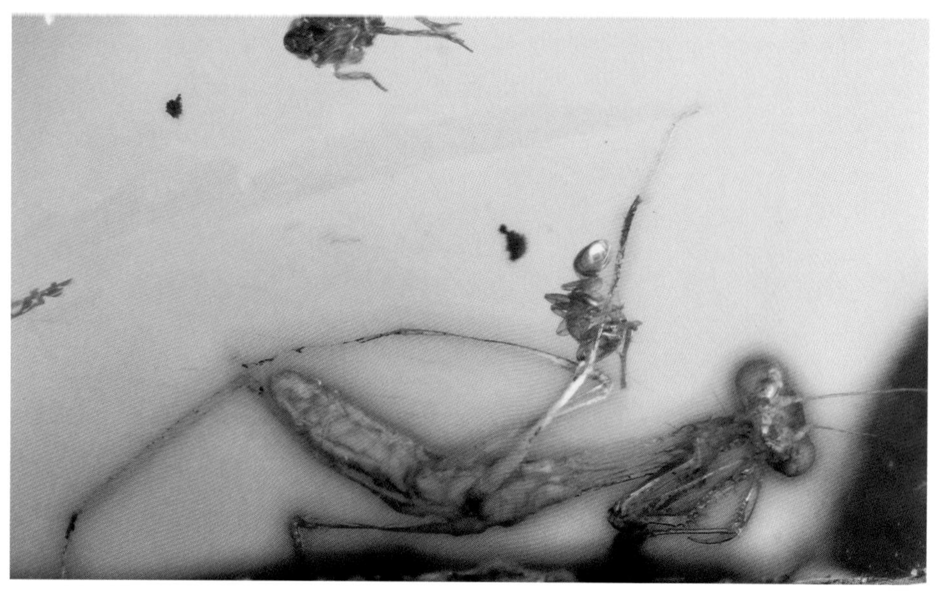

螳螂待定科 *Incertae sedis*

螳螂（若虫）
N/A

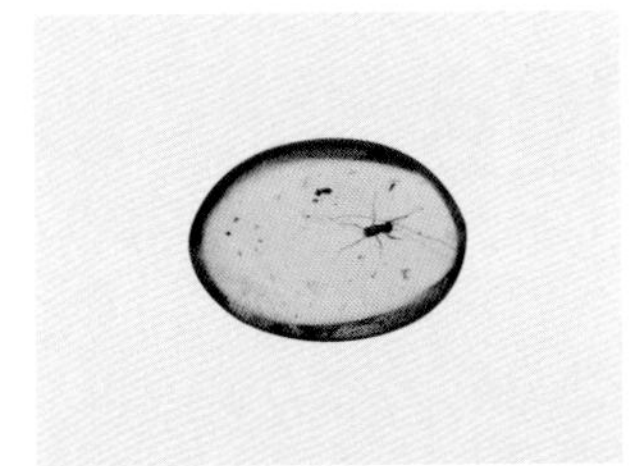

螳螂待定科 *Incertae sedis*

BU 螳螂（若虫）
N/A

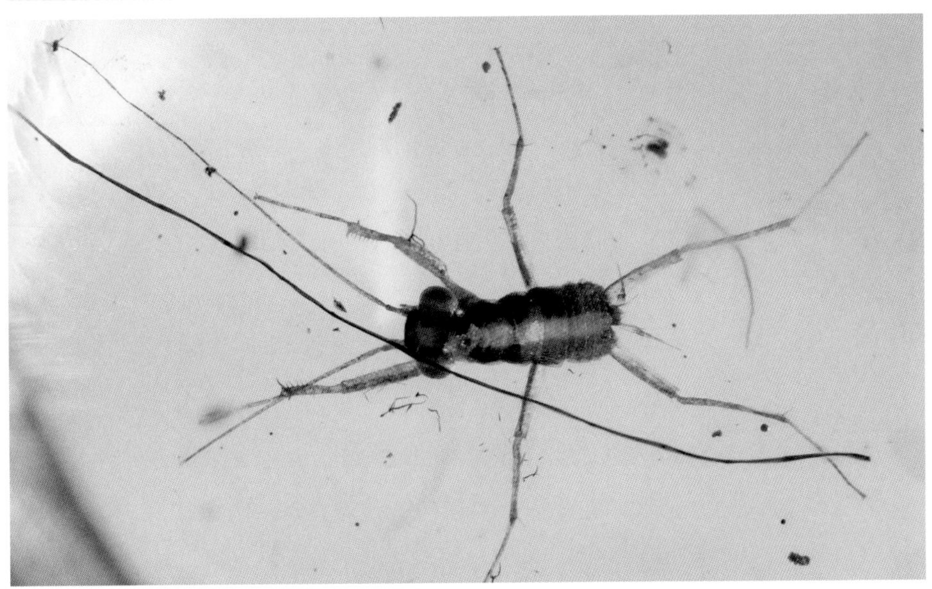

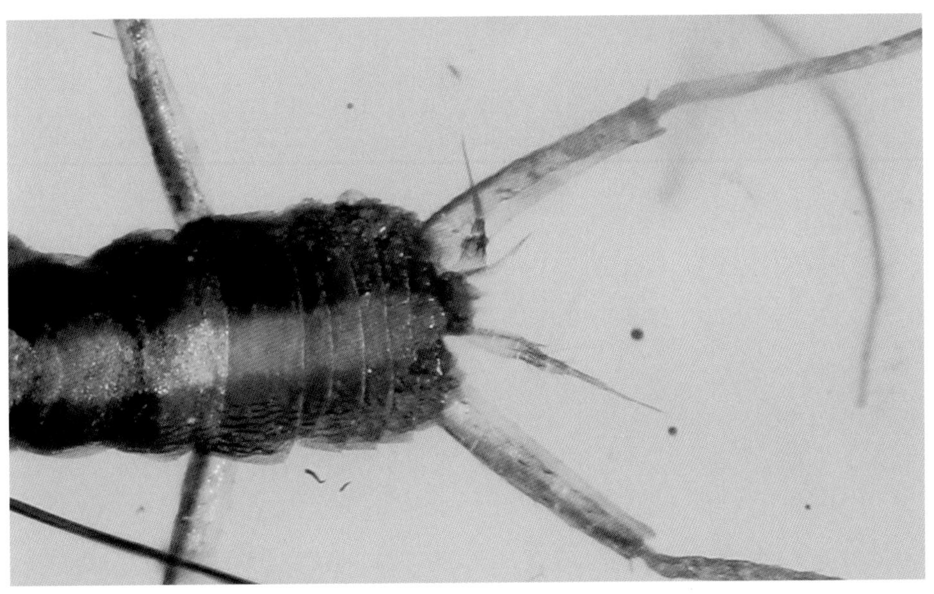

Grylloblattodea

蛩蠊目

蛩蠊目昆虫俗称蛩蠊，以其既像蟋蟀（蛩）又似蜚蠊而得名，是昆虫纲的一个小目，仅 29 个现生种。

现生蛩蠊目昆虫仅产于寒冷地区，跨北纬 33° ~ 60° ，个体稀少，极为罕见。其分布区狭窄，目前仅限于北美洲落基山以西、日本、朝鲜、韩国、俄罗斯远东地区及萨彦岭、我国长白山和阿尔泰山地区海拔 1 200 m 以上的高山上，尤其在近湖沼、融雪或水流湿处，亦分布于低海拔地区的冰洞中。蛩蠊目昆虫夜出活动，以植物及小动物的尸体等为食，白天隐藏于石下、朽木下、苔藓下、枯枝落叶中或泥土中。适宜温度在 0 ℃左右，超过 16 ℃死亡率显著增加。蛩蠊雌虫产单枚卵于土壤中、石块下或苔藓中，卵黑色。

蛩蠊目起源古老，特征原始，是昆虫纲孑遗类群之一，又被称为昆虫纲的“活化石”。虽然现生的蛩蠊目种类都是完全无翅的，但化石种类却多为有翅的，善于飞翔，易于扩散，并且在热带地区广泛分布。

化石蛩蠊从石炭纪晚期到白垩纪均有发现，已经描述的大约有 50 个科 300 种，其中二叠纪大约 200 种，三叠纪大约 60 种，到了白垩纪则只有 3 种被记录。

所有已知化石蛩蠊均为岩石质地，本书所收录的陈氏西尔瓦蛩蠊 *Sylvalitoralis cheni* 是目前唯一报道的琥珀蛩蠊种类， 来自缅甸琥珀，也是化石蛩蠊最晚的纪录。

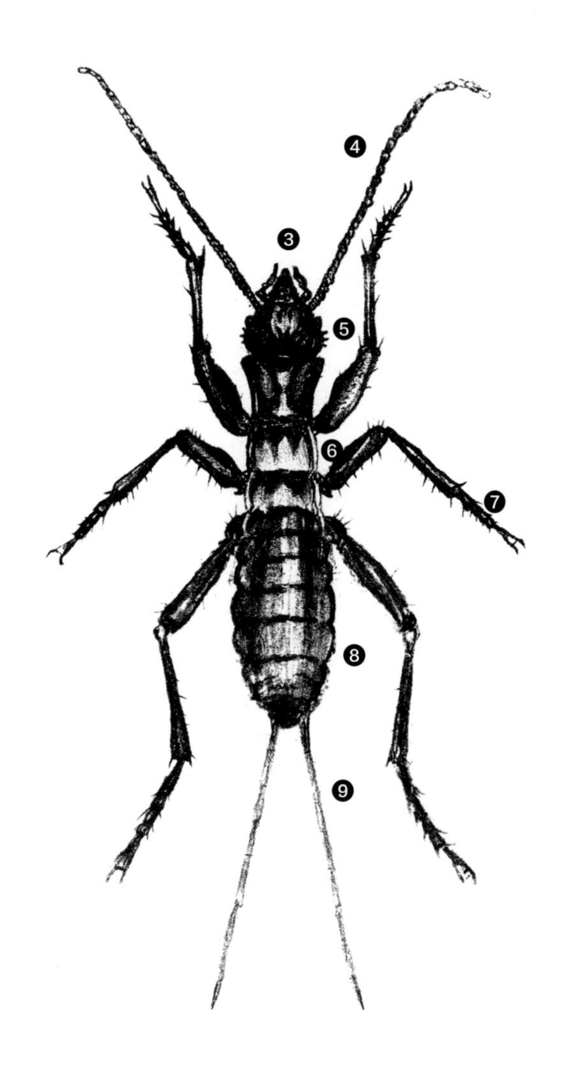

❶ 身体扁长形；

❷ 体暗灰色；

❸ 前口式，口器咀嚼式；

❹ 触角呈丝状，28 ~ 40 节；

❺ 复眼圆形，无单眼；

❻ 胸部发达；

❼ 跗节 5 节，末端具 2 爪；

❽ 腹部 10 节；

❾ 第 10 腹节具 1 对长尾须，8 ~ 9 节；

❿ 雌虫产卵器似螽斯的产卵器。

蛩蠊待定科 *Incertae Sedis*

BU 陈氏西尔瓦蛩蠊
Sylvalitoralis cheni

Mantophasmatodea

螳䗛目

螳䗛是一类外形既像螳螂，又像竹节虫的古老昆虫，21 世纪初在纳米比亚被发现，2001 年建立新目。截至目前已发现 4 科 11 属 18 个现生种类，3 个发现于波罗的海琥珀中的始新世化石种类以及 1 个发现于我国内蒙古的侏罗纪化石种类。

最先发现螳䗛的人是丹麦哥本哈根大学研究生索普（O. Zompro），他在研究竹节虫过程中，发现波罗的海琥珀中一种怪虫，其前足呈镰刀状，很像螳螂，但它的前胸小，有能捕食昆虫的镰刀状中足，又不像螳螂；另一方面，它体形细长，翅膀和中、后足退化，则像竹节虫。卵产在卵囊中，又不像竹节虫。

之后，索普与其他昆虫学家组成的考察队，在纳米比亚布兰德山采到了这种神奇的“角斗士”，并将其命名为螳䗛目。

螳䗛个体较小，有的仅 20 ~ 30 mm。现生种类大多生活在山区草地上石块下，捕食小型昆虫，有时也会自相残杀。

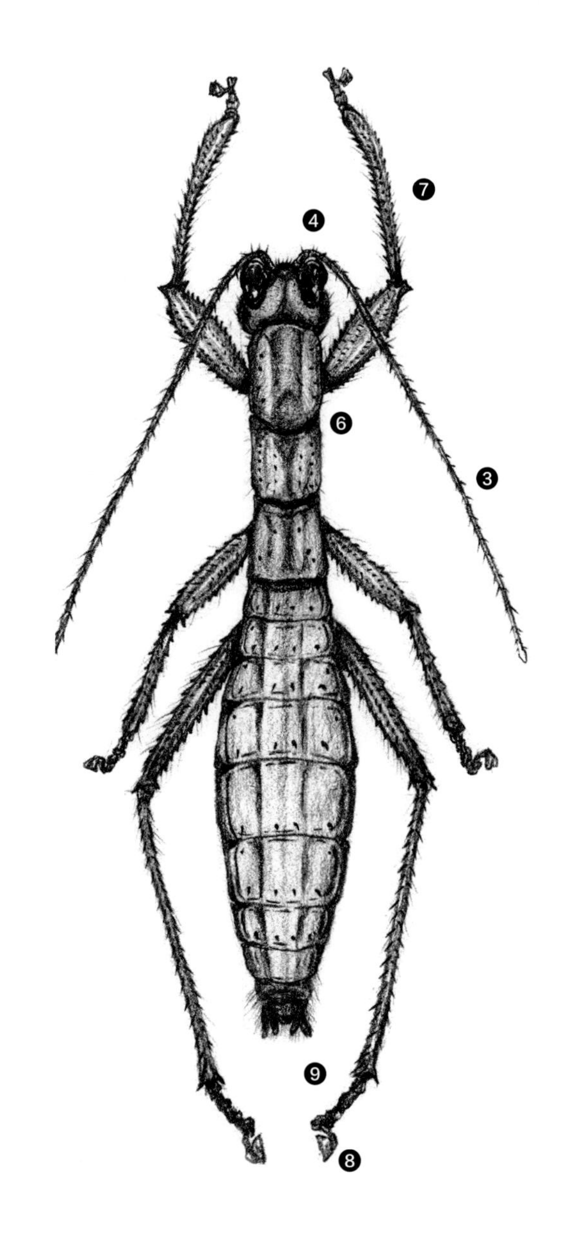

❶ 体中小型，略具雌雄二型现象；

❷ 头下口式，口器咀嚼式；

❸ 触角丝状，多节；

❹ 复眼大小不一，无单眼；

❺ 无翅；

❻ 胸部每个背板都稍盖过其后背板，前胸侧板大，充分暴露；

❼ 前足和中足均为捕捉足；

❽ 跗节 5 节，基部 4 节具跗垫，基部 3 节合并；

❾ 尾须短，1 节。

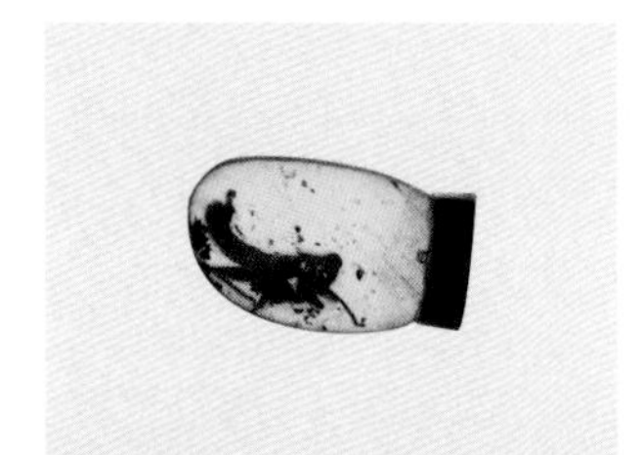

螳䗛科 *Mantophasmatidae*

缝螳䗛
Raptophasma sp.

螳䗛科 *Mantophasmatidae*

伤螳䗛
Adicophasma sp.

Phasmida

竹节虫目

竹节虫目（又称䗛目）昆虫俗称竹节虫及叶䗛简称“䗛”，因身体修长而得名。主要分布在热带和亚热带地区，全世界有 3 000 多种。

渐变态。以卵或成虫越冬。雌虫常孤雌生殖，雄虫较少，未受精卵多发育为雌虫，卵散产在地上。若虫形似成虫，发育缓慢，完成一个世代常需要 1 ~ 1.5 年，脱皮 3 ~ 6 次。当受伤害时，稚虫的足可以自行脱落，蜕皮后可以再生。最长的竹节虫体长可达 357 mm，如果将足全部伸直，则可达到 567 mm。成虫多不能或不善飞翔。生活于草丛或林木上，以叶片为食，几乎所有的种类均具极佳的拟态，大部分种类身体细长，模拟植物枝条，少数种类身体宽扁，鲜绿色，模拟植物叶片，有的形似竹节，当 6 足紧靠身体时，更像竹节。竹节虫一般白天不活动，体色和体形都有保护作用，夜间寻食叶片，多生活在高山、密林和生境复杂的环境中。

竹节虫植食性，多以灌木和乔木的叶片为食，为害森林。部分种类有大面积发生，产生严重为害林木或农作物的现象，给农林业生产与人民生活带来很大的损失。

化石竹节虫非常罕见，无论是石质的还是在琥珀中。

波罗的海琥珀中发现的古竹节虫科 [a]Archipseudophasmatidae 是始新世竹节虫的代表。

本书收录的几种极为罕见的缅甸琥珀中的竹节虫，均未有过正式报道。

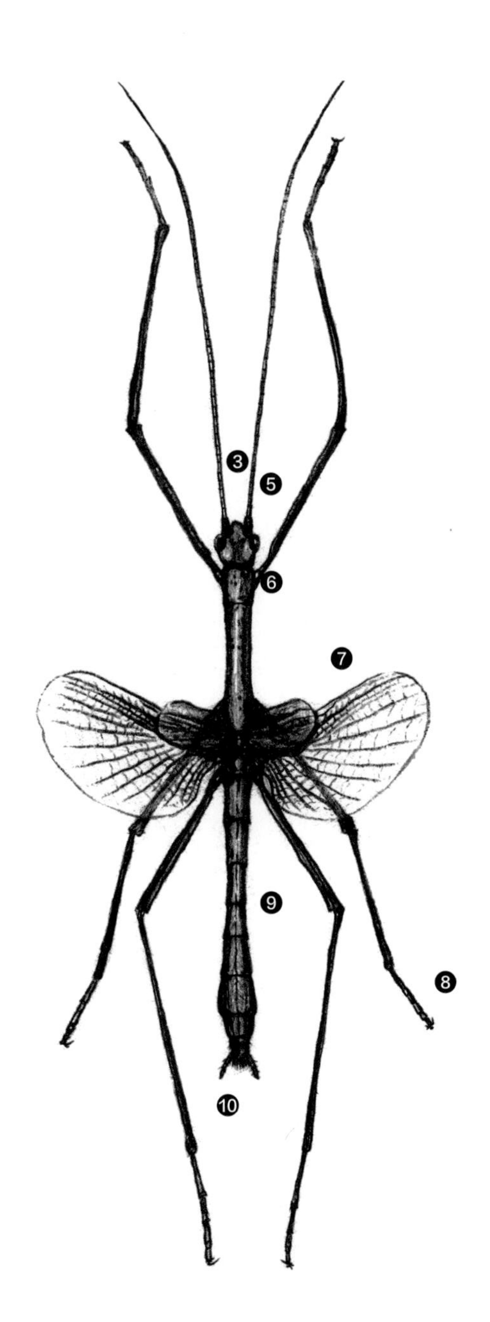

❶ 成虫通常中到大型；

❷ 体躯延长呈棒状或阔叶状；

❸ 头小，前口式；

❹ 口器咀嚼式；

❺ 复眼小；

❻ 前胸小，中胸和后胸伸长，后胸与腹部第 1 节常愈合；

❼ 有翅或无翅，有翅种类翅多为 2 对，前翅革质，多狭长，横脉众多，脉序成细密的网状，后翅膜质，有大的臀区；

❽ 足跗节 3 ~ 5 节；

❾ 腹部长，环节相似；

❿ 尾须短不分节。

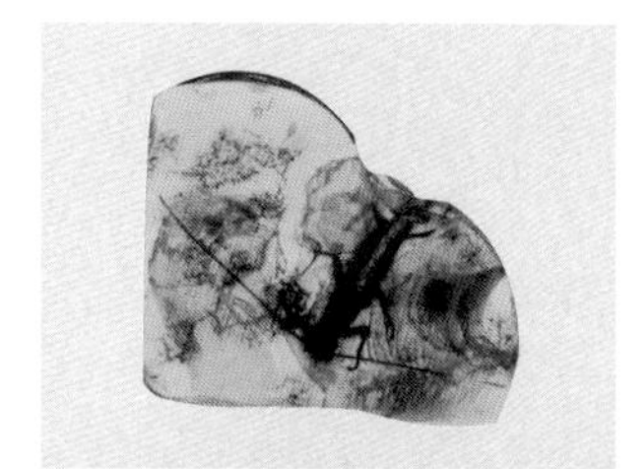

[a] 古竹节虫科 *Archipseudophasmatidae*

古竹节虫
Archipseudophasmatidae sp.

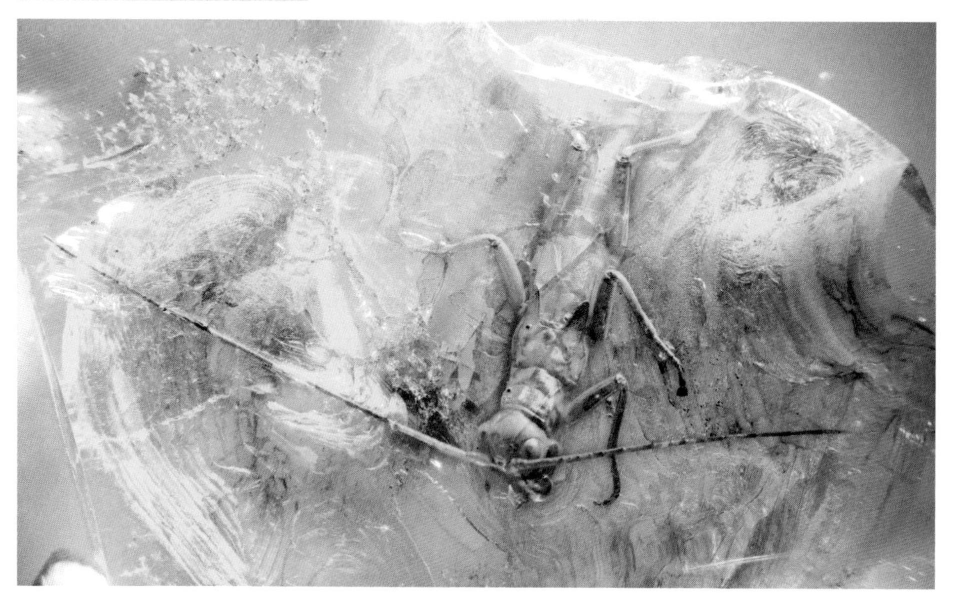

[a] 古竹节虫科 *Archipseudophasmatidae*

古竹节虫
Archipseudophasmatidae sp.

[a] 古竹节虫科 *Archipseudophasmatidae*

古竹节虫
Archipseudophasmatidae sp.

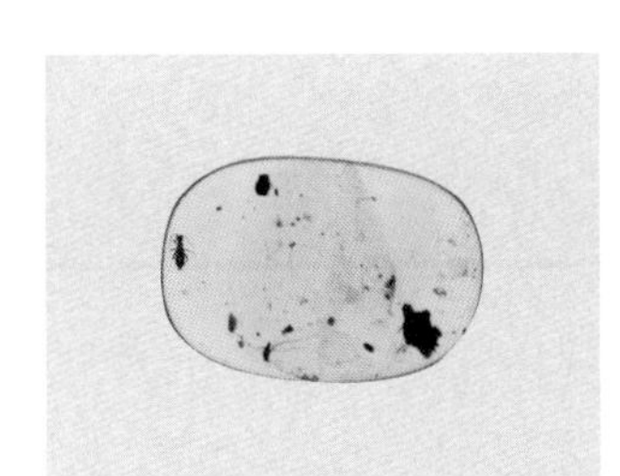

竹节虫待定科 *Incerdae sedie*

粗竹节虫
N/A

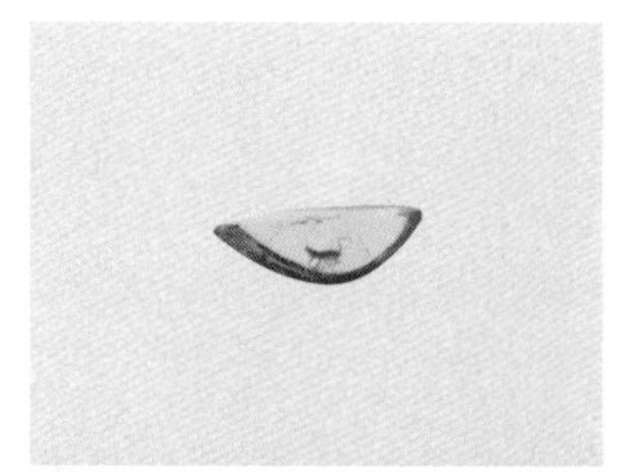

竹节虫待定科 *Incerdae sedis*

BU 粗竹节虫
N/A

竹节虫待定科 *Incerdae sedis*

BU 大眼竹节虫
N/A

竹节虫待定科 *Incerdae sedis*

纺锤竹节虫
N/A

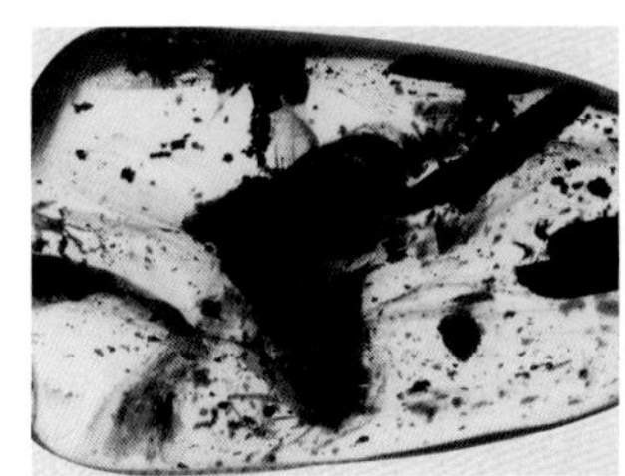

竹节虫待定科 *Incerdae sedis*

细足竹节虫
N/A

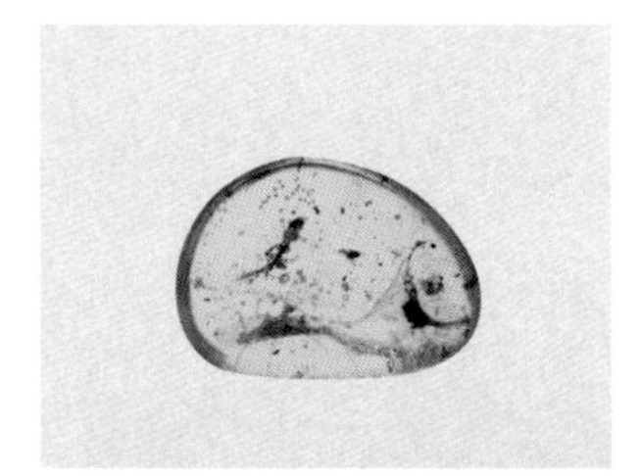

原拟竹节虫科 *Archipseudophasmatidae*

BU 棒状拟珍珠竹节虫（若虫）
Pseudoperla scapiforma

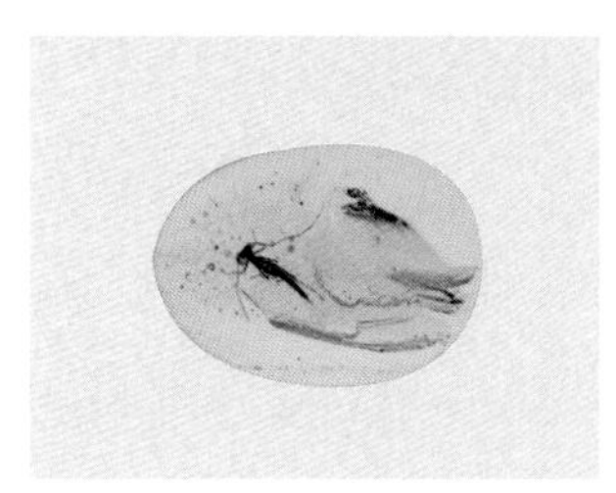

原拟竹节虫科 *Archipseudophasmatidae*

BU 枝状拟珍珠竹节虫（若虫）
Pseudoperla leptoclada

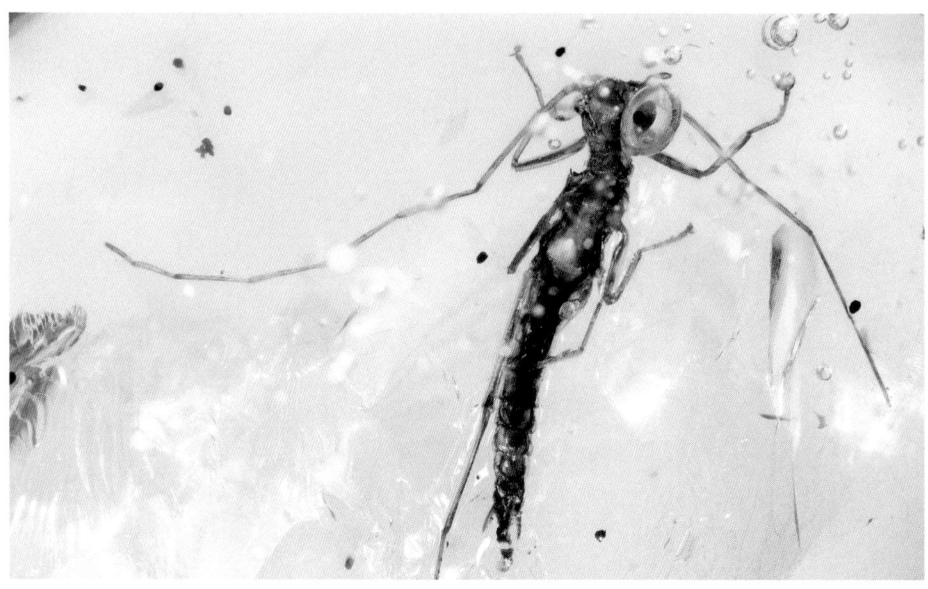

Embioptera

纺足目

纺足目是一个小目，统称足丝蚁，是一类奇特的中小型昆虫，体长 3 ~ 25 mm。该目昆虫分布在全世界的热带和亚热带地区，热带地区最为丰富，随着纬度的增高逐渐减少，少数种类可以分布到南北纬 45° 附近。

足丝蚁最显著的特征是前足基跗节具丝腺，可以分泌丝造丝道。纺足目是渐变态昆虫，若虫 5 龄，从 1 龄若虫起直到成虫都能织丝。除繁殖的雄虫之外，足丝蚁终生生活在自己制造的丝道中，多数种类在树皮表面织造外露的丝道，也有些种类在物体的缝隙和树皮的枯表皮下隐藏，只有少数的丝状物外露。它们在泌丝织造隧道时，能扭转身子织成一个能容纳自己在其中取食和活动的管形通道，丝质隧道可以让足丝蚁迅速逃避捕食天敌。在隧道中，足丝蚁活动灵活，高度发达的后足腿节能使身体迅速倒退。足丝蚁全部是植食性的，包括树的枯外皮、枯落叶、活的苔藓和地衣。

纺足目目前分为 13 个科，全世界已经记录超过 400 种，包括 11 个化石种，其中 8 种发现于多米尼加、波罗的海、印度和缅甸的琥珀中。

异丝蚁科 [a] Anisembiidae 主要分布于南美洲，是纺足目的一个大科，已知 100 余种，约占纺足目已知种类的三分之一，其中包括 3 个来自多米尼加的琥珀化石种类。

老丝蚁科 [b] Sorellembiidae 是仅发现于缅甸琥珀中的化石类群，目前已知仅老丝蚁 *Sorellembia estherae* 一种。

足丝蚁的雌虫或若虫无翅，生活在丝道中，基本不会到丝道外活动，因此进入琥珀的机会微乎其微，十分难得。

❶ 体形细长；

❷ 体壁柔软；

❸ 体色多为烟黑色或栗色；

❹ 头部近圆形，前口式；

❺ 复眼肾形，无单眼；

❻ 触角丝状 12 ~ 32 节；

❼ 雌虫无翅，大部分种类雄虫有翅，翅柔软，狭长，前后翅形状相似；

❽ 前足基跗节膨大，具丝腺；

❾ 足较短，跗节 3 节，后足腿节强壮；

❿ 腹部狭长，分 10 节；

⓫ 尾须 2 节；

⓬ 雄性外生殖器复杂，一般不对称。

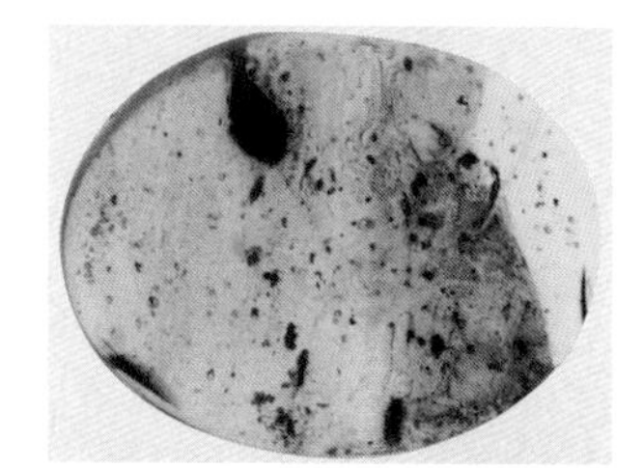

a 异丝蚁科 *Anisembiidae*

雕丝蚁（雄）
Glyphembia sp.

b 老丝蚁科 *Sorellembiidae*

老丝蚁（雄）
Sorellembia estherae

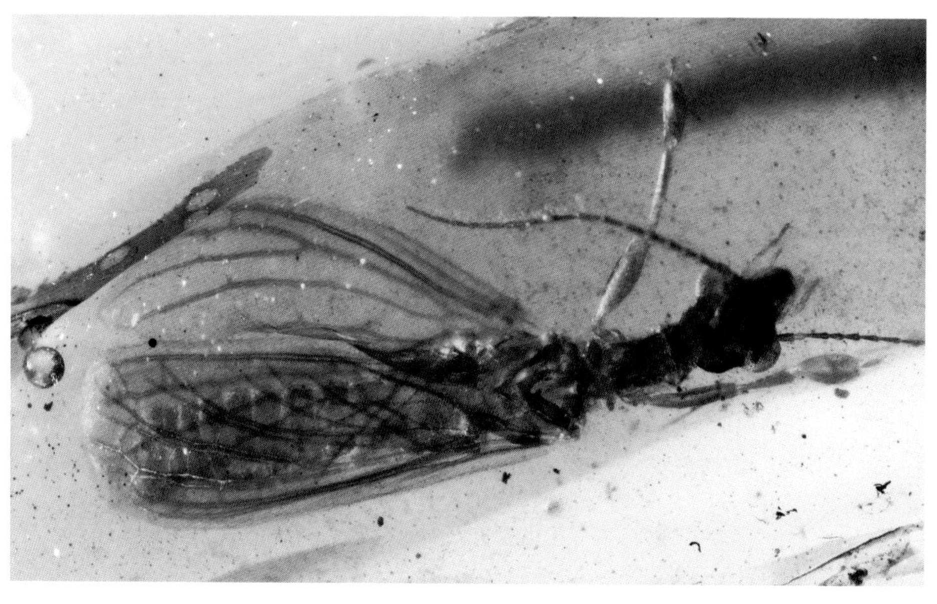

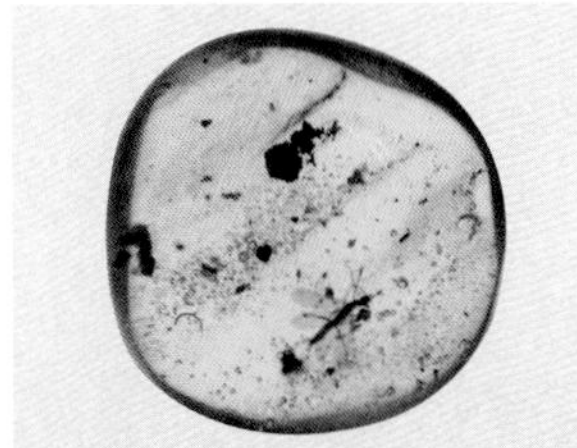

足丝蚁待定科 *Incertae Sedis*

BU 足丝蚁（雄）
N/A

足丝蚁待定科 *Incertae Sedis*

BU 足丝蚁（雌虫或若虫）
N/A

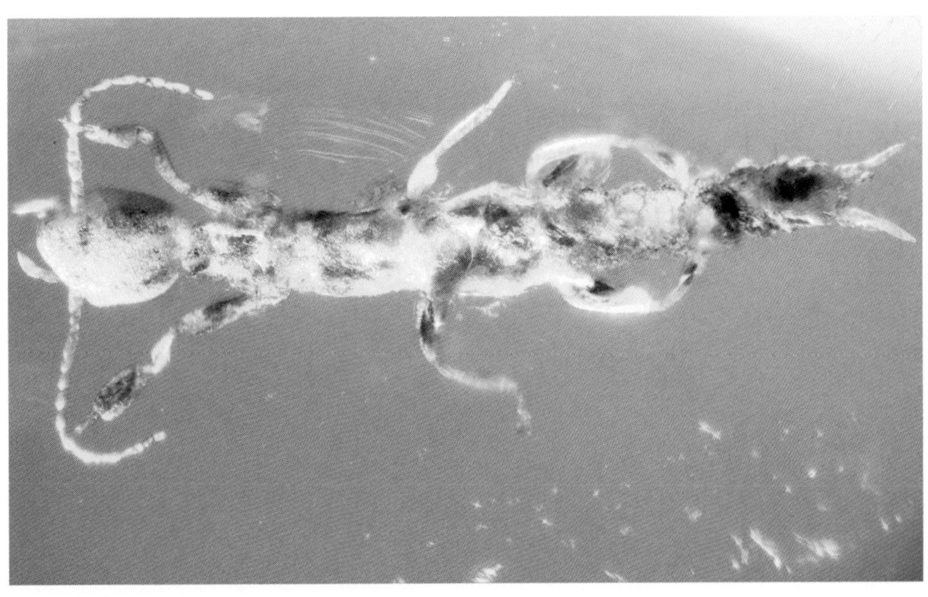

Orthoptera

直翅目

直翅目因该类昆虫前、后翅的纵脉直而得名，包括螽斯、蟋蟀、蝼蛄、蝗虫、蚱蜢、蚤蝼等。其种类世界性分布，其中热带地区种类较多。目前，全世界已知 18 000 余种。

渐变态。卵生。雌虫产卵于土内或土表，有的产在植物组织内。多数种类一年一代，也有些种类一年 2 ~ 3 代，以卵越冬，次年 4—5 月孵化。若虫的形态和生活方式与成虫相似，若虫一般 4 ~ 6 龄，第 2 龄后出现翅芽，后翅反在前翅之上，这可与短翅型成虫相区别。大多数蝗虫生活在地面，螽斯生活在植物上，蝼蛄生活在土壤中。多数白天活动，尤其是蝗总科，日出以后即活动于杂草之间，生活于地下的种类（如蝼蛄）在夜间到地面上活动。

直翅目昆虫多数为植食性，取食植物叶片等部分，许多种类是农牧业重要害虫，有些蝗虫能够成群迁飞，加大了危害的严重性，造成蝗灾；蝼蛄是重要的土壤害虫；部分螽斯为肉食性，取食其他昆虫和小动物。

直翅目化石在世界各地琥珀中多有发现，但因直翅目昆虫的成虫多数体型较大，因此，在琥珀中见到的往往是若虫，成虫较为罕见。

短脉螽科 [a] Elcanidae 是一个已经灭绝的化石科，最早发现于侏罗纪的化石中，曾一度非常广泛地分布于世界各地，但在白垩纪晚期跟恐龙一同灭绝了。目前已知 12 属 24 种，其中 3 种来自缅甸和西班牙琥珀。

此外，本书还收录了其他种类的螽斯、蟋蟀、蝗虫、蚤蝼等，多数来自缅甸琥珀，少数为波罗的海和多米尼加琥珀。部分缅甸琥珀中的蟋蟀前足为开掘足，或许是蟋蟀向螽斯演化的过度类群。

❶ 成虫体中至大型，较壮实，体长 10~110 mm，仅少数种类小型；

❷ 口器为典型咀嚼式，多数种类为下口式，少数穴居种类为前口式；

❸ 上颚发达；

❹ 触角多为丝状，有的长于身体，有的较短，少数为剑状或棒状；

❺ 复眼发达，大而突出；

❻ 前胸背板很发达，常向侧下方延伸盖住侧区，呈马鞍形；

❼ 中、后胸愈合；

❽ 翅 2 对，前翅狭长、革质，停息时覆盖在体背，称为覆翅，后翅膜质，臀区宽大，停息时呈折扇状，纵褶于前翅下；

❾ 前、中足多为步行足，后足为跳跃足，少数种类前足胫节特化成开掘足（如蝼蛄）；

❿ 产卵器通常很发达，仅蝼蛄等无特化产卵器。

螽亚目 *Ensifera*

刺足螽斯
N/A

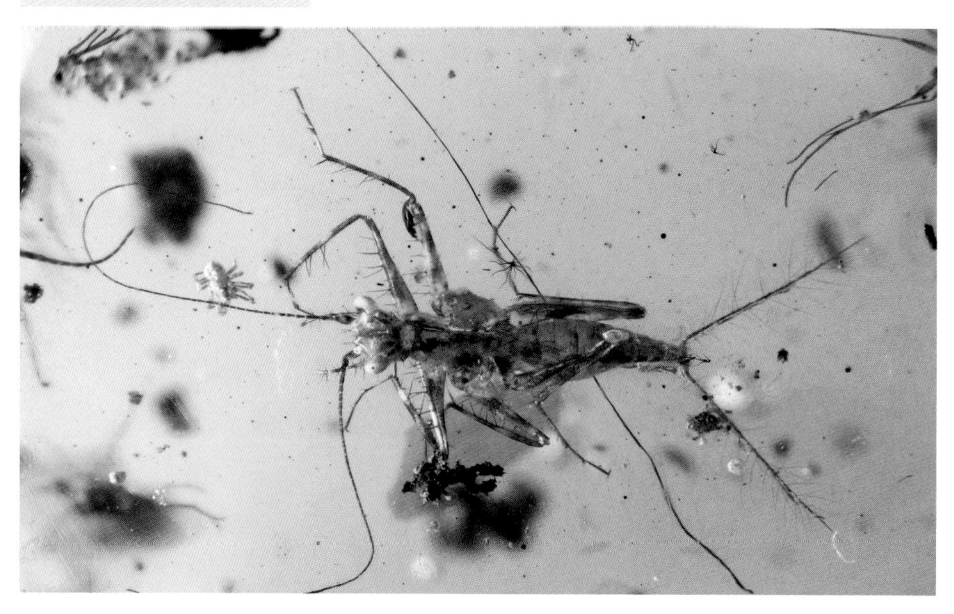

螽亚目 *Ensifera*

刺足螽斯
N/A

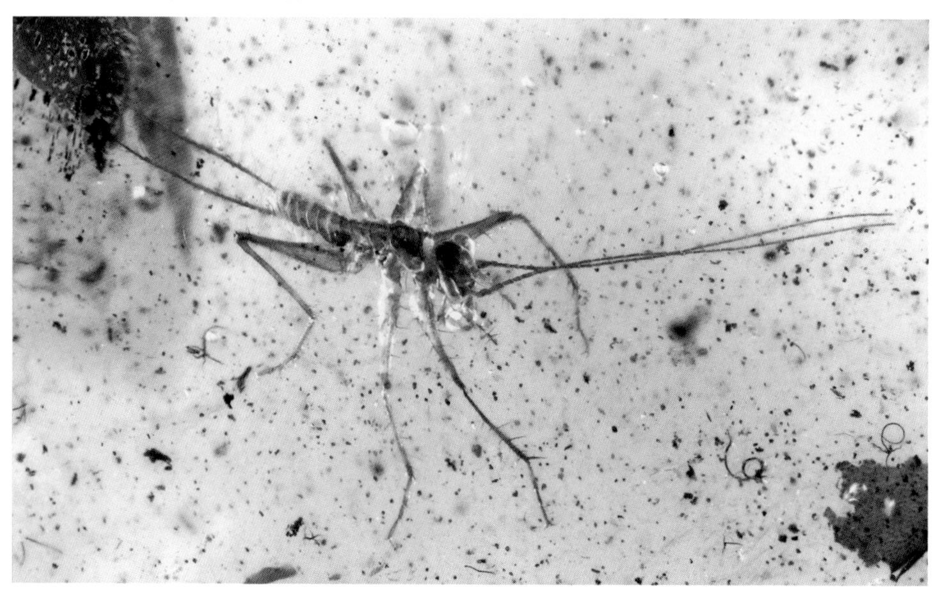

螽亚目 *Ensifera*

螽斯
N/A

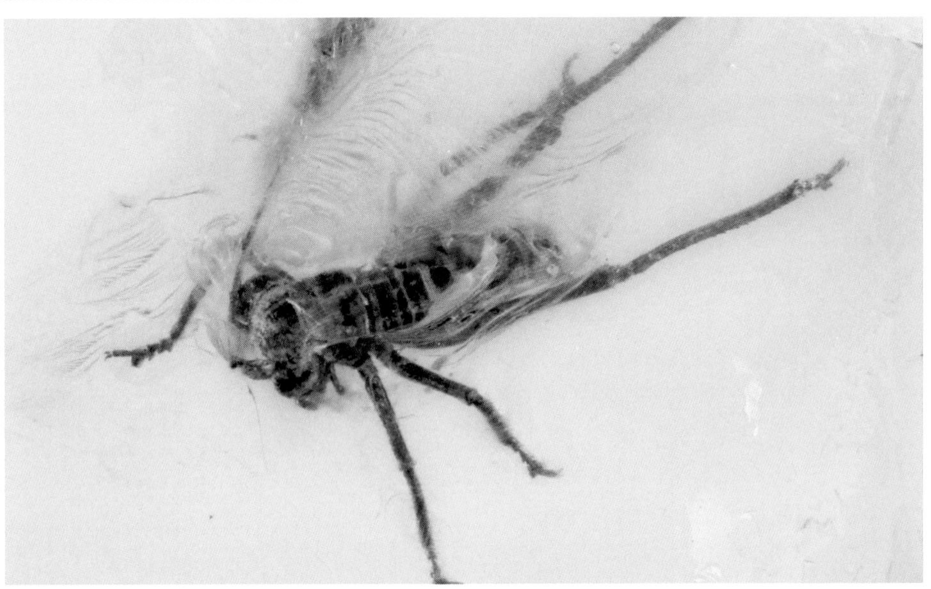

螽亚目 *Ensifera*

螽斯
N/A

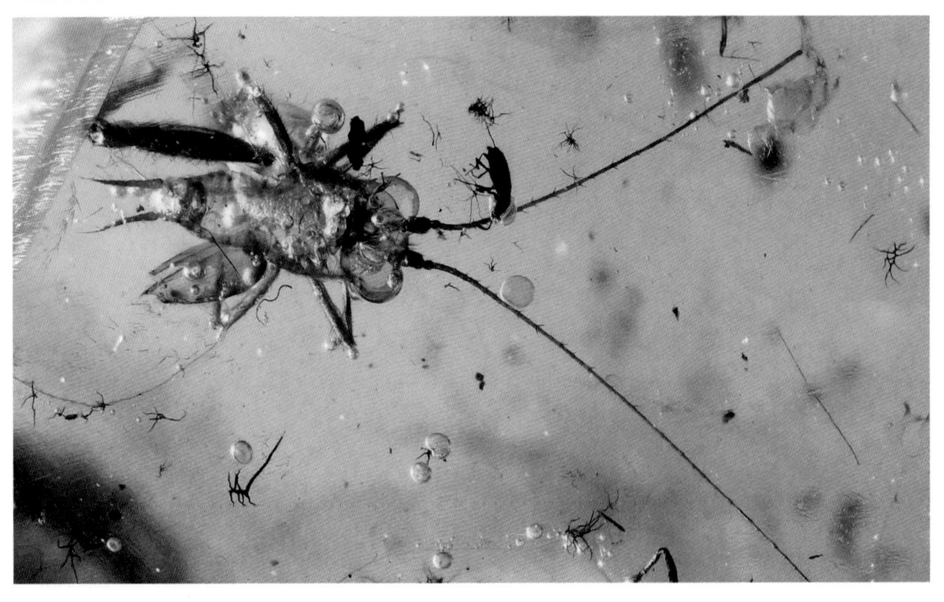

a 短脉螽科 *Elcanidae*

BU 缅甸短脉螽
Burmelcana sp.

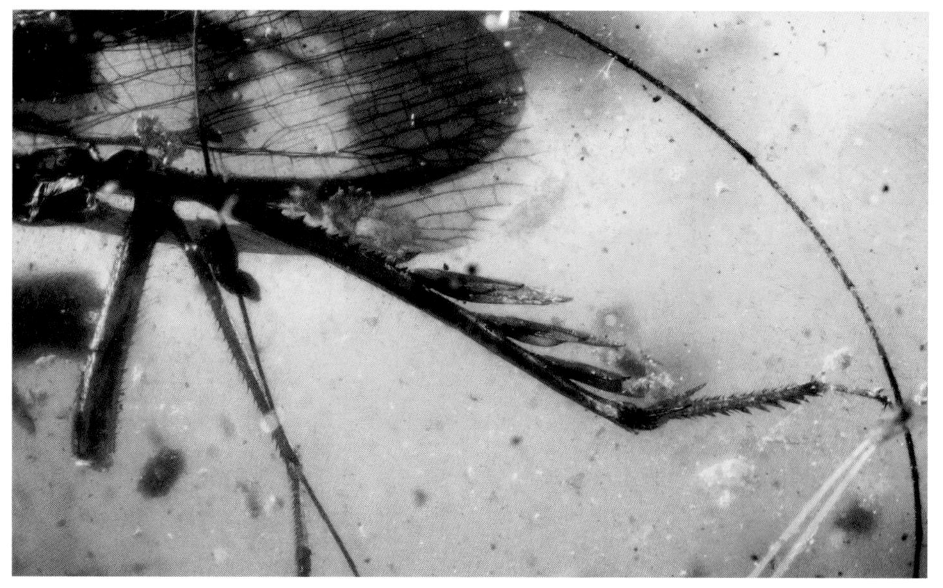

[a] 短脉螽科 *Elcanidae*

突眼短脉螽
Longioculis sp.

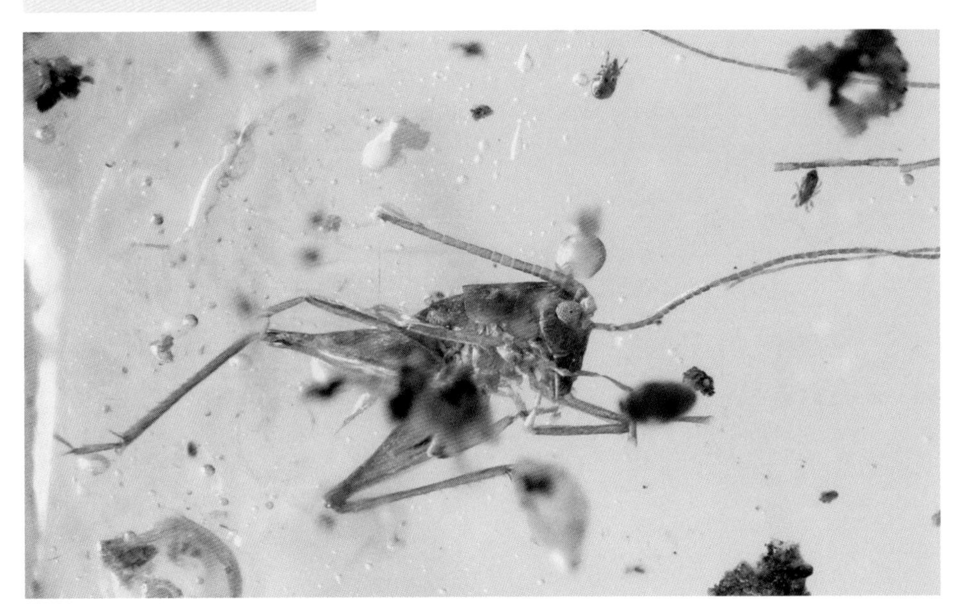

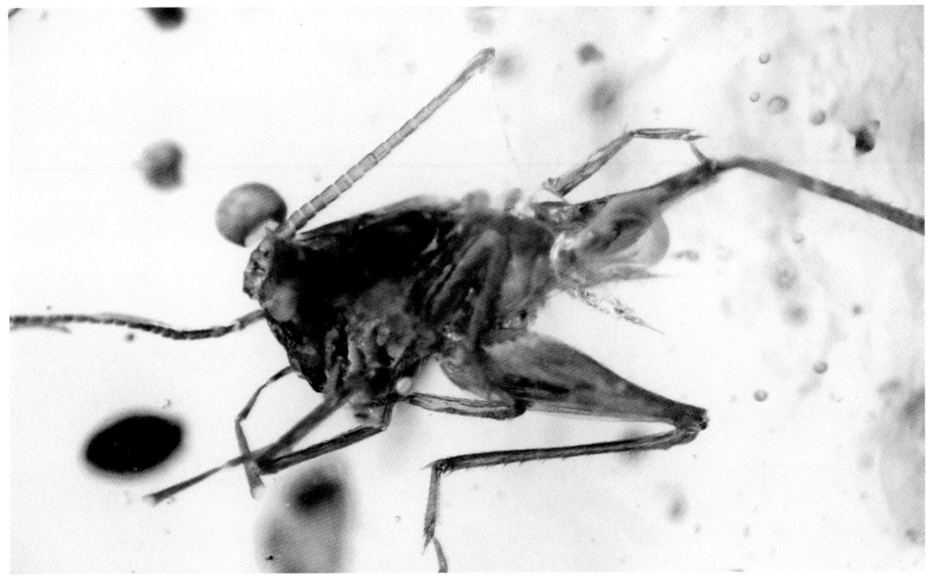

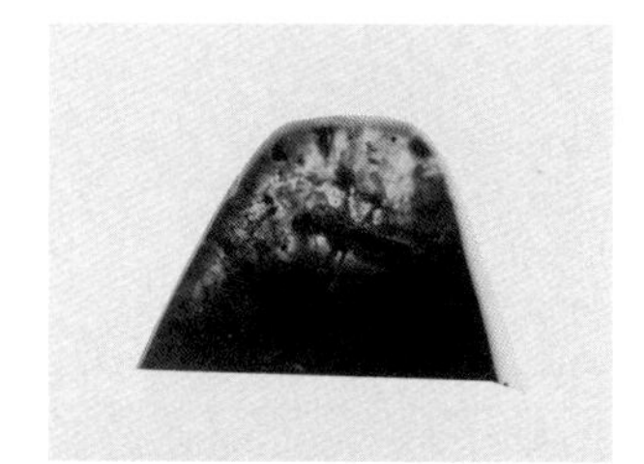

蟋蟀总科 *Grylloidea*

蟋蟀
Grylloidea sp.

蟋蟀总科 *Grylloidea*

蟋蟀
Grylloidea sp.

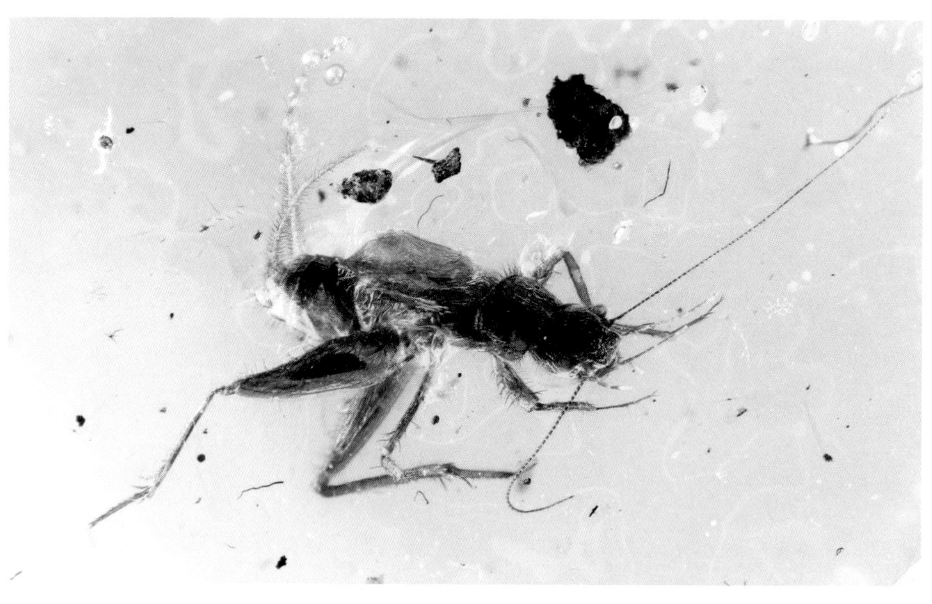

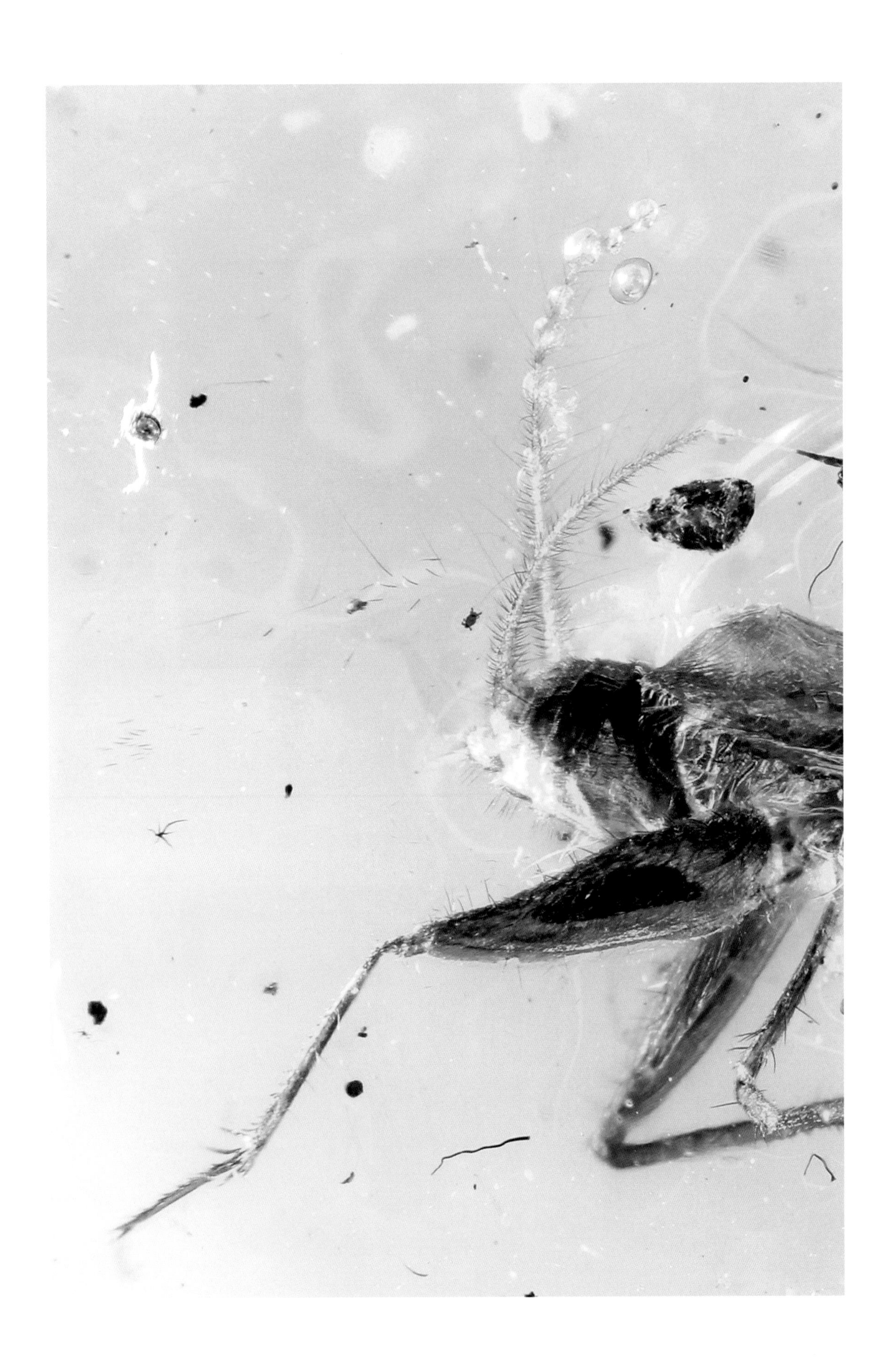

蟋蟀总科 *Grylloidea*

蟋蟀
Grylloidea sp.

蟋蟀总科 *Grylloidea*

蟋蟀
Grylloidea sp.

蟋蟀总科 *Grylloidea*

蟋蟀
Grylloidea sp.

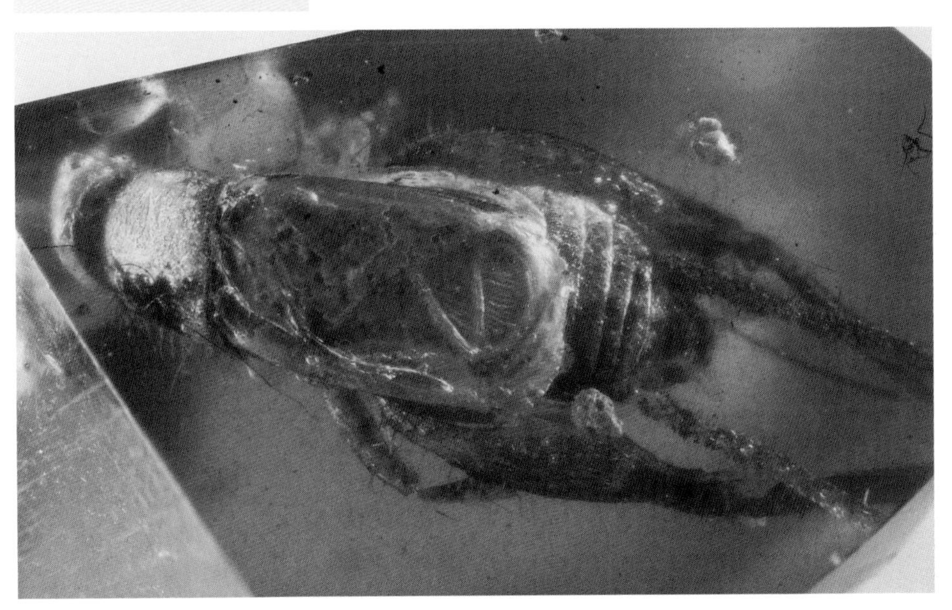

蟋蟀总科 *Grylloidea*

蟋蟀
Grylloidea sp.

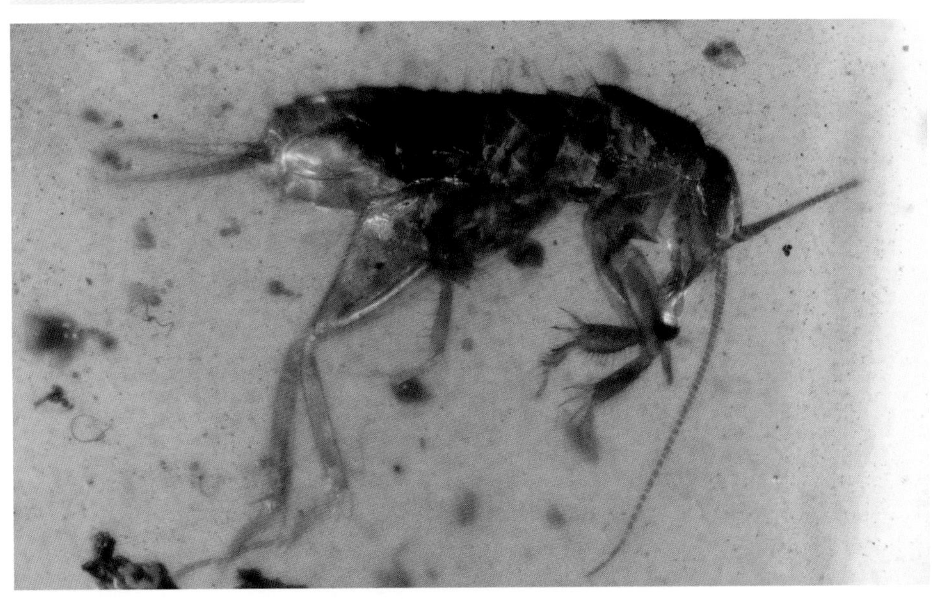

蟋蟀总科 *Grylloidea*

蟋蟀
Grylloidea sp.

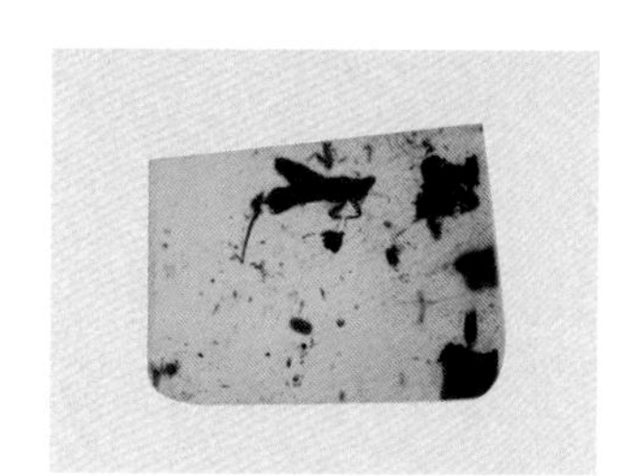

蝗总科 *Acridoidea*

蝗虫
Acridoidea sp.

蝗总科 *Acridoidea*

BU

蝗虫
Acridoidea sp.

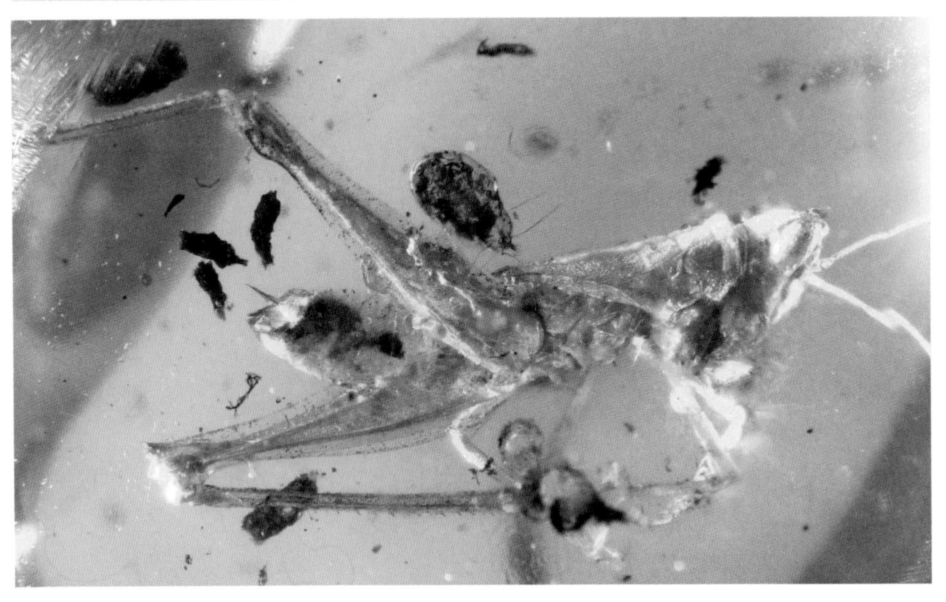

蝗总科 *Acridoidea*

BU

蝗虫
Acrridoidea sp.

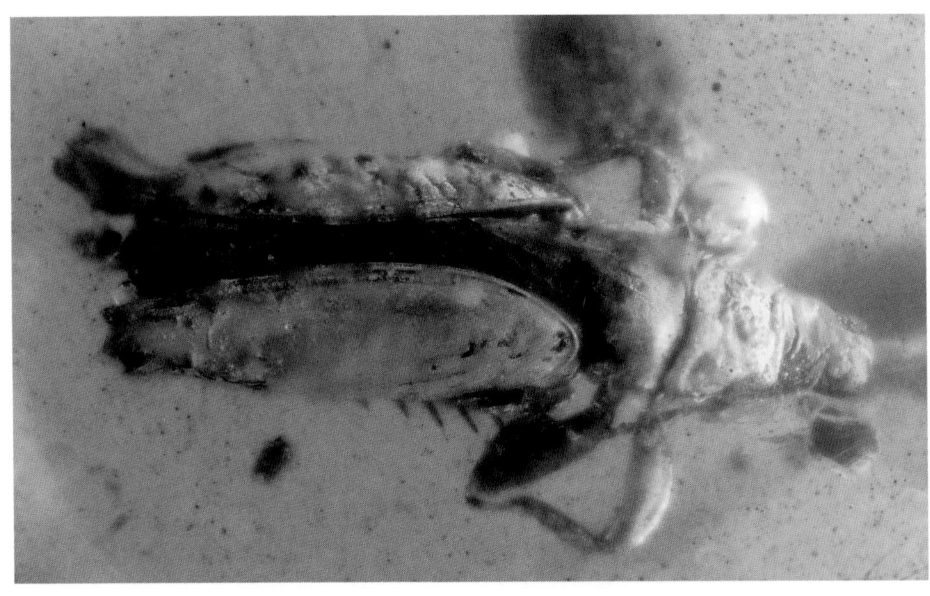

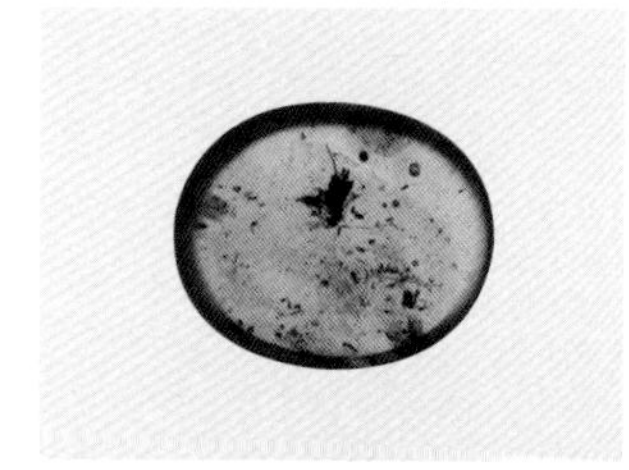

蚤蝼科 *Tridactylidae*

格氏缅蚤蝼
Burmadactylus grimaldii

蚤蝼科 *Tridactylidae*

蚤蝼
Tridactylidae sp.

蚤蝼科 *Tridactylidae*

BU 格氏缅蚤蝼
Burmadactylus grimaldii

Chresmododea (Incertae Sedis)

黾蝽（分类地位待定）

黾蝽是一类早已灭绝的昆虫，迄今仅发现于世界各地的中生代平板化石中。黾蝽的外观非常接近半翅目的水黾，但是也有着明显的不同。

1839年，第一种黾蝽被发现于德国的晚侏罗纪化石中，当时昆虫学家将其置于螳螂目中。1906年，该化石经过再次研究，被归到了竹节虫目，并建立了黾蝽科（Chresmodidae）。1928年，有人在竹节虫目中建立了黾蝽亚目（Chresmododea）。之后又有人根据其形态近似水黾，并很可能生活在水面为由，认为其应属于半翅目。

随着新化石的不断被发现，人们对黾蝽的形态有了进一步的了解。1985年，俄国科学家根据黾蝽的尾须和跗节的特征，将其归入已经灭绝的副襀翅目中。2005年，美国科学家最终认为黾蝽应属于直翅类的一个类群，但未给出具体分类地位。

人们普遍认为黾蝽跟水黾的生活环境近似，都是在水面上行走自如的。由于黾蝽咀嚼式口器的构造，人们进一步认为其为捕食性昆虫，但也有人怀疑其为植食性，甚至腐食性。

此前，黾蝽已经报道的只有4属11种，分别发现于德国、中国、西班牙、黎巴嫩、蒙古、巴西等地的侏罗纪和白垩纪化石中。

本书收录的一枚缅甸白垩纪黾蝽琥珀[a]，是迄今为止在世界各地琥珀中的首次发现，黾蝽成虫个体较大，能够被树脂包裹，实属罕见。

由于琥珀中的黾蝽保存十分完好，毫发无伤，因此，对于黾脩科的分类地位的最终确定，将起到极其重要的作用。

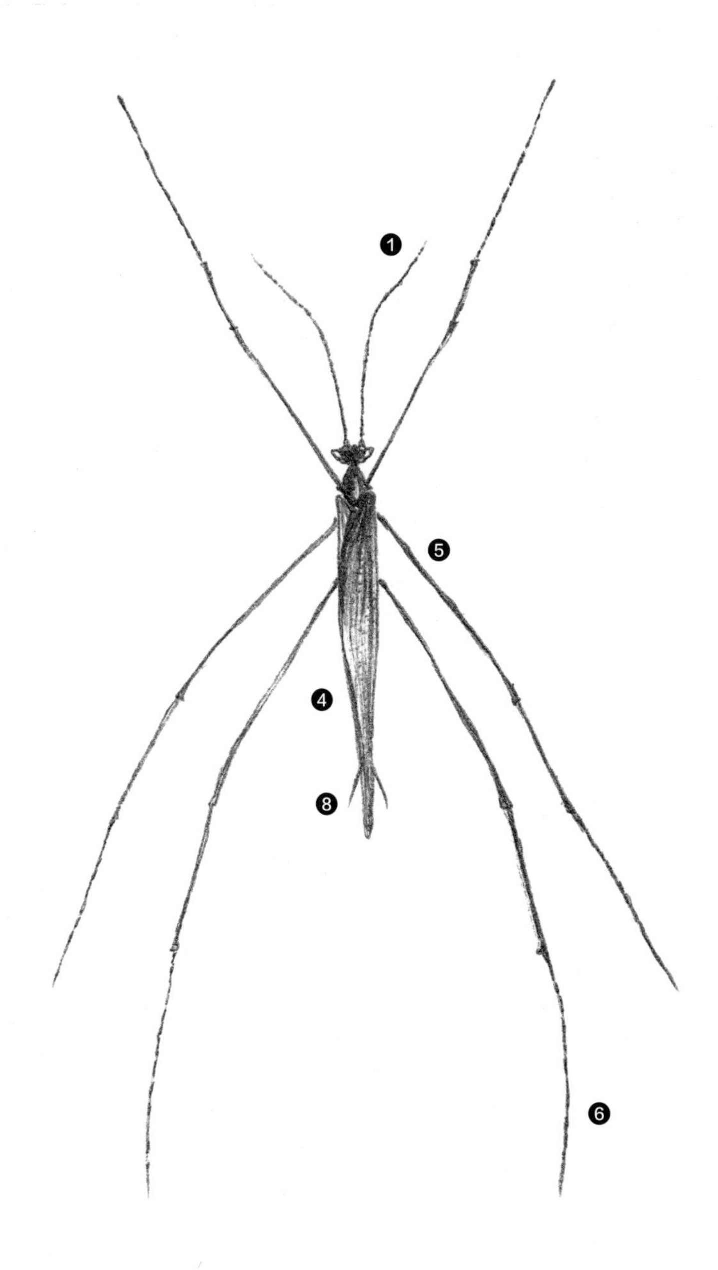

❶ 触角线状，多节；

❷ 头下口式；

❸ 咀嚼式口器；

❹ 前翅为覆翅，后翅为膜翅；

❺ 3 对足长度接近；

❻ 跗节 5 节，并有分亚节现象；

❼ 产卵器剑状；

❽ 尾须多节。

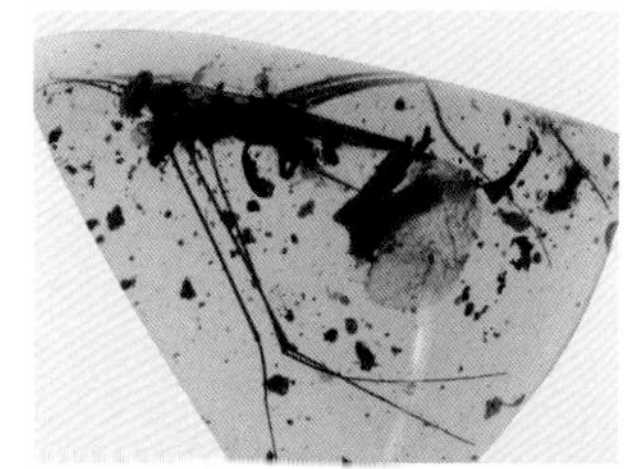

a 甩蜻科 *Chresmodidae*

BU 集昆甩蜻
Chresmoda chikuni

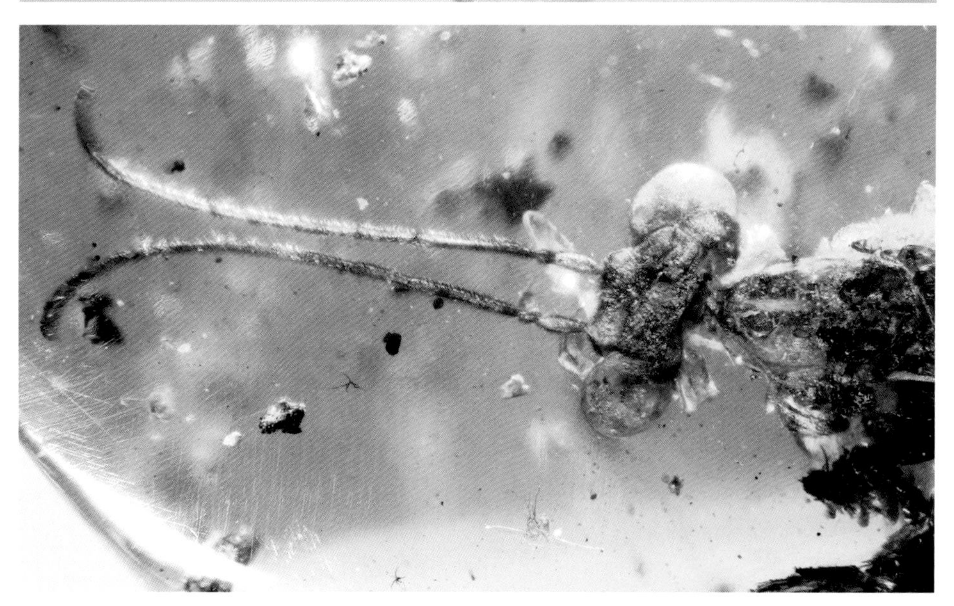

Dermaptera

革翅目

革翅目以其前翅革质而得名，俗称蠼螋。多分布于热带、亚热带地区，温带较少。全世界已知约 2 000 种，分属 12 个科。

渐变态。在温带地区一年发生一代，常以成虫或卵越冬。卵多产，雌虫产卵可达 90 余粒，卵椭圆形，白色。雌虫有护卵育幼的习性，在石下或土下作穴产卵，然后伏于卵上或守护其旁，低龄若虫与母体共同生活。若虫与成虫相似，但触角节数较少，只有翅芽，尾钳较简单，若虫 4 ~ 5 龄。有翅成虫多数飞翔能力较弱。多为夜出型，日间栖于黑暗潮湿处，少数种类具趋光性。

革翅目昆虫多为杂食性，取食动物尸体或腐烂植物，有的种类取食花被、嫩叶、果实等植物组织。某些种类寄生于其他动物，如鼠螋科的种类为啮齿类的外寄生生物，有些种类能捕食叶蝉、吹绵蚧以及潜叶性铁甲、灰翅夜蛾、斜纹夜蛾等的幼虫。

最早的革翅目化石记录是距今大约 2.08 亿年前的三叠纪晚期至侏罗纪早期，在英国和澳大利亚发现的。革翅目琥珀化石在世界各主要产区均有发现。

现生丝尾螋科 [a] Diplatyidae 的若虫跟其他蠼螋不同，它们并没有骨化的尾钳，而是细长的尾须。在缅甸琥珀中，除了丝尾螋之外，也有其他的蠼螋若虫长有 1 对尾须而不是尾铗。

革翅目的后翅平时收折在较短的前翅下，只有飞行的时候才会打开。但它们遇到树干上流淌的树脂时，其挣扎时会将翅伸展开，因此，才会有机会从琥珀中见到完整打开的后翅。

❶ 成虫体中小型，体狭长而扁平，表皮坚韧；
❷ 头前口式，扁阔，能活动；
❸ 口器咀嚼式，上颚发达，较宽；
❹ 复眼圆形，少数种类复眼退化；
❺ 无单眼；
❻ 触角丝状，10 ~ 30 节，多者可达 50 节；
❼ 前胸背板发达，方形或长方形；
❽ 有翅或无翅，有翅的种类前翅革质、短小，后翅大、膜质，扇形或半圆形，脉纹辐射状，休息时折叠在前翅下；
❾ 跗节 3 节；
❿ 腹部长，有 8 ~ 10 个外露体节，可以自由弯曲；
⓫ 尾须不分节，钳状；
⓬ 雌雄二型现象显著，雄虫尾钳大且形状复杂；
⓭ 无产卵器。

[a] 丝尾螋科 *Diplatyidae*

BU 长尾稚螋
Tytthodiplatys mecynocercus

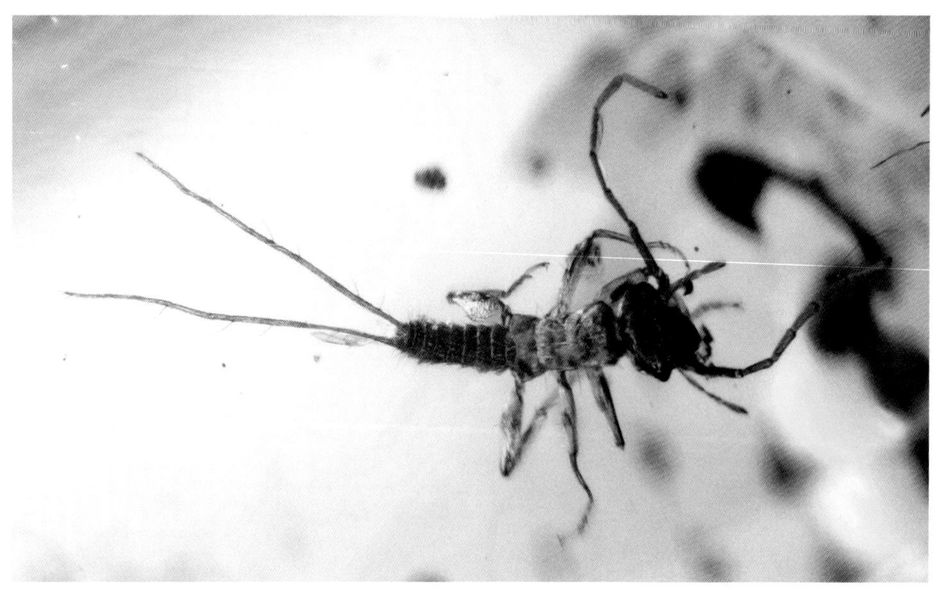

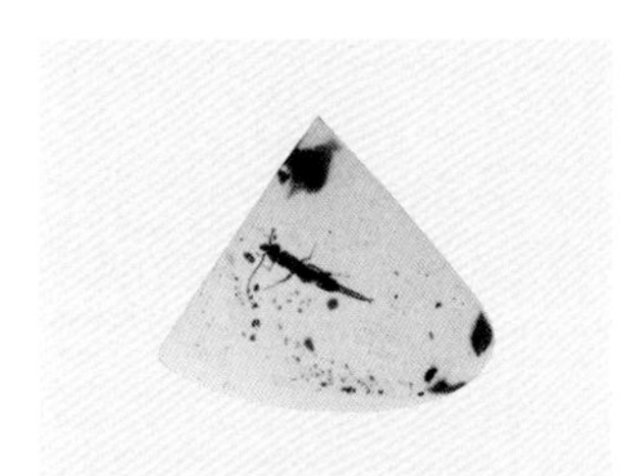

蠼螋待定科 *Incertae Sedis*

蠼螋
N/A

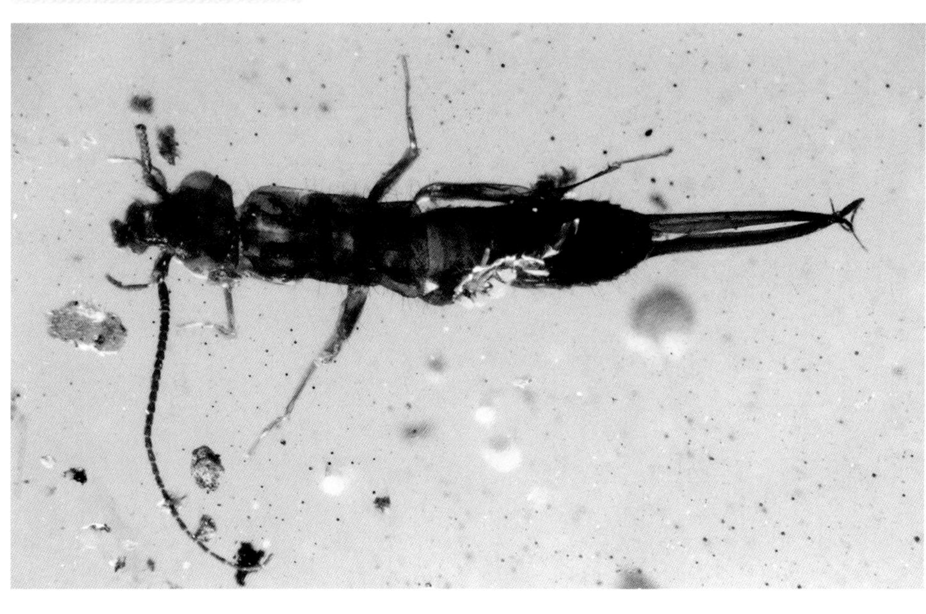

蠼螋待定科 *Incertae Sedis*

BU 蠼螋
N/A

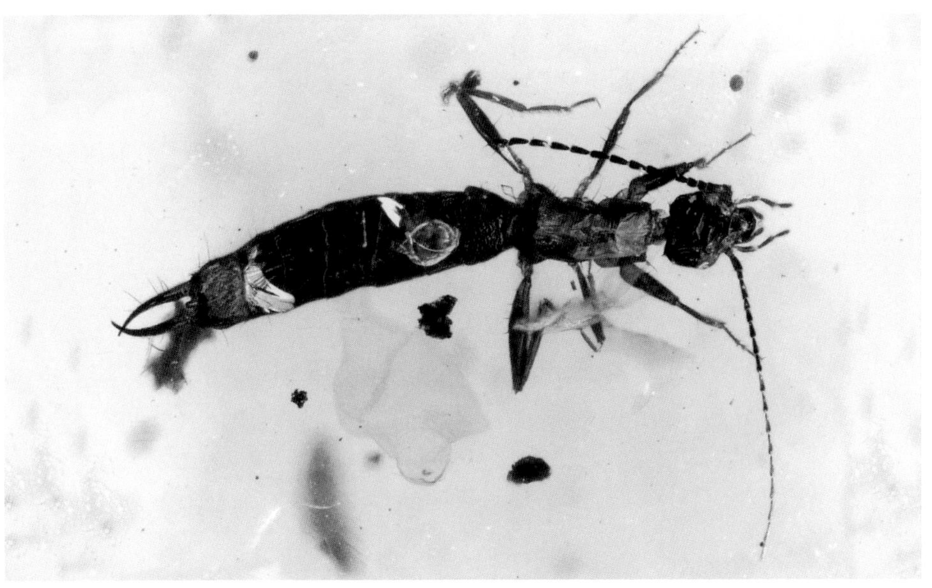

蠼螋待定科 *Incertae Sedis*

BU 蠼螋
N/A

蠼螋待定科 *Incertae Sedis*

BU 蠼螋（若虫）
N/A

蠼螋待定科 *Incertae Sedis*

BU 蠼螋（若虫）
N/A

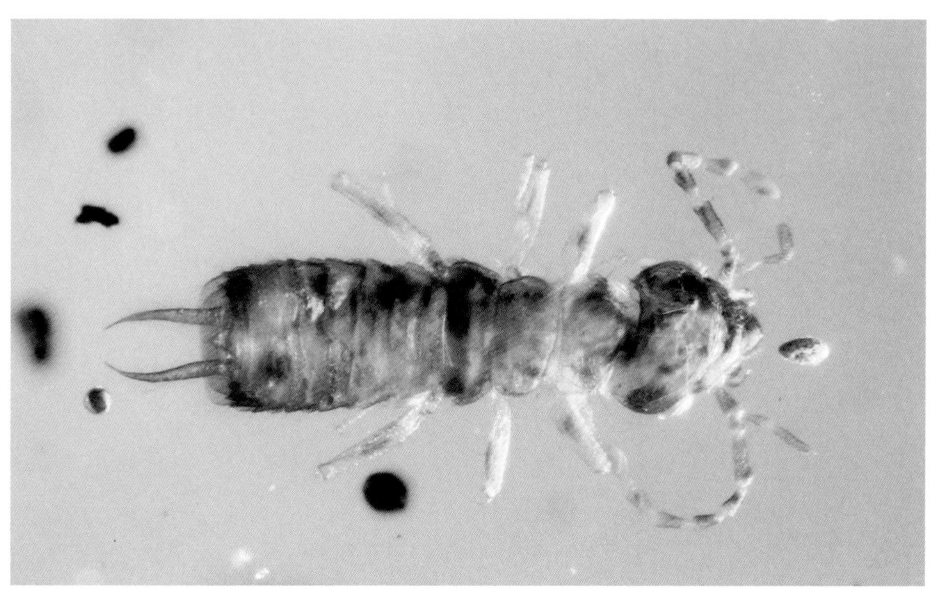

蠼螋待定科 *Incertae Sedis*

BU 蠼螋（若虫）
N/A

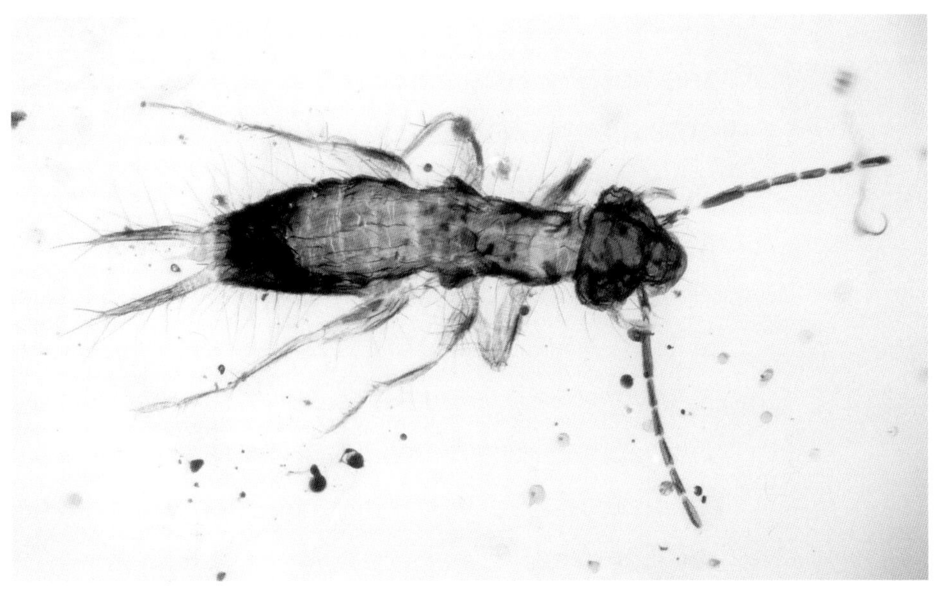

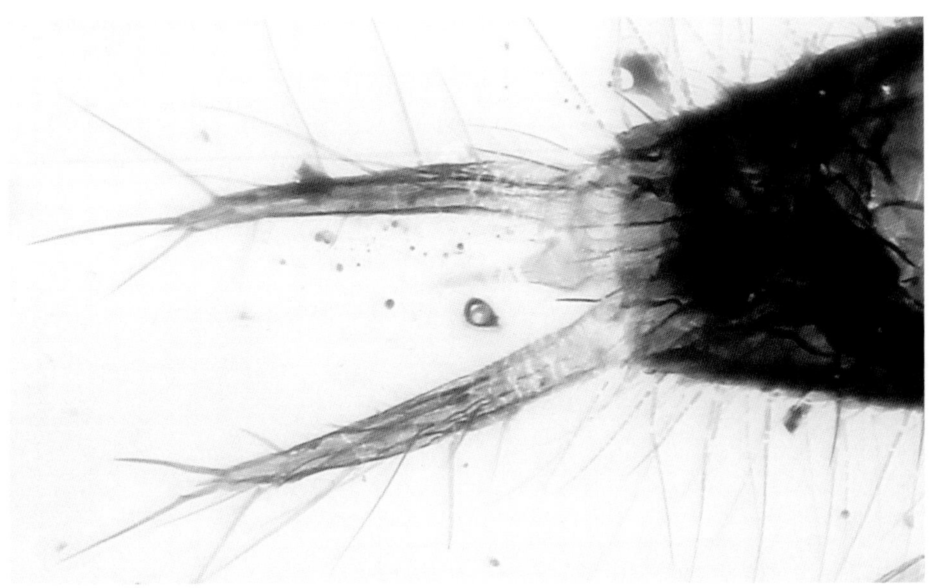

Zoraptera

缺翅目

缺翅虫，属昆虫纲缺翅目。成虫体长 2~4 mm，是极为罕见的昆虫类群，被称作昆虫中的“活化石”。目前缺翅目仅知 1 科 1 属，全世界已知现生种类 41 种，化石种类 9 种。缺翅虫现生种类主要分布于全球热带、亚热带的很多地区，以海岛为多。但绝大多数为窄布种类，是大陆漂移学说的很好例证。

缺翅虫多群居生活，通常是以缺翅类型出现，当种群较为拥挤或者某些特殊情况下，便产生部分有翅个体，以便于扩散到周围。但是，其身体较为柔弱，也只能进行短距离的迁飞扩散。有意思的是，缺翅型缺翅虫没有单眼和复眼，而有翅型则两者均有。当有翅型迁飞到新的居所之后，翅便像白蚁和蚂蚁的一样，自行脱落。缺翅虫一般生活在常绿阔叶林中，多发现于朽木的树皮下或者腐殖质土内，以真菌为食。

已知所有的缺翅虫均属于缺翅虫科 Zorotypidae，缺翅虫的 9 个化石种来自多米尼加、缅甸和约旦的琥珀中。

本书展示的 4 个缺翅虫琥珀均产自缅甸，其中 2 个为无翅个体，但它并非无翅型的缺翅虫，而是有翅个体翅膀脱落之后的状态。

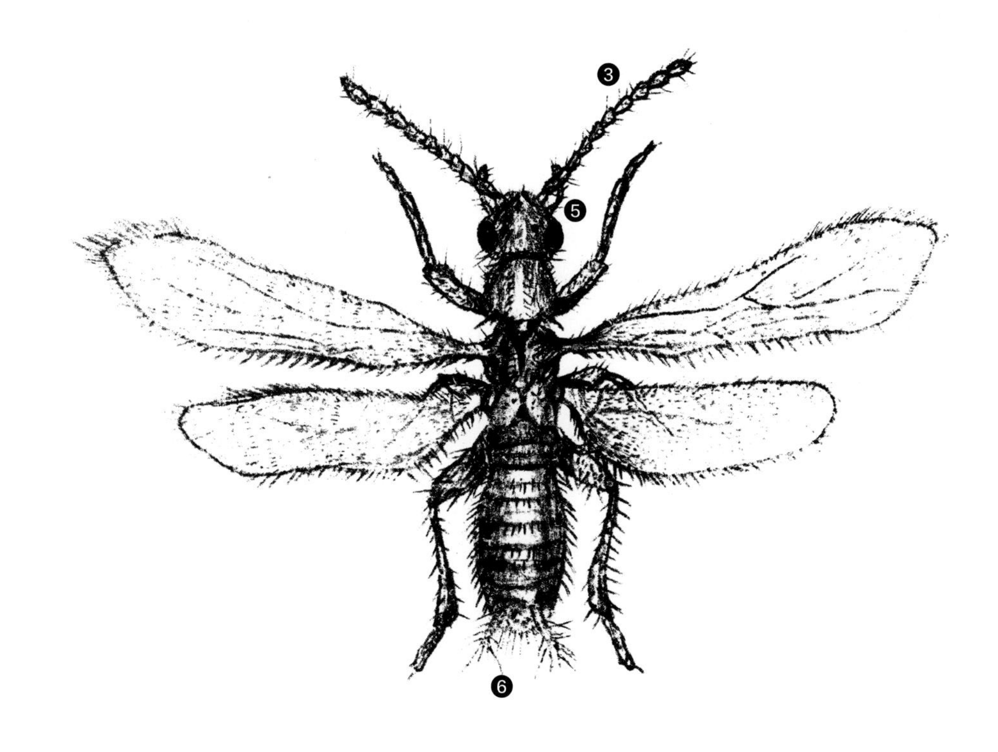

❶ 体形微小，体长不超过 3 mm，有翅型的翅展为 7 mm 左右；

❷ 口器为咀嚼式；

❸ 触角 9 节，呈念珠状；

❹ 无翅型个体无单眼和复眼；

❺ 有翅型具有复眼和 3 个单眼；

❻ 尾须 1 节。

缺翅虫科 *Zorotypidae*

BU 缺翅虫
Zorotypus sp.

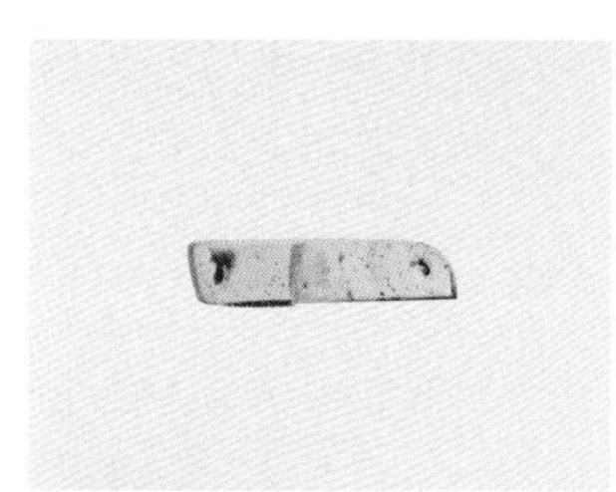

缺翅虫科 *Zorotypidae*

BU 缺翅虫（翅脱落后的有翅型个体）
Zorotypus sp.

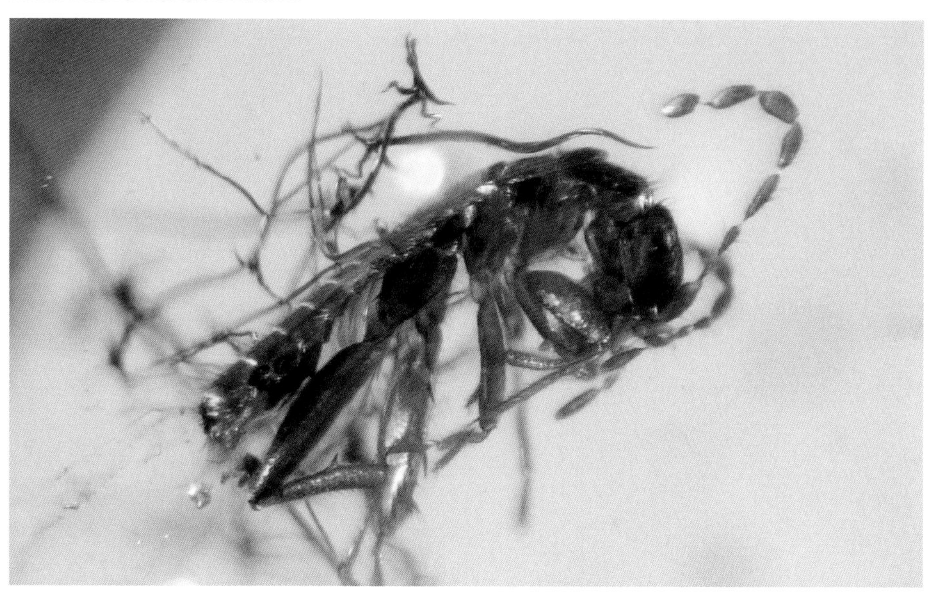

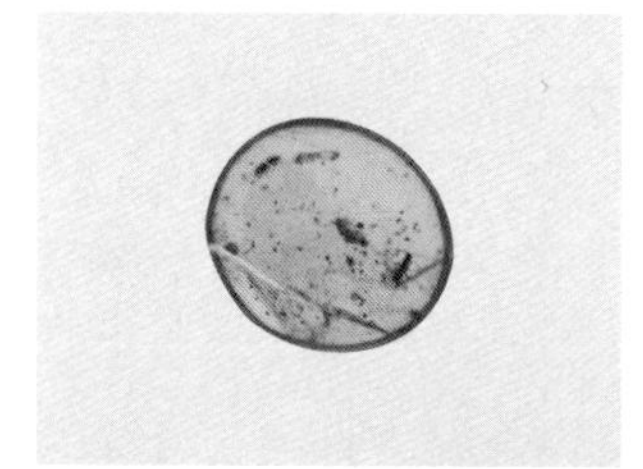

缺翅虫科 *Zorotypidae*

BU 缺翅虫
Zorotypus sp.

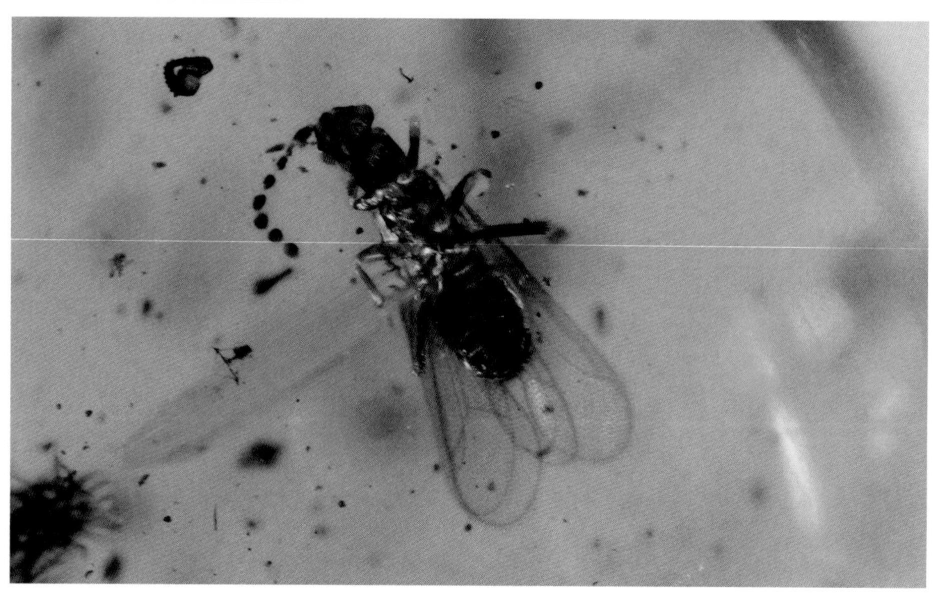

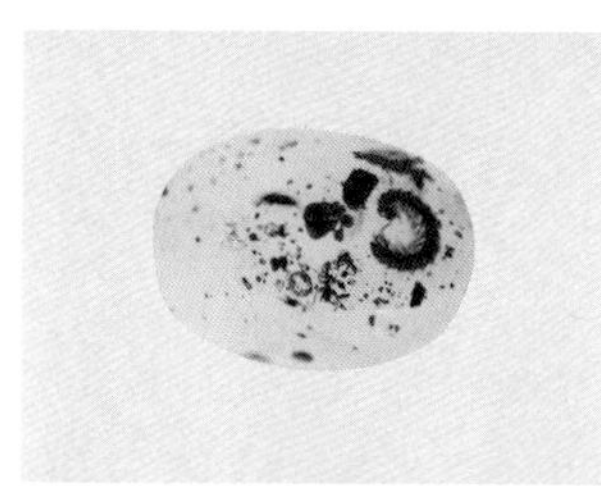

缺翅虫科 *Zorotypidae*

BU 缺翅虫（翅脱落后的有翅型个体）
N/A

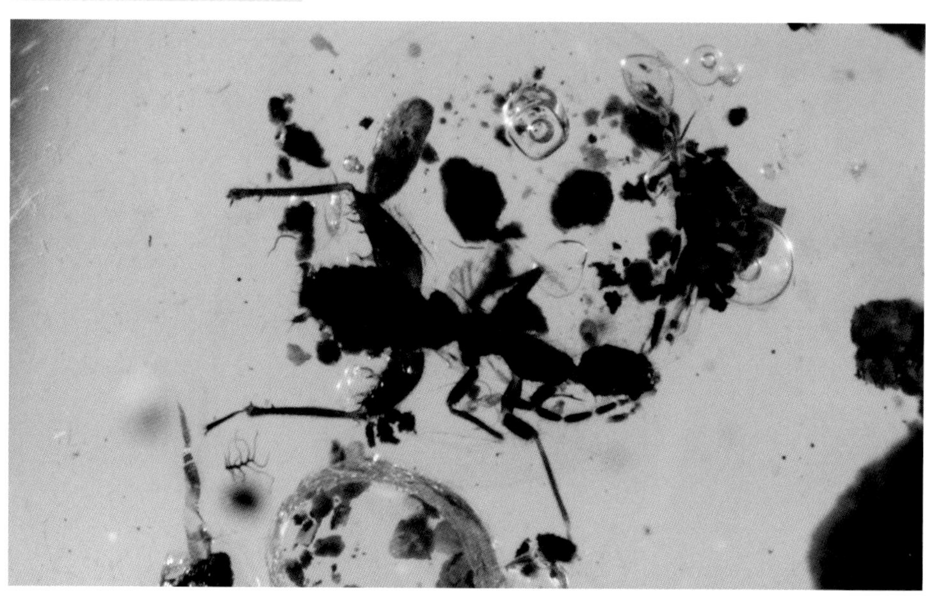

Psocoptera

啮虫目

啮虫目昆虫，通称啮虫或书啮，体小，仅1 ~ 10 mm。该目昆虫与虱目昆虫等较为近源，被认为是半翅总目中最接近原始祖先的类群。最古老的啮虫目化石出现在距今 2 亿多年前的古生代二叠纪。

啮虫已知 5 500 余种，世界各地均有分布，隶属于 3 亚目 41 科。

渐变态昆虫。若虫与成虫相似，多数种类两性生殖，卵生。一次产卵 20 ~ 120 粒，单产或聚产于叶上或树皮上，盖以丝网。部分啮虫具胎生能力，有些种类能营孤雌生殖。

啮虫生境十分复杂，一般生活于树皮、篱笆、石块、植物枯叶间及鸟巢、仓库等处，在潮湿阴暗或苔藓、地衣丛生的地方也常见，大部分种类属于散居生活，有的种类具群居习性。爬行活泼，不善飞翔。

瓢啮科 [a] Sphaeropsocidae 是一类外貌极其特殊的啮虫，形似瓢虫，其“鞘翅”是前翅特化而成。

古书啮科 [b] Archaeatropidae 和古小啮科 [c] Empheriidae 都是已经灭绝的化石科，目前仅记录于琥珀中。

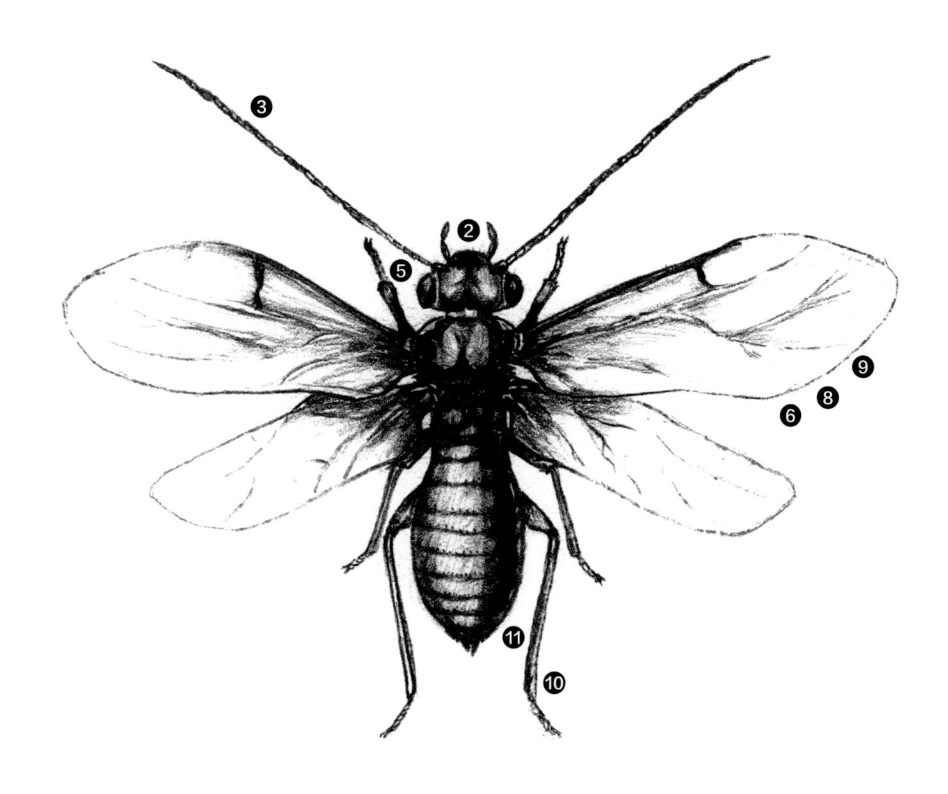

❶ 头大，活动自如；

❷ 下口式，Y 形头盖缝显著；

❸ 触角长，丝状，13 ~ 50 节；

❹ 口器咀嚼式，明显特化，下唇基十分发达，呈球形凸出；

❺ 复眼大而突出，左右远离；

❻ 具长翅型、短翅型、小翅型和无翅型的种类；

❼ 胸部发达、隆出，有翅种类前胸退化似颈状，无翅种类前胸增大；

❽ 翅膜质，静止时呈屋脊状叠盖于背上；

❾ 脉相简单，一条或数条翅脉常极度弯曲；

❿ 足细长，跗节 2 ~ 3 节；

⓫ 腹部 9 节或 10 节，第 1 节退化；

⓬ 无尾须。

拉美啮科 *Compsocidae*

BU 缅拉美啮虫
Burmacompsocus sp.

拉美啮科 *Compsocidae*

BU 缅拉美啮虫
Burmacompsocus sp.

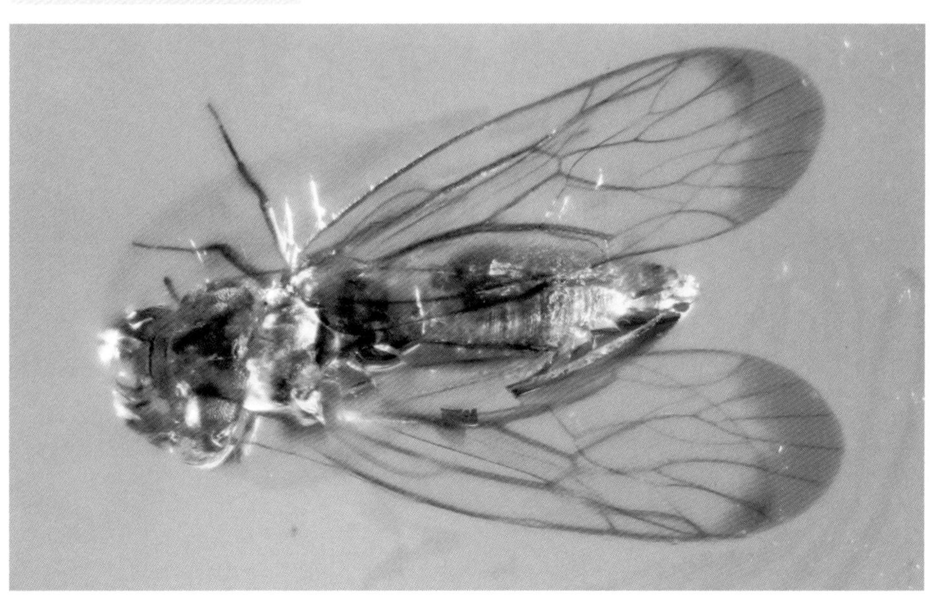

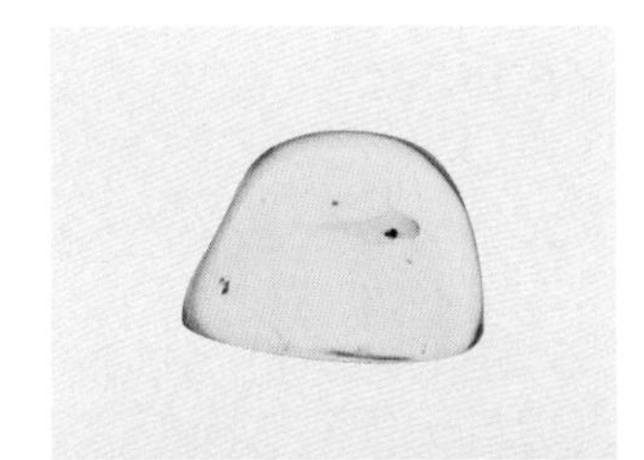

a 瓢啮科 *Sphaeropsocidae*

波海瓢啮虫
Sphaeropsocus sp.

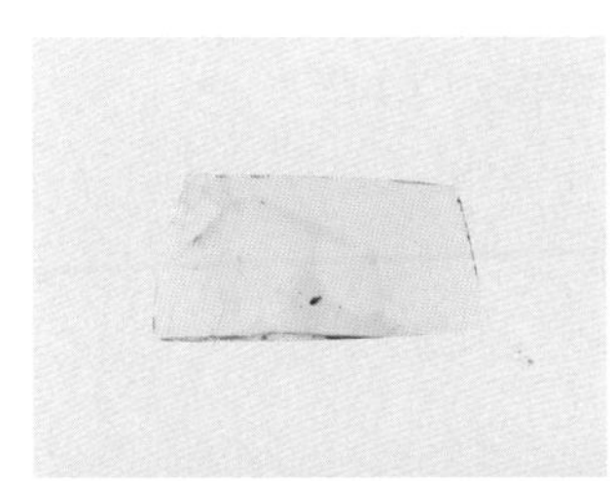

a 瓢啮科 *Sphaeropsocidae*

缅甸瓢啮虫
Sphaeropsoeidae sp.

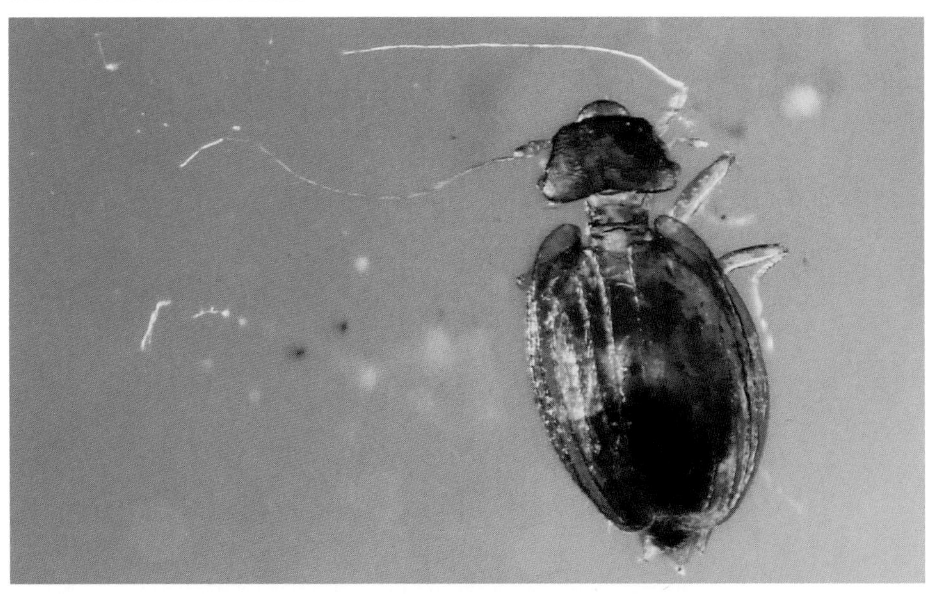

[b] 古书啮科 *Archaeatropidae*

BU 古书啮虫
Archaeatropidae sp.

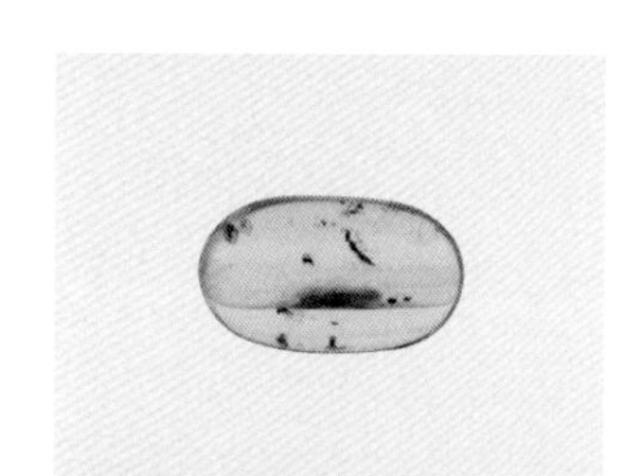

[b] 古书啮科 *Archaeatropidae*

BU 毛翅古书啮虫
Archaeatropidae sp.

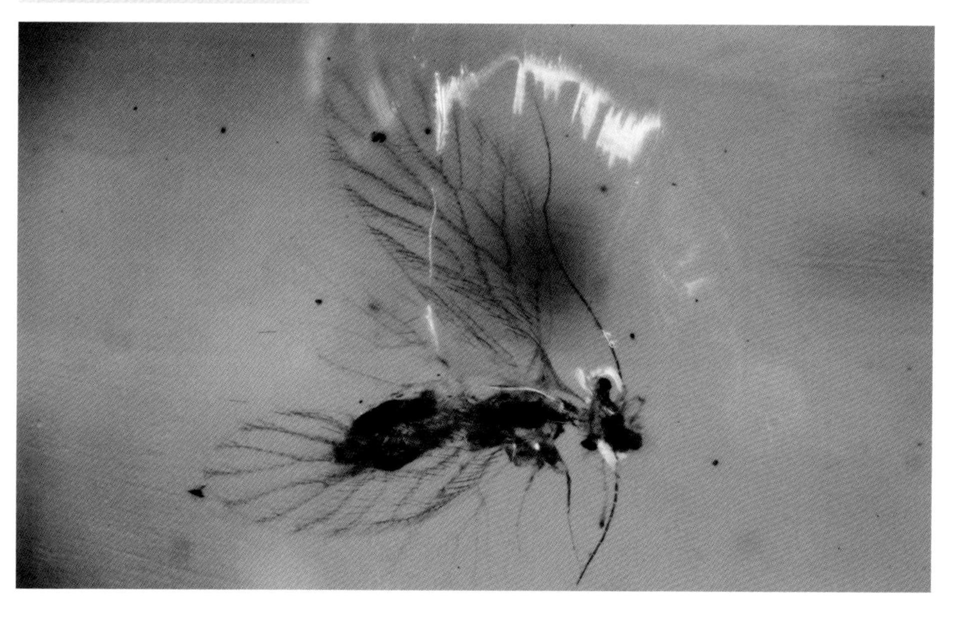

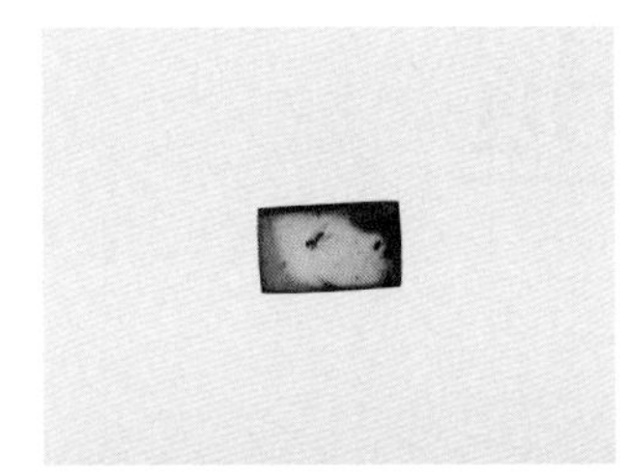

c 古小啮科 *Empheriidae*

DO 古小啮虫
Empheriidae sp.

虱啮科 *Liposcelididae*

BU 虱啮虫
Liposcelididae sp.

Permopsocida

二叠啮虫目

二叠啮虫是生存在二叠纪到白垩纪的昆虫类群，仅发现于化石与琥珀中。二叠啮虫目包括 3 科 17 属，总共超过 20 种（有些种类因为仅存残翅，分类存在疑问）。分别是发现于二叠纪到侏罗纪地层的似啮虫科 Psocidiidae，二叠纪的二叠啮虫科 Permopsocidae 和侏罗纪到晚白垩世的古虱科 Archipsyllidae；其中仅古虱科 [a]Archipsyllidae 的 3 属 3 种发现于缅甸琥珀中，其他种类均发现于印记化石。

分类位置的变化导致这个目的目名和科名的命名有较大的不同，-psocid 通常为啮虫目分类系统的后缀变型，故 Permopsocida 中文名为二叠啮虫目，而 Psyllidae 为木虱科拉丁名，故 Archipsyllidae 中文名为古虱科。

二叠啮虫目曾被认为与现生啮虫近缘，最新研究表明该目与髁颚总目（半翅目 + 缨翅目）为姐妹群。该目的口器类型被认为是连接副新翅类昆虫咀嚼式口器（啮虫目）和刺 / 锉吸式口器（髁颚总目）的过渡类型，这种延长的咀嚼式口器有利于这类昆虫取食花粉。足跗节 4 节是副新翅类昆虫比较原始的特征，现生副新翅类昆虫足跗节不超过 3 节。

❶ 体长不到 10 mm；
❷ 具单眼，复眼卵形；
❸ 触角鞭状，长于体长；
❹ 长咀嚼式口器；
❺ 上颚细长，具下颚须和下唇须；
❻ 前后翅在翅型、翅脉及翅斑极其相似；
❼ 后翅略小于前翅；
❽ 足跗节 4~5 节。

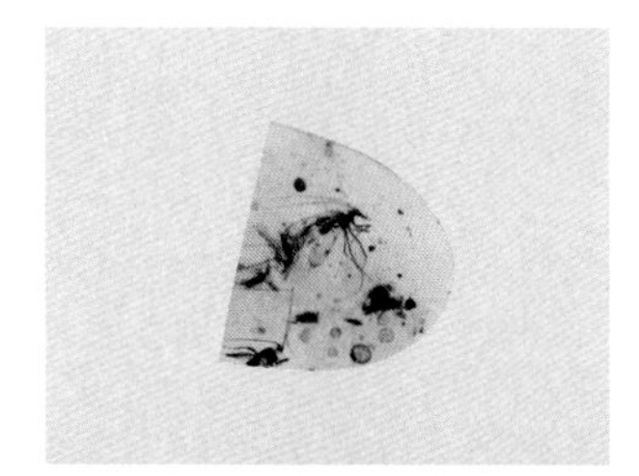

a 古虱科 *Archipsyllidae*

多斑缅虱（雄）
Burmopsylla maculata

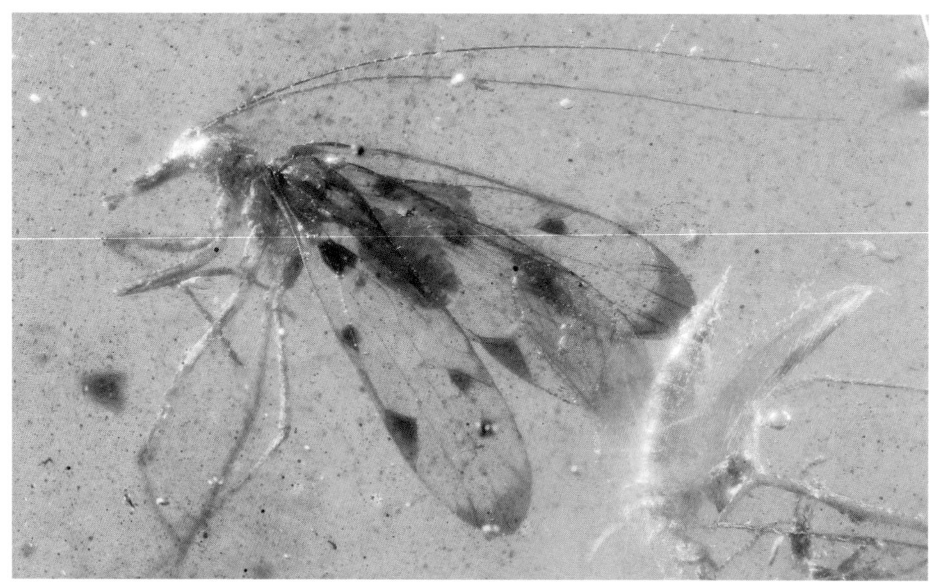

a 古虱科 *Archipsyllidae*

多斑缅虱（雌）
Burmopsylla maculata

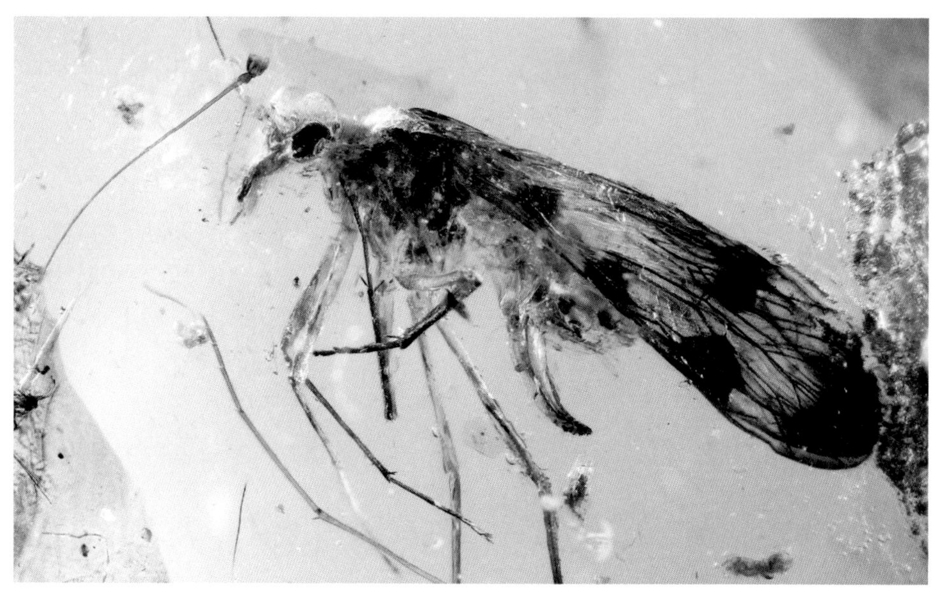

Thysanoptera

缨翅目

缨翅目的昆虫通称蓟马，是一类体形微小、细长而略扁具有锉吸式口器的昆虫。蓟马若虫与成虫相似，经“过渐变态”后发育为不取食而有翅芽的前蛹或预蛹，尔后羽化为有翅的成虫，其翅边缘有缨毛，故称缨翅目。目前全世界已描述的种类有 9 科 6 000 余种。

过渐变态。一生经历卵、一二龄幼虫、三四龄蛹、成虫。两性生殖和孤雌生殖，或者两者交替发生。大多数为卵生，但也有少数种类为卵胎生。若虫常易与无翅型种类的成虫相混淆，但若虫头小，无单眼，复眼很小，体黄色或白色，管尾亚目的若虫体常有红色斑点或带状红斑纹。若虫与成虫多见于花蕊、叶片背面及枯叶层中。蓟马善跳，在干旱的季节繁殖特别快，易形成灾害，常见于花上，取食花粉粒和发育中的果实。

最早的蓟马可以追溯到二叠纪时期，到了白垩纪早期，缨翅目开始繁盛起来。在世界各地的琥珀中，几乎都不缺少蓟马的影子。

本书收录了蓟马科 [a] Thripidae 和纹蓟马科 [b] Aeolothripidae 的种类。

❶ 成虫体微小至小型，细长，体长一般为 0.5 ~ 15 mm；

❷ 头锥形，能活动，下口式；

❸ 口器锉吸式，左右不对称；

❹ 复眼发达，小眼面数目不多；

❺ 单眼通常为 3 个，在头顶排列成三角形，无翅型常缺单眼；

❻ 触角短，6 ~ 10 节；

❼ 翅常 2 对，狭长，膜质，边缘具长缨毛，前、后翅形状大致相同，翅脉有或无，也有无翅及仅存遗迹的种类；

❽ 足跗节 1 ~ 2 节，末端常有可伸缩的由中垫特化而成的泡囊，爪 1 ~ 2 个；

❾ 腹部常 10 节，纺锤状或圆筒形；

❿ 无尾须。

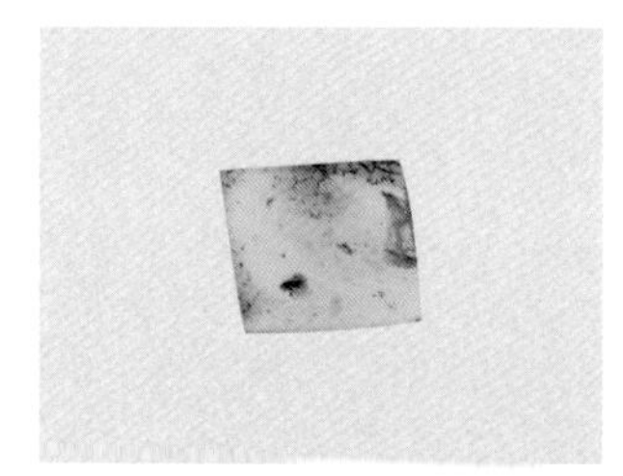

[a] 蓟马科 *Thripidae*

波海蓟马
Thripidae sp.

[a] 蓟马科 *Thripidae*

蓟马
Thripidae sp.

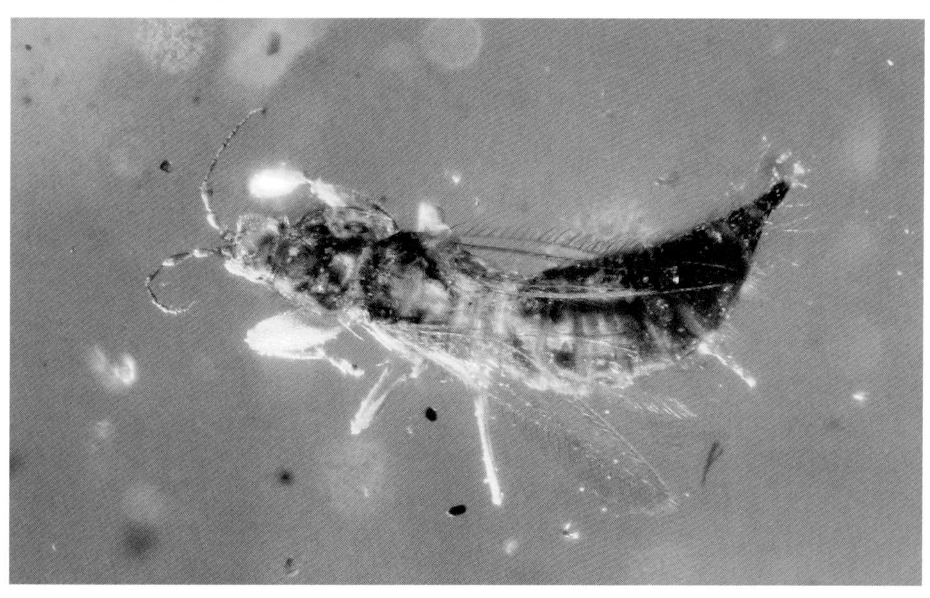

a 蓟马科 *Thripidae*

蓟马（雄）
Thripidae sp.

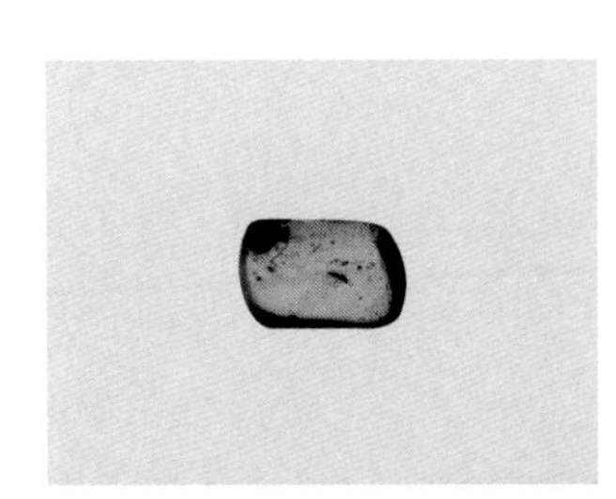

b 纹蓟马科 *Aeolothripidae*

纹蓟马
Aeolothripidae sp.

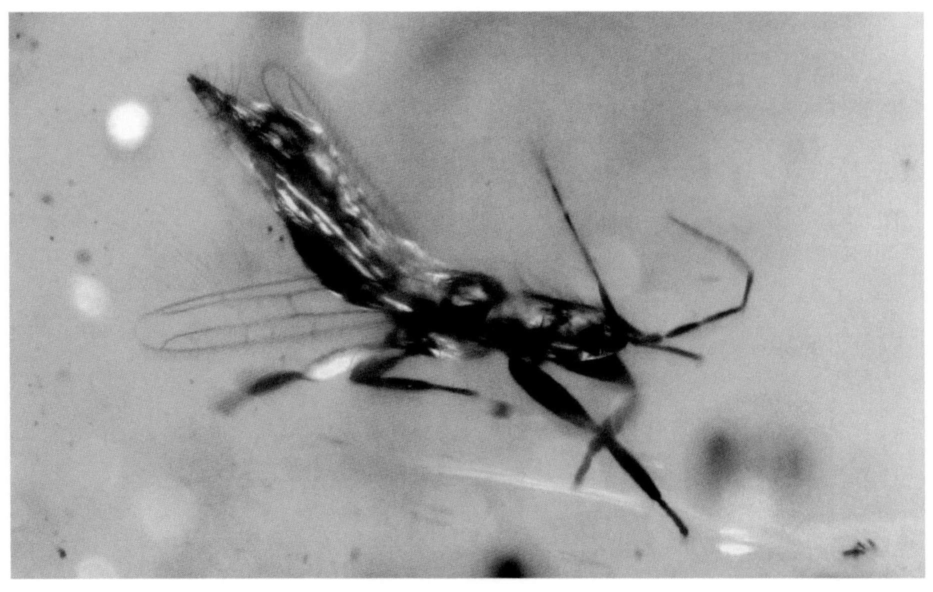

Hemiptera

半翅目

半翅目包括 4 个亚目：胸喙亚目 Sternorrhyncha、头喙亚目 Auchenorrhyncha、鞘喙亚目 Coleorhyncha、异翅亚目 Heteroptera。目前，世界已知现生种类 83 000 多种，化石种类 2 000 多种。半翅目昆虫世界性分布，以热带、亚热带种类最为丰富。

渐变态（粉虱和介壳虫雄虫近似全变态），一生经过卵、若虫、成虫 3 个阶段。卵单产或聚产于土壤、物体表面或插入植物组织中，初孵若虫留在卵壳附近，脱皮后才分散。若虫食性、栖境等与成虫相似，一般 5 龄，一年发生一代或多代，个别种类多年完成一代。许多种类具趋光性。

半翅目昆虫多为植食性，以刺吸式口器吸食多种植物幼枝、嫩茎、嫩叶及果实的汁液，有些种类还可传播植物病害。吸血蝽类为害人体及家禽家畜，并传染疾病。水生种类捕食蝌蚪、其他昆虫、鱼卵及鱼苗。猎蝽、姬蝽、花蝽等捕食各种害虫及螨类，是多种害虫的重要天敌。有些种类可以分泌蜡、胶，或形成虫瘿，产生五倍子，是重要的工业资源昆虫，紫胶、白蜡、五倍子还可药用。蝉的鸣声悦耳动听，蜡蝉、角蝉的形态特异，是人们喜闻乐见的观赏昆虫。

琥珀中通常出现的是陆生昆虫，水生昆虫则比较少。本书收录了在琥珀中难得一见的尺蝽科 [a]Hydrometridae、宽黾蝽科 [b]Veliidae 和黾蝽科 [c]Gerridae 等水生椿象。

原木虱科 [d]Protopsyllidiidae 是早已灭绝的化石科，在琥珀中也难得一见。

介壳虫在琥珀中数量和种类都比较多，具有一对翅膀并有细长蜡丝的雄虫和蜡丝犹如鲜花般呈放射性散开的雌虫和若虫，是缅甸琥珀的一大特色。书中的柯蚧科 [e]Kozariidae 和何蚧科 [f]Hodgsonicoccidae 更是仅发现于缅甸琥珀中的化石种类。

最为奇特的是书中收录的一种 2 对翅膀的雄性介壳虫 [g]，这在现生种类和其他地区化石中是闻所未闻的，遗憾的是，该虫尚无正式的描述。

蜡蝉总科 [h]Fulgoroidea 是琥珀中常见的类群之一，本书收录 8 个科以上的种类，多为缅甸琥珀，足以体现出白垩纪蜡蝉的多样性之高。

螽蝉科 [i]Tettigarctidae 目前仅存活于澳大利亚大陆南部以及塔斯马尼亚岛，而在白垩纪则分布甚广，多样性也很丰富。

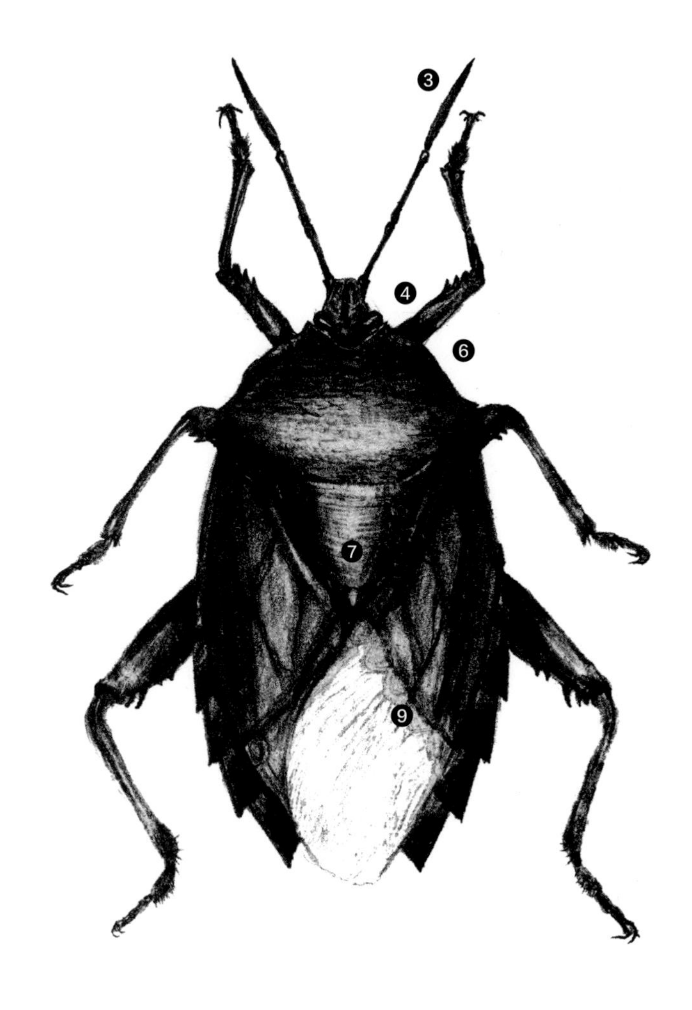

❶ 头部后口式；

❷ 口器刺吸式，喙管从头部后方伸出，多为 3 节，异翅亚目种类喙管从头的前端伸出，通常 4 节，休息时沿身体腹面向后伸；

❸ 触角多为丝状，部分刚毛状；

❹ 复眼发达，突出于头部两侧；

❺ 单眼 2 个或 3 个，位于复眼稍后方，少数种类无单眼；

❻ 前胸背板发达，通常呈六角形，有的呈长颈状，两侧突出呈角状；

❼ 中胸小盾片发达，通常呈三角形，少数半圆形或舌形，有的种类特别发达，可将整个腹部盖住；

❽ 胸喙亚目和头喙亚目种类前翅质地均匀，膜质或革质，休息时常呈屋脊状放置，有些蚜虫和雌性蚧壳虫无翅，雄性蚧壳虫后翅退化呈平衡棍；

❾ 异翅亚目种类前翅基半部骨化成革质，端半部膜质。

奇蝽科 *Enicocephalidae*

BU 奇蝽
Enicocephalidae sp.

鞭蝽次目 *Dipsocoromorpha*

BU 鞭蝽
Dipsocoromorpha sp.

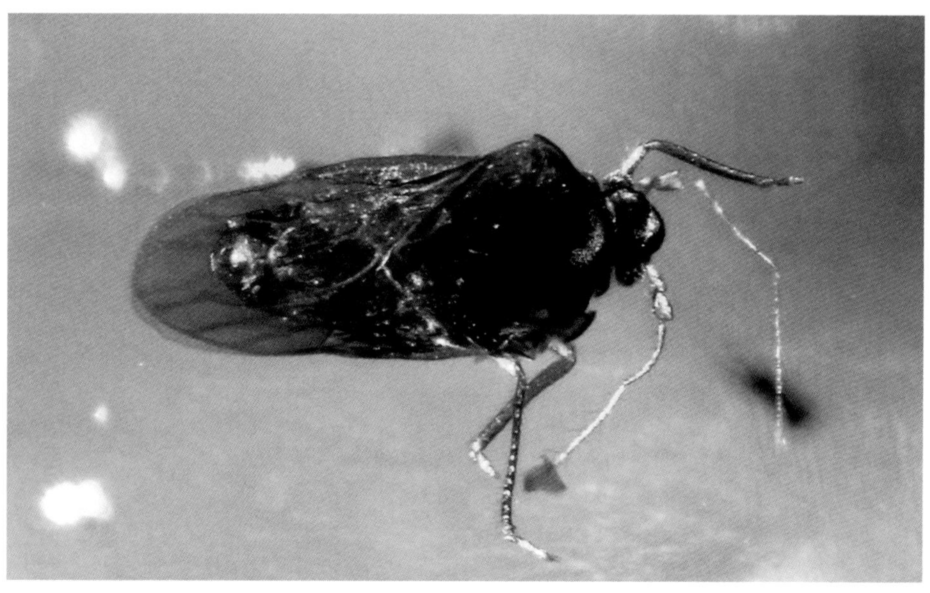

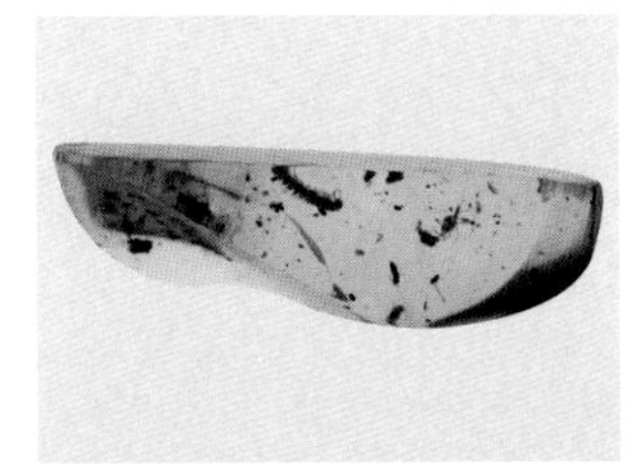

鞭蝽次目 *Dipsocoromorpha*

鞭蝽
Dipsocoromorpha sp.

毛角蝽科 *Schizopteridae*

毛角蝽
Schizopteridae sp.

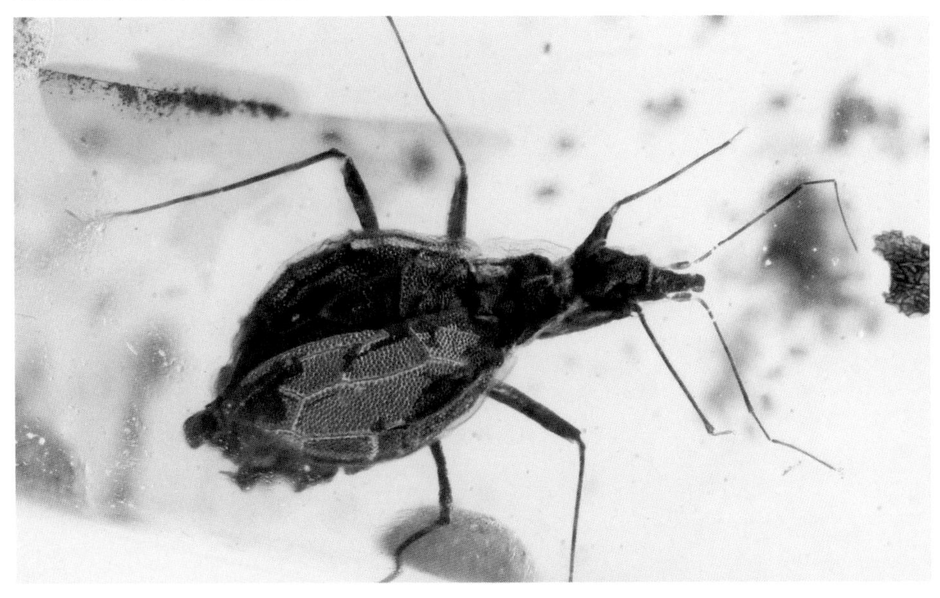

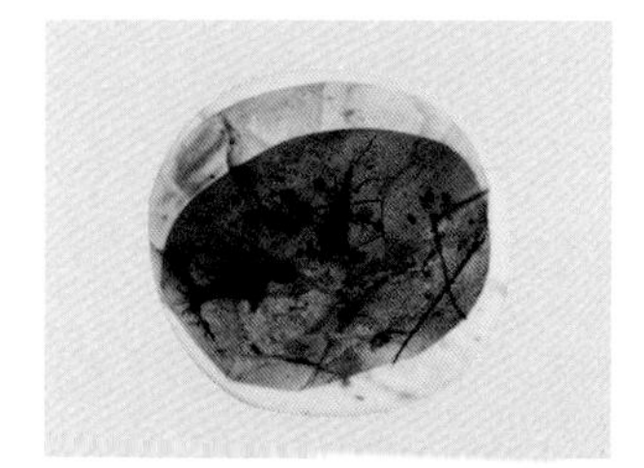

a 尺蝽科 *Hydrometridae*

尺蝽
Hydrometridae sp.

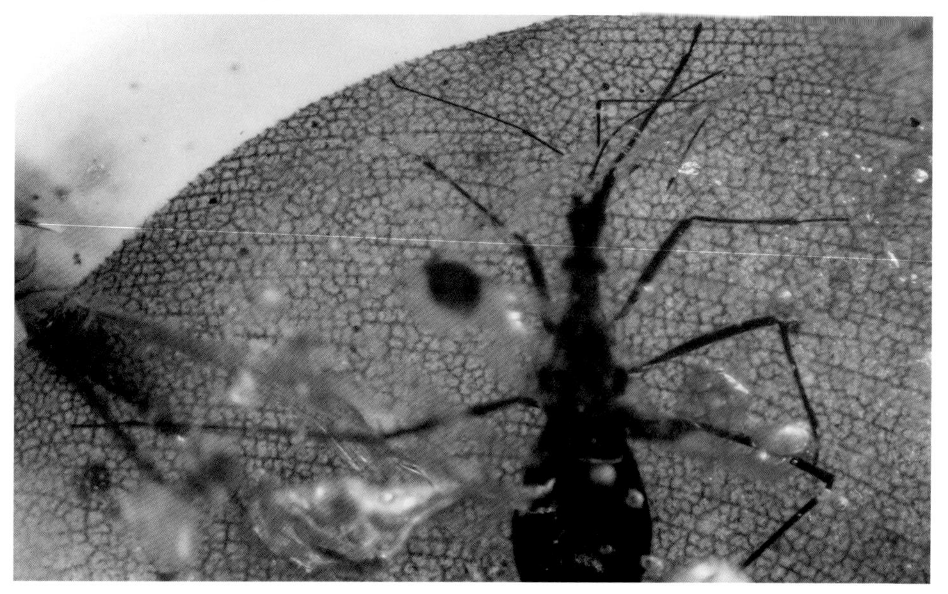

b 宽黾蝽科 *Veliidae*

宽黾蝽
Veliidae sp.

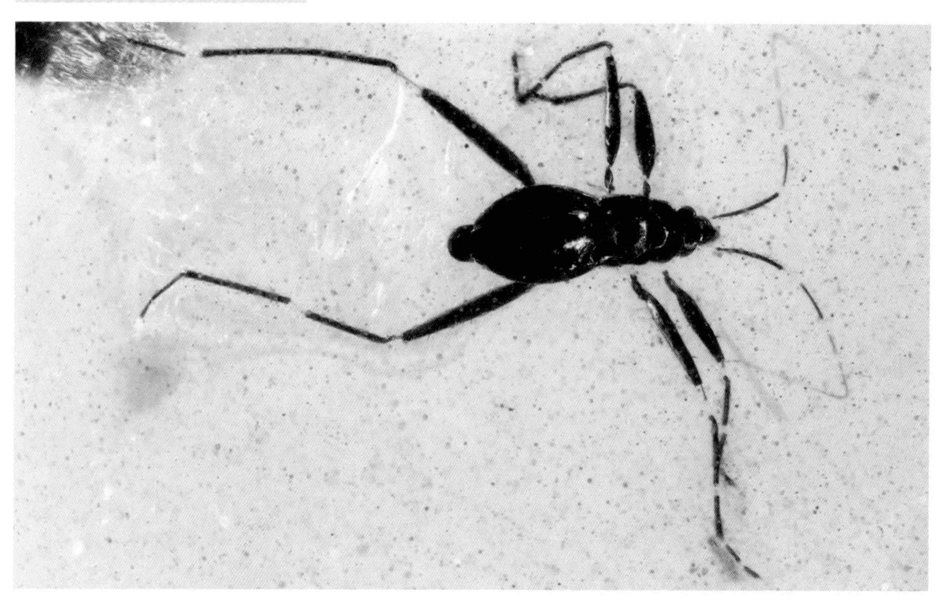

[b] 宽黾蝽科 *Veliidae*

宽黾蝽
Veliidae sp.

[c] 黾蝽科 *Gerridae*

黾蝽
Gerridae sp.

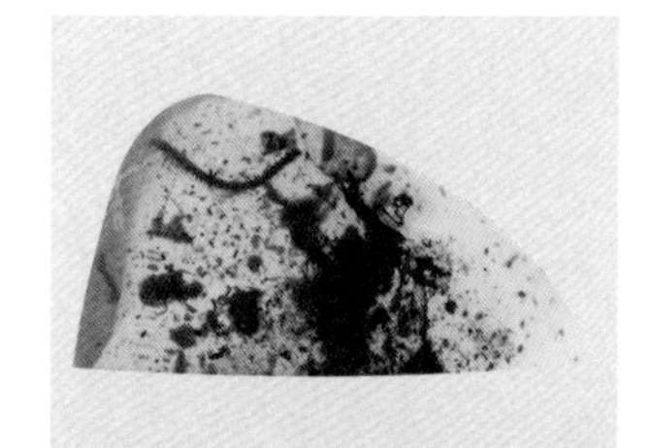

蟾蝽科 *Gelastocoridae*

蟾蝽
Gelastocoridae sp.

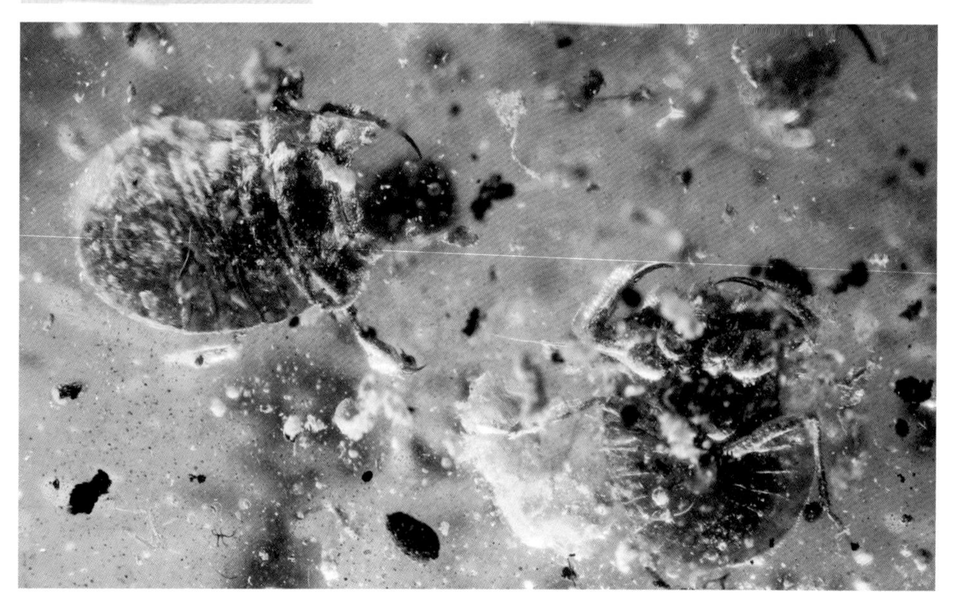

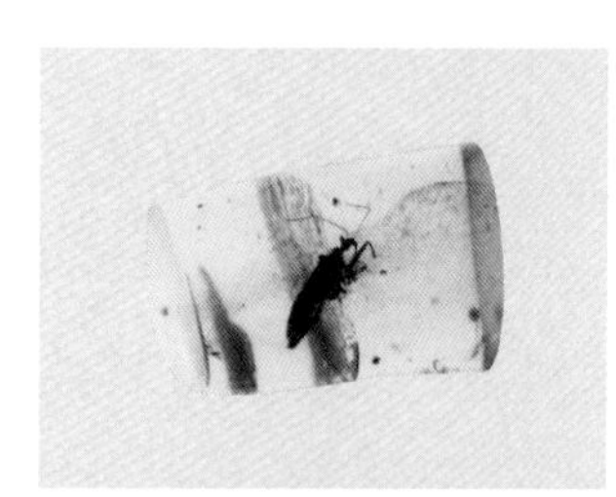

猎蝽科 *Reduviidae*

猎蝽
Reduviidae sp.

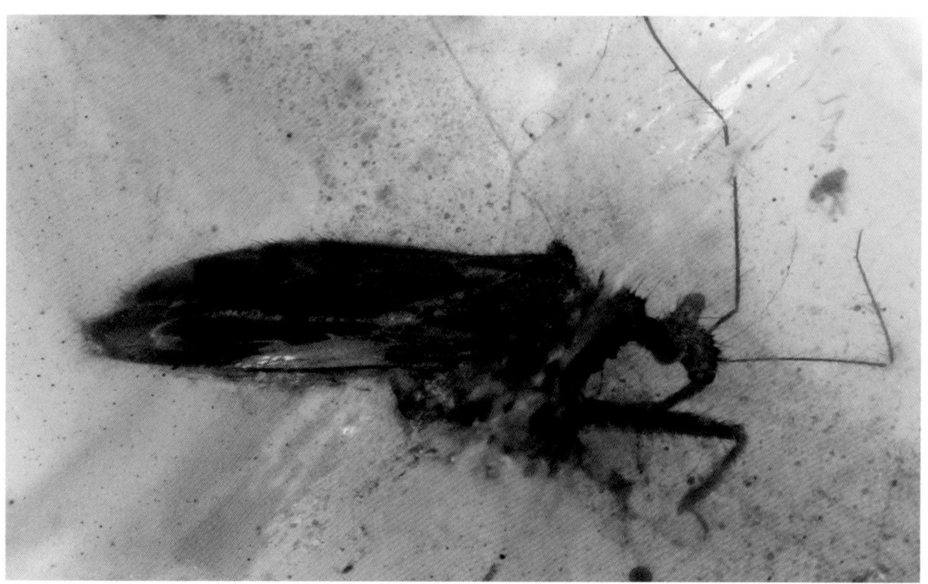

猎蝽科 *Reduviidae*

猎蝽（若虫）
Reduviidae sp.

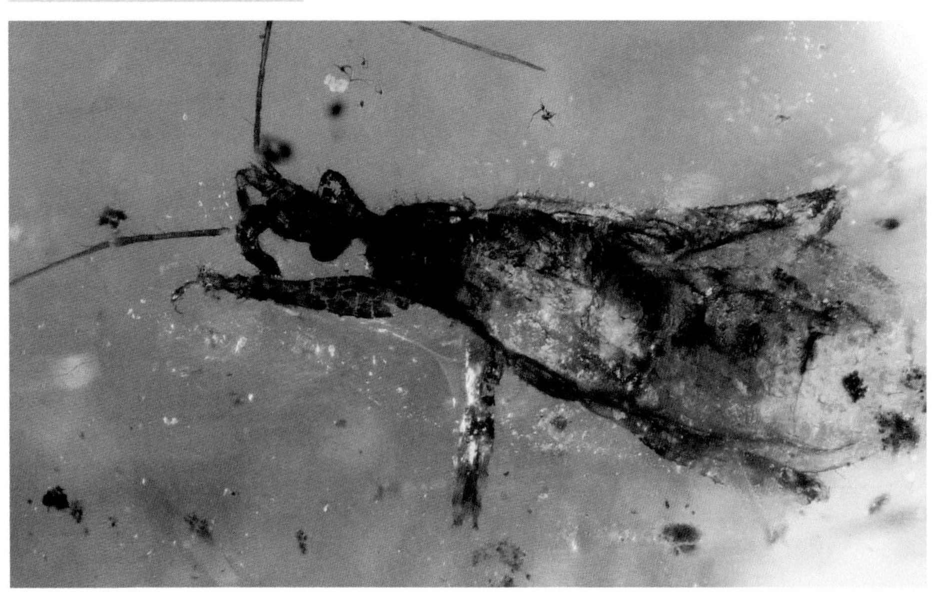

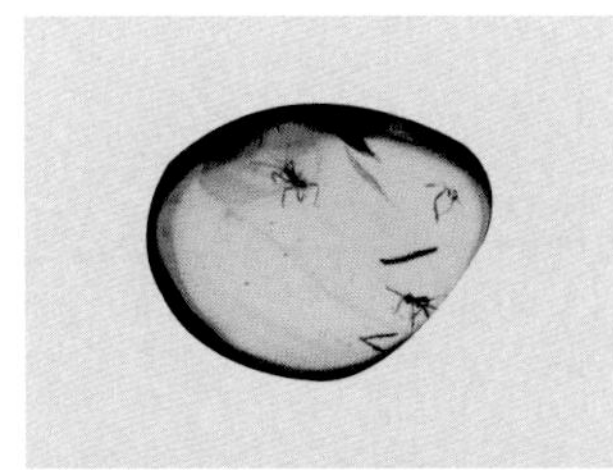

猎蝽科 *Reduviidae*

猎蝽（若虫）
Reduviidae sp.

盲蝽科 *Miridae*

BU

盲蝽
Miridae sp.

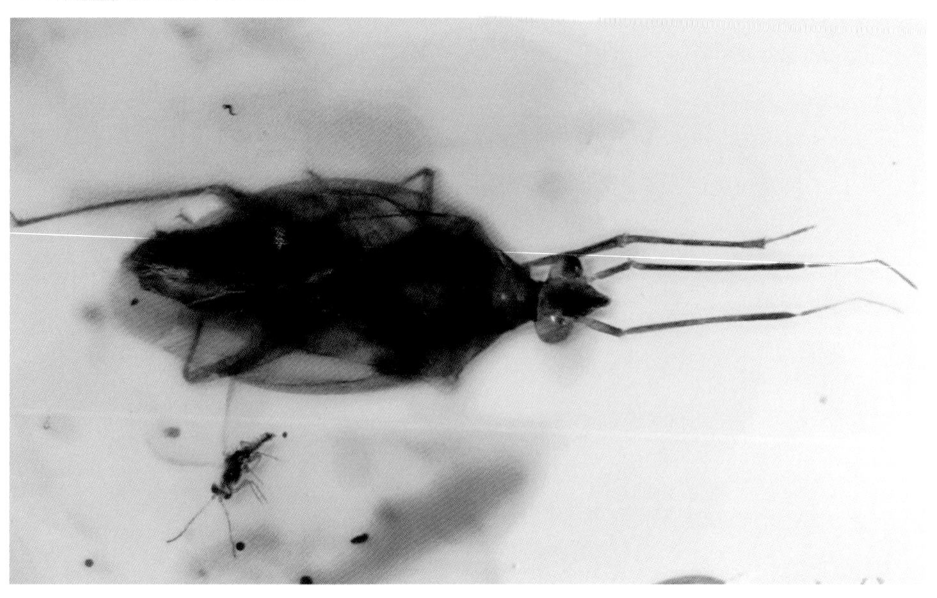

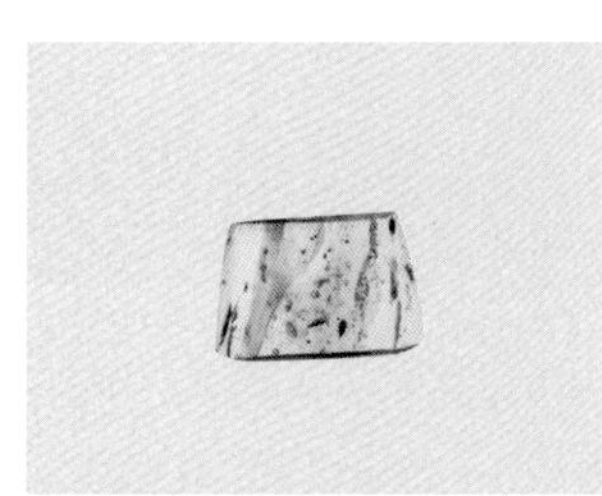

网蝽科 *Tingidae*

BU

网蝽
Tingidae sp.

网蝽科 *Tingidae*

网蝽
Tingidae sp.

扁蝽科 *Aradidae*

扁蝽
Aradidae sp.

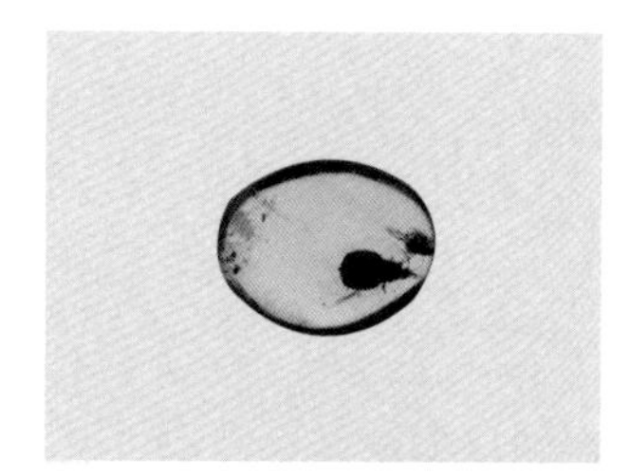

扁蝽科 *Aradidae*

扁蝽
Aradidae sp.

扁蝽科 *Aradidae*

扁蝽
Aradidae sp.

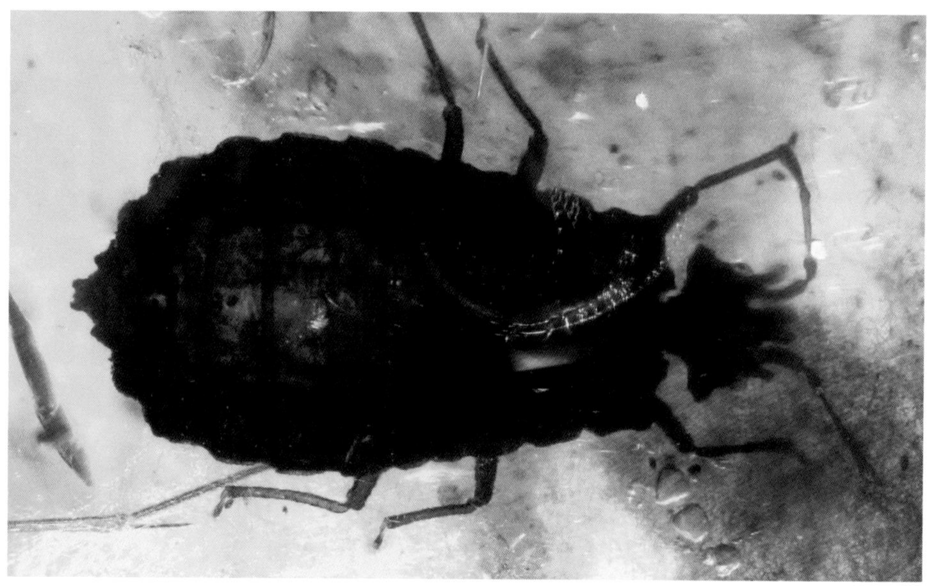

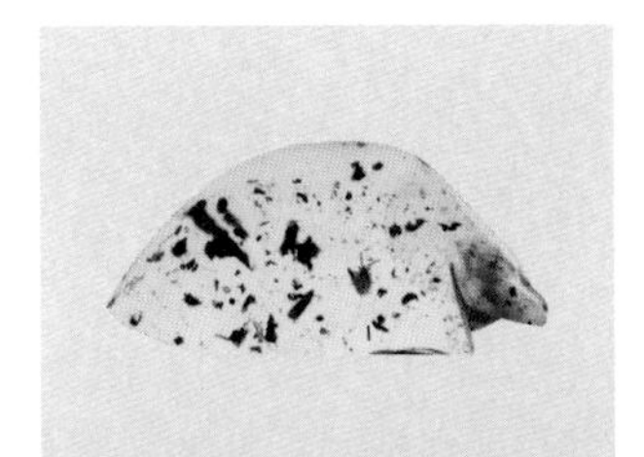

扁蝽科 *Aradidae*

BU

扁蝽（若虫）
Aradidae sp.

扁蝽总科 *Aradoidea*

BU

长胸扁蝽
Aradoidea sp.

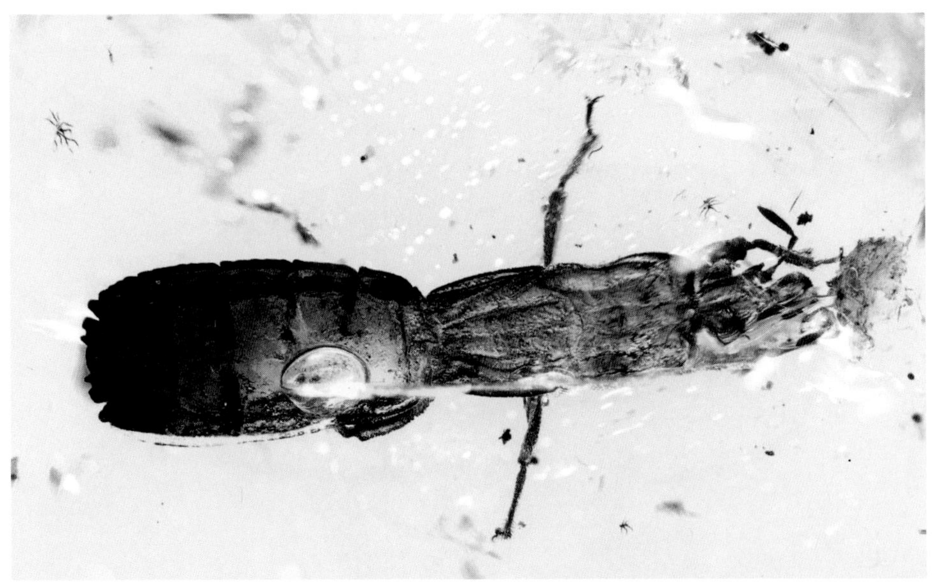

土蝽科 *Cydnidae*

土蝽
Cydnidae sp.

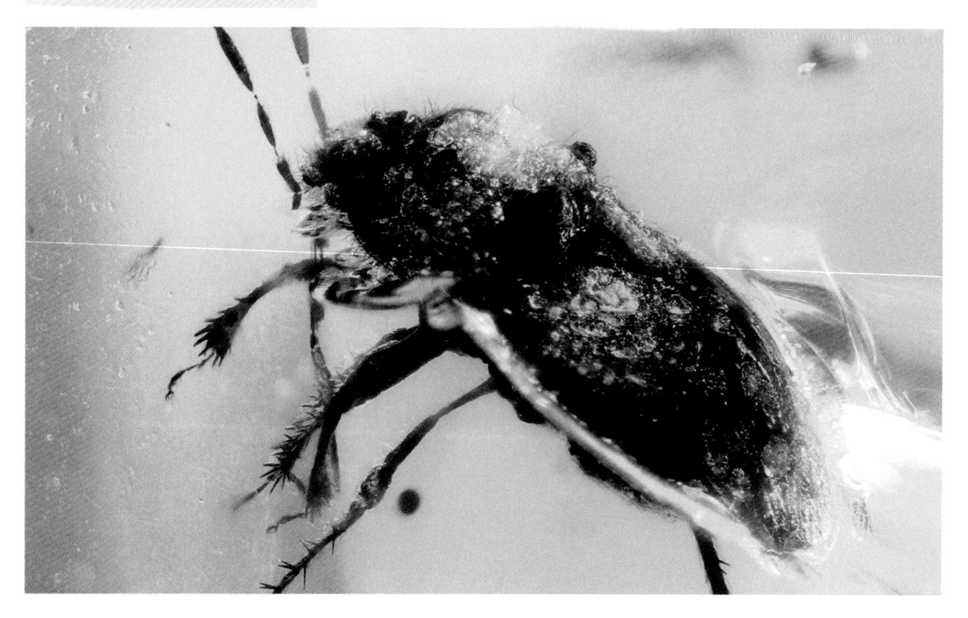

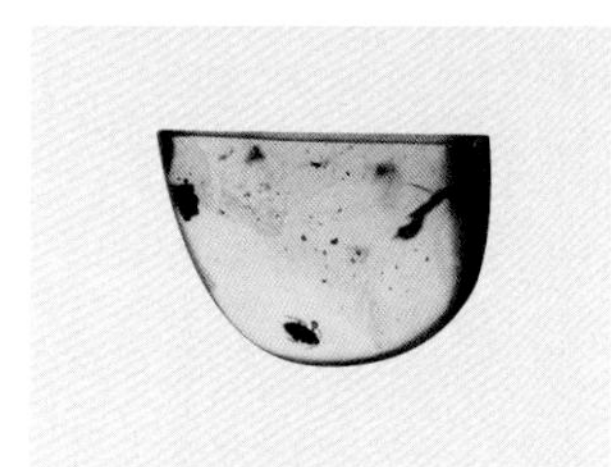

土蝽科 *Cydnidae*

土蝽
Cydnidae sp.

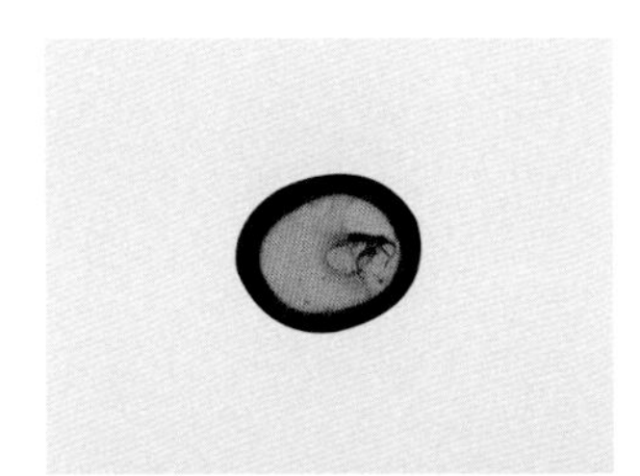

花蝽总科 *Anthocoroidea*

BU 花蝽
Anthocoroidea sp.

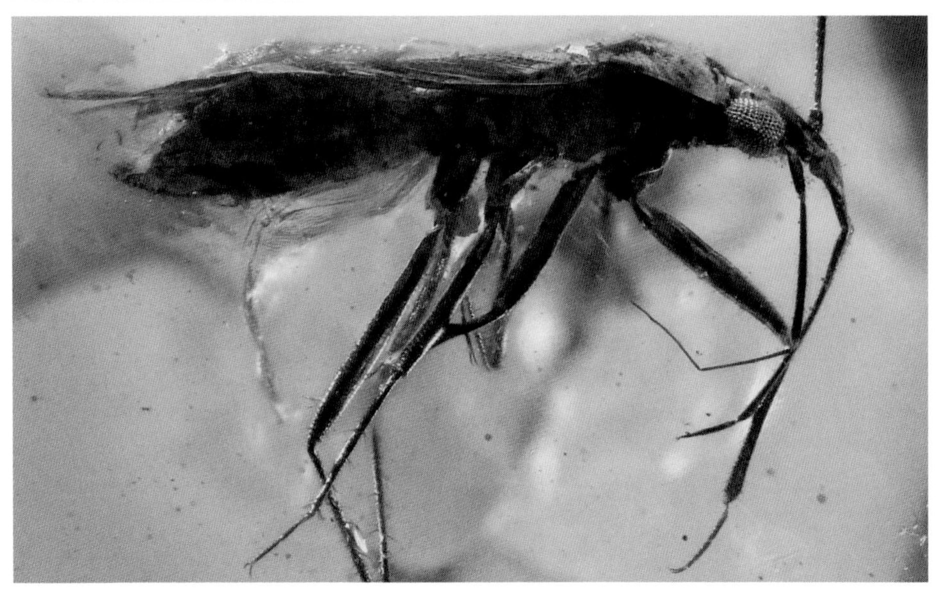

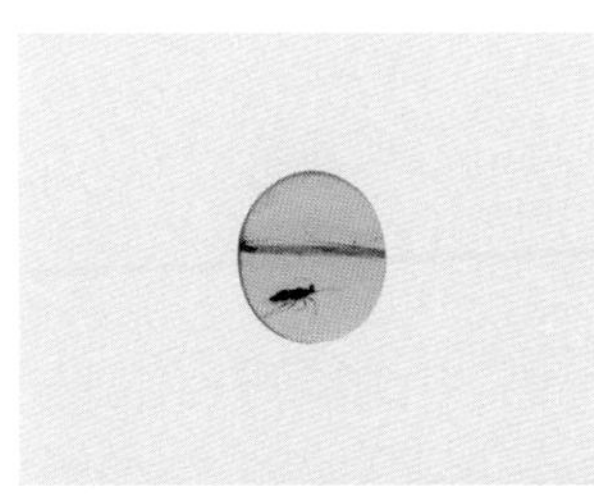

缘蝽总科 *Coreoidea*

BU 缘蝽
Coreoidea sp.

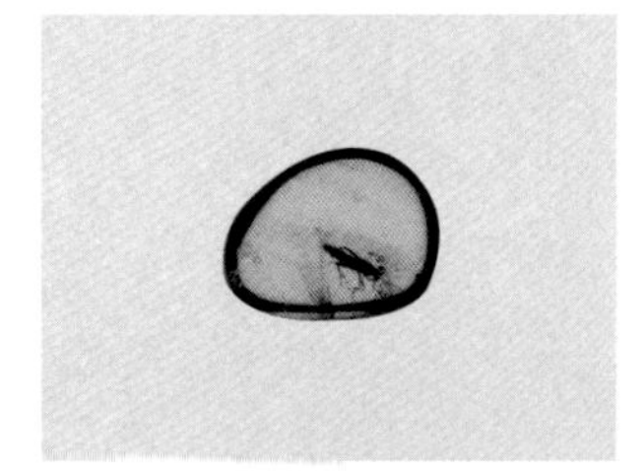

缘蝽总科 *Coreoidea*

缘蝽
Coreoidea sp.

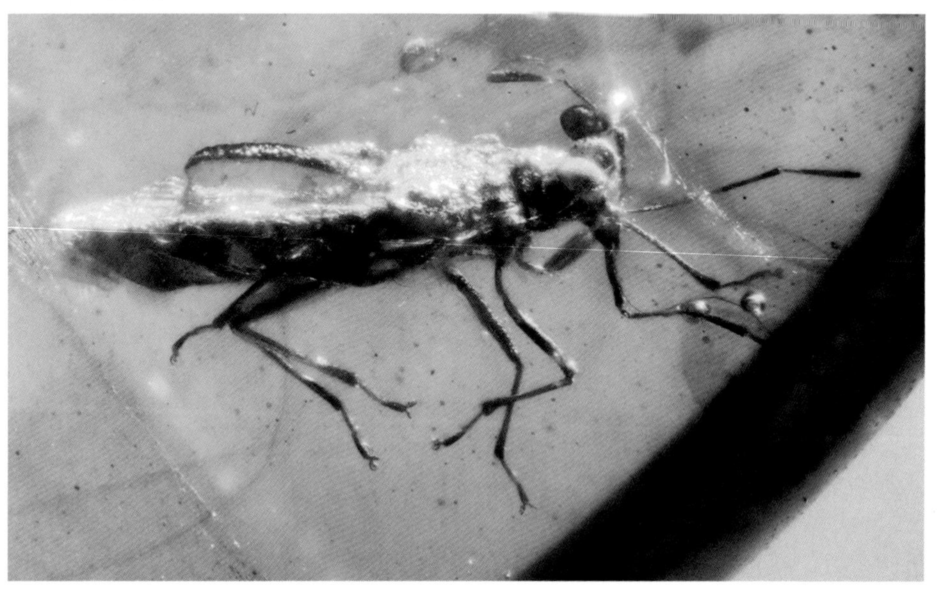

缘蝽总科 *Coreoidea*

缘蝽
Coreoidea sp.

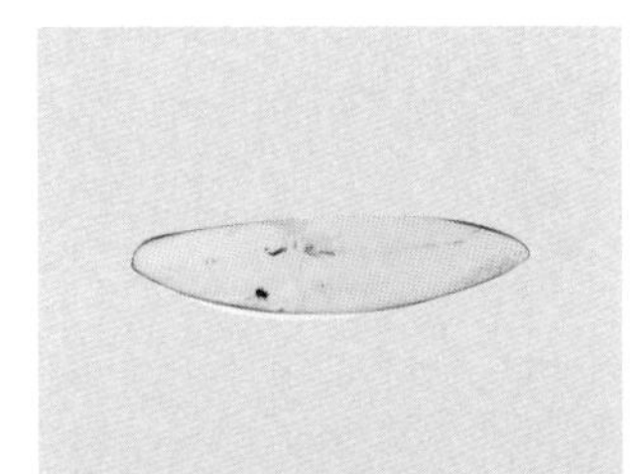

斑蚜科 *Callaphididae*

波海斑蚜（若虫）
Callaphididae sp.

斑蚜科 *Callaphididae*

多米斑蚜
Callaphididae sp.

d 原木虱科 *Protopsyllidiidae*

BU 原木虱
Protopsyllidiidae sp.

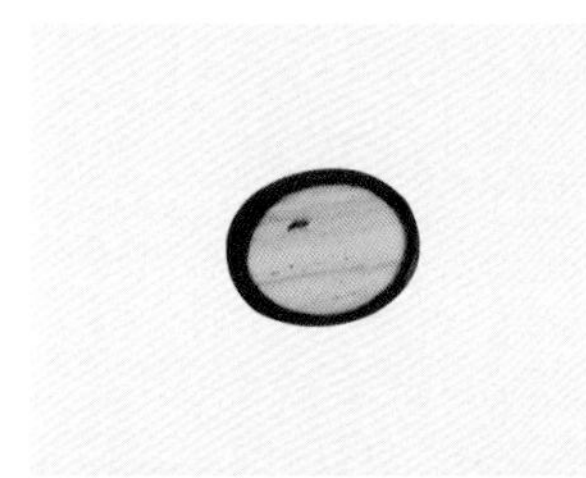

d 原木虱科 *Protopsyllidiidae*

原木虱
Protopsyllidiidae sp.

木虱次目 *Psyllidomorpha*

木虱
N/A

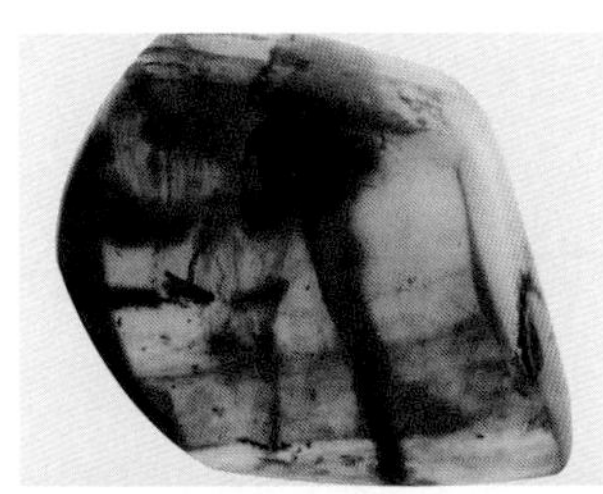

木虱次目 *Psyllidomorpha*

木虱
N/A

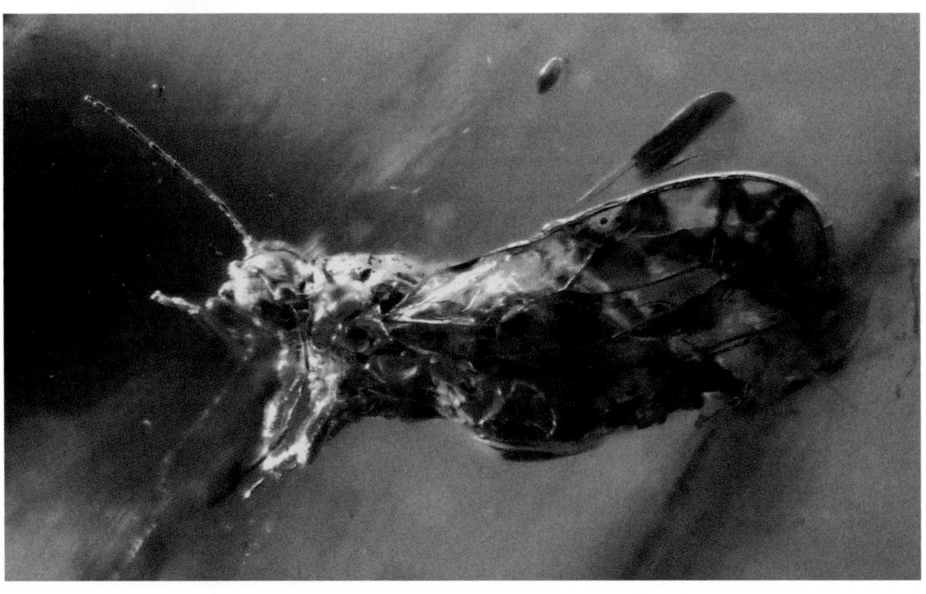

松干蚧科 *Matsucoccidae*

松干蚧（雄）
Matsucoccidae sp.

松干蚧科 *Matsucoccidae*

松干蚧（若虫）
Matsucoccidae sp.

松干蚧科 *Matsucoccidae*

松干蚧（若虫）
Matsucoccidae sp.

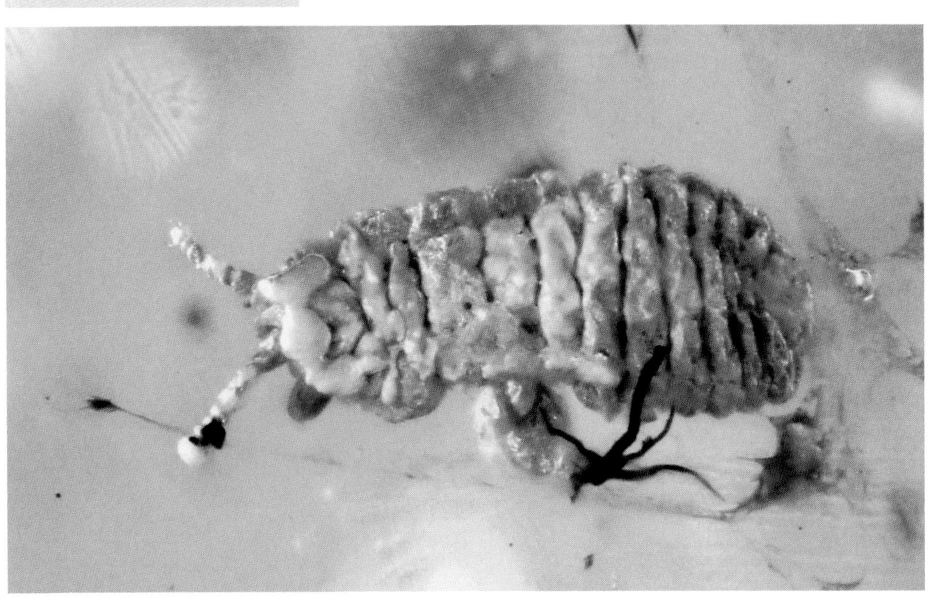

绵蚧科 *Monophblebidae*

绵蚧（雌）
Monophblebidae sp.

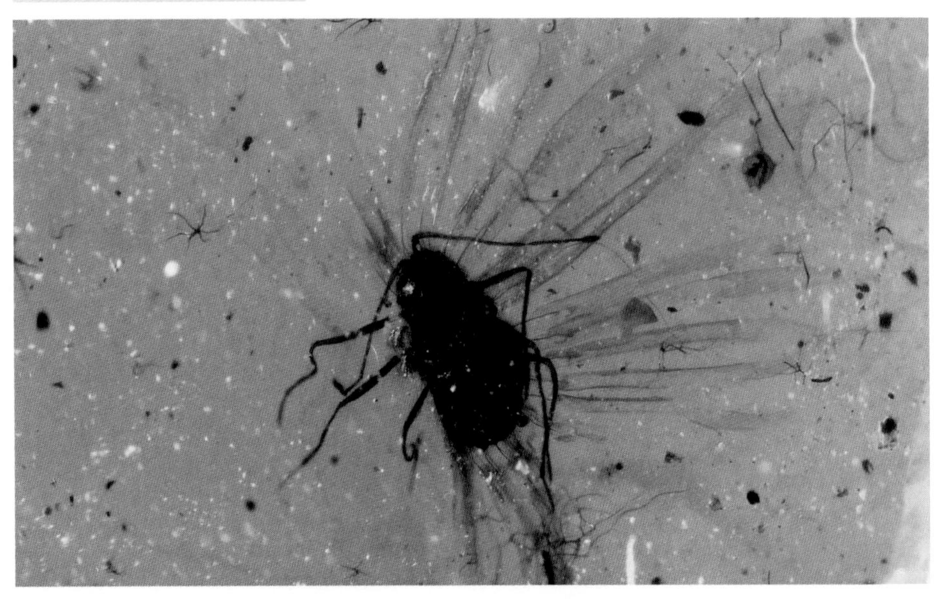

绵蚧科 *Monophblebidae*

绵蚧（雌）
Monophblebidae sp.

绵蚧科 *Monophblebidae*

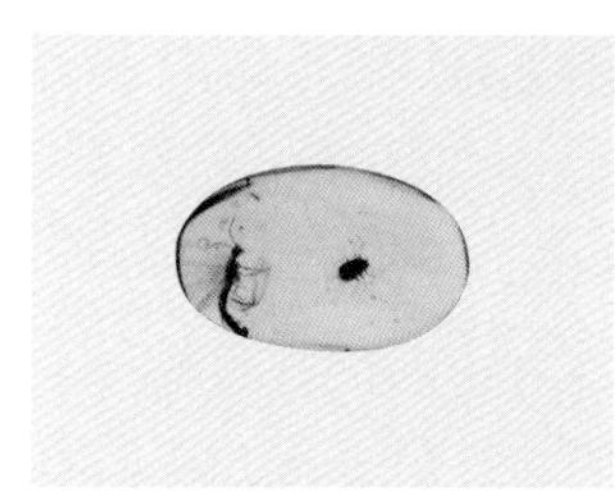

绵蚧（雌）
Monophblebidae sp.

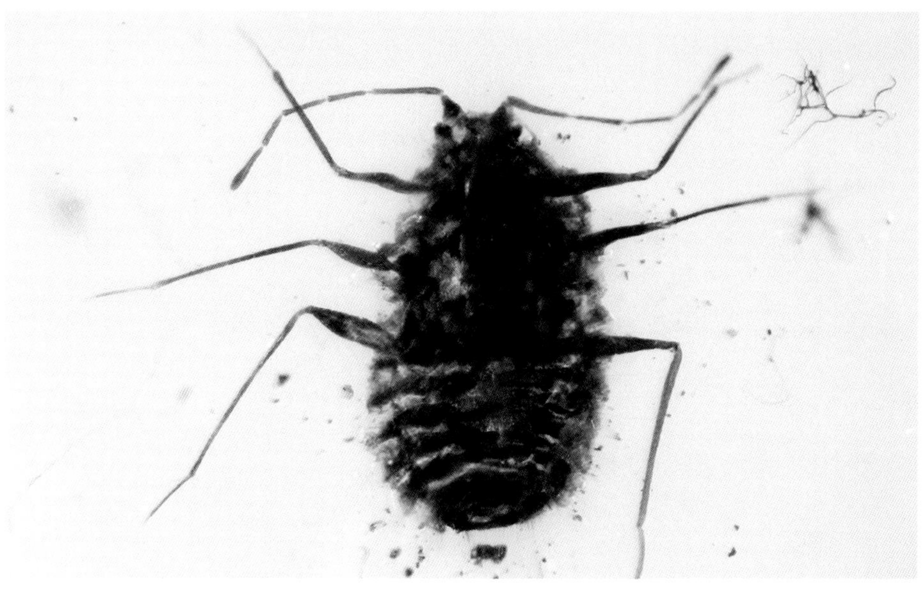

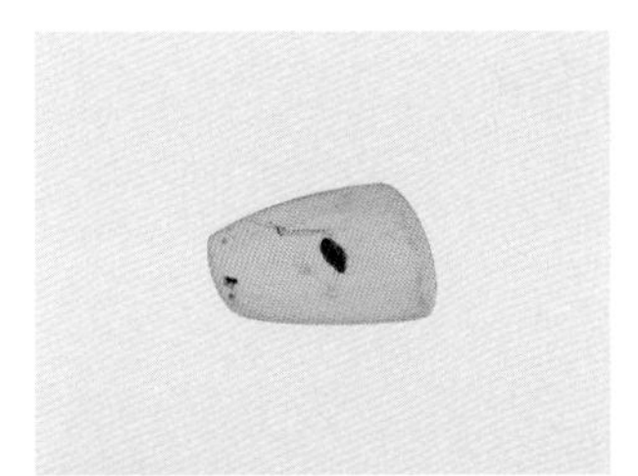

绵蚧科 *Monophblebidae*

绵蚧（雌虫或若虫）
Monophblebidae sp.

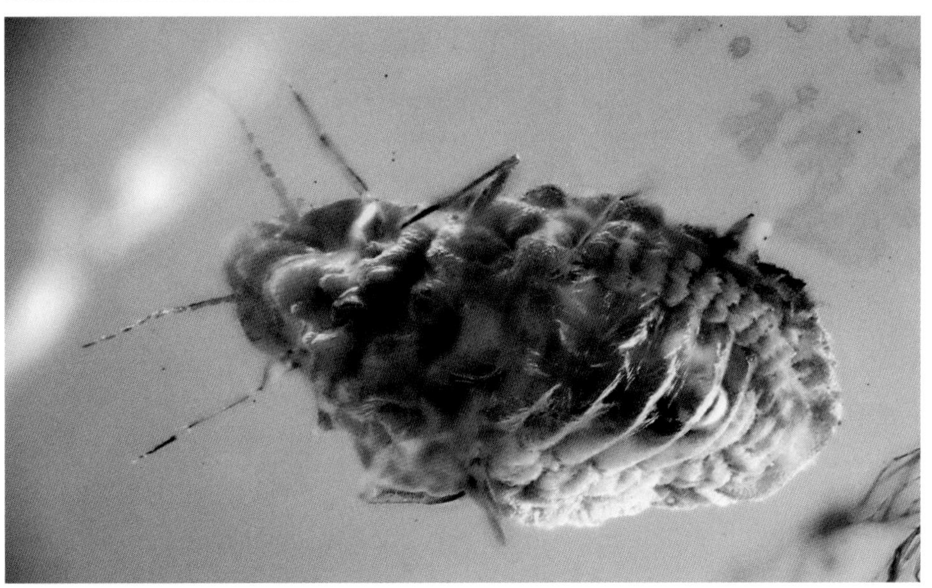

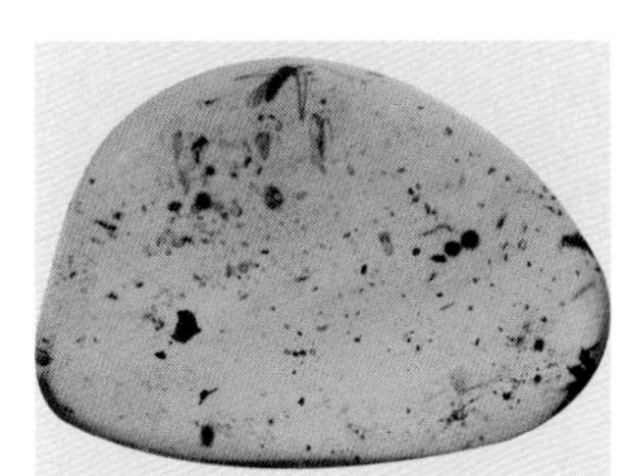

绵蚧科 *Monophblebidae*

绵蚧（若虫）
Monophblebidae sp.

珠蚧科 *Margarodidae*

珠蚧（雄）
Margarodidae sp.

[e]柯蚧科 *Kozariidae*

柯蚧（雄）
Kozarius sp.

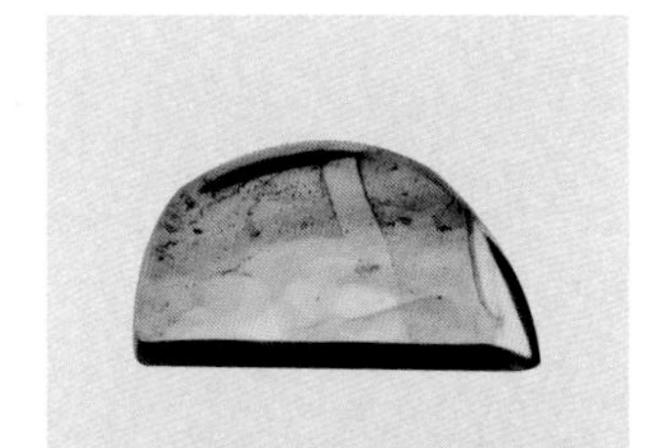

[e] 柯蚧科 *Kozariidae*

柯蚧（雄）
Kozarius sp.

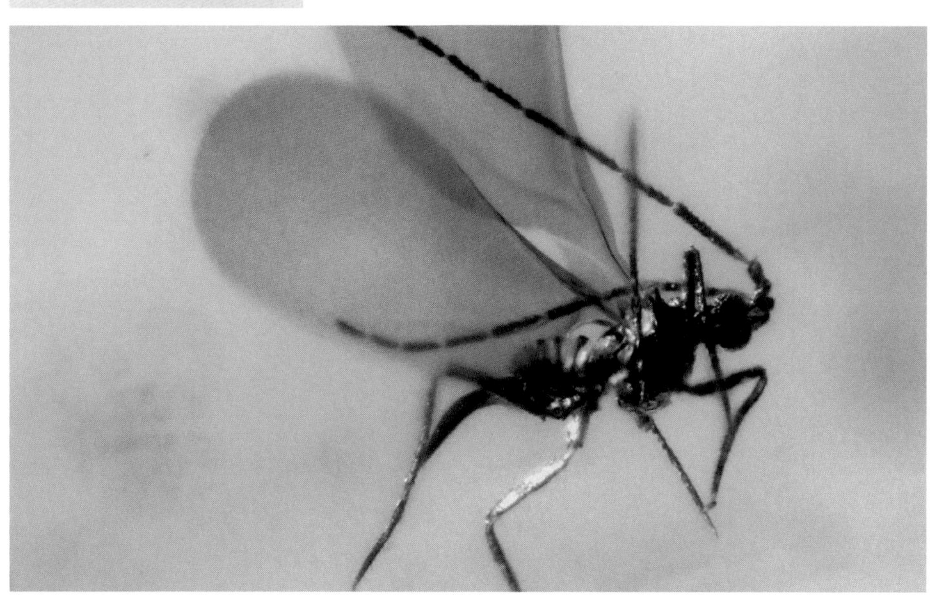

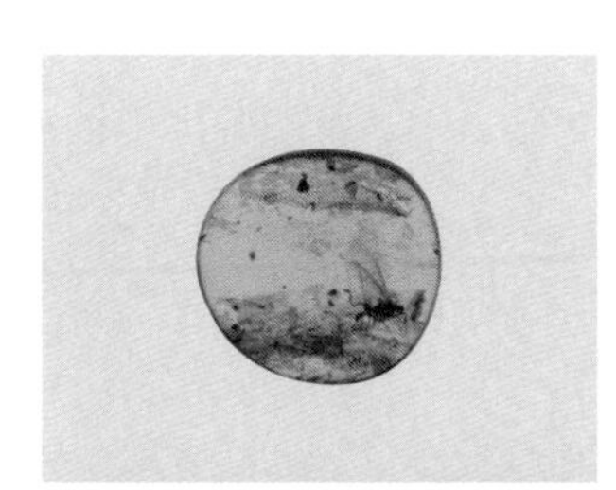

[f] 何蚧科 *Hodgsonicoccidae*

何蚧（雄）
Hodgsonicoccus sp.

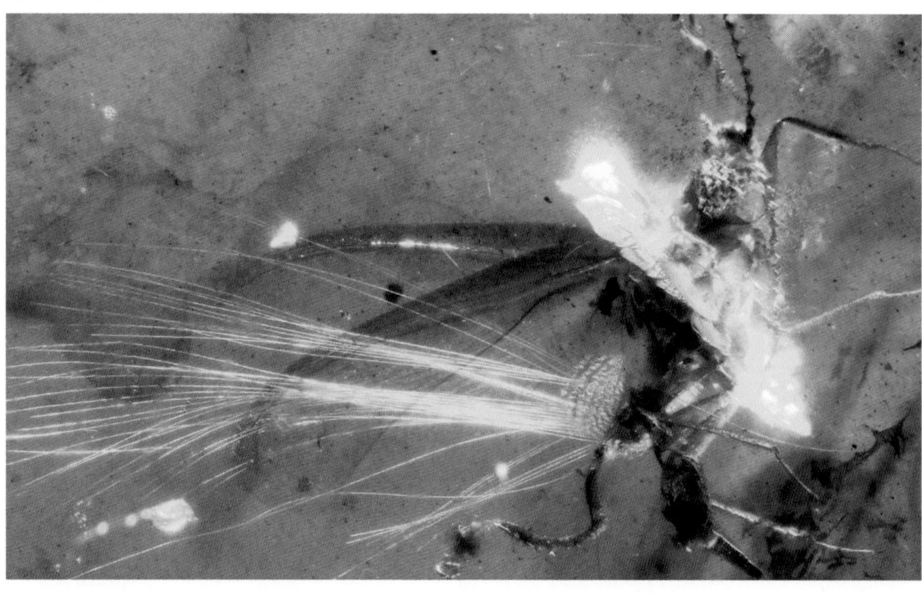

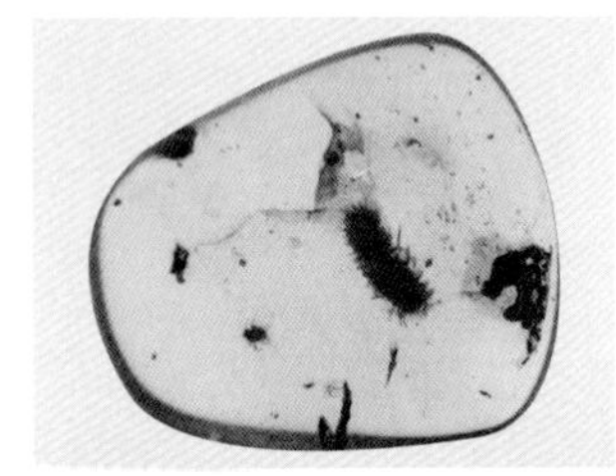

旌蚧科 *Ortheziidae*

旌蚧（雌）
Ortheziidae sp.

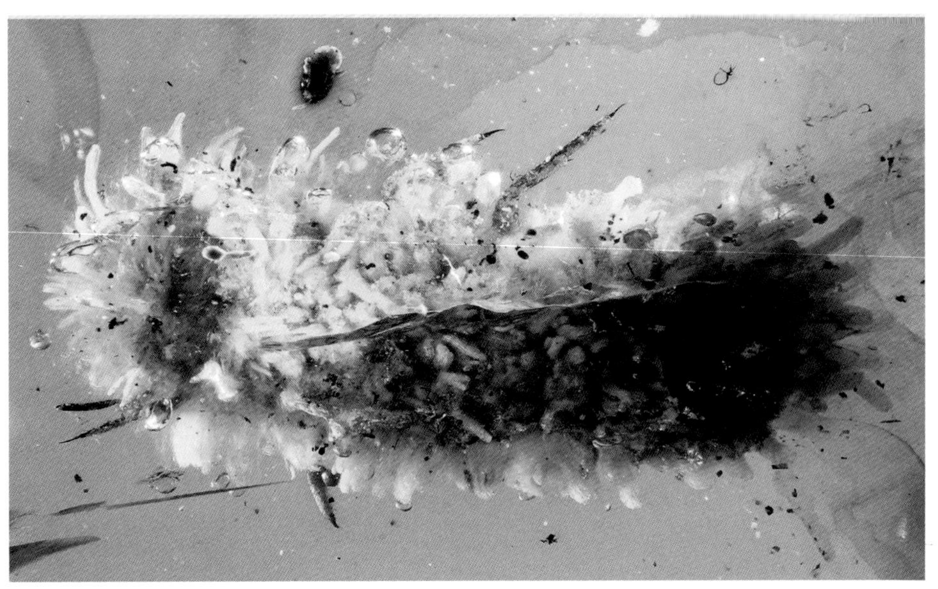

旌蚧科 *Ortheziidae*

旌蚧（雌）
Ortheziidae sp.

旌蚧科 *Ortheziidae*

BU 旌蚧（雌）
Ortheziidae sp.

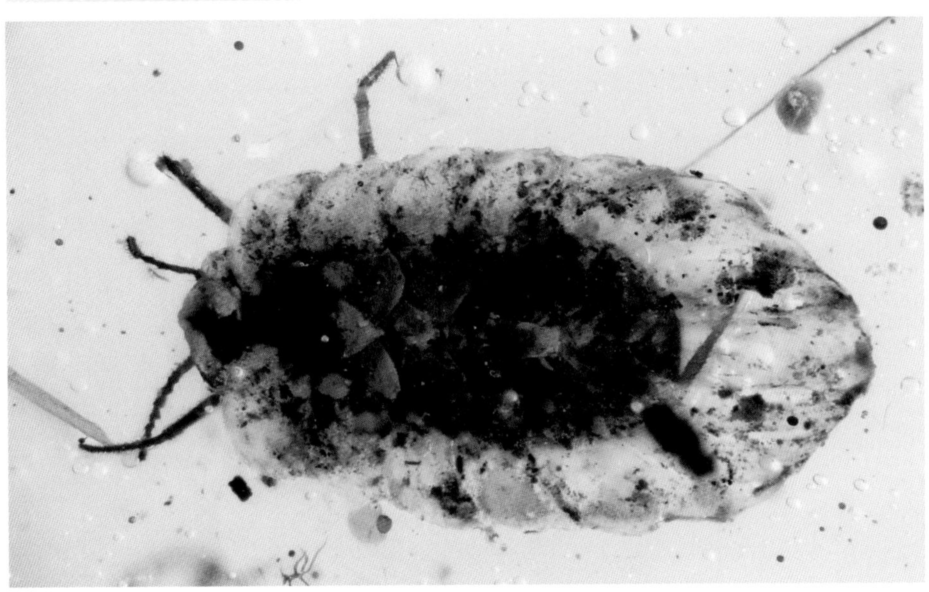

旌蚧科 *Ortheziidae*

BU 旌蚧（雌）
Ortheziidae sp.

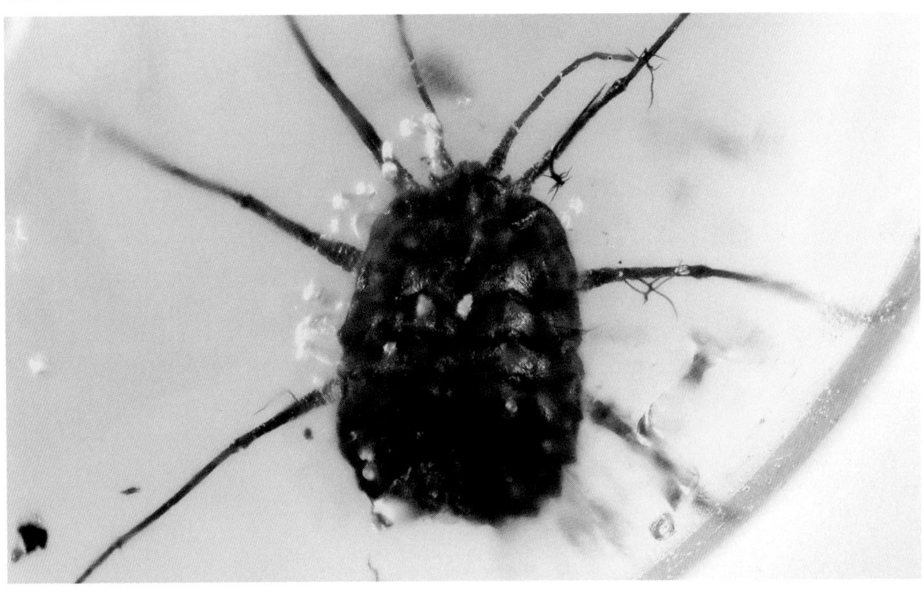

旌蚧科 *Ortheziidae*

BU

旌蚧（若虫）
Ortheziidae sp.

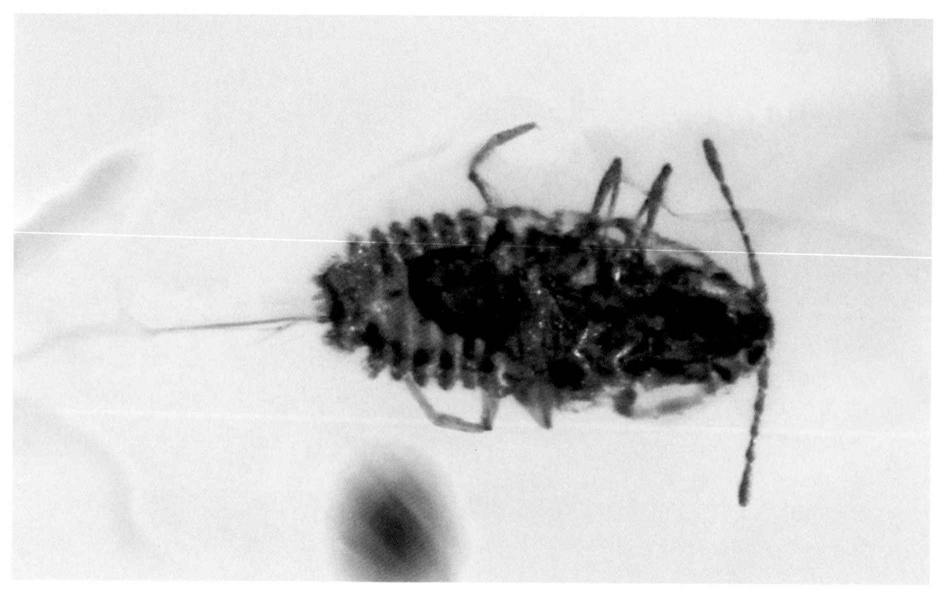

旌蚧科 *Ortheziidae*

BU

缅旌蚧
Burmorthezia sp.

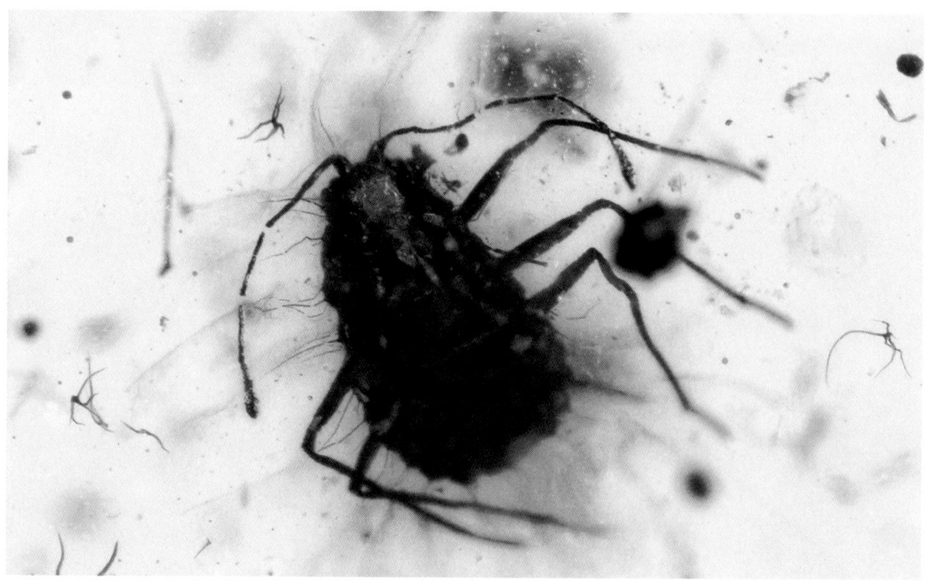

[g]介壳虫待定科 *Incertae Sedis*

四翅蚧
N/A

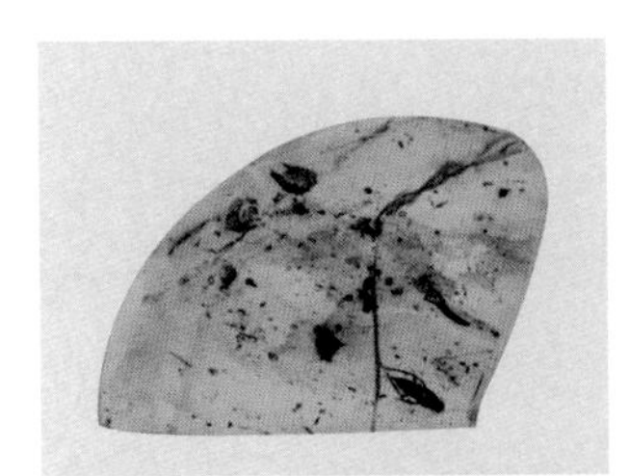

叶蝉科 *Cicadellidae*

白垩叶蝉（若虫）
Cicadellidae sp.

叶蝉科 *Cicadellidae*

缅甸叶蝉
Cicadellidae sp.

叶蝉科 *Cicadellidae*

波海叶蝉
Cicadellidae sp.

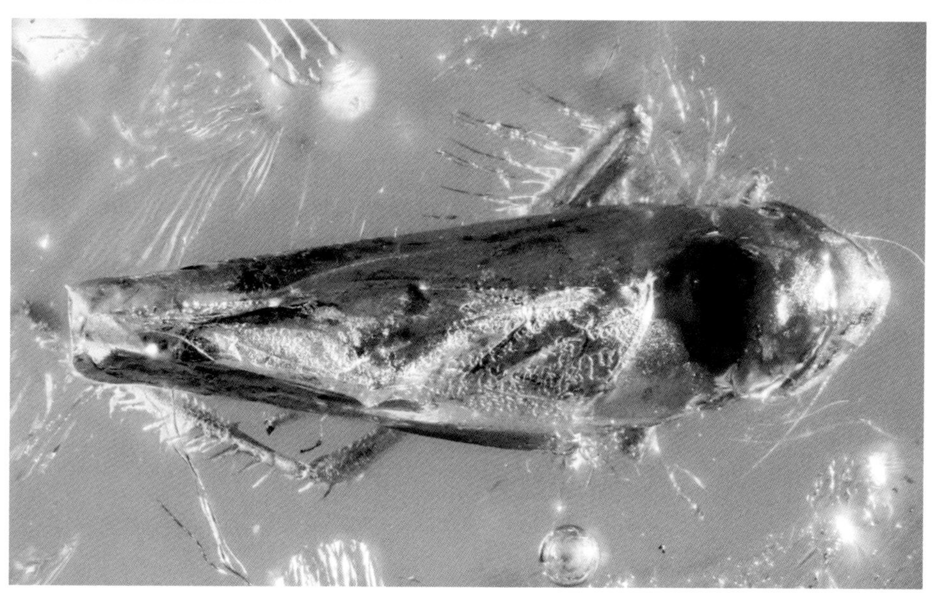

叶蝉科 *Cicadellidae*

多米叶蝉
Cicadellidae sp.

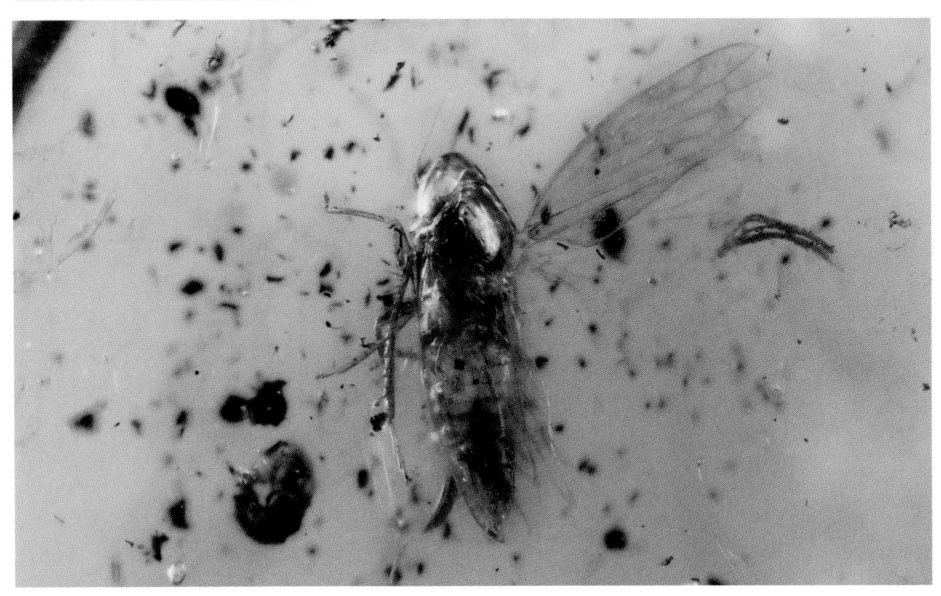

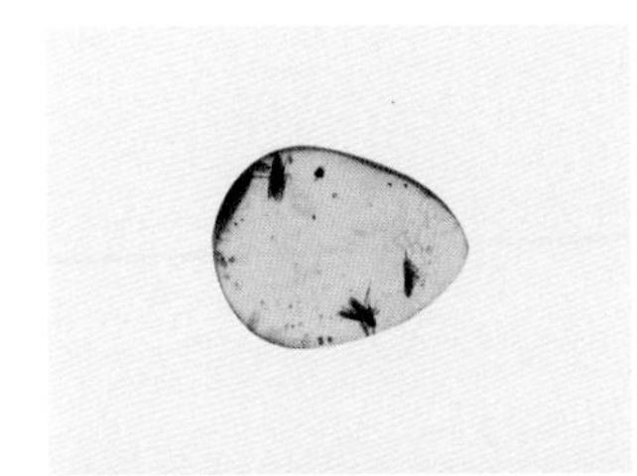

叶蝉科 *Cicadellidae*

加勒比叶蝉
Cicadellidae sp.

叶蝉科 *Cicadellidae*

小眼叶蝉
Xestocephalus sp.

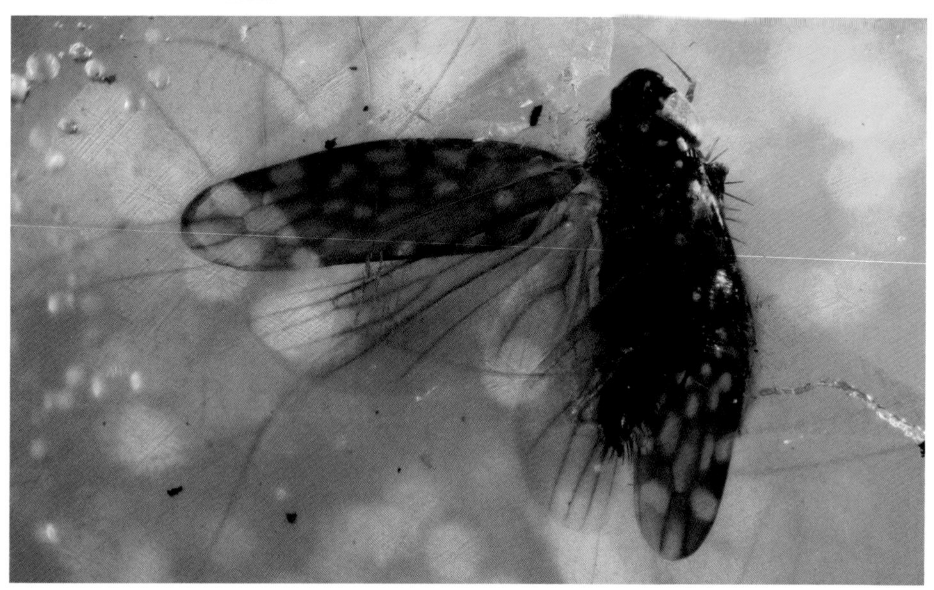

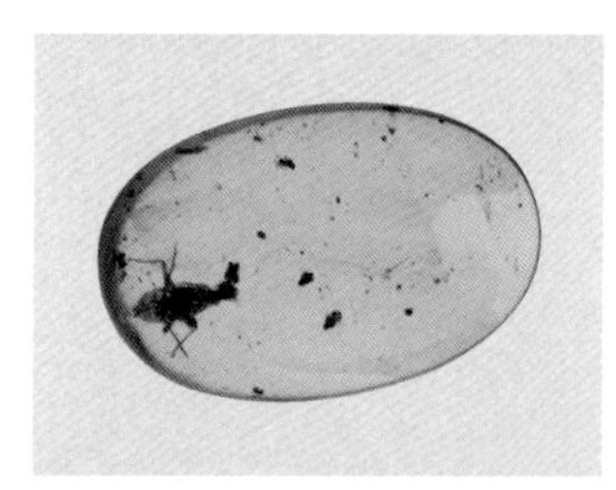

[h] 蜡蝉科 *Fulgoridae*

蜡蝉（若虫）
Fulgoridae sp.

h 瓢蜡蝉科 *Issidae*

瓢蜡蝉
Issidae sp.

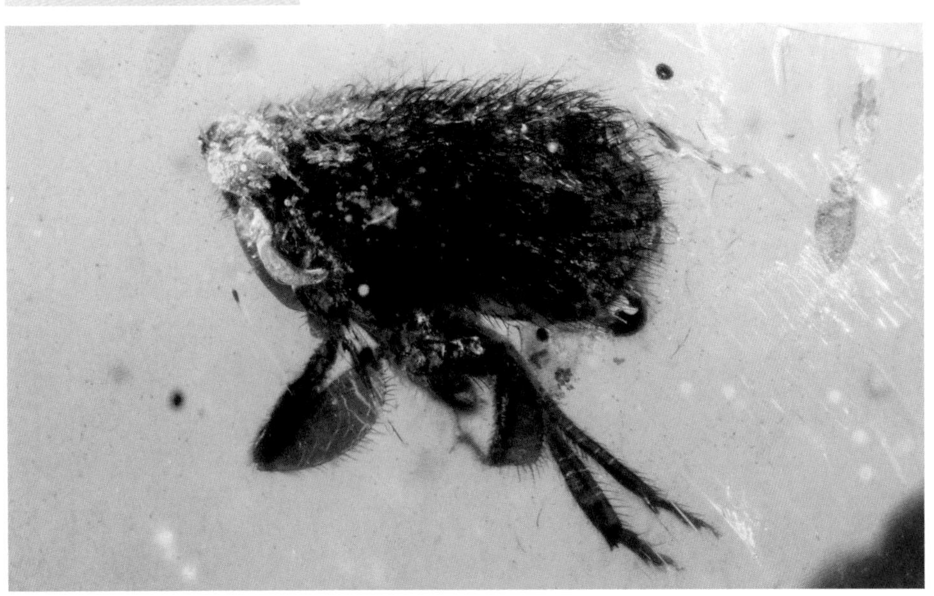

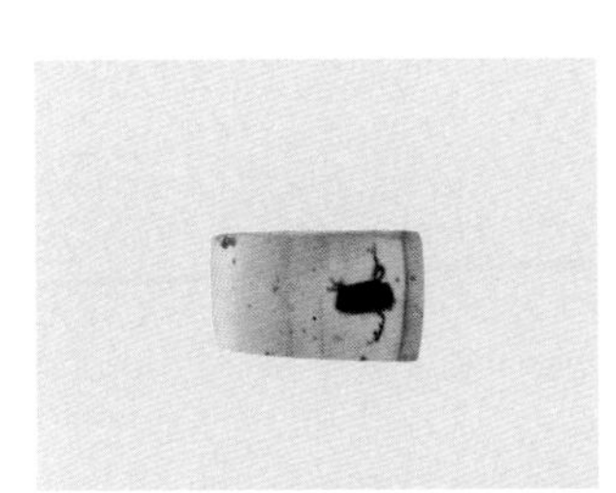

h 瓢蜡蝉科 *Issidae*

瓢蜡蝉
Issidae sp.

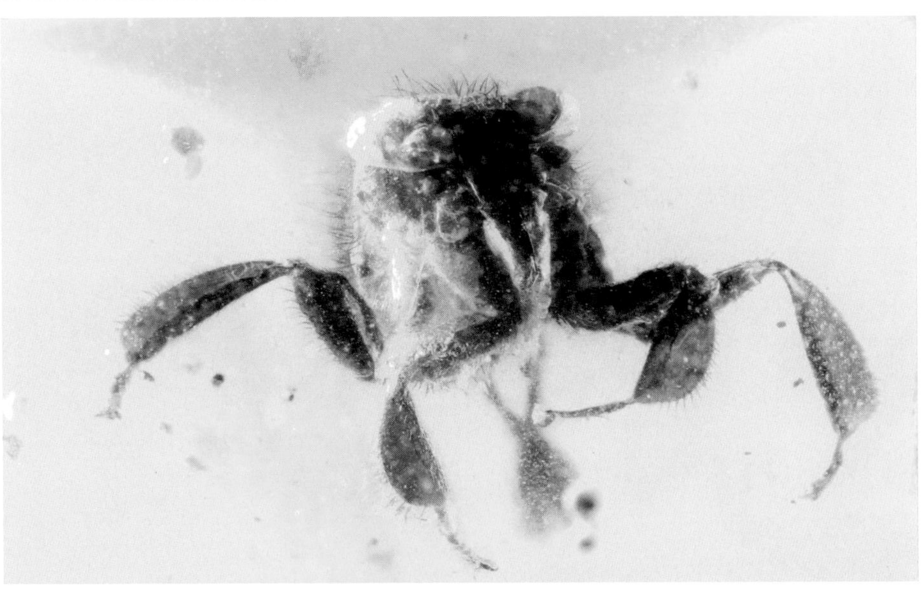

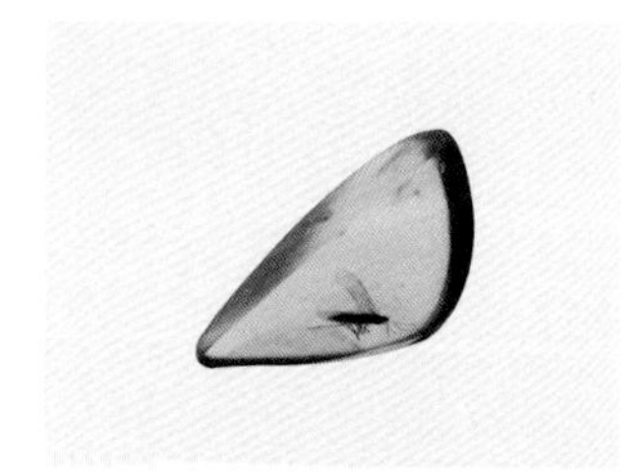

[h] 瓢蜡蝉科 *Issidae*

瓢蜡蝉
Issidae sp.

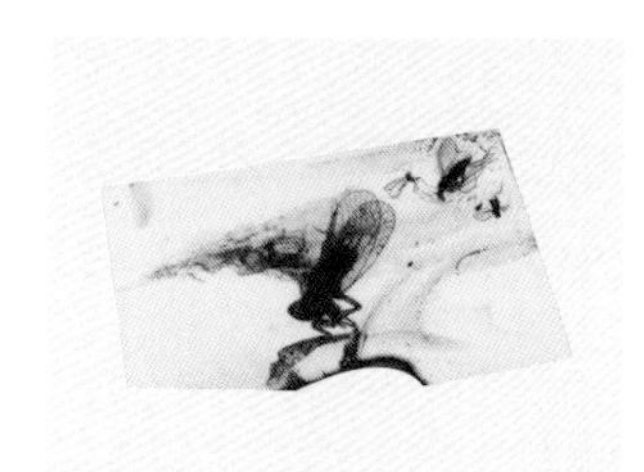

[h] 菱蜡蝉科 *Cixiidae*

波海菱蜡蝉
Cixiidae sp.

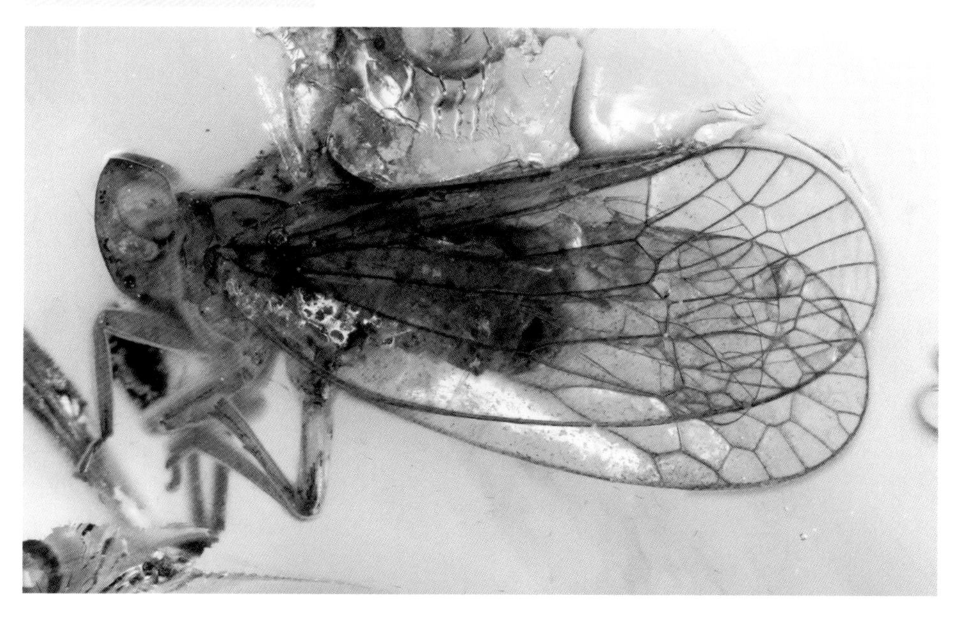

[h] 菱蜡蝉科 *Cixiidae*

多米菱蜡蝉
Cixiidae sp.

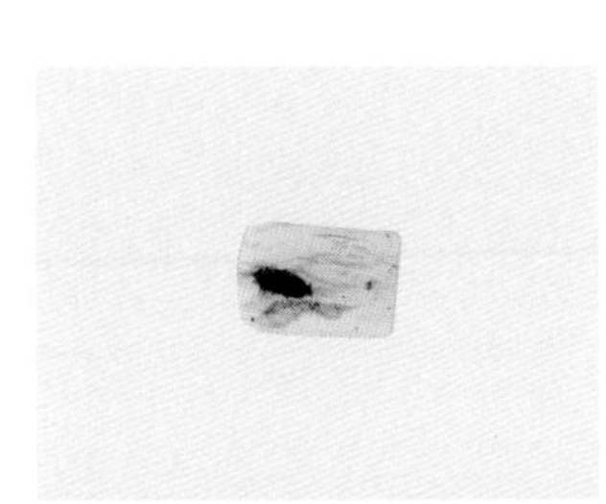

[h] 菱蜡蝉科 *Cixiidae*

菱蜡蝉
Cixiidae sp.

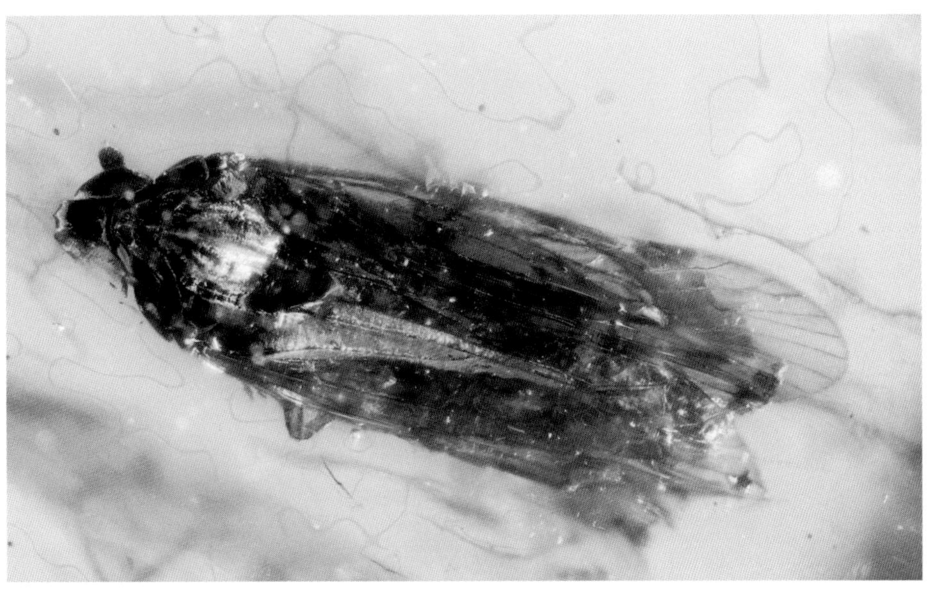

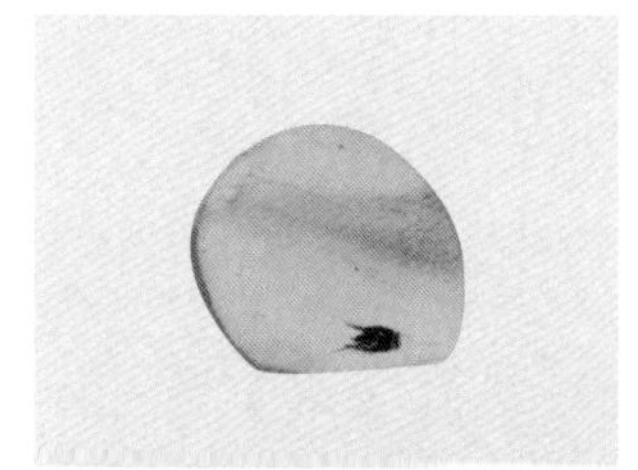

h 菱蜡蝉科 *Cixiidae*

菱蜡蝉
Cixiidae sp.

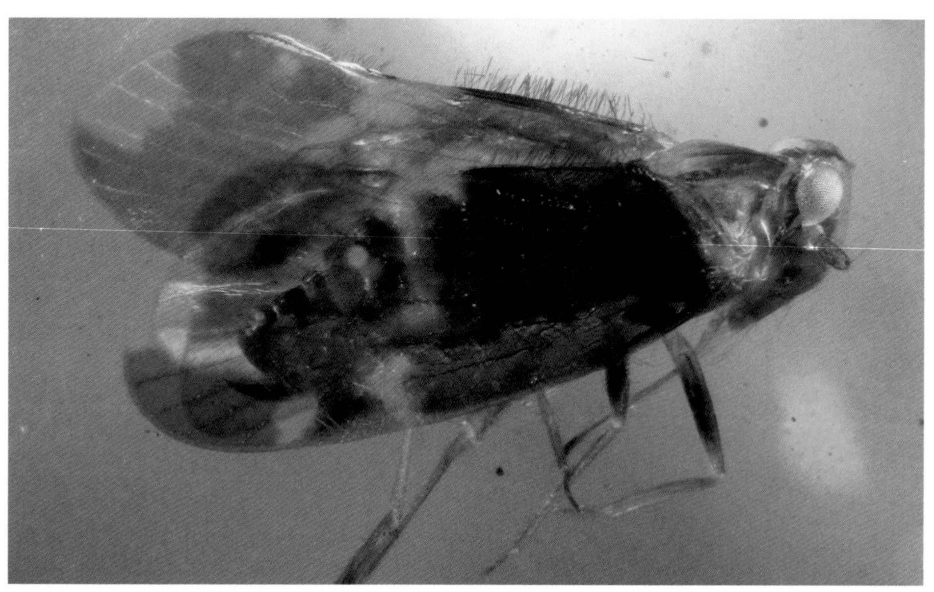

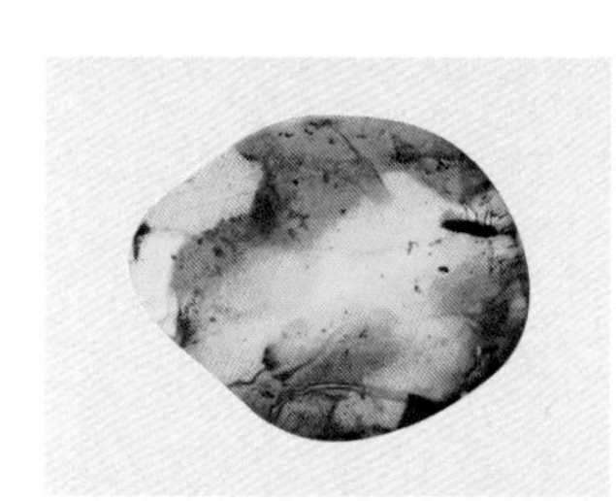

h 菱蜡蝉科 *Cixiidae*

菱蜡蝉
Cixiidae sp.

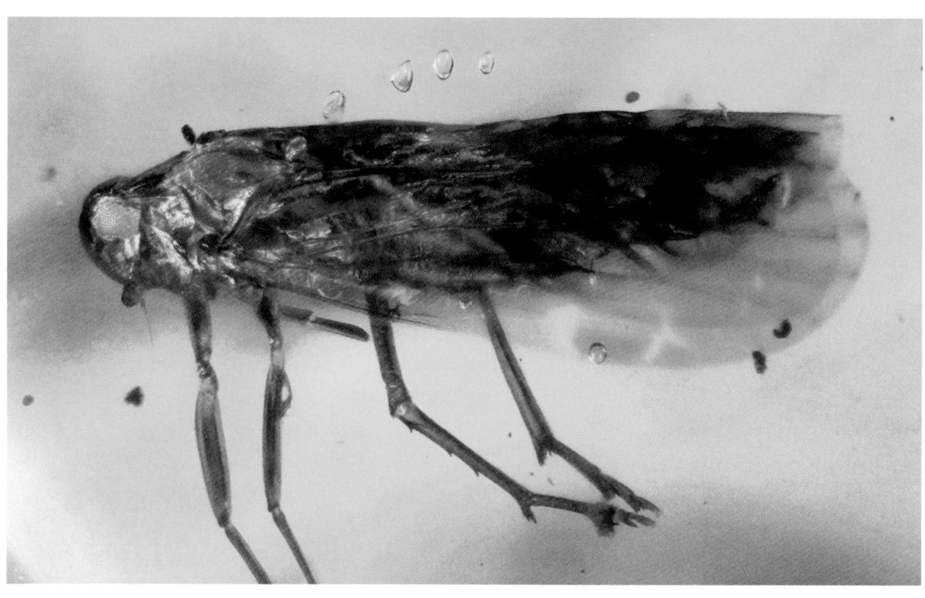

[h] 菱蜡蝉科 *Cixiidae*

BU 菱蜡蝉（若虫）
Cixiidae sp.

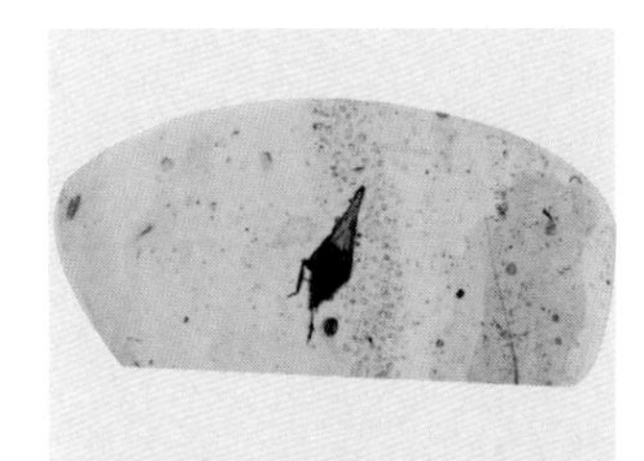

[h] 象蜡蝉科 *Dictyopharidae*

BU 象蜡蝉（若虫）
Dictyopharidae sp.

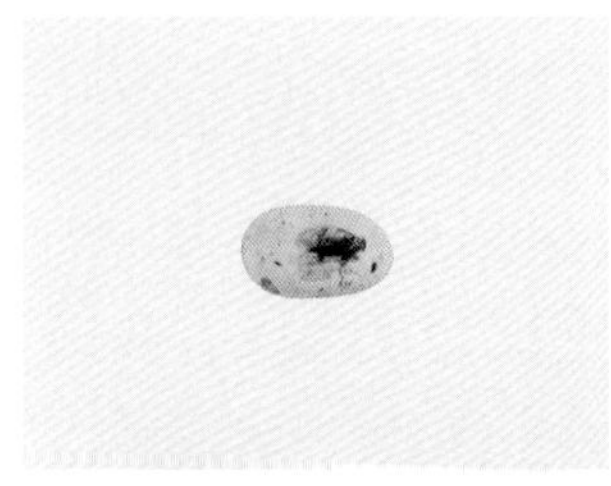

h 扁蜡蝉科 *Tropiduchidae*

BU 扁蜡蝉
Tropiduchidae sp.

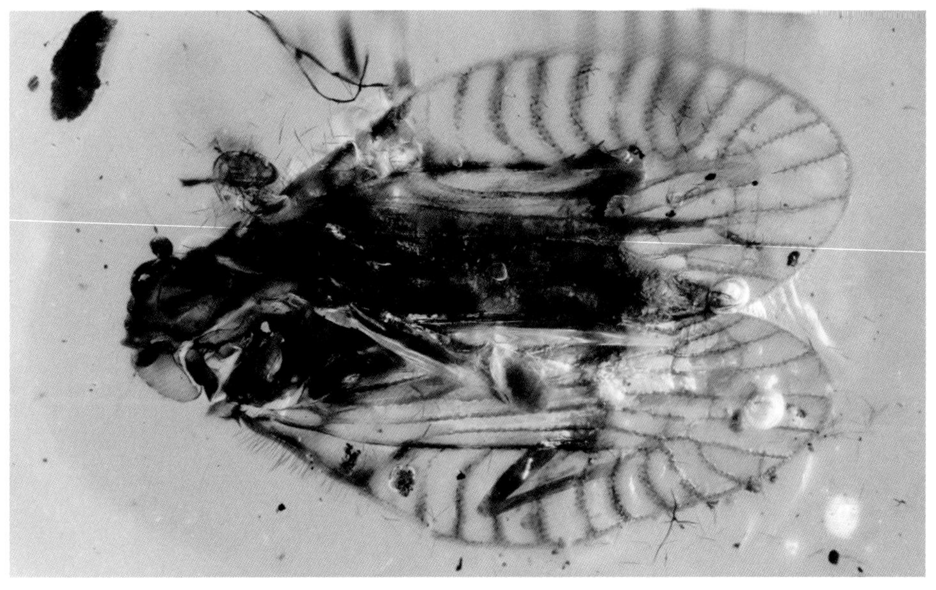

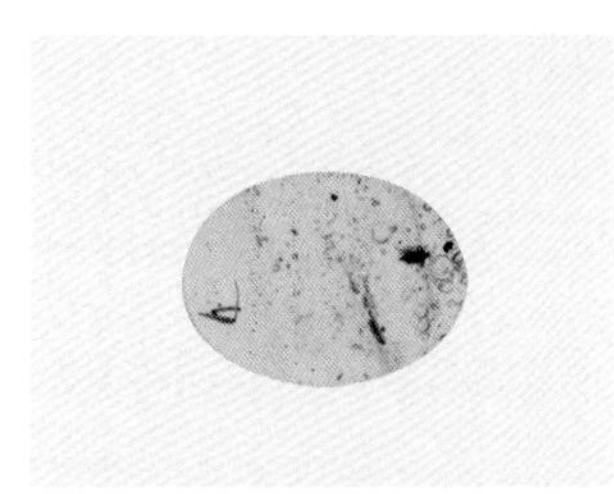

h 袖蜡蝉科 *Derbidae*

DO 袖蜡蝉
Derbidae sp.

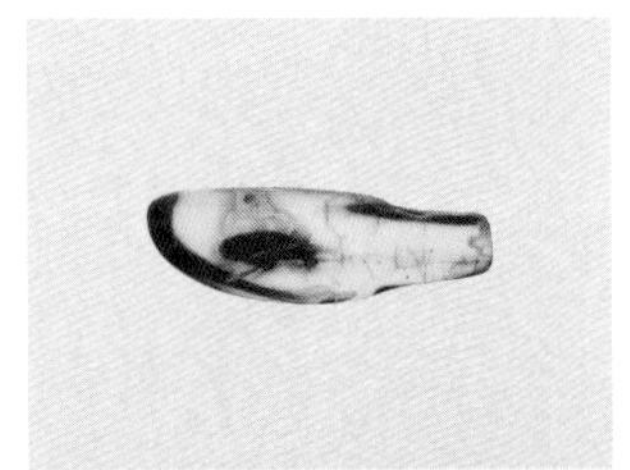

[h] 颖蜡蝉科 *Achilidae*

波海颖蜡蝉
Achilidae sp.

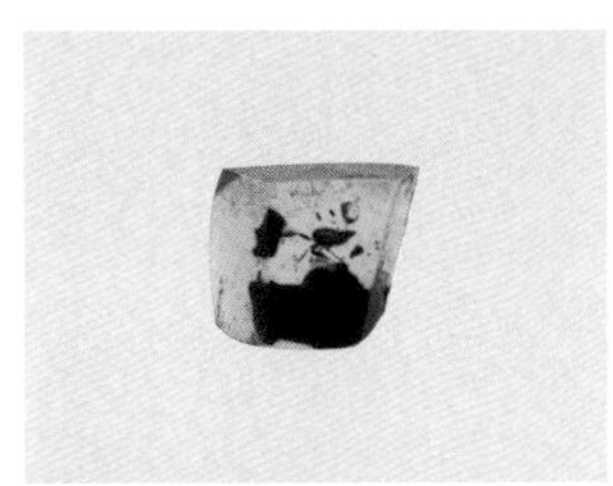

[h] 扁蜡蝉科 *Tropiduchidae*

扁蜡蝉（若虫）
Tropiduchidae sp.

h 颖蜡蝉科 *Achilidae*

DO 多米颖蜡蝉
Achilidae sp.

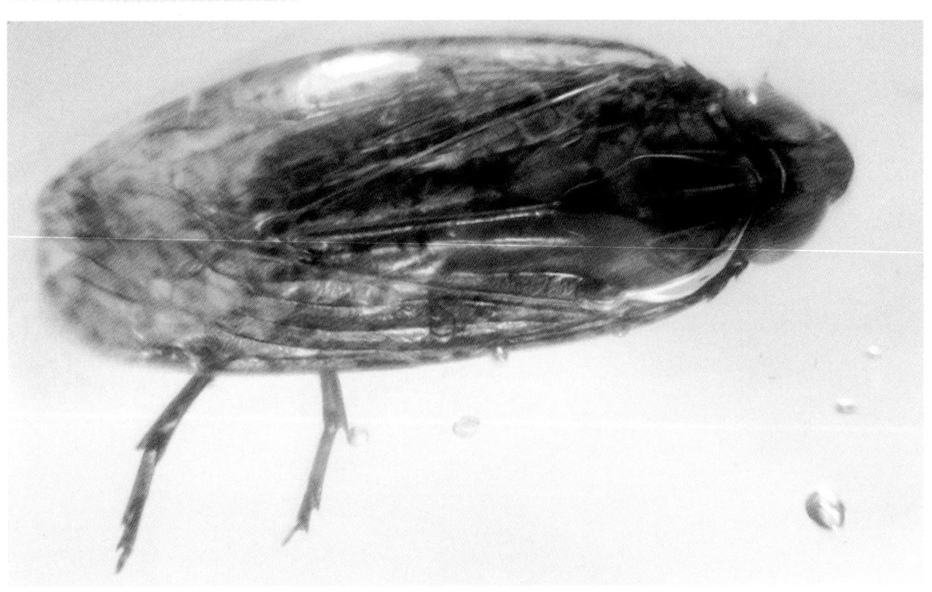

h 颖蜡蝉科 *Achilidae*

DO 加勒比颖蜡蝉
Achilidae sp.

[h] 颖蜡蝉科 *Achilidae*

缅甸颖蜡蝉
Achilidae sp.

[h] 阉蜡蝉科 *Kinnaridae*

阉蜡蝉
Kinnaridae sp.

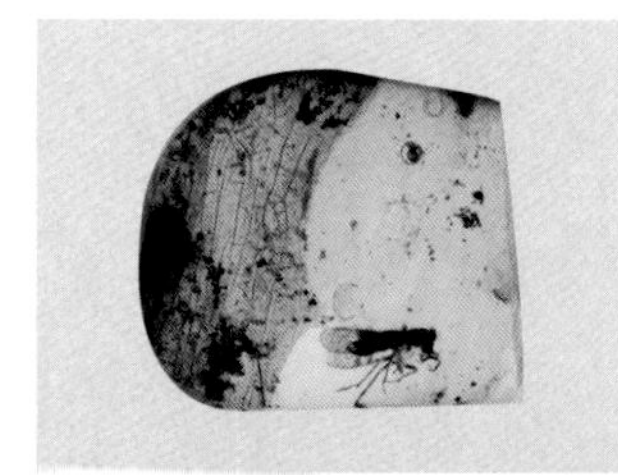

h 蜡蝉总科 *Fulgoroidea*

蜡蝉
Fulgoroidea sp.

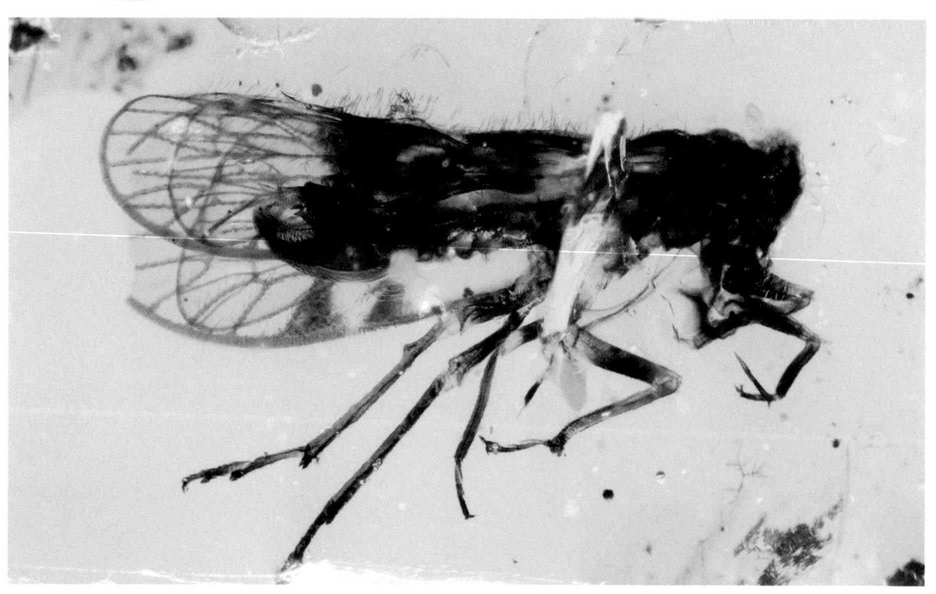

h 蜡蝉总科 *Fulgoroidea*

蜡蝉
Fulgoroidea sp.

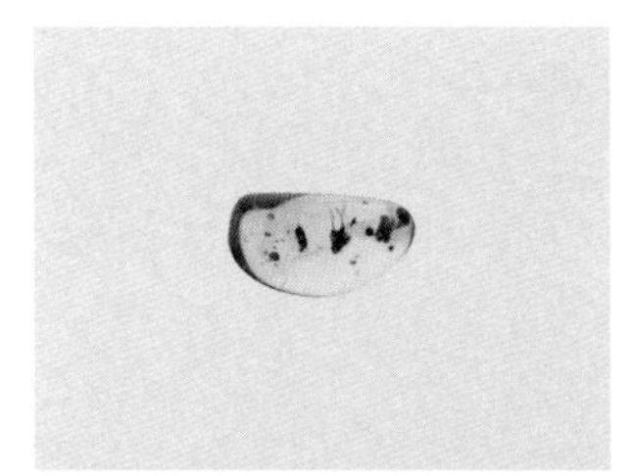

[h] 蜡蝉总科 *Fulgoroidea*

蜡蝉（短翅型）
Fulgoroidea sp.

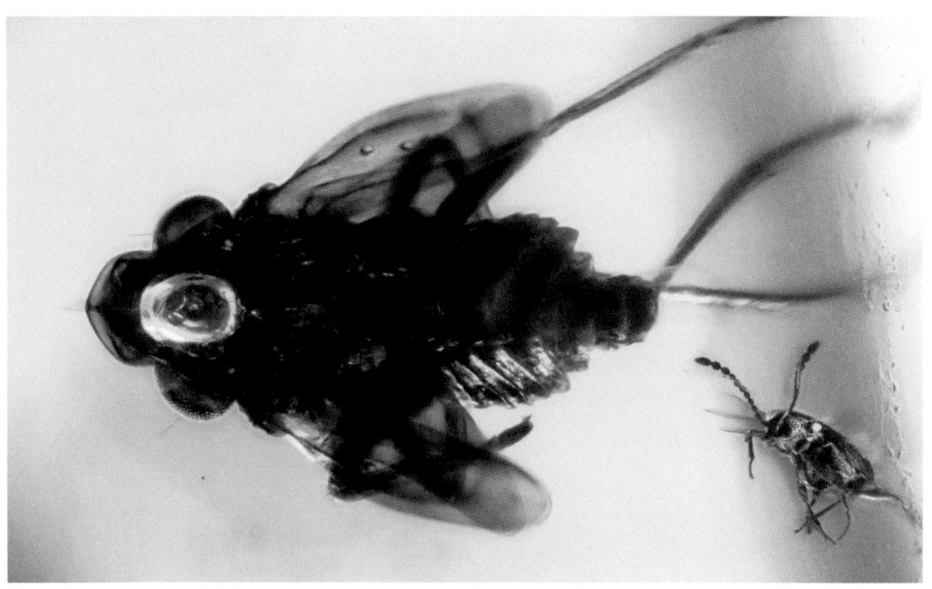

[h] 蜡蝉总科 *Fulgoroidea*

蜡蝉（若虫）
Fulgoroidea sp.

[h] 蜡蝉总科 *Fulgoroidea*

BU

蜡蝉 (若虫蜕皮)
Fulgoroidea sp.

沫蝉科 *Cercopidae*

沫蝉
Cercopidae sp.

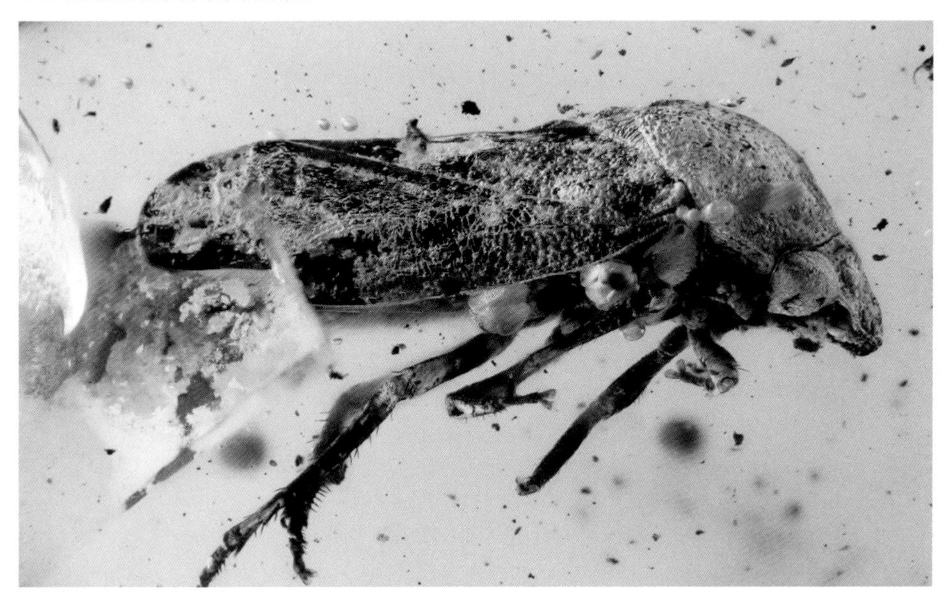

角蝉科 *Membracidae*

角蝉（蜕皮）
Membracidae sp.

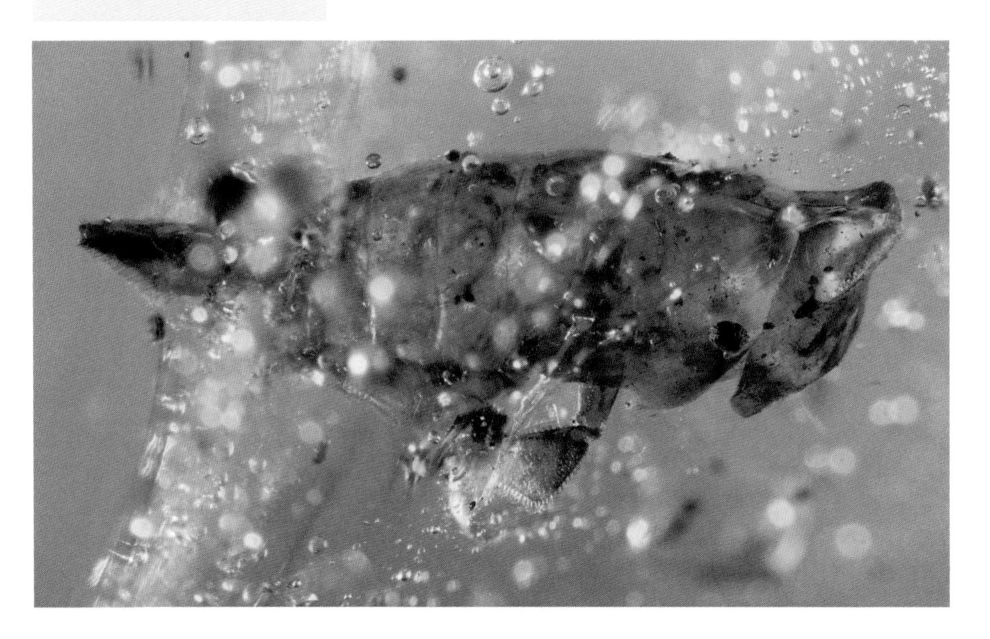

犁胸蝉科 *Aetalionidae*

犁胸蝉
Aetalionidae sp.

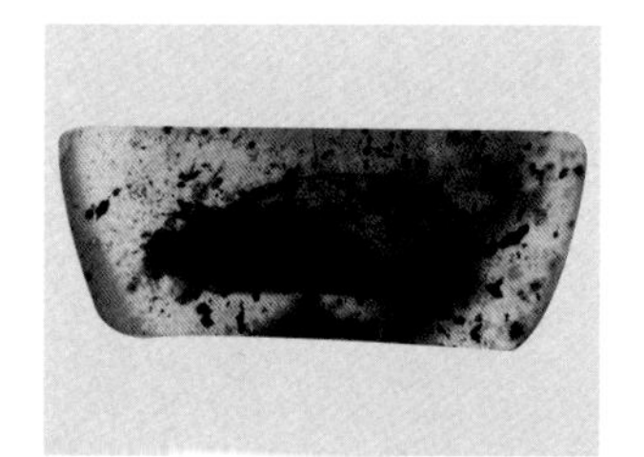

[i] 螽蝉科 *Tettigarctidae*

螽蝉
Tettigarctidae sp.

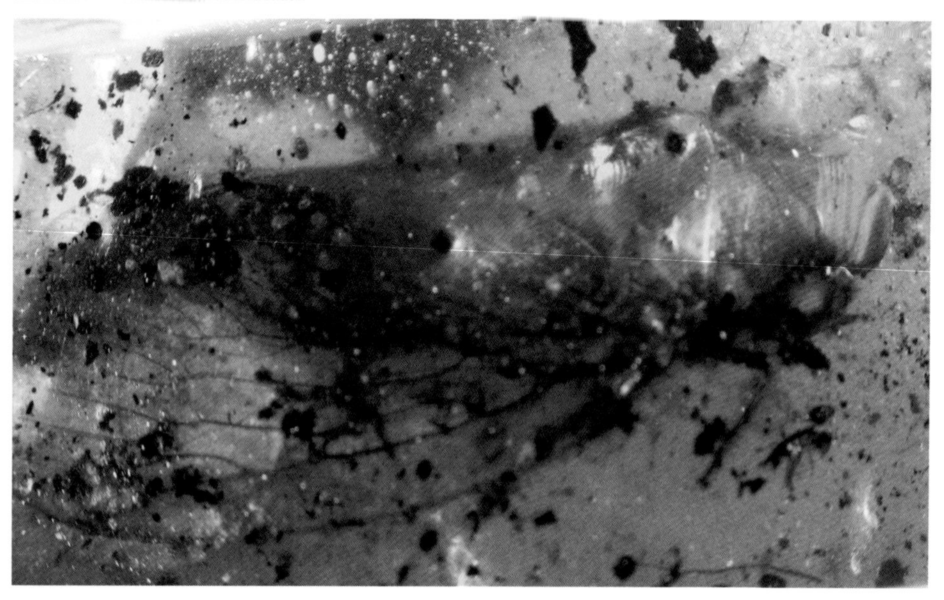

[i] 螽蝉科 *Tettigarctidae*

螽蝉（若虫蜕皮）
Tettigarctidae sp.

Neuroptera

脉翅目

脉翅目昆虫以丰富的翅脉而得名，中文名字一般都是以"蛉"结尾，属于完全变态昆虫，一生经历卵、幼虫、蛹、成虫4个时期。体形由小至大，形态多样。最小的粉蛉翅展只有3～5 mm，最大的蚁蛉翅展可达155 mm。目前世界上脉翅目昆虫有30科（含17个已经灭绝的化石科），6 000余种。常见的有草蛉、褐蛉、粉蛉、蚁蛉、蝶角蛉以及螳蛉等。

成虫飞翔力弱，多数具趋光性。成虫通常将卵产在叶背面或者树皮上。脉翅目幼虫生活环境多样，一般为陆生，部分类群水生（如泽蛉、水蛉），而溪蛉幼虫一般发现于水边，通常认为其是半水生昆虫。幼虫口器比较特殊，其上颚和下颚延长呈镰刀状，相合形成尖锐的长管，以适于捕获和吮吸猎物体液，故又称为捕吸式口器或双刺吸式口器。幼虫可捕食蚜虫、蜘蛛、螨类等。幼虫化蛹时老熟幼虫抽丝做成圆形或椭圆形小茧，蛹多为离蛹，翅芽、足以及触角等与身体分离明显；羽化时，蛹可以钻出或者半露于茧外。卵多为绿色或者淡黄色，椭圆形或者倒卵形，有的具一长柄，卵与柄相连形似一花蕊。

琥珀中的脉翅目昆虫并不多见，但却呈现出丰富的生物多样性。这一点在白垩纪的琥珀，特别是缅甸琥珀中，显得尤为突出。

栉角蛉科[a]Dilaridae的雄虫触角栉齿状，雌虫触角丝状，但雌虫有一个很长的产卵器，通常会背在身上。

蝶蛉总科[b]Psychopsoidea中的一些科都是仅在侏罗纪和白垩纪的化石中才有发现，有些缅甸琥珀中的种类口器特化，甚至难以归入任何已知科。白垩栉角蝶蛉*Cretanallachius magnificus*是一种已知的缅甸琥珀化石种类，已知仅有雄虫。

2012年，在西班牙的白垩纪琥珀中发现了一种非常奇特的草蛉总科[c]Chrysopoidea幼虫，它带有很长且分叉的刺，被称作拾荒草蛉。这是草蛉幼虫的一种神奇的伪装术，它们将蕨类植物的毛装点在刺上，并生活其中，达到隐藏的目的。而在缅甸琥珀中，也已经发现了类似的种类，说明在白垩纪，这类草蛉的分布是非常广泛的。

缅甸琥珀中还有一类在其他地区琥珀中未曾发现过的、非常奇特的脉翅目昆虫，其幼虫长有一个长长的"脖子"，被称为昆虫中的长颈鹿，这就是旌蛉。缅甸琥珀中的旌蛉科[d]Nemopteridae幼虫鲜有发现，成虫则更加罕见。

脉翅目的蛹多为离蛹，翅芽、足以及触角等与身体分离明显，甚至可以短暂地爬行，本书收录了一个尚未确定分类地位的脉翅目离蛹[e]，十分罕见。

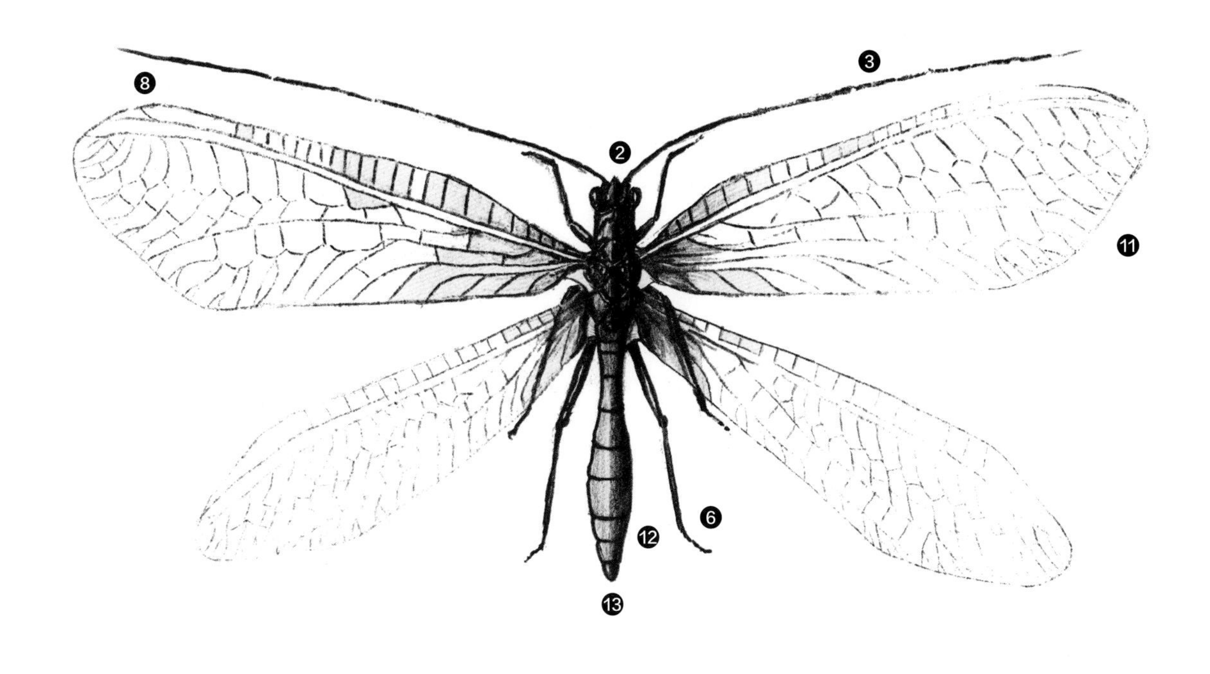

❶ 体壁通常柔弱，生毛或覆盖蜡粉；
❷ 头部一般呈三角形，复眼大，半圆形；
❸ 触角形状多样，一般为线状、杆状、棒状以及栉齿状等；
❹ 口器为咀嚼式，上颚通常较发达；
❺ 胸部 3 节分界明显，前胸矩形，少数延长（如螳蛉），中、后胸相似；
❻ 足通常细长，跗节 5 节，一般具爪 1 对；
❼ 少数种类的前足特化成类似螳螂的捕捉足（如螳蛉、刺鳞蛉）；
❽ 成虫的翅通常膜质，前缘具有颜色明显加深的翅痣；
❾ 前后翅大小相近，但是旌蛉科后翅特化呈长杆状或者矛状；
❿ 成虫静止时通常 4 个翅折叠在一起，呈屋脊状覆于身体两侧；
⓫ 翅脉发达（除粉蛉外），形成网状脉纹；
⓬ 成虫腹部细长，一般 10 节，第 1–2 节以及尾节较宽大；
⓭ 一般不具尾须。

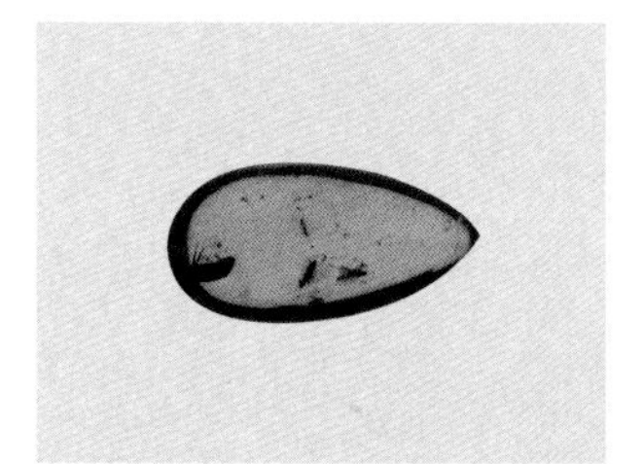

粉蛉科 *Coniopterygidae*

BU

白垩粉蛉
Glaesoconis sp.

粉蛉科 *Coniopterygidae*

点斑白垩粉蛉
Glaesoconis baliopteryx

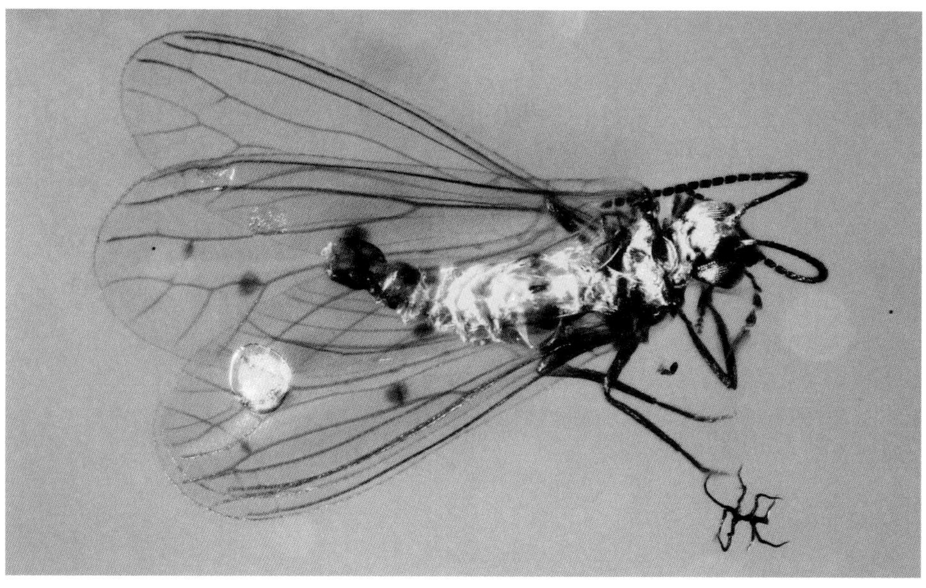

草蛉总科 *Chrysopoidea*

草蛉（幼虫）
Chrysopoidea sp.

草蛉总科 *Chrysopoidea*

草蛉（幼虫）
Chrysopoidea sp.

草蛉总科 *Chrysopoidea*

草蛉（幼虫）
Chrysopoidea sp.

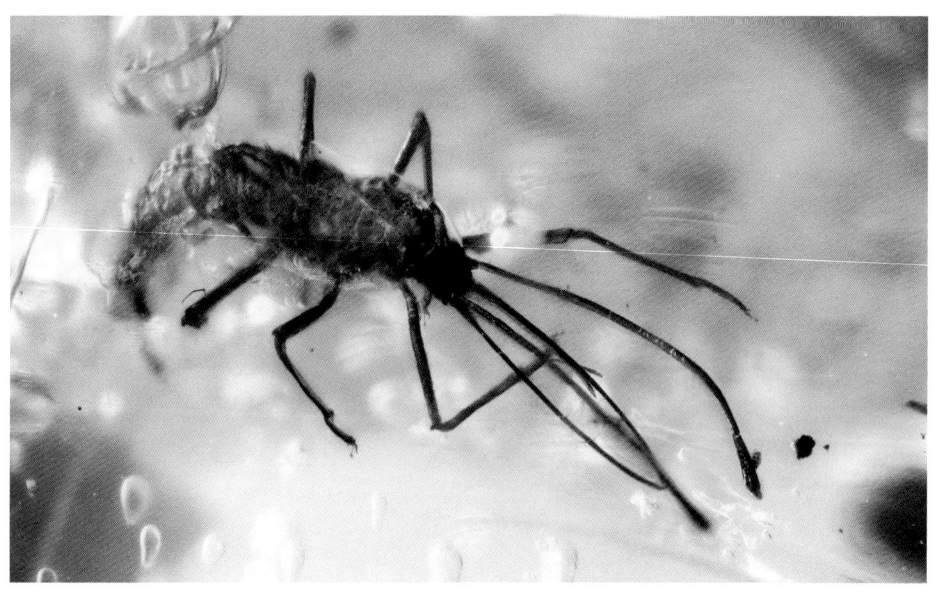

c 草蛉总科 *Chrysopoidea*

拾荒草蛉（幼虫）
Chrysopoidea sp.

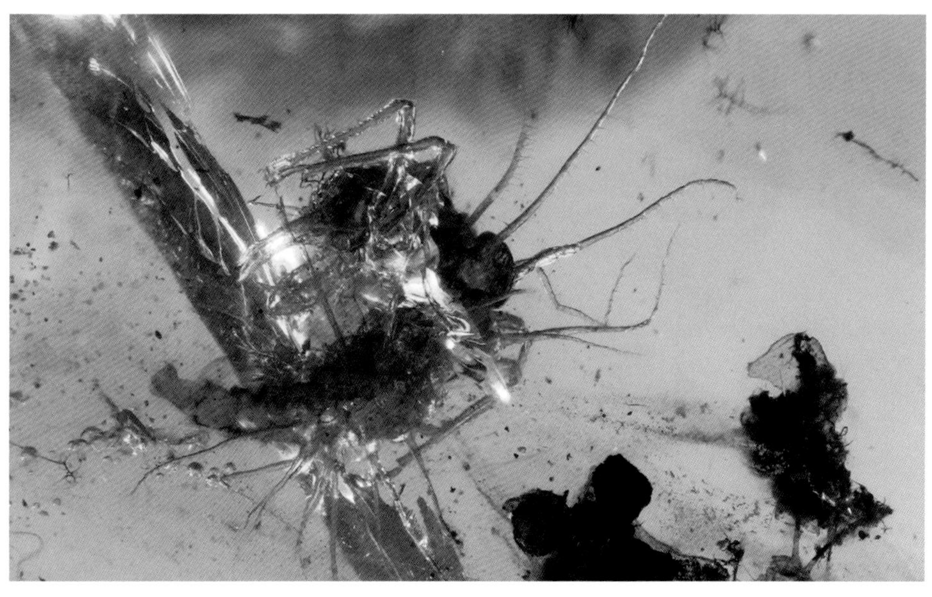

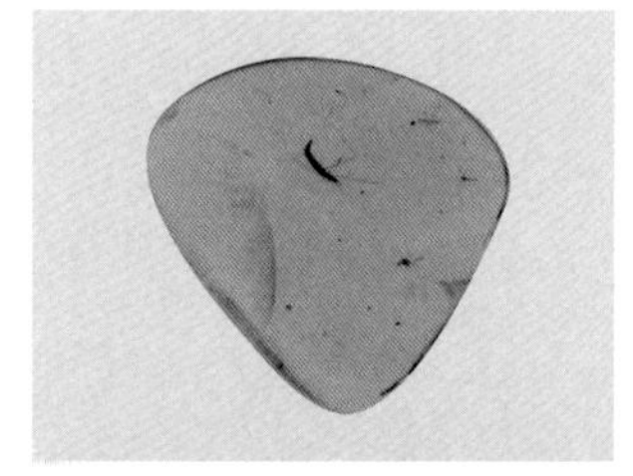

中草蛉科 *Mesochrysopidae*

BU 食蛛长足蛉（幼虫）
Pedanoptera arachnophila

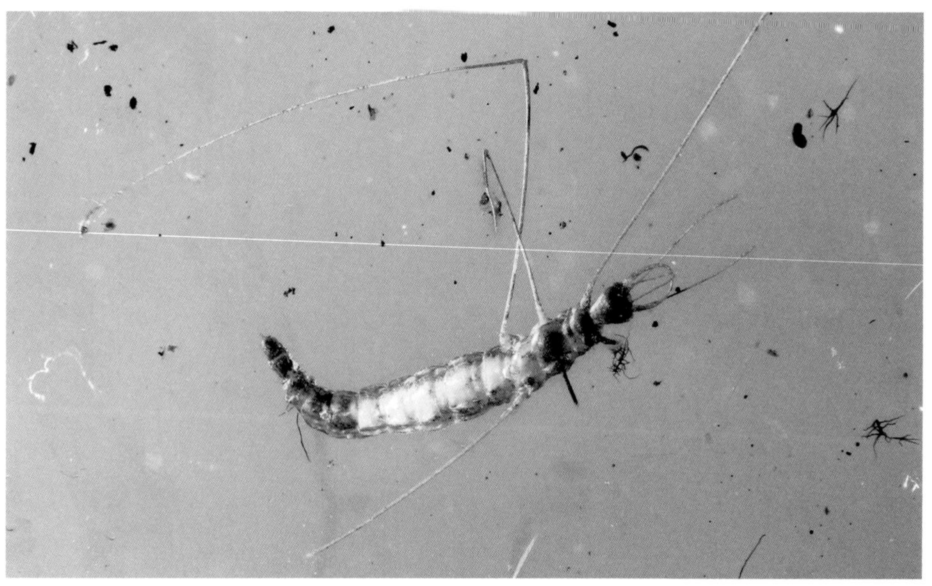

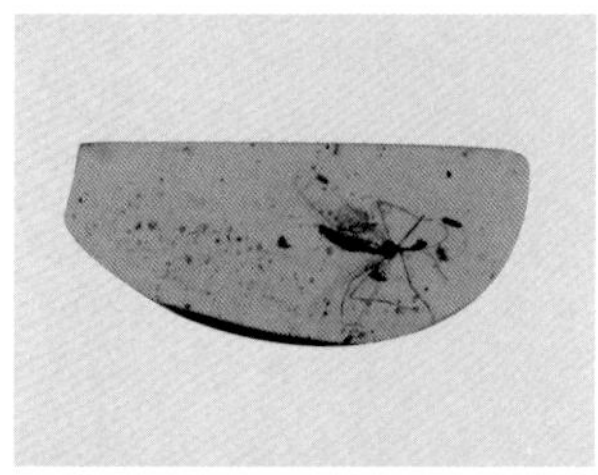

中草蛉科 *Mesochrysopidae*

BU 食蛛长足蛉
Pedanoptera arachnophila

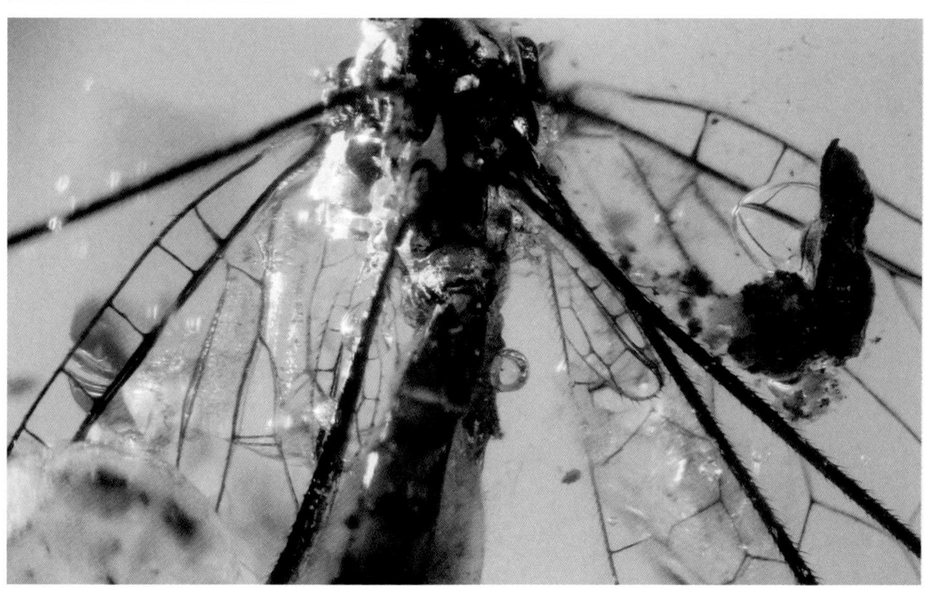

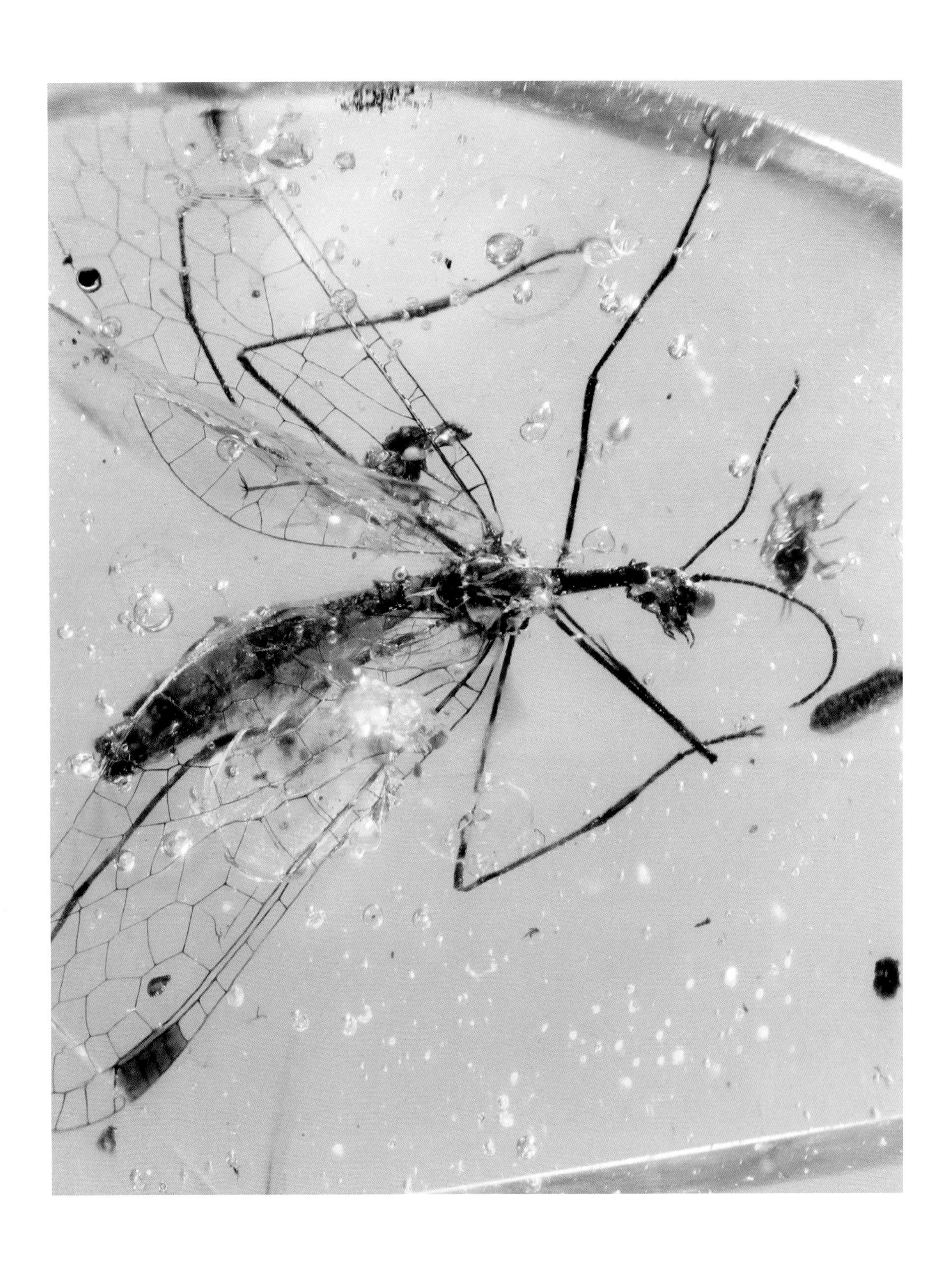

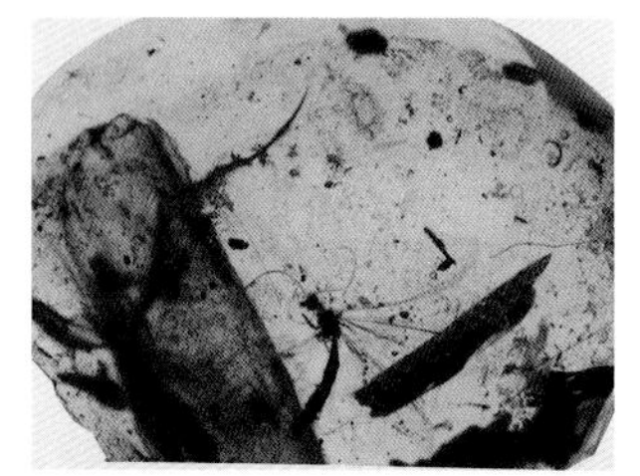

纤蛉科 *Babinskaiidae*

BU

缅甸珀纤蛉
Electrobabinskaia burmana

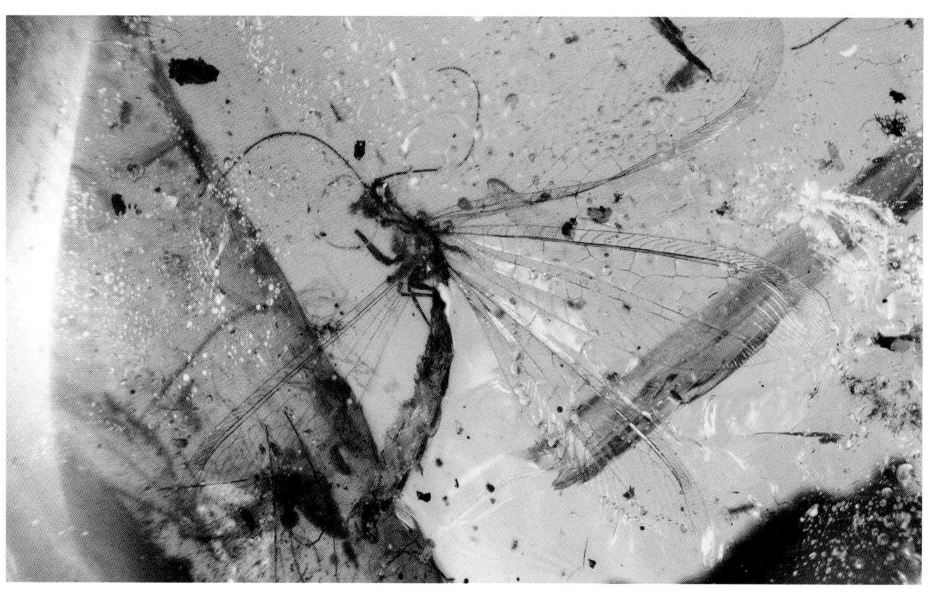

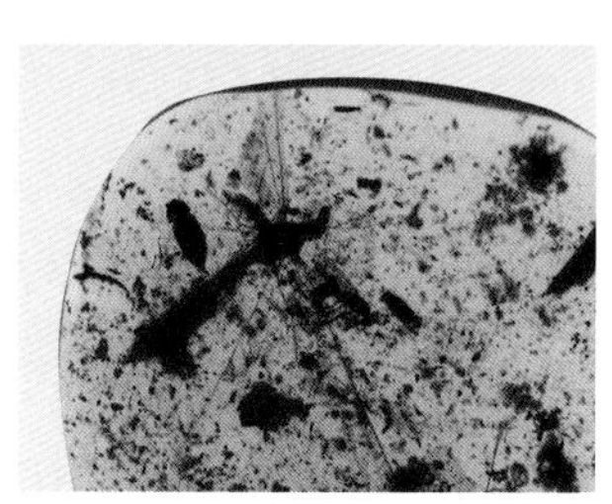

蚁蛉总科 *Myrmeleontoidea*

BU

蚁蛉
Myrmeleontoidea sp.

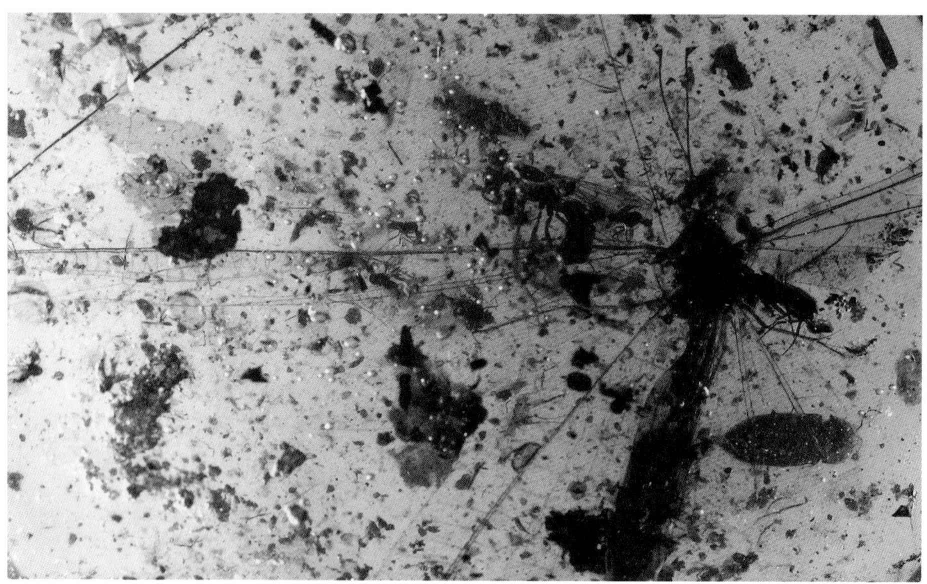

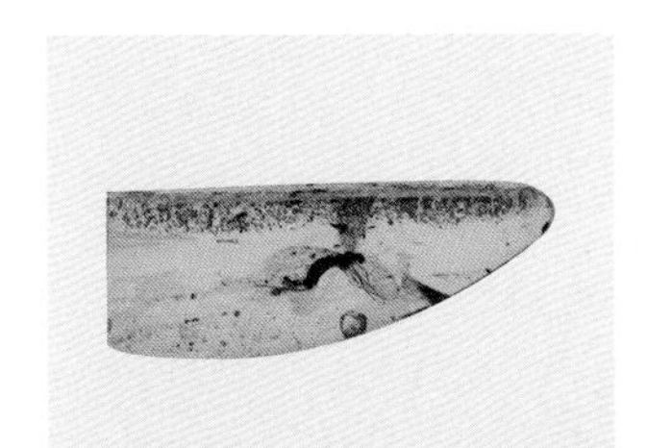

[a] 栉角蛉科 *Dilaridae*

栉角蛉（雌）
Dilaridae sp.

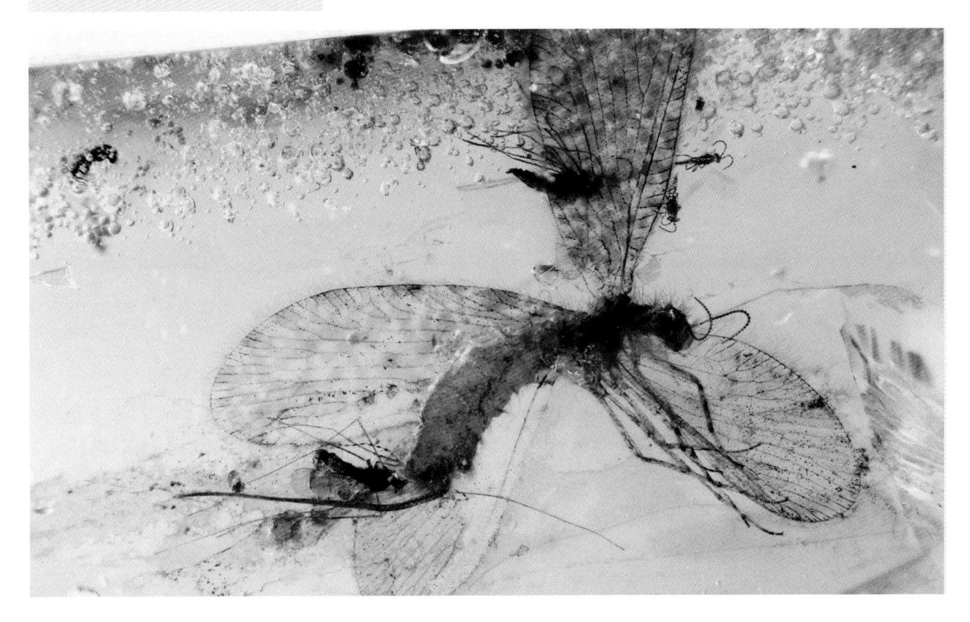

[a] 栉角蛉科 *Dilaridae*

栉角蛉（雄）
Dilaridae sp.

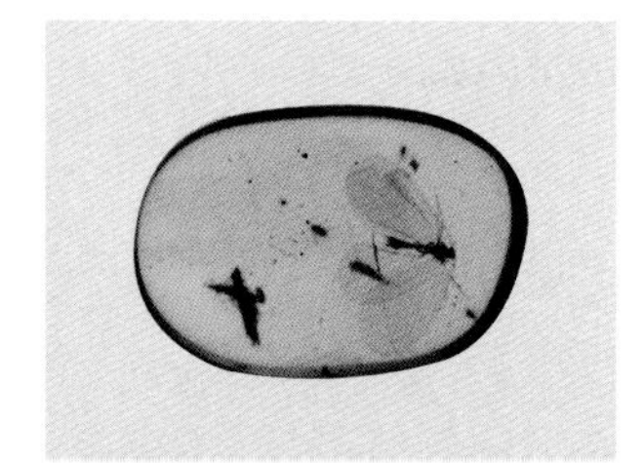

b 蝶蛉总科 *Psychopsoidea*

BU 白垩栉角蝶蛉（雄）
Cretanallachius magnificus

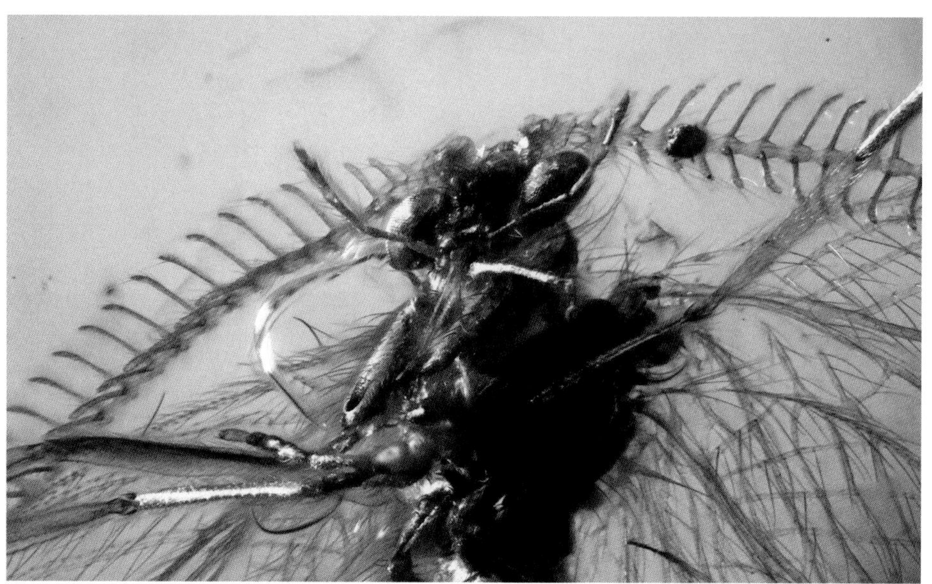

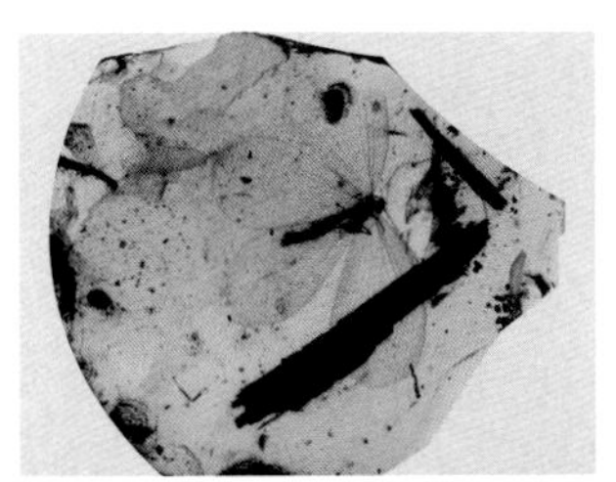

[b] 蝶蛉总科 *Psychopsoidea*

BU 李墨缅蝶蛉
Burmopsychops limoae

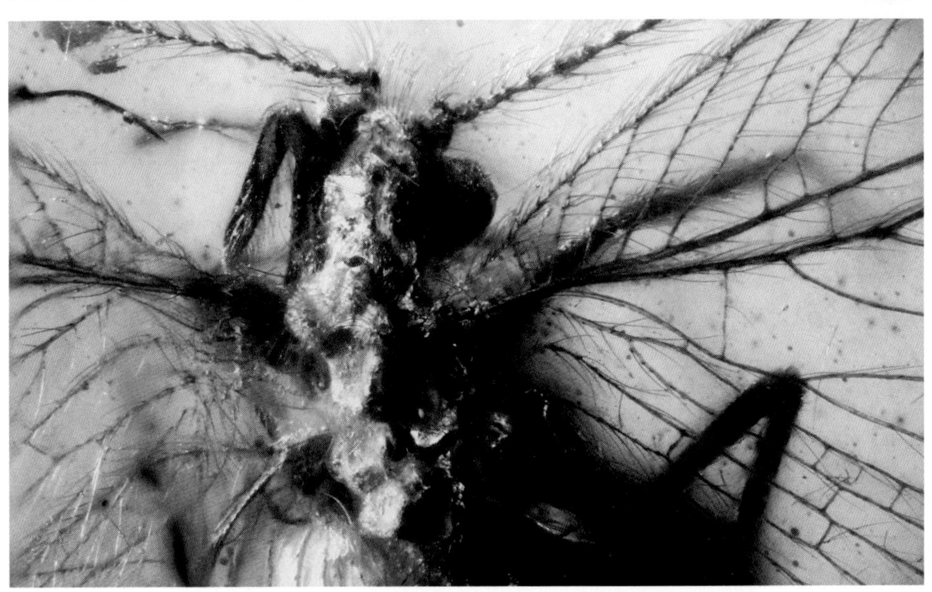

蝶蛉科 *Psychopsidae*

蝶蛉
Psychopsidae sp.

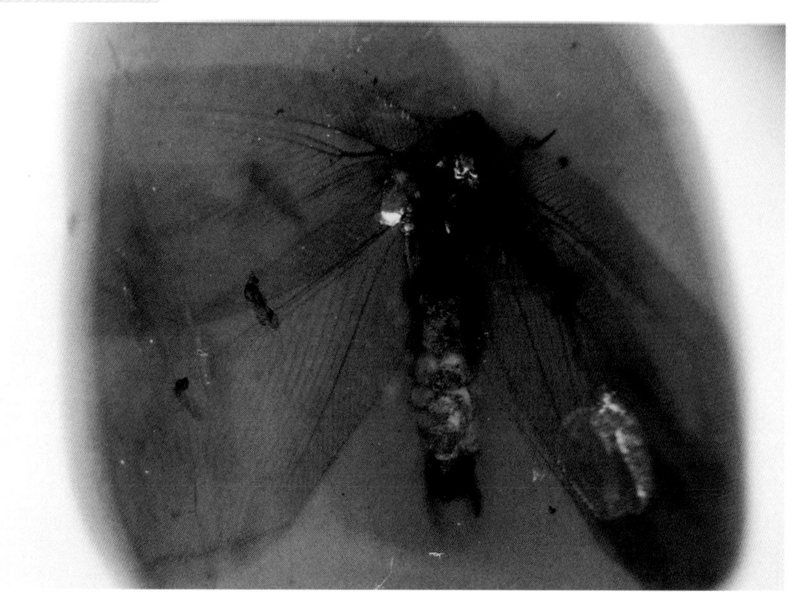

蝶蛉科 *Psychopsidae*

蝶蛉（幼虫）
Psychopsidae sp.

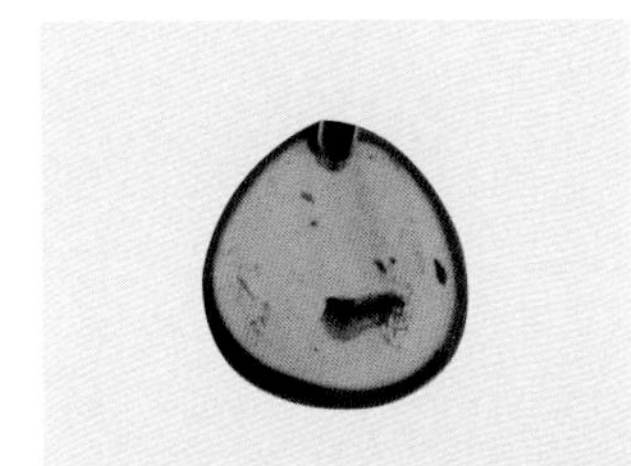

鳞蛉科 *Berothidae*

鳞蛉
Berothidae sp.

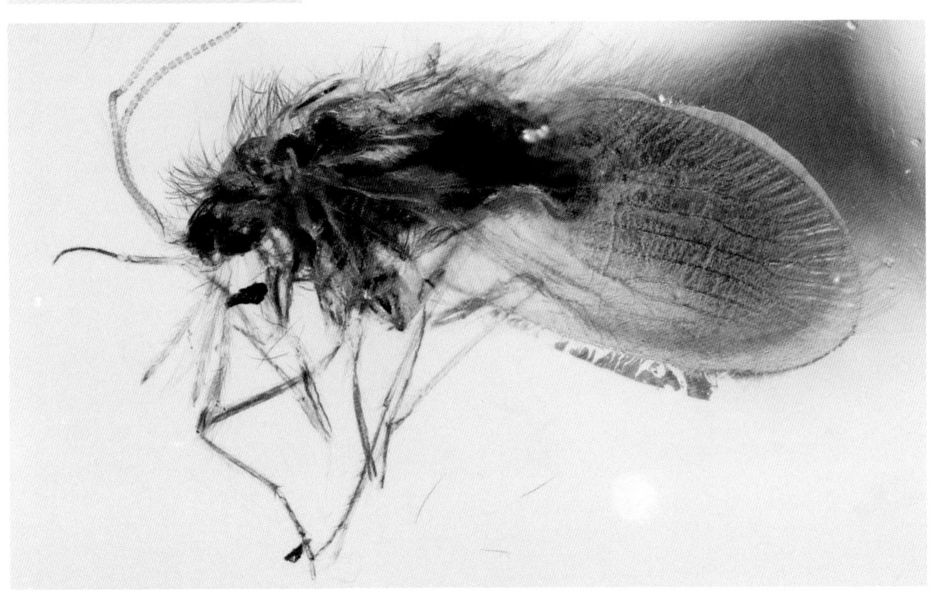

鳞蛉科 *Berothidae*

鳞蛉
Berothidae sp.

鳞蛉科 *Berothidae*

鳞蛉
Berothidae sp.

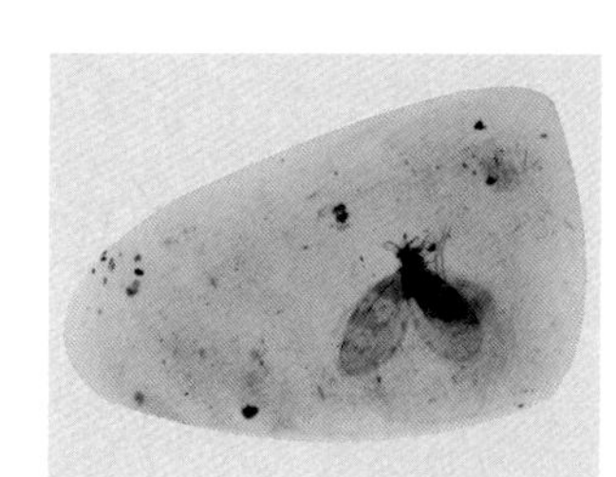

鳞蛉科 *Berothidae*

鳞蛉
Berothidae sp.

鳞蛉科 *Berothidae*

鳞蛉
Berothidae sp.

鳞蛉科 *Berothidae*

鳞蛉
Berothidae sp.

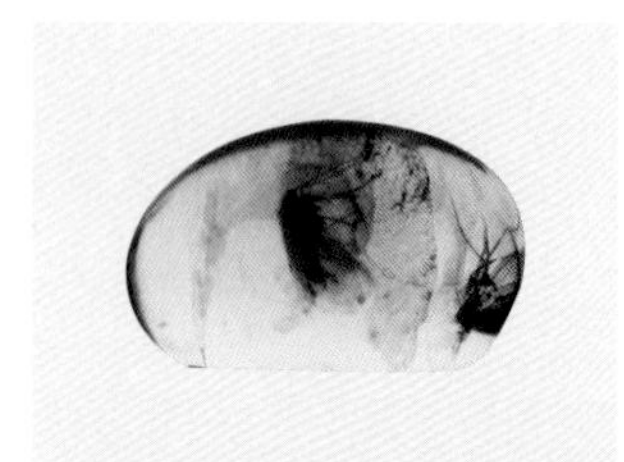

鳞蛉科 *Berothidae*

鳞蛉
Berothidae sp.

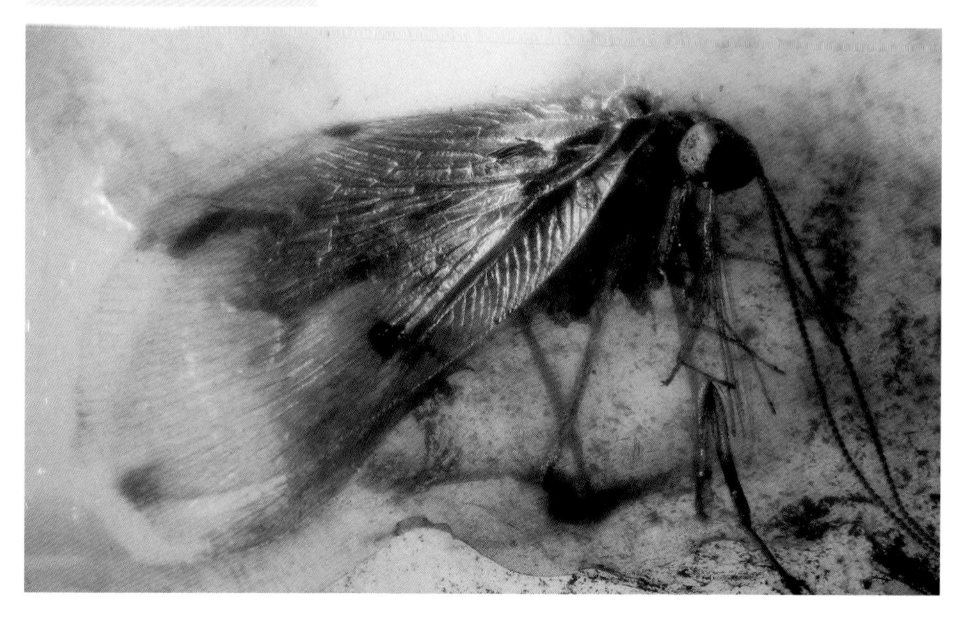

鳞蛉科 *Berothidae*

鳞蛉
Berothidae sp.

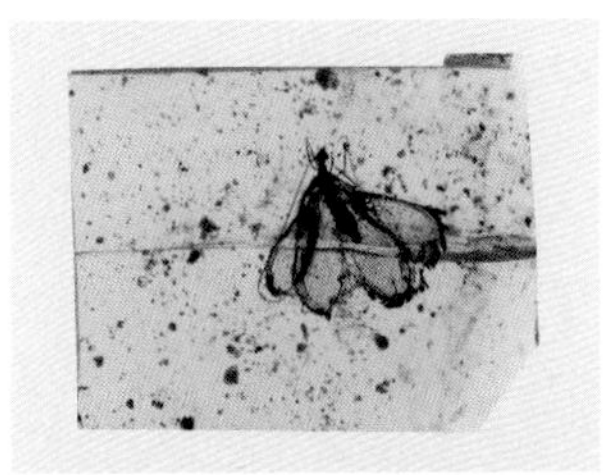

鳞蛉科 *Berothidae*

鳞蛉
Berothidae sp.

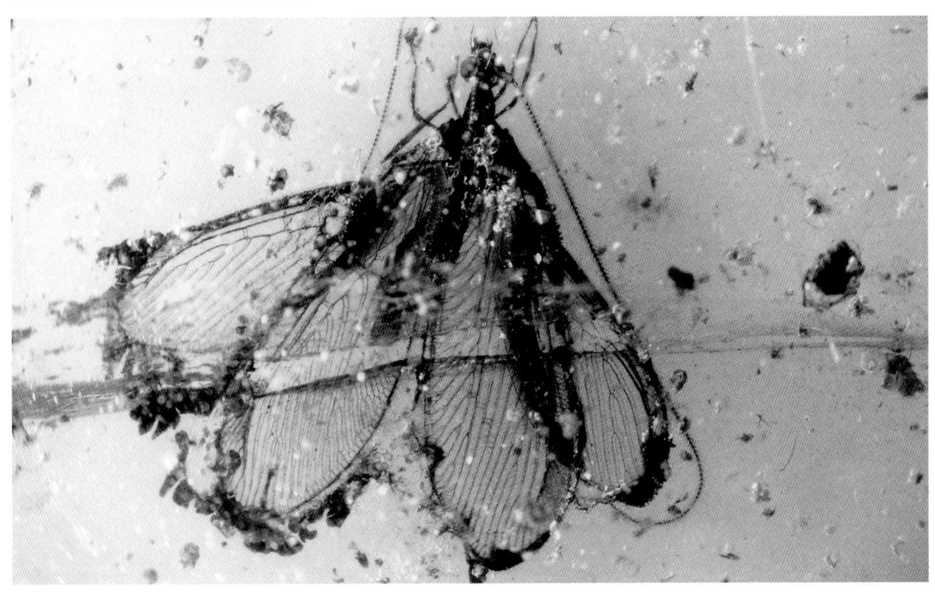

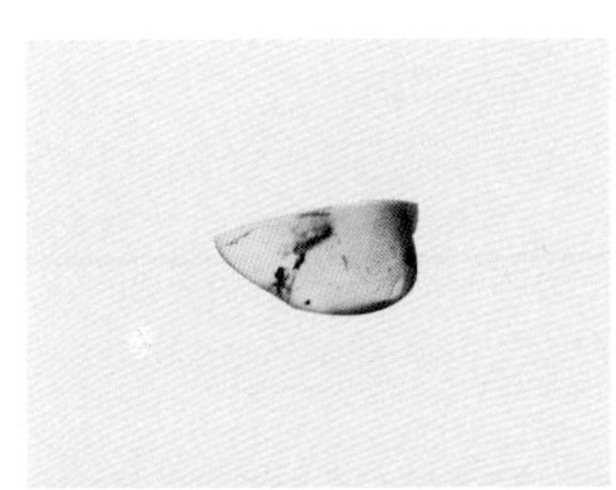

鳞蛉科 *Berothidae*

鳞蛉（幼虫）
Berothidae sp.

刺鳞蛉科 *Rhachiberothidae*

BU

刺鳞蛉
Rhachiberothidae sp.

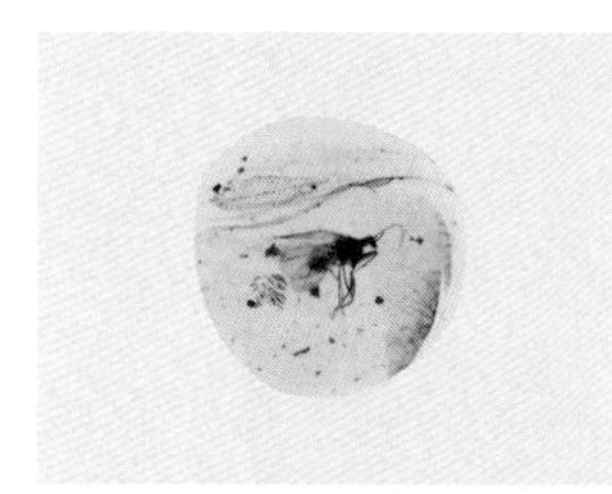

刺鳞蛉科 *Rhachiberothidae*

BU

刺鳞蛉
Rhachiberothidae sp.

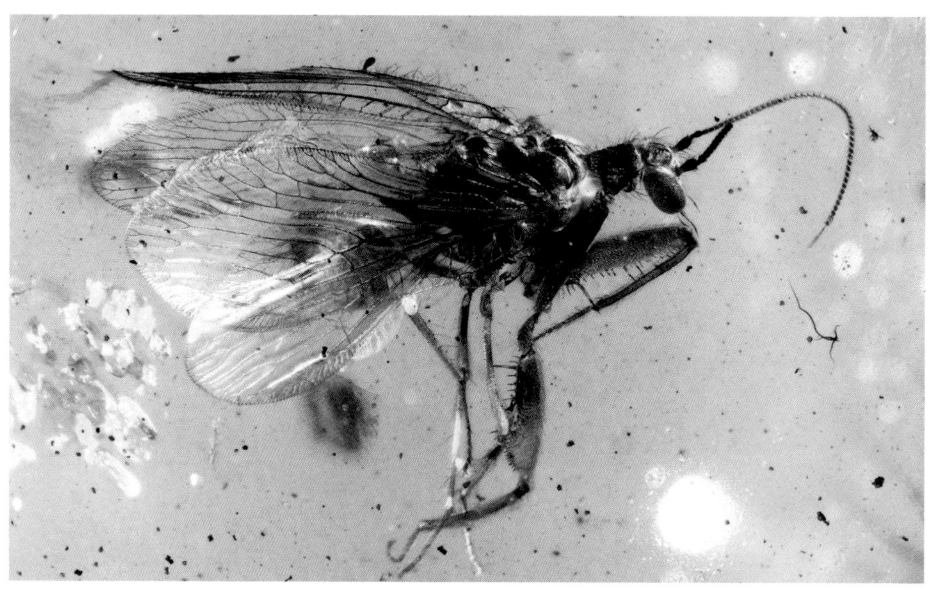

刺鳞蛉科 *Rhachiberothidae*

刺鳞蛉
Rhachiberothidae sp.

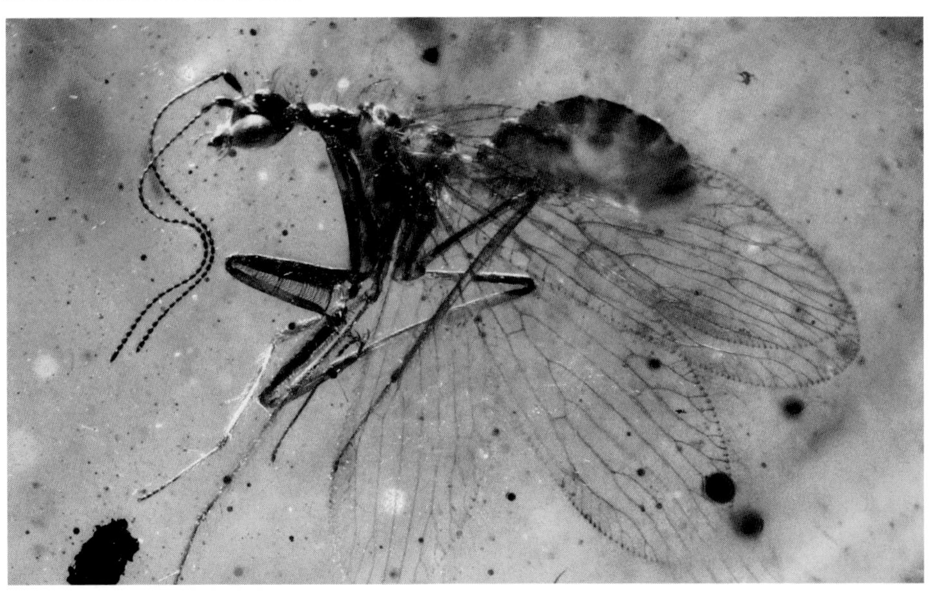

螳蛉科 *Mantispidae*

朵拉螳蛉
Doratomantispa sp.

双翅螳蛉科 *Dipteromantispidae*

BU 格氏棒翅螳蛉
Halteriomantispa grimaldii

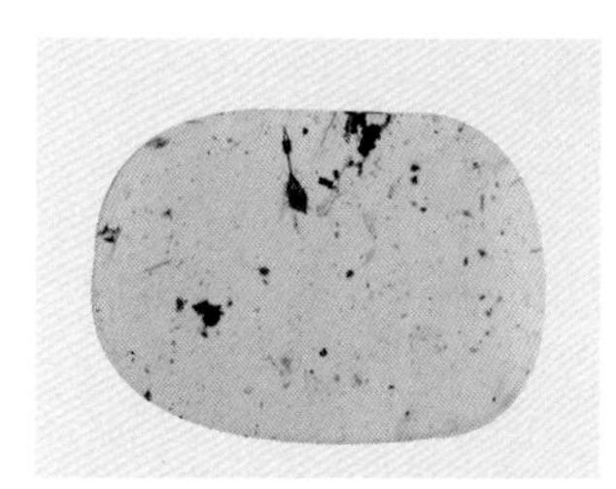

[d] 旌蛉科 *Nemopteridae*

BU 旌蛉（幼虫）
Nemopteridae sp.

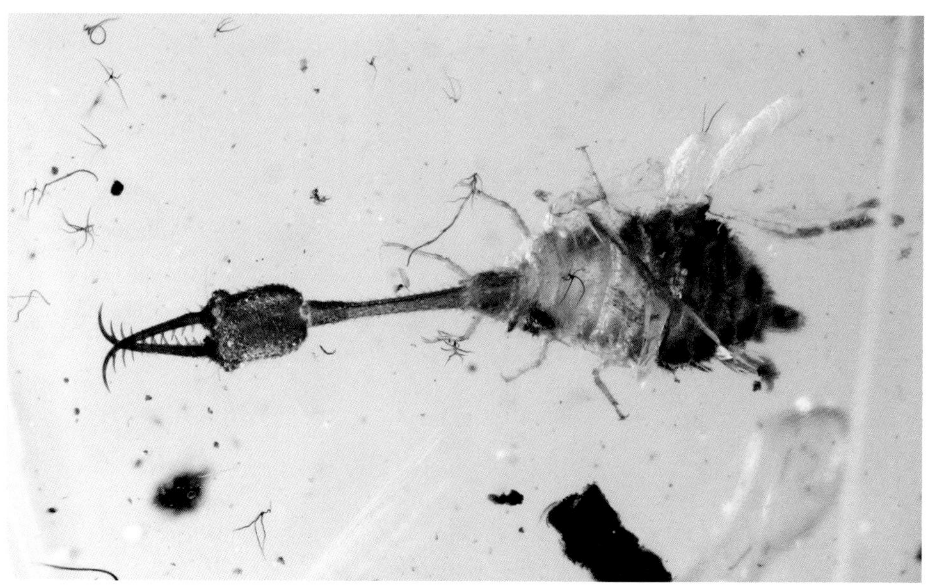

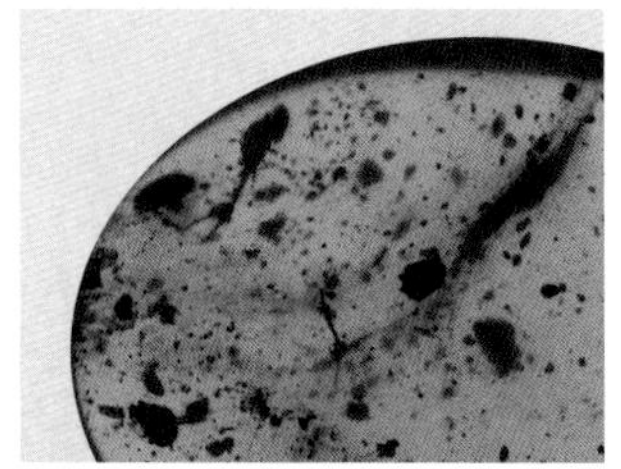

d 旌蛉科 *Nemopteridae*

旌蛉（幼虫）
Nemopteridae sp.

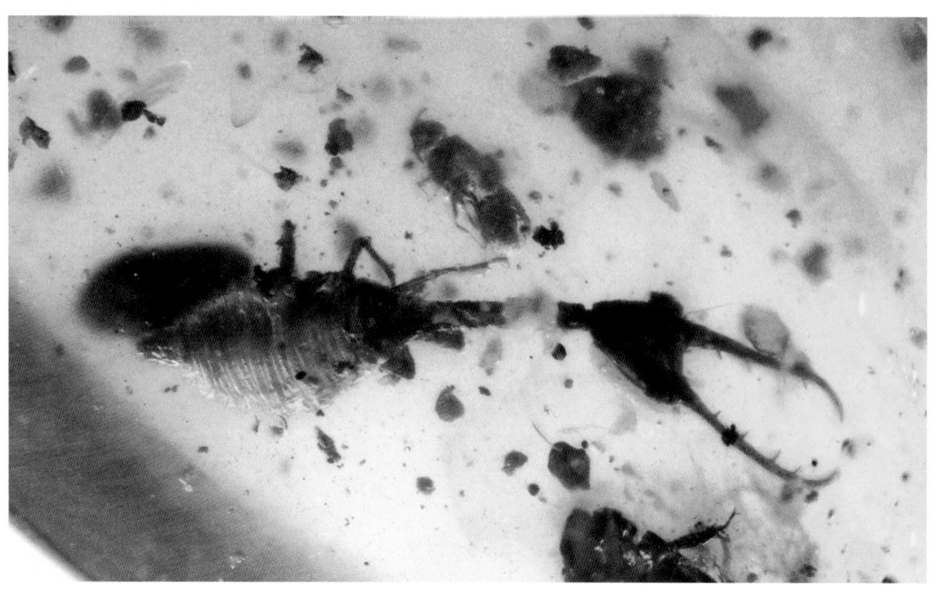

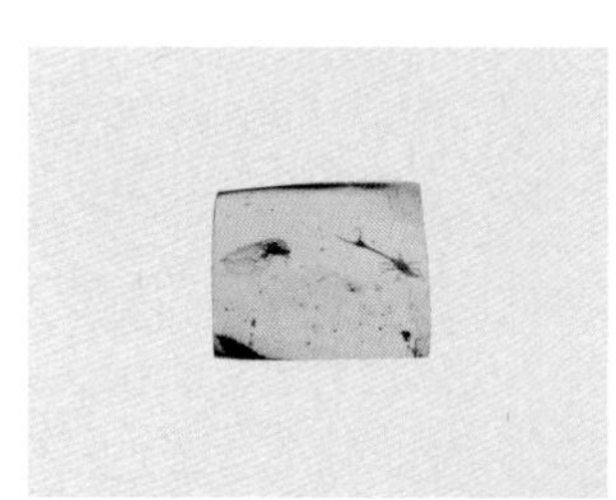

d 旌蛉科 *Nemopteridae*

旌蛉（幼虫）
Nemopteridae sp.

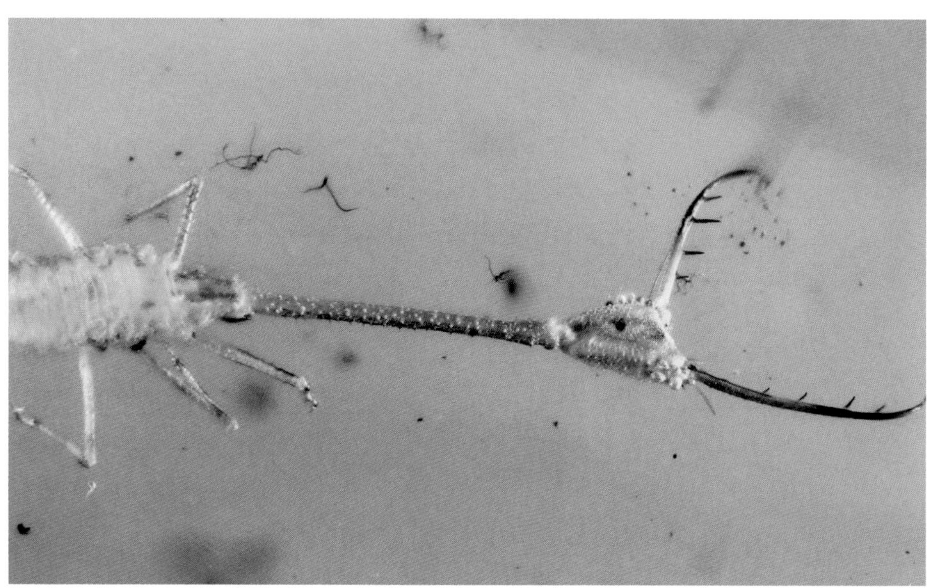

[b] 蝶蛉总科 *Psychopsoidea*

炳贤亚郎蝶蛉
Fiaponeura penghiani

鳞蛉科 *Berothidae*

鳞蛉
Berothidae sp.

细蛉科 *Nymphidae*

细蛉（幼虫）
Nymphidae sp.

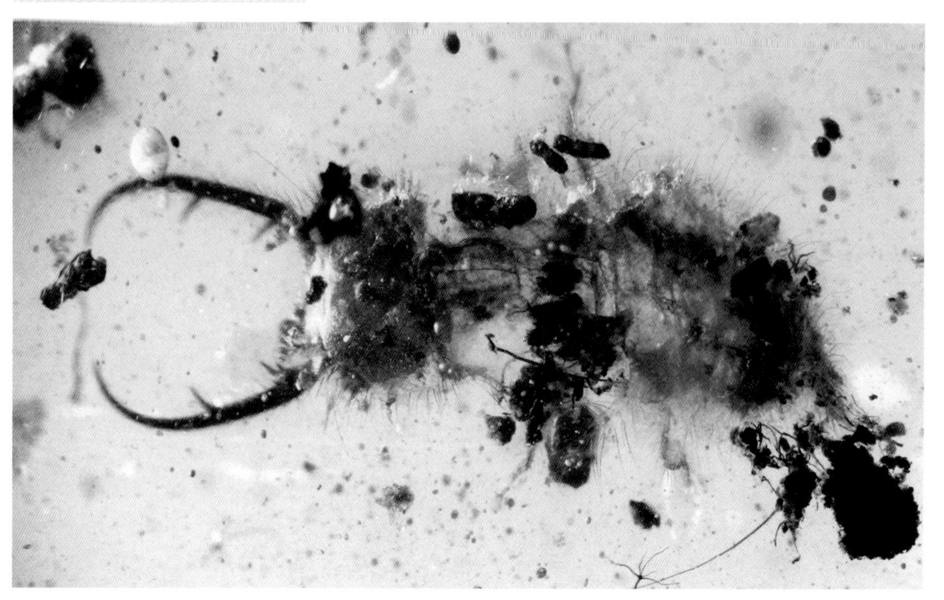

溪蛉科 *Osmylidae*

溪蛉
Osmylidae sp.

溪蛉科 *Osmylidae*

完美缅溪蛉
Burmaleon magnificus

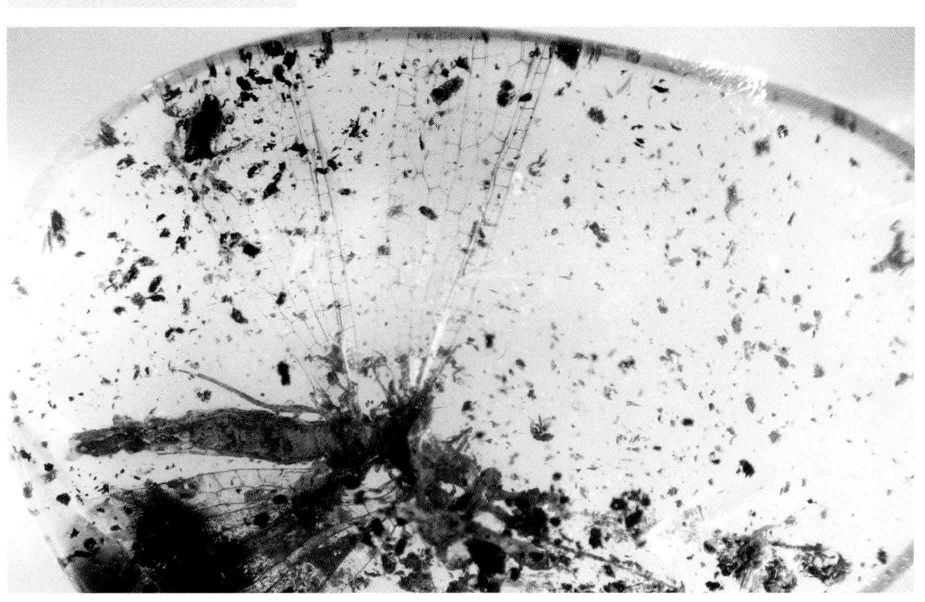

[e] 脉翅目待定科 *Incertae Sedis*

脉翅目蛹
N/A

Megaloptera

广翅目

广翅目是全变态类昆虫中的原始类群，目前全世界已知超过 350 种，其中有 27 个化石种类，属于比较小的目，包括齿蛉、鱼蛉和泥蛉 3 大类群，分布于世界各地。

完全变态。生活史较长，完成一代一般需要 1 年以上，最长可达 5 年。卵块产于水边石头、树干、叶片等物体上。幼虫孵化后很快落入或爬入水中，常生活于流水的石块下或池塘及静流的底层。幼虫广谱捕食性；幼虫形，头前口式，口器咀嚼式，上颚发达；腹部两侧成对的气管腮。蛹为裸蛹，常见于水边的石块下或朽木树皮下。成虫白天停息在水边岩石或植物上，多数种类夜间活动，具趋光性。

广翅目幼虫对水质变化敏感，可作为指示生物用于水质监测。幼虫还可以作为淡水经济鱼类的饵料，并具有一定的药用价值。

广翅目化石极为罕见，非琥珀的化石在欧洲、亚洲、非洲等地发现，其中部分为幼虫。琥珀化石中的广翅目更加罕见，仅在多米尼加、波罗的海、俄罗斯和法国琥珀中有零星发现。

本书收录的一个非常罕见的广翅目琥珀来自波罗的海，属于齿蛉科 [a]Corydalidae 鱼蛉亚科 Chauliodinae。

❶ 成虫小至大型，外形与脉翅目相似；

❷ 头大，多呈方形，前口式；

❸ 口器咀嚼式，部分种类雄虫上颚极长；

❹ 复眼大，半球形；

❺ 翅宽大，膜质、透明或半透明，前后翅形相似，但后翅具发达的臀区；

❻ 脉序复杂，呈网状。

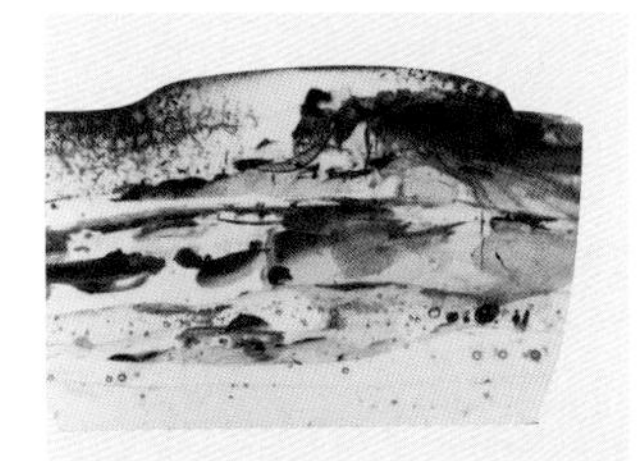

[a] 齿蛉科 *Corydalidae*

BA 鱼蛉
Chauliodinae sp.

Raphidioptera

蛇蛉目

蛇蛉目通称蛇蛉，是昆虫纲中的一个小目。目前，全世界已知约 250 种，另有化石种类 100 种以上。蛇蛉目以古北区种类居多，在南半球尚未发现。

完全变态。成虫和幼虫均为肉食性。幼虫陆生，主要生活在山区，多为树栖，常在松、柏等松散的树皮下，捕食小蠹等林木害虫。蛹为裸蛹，能活动。成虫多发生在森林地带中的草丛、花和树干等处，捕食其他昆虫，是一类天敌昆虫。

蛇蛉化石的数量相对较多，在世界各地主要化石产区均有发现。在波罗的海、加拿大、新泽西、缅甸、法国、西班牙和黎巴嫩的琥珀中都可以找到蛇蛉目的代表。

中蛇蛉科 [a]Mesoraphidiidae 是中生代蛇蛉的代表，本书精选了部分中蛇蛉成虫，以及难以鉴别到科的幼虫 [b] 和罕见的蛇蛉蛹 [c]，这些虫珀均来自于缅甸琥珀。

❶ 成虫体细长，小至中型；

❷ 头长，后部缢缩呈三角形，活动自如；

❸ 触角长、丝状；

❹ 口器咀嚼式；

❺ 复眼大，单眼 3 个或无；

❻ 前胸极度延长，呈颈状；

❼ 中、后胸短宽；

❽ 前、后翅相似，狭长，膜质、透明，翅脉网状，具翅痣；

❾ 后翅无明显的臀区，也不折叠；

❿ 腹部 10 节；

⓫ 无尾须；

⓬ 雌虫具发达的细长产卵器。

[a] 中蛇蛉科 *Mesoraphidiidae*

BU 阿氏长角蛇蛉（雄）
Dolichoraphidia aspoeeki

[a] 中蛇蛉科 *Mesoraphidiidae*

BU 缅珀纳蛇蛉（雌）
Nanoraphidia electroburmica

a 中蛇蛉科 *Mesoraphidiidae*

BU 任氏缅蛇蛉（雄）
Burmoraphidia reni

b 蛇蛉幼虫 *Incertae Sedis*

BU 蛇蛉（幼虫）
N/A

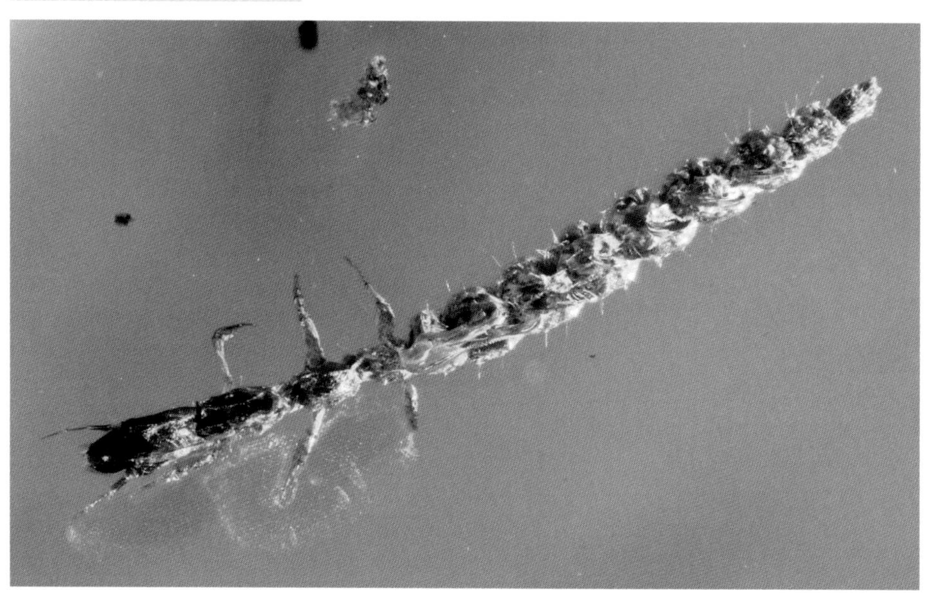

[b] 蛇蛉幼虫 *Incertae Sedis*

蛇蛉（幼虫）
N/A

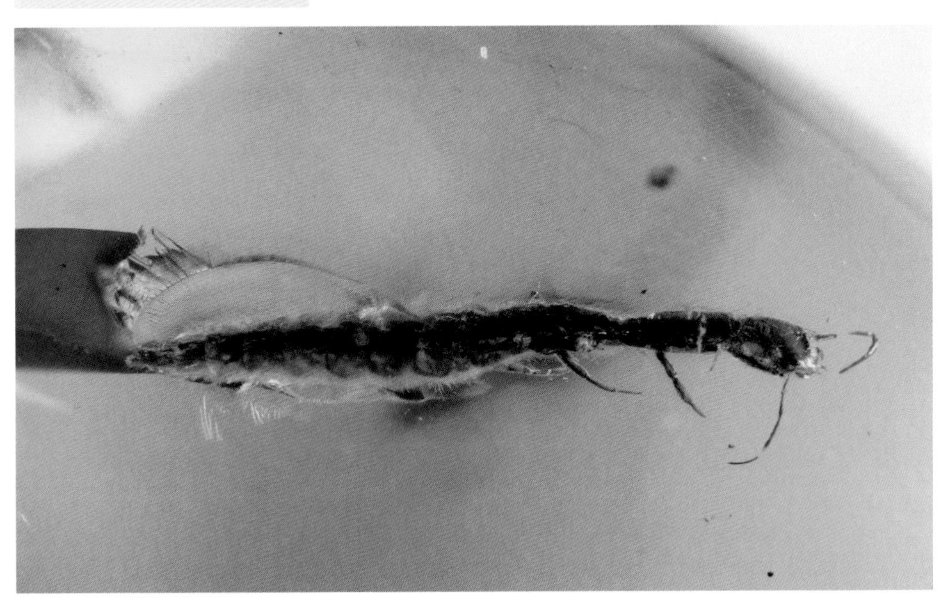

[c] 蛇蛉蛹 *Incertae Sedis*

蛇蛉蛹
N/A

Coleoptera

鞘翅目

鞘翅目通称甲虫，是昆虫纲乃至动物界种类最多、分布最广的第一大目，占昆虫种类的 40% 左右。在分类系统上，各学者见解不一，一般将鞘翅目分为 2 ~ 4 个亚目、20 ~ 22 个总科。目前，全世界已知 35 万种以上。

全变态。一生经过卵、幼虫、蛹、成虫 4 个虫态。卵多为圆形或圆球形。产卵方式多样，雌虫产卵于土表、土下、洞隙中或植物上。幼虫多为寡足型或无足型，一般 3 龄或 4 龄，少数种类具 6 龄如芫菁科部分种类：幼虫第 1 龄型，第 2 亚 4 龄为蛴螬型，第 5 龄为象甲型，第 6 龄又转变为蛴螬型。蛹为弱颚离蛹。

甲虫的成虫和幼虫的食性均复杂，有腐食性、粪食性、尸食性、植食性、捕食性和寄生性等。植食性种类有很多是农林作物重要害虫，有些种类由于商业运输等原因而成为各类仓储物和人类居室中的世界性害虫，有的是重要的储粮害虫；捕食性甲虫中有很多是害虫天敌，捕食蚜虫、粉虱、介壳虫、叶蝉等害虫；腐食性、粪食性和尸食性甲虫，如埋葬虫科、蜣螂科中的许多种类，可为人类清洁环境；有一些甲虫具有医药价值。

2007 年，一项基于现生甲虫 DNA 的研究表明，甲虫起源于距今 2.99 亿年前的二叠纪晚期。但是，2009 年对美国出土甲虫化石的研究则把这一时间提前到了 3.18 亿年以前。世界各主要琥珀产地都有相当数量的甲虫化石存世。

原鞘亚目 Archostemata 的现生种类屈指可数，但在白垩纪却是个非常繁茂的类群，本书收录了眼甲科 [a] Ommatidae 和长扁甲科 [b] Cupedidae 的部分种类，其镂空的鞘翅，更加彰显出这类甲虫的动人之处。

水生甲虫，诸如龙虱科 [c] Dytiscidae、豉甲科 [d] Gyrinidae 和扁泥甲科 [e] Psephenidae 在琥珀中都是极为罕见的，本书中同时收录豉甲科的幼虫和成虫，更加十分难得。

金龟总科是一个引人注目的甲虫大类群，从观赏性角度来说，锹甲科 [f] Lucanidae 首当其冲，本书收录 2 种来自缅甸的虫珀化石，而驼金龟科 Hybosoridae 球金龟亚科 [g] Ceratocanthinae 则只发现于多米尼加琥珀中。

大花蚤科 [h] Rhipiphoridae 是一类特别的甲虫，其形态、行为都非常接近捻翅目，在缅甸琥珀中多有发现，常常有人将其成虫认作捻翅目的雄虫。近来，在缅甸琥珀中发现了一种原先被当作捻翅目初龄幼虫的，与发现于加拿大白垩纪琥珀中的小虫极其接近，经研究并非捻翅目幼虫，极有可能是大花蚤科的幼虫。

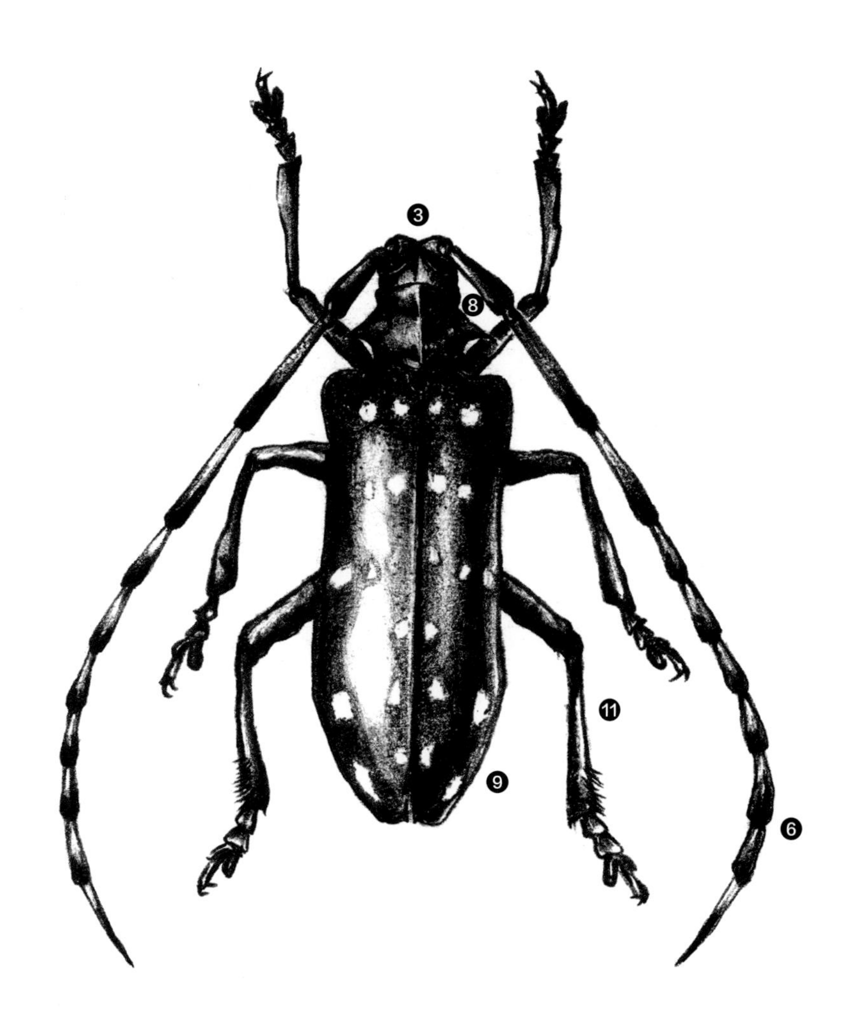

❶ 成虫体小至大型；

❷ 体壁坚硬；

❸ 头壳坚硬，前口式或下口式；

❹ 口器咀嚼式；

❺ 复眼常发达，有的退化或消失；

❻ 触角多样，为丝状、棒状、锯齿状、栉齿状、念珠状、鳃叶状或膝状等；

❼ 前胸发达、能活动；

❽ 中、后胸愈合，中胸小盾片三角形，常露出鞘翅基部之间；

❾ 前翅坚硬、角质化，为鞘翅，静止时常在背中央相遇呈一直线；

❿ 后翅膜质；

⓫ 足常为步行足，因功能不同，形态上常发生相应的变化。

[a] 眼甲科 *Ommatidae*

龟眼甲
Ommatidae sp.

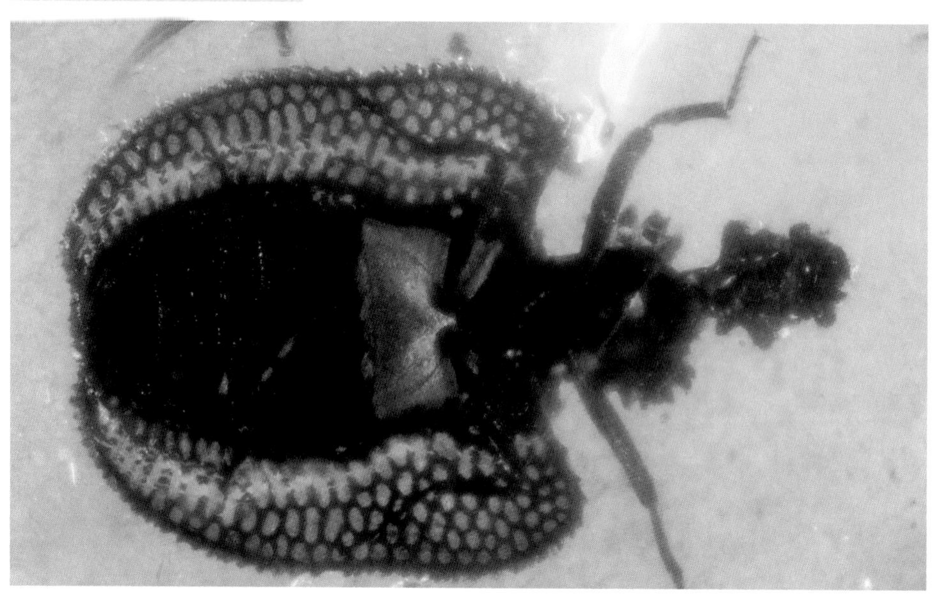

[a] 眼甲科 *Ommatidae*

眼甲
Ommatidae sp.

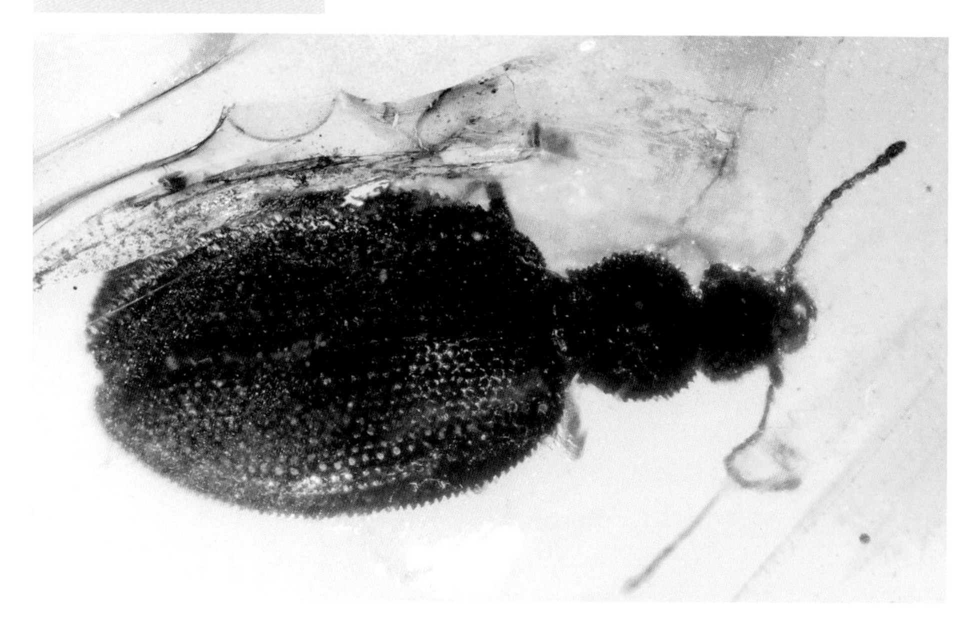

[b] 长扁甲科 *Cupedidae*

长扁甲
Cupedidae sp.

步甲科 *Carabidae*

步行虫
Carabidae sp.

步甲科 *Carabidae*

BU 步行虫
Carabidae sp.

步甲科 *Carabidae*

BU 蜘步甲
Dyschiriini sp.

条脊甲科 *Rhysodiae*

条脊甲
Rhysodiae sp.

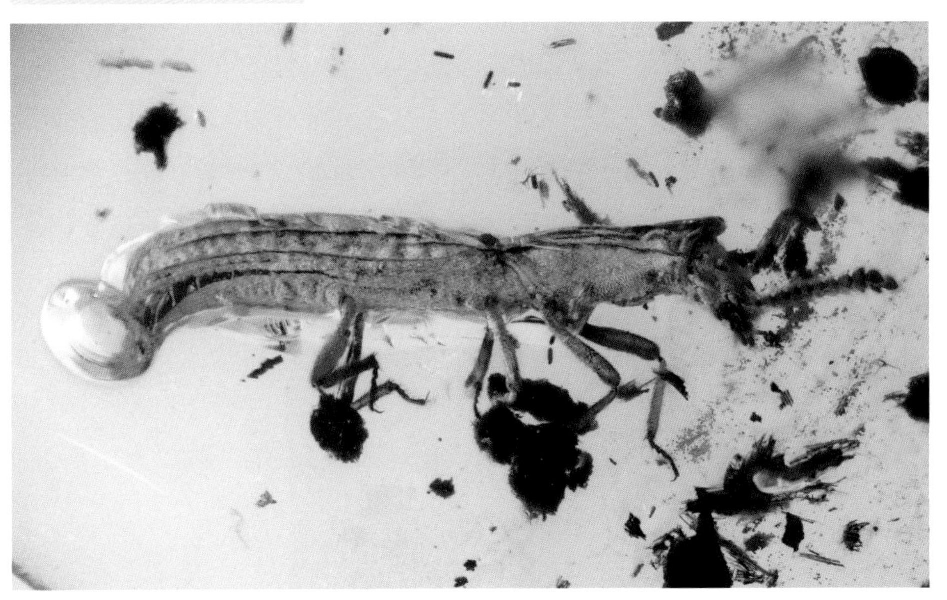

c 龙虱科 *Dytiscidae*

龙虱（幼虫）
Dytiscidae sp.

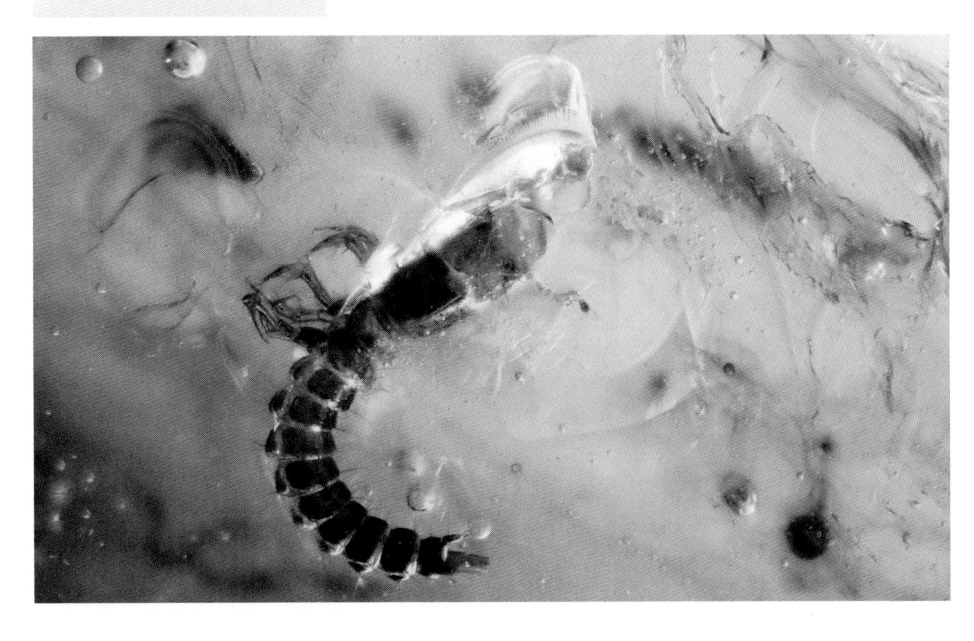

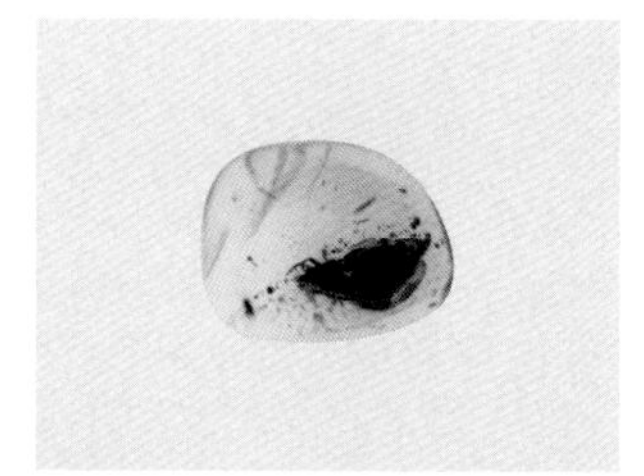

[d] 豉甲科 *Gyrinidae*

豉甲
Gyrinidae sp.

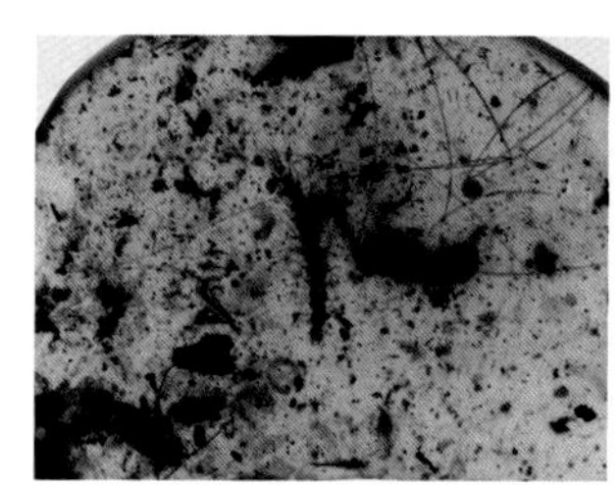

[d] 豉甲科 *Gyrinidae*

豉甲（幼虫）
Gyrinidae sp.

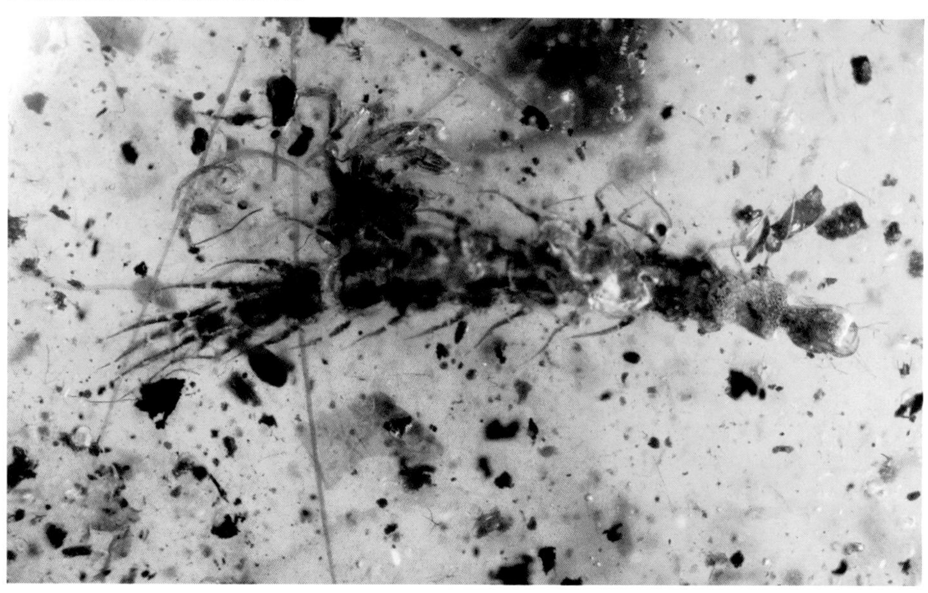

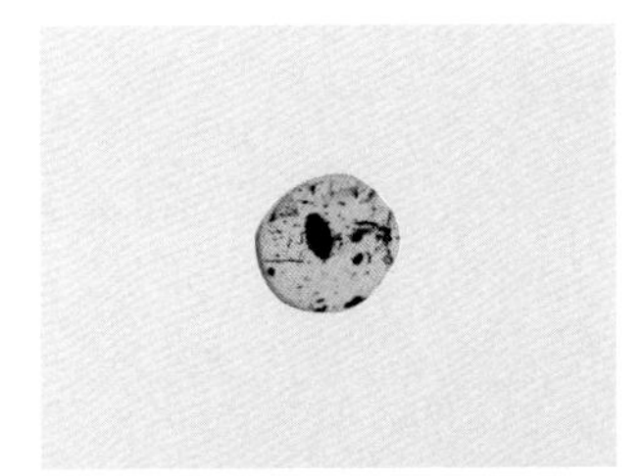

花甲科 *Dascillidae*

BU 花甲
Dascillidae sp.

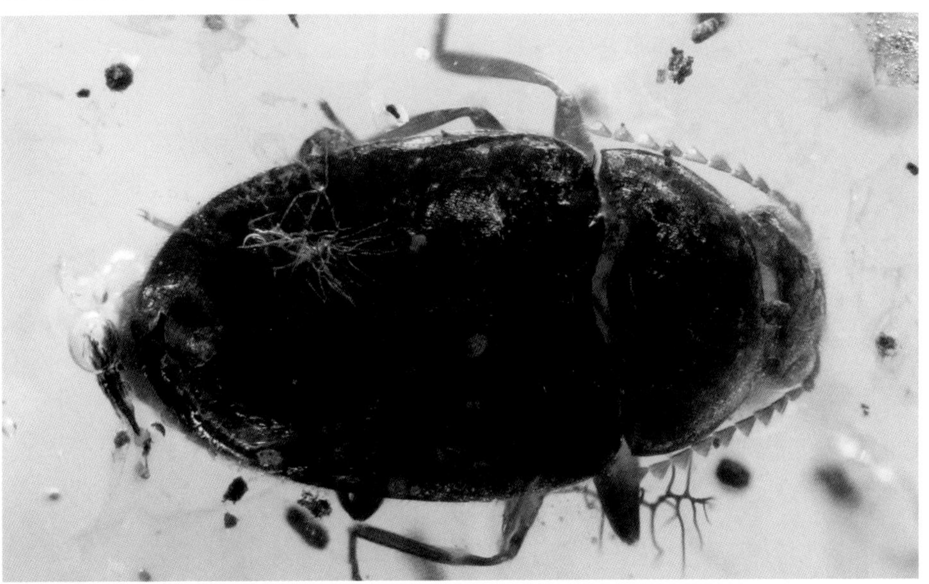

隐翅虫科 *Staphylinidae*

BU 苔甲
Scydmaeninae sp.

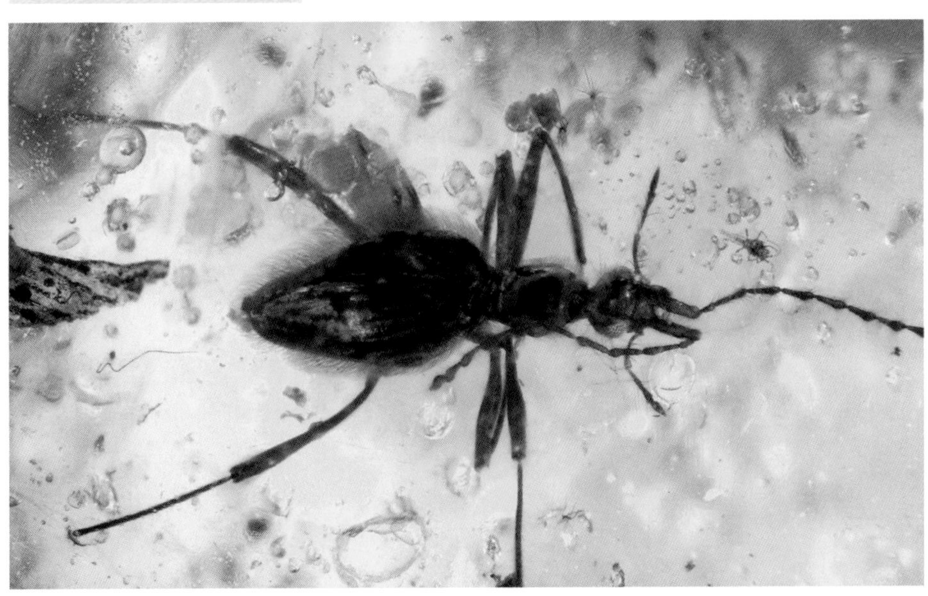

隐翅虫科 *Staphylinidae*

隐翅虫
Staphylinidae sp.

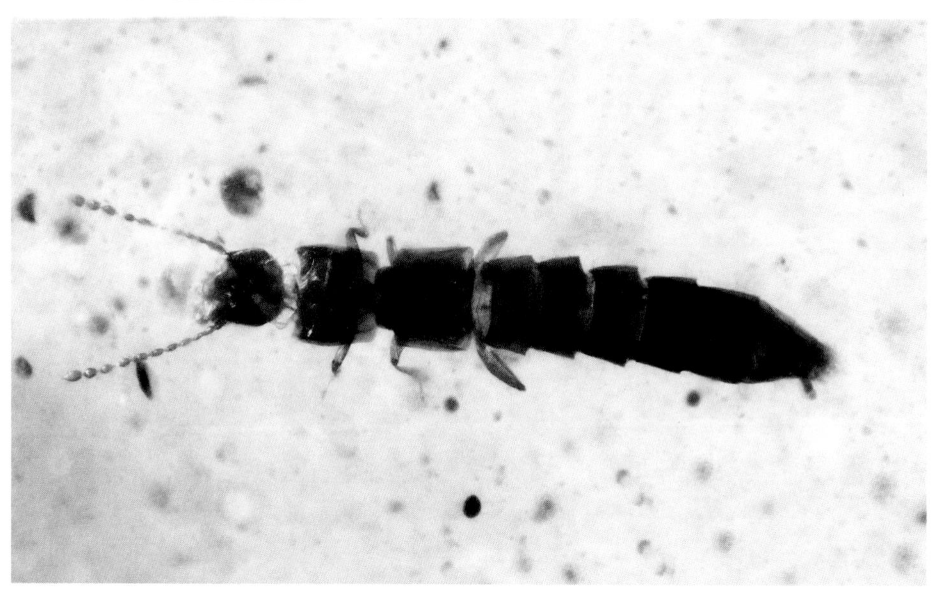

隐翅虫科 *Staphylinidae*

隐翅虫
Staphylinidae sp.

隐翅虫科 *Staphylinidae*

隐翅虫
Staphylinidae sp.

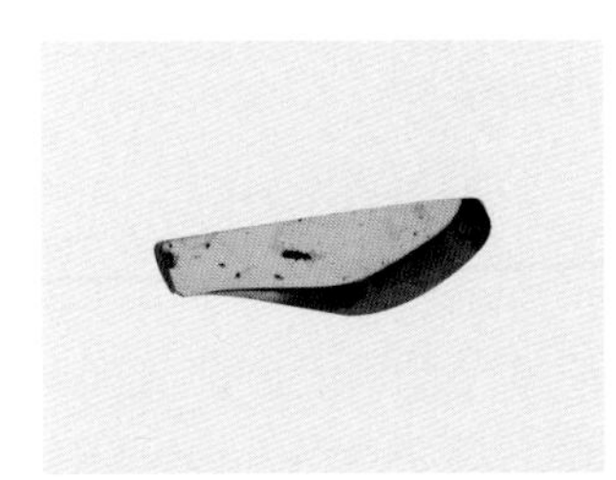

隐翅虫科 *Staphylinidae*

隐翅虫
Staphylinidae sp.

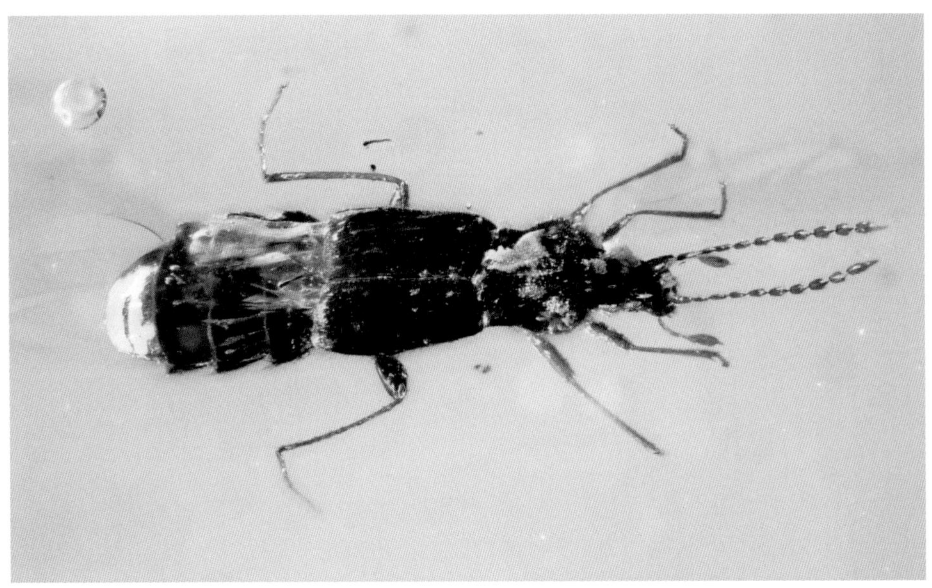

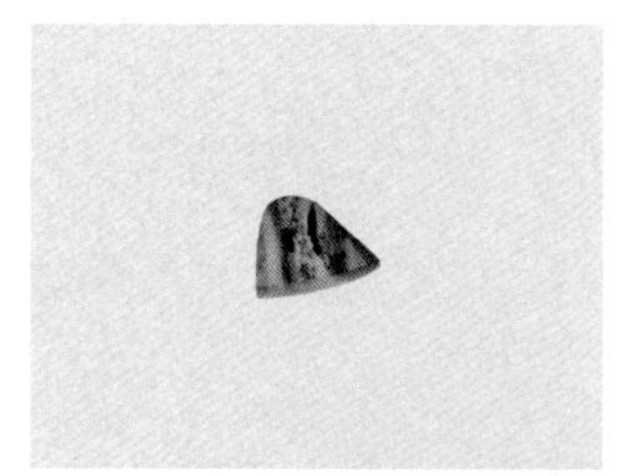

隐翅虫科 *Staphylinidae*

BU 隐翅虫
Staphylinidae sp.

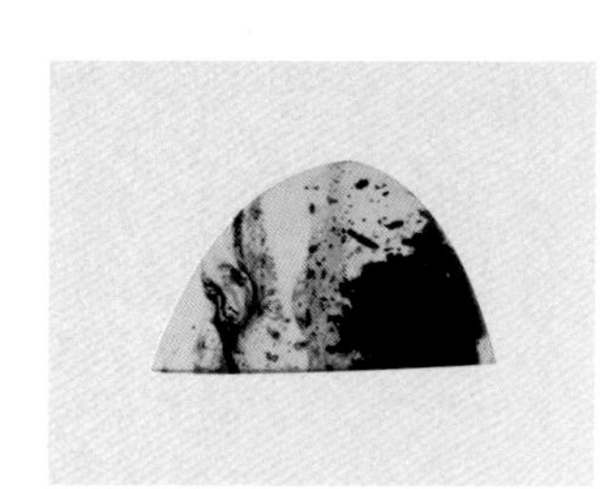

隐翅虫科 *Staphylinidae*

隐翅虫
Staphylinidae sp.

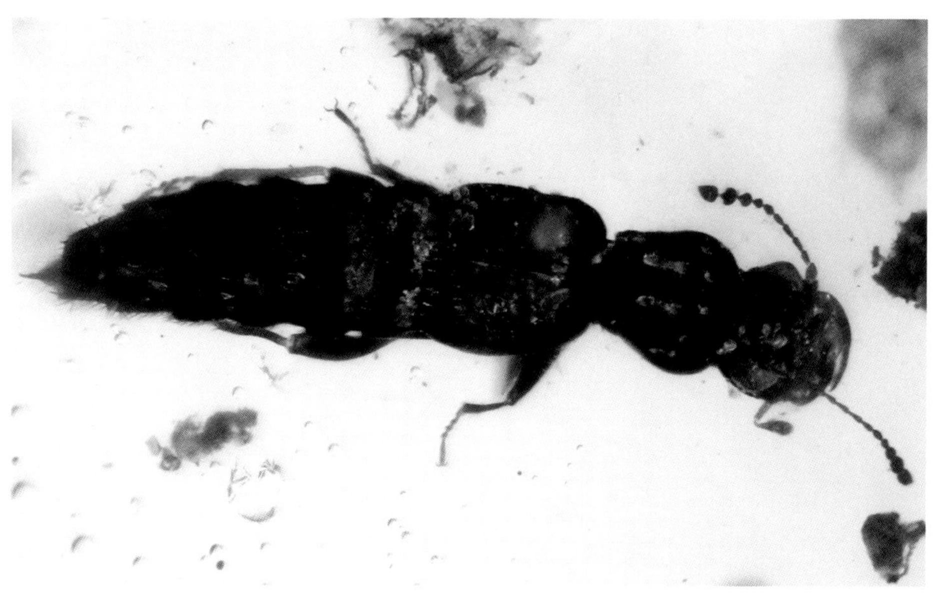

隐翅虫科 *Staphylinidae*

隐翅虫
Staphylinidae sp.

蚁甲科 *Pselaphidae*

蚁甲
Pselaphidae sp.

蚁甲科 *Pselaphidae*

BU 蚁甲
Pselaphidae sp.

[f]锹甲科 *Lucanidae*

BU 锹甲
Lucanidae sp.

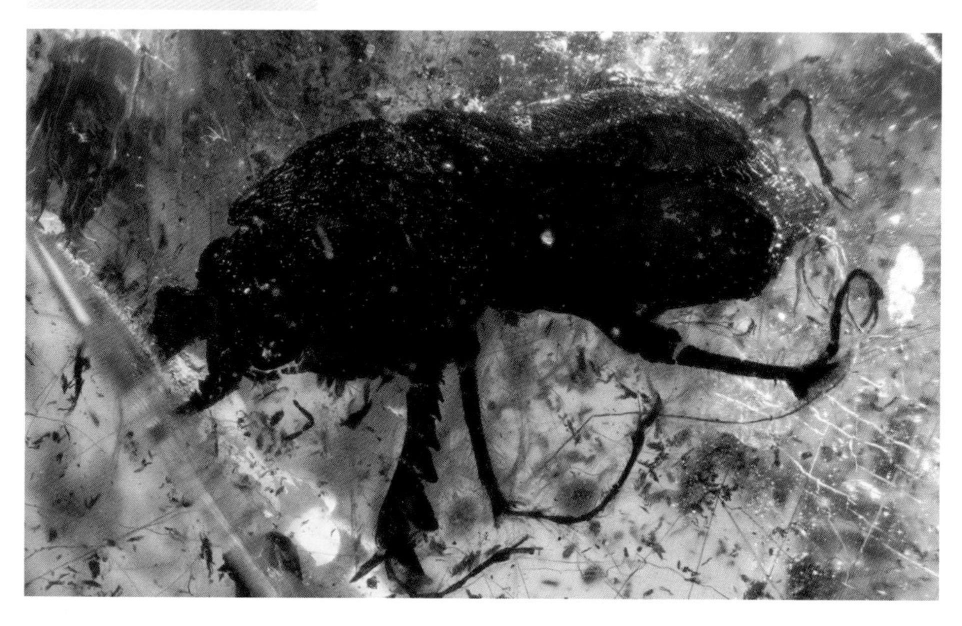

[f] 锹甲科 *Lucanidae*

纹锹甲
Aesalinae sp.

长蠹科 *Bostrychidae*

长蠹
Bostrychidae sp.

长蠹科 *Bostrychidae*

长蠹
Bostrychidae sp.

颚黑蜣科 *Passalopalpidae*

颚黑蜣
Passalopalpidae sp.

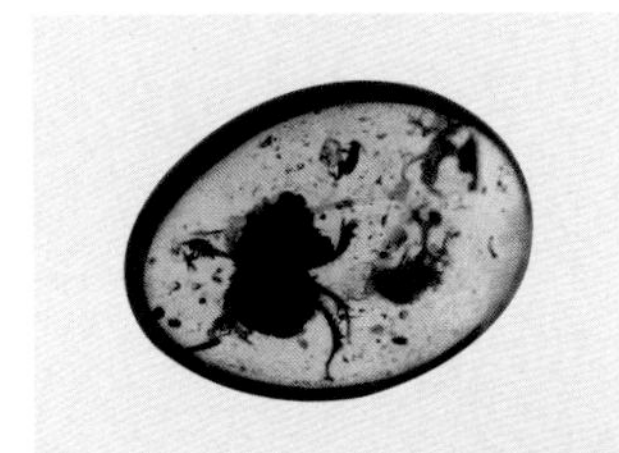

粪金龟科 *Geotrupidae*

BU 粪金龟
Geotrupidae sp.

[g]驼金龟科 *Hybosoridae*

球金龟
Ceratocanthinae sp.

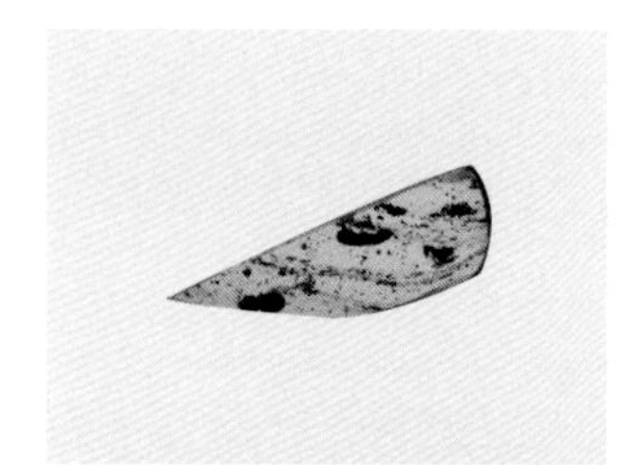

驼金龟科 *Hybosoridae*

BU

驼金龟
Hybosoridae sp.

驼金龟科 *Hybosoridae*

欧氏驼金龟
Hybosorus ocampoi

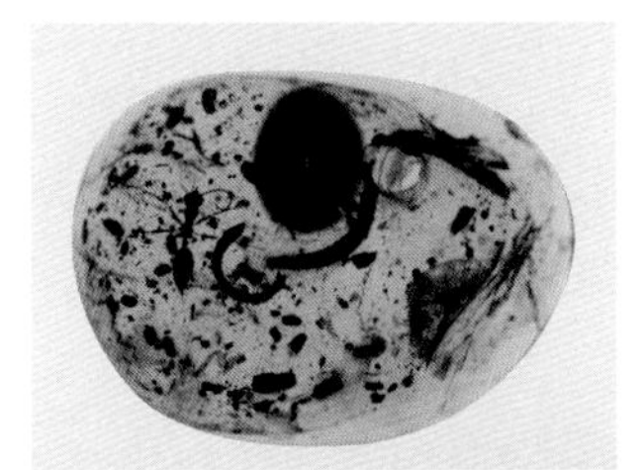

e 扁泥甲科 *Psephenidae*

扁泥甲（幼虫）
Psephenidae sp.

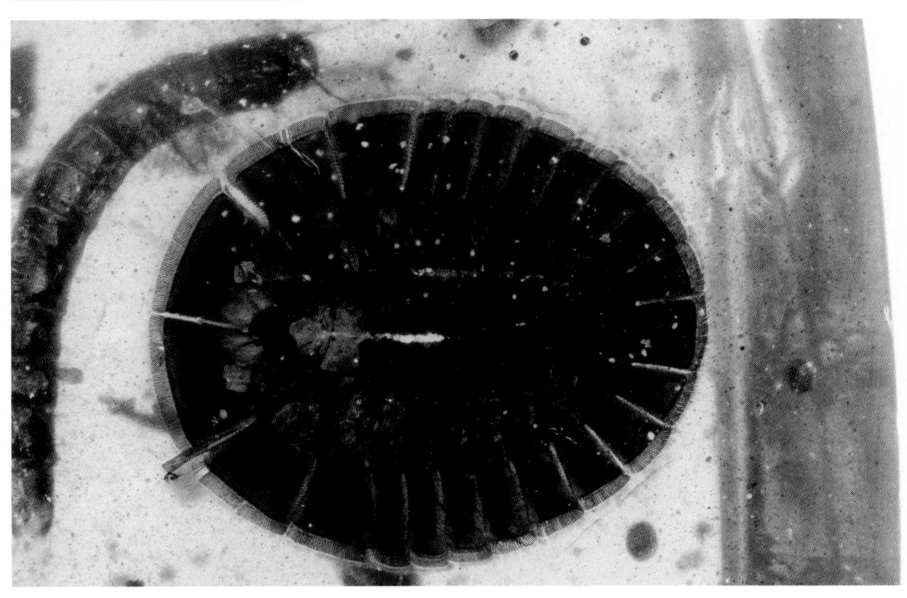

毛泥甲科 *Ptilodactylidae*

树脂毛泥甲
Aphebodactyla rhetine

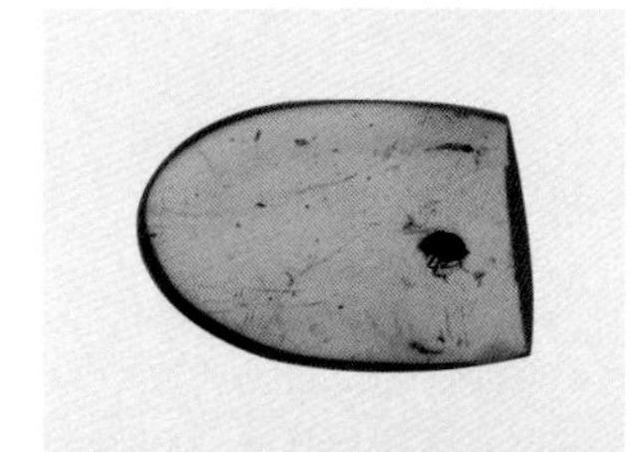

毛泥甲科 *Ptilodactylidae*

BU 树脂毛泥甲
Aphebodactyla rhetine

吉丁虫科 *Buprestidae*

BU 吉丁虫
Buprestidae sp.

叩甲科 *Elateridae*

BA 叩甲
Elateridae sp.

叩甲科 *Elateridae*

BU 叩甲
Elateridae sp.

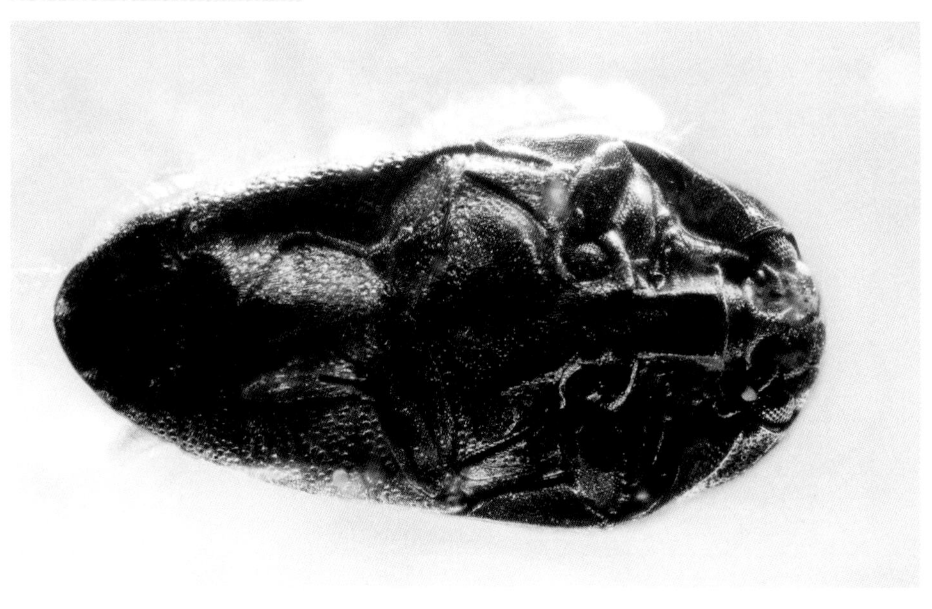

叩甲科 *Elateridae*

叩甲
Elateridae sp.

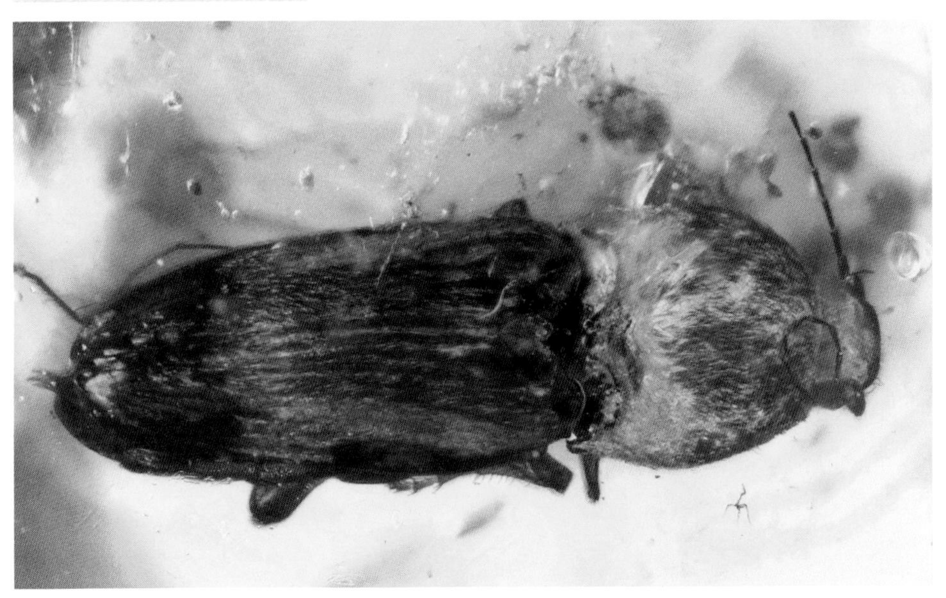

叩甲科 *Elateridae*

叩甲
Elateridae sp.

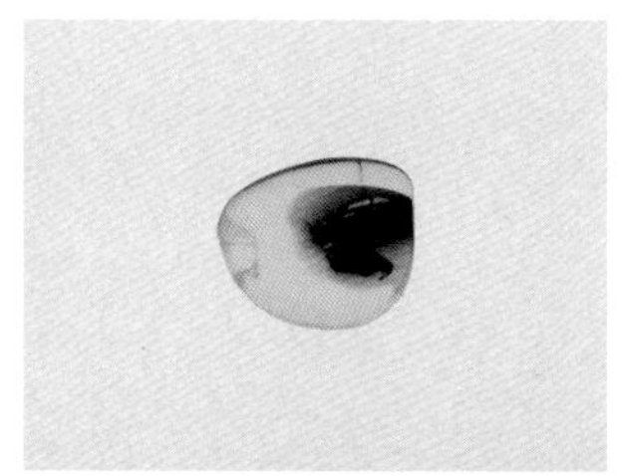

萤科 *Lycidae*

萤火虫
Lycidae sp.

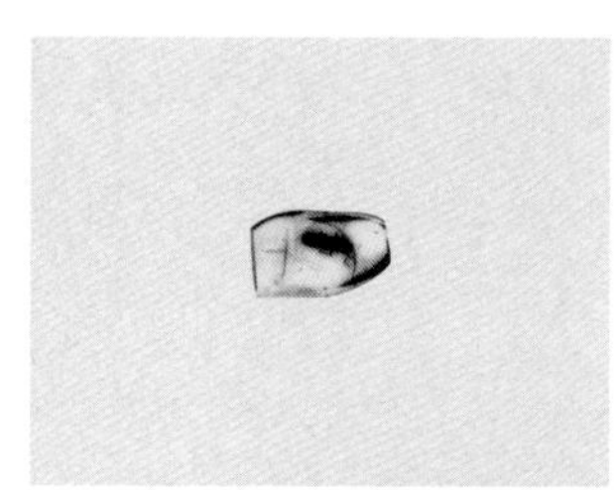

花萤科 *Cantharidae*

花萤
Cantharidae sp.

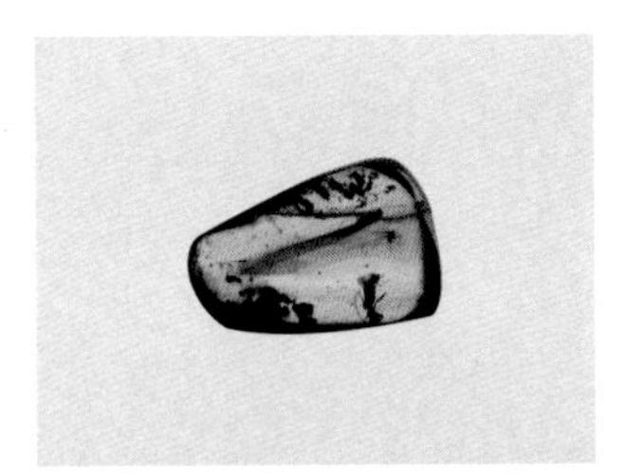

花萤科 *Cantharidae*

花萤
Cantharidae sp.

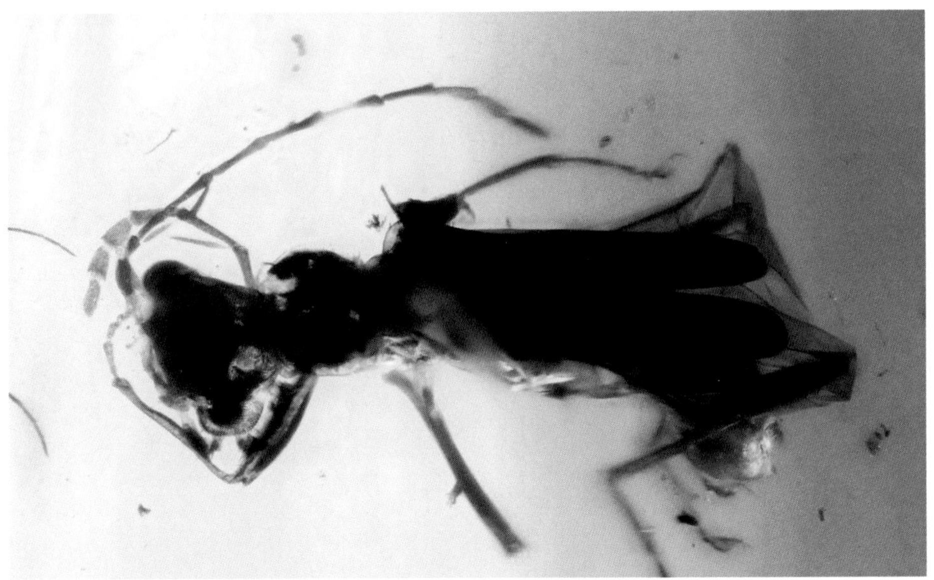

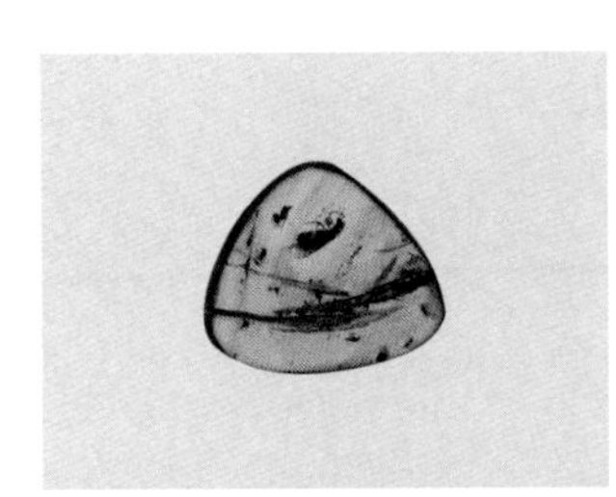

稚萤科 *Drilidae*

稚萤
Drilidae sp.

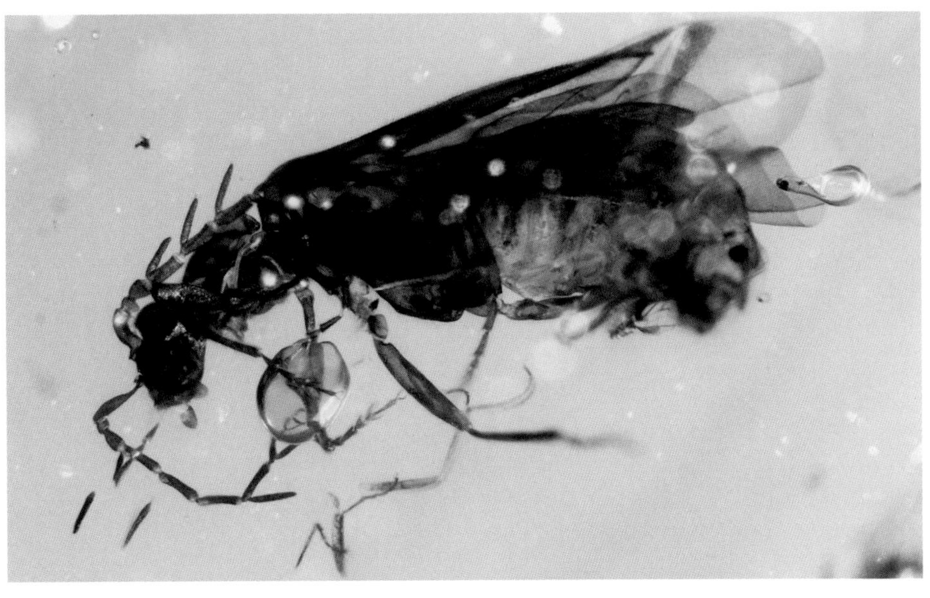

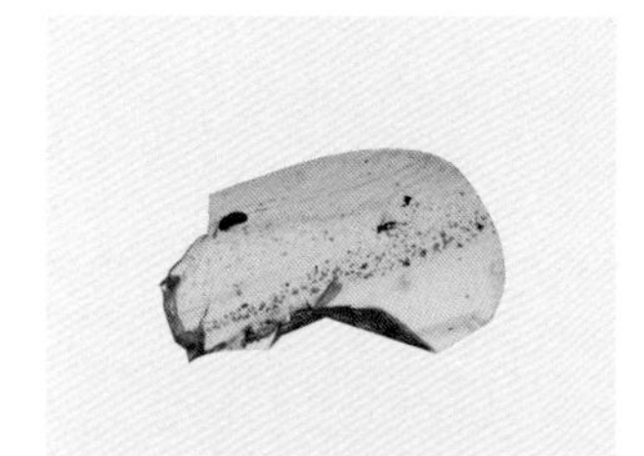

皮蠹科 *Dermestidae*

皮蠹
Dermestidae sp.

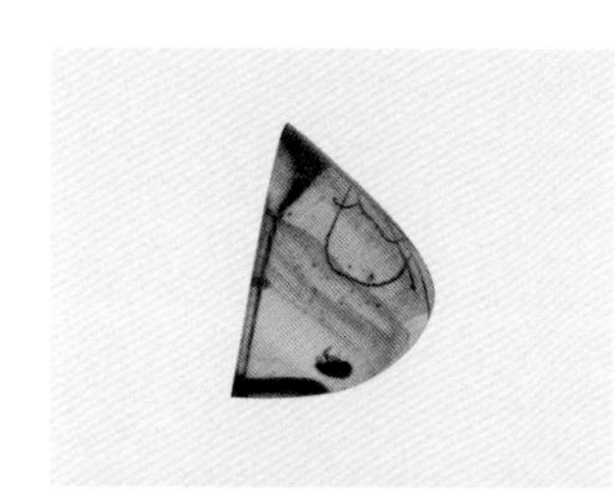

皮蠹科 *Dermestidae*

皮蠹
Dermestidae sp.

皮蠹科 *Dermestidae*

BU 皮蠹（幼虫）
Dermestidae sp.

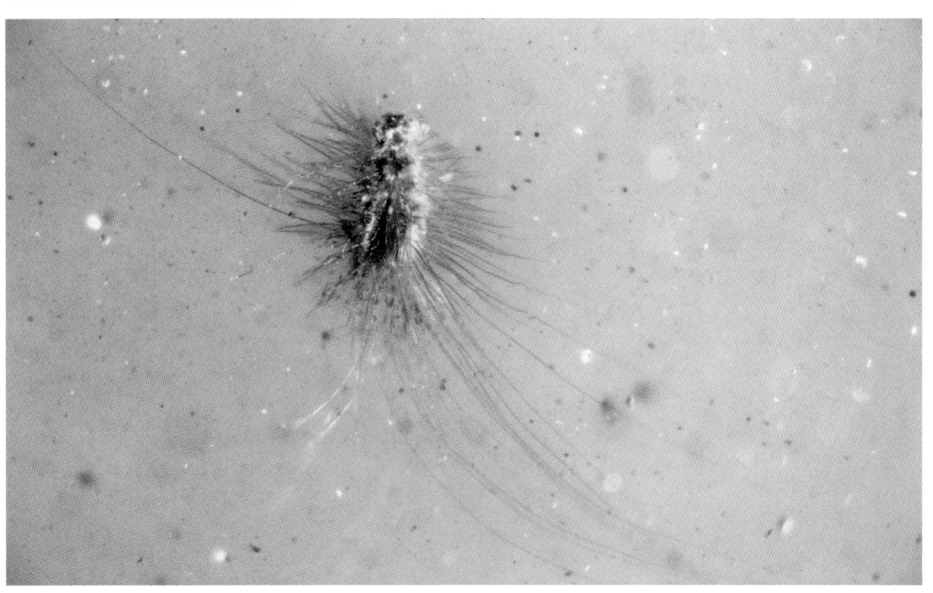

郭公虫总科 *Cleroidea*

BA 郭公虫
Cleroidea sp.

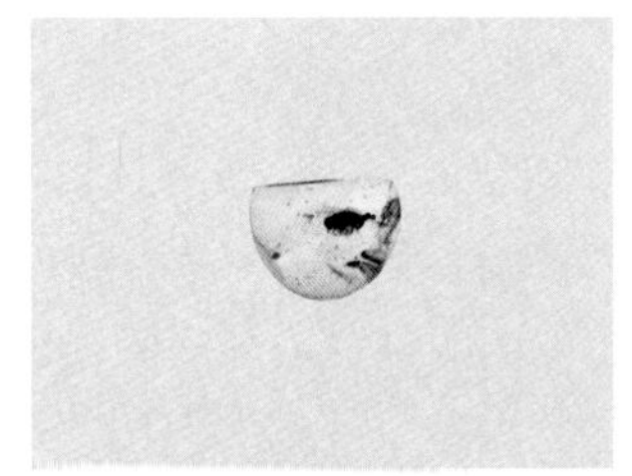

郭公虫科 *Cleridae*

郭公虫
Cleridae sp.

郭公虫科 *Cleridae*

郭公虫
Cleridae sp.

郭公虫科 *Cleridae*

郭公虫
Cleridae sp.

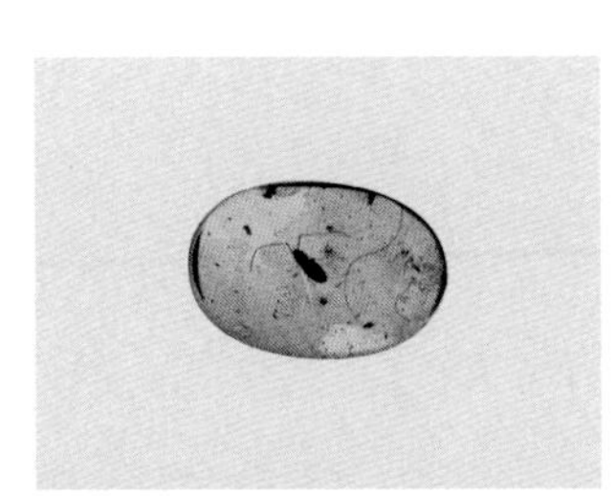

锯谷盗科 *Silvanidae*

锯谷盗
Silvanidae sp.

蛛甲科 *Ptinidae*

蛛甲
Ptinidae sp.

长蠹科 *Bostrichidae*

长蠹
Bostrichidae sp.

长蠹科 *Bostrichidae*

长蠹
Bostrichidae sp.

筒蠹科 *Lymexylidae*

筒蠹
Lymexylidae sp.

筒蠹科 *Lymexylidae*

筒蠹
Lymexylidae sp.

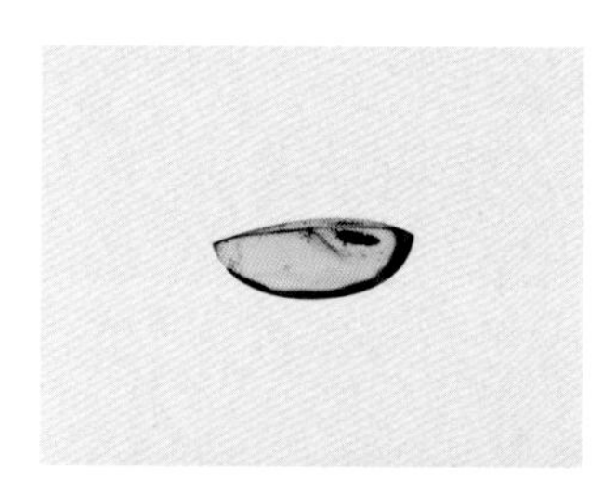

扁甲总科 *Cucujoidea*

扁甲
Cucujoidea sp.

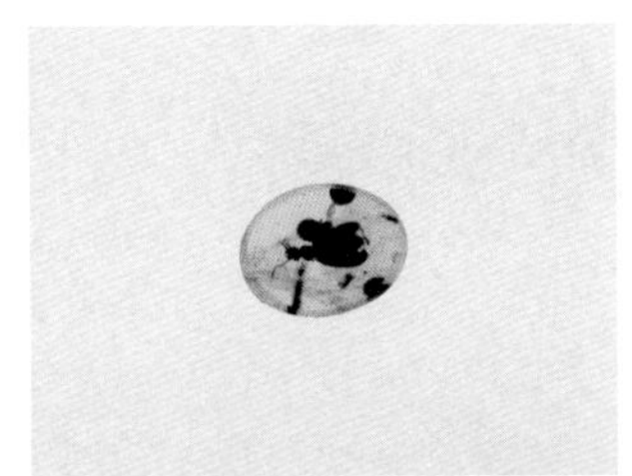

扁甲总科 *Cucujoidea*

BU 扁甲
Cucujoidea sp.

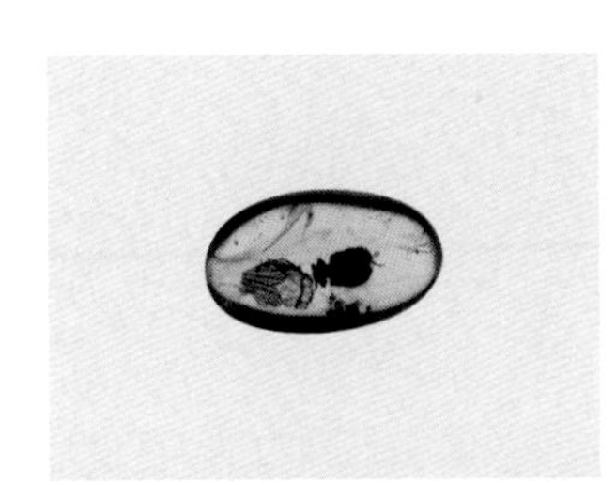

扁甲总科 *Cucujoidea*

扁甲
Cucujoide sp.

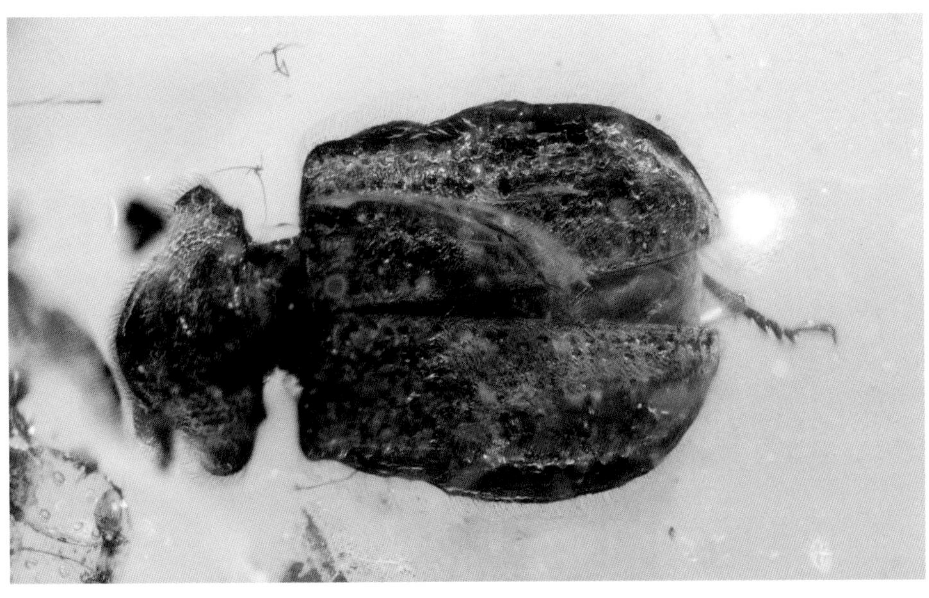

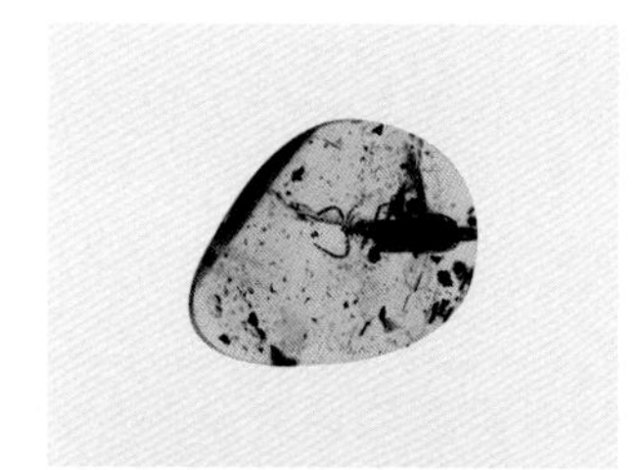

扁甲科 *Cucujidae*

扁甲
Cucujidae sp.

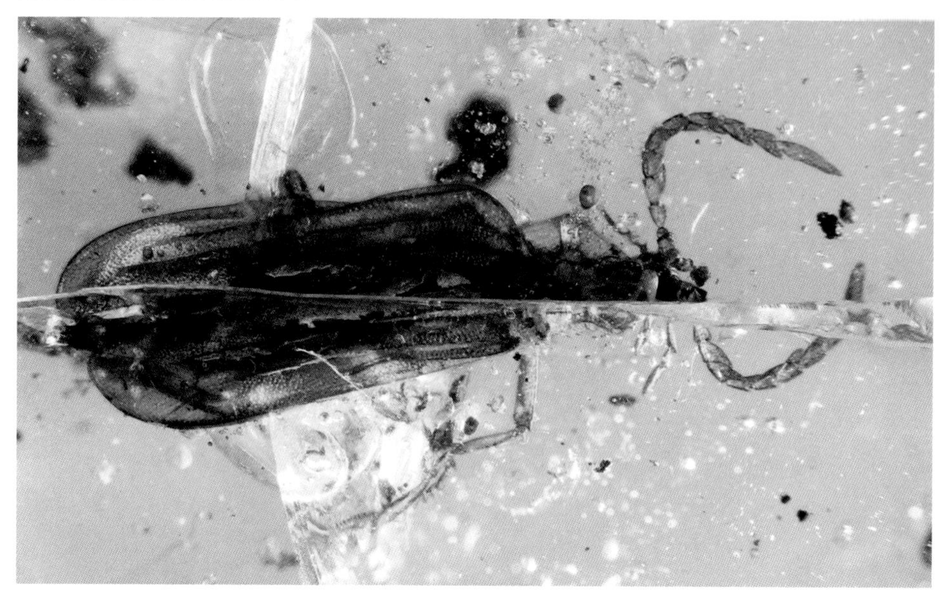

扁谷盗科 *Laemophloeidae*

缅珀扁谷盗
Laemophloeidae sp.

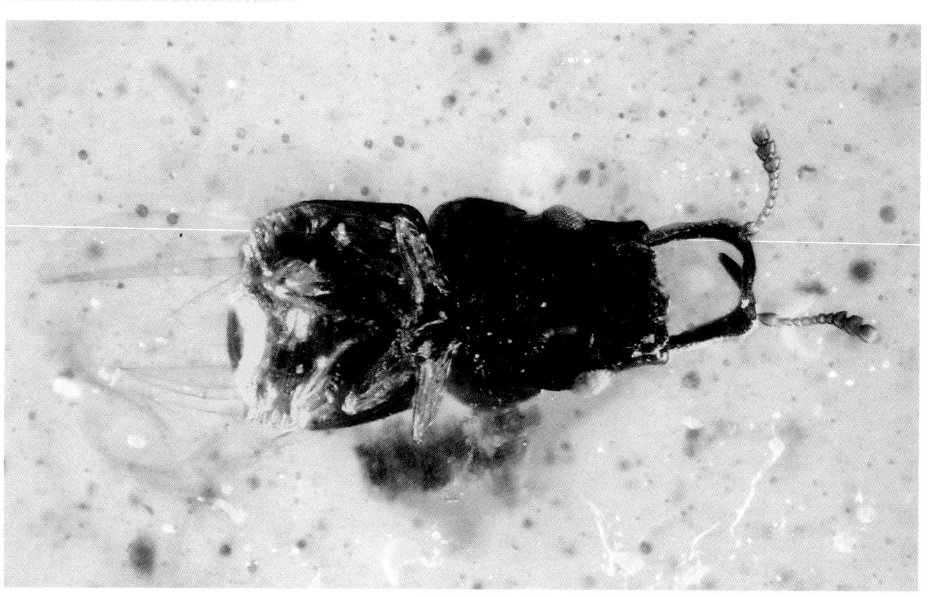

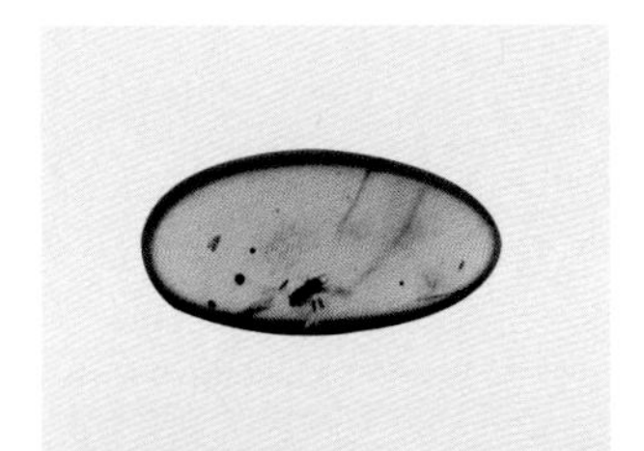

露尾甲科 *Nitidulidae*

访花露尾甲
Meligethinae sp.

露尾甲科 *Nitidulidae*

访花露尾甲
Meligethinae sp.

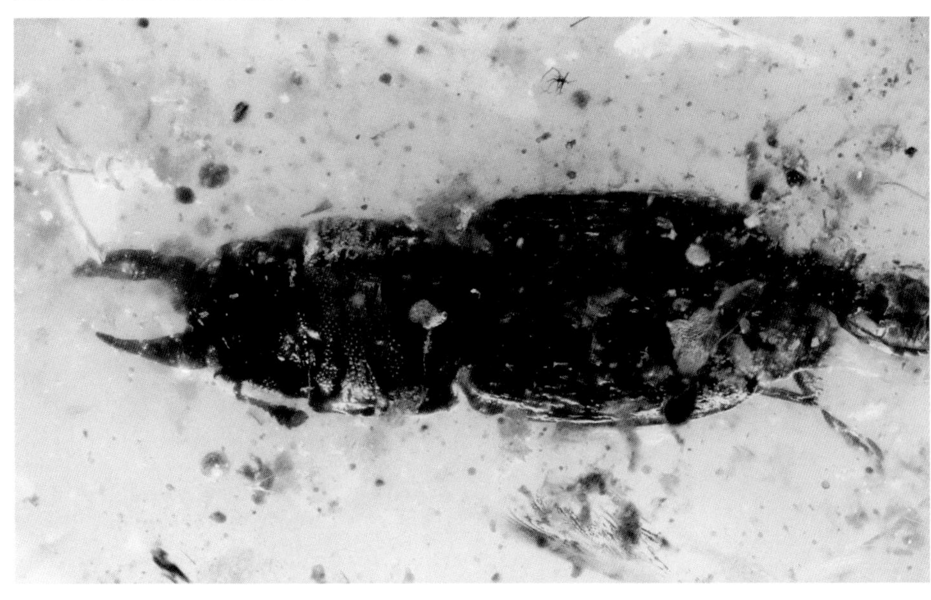

露尾甲科 *Nitidulidae*

露尾甲
Nitidulidae sp.

露尾甲科 *Nitidulidae*

露尾甲
Nitidulidae sp.

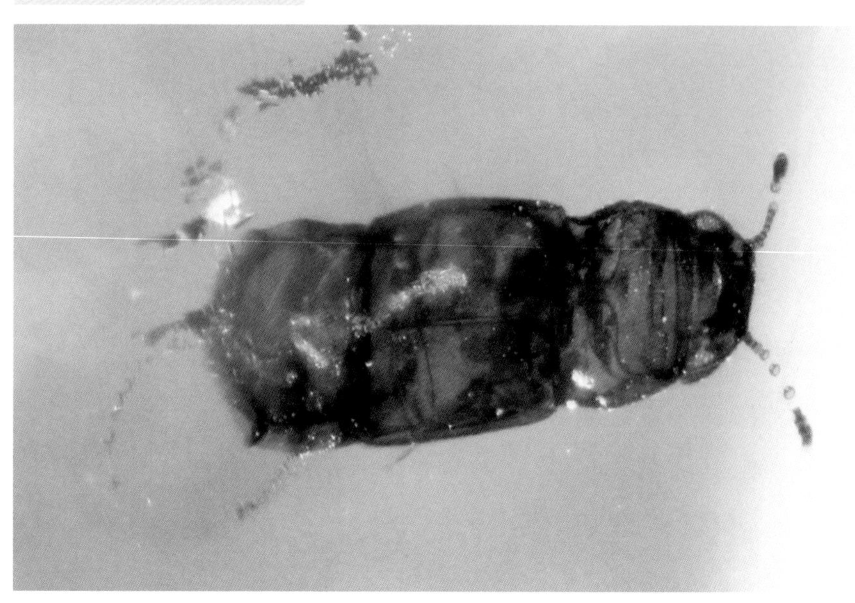

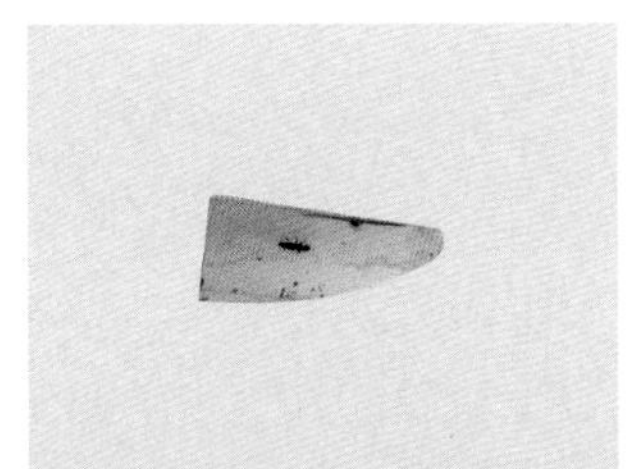

出尾扁甲科 *Monotomidae*

BU 出尾扁甲
Monotomidae sp.

皮坚甲科 *Cerylonidae*

BU 皮坚甲
Cerylonidae sp.

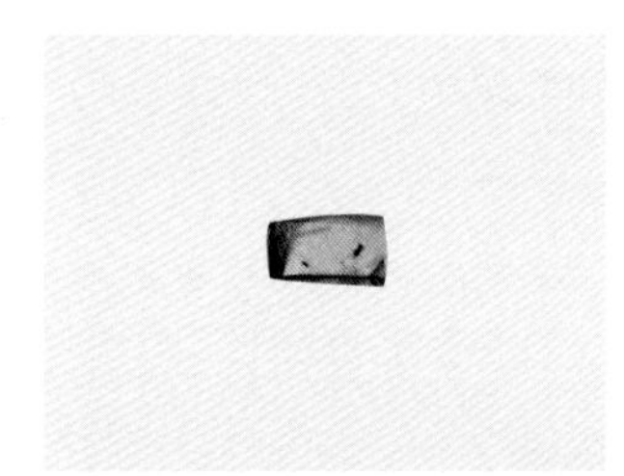

伪瓢虫科 *Endomychidae*

BU 伪瓢虫
Endomychidae sp.

拟步甲科 *Tenebrionidae*

BU 拟步甲
Tenebrionidae sp.

拟步甲科 *Tenebrionidae*

拟步甲
Tenebrionidae sp.

拟步甲科 *Tenebrionidae*

拟步甲
Tenebrionidae sp.

拟步甲科 *Tenebrionidae*

BU 伪叶甲
Lagriinae sp.

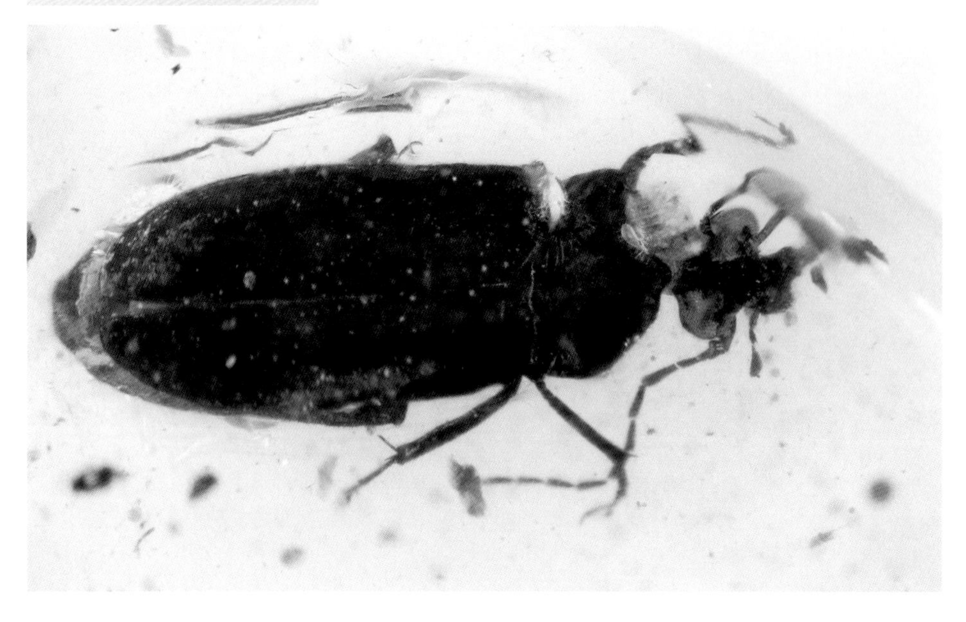

拟步甲科 *Tenebrionidae*

BU 伪叶甲
Lagriinae sp.

拟步甲科 *Tenebrionidae*

朽木甲
Alleculinae sp.

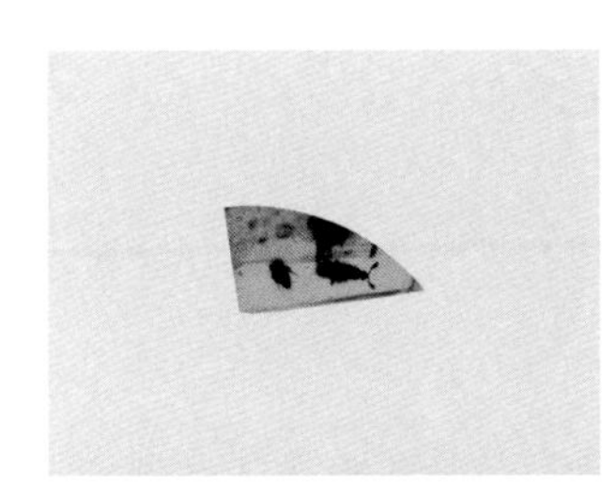

h 大花蚤科 *Rhipiphoridae*

大花蚤
Rhipiphoridae sp.

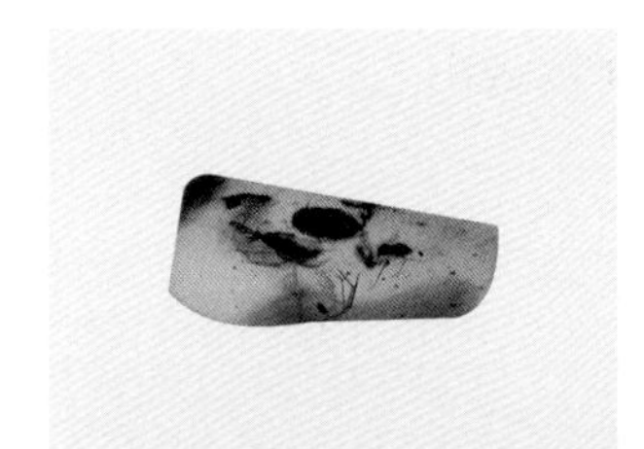

h 大花蚤科 *Rhipiphoridae*

BU 大花蚤
Rhipiphoridae sp.

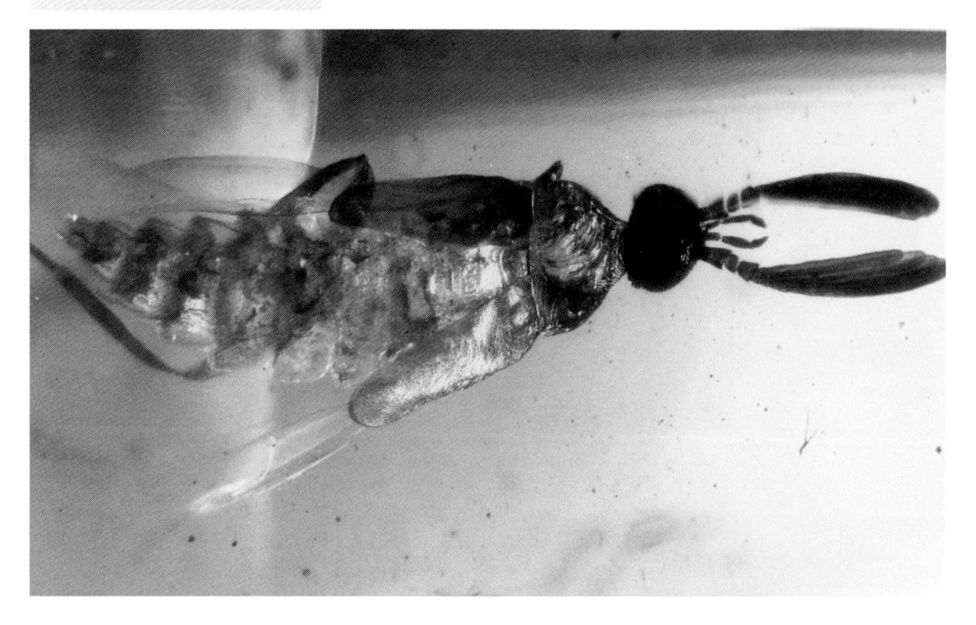

h 大花蚤科 *Rhipiphoridae*

大花蚤
Rhipiphoridae sp.

h 大花蚤科 *Rhipiphoridae*

BU 大花蚤（幼虫）
Rhipiphoridae sp.

h 大花蚤科 *Rhipiphoridae*

缅甸白垩大花蚤
Cretaceoripidius burmiticus

花蚤科 *Mordellidae*

BU

花蚤
Mordellidae sp.

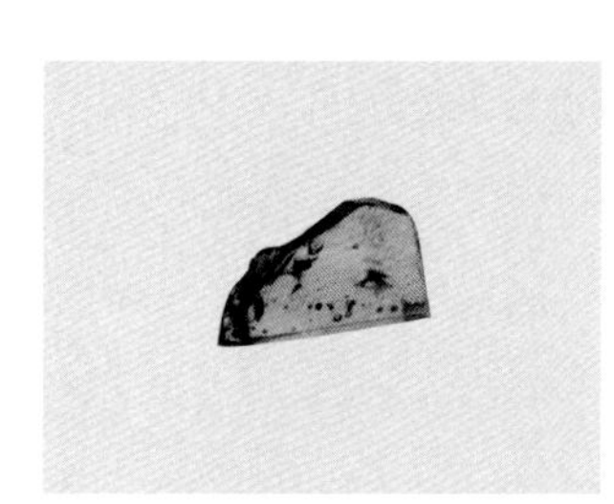

隐翅甲科 *Staphylinidae*

BU

森诺曼苔甲
Cenomaniola sp.

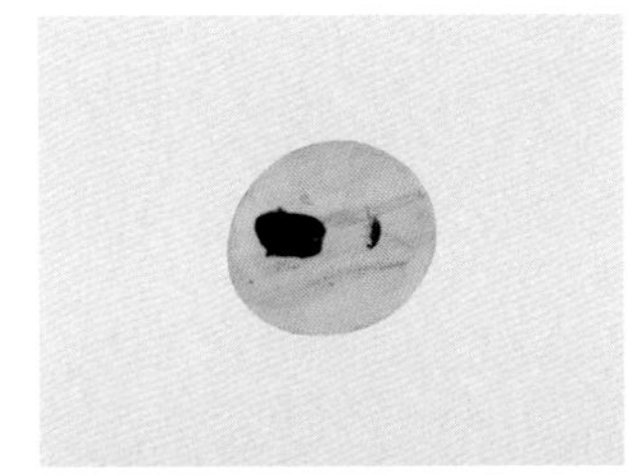

芫菁科 *Meloidae*

BU 芫菁
Meloidae sp.

叶甲科 *Chrysomelidae*

BU 叶甲
Chrysomelidae sp.

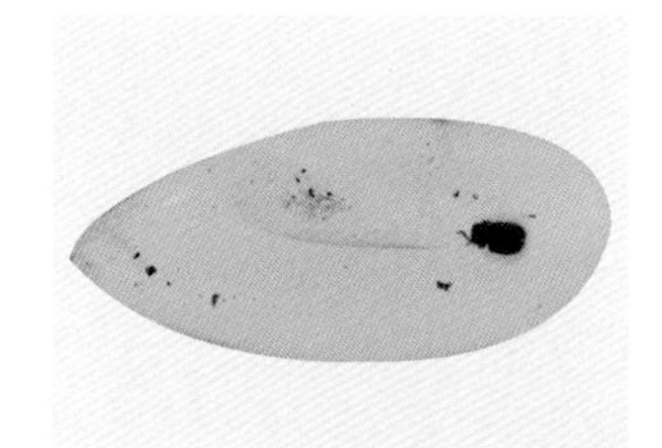

叶甲科 *Chrysomelidae*

DO 叶甲
Chrysomelidae sp.

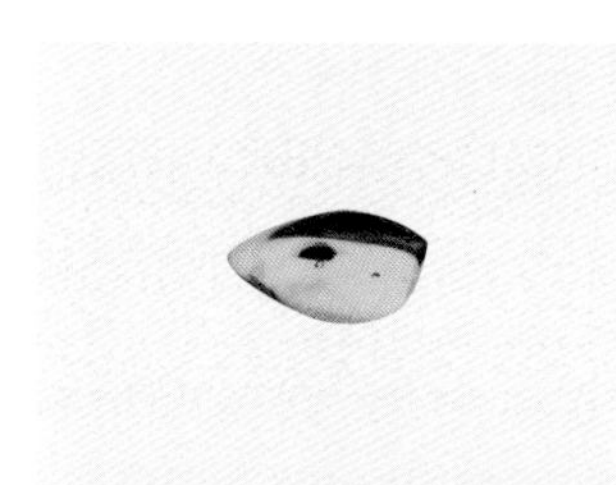

象甲科 *Curculionidae*

BA 象甲
Curculionidae sp.

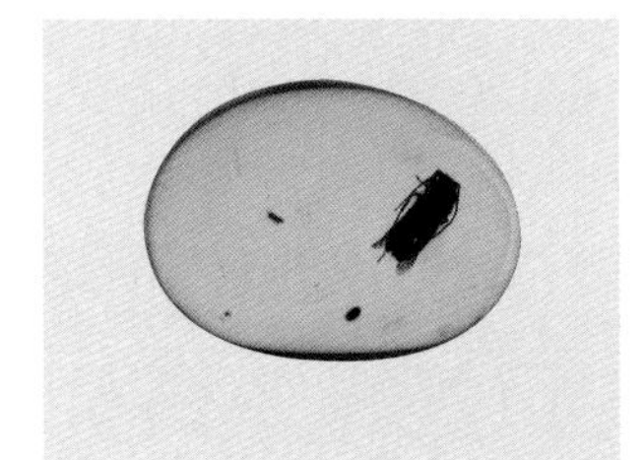

天牛科 *Cerambycidae*

天牛
Cerambycidae sp.

橘子象科 *Eccopatrthridae*

族象甲
Mesophyletis sp.

象甲科 *Curculionidae*

DO 刺胸象甲
Conoderinae sp.

象甲科 *Curculionidae*

长小蠹
Platypodinae sp.

长角象科 *Anthribidae*

长角象
Anthribidae sp.

Strepsiptera

捻翅目

捻翅目统称捻翅虫或蝙,属寄生性微型昆虫,体小型,雌雄异型。该目全世界已知14科(含4个化石科)50属620余种。

全变态。营自由生活或内寄生生活，多寄生于直翅目、半翅目、膜翅目等昆虫体内，寄主涵盖昆虫纲8目30多科及总科的270余属种。雄虫有一对后翅，前翅则演化为伪平衡棒，触角呈齿状。雌虫则终生为幼态，通常寄生于叶蝉、飞虱等体内且终生不离寄主。雌虫在寄主体内产卵，幼虫孵出后钻出寄主体外寻找新寄主。雄虫羽化后不取食，生命短促，飞行觅偶，与寄主体内的雌虫交配。雌虫头胸部扁平而硬化，从寄主腹部钻出暴露体外，以其头、胸部之间处与雄虫交配受精。

世界各地的捻翅虫化石十分稀少而珍贵，全部发现自琥珀中，这些琥珀产地分别为:多米尼加、波罗的海、乌克兰、缅甸、法国和中国抚顺。

本书收录来自多米尼加的蚁蝙科[a]Myrmecolacidae捻翅虫和来自缅甸的肯氏蝙科[b]Kinzelbachillidae捻翅虫各1种。其中已经灭绝的化石科肯氏蝙科仅见于缅甸琥珀中。

雄虫：

❶ 体长1．5～4.0 mm；

❷ 头宽；

❸ 复眼大而突出，无单眼；

❹ 口器退化咀嚼式；

❺ 触角4～7节，形状多变异，常自第3节起呈扇状和分枝状；

❻ 胸部长，以后胸最大；

❼ 足无转节，跗节2～4节，多无爪；

❽ 前翅退化成棒状，称伪平衡棒；

❾ 后翅宽大，扇状；

❿ 腹部10节；

⓫ 无尾须。

[a] 蚁蝙科 *Myrmecolacidae*

DO 蚁蝙
Myrmecolacidae sp.

[b] 肯氏蝙科 *Kinzelbachillidae*

BU 肯氏蝙
Kinzelbachilla sp.

Diptera

双翅目

双翅目包括蚊、蝇、蠓、蚋、虻等，分为长角亚目、短角亚目和环裂亚目，共 75 科。它们适应性强，个体和种类的数量多，全球性分布，目前，世界已知 150 000 种以上。

全变态。生活周期短，1 年发生数代，部分种类生活周期最少 10 天，多到 1 年，少数种类需 2 年才能完成一代。绝大多数为两性繁殖，多数为卵生，也有卵胎生，少数孤雌生殖或幼体生殖。幼虫大部分为陆栖，少部分为水栖，多生活于淡水中。蛹为离蛹、被蛹或围蛹。成虫极善飞翔，是昆虫中飞行最敏捷的类群之一，常白天活动，少数种类黄昏或夜间活动。

双翅目昆虫中不少种类是传播细菌、寄生虫等病原体的媒介昆虫；部分种类幼虫蛀食根、茎、叶、花、果实、种子或引起虫瘿，是重要的农林害虫；部分种类幼虫取食腐败的有机质，在降解有机质中起重要作用；有些幼虫具捕食性，如食蚜蝇取食蚜虫；有些幼虫寄生在其他昆虫体内，是重要的寄生性天敌。

双翅目昆虫在石质化石和琥珀化石中，都是非常普遍的。据不完全统计，波罗的海琥珀中的双翅目昆虫记载已经超过 1 000 种，1994 年的统计表明，有 3 100 种双翅目化石被记录。

本书收录了 14 个科的双翅目琥珀昆虫，多数来自缅甸的琥珀，部分来自多米尼加和波罗的海琥珀。其中长角亚目（蚊类）8 个科，短角亚目（虻类）4 个科，环裂亚目（蝇类）2 个科。

长角亚目中，瘿蚊科 [a]Cecidomyiidae 种类虽然较为常见，但是一些植物学家认为，在白垩纪，正如我们在琥珀中看到的那样，被子植物的花通常很小，而瘿蚊或许起到了重要的传粉作用。

张木虻科 [b]Zhangsolvidae 是从化石建立的科，其中一些白垩纪的种类具有极长的口器，被证实是在空中悬停取食花蜜的。本书收录的长角张木虻是仅发现于缅甸琥珀的种类，其特点是触角异常发达。

舞虻科 [c]Empididae 的部分种类，前足有着明显的毛或者刺，它们是勇猛的杀手，在捕捉猎物弱小昆虫作为食物的时候，这些毛或者刺起到了重要的作用。

头蝇科 [d] Pipunculidae 是蝇类中形态极为特殊的之一，头部大得出奇，其空中悬停交配的姿态更是令人惊诧。

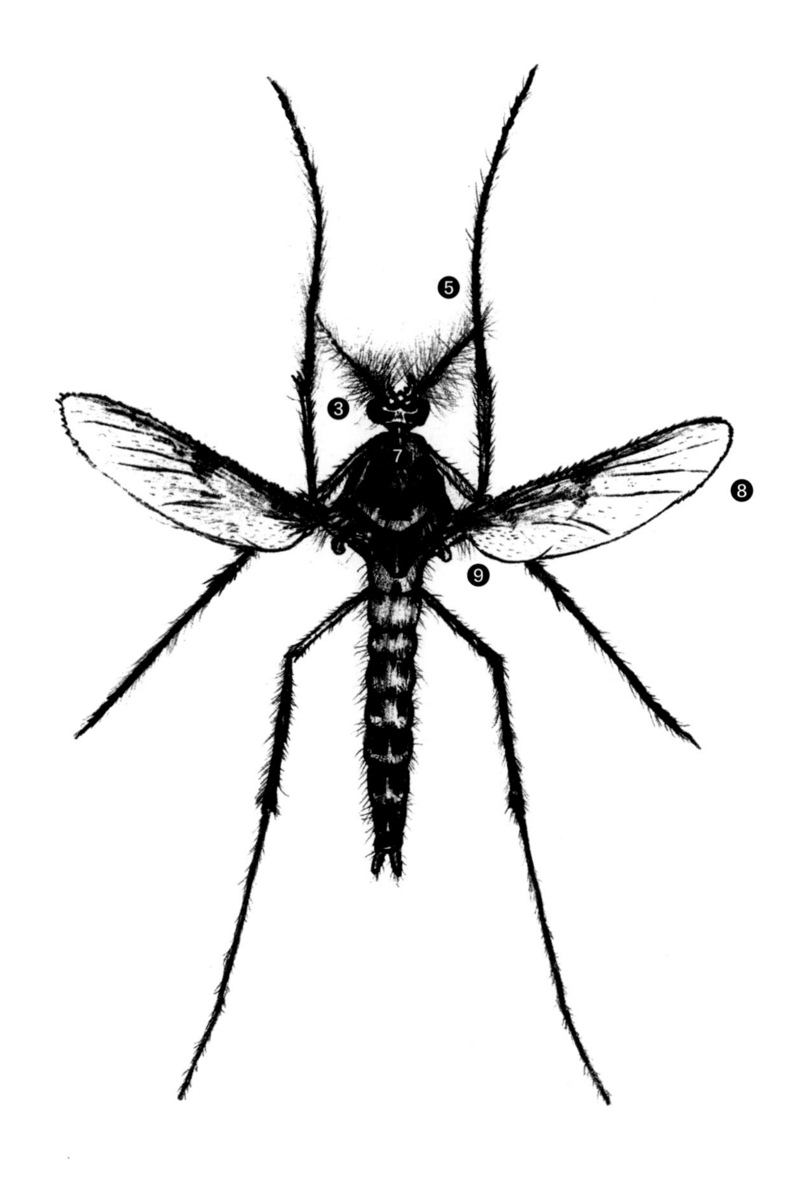

❶ 成虫体小至中型，极少超过 25 mm；

❷ 下口式；

❸ 复眼大，常占头的大部；

❹ 单眼 2 个（如蠓）、3 个（如蝇科）或缺（如蚋科）；

❺ 触角差异很大，丝状、短角状或具芒状；

❻ 口器刺吸式、舐吸式或刮舐式，下唇端部膨大成 1 对唇瓣，某些种类口器退化；

❼ 中胸发达，前、后胸极度退化；

❽ 前翅膜质，翅脉相对简单；

❾ 后翅特化为平衡棒。

沼大蚊科 *Limoniidae*

BU 沼大蚊
Limoniidae sp.

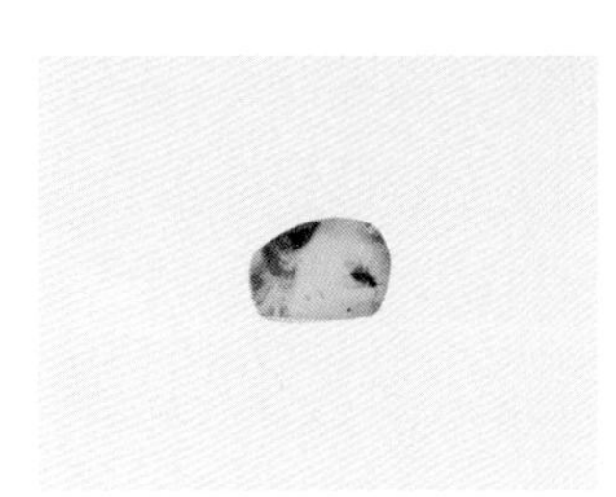

粪蚊科 *Scatopsidae*

DO 粪蚊
Scatopsidae sp.

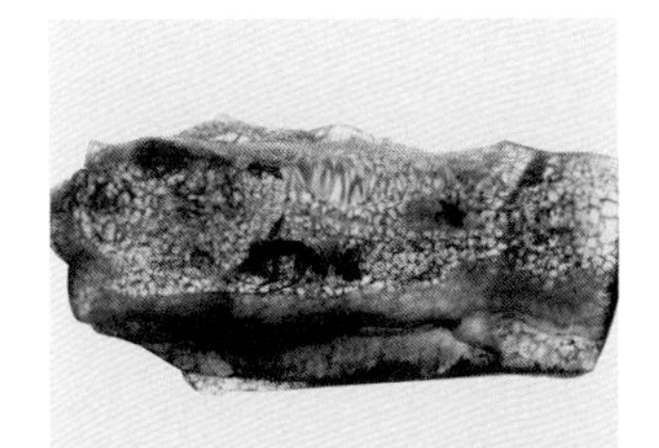

尖眼蕈蚊科 *Sciaridae*

波海尖眼蕈蚊(雄)
Sciaridae sp.

尖眼蕈蚊科 *Sciaridae*

尖眼蕈蚊(雌)
Sciaridae sp.

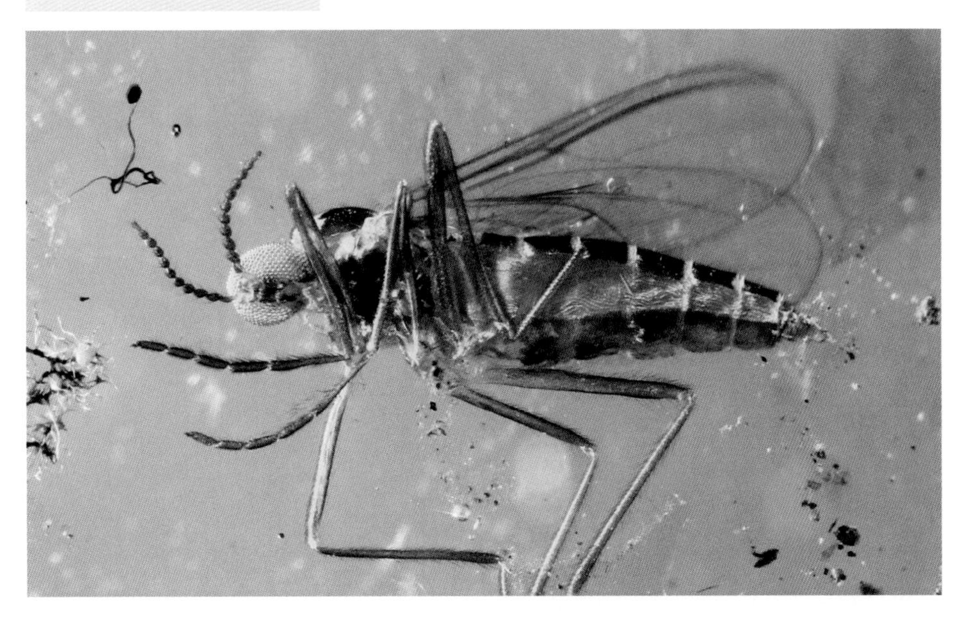

尖眼蕈蚊科 *Sciaridae*

BU 尖眼蕈蚊（雌）
Sciaridae sp.

尖眼蕈蚊科 *Sciaridae*

BU 尖眼蕈蚊（雌）
Sciaridae sp.

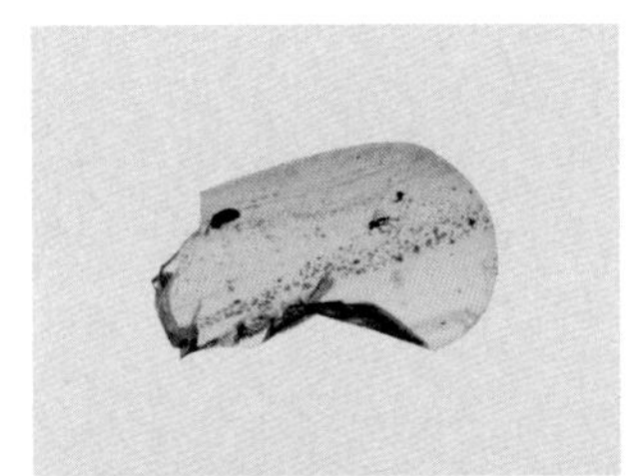

尖眼蕈蚊科 *Sciaridae*

尖眼蕈蚊 (雄)
Sciaridae sp.

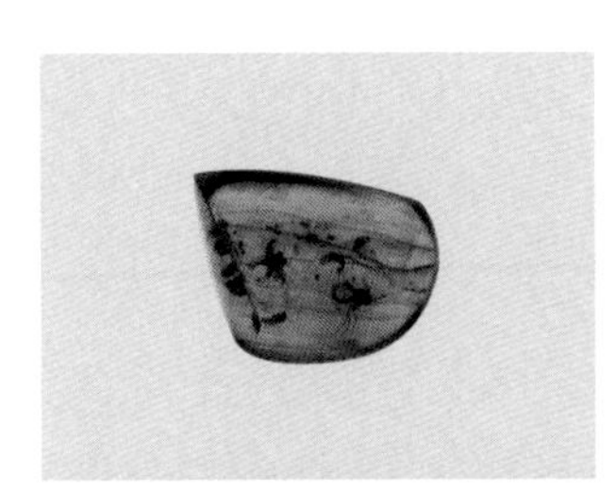

尖眼蕈蚊科 *Sciaridae*

尖眼蕈蚊 (雄)
Sciaridae sp.

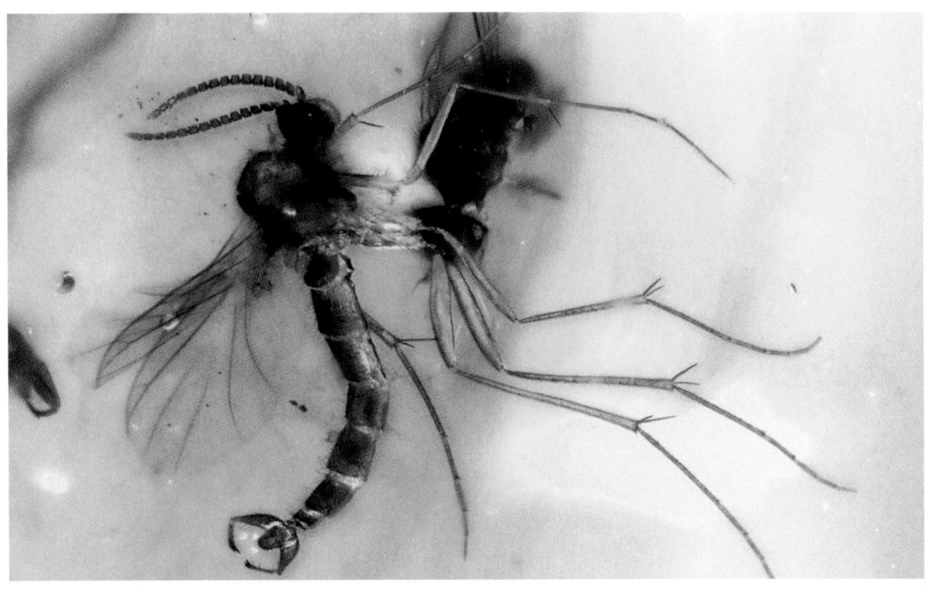

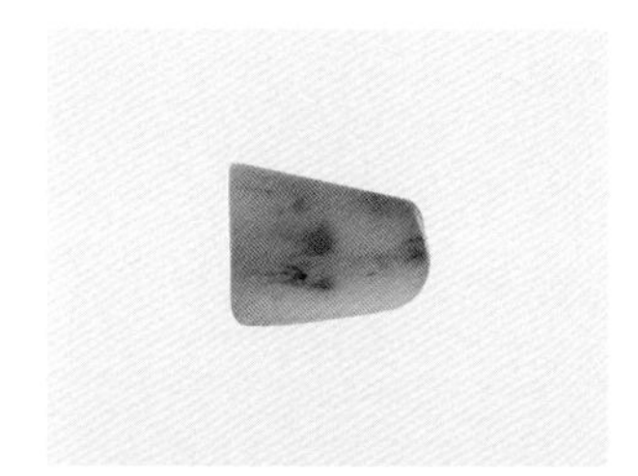

菌蚊科 *Mycetophilidae*

菌蚊
Mycetophilidae sp.

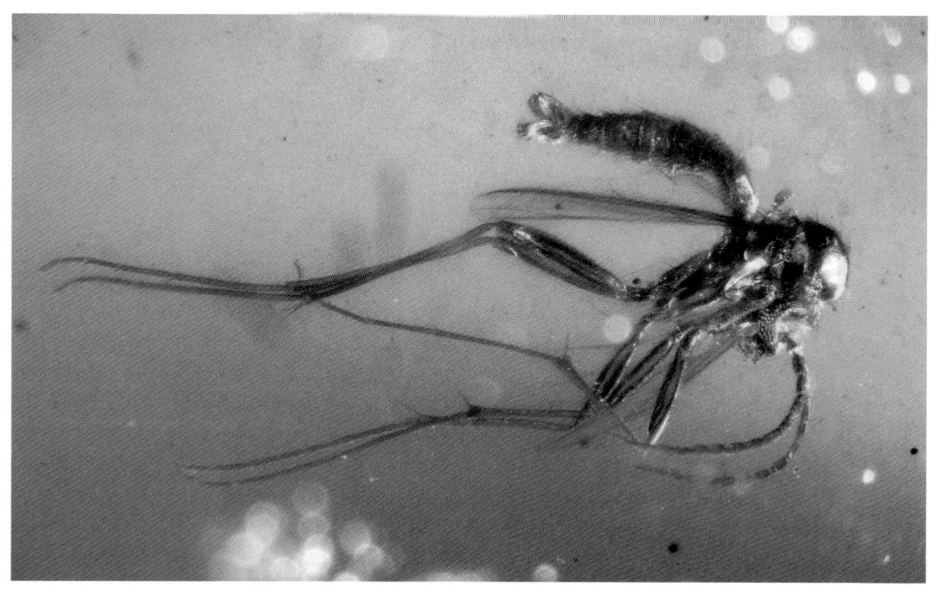

菌蚊科 *Mycetophilidae*

菌蚊
Mycetophilidae sp.

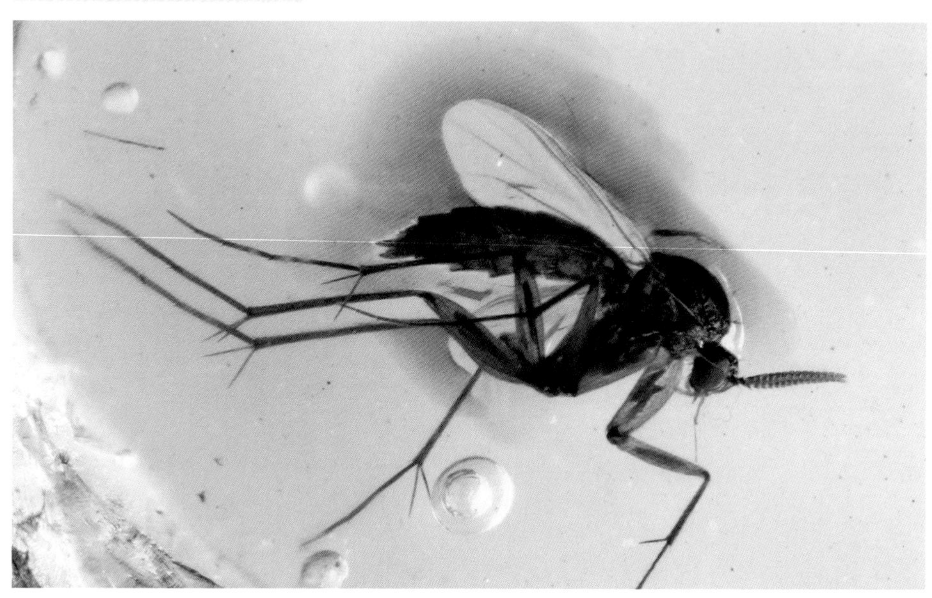

[a]瘿蚊科 *Cecidomyiidae*

多米瘿蚊
Cecidomyiidae sp.

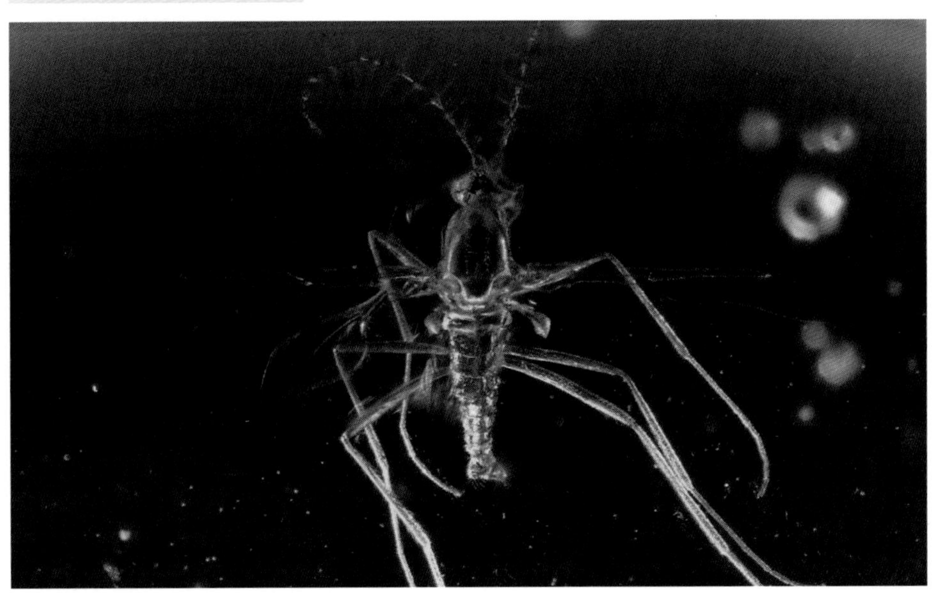

[a]瘿蚊科 *Cecidomyiidae*

瘿蚊
Cecidomyiidae sp.

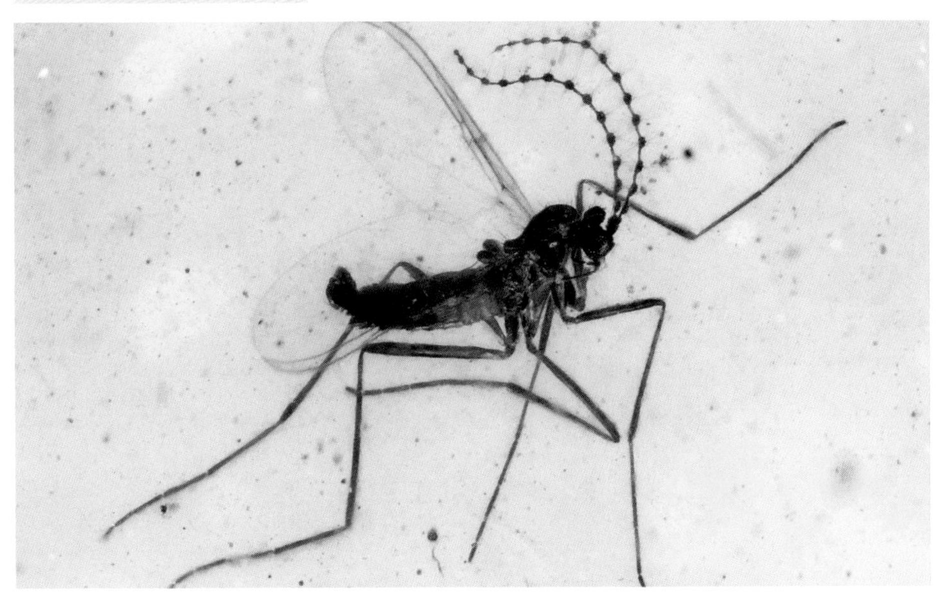

[a] 瘿蚊科 *Cecidomyiidae*

瘿蚊
Cecidomyiidae sp.

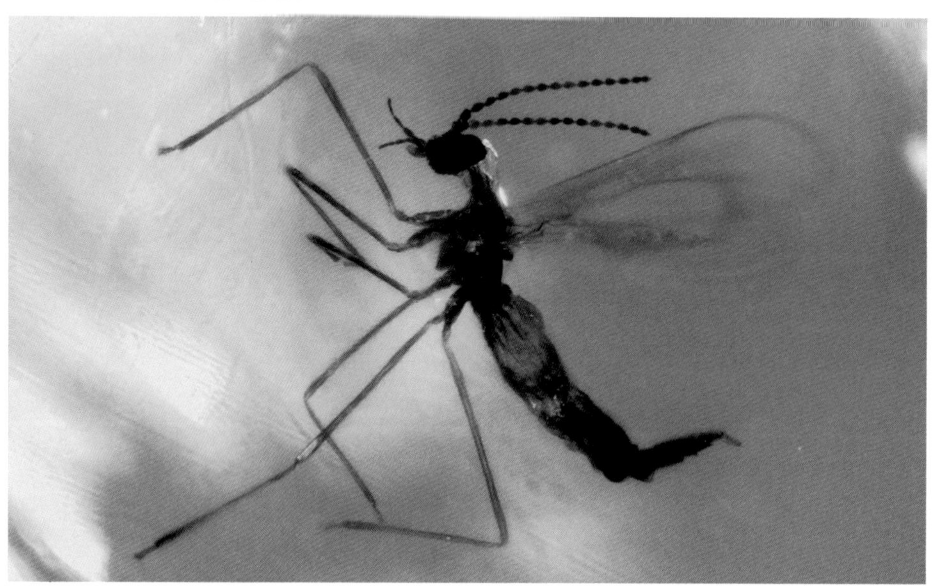

[a] 瘿蚊科 *Cecidomyiidae*

瘿蚊
Cecidomyiidae sp.

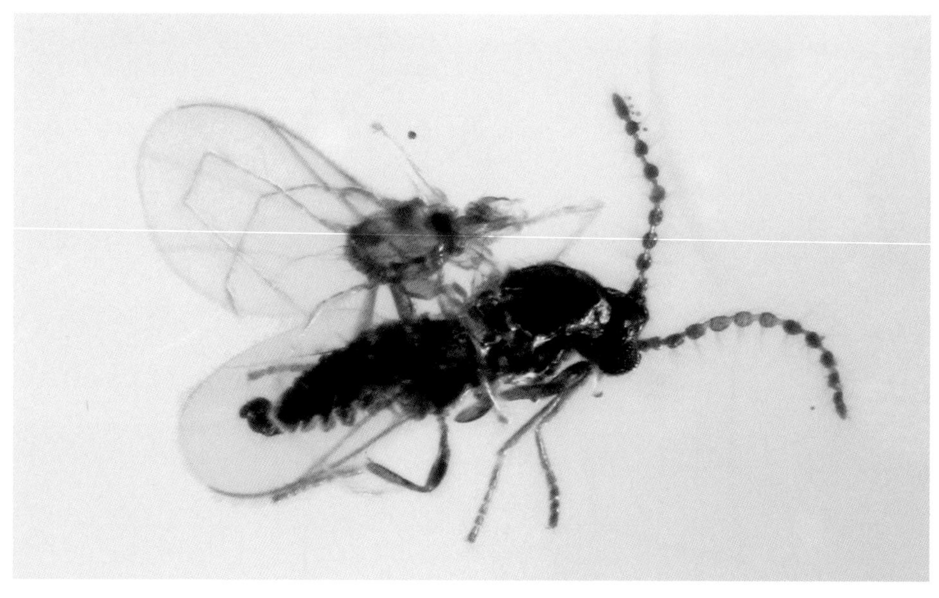

摇蚊科 *Chironomidae*

摇蚊
Chironomidae sp.

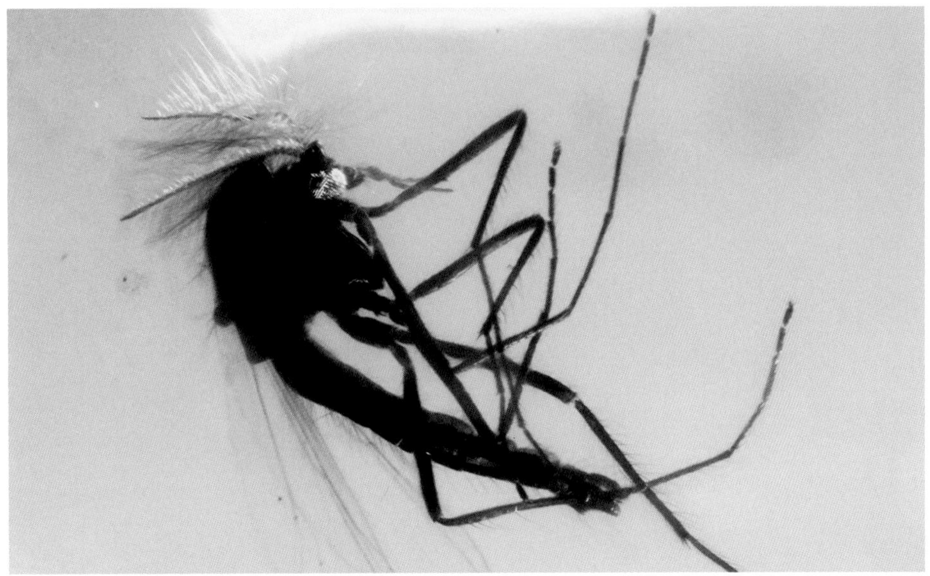

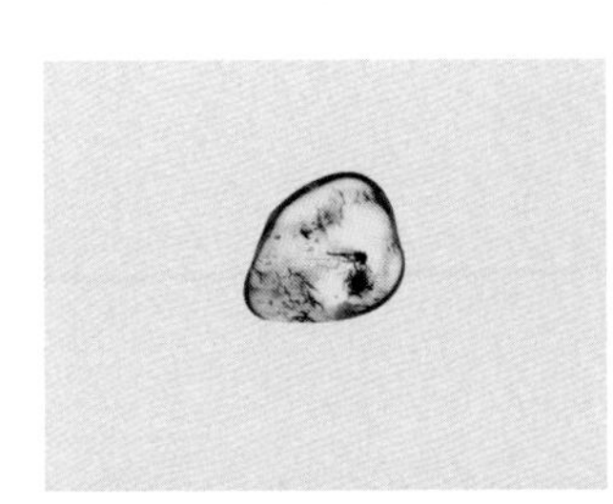

摇蚊科 *Chironomidae*

摇蚊
Chironomidae sp.

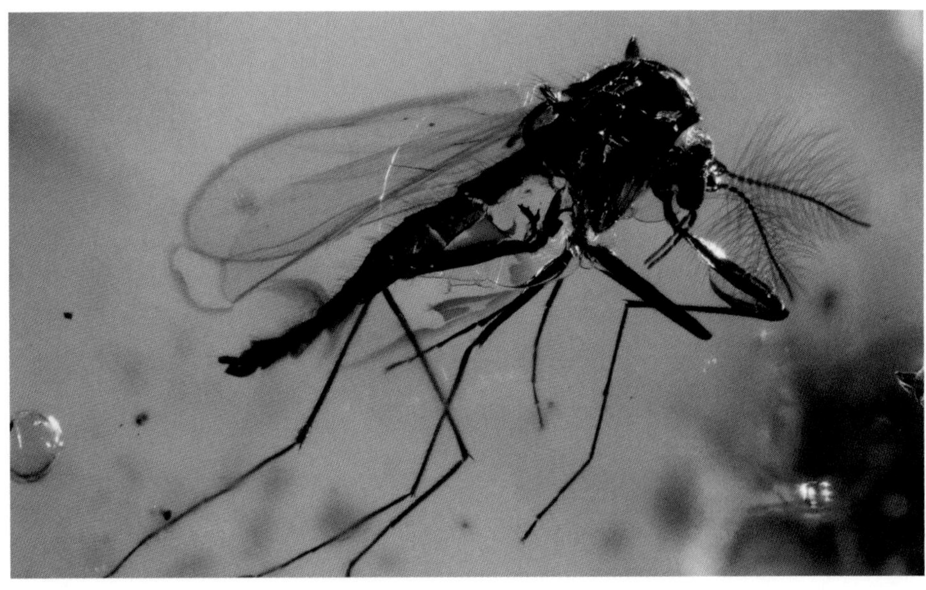

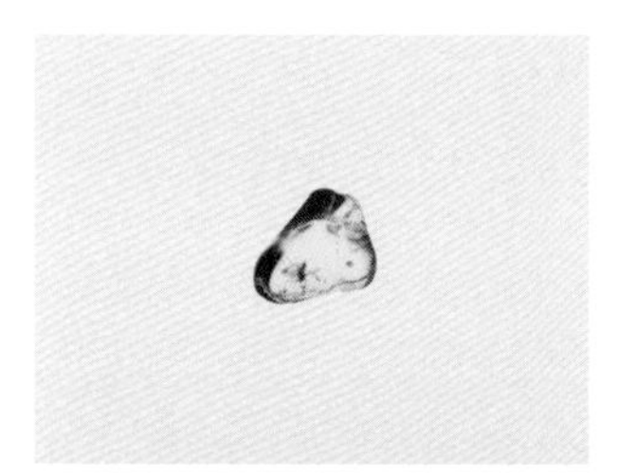

蠓科 *Ceratopogonidae*

BA 蠓
Ceratopogonidae sp.

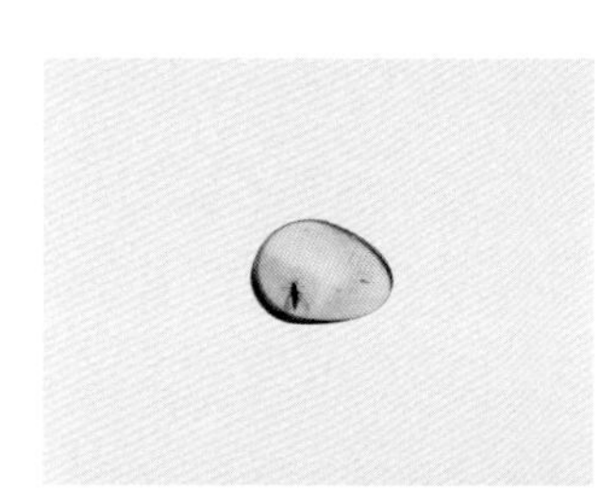

蠓科 *Ceratopogonidae*

BA 蠓
Ceratopogonidae sp.

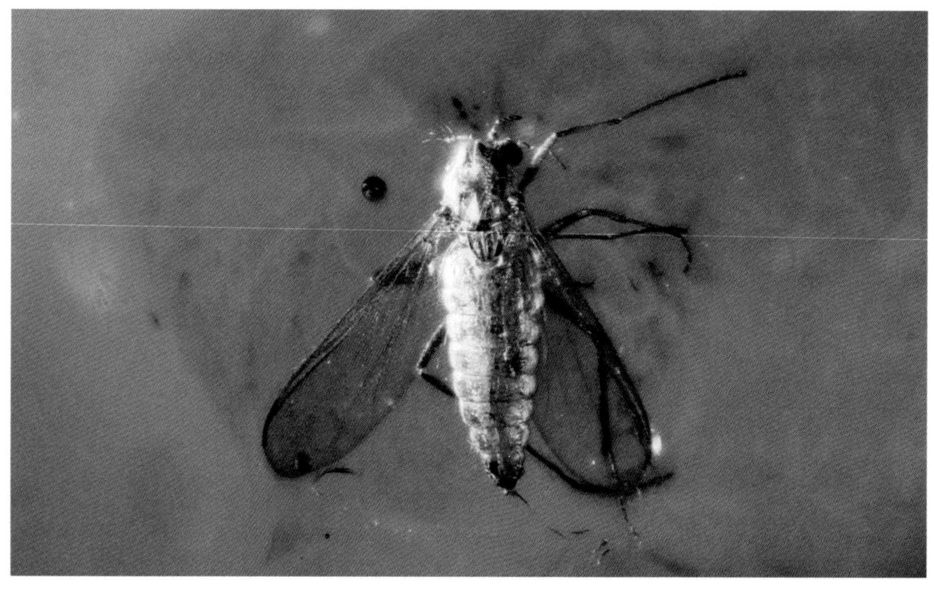

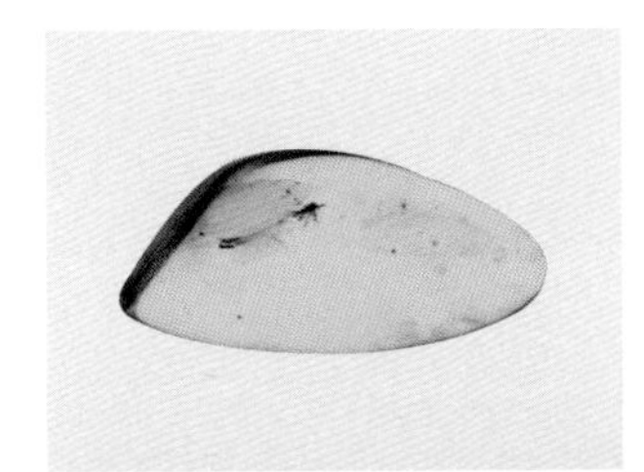

蠓科 *Ceratopogonidae*

蠓
Ceratopogonidae sp.

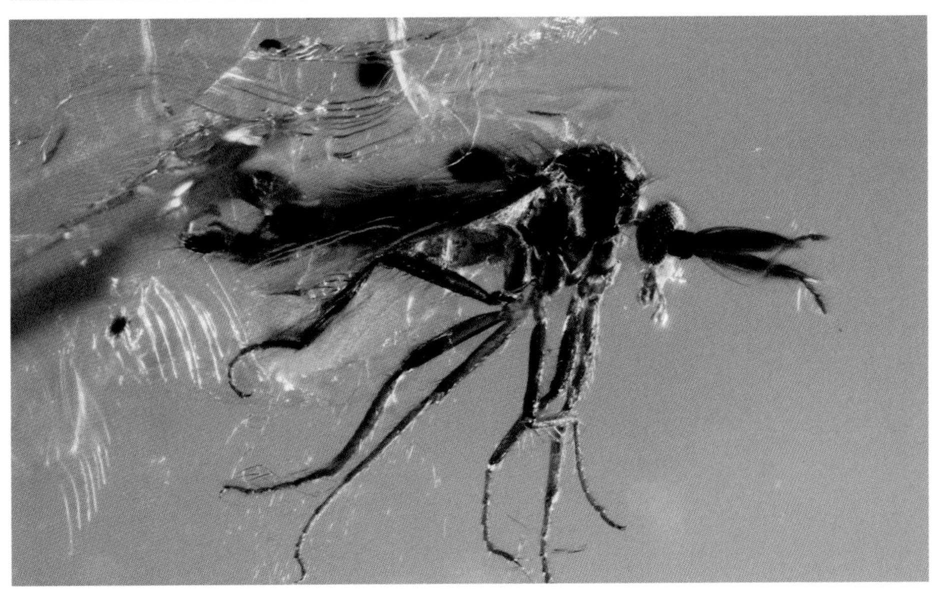

蛾蠓科 *Psychodidae*

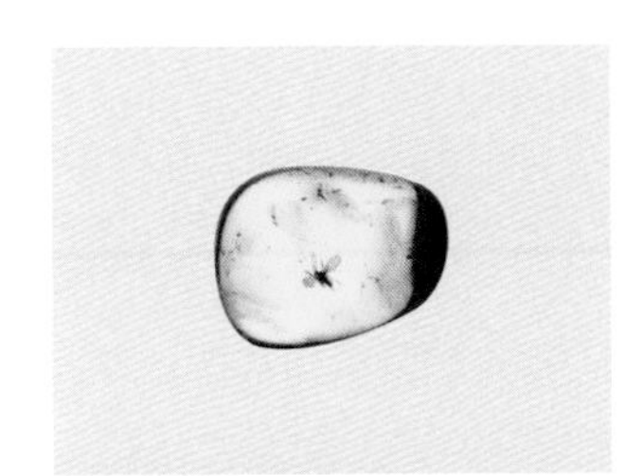

波海蛾蠓
Psychodidae sp.

蛾蠓科 *Psychodidae*

缅甸蛾蠓
Psychodidae sp.

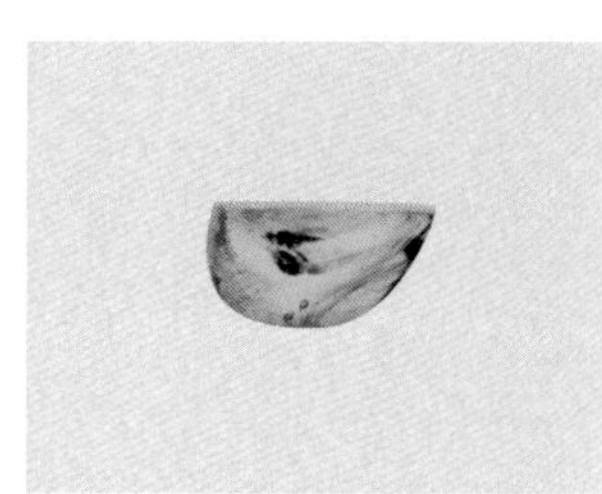

腐木虻科 *Rachiceridae*

腐木虻
Rachiceridae sp.

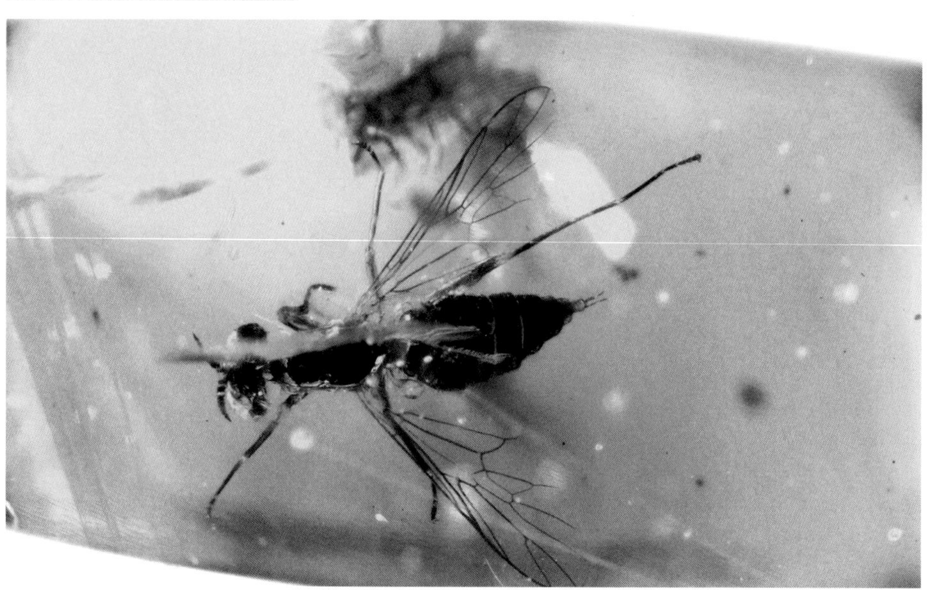

[b]张木虻科 *Zhangsolvidae*

长角张木虻
Linguatormyia teletacta

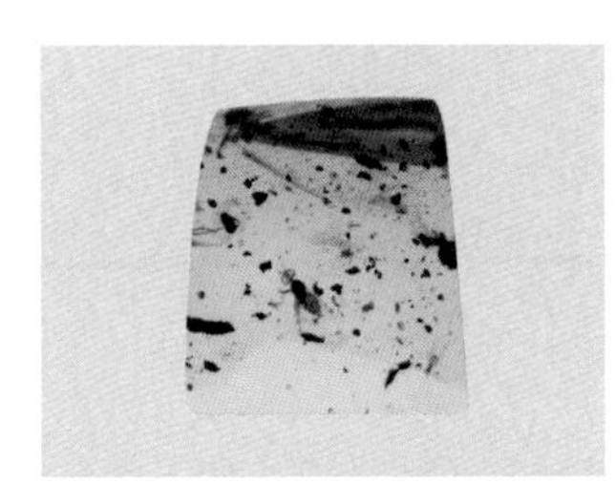

水虻科 *Stratiomyidae*

水虻
Stratiomyidae sp.

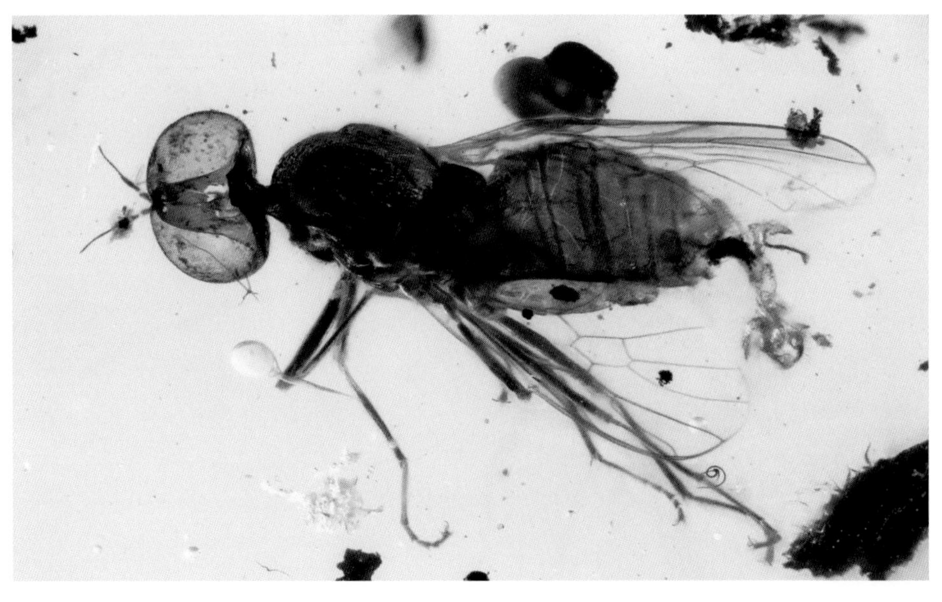

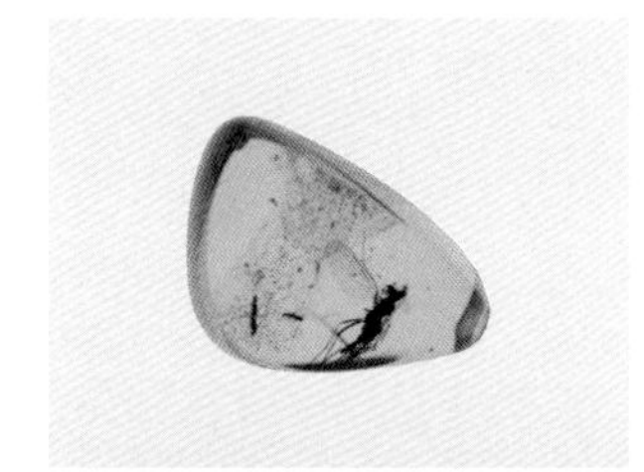

鹬虻科 *Rhagionidae*

鹬虻
Rhagionidae

鹬虻科 *Rhagionidae*

鹬虻
Rhagionidae sp.

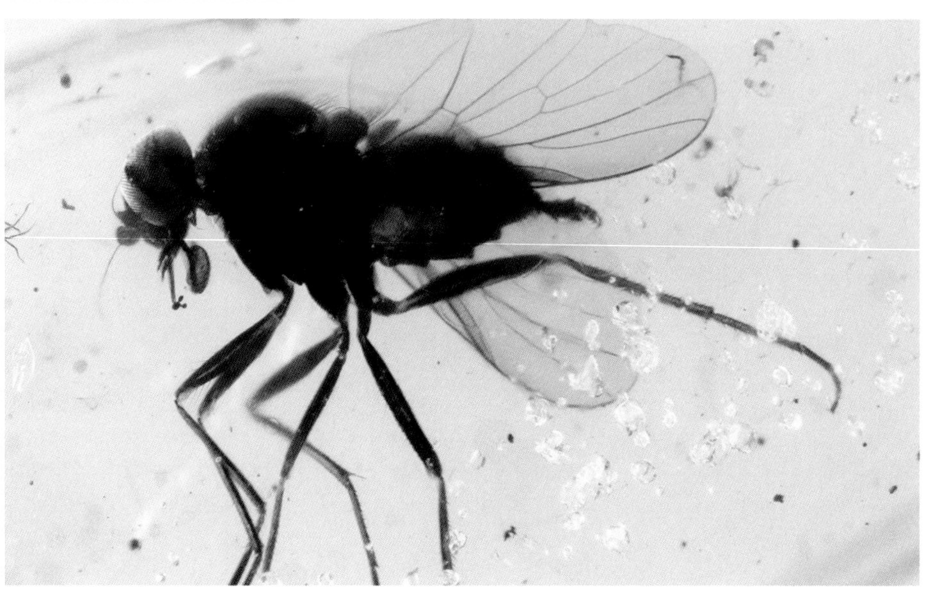

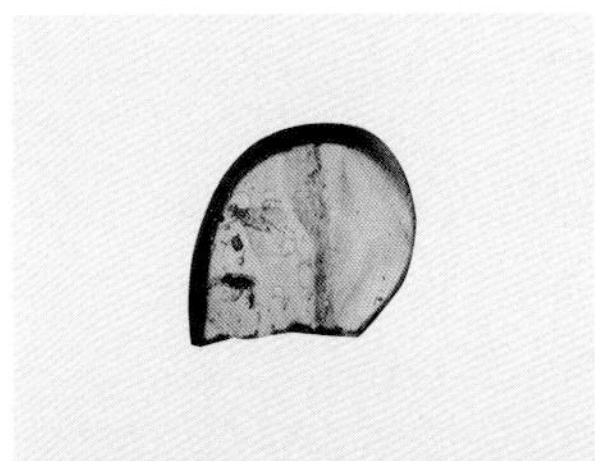

鹬虻科 *Rhagionidae*

BU 鹬虻
Rhagionidae sp.

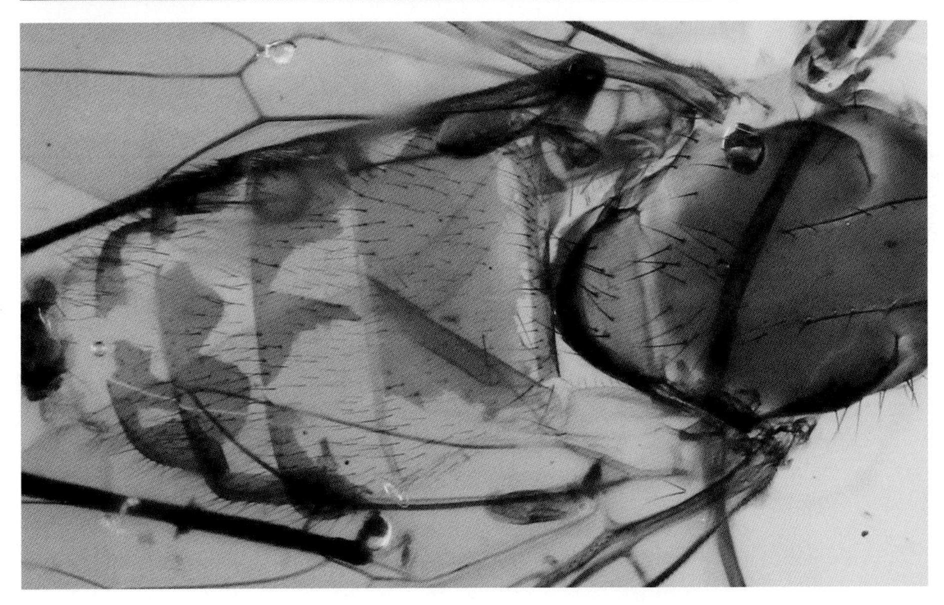

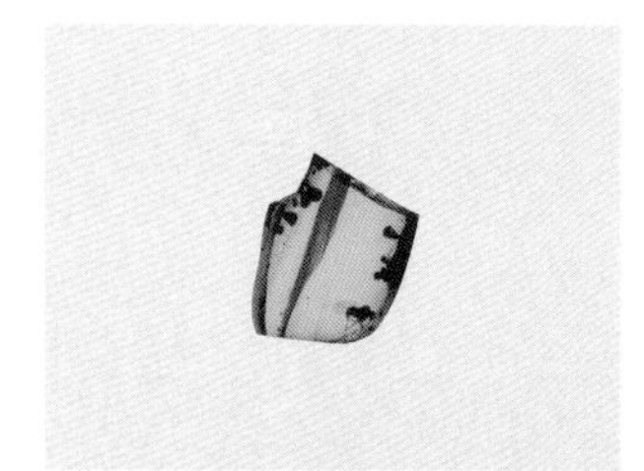

[c] 舞虻科 *Empididae*

舞虻
Empididae sp.

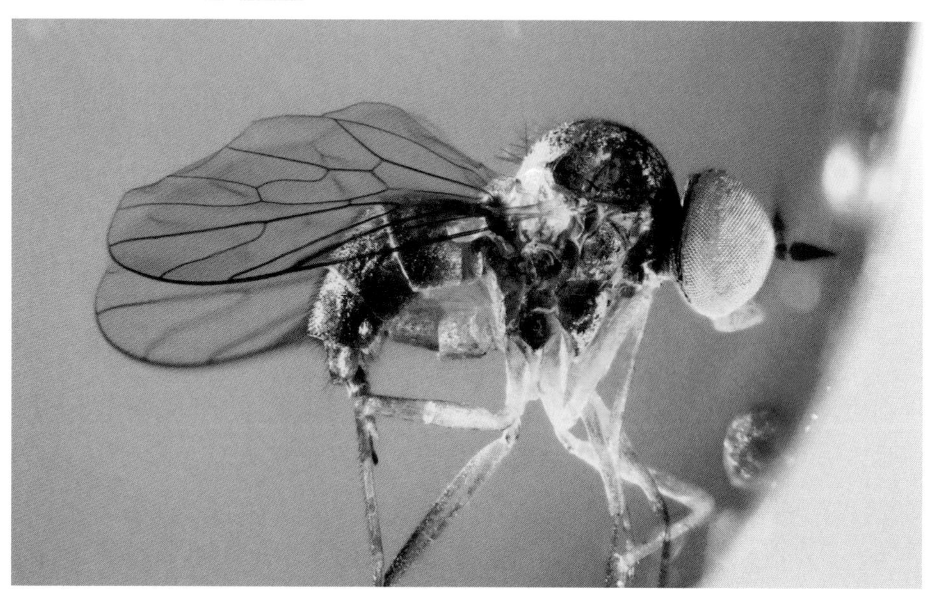

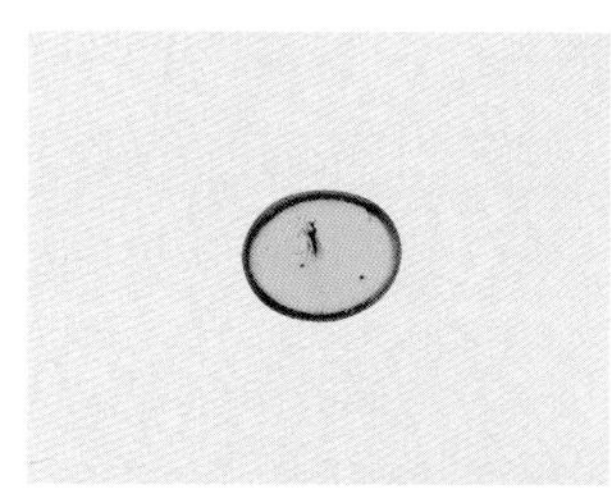

[c] 舞虻科 *Empididae*

舞虻
Empididae sp.

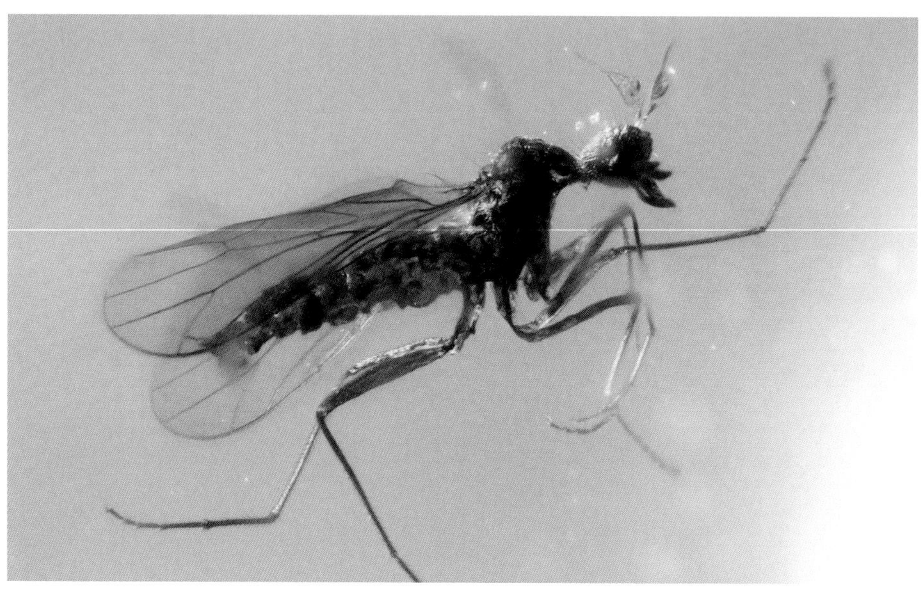

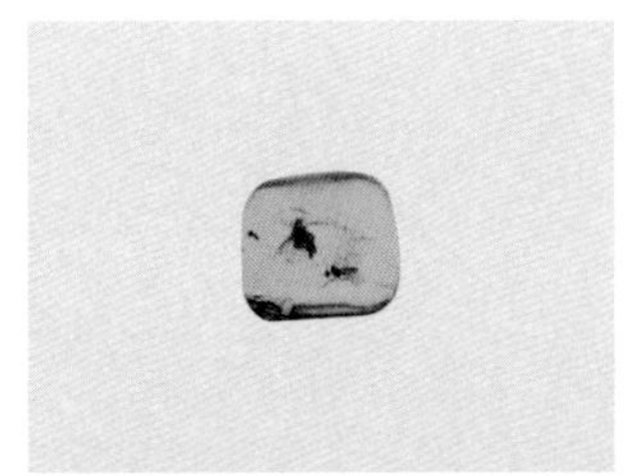

c 舞虻科 *Empididae*

舞虻
Empididae sp.

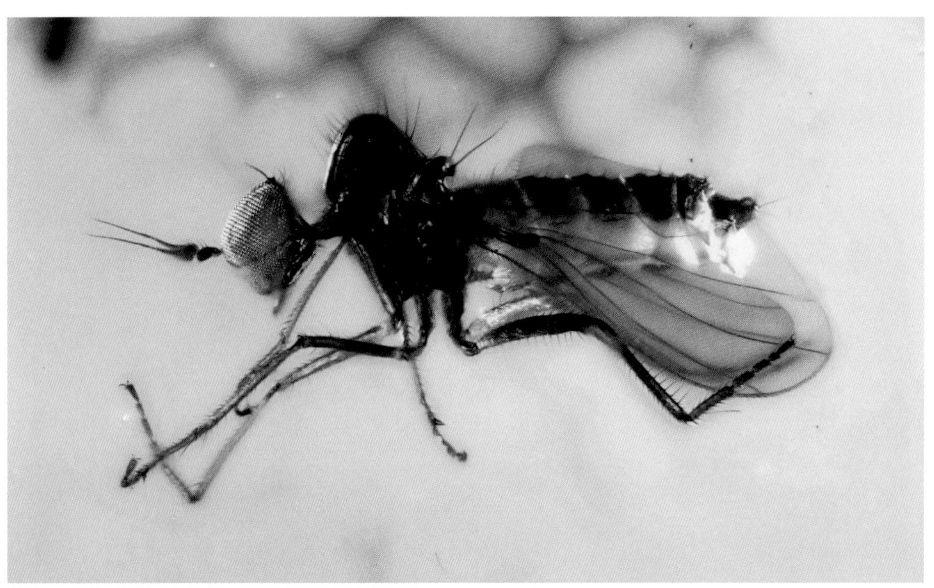

c 舞虻科 *Empididae*

多米舞虻
Empididae sp.

c 舞虻科 *Empididae*

舞虻
Empididae sp.

c 舞虻科 *Empididae*

舞虻
Empididae sp.

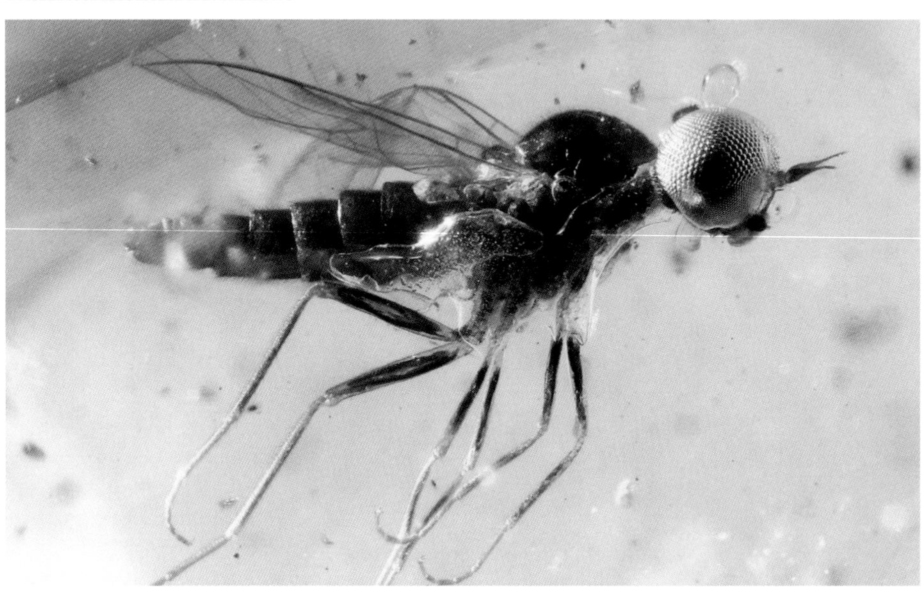

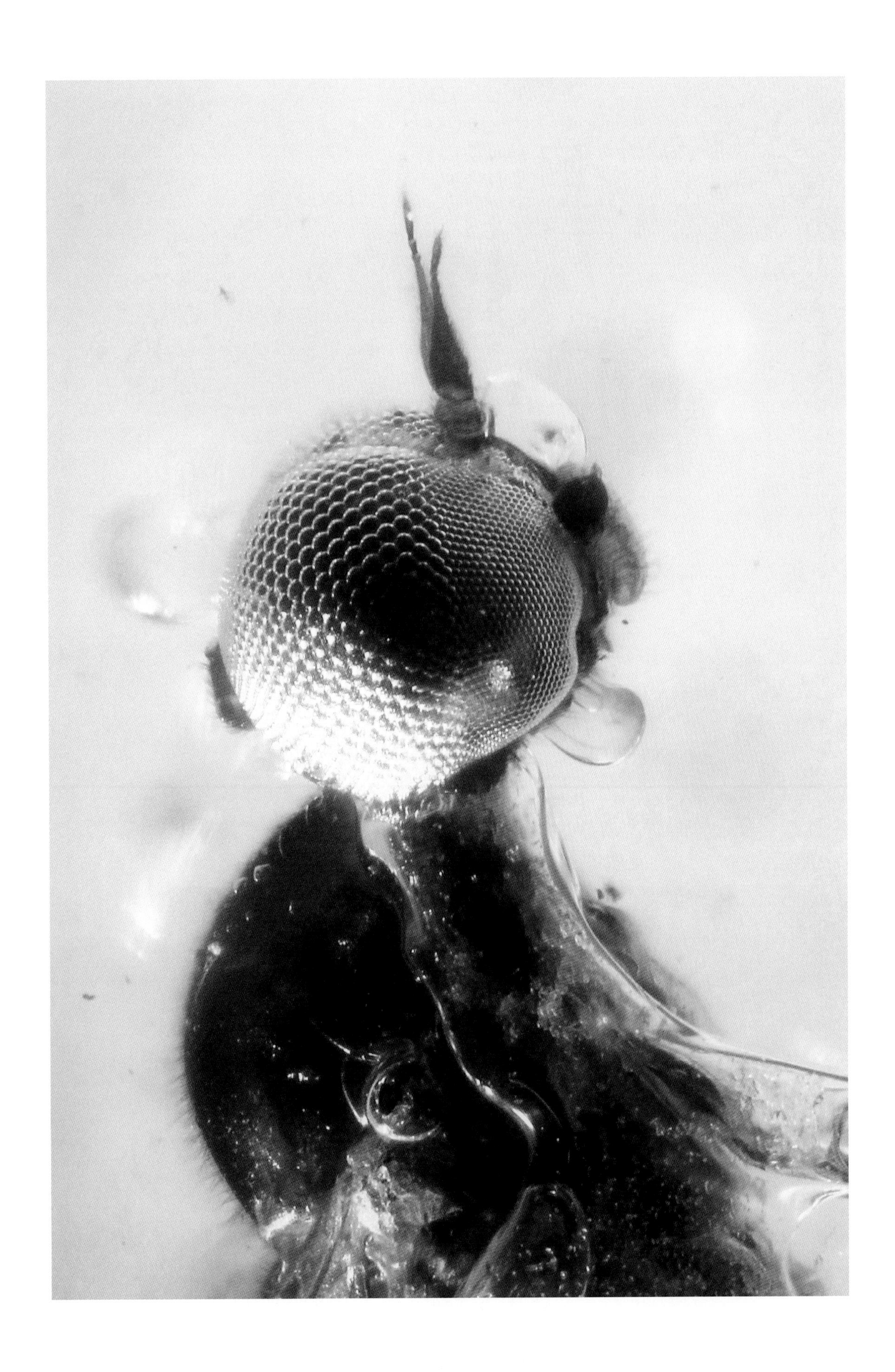

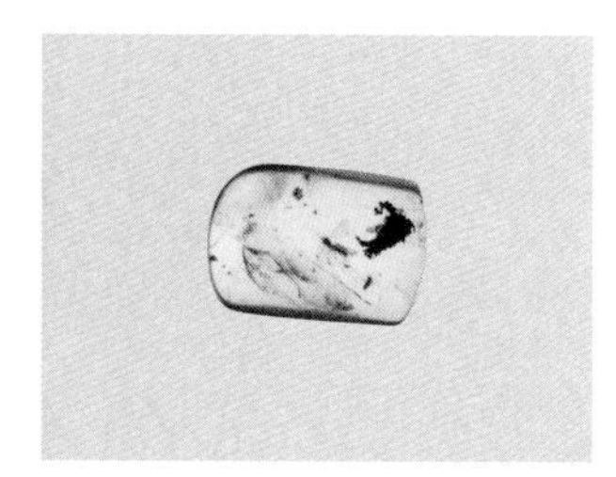

蚤蝇科 *Phoridae*

蚤蝇科
Phoridae sp.

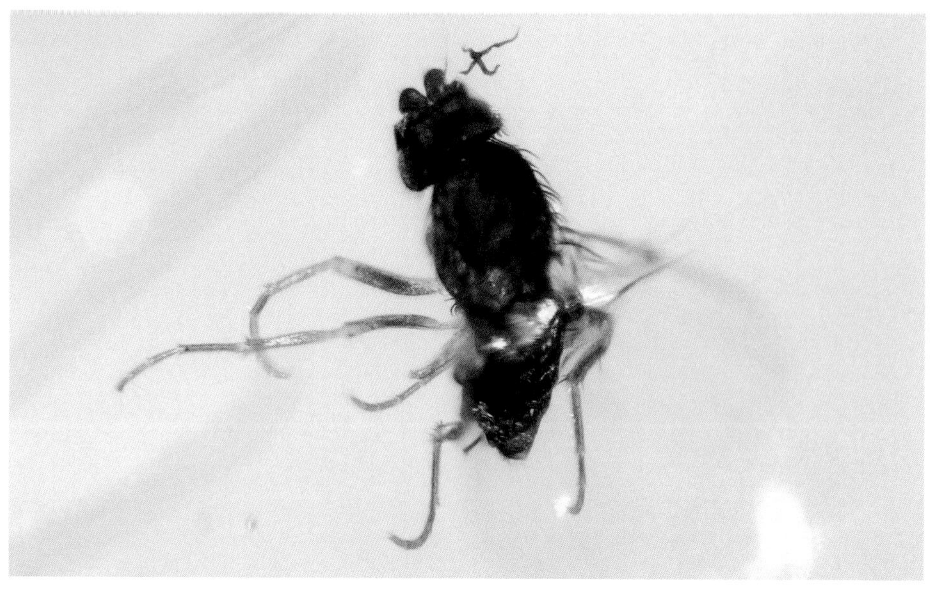

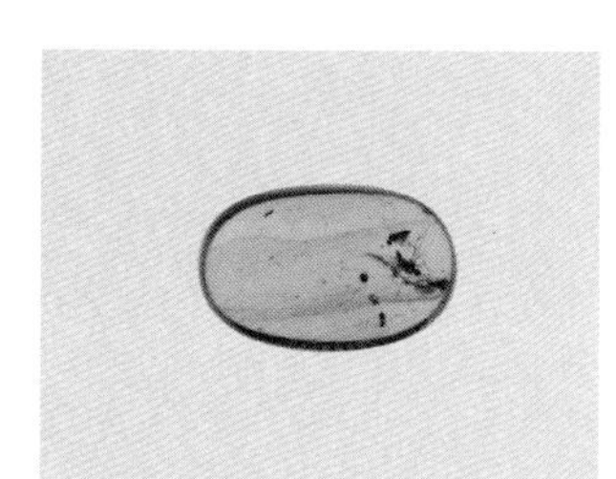

蚤蝇科 *Phoridae*

蚤蝇科
Phoridae sp.

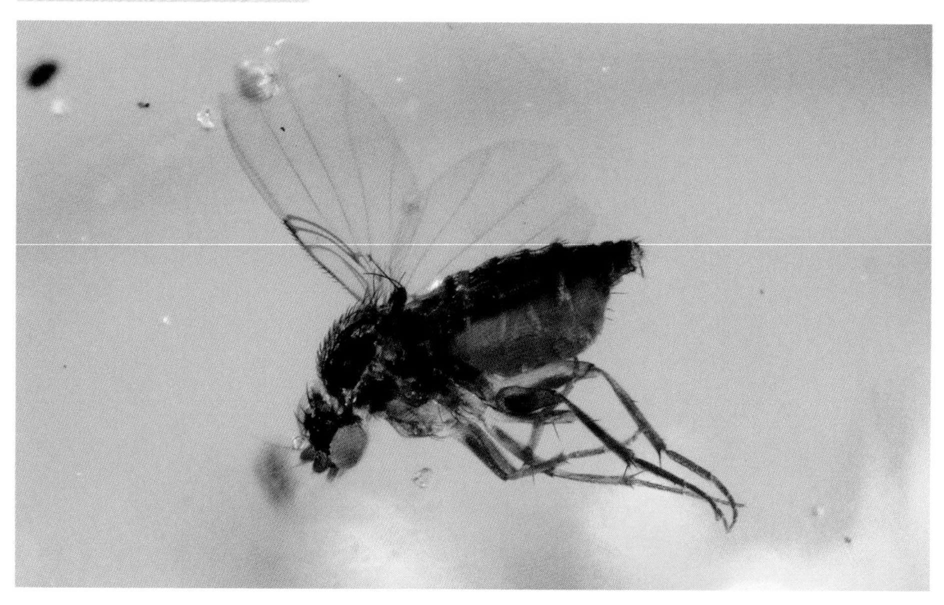

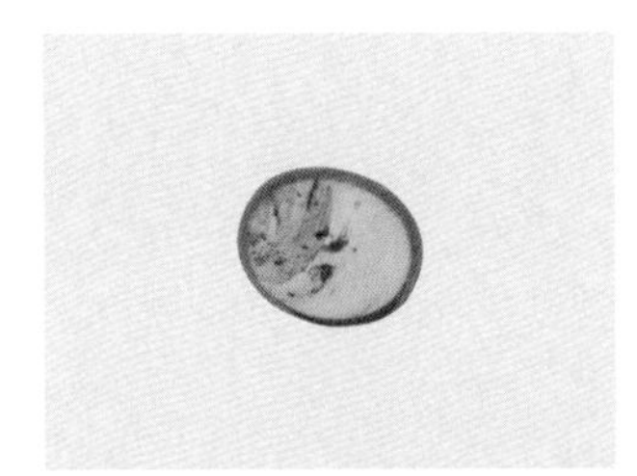

蚤蝇科 *Phoridae*

蚤蝇
Phoridae sp.

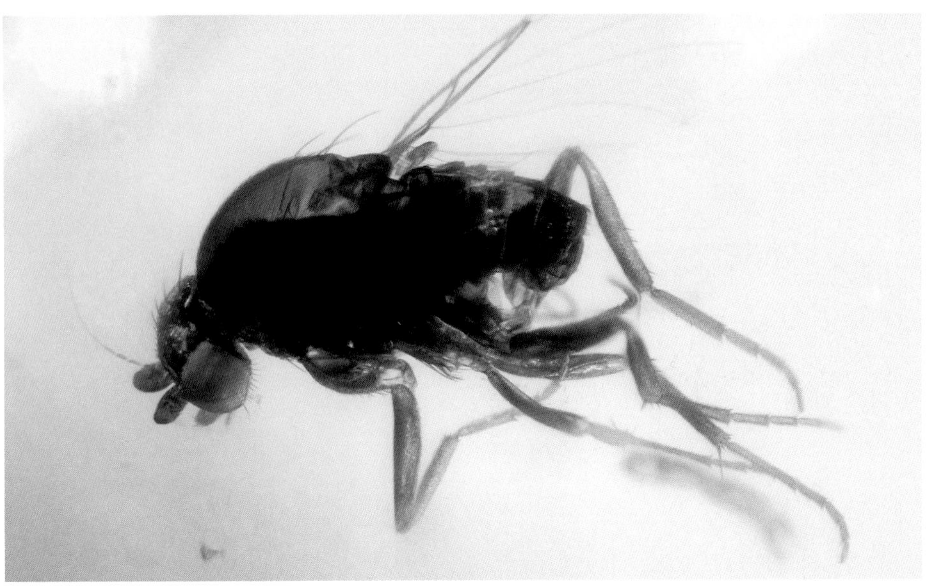

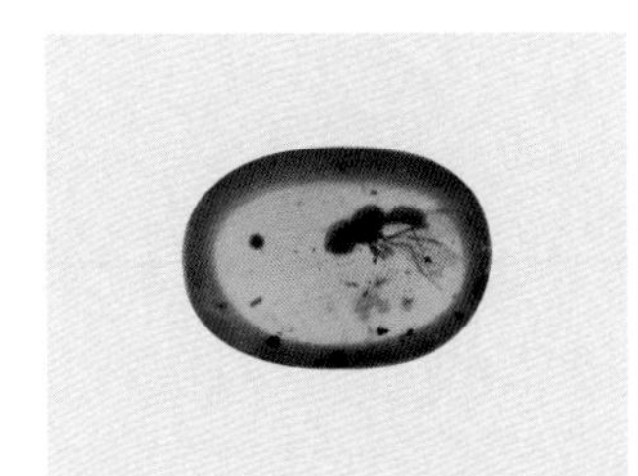

[d]头蝇科 *Pipunculidae*

头蝇
Pipunculidae sp.

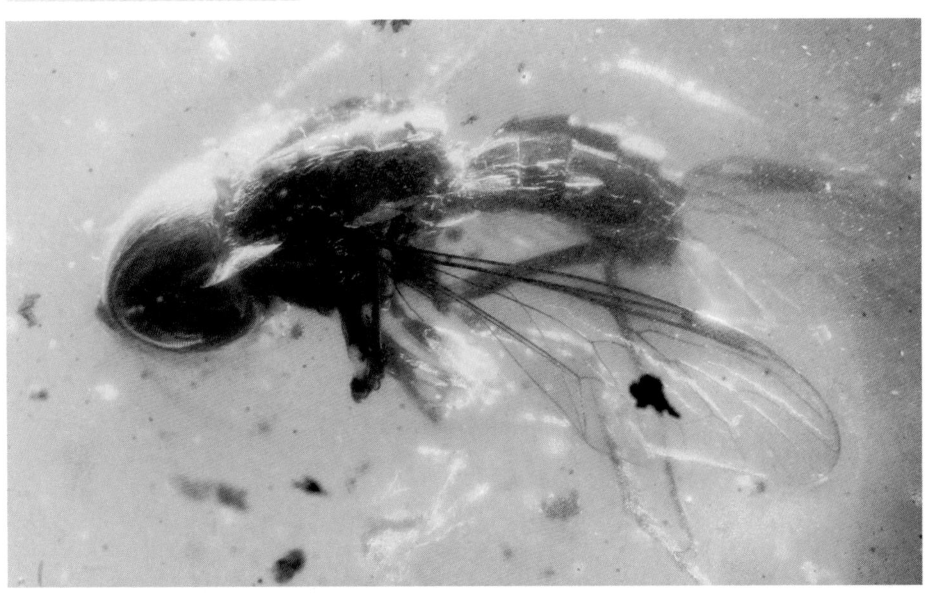

[d] 头蝇科 *Pipunculidae*

头蝇
Pipunculidae sp.

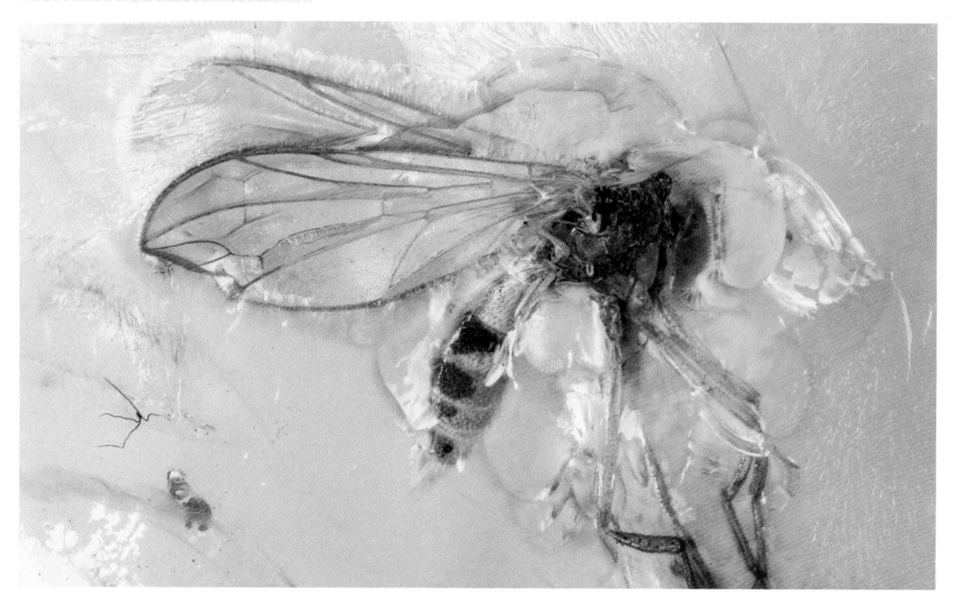

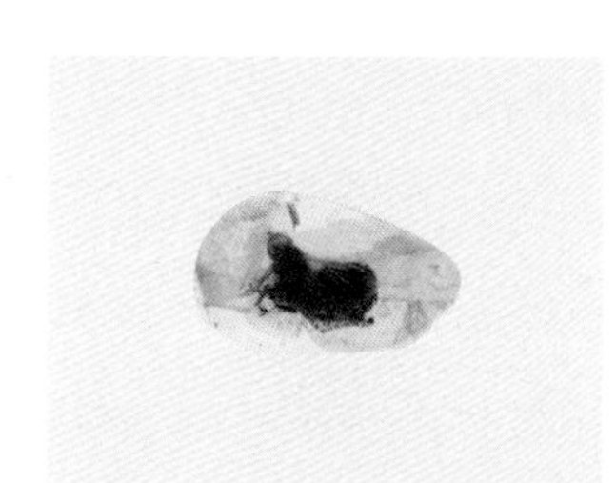

[d] 头蝇科 *Pipunculidae*

头蝇
Pipunculidae sp.

Mecoptera

长翅目

长翅目昆虫由于多数现生种类的成虫外形似蝎，通称为蝎蛉，雄虫休息时将尾上举，故又有举尾虫之称。

世界性分布，但地区性很强，甚至在同一山上，也因海拔高度的不同而种类各异，通常在 1 400 ~ 4 000 m 的高度。目前世界已知现生种类 9 科 600 种左右。

最早的长翅目出现在二叠纪的化石中，在之后的各个地质年代的昆虫区系中占有相当重要的位置。目前，在墨西哥、波罗的海、乌克兰、德国比特费尔德（Bitterfeld）以及缅甸的琥珀中都已经发现了长翅目昆虫。

长翅目昆虫为全变态。卵为卵圆形，产于土中或地表，单产或聚产。幼虫生活在土壤中，蛴螬形，生活于树木茂密环境中苔藓、腐木或肥沃泥土和腐殖质中，肉食性，在土中化蛹。成虫活泼，但飞翔不远，林区较多，在森林植被遭到破坏的地区数量少而不常见。杂食性，取食软体的小昆虫、花蜜、花粉、花瓣、果实或苔藓类植物等，常捕食叶蜂、叶蝉、盲蝽、小蛾、螽斯若虫等，在林区的生态平衡中具有一定的意义，是一类重要的生态指示昆虫。

仙女蝎蛉[a]（仙女蝎蛉科 Meropeidae）在英文中被称作“蠼螋蝎蛉 earwigflies”，是指雄性仙女蝎蛉的外生殖器跟蠼螋的尾铗十分相像。现生的仙女蝎蛉科已知只有 3 个种类，分别发现于北美洲、大洋洲和南美洲，是十分罕见而美丽的小型昆虫。目前有 4 个侏罗纪的化石种类被发现于西伯利亚和吉尔吉斯斯坦，1 个白垩纪的种类发现于缅甸琥珀中。

缅甸琥珀中发现的拟蝎蛉[b]（拟蝎蛉科 Pseudopolycentropodidae）有 2 个非常重要的特征，第一是具有部分化石长翅目特有的吸受式口器，拟蝎蛉就是利用长管状的口器在花间取食，并起到了传粉的作用；第二个是，这些拟蝎蛉外观非常近似双翅目蚊类，后翅退化，只有一对翅膀。

直脉蝎蛉[c]（直脉蝎蛉科 Orthophlebiidae）是典型的化石类群，不同地区、不同地质时期均有发现，但在琥珀中则十分罕见。

中生蝎蛉[d]（中生蝎蛉科 Mesopanorpodidae）也是一个已经灭绝的类群，在缅甸琥珀中首次被发现。

蚊蝎蛉[e]（蚊蝎蛉科 Bittacidae）喜栖息于未被破坏的林地中，在荫庇处缓慢飞行或悬挂在植物上。雄蚊蝎蛉常把捕捉到的大蚊等昆虫，送给雌虫，以求得交配权利。其外观非常像大蚊科种类，但拥有 2 对翅，口器向下延伸，3 对足均特化，并具有捕捉功能。

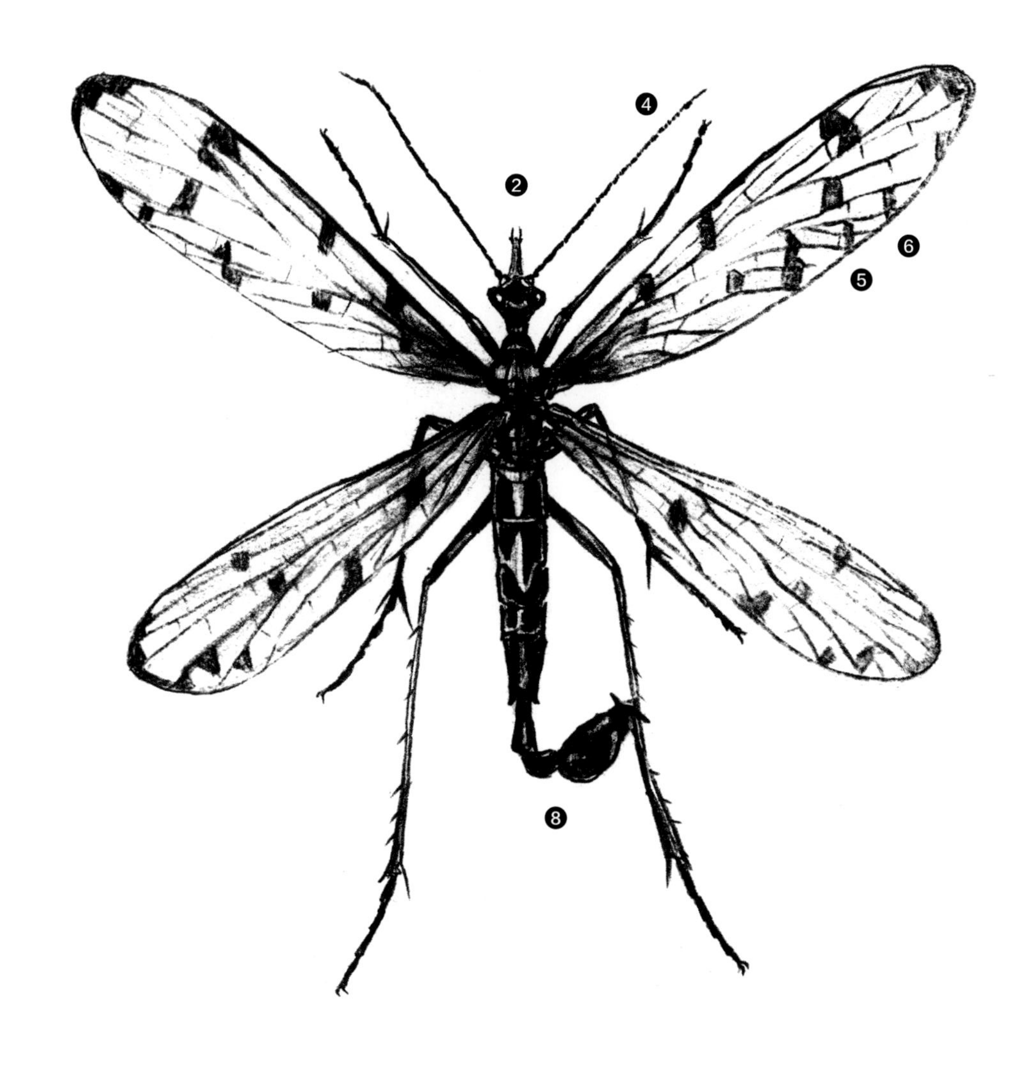

❶ 成虫体小至中型，细长；

❷ 头向腹面延伸成宽喙状；

❸ 口器咀嚼式（位于喙的末端）或吸受式（部分化石类群独有）；

❹ 触角长，丝状；

❺ 翅 2 对，狭长，膜质，少数种类翅退化或消失，部分化石种类后翅退化；

❻ 前、后翅大小、形状和脉序相似，翅脉接近原始脉相；

❼ 尾须短；

❽ 部分类群雄虫有显著的外生殖器。

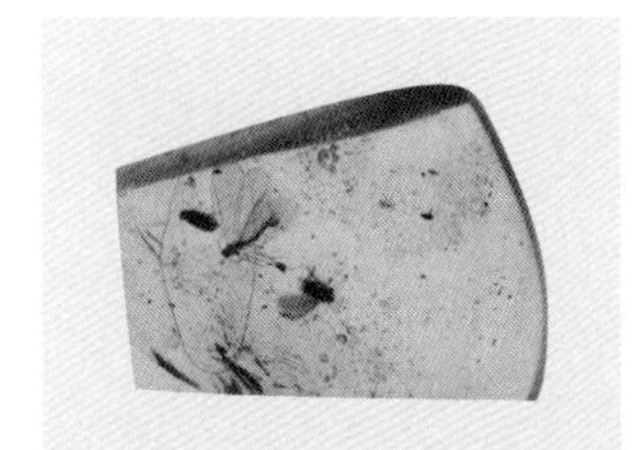

[a] 仙女蝎蛉科 *Meropeidae*

缅甸仙女蝎蛉（雌）
Burmomerope eureka

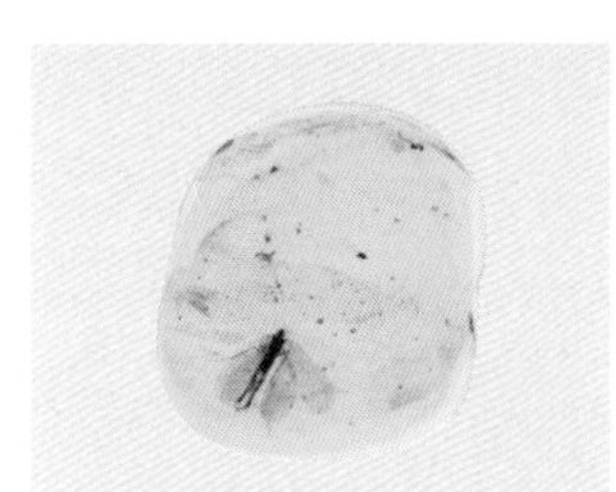

[a] 仙女蝎蛉科 *Meropeidae*

缅甸仙女蝎蛉（雄）
Burmomerope eureka

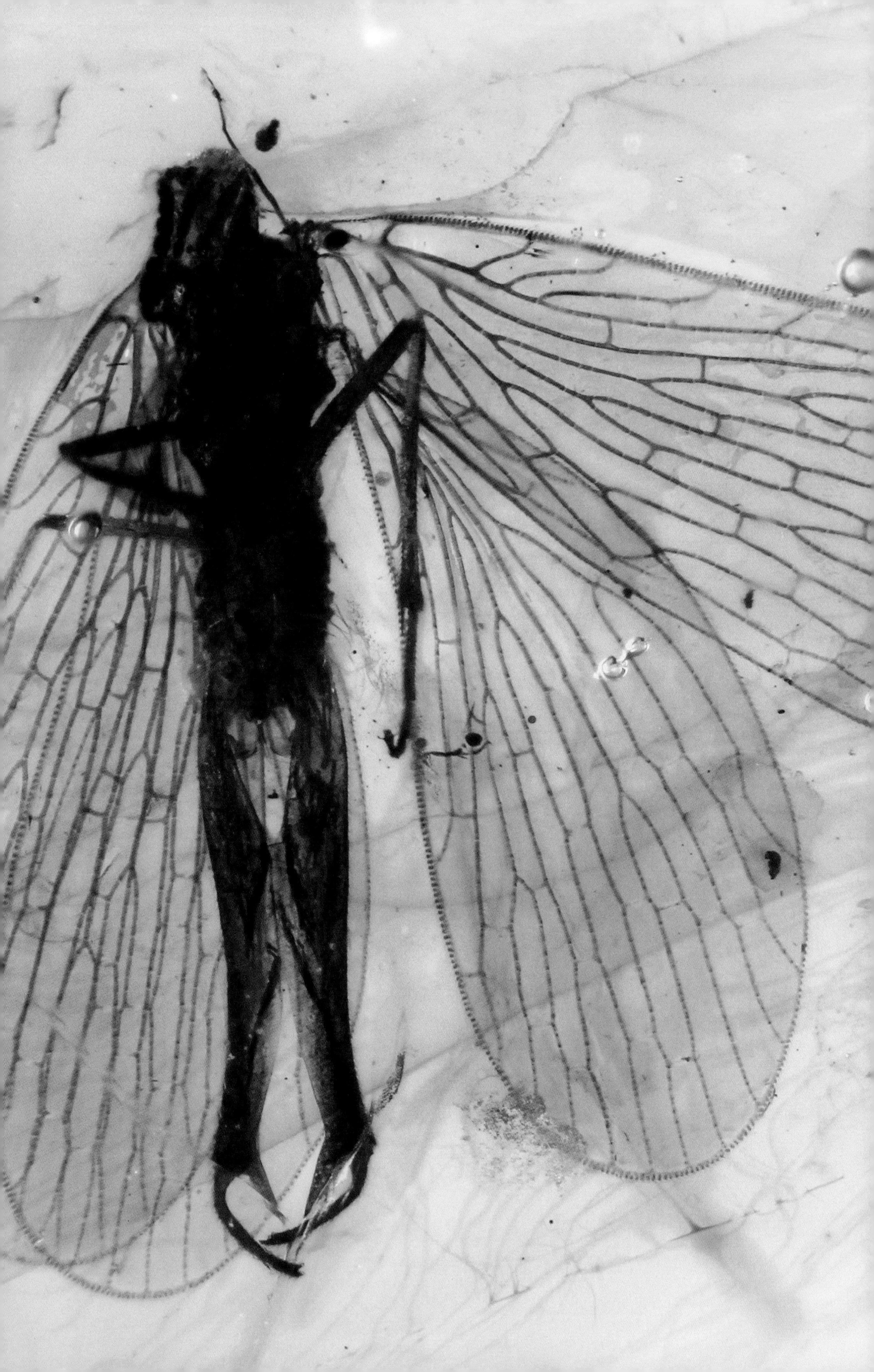

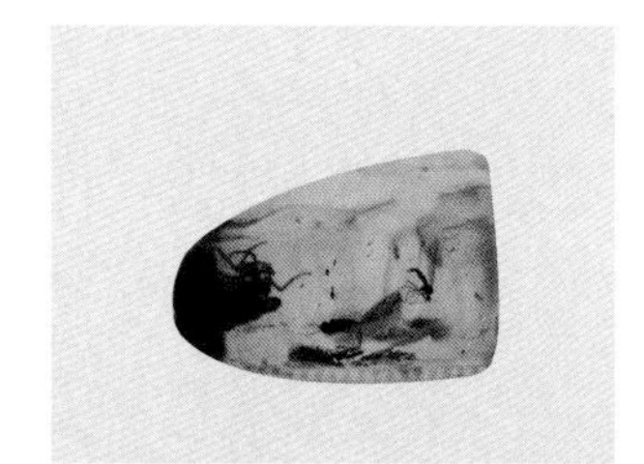

[b] 拟蝎蛉科 *Pseudopolycentropodidae*

双翅拟蝎蛉（雄）
Parapolycentropus sp.

[b] 拟蝎蛉科 *Pseudopolycentropodidae*

双翅拟蝎蛉（雄）
Parapolycentropus sp.

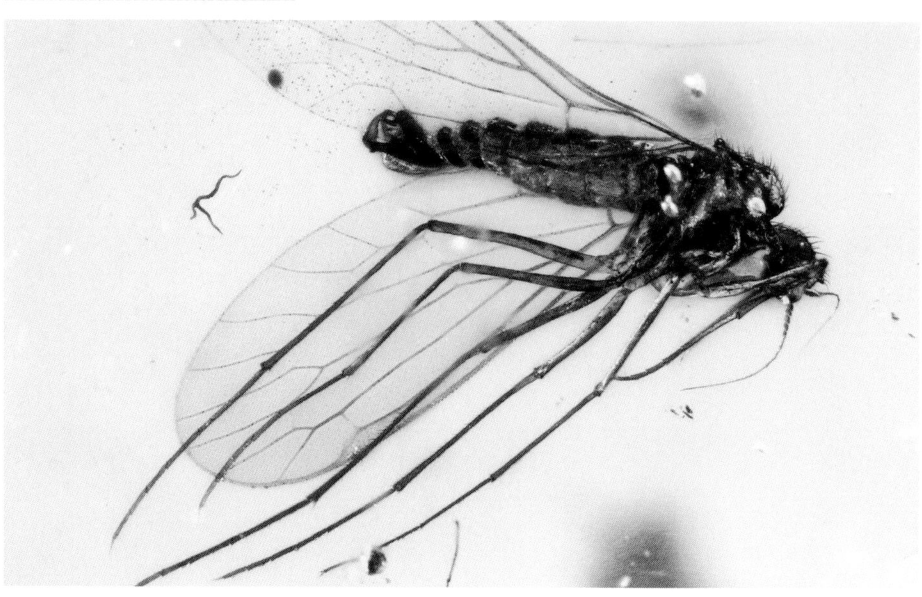

[b] 拟蝎蛉科 *Pseudopolycentropodidae*

BU 双翅拟蝎蛉（雄）
Parapolycentropus sp.

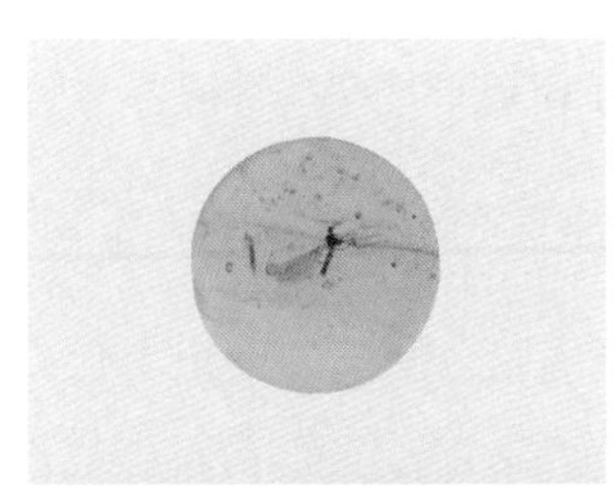

[b] 拟蝎蛉科 *Pseudopolycentropodidae*

BU 双翅拟蝎蛉（雄）
Parapolycentropus sp.

[b] 拟蝎蛉科 *Pseudopolycentropodidae*

BU 双翅拟蝎蛉
Parapolycentropus sp.

[b] 拟蝎蛉科 *Pseudopolycentropodidae*

BU 双翅拟蝎蛉（雄）
Parapolycentropus sp.

c 直脉蝎蛉科 *Orthophlebiidae*

直脉拟蝎蛉
Orthophlebiidae sp.

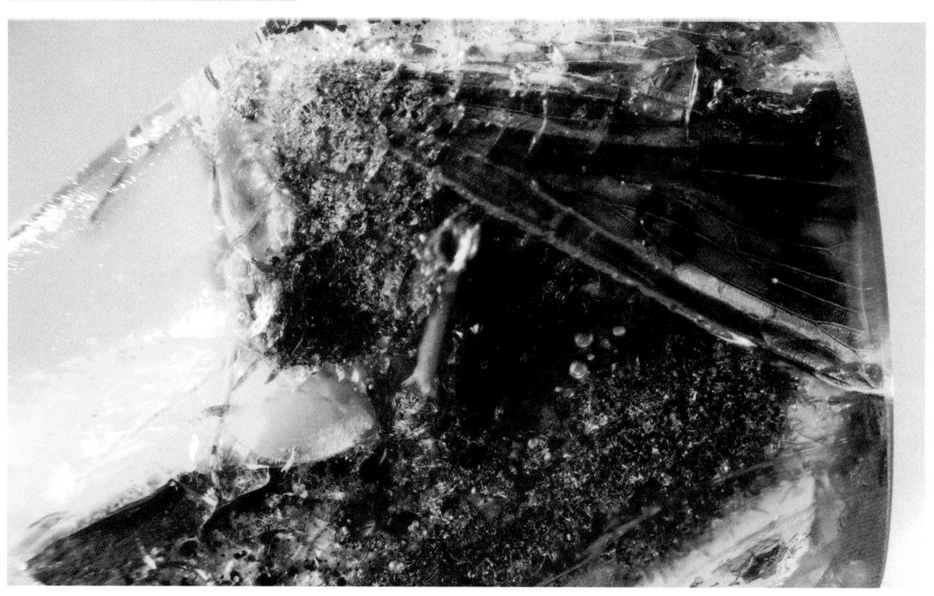

d 中生蝎蛉科 *Mesopanorpodidae*

中生蝎蛉
Mesopanorpodidae sp.

[e] 蚊蝎蛉科 *Bittacidae*

蚊蝎蛉
Bittacidae sp.

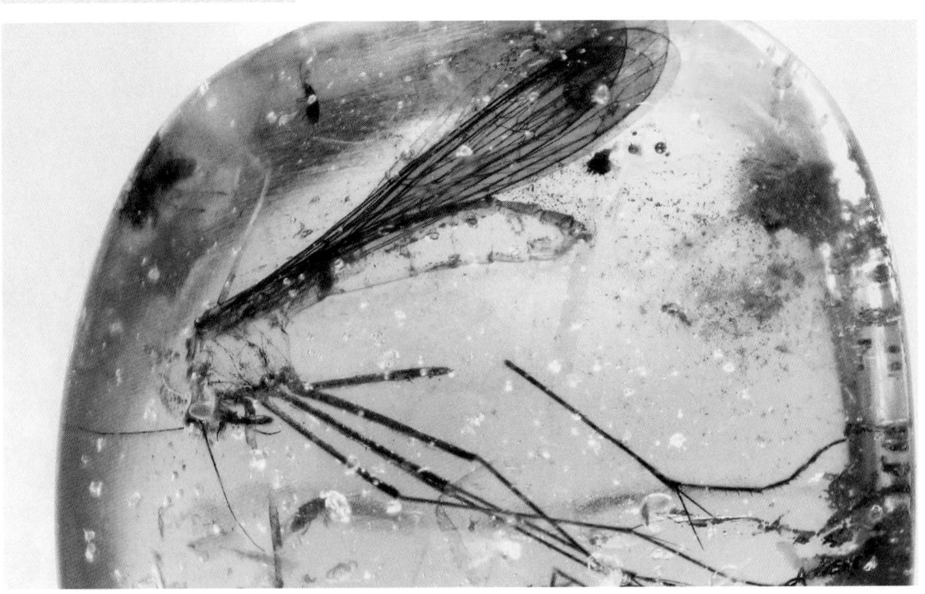

Siphonaptera

蚤目

蚤目统称为跳蚤，是小型、无翅、善跳跃的寄生性昆虫，完全变态。成虫通常生活在哺乳类身上，少数在鸟类。跳蚤成虫一般体小，通常为 1~3 mm，个别种类可达 10 mm，体光滑，黄色至褐色。全世界已知 2 500 余种，隶属于 16 科。

跳蚤产卵于宿主栖息的洞巢内或其活动憩息的场所。孵出的幼虫营自由生活，以周围环境中的有机屑物（包括蚤类的血便、宿主干粪皮屑、粉尘草屑以及螨类尸屑等）为食，其中，干血粉屑是多种幼虫必需的营养物质。

跳蚤的繁殖和数量具有鲜明的季节性，这与各属种的适应性有密切关系，有些是夏季蚤，有些是冬季蚤，有些是春秋季蚤，而秋季高峰往往高于春季。

跳蚤地理分布主要取决于宿主的地理分布，在食虫目、翼手目、兔形目、啮齿目、食肉目、偶蹄目、奇蹄目、鸟纲等温血动物身上常有蚤类寄生，而寄生于啮齿目的较多。地方性种类广见于南极、北极、温带地区、青藏高原、阿拉伯沙漠以及热带雨林，其中有些蚤种已随人畜家禽和家栖鼠类的活动而广布于全世界。

蚤类的化石十分稀少，在中国辽宁义县和澳大利亚曾发现过 1.25 亿年前、白垩纪早期的巨型跳蚤化石。而现代意义上的跳蚤，则仅发现于波罗的海和多米尼加的琥珀中，且数量极其稀少，迄今发现不足 10 件。本书收录的跳蚤化石为拉里默蚤 *Pulex larimerius*，属于蚤科 [a]Pulicidae，来自多米尼加的琥珀中。

❶ 成虫体微小或小型；

❷ 体坚硬侧扁；

❸ 外寄生于哺乳类和鸟类体上；

❹ 触角粗短，1 对，位于角窝内，不仅是感觉器官，而且常是雄蚤在交配时竖起和抱握雌体腹部的工具；

❺ 针状具刺的口器适于穿刺动物皮肤，以利吸血，并起固定于动物皮内的作用；

❻ 眼发达或退化，常视宿主习性和栖息环境而不同；

❼ 无翅；

❽ 后足发达、粗壮；

❾ 腹部宽大，10 节；

❿ 体肢着生向后的鬃刺或栉，借以在动物毛羽间向前行进和避免坠落。

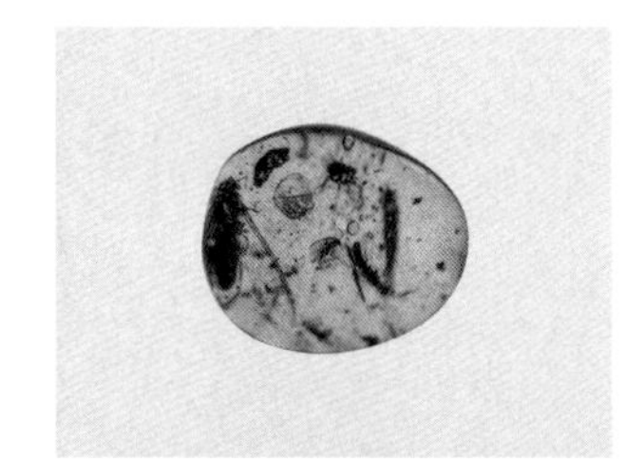

[a] 蚤科 *Pulicidae*

DO 拉里默蚤
Pulex larimerius

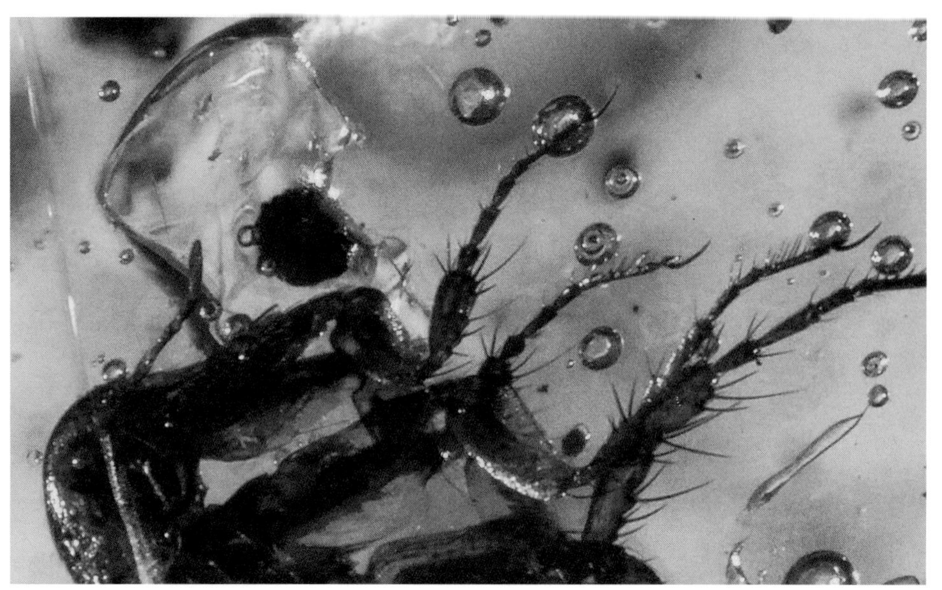

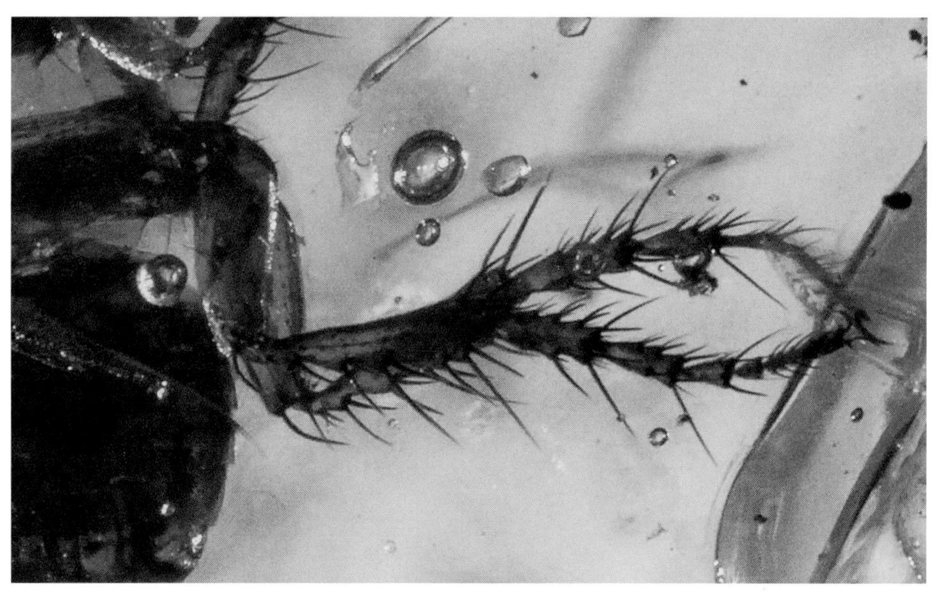

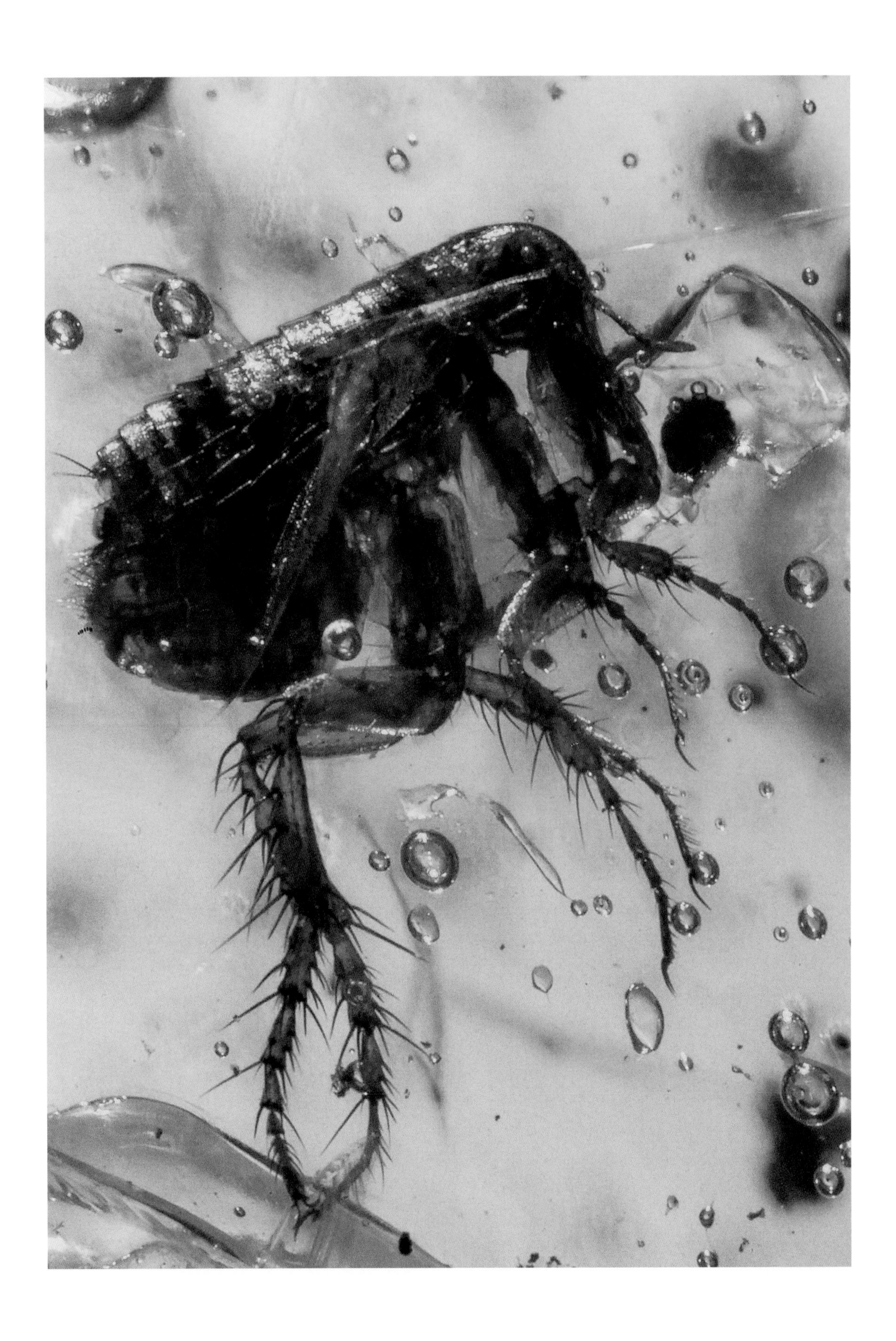

Trichoptera

毛翅目

毛翅目因翅面具毛而得名，成虫通称石蛾，幼虫称为石蚕。世界性分布，全世界已知59 科 14 300 多种。

全变态。通常 1 年 1 代，少数种类 1 年 2 代或 2 年 1 代，卵期很短，一生中大多数时间处于幼虫期，幼虫期一般 6 ～ 7 龄，蛹期 2 ～ 3 周，成虫寿命约 1 个月。卵块产在水中的石头或其他物体或悬于水面的枝条上。幼虫活泼，水生，幼虫结网捕食或保护其纤薄的体壁。这一习性在大多数种类中高度发达，从管状到卷曲的蜗牛状，形态各异。蛹为强颚离蛹，水生，靠幼虫鳃或皮肤呼吸，化蛹前，幼虫结成茧，蛹具强大上颚，成熟后借此破茧而出，然后游到水面，爬上树干或石头，羽化为成虫。成虫常见于溪水边，主要在黄昏和晚间活动，白天隐藏于植物中，不取食固体食物，可吸食花蜜或水，趋光性强。

毛翅目昆虫喜在清洁的水中生活，它们对水中的溶解氧较为敏感，并且对某些有毒物质的忍受力较差，因而在研究流水带生物学中，用于评估水质和人类活动对水生态系的影响，以及在流水生态系的生物测定中，有着很重要的作用，现被应用作为监测水质的指示种类之一。幼虫也是许多鱼类的主要食物来源。幼虫常吐丝把砂石或枯枝败叶等物做成筒状巢匿居其中，或仅吐丝做成锥形网，取食藻类或蚊、蚋等幼虫，是益虫。少数种类在危害农作物，曾有危害水稻苗的记录。

最早的毛翅目化石记录来自三叠纪，目前已经描述的化石总数达到 750 多种。

世界主要琥珀产区几乎都有毛翅目昆虫被发现。仅波罗的海琥珀中，就已经发现了 22 科超过 200 种石蛾；但在多米尼加琥珀中，却只有 10 个科的 30 种石蛾被描述。

本书收录的石蛾来自缅甸和波罗的海琥珀，较为特殊的是一种栉状触角的石蛾[a]，目前仅发现于缅甸琥珀当中。

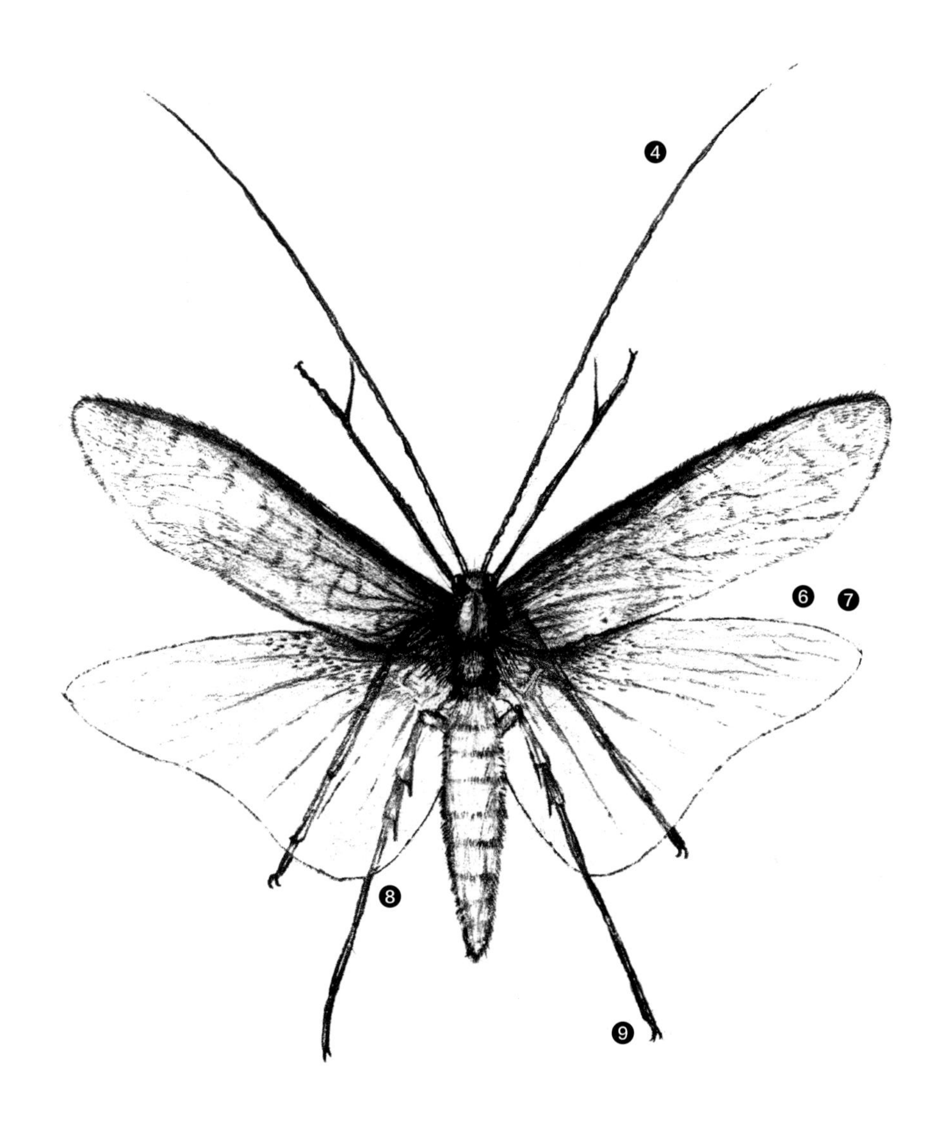

❶ 成虫体小至中型，蛾状；
❷ 口器咀嚼式，极退化，仅下颚须和下唇须显著；
❸ 复眼发达；
❹ 触角丝状，多节，较长；
❺ 前胸短，中胸较后胸大；
❻ 翅 2 对，膜质被细毛，休息时翅呈屋脊状覆于体背；
❼ 脉接近原始脉序；
❽ 足细长；
❾ 跗节 5 节；
❿ 腹部 10 节。

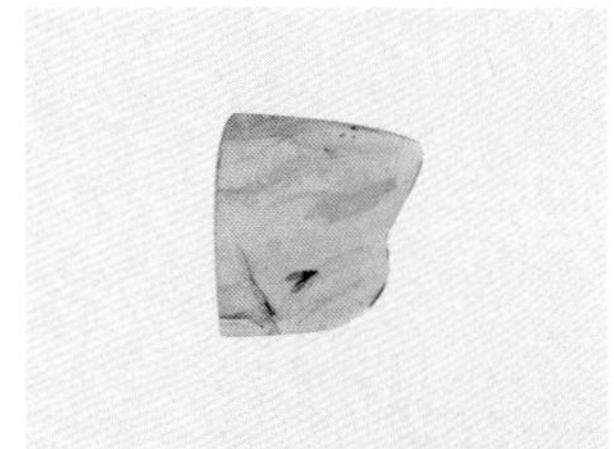

管石蛾科 *Psychomyiidae*

BU 冉氏石蛾
Palerasnitsynus ohlhoffi

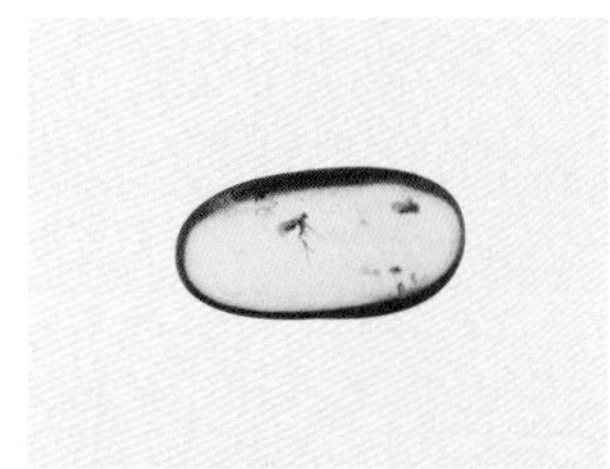

石蛾待定科 *Incertae Sedis*

BU 石蛾
N/A

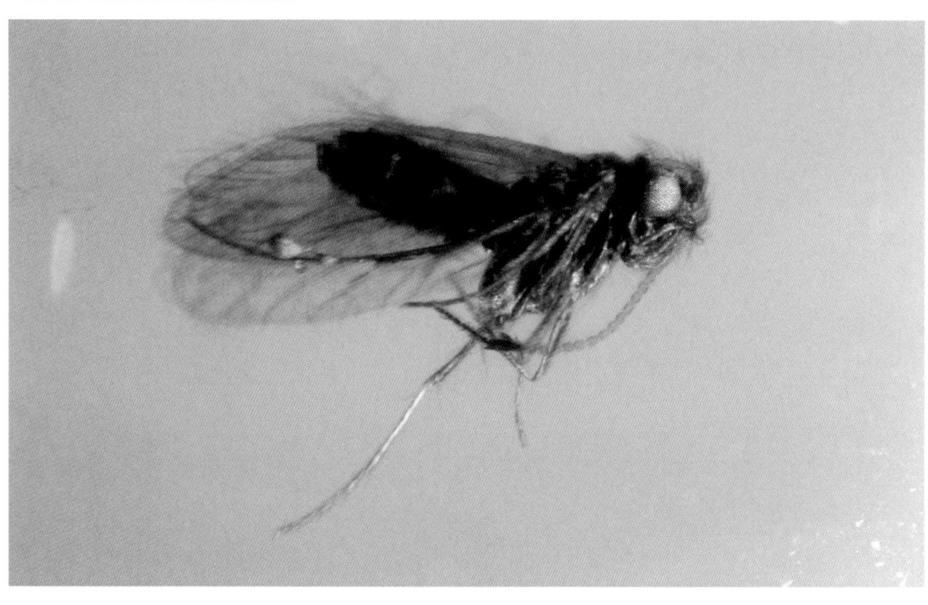

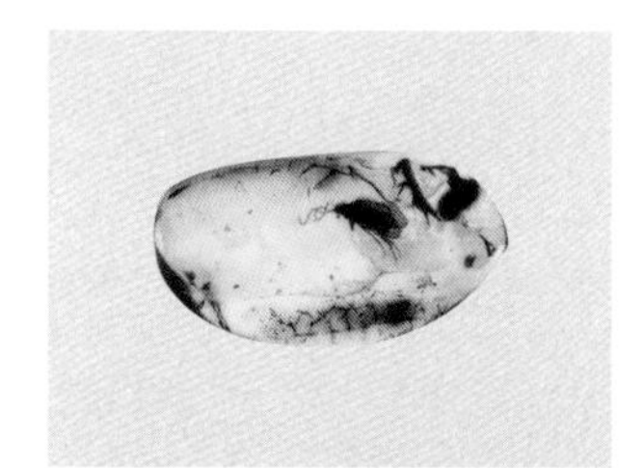

石蛾待定科 *Incertae Sedis*

BU 石蛾
N/A

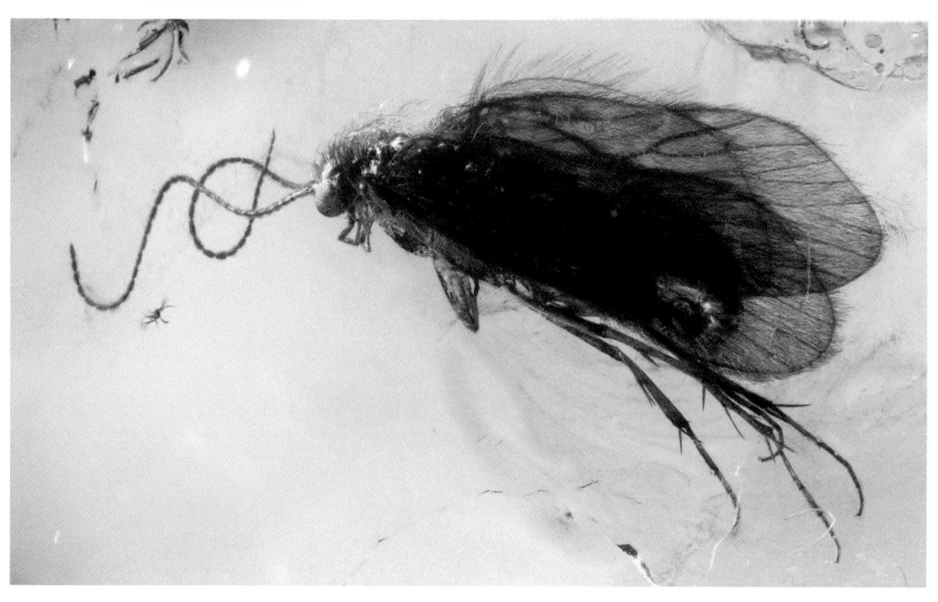

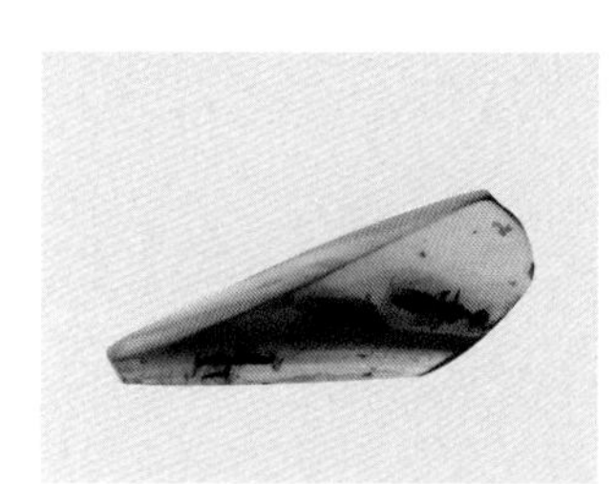

石蛾待定科 *Incertae Sedis*

BU 石蛾
N/A

石蛾待定科 *Incertae Sedis*

石蛾
N/A

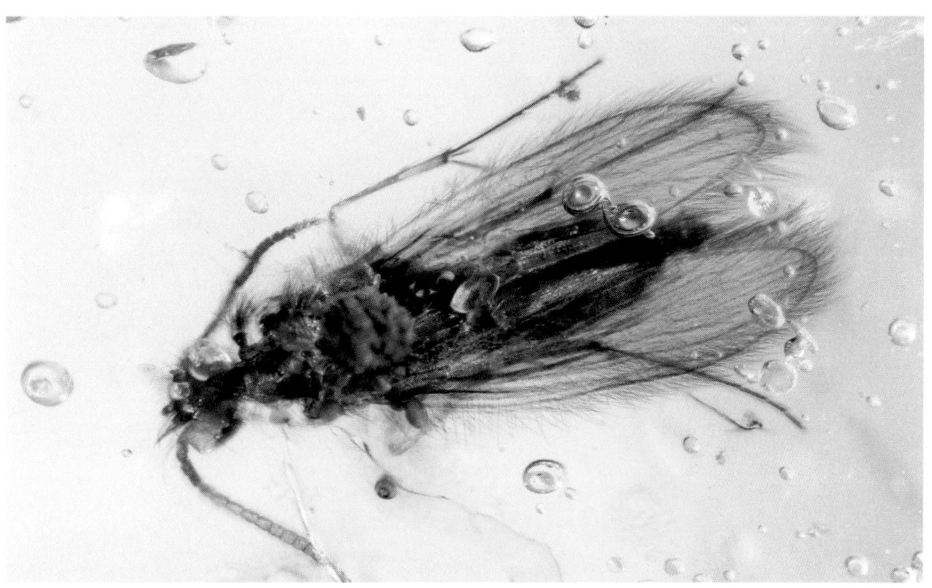

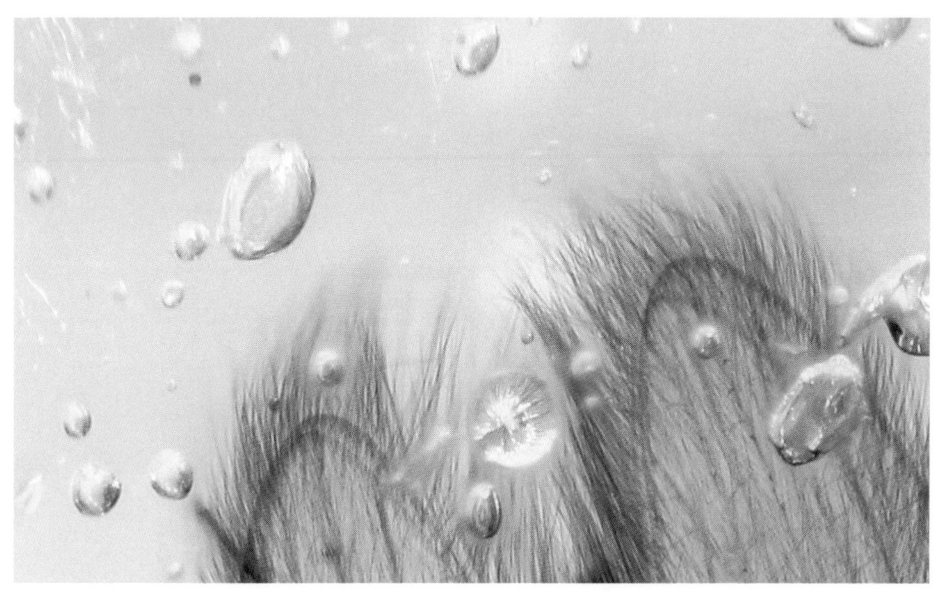

石蛾待定科 *Incertae Sedis*

石蛾
N/A

[a] 齿角石蛾科 *Odontoceridae*

栉角石蛾
Palaeopsilotreta sp.

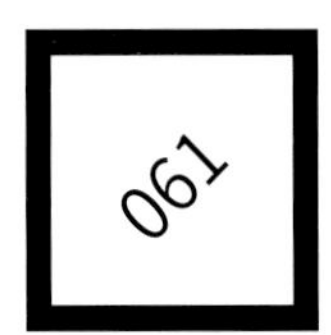

Lepidoptera

鳞翅目

鳞翅目是昆虫纲中仅次于鞘翅目的第二大目，包括蛾、蝶两类。关于鳞翅目的分类系统很多，20 世纪 80 年代末以来，普遍认为其分为 4 个亚目：轭翅亚目 Zeugloptera、无喙亚目 Aglossata、异蛾亚目 Heterobathmiina 及有喙亚目 Glossata。种类分布范围极广，以热带最为丰富，全世界已知约 20 万种。

全变态。完成一个生活史通常1 ~ 2个月，多则2 ~ 3年。卵多为圆形、半球形或扁圆形等。幼虫式，头部发达，口器咀嚼式或退化，身体各节密布刚毛或毛瘤、毛簇、枝刺等，胸部 3 节，具 3 对胸足，腹部 10 节，腹足 2 ~ 5 对，常 5 对，腹足具趾钩，趾钩的存在是鳞翅目幼虫区别于其他多足形幼虫的重要依据之一。蛹为被蛹。成虫蝶类白天活动，蛾类多在夜间活动，常有趋光性。有些成虫季节性远距离迁飞。

幼虫绝大多数为植食性，食尽叶片或钻蛀枝干、钻入植物组织为害，有时还能引致虫瘿等，是农林作物、果树、茶叶、蔬菜、花卉等的重要害虫。土壤中的幼虫咬食植物根部，是重要的地下害虫；部分种类幼虫为害仓储粮食、物品或皮毛；少数幼虫捕食蚜虫或介壳虫等，是重要的害虫天敌。成虫取食花蜜，对植物起传粉作用。家蚕、柞蚕、天蚕等是著名的产丝昆虫，部分种类是重要的观赏昆虫。虫草蝙蝠蛾幼虫被真菌寄生而形成的冬虫夏草，是名贵的中草药。

鳞翅目的化石较为稀少，据统计，在波罗的海琥珀中记载了 22 个科的蛾类。本书收录了世界主要产区的琥珀鳞翅目昆虫化石。其中，缅甸产白垩纪琥珀中的小蛾类 [a] 都是较为退化的咀嚼式口器，应属小翅蛾科 Micropterigidae 或者近缘类群；多米尼加的渐新世琥珀中的小型蛾类 [b] 均为虹吸式口器，跟现生种类较为接近。

蝴蝶琥珀是虫珀爱好者和科学家关注的焦点，在波罗的海琥珀中有凤蝶科幼虫的记录，在多米尼加琥珀中则有蚬蝶、蛱蝶以及其他蝴蝶幼虫被发现。蝴蝶成虫的琥珀目前仅发现于多米尼加，蚬蝶和蛱蝶各一种，数量极其稀少。2004 年，美国史密森学会国家自然博物馆（National Museum of Natural History, Smithsonian Institution）的研究人员发表了历史上首次在琥珀中发现的蝴蝶种类。这种在多米尼加琥珀中发现的蝴蝶属灰蝶科 Lycaenidae 蚬蝶亚科 Riodininae，被命名为多米尼加沃蚬蝶 [c] *Voltinia dramba*。沃蚬蝶属另有 9 个现生种类，目前仍生活在墨西哥至巴西一代的南美丛林中。多米尼加沃蚬蝶的琥珀，迄今为止记录有近 20 块，本书收录的是保存最完美的之一。

❶ 成虫体小至大型；

❷ 体、翅及附肢均密被鳞片；

❸ 口器虹吸式，少数咀嚼式或退化；

❹ 复眼发达，单眼 2 个或无；

❺ 触角呈丝状、棒状、栉齿状等；

❻ 各胸节趋于愈合，前胸发达或退化；

❼ 足细长，前足胫节内缘常具 1 胫突，中、后足胫节近中部和末端分别具中距和端距；

❽ 跗节 5 节；

❾ 腹部 10 节；

❿ 无尾须。

[a] 白垩纪小蛾类 *Incertae Sedis*

白垩纪小蛾
N/A

[a] 白垩纪小蛾类 *Incertae Sedis*

白垩纪小蛾
N/A

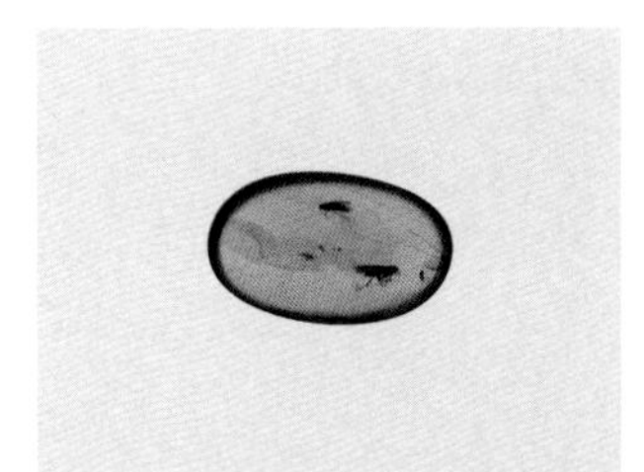

[a] 白垩纪小蛾类 *Incertae Sedis*

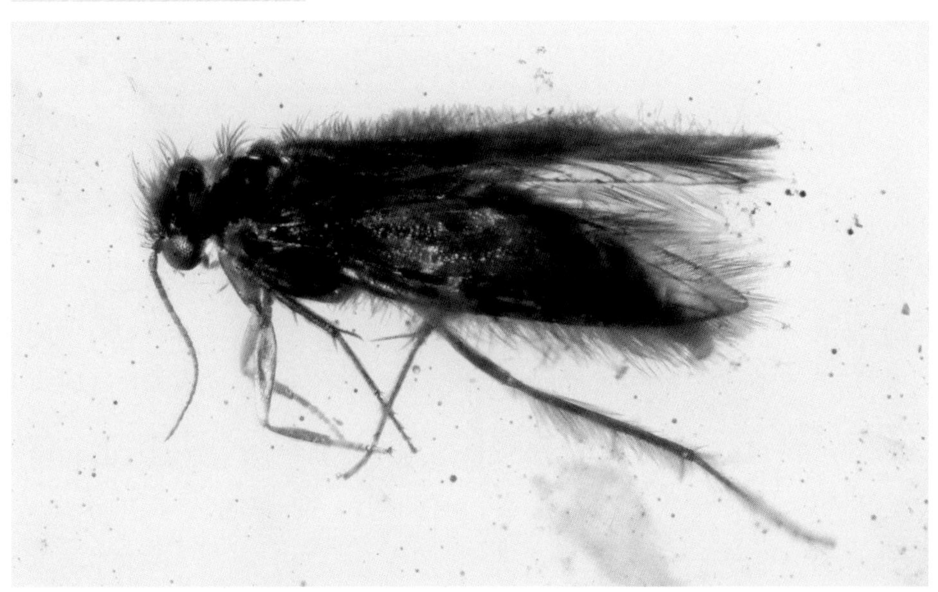

[a] 白垩纪小蛾类 *Incertae Sedis*

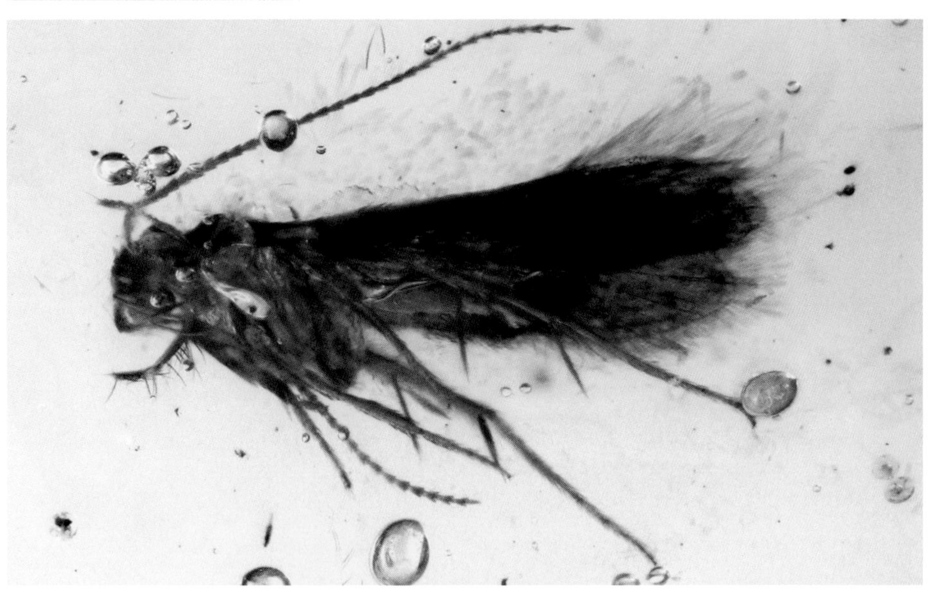

始新世小蛾类 *Incertae Sedis*

BA 始新世小蛾
N/A

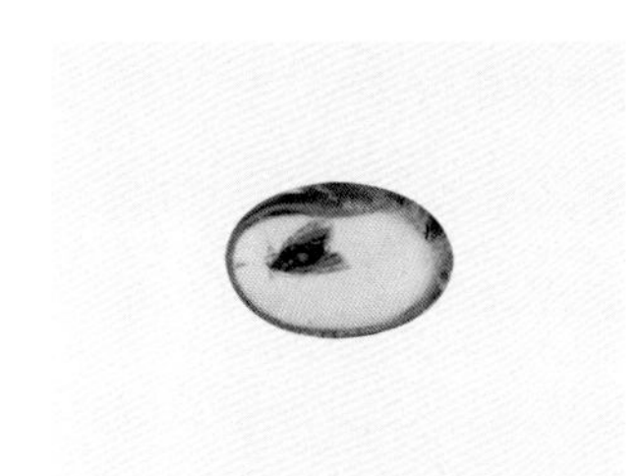

[b] 渐新世小蛾类 *Incertae Sedis*

渐新世小蛾
N/A

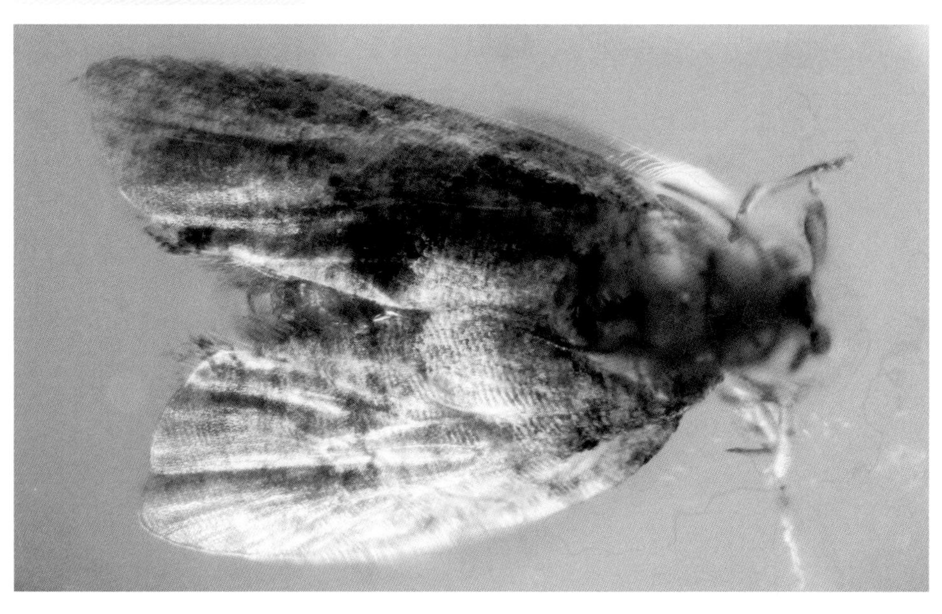

[b] 渐新世小蛾类 *Incertae Sedis*

渐新世小蛾
N/A

[b] 渐新世小蛾类 *Incertae Sedis*

渐新世小蛾
N/A

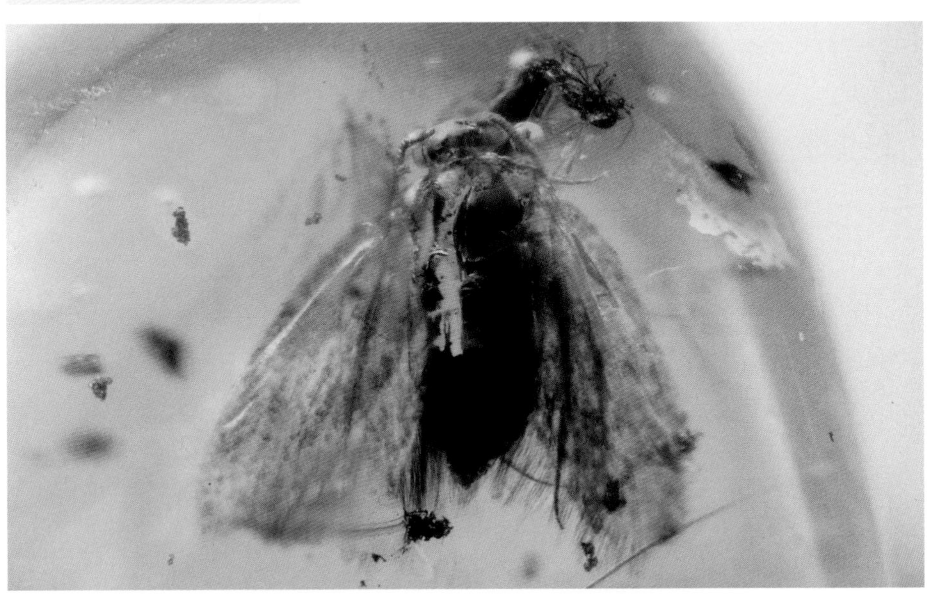

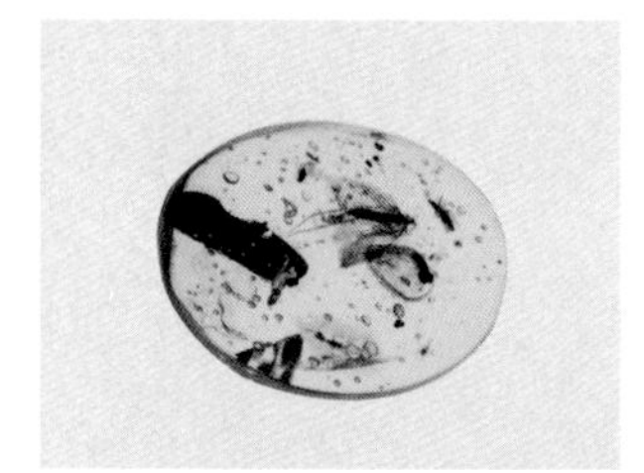

b 渐新世小蛾类 *Incertae Sedis*

渐新世小蛾类
N/A

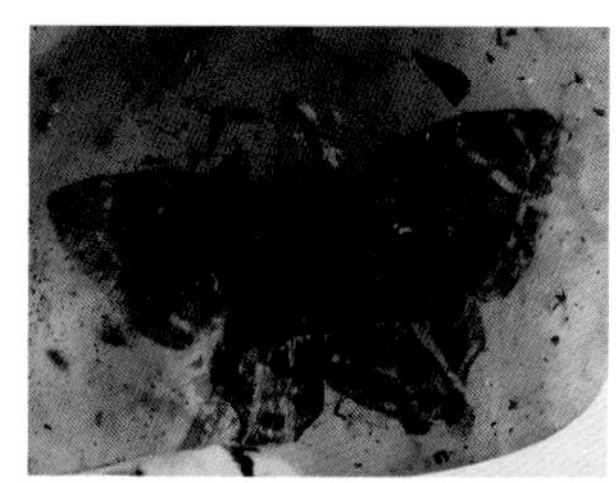

c 灰蝶科 *Lycaenidae*

多米尼加沃蚬蝶
Voltinia dramba

Hymenoptera

膜翅目

膜翅目是昆虫纲中第三大目，全世界已知10万多种，包括各种蜂和蚂蚁。膜翅目在进化过程中现存有两个大的分支，一个是广腰亚目，形态结构原始，幼虫活动能力强、植食性，少数寄生性。比较常见的广腰亚目类群如叶蜂、扁蜂、树蜂等。另一个是细腰亚目，细腰亚目在进化中呈现出极其壮观的适应辐射，绝大多数幼虫缺乏活动能力，在成虫筑造的巢穴中由亲代哺育或在寄主体内体外发生各种寄生行为。在细腰亚目中还出现了不同程度的社会性现象，松散原始的社会性出现在一些泥蜂和隧蜂中，高度发达的社会性出现在胡蜂和蜜蜂中。比较常见的细腰亚目成员有细蜂、旗腹蜂、小蜂、胡蜂、蚁、姬蜂、蜜蜂、泥蜂等。

膜翅目昆虫为全变态。常为有性生殖，部分为孤雌生殖和多胚生殖。成虫生活方式为独居性、寄生性或社会性。

膜翅目在生态系统中扮演着极为重要的两种角色：传粉者和寄生者。传粉者在各种生态系统类型中都是生物多样性形成、维持和发展最重要的一环，在被子植物的出现和第三纪中后期以及第四纪以来迅速演化、演替的过程中有着不可或缺的影响并与其协同进化。寄生者中又通过化学适应辐射出外寄生、内寄生、盗寄生、重寄生等高度分化且特化的形式，毫不夸张地说，几乎所有昆虫都有其相应的寄生蜂，这在植食性昆虫的种群调节中起到了重要外因的干扰作用，对生态系统的稳定平衡也是举足轻重的。

最早的膜翅目昆虫化石是发现于三叠纪地层中的长节蜂科 Xyelidae 种类。

虽然各地琥珀中的膜翅目昆虫极为常见，但广腰亚目却十分稀少。本书收录了来自缅甸琥珀中的茎蜂科 [a]Cephidae、项蜂科 [b]Xiphydriidae、树蜂科 [c]Siricidae 和裂蜂科 [d]Sepulcidae 等广腰亚目种类。

白垩缨小蜂科 [e]Serphitidae 是一个只在白垩纪琥珀中发现的化石科；腹部奇特的长腹细蜂科 [f]Pelecinidae 的3个现生种类仅发现于美洲，但在白垩纪却比较常见；缅甸琥珀中的猛犸蚁 [g] 拥有特殊的向上弯曲的大颚，显得凶猛异常；在多米尼加琥珀中的无刺蜂 [h] 后足上，我们还可以清晰地看到其携带的花粉团。

❶ 成虫小至中型，个别大型；

❷ 口器咀嚼式，少数种类上颚咀嚼式，下颚和下唇组成喙，为嚼吸式；

❸ 复眼 1 对，较发达；

❹ 单眼 3 个，少数退化或无；

❺ 触角形状、节数以及着生位置变化较大，常见类型有丝状、念珠状、棍棒状、栉齿状、膝状等；

❻ 部分种类由腹部第 1 节并入胸部形成并胸腹节；

❼ 翅常 2 对、膜质，少数种类翅退化或变短；

❽ 翅的连锁靠后翅前缘的翅钩列；

❾ 多数种类的翅脉较复杂，少数种类翅脉极度退化；

❿ 腹部常 10 节，个别见 3 ~ 4 节；

⓫ 雌虫产卵器发达，其形状、着生位置因类群而异。

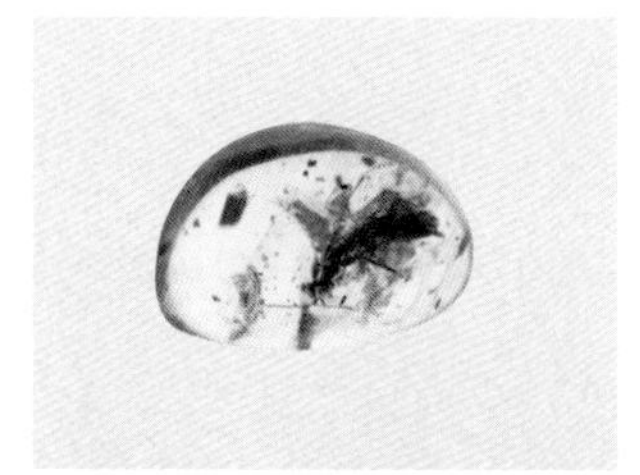

a 茎蜂科 *Cephidae*

茎蜂
Cephidae sp.

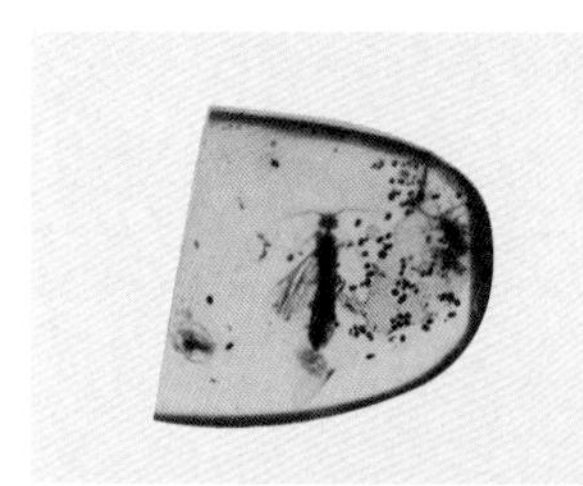

b 项蜂科 *Xiphydriidae*

项蜂
Xiphydriidae sp.

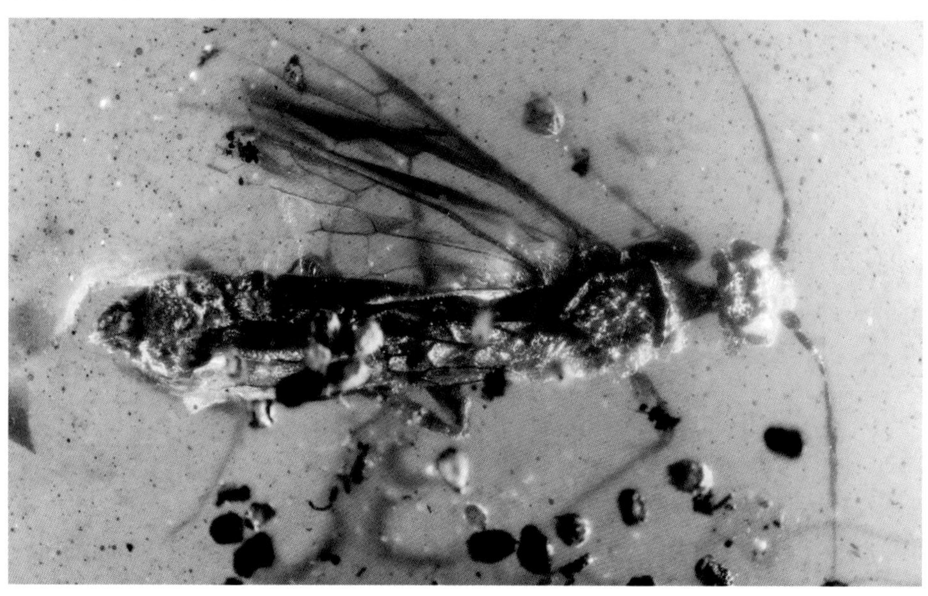

c 树蜂科 *Siricidae*

树蜂
Siricidae sp.

d 裂蜂科 *Sepulcidae*

裂蜂
Sepulcidae sp.

巨蜂科 *Megalyridae*

BU 巨蜂
Megalyridae sp.

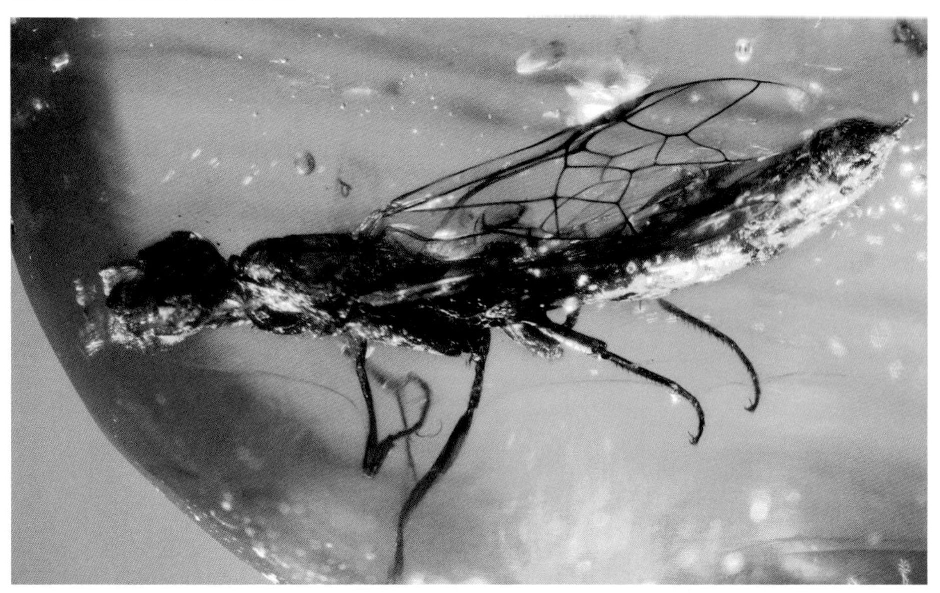

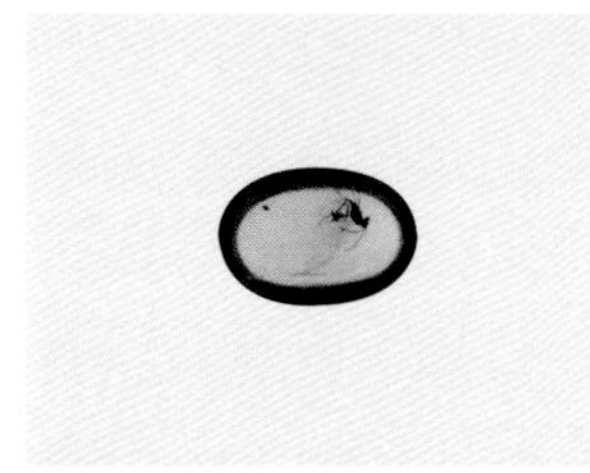

旗腹蜂科 *Evaniidae*

毕氏旗腹蜂
Cretevania bechlyi

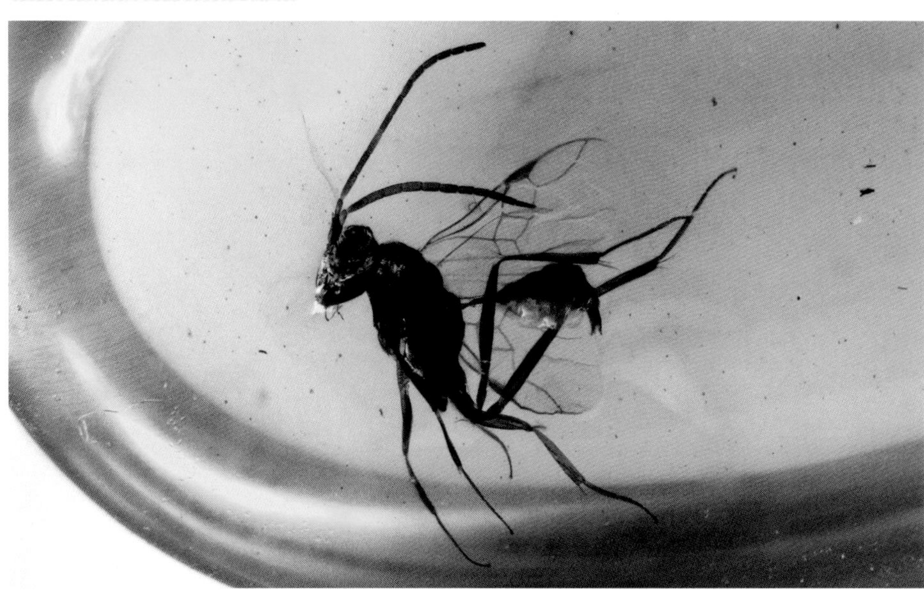

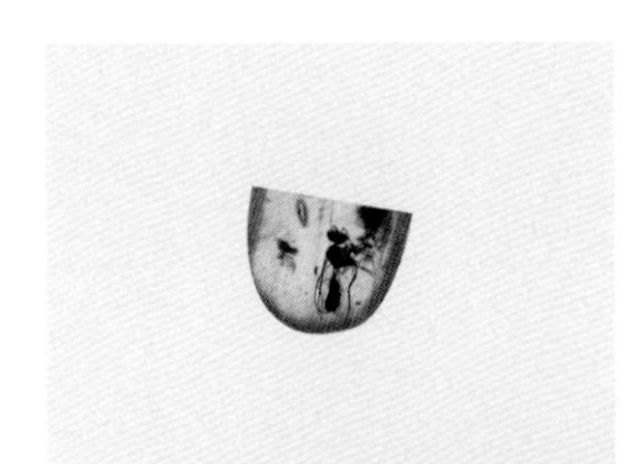

旗腹蜂科 *Evaniidae*

旗腹蜂
Evaniidae sp.

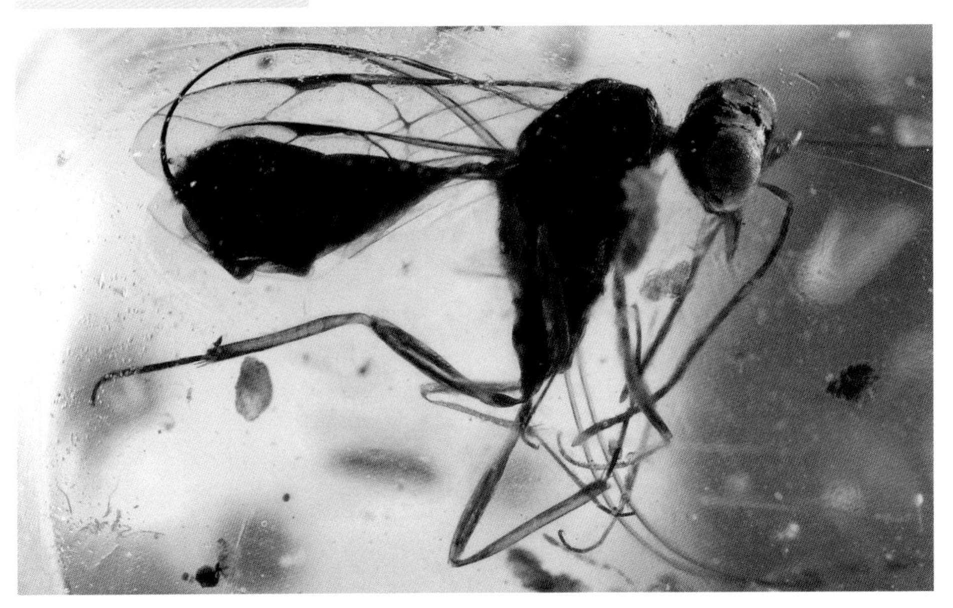

旗腹蜂科 *Evaniidae*

BU

旗腹蜂
Evaniidae sp.

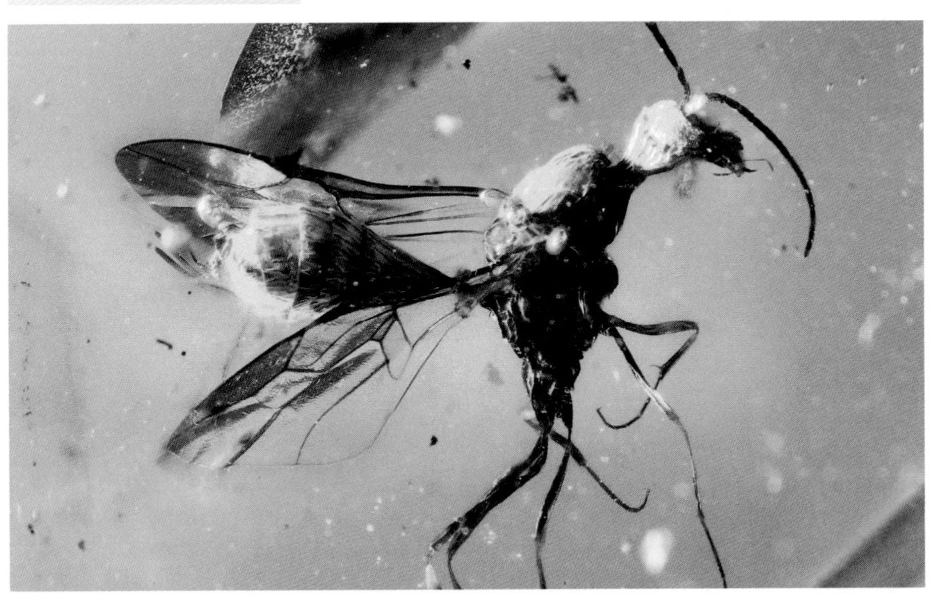

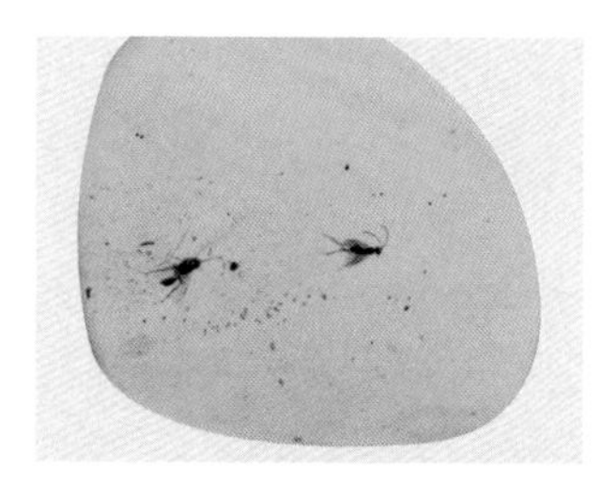

旗腹蜂科 *Evaniidae*

BU
旗腹蜂
Evaniidae sp.

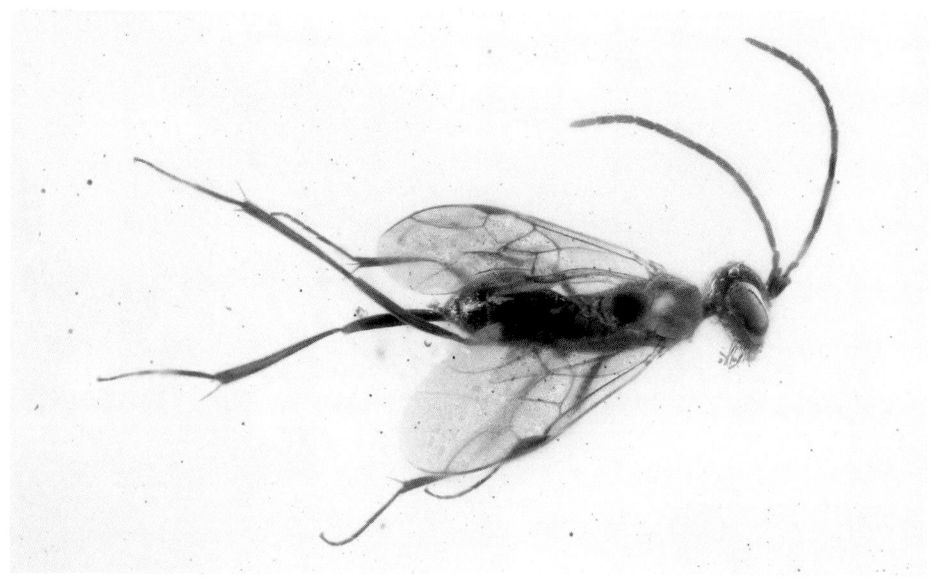

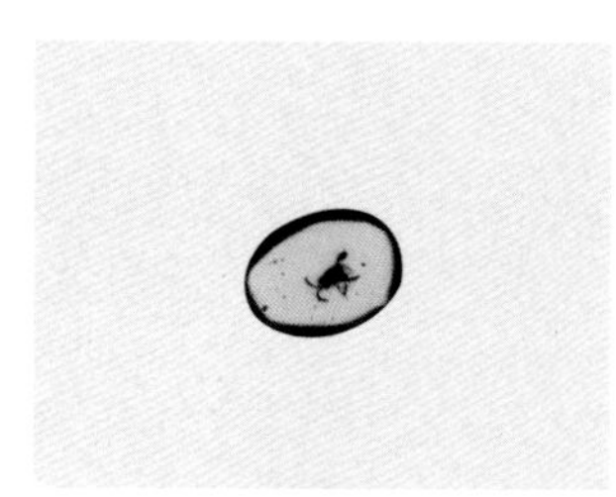

旗腹蜂科 *Evaniidae*

DO
旗腹蜂
Evaniidae sp.

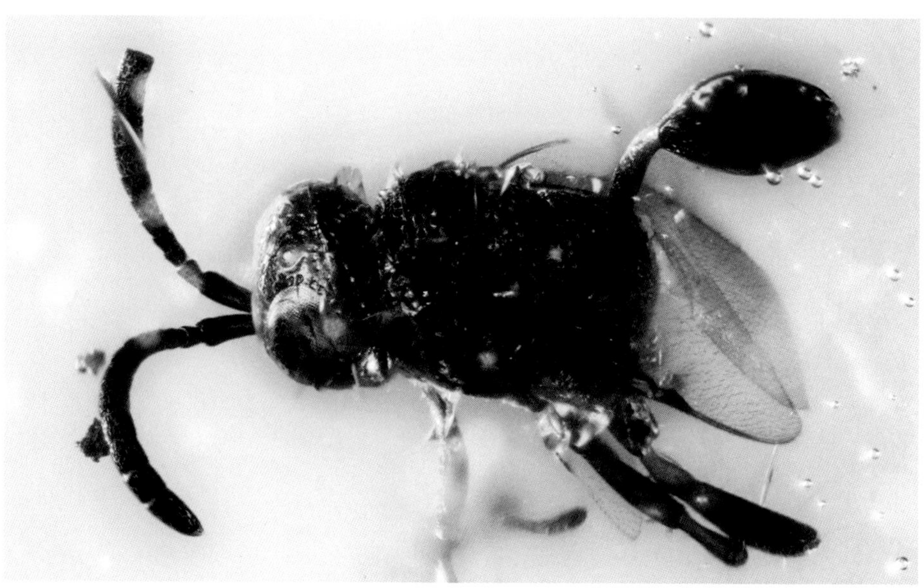

瘿蜂总科 *Cynipoidea*

瘿蜂
Cynipoidea sp.

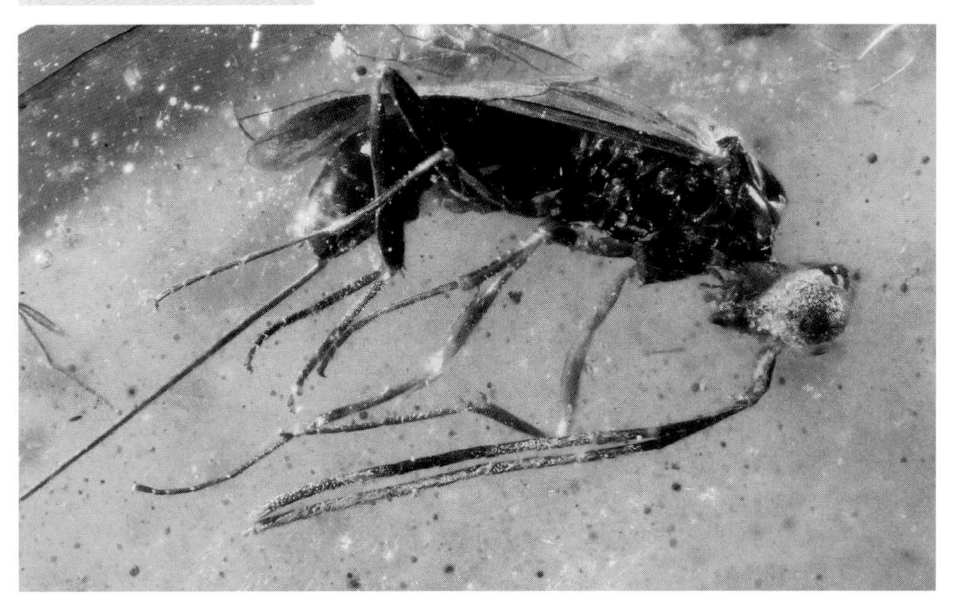

缨小蜂科 *Mymaridae*

缨小蜂
Mymaridae sp.

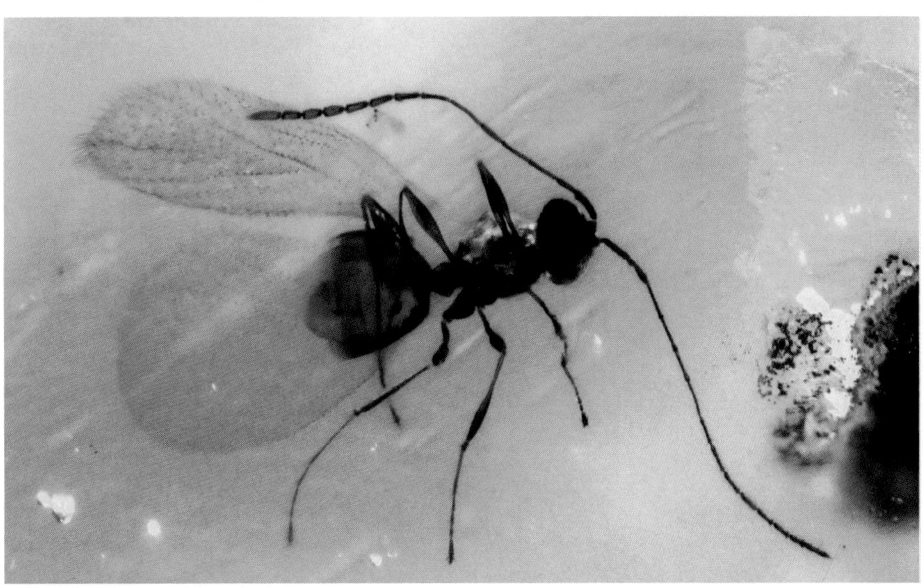

[e] 白垩缨小蜂科 *Serphitidae*

BU 白垩缨小蜂
Serphitidae sp.

柄腹细蜂科 *Heloridae*

BU 柄腹细蜂
Heloridae sp.

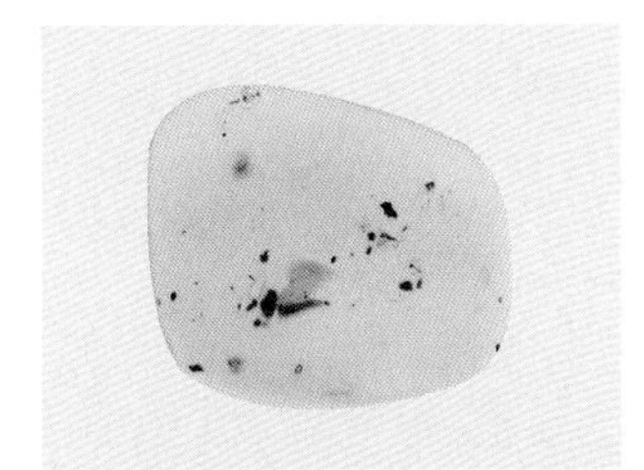

锤角细蜂科 *Diapriidae*

BU 锤角细蜂
Diapriidae sp.

缘腹细蜂科 *Scclionidae*

BU 缘腹细蜂
Scclionidae sp.

缘腹细蜂科 *Scclionidae*

BU 缘腹细蜂
Scclionidae sp.

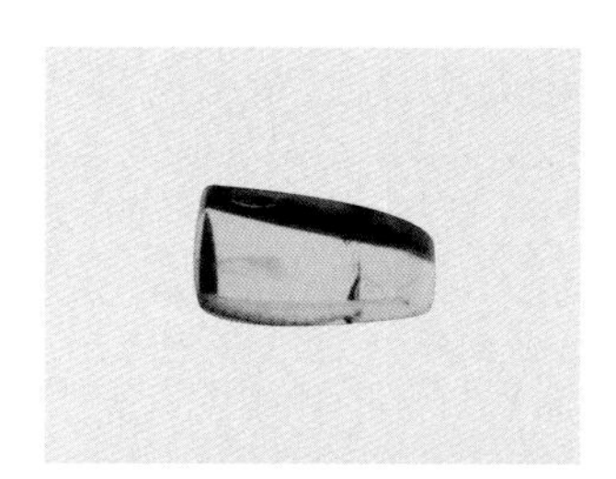

缘腹细蜂科 *Scclionidae*

BU 缘腹细蜂
Scclionidae sp.

缘腹细蜂科 *Scclionidae*

BU 缘腹细蜂
Scclionidae sp.

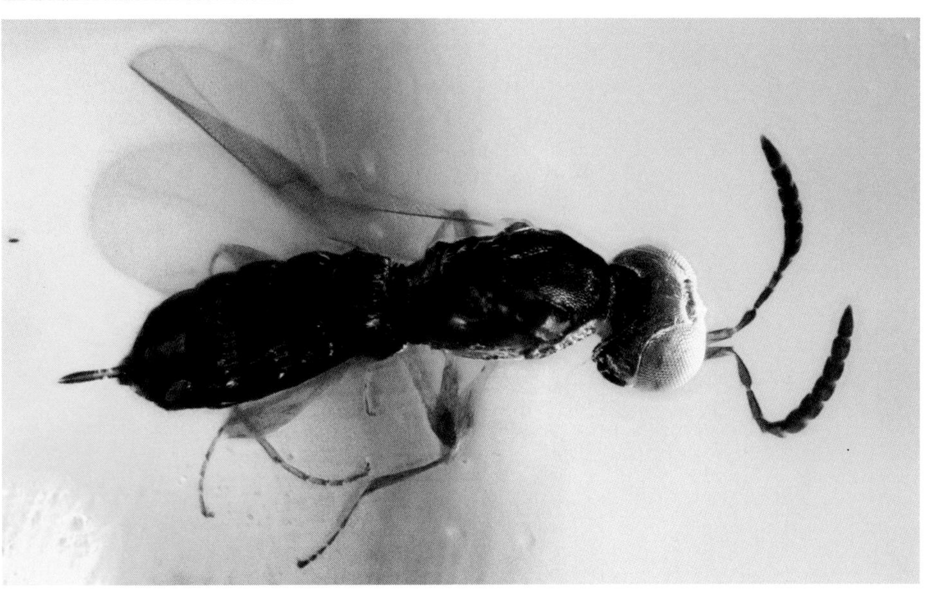

缘腹细蜂科 *Scclionidae*

DO 缘腹细蜂
Scclionidae sp.

缘腹细蜂科 *Scclionidae*

缘腹细蜂
Scclionidae sp.

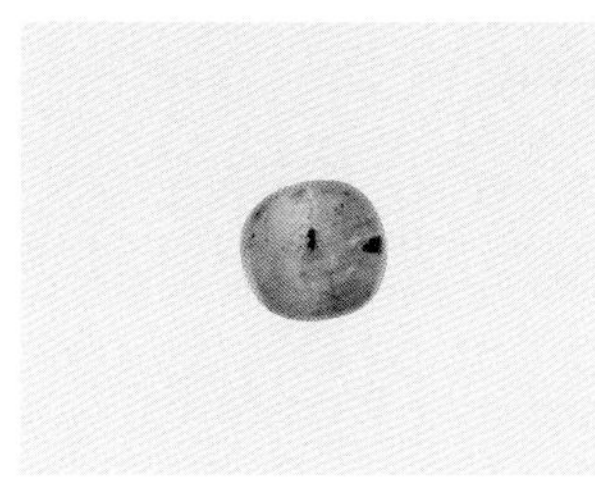

广腹细蜂科 *Platygasteridae*

广腹细蜂
Platygasteridae sp.

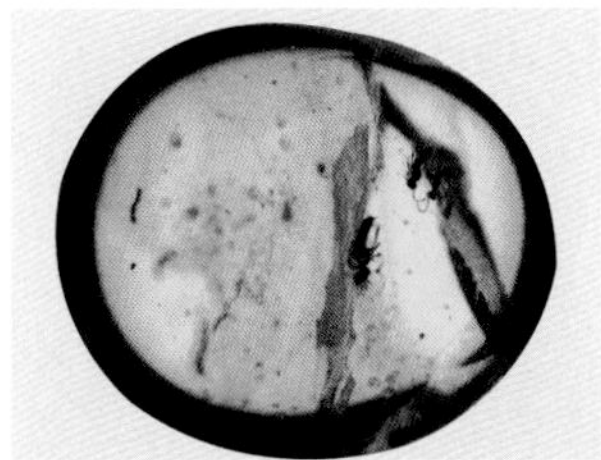

广腹细蜂科 *Platygasteridae*

BU 广腹细蜂
Platygasteridae sp.

广腹细蜂科 *Platygasteridae*

BU 广腹细蜂
Platygasteridae sp.

广腹细蜂科 *Platygasteridae*

BU

紫灯广腹细蜂
Triteleia sp.

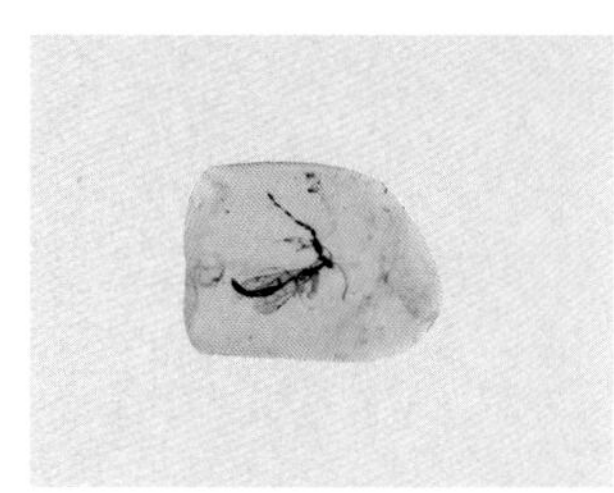

[f] 长腹细蜂科 *Pelecinidae*

BU

长腹细蜂
Pelecinidae sp.

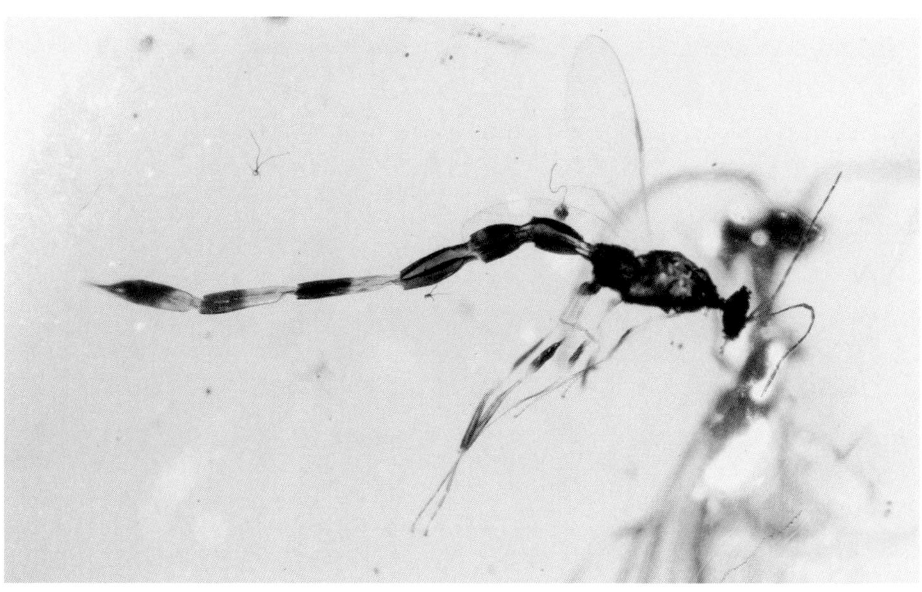

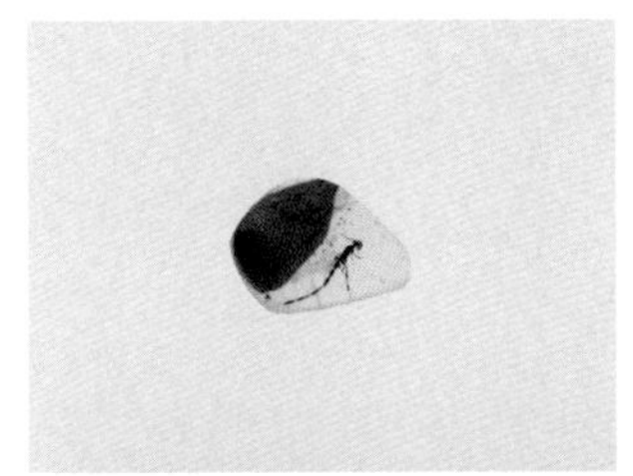

f 长腹细蜂科 *Pelecinidae*

BU 长腹细蜂
Pelecinidae sp.

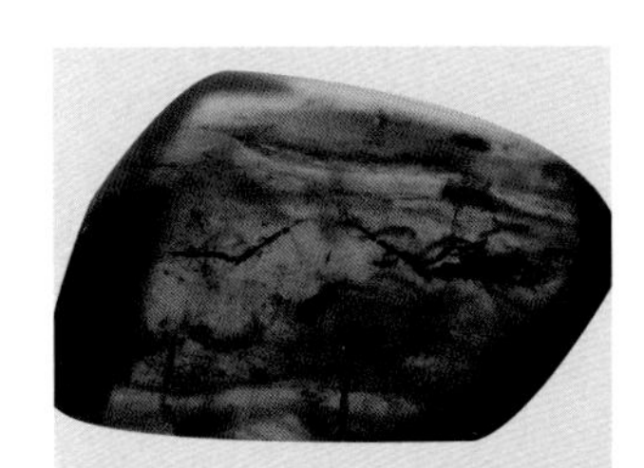

细蜂总科 *Proctotrupoidea*

BU 细蜂
Proctotrupoidea sp.

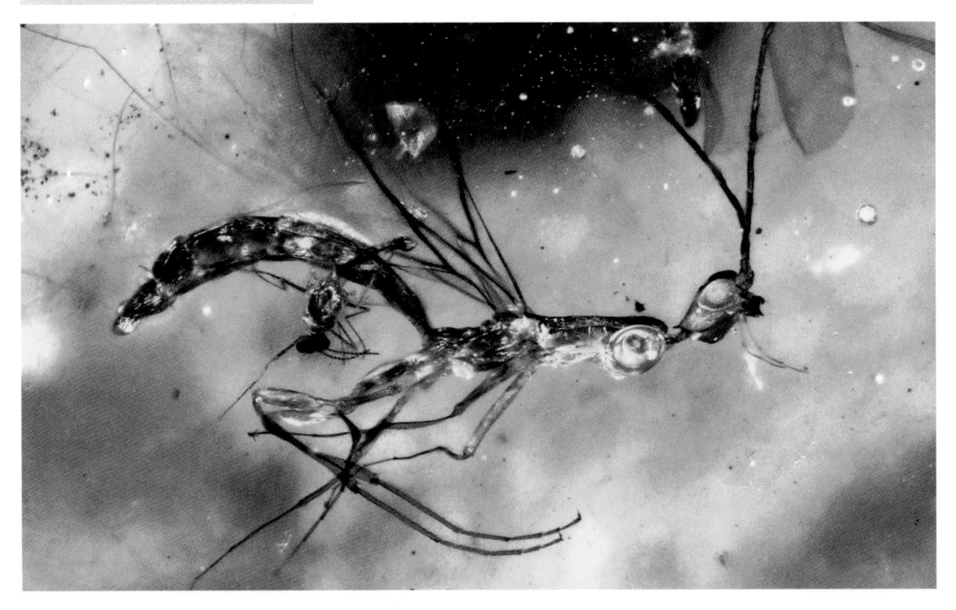

大痣细蜂科 *Megaspilidae*

大痣细蜂科
Megaspilidae sp.

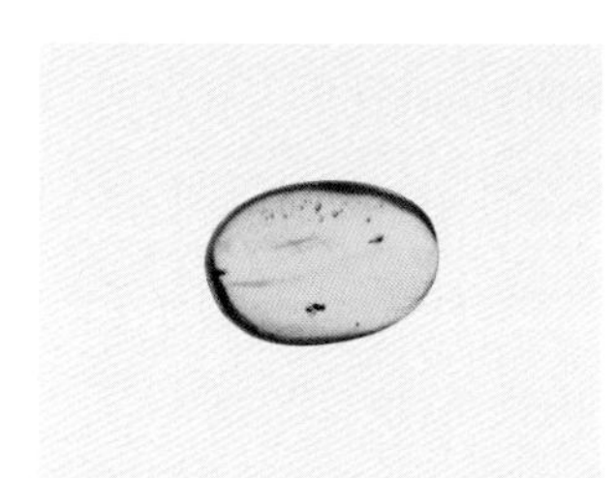

分盾细蜂科 *Ceraphronidae*

分盾细蜂
Ceraphronidae sp.

姬蜂科 *Ichneumonidae*

BU 姬蜂
Ichneumonidae sp.

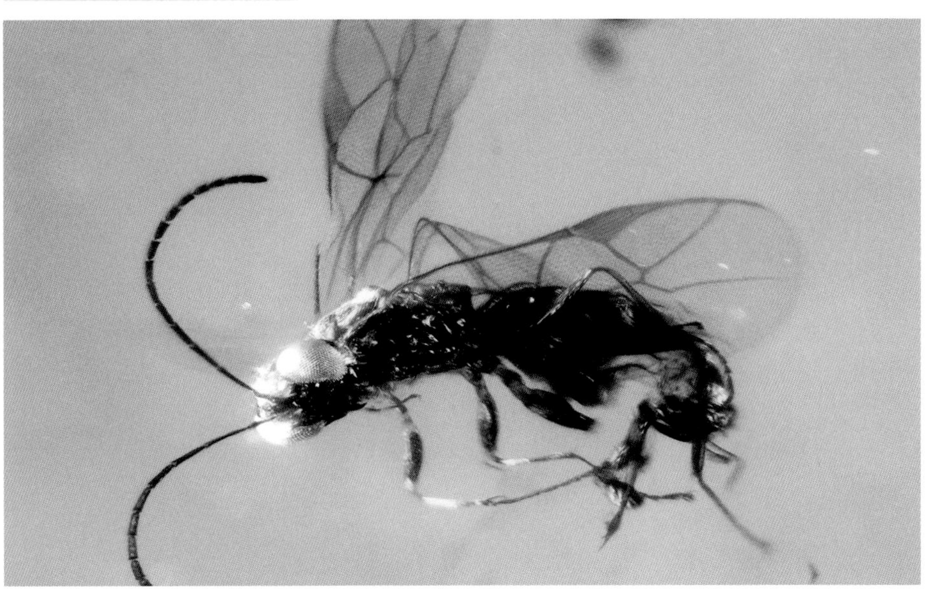

茧蜂科 *Braconidae*

BU 茧蜂
Braconidae sp.

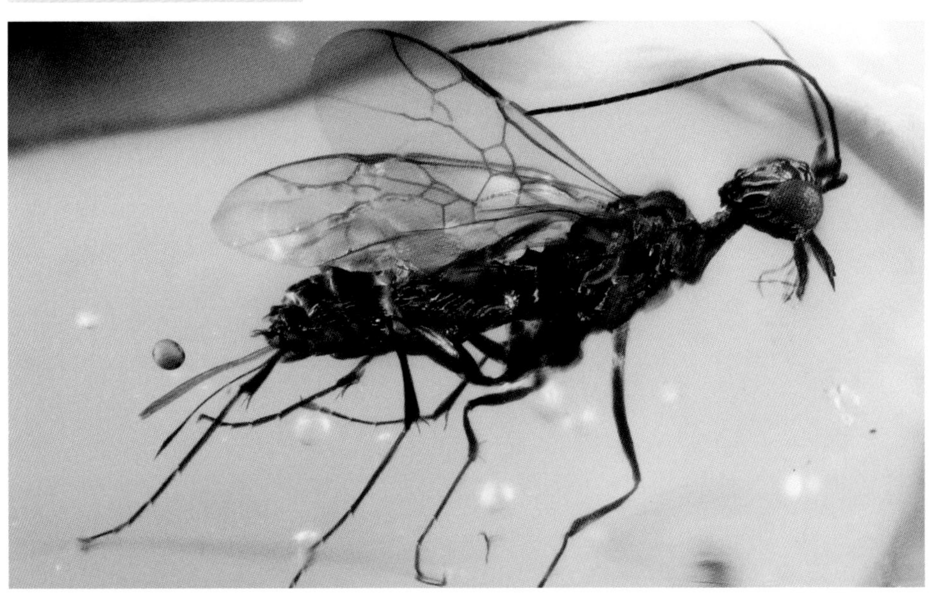

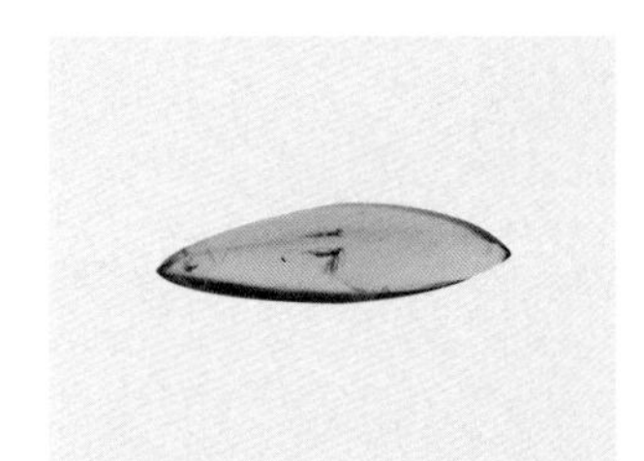

茧蜂科 *Braconidae*

BU 茧蜂
Braconidae sp.

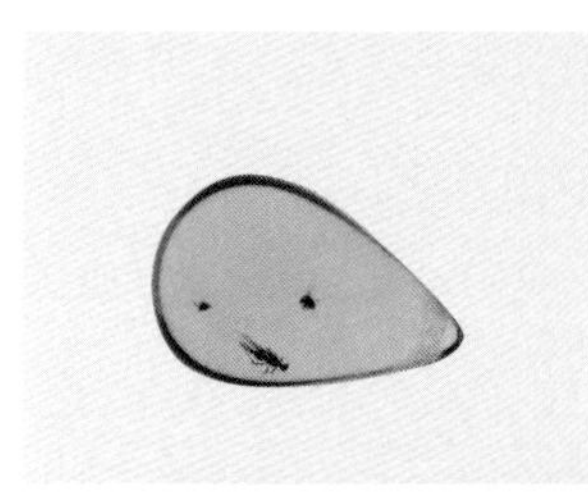

茧蜂科 *Braconidae*

BU 茧蜂
Braconidae sp.

茧蜂科 *Braconidae*

茧蜂
Braconidae sp.

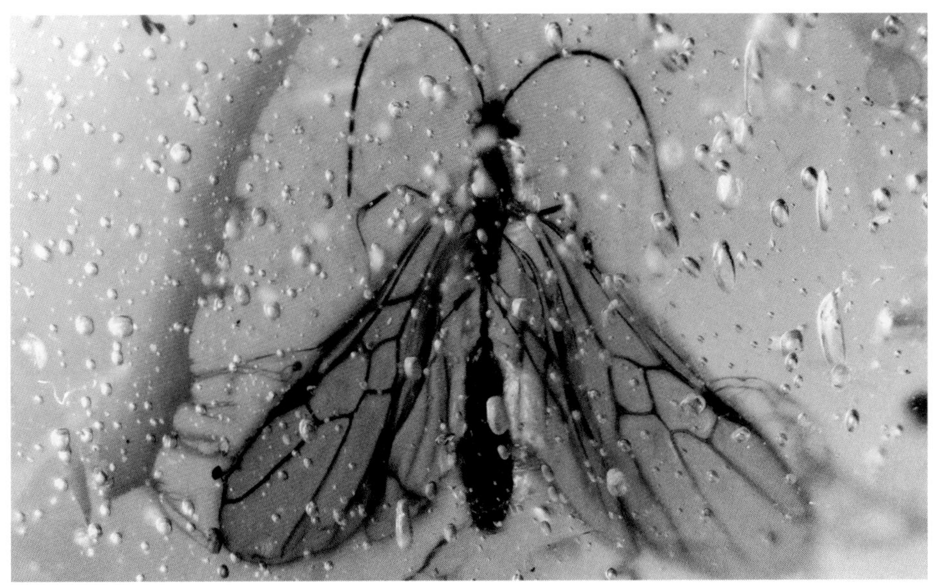

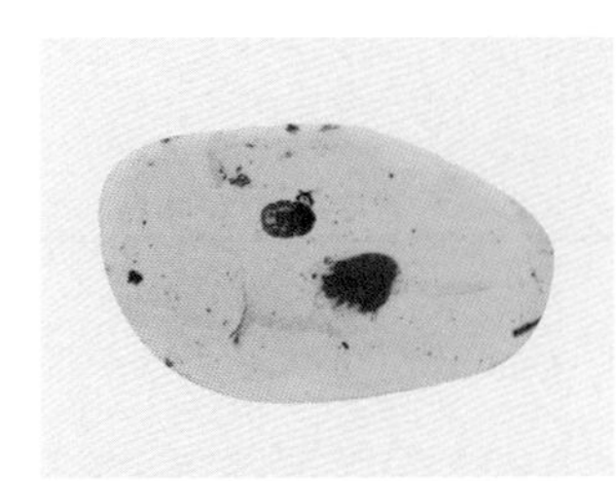

螯蜂科 *Dryinidae*

螯蜂
Dryinidae sp.

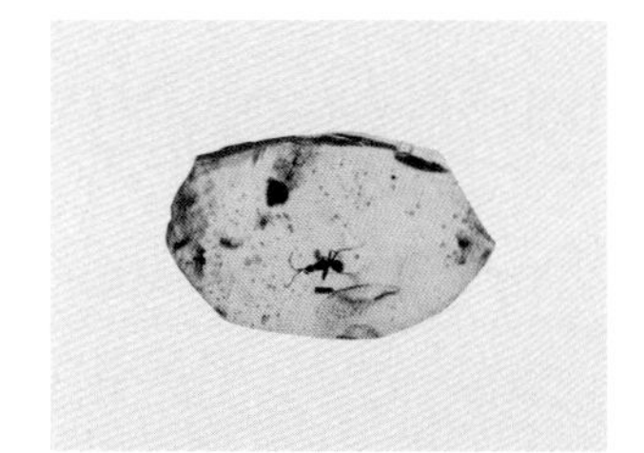

梨头蜂科 *Embolemidae*

BU 简氏梨头蜂
Ampulicomorpha janzeni

b 螯蜂科 *Dryinidae*

DO 螯蜂
Dryinidae sp.

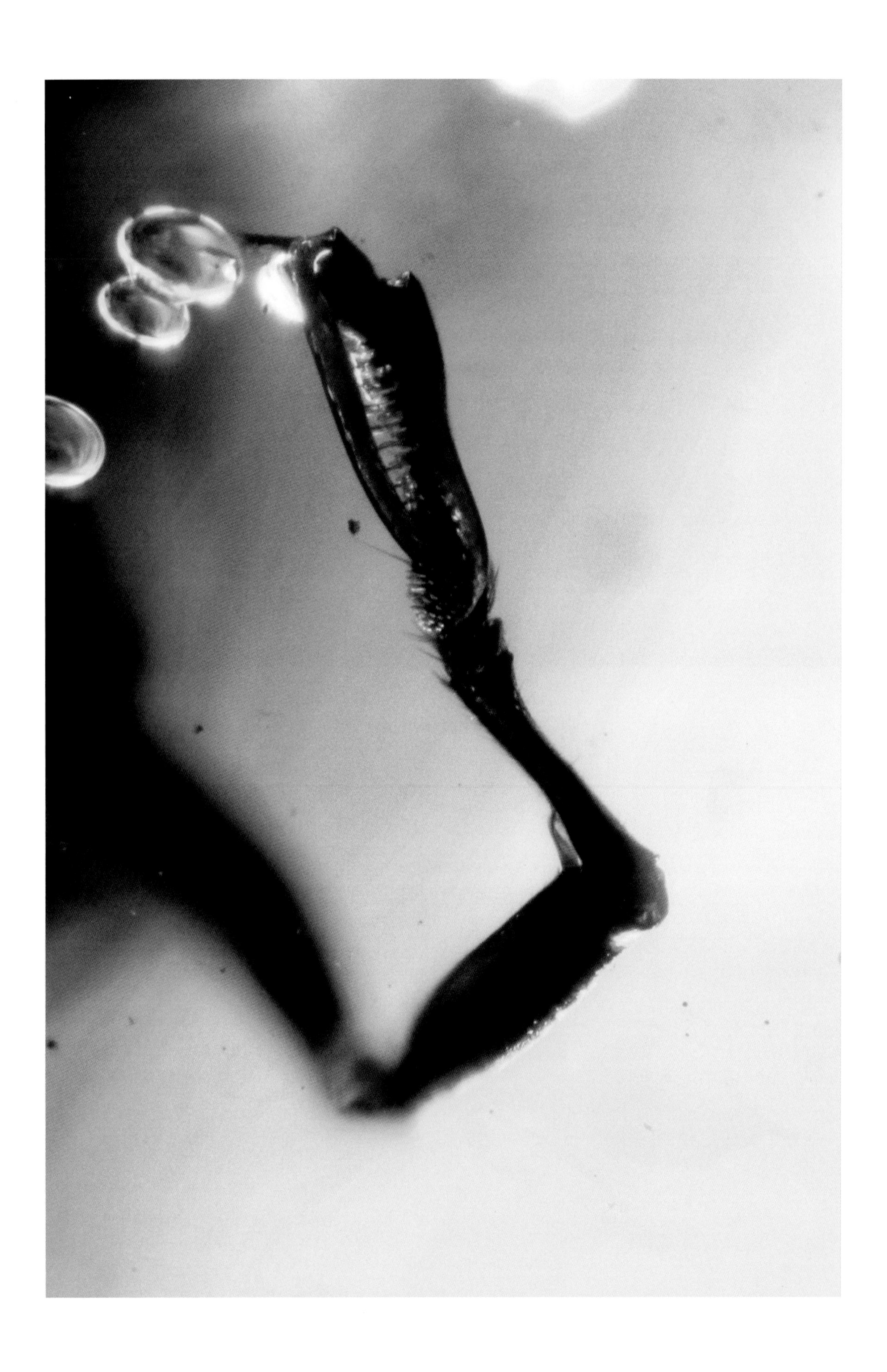

肿腿蜂科 *Bethylidae*

肿腿蜂
Bethylidae sp.

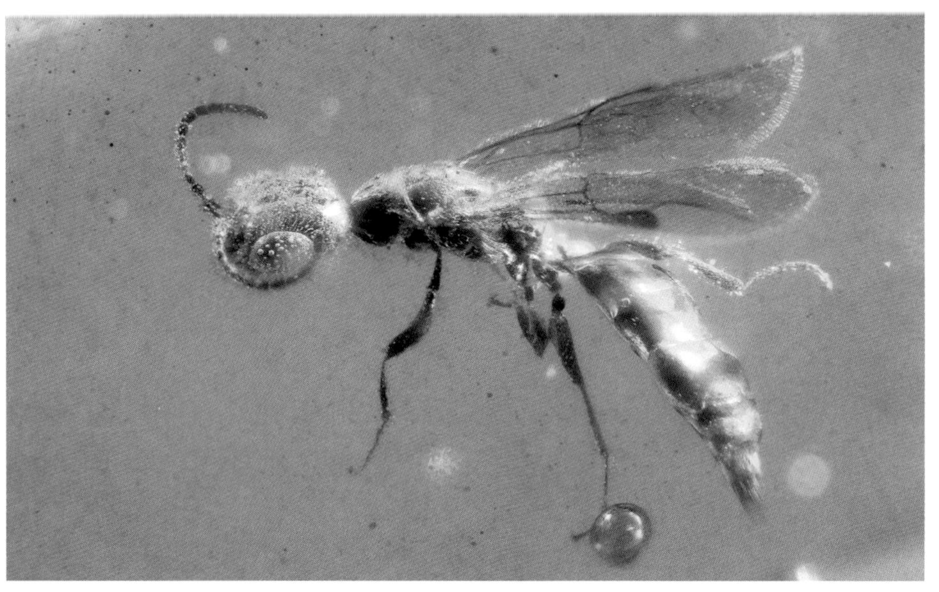

肿腿蜂科 *Bethylidae*

肿腿蜂
Bethylidae sp.

肿腿蜂科 *Bethylidae*

肿腿蜂
Bethylidae sp.

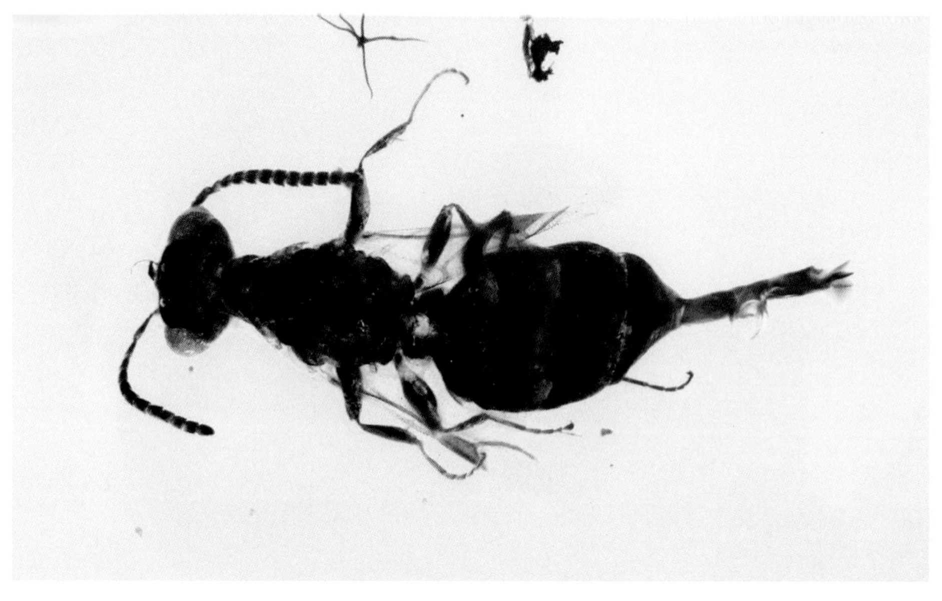

肿腿蜂科 *Bethylidae*

肿腿蜂
Bethylidae sp.

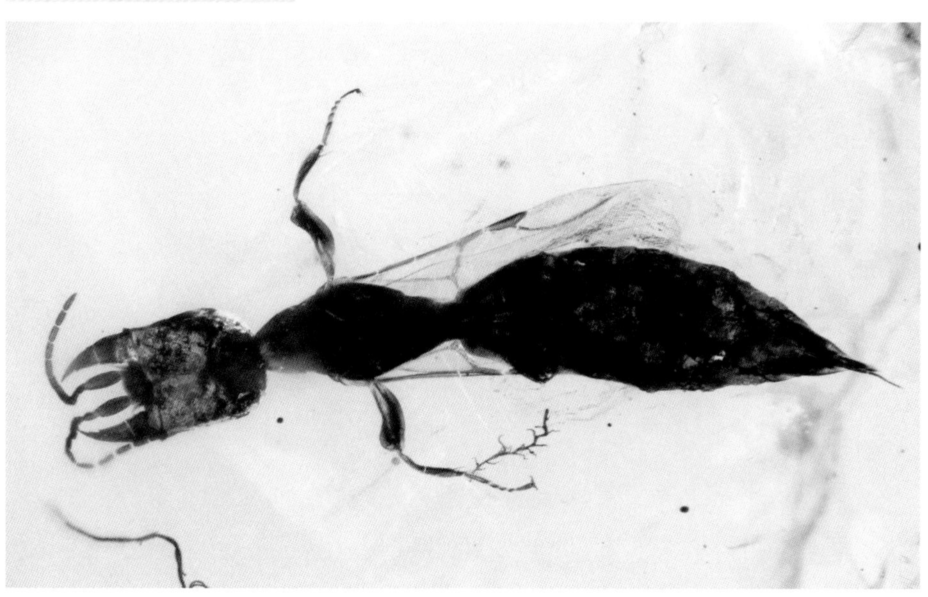

肿腿蜂科 *Bethylidae*

肿腿蜂
Bethylidae sp.

青蜂科 *Chrysididae*

青蜂
Bethylidae sp.

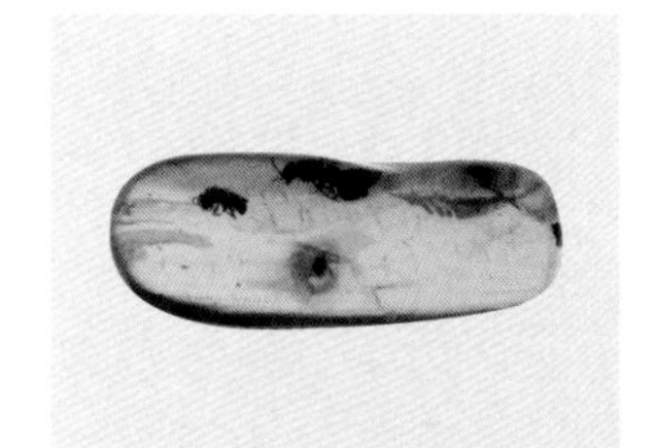

青蜂科 *Chrysididae*

青蜂
Chrysididae sp.

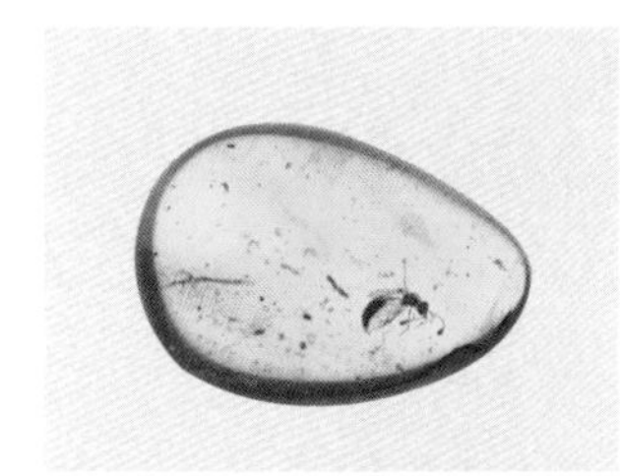

钩土蜂科 *Tiphiidae*

钩土蜂
Tiphiidae sp.

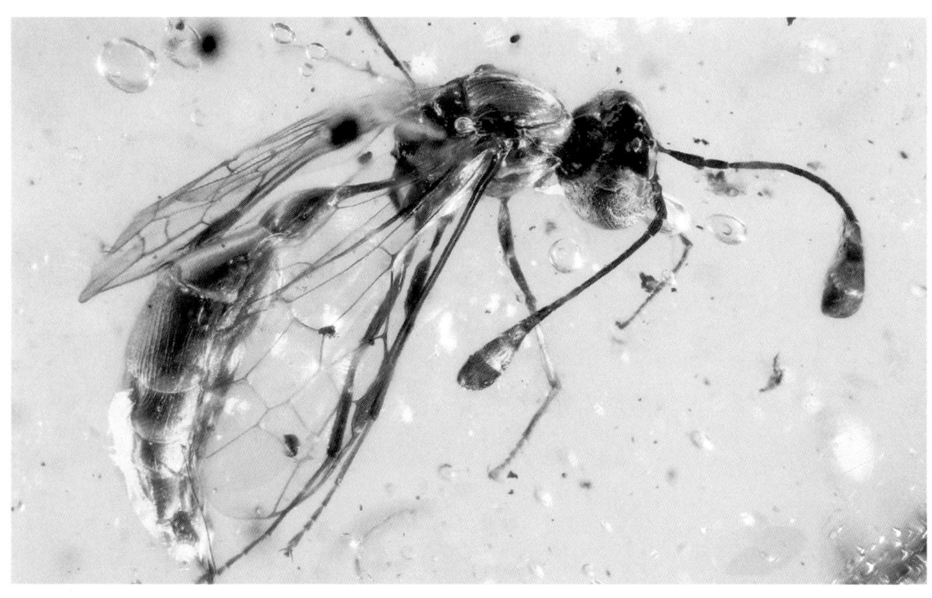

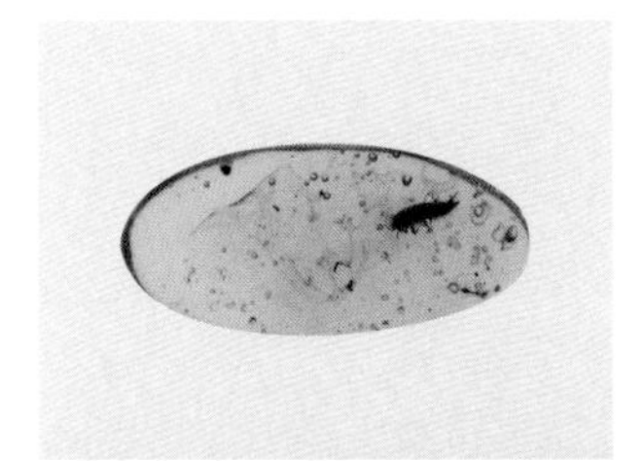

蚁科 *Formicidae*

蚂蚁
Formicidae sp.

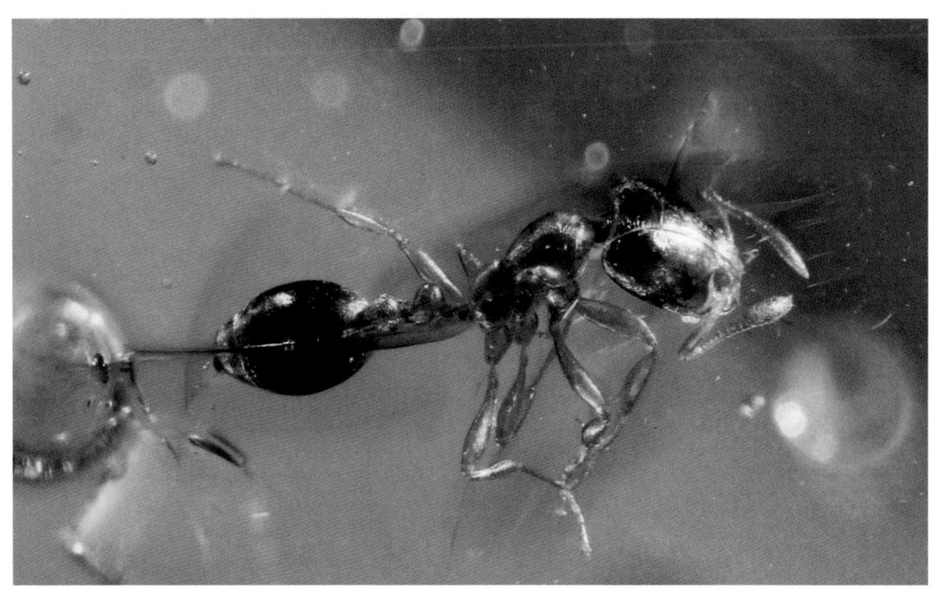

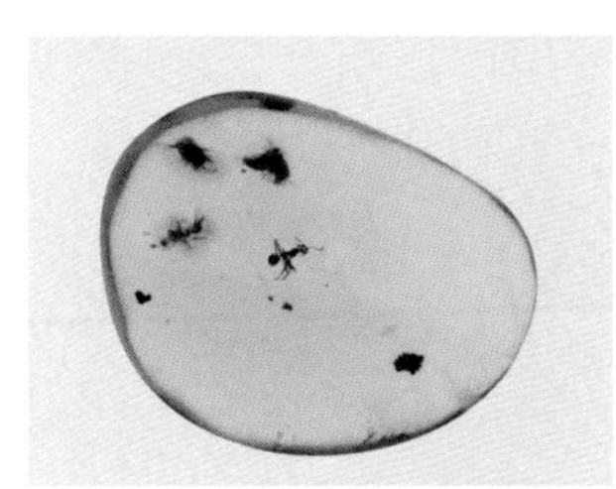

蚁科 *Formicidae*

蚂蚁
Formicidae sp.

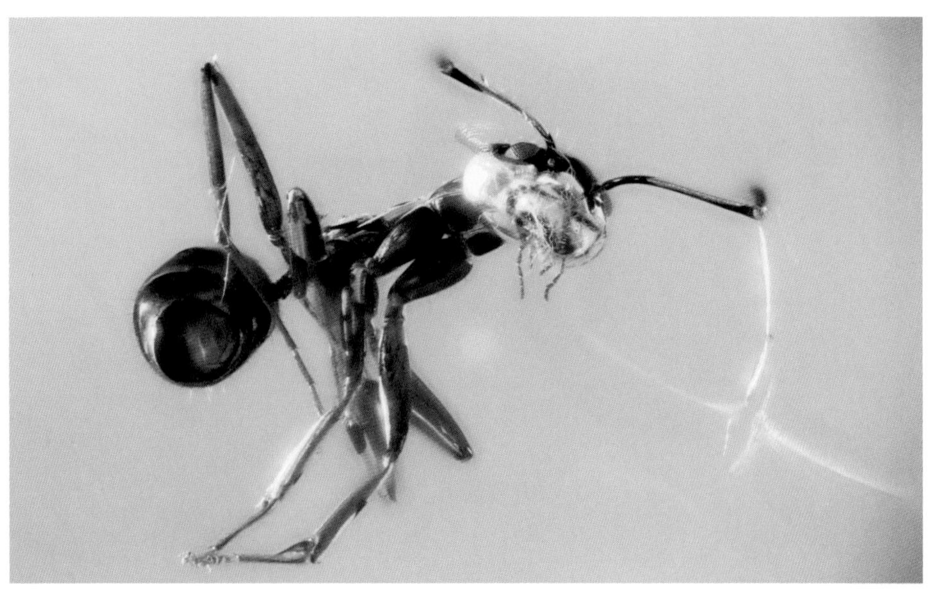

蚁科 *Formicidae*

蚂蚁
Formicidae sp.

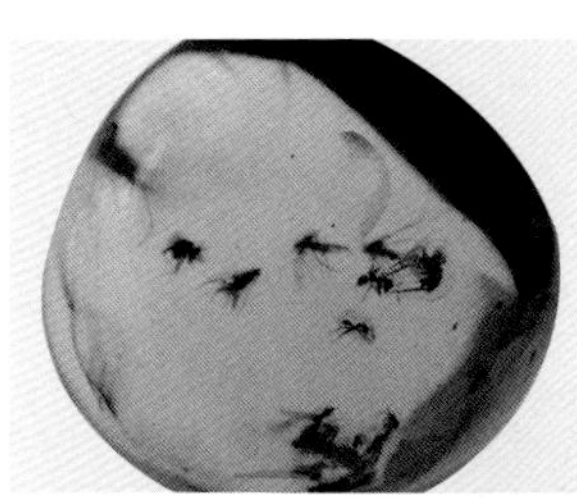

蚁科 *Formicidae*

蚂蚁
Formicidae sp.

蚁科 *Formicidae*

蚂蚁
Formicidae sp.

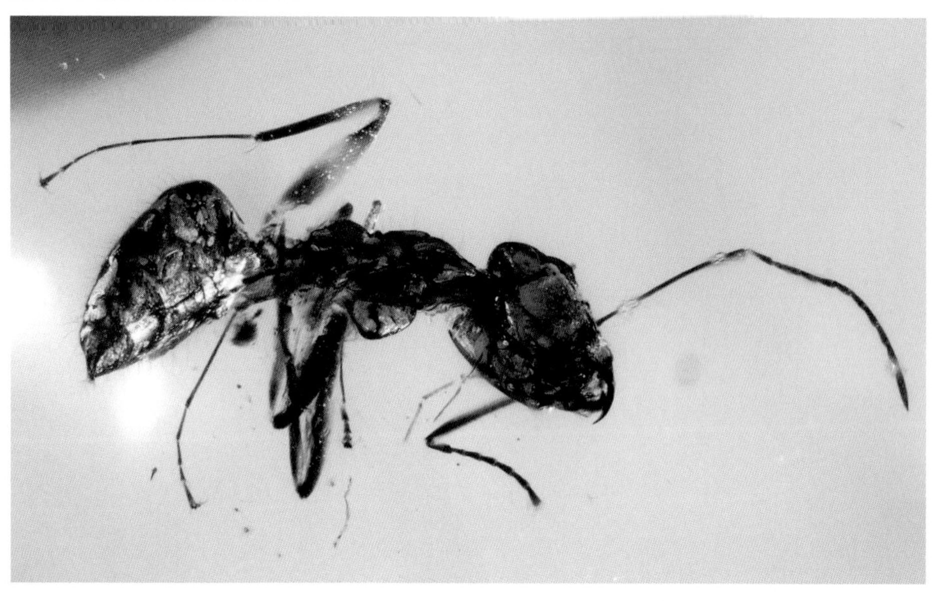

[g] 蚁科 *Formicidae*

猛犸蚁
Haidomyrmex sp.

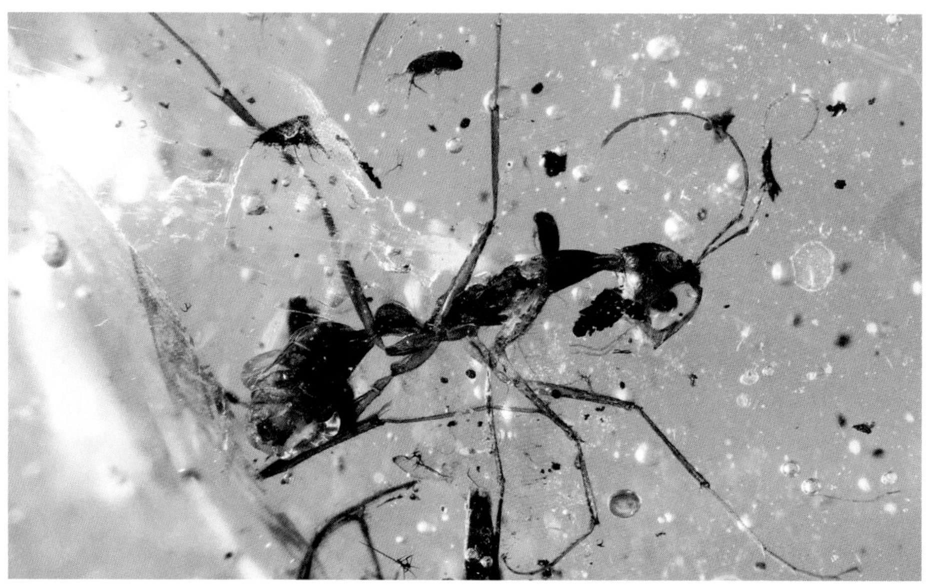

[g]蚁科 *Formicidae*

BU 弯刀猛犸蚁
Haidomyrmex scimitarus

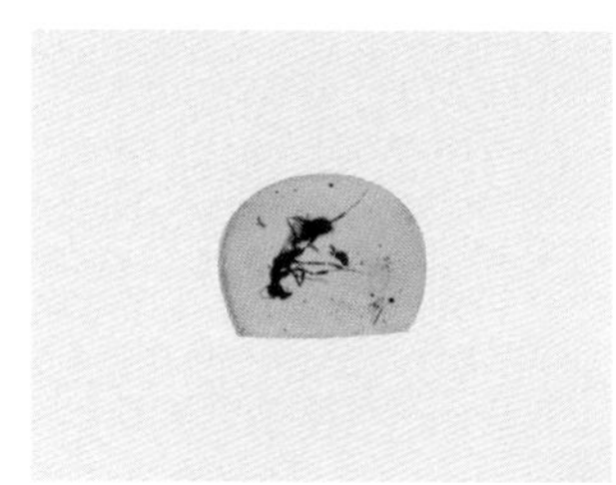

蚁科 *Formicidae*

蚂蚁
Formicidae sp.

蚁科 *Formicidae*

蚂蚁
Formicidae sp.

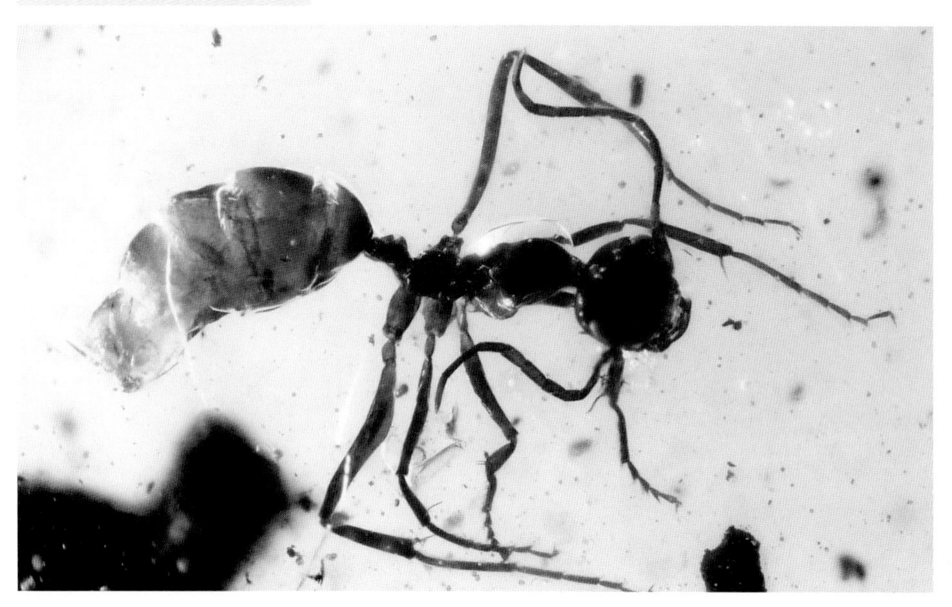

蚁科 *Formicidae*

蚂蚁
Formicidae sp.

蚁科 *Formicidae*

蚂蚁
Formicidae sp.

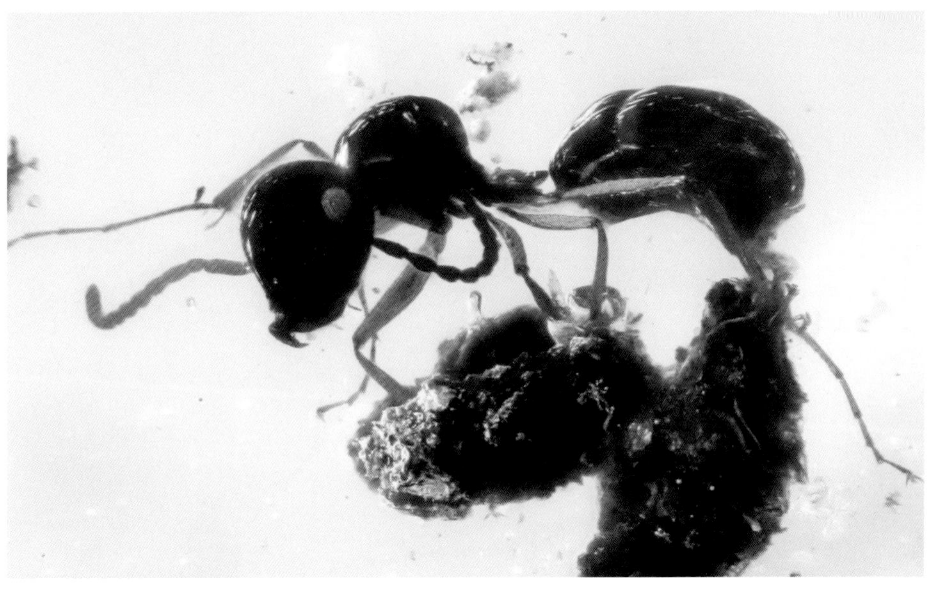

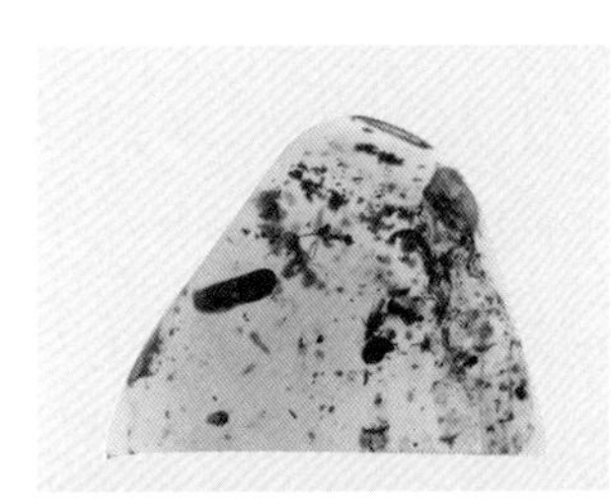

蚁科 *Formicidae*

蚂蚁（成虫 + 蛹）
Formicidae sp.

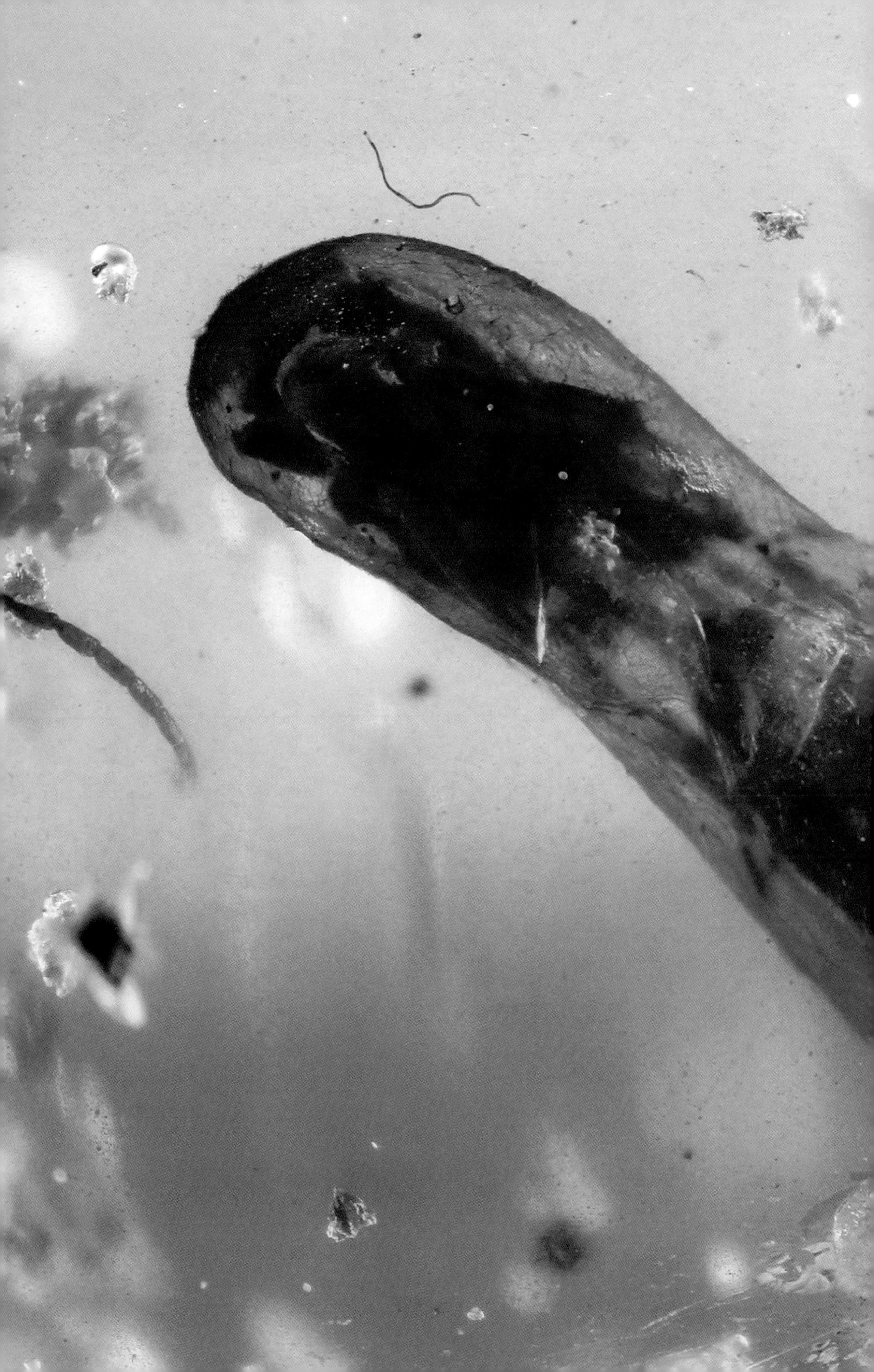

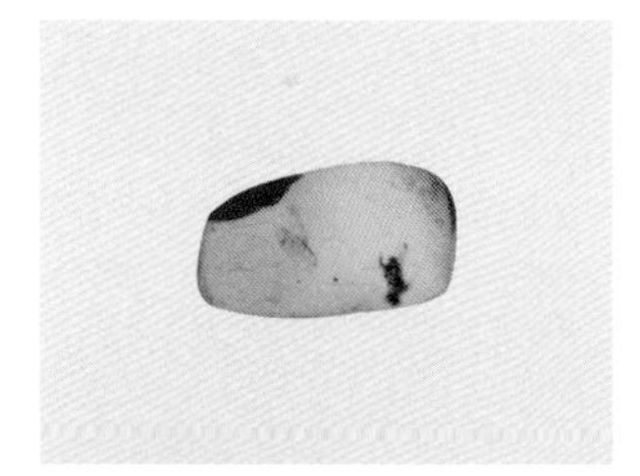

[h]蜜蜂科 *Apidae*

无刺蜂
Proplebeia sp.

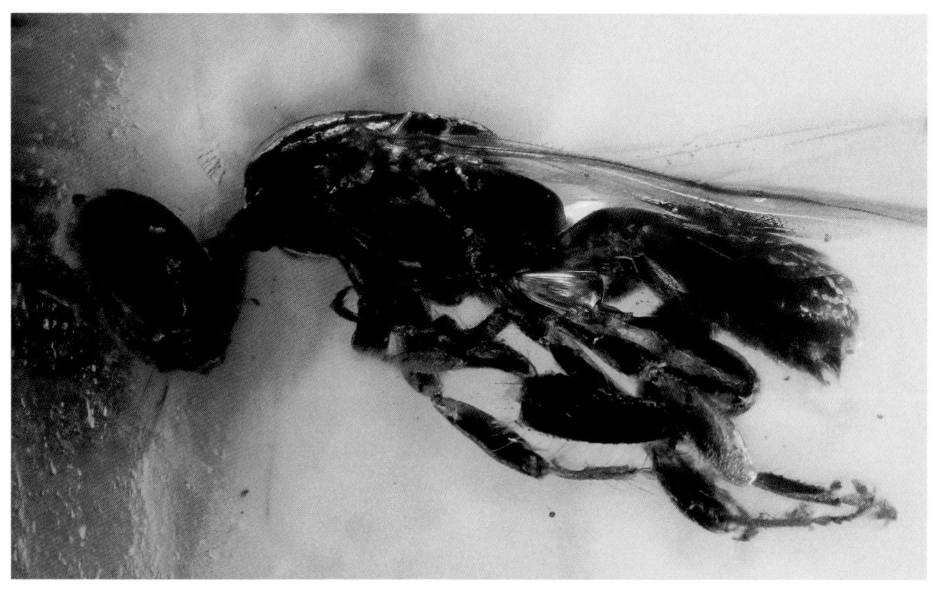

[h]蜜蜂科 *Apidae*

无刺蜂（携粉足）
Proplebeia sp.

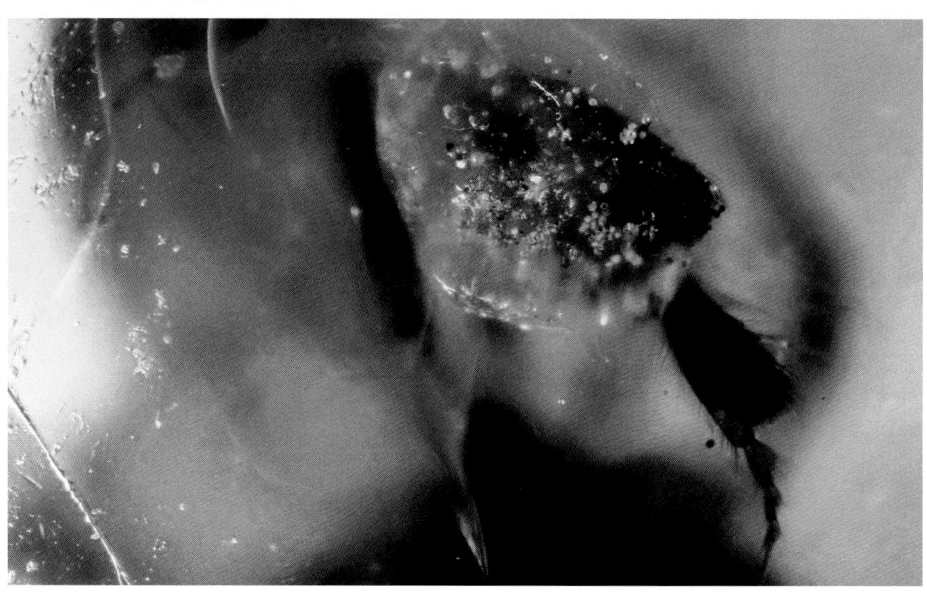

泥蜂科 *Sphecidae*

泥蜂
Sphecidae sp.

泥蜂科 *Sphecidae*

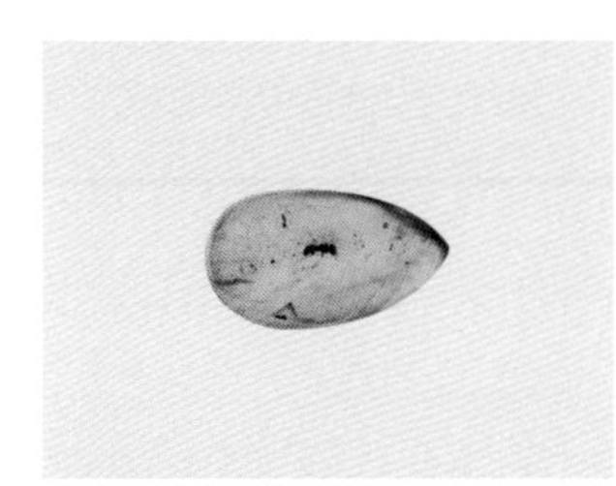

泥蜂
Sphecidae sp.

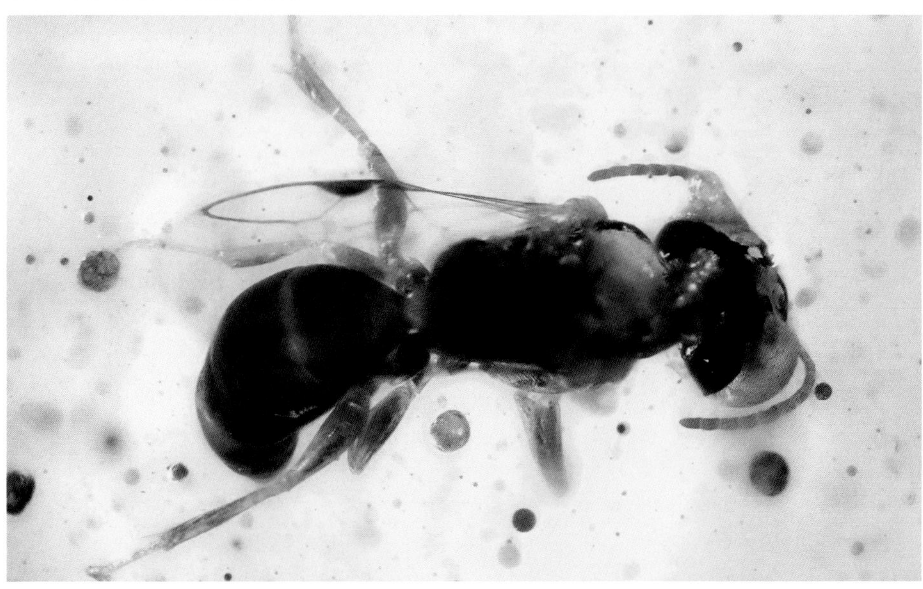

Decapoda

十足目

十足目是甲壳动物亚门中最大的目，共 9 000 多种，包括各种虾类、寄居蟹类、蟹类。

虾、蟹类为两性生殖，受精卵孵化时大多数种类是原溞状幼体（溞状幼体），形状基本像个小虾，但附肢发育不全，如大部分爬行生活的虾和蟹类和游泳生活的真虾类；少数类型（如对虾类）孵化为无节幼体，体卵形，不分节，仅 3 对附肢，须经多次蜕皮，再经过 3 期原溞状幼体，3 期糠虾幼体才变为幼体后期（仔虾或仔蟹）；有极少数种类刚孵化出的幼体与成体基本相同，如螯龙虾属、螯虾、溪蟹等。

十足目主要生活在海水中，少数种类栖于淡水中，如沼虾、米虾、蛄、华溪蟹等；个别为陆栖，如椰子蟹、地蟹等，但繁殖时，幼体必须在水中生活。

十足目中许多种类是优良的食用种，有的产量很大，在渔业捕捞或养殖生产中占重要地位。

十足目的化石在世界各地多有发现，但有记载的琥珀却属凤毛麟角。在多米尼加和缅甸琥珀中，有过极为零星的几个螃蟹琥珀的记载，基本收藏于私人收藏家手中，极其罕见。本书收录了一个来自缅甸的琥珀螃蟹[a]化石，具体分类地位有待研究。

❶ 体分头胸部及腹部；

❷ 有具柄的复眼，眼柄 2 ~ 3 节；

❸ 大颚粗壮，多分为切齿部和臼齿部，常有触须；

❹ 胸肢 8 对，前 3 对形成颚足，后 5 对变成步足；

❺ 头胸甲扩大，两侧覆盖胸肢基部；

❻ 体躯延长呈虾形或缩短扁圆呈蟹形，有些种类介于其间；

❼ 鳃都在胸部。

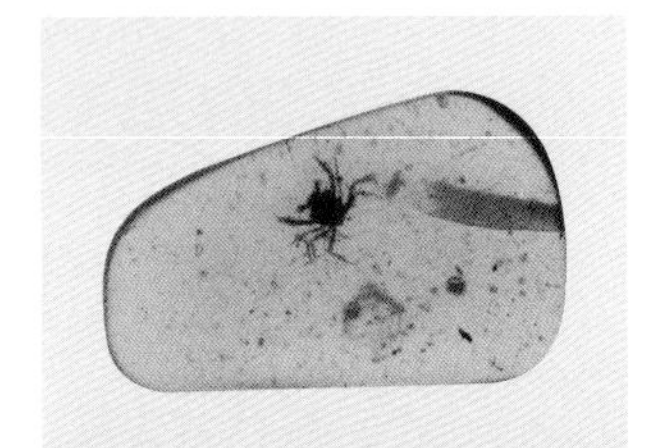

蟹类待定科 *Incertae Sedis*

BU

缅甸螃蟹
N/A

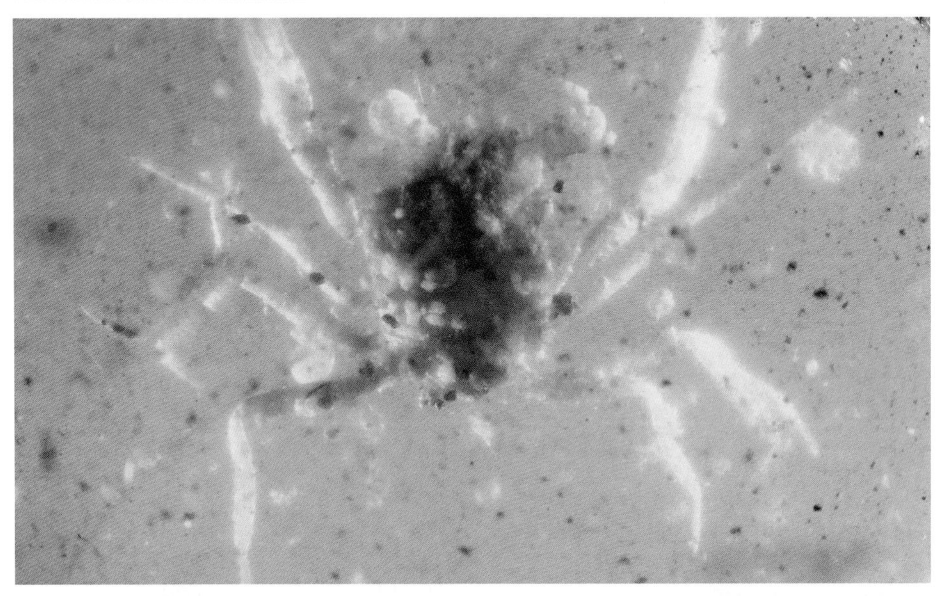

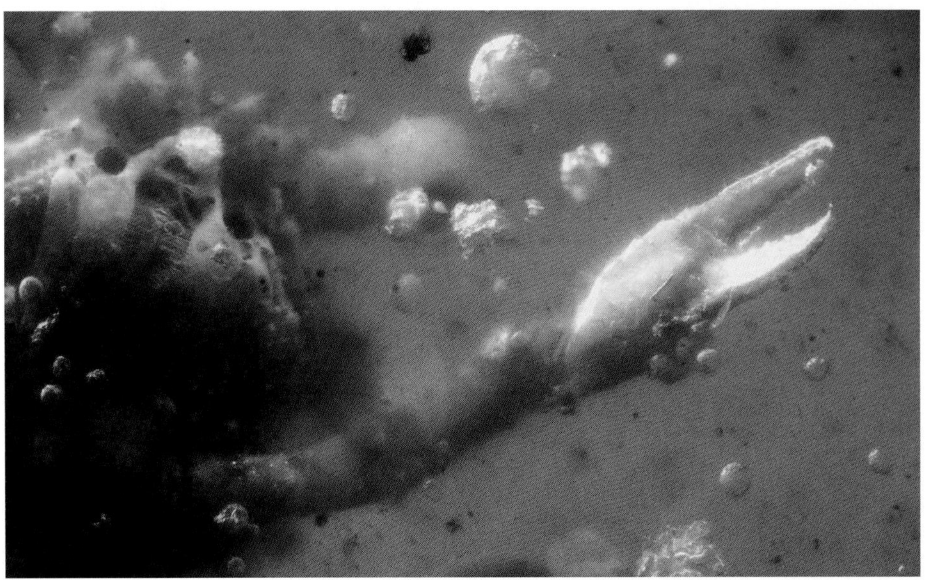

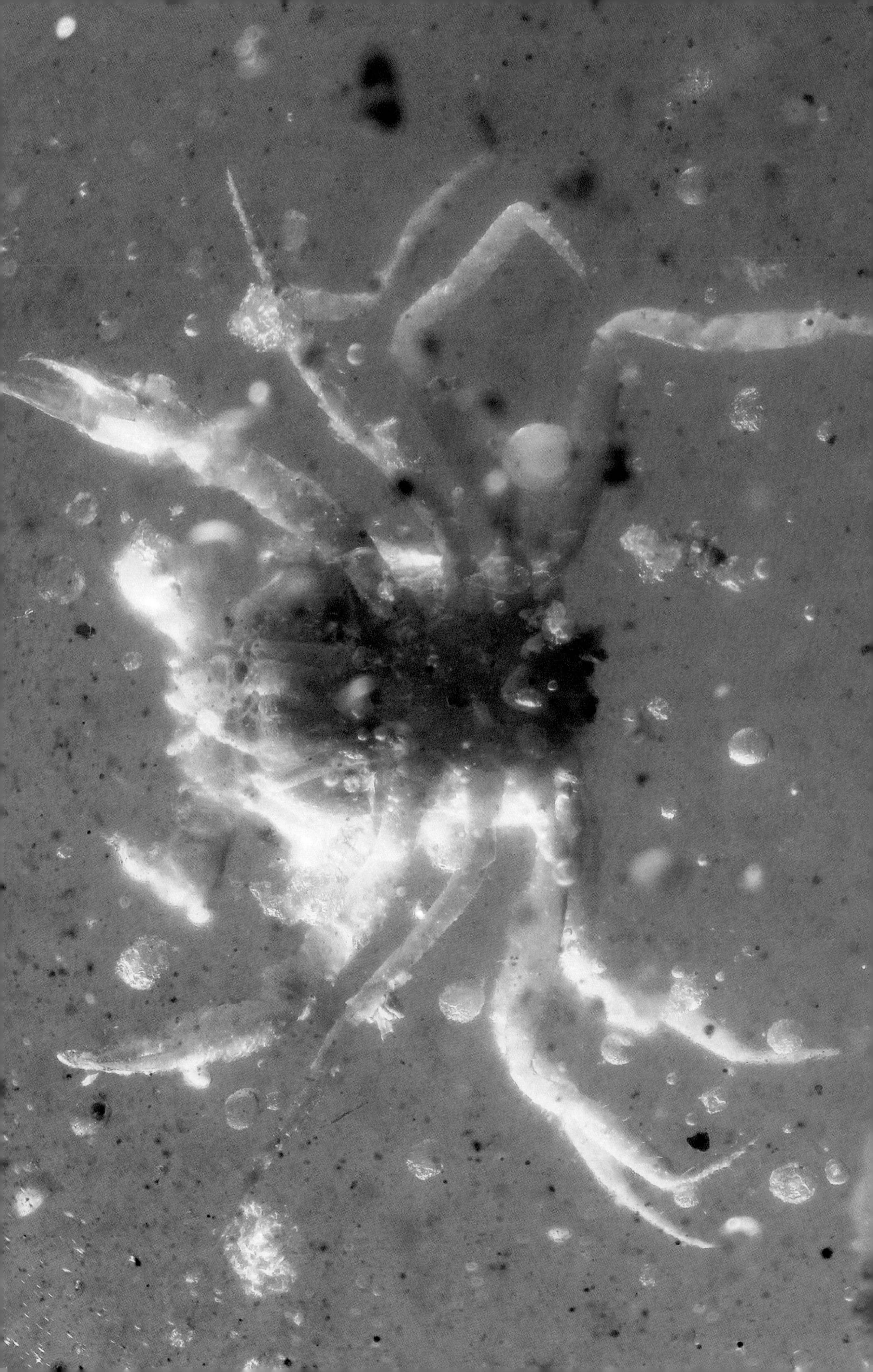

Isopoda

等足目

等足目约有 10 000 多种。一般身体平扁，左右对称，少数种类身体侧扁，也有呈圆筒形的，寄生亚目中雄雌性个体形状不同，雄性很小，附于雌性体上，左右不对称。

等足类体长一般为 5 ~ 15 mm，深海种如巨大深水虱，最大体长可达 42 cm，宽 15 cm，多数体色为土褐色、各种灰色或黄色，与其生活的环境相一致。

等足目大多数生活在海洋中，部分种类陆栖。生活方式多样，水生种类多数为底栖，在水底沙、泥上生活，善于爬行，有些种类能游泳。多为杂食性及腐食性，也有肉食性的。生活于潮间带岩石下或浅海海底的种类很多，如棒鞭水虱。多种水生等足类为穴居，有的种类可在木材中穿孔，如蛀木水虱和团水虱，可损害海中木材，对海港木质建筑及木桩等造成大面积危害。陆生等足类多生活于阴暗潮湿处，如鼠妇和潮虫等 , 能团成球状 , 可以此来御敌及防止水分散发。寄生种类寄生于鱼类的身体表面、口腔、腹腔中，如缩头鱼虱、鱼怪，影响鱼类的发育及生长。有的种类寄生于虾、蟹类的鳃腔中，如鳃虱，影响寄主的性成熟。

等足目琥珀较为珍稀，在多米尼加、波罗的海和缅甸琥珀中有所发现，绝大多数为陆生的潮虫亚目种类。本书收录了来自波罗的海和缅甸的潮虫科 [a]Oniscidae 琥珀。

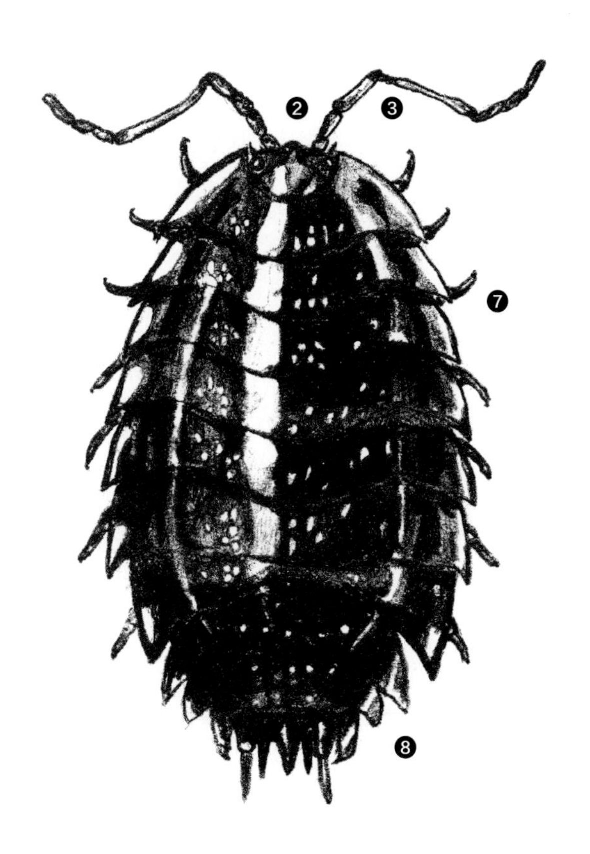

❶ 体形变化较大，多数身体背腹平扁；

❷ 头部短小，盾形，与胸部第 1 节或前 2 节愈合；

❸ 第 1 触角很小，单枝，柄部 3 节，陆生种类如鼠妇亚目中退化，仅留有痕迹；

❹ 复眼在头部两侧的背面或背腹两面，一般不具眼柄；

❺ 咀嚼式口器，寄生种类的口器常变为吸吮式；

❻ 无头胸甲；

❼ 胸肢 8 对，均无外肢，第 1 对为颚足，其他 7 对为步足，彼此形状相似；

❽ 腹部较胸部短，分节有时清晰或存不同程度愈合，最末腹节与尾节愈合；

❾ 腹肢为双枝形，为游泳和呼吸器官。

[a] 潮虫科 *Oniscidae*

波海潮虫
Oniscidae sp.

[a] 潮虫科 *Oniscidae*

缅鼠妇
Myanmariscus sp.

[a] 潮虫科 *Oniscidae*

缅鼠妇
Myanmariscus sp.

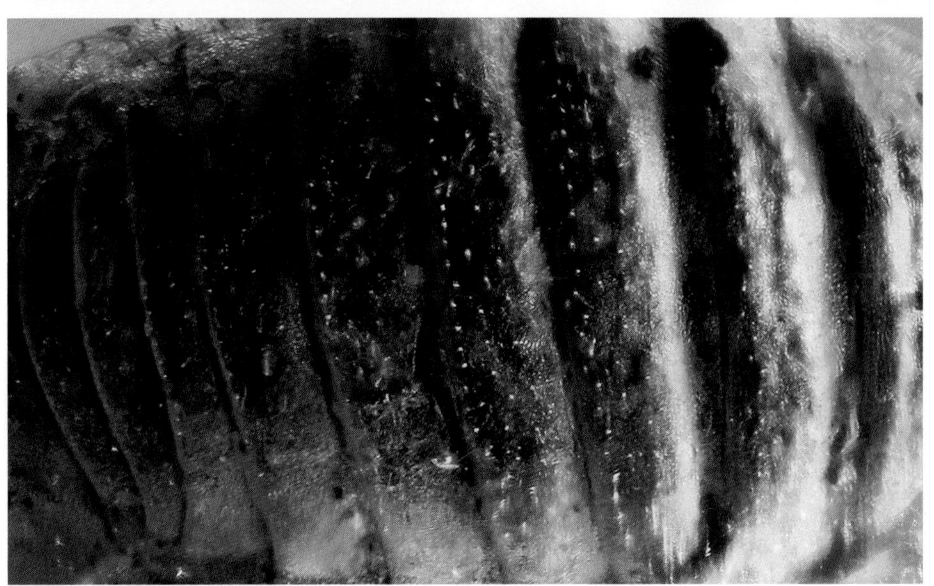

Amphipoda

端足目

端足目体多侧扁，主要为海生，淡水中有少数种，全世界已知 6 000 多种。

钩虾亚目，头部和复眼较小，足内肢一般分节，是种类最多的亚目。大部为浅海底栖种，少数为淡水产，常附着于水草或浅海海藻间。许多种潜入海底沙间生活，如双眼钩虾科、跳钩虾科。此类动物由于体形侧扁，在水中侧卧游泳活动。

许多端足类特别是钩虾亚目的许多种类是经济鱼类的天然饵料。

琥珀里的端足目仅有钩虾亚目被发现，为波罗的海琥珀所独有。钩虾是淡水生活的小型节肢动物，能够成为琥珀的内含物，十分罕见。本书收录的古钩虾 *Palaeogammarus* sp. 属褐钩虾科 [a]Crangonyctidae 种类。

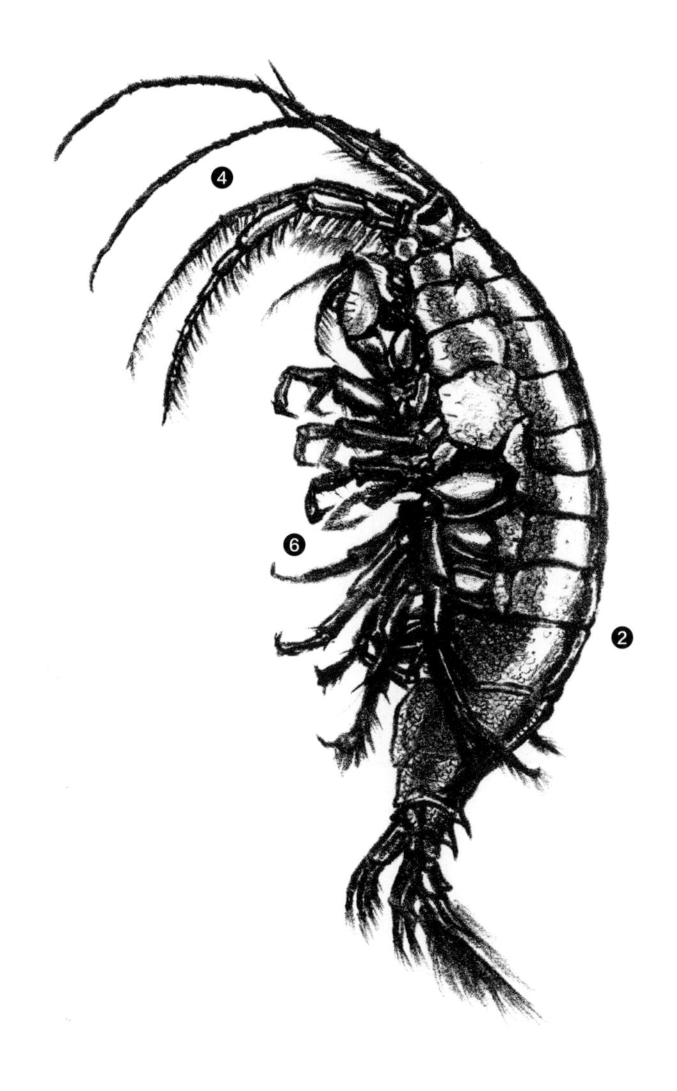

❶ 头部与第 1 胸节或前 2 胸节愈合，无头胸甲；

❷ 腹部通常有 6 节，但末端 2 或 3 节有时愈合，尾节明显，有时裂开；

❸ 复眼无柄；

❹ 第 1 触角单枝或双枝；

❺ 大颚切齿和臼齿突变化很大，有的种退化；

❻ 胸肢 8 对，都呈单枝形。

a 褐钩虾科 *Crangonyctidae*

古钩虾
Palaeogammarus sp.

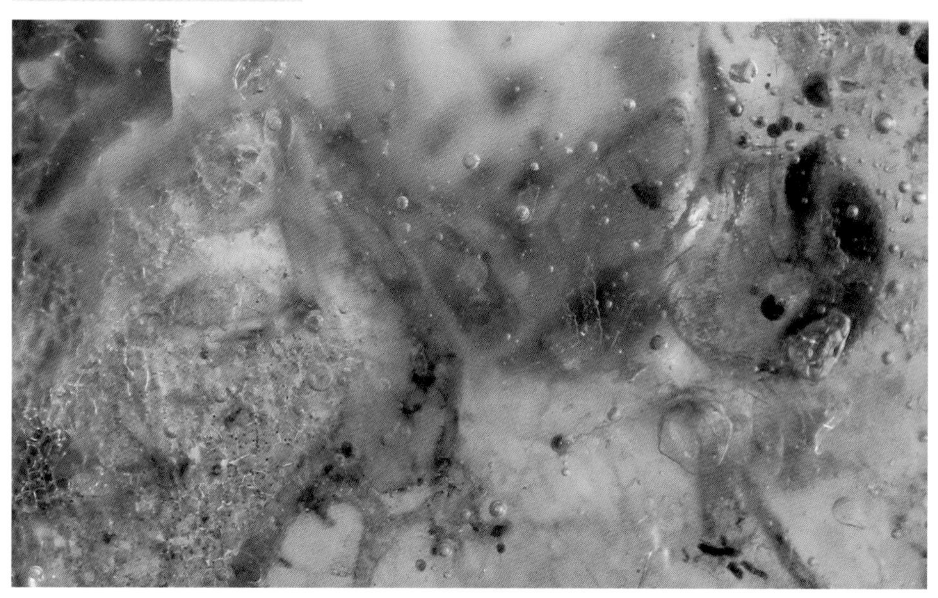

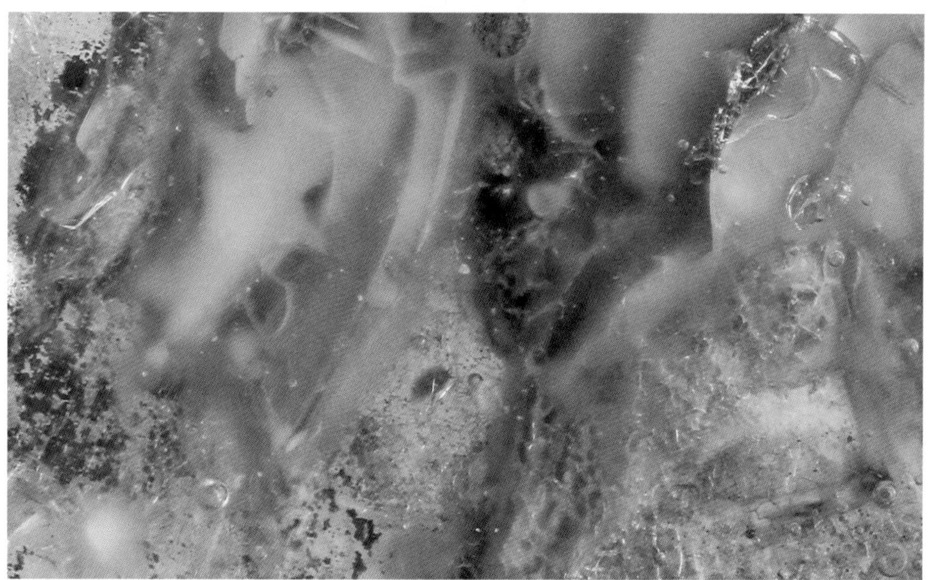

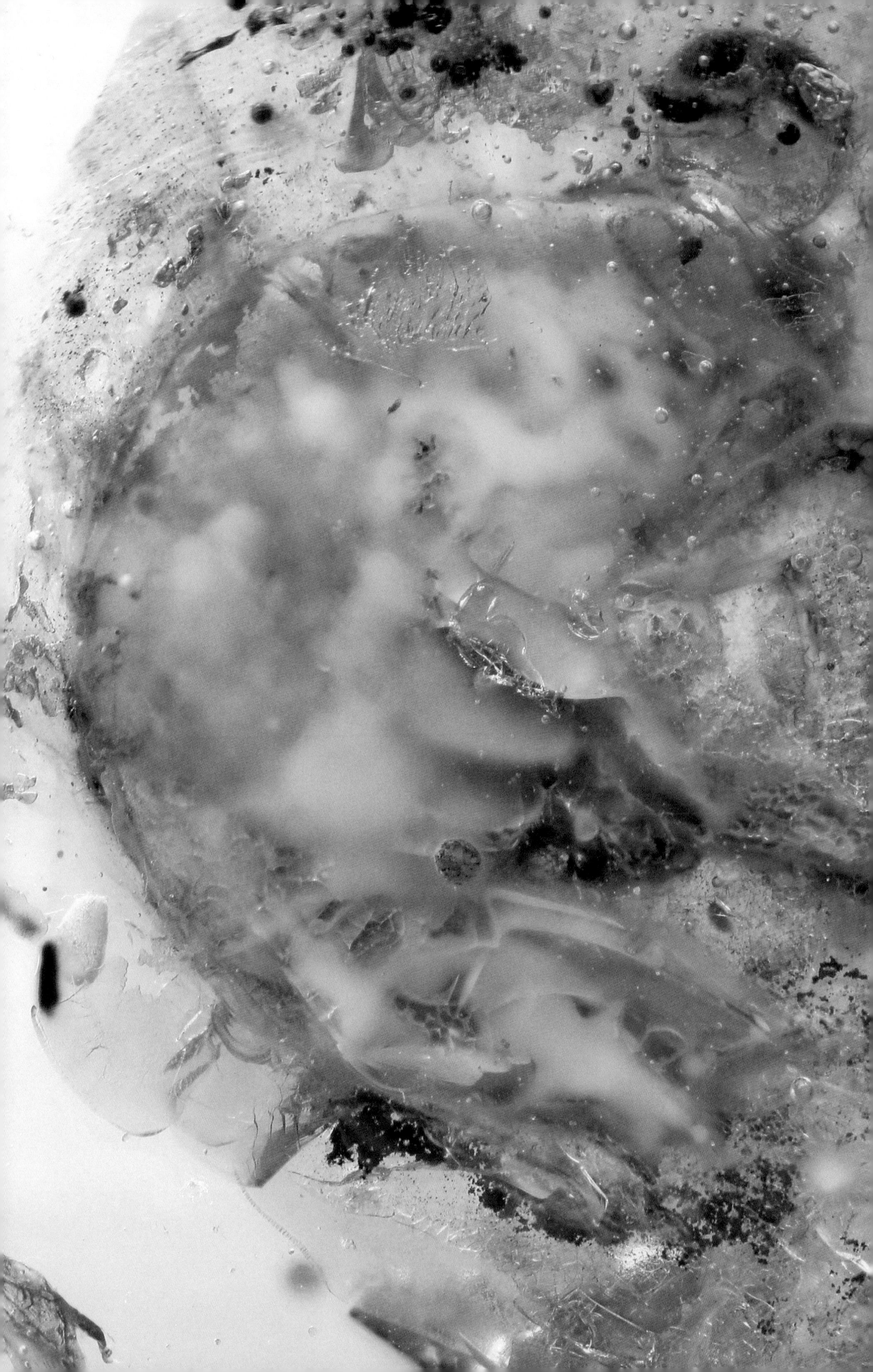

Myoida

海螂目

海螂目有 16 个科，本书仅涉及海笋科 Pholadidae。海笋科为海生双壳类软体动物，世界性分布，善于钻凿岩石、贝壳、泥炭、硬黏土或软泥，多栖于潮间带，少数在深水中。两片壳的一端各有数列切割缘，有锯齿，用于钻凿。有几种钻入深度仅过壳长，有长水管的种类则钻入数倍于壳长的深度，其水管有坚板保护。取食水中小生物。

在缅甸琥珀中，常常可以看到一些非常常见的水滴状内含物，多数看上去比较光滑，纹理不清。有的时候还可以发现另外一些形状差不多，但是纹路非常清晰，很像贝壳的内含物。这类内含物有一个最大的特点，就是所有的水滴尖头都位于琥珀外侧，而圆头则在琥珀内，极少有例外！

2002 年，David A. Grimaldi 等在一篇介绍白垩纪缅甸琥珀内含物的论文中详细介绍了这类水滴状内含物，并认为是一种真菌类的孢子体，且给出了示意图，以诠释孢子体的朝向问题。2003 年，George O. Poinar, Jr. 等人认为水滴状内含物属于担子菌亚纲 Hymenomycetes 多孔菌目 Aphyllophorales 的一个新科：古珊瑚菌科 Palaeoclavariaceae，并将其命名为缅甸古珊瑚菌 *Palaeoclavaria burmitis*。

2010 年，Andrew Ross 等人在《世界琥珀化石生物多样性》一书中撰文介绍了缅甸琥珀，并提出，这种水滴状内含物应该是一种双壳类软体动物，属于海螂目 Myoida 海笋科 Pholadidae。按照动植物命名法规优先权的规定，其学名没有变化，但分类地位进行了转移，中文名则应变更为缅甸古珊瑚海笋。

缅甸古珊瑚海笋是一种钻蛀性穴居的双壳类软体动物。当缅甸琥珀森林经过天翻地覆的变化之后，曾经一度沉入海中（年代尚无定论）。那些硬度远远小于石头的“琥珀”，得到了缅甸古珊瑚海笋的极度青睐，成了这些小型软体动物的安乐窝。他们先是在“琥珀”上钻蛀一个空洞，将水管伸到外面取食、排泄、繁衍后代，并逐渐长大。当它们死亡之后，海底的细沙逐渐侵入，填充空隙，其贝壳上的花纹便消失了 [a]，只有极少量保存完好 [b]。

缅甸古珊瑚海笋是最特殊的一类琥珀包裹体，它们不是被树脂黏住后被包裹进琥珀的，而是主动钻蛀进琥珀的。本书收录的琥珀中的昆虫躯体 [c] 和昆虫粪便 [d] 直接“穿透”水滴状包裹体，也很好地证实了这一点。

偶尔也能找到个别例外 [e]，围绕一个小植物枝条，有很多缅甸古珊瑚海笋向外生长，并完整地包裹在琥珀内。这种情况估计是枝条腐烂后，在琥珀中形成空洞，海笋进入并向内生长所造成的。

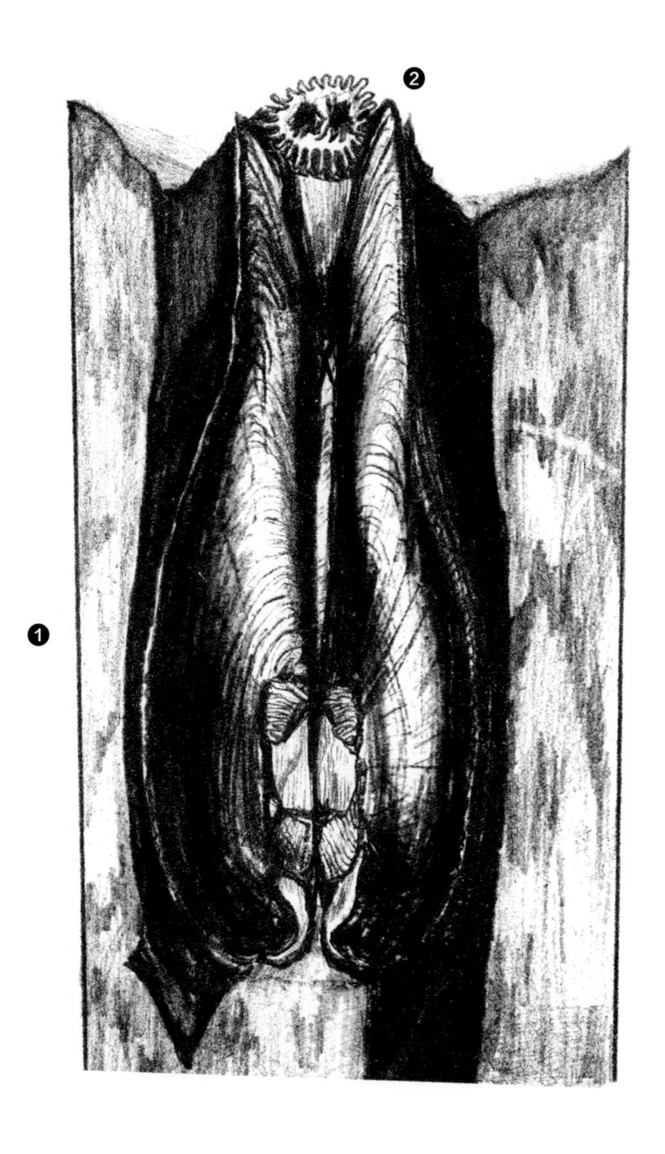

❶ 钻蛀性生活；

❷ 身体呈长卵形；

❸ 贝壳表面的中部，有一条稍微向后倾斜的线沟，把贝壳分为前后 2 个部分；

❹ 身体的末端有 2 个水管，分别用于吸收新鲜海水和食料以及排出排泄物或生殖细胞；

❺ 整个身体除了水管以外，完全包被在贝壳之中。

[a] 海笋科 *Pholadidae*

缅甸古珊瑚海笋
Palaeoclavaria burmitis

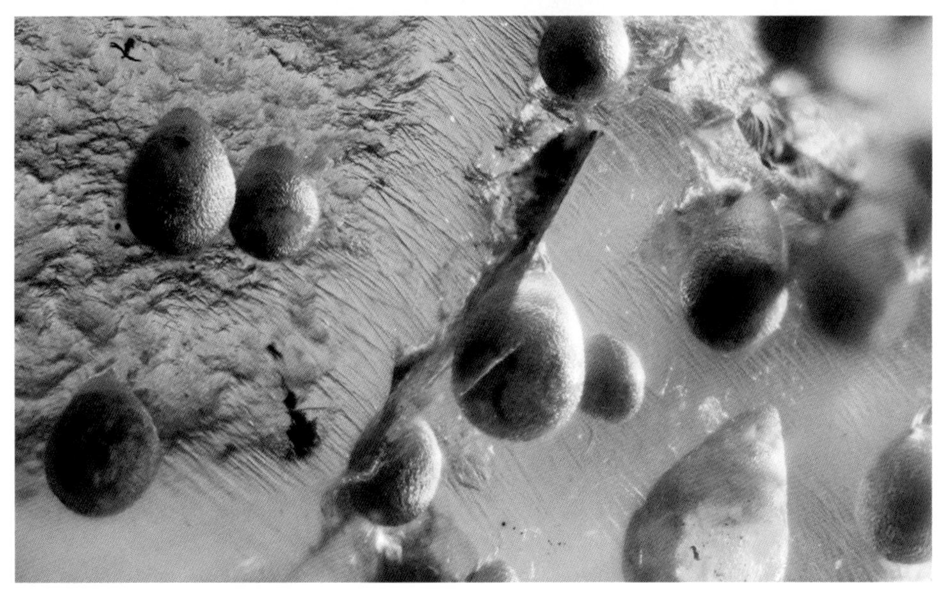

[b] 海笋科 *Pholadidae*

BU 缅甸古珊瑚海笋
Palaeoclavaria burmitis

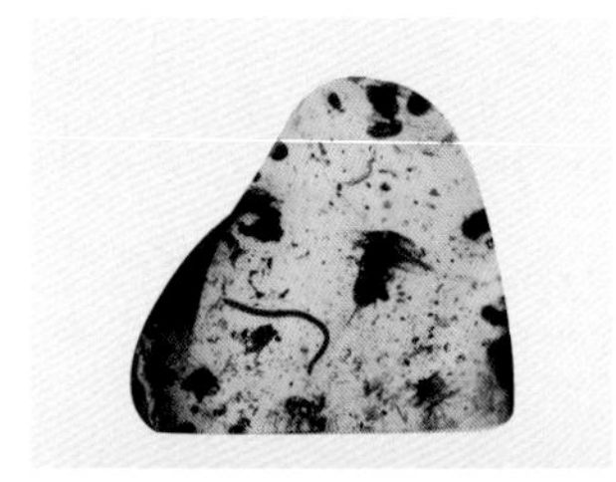

c 海笋科 *Pholadidae*

BU

缅甸古珊瑚海笋
Palaeoclavaria burmitis

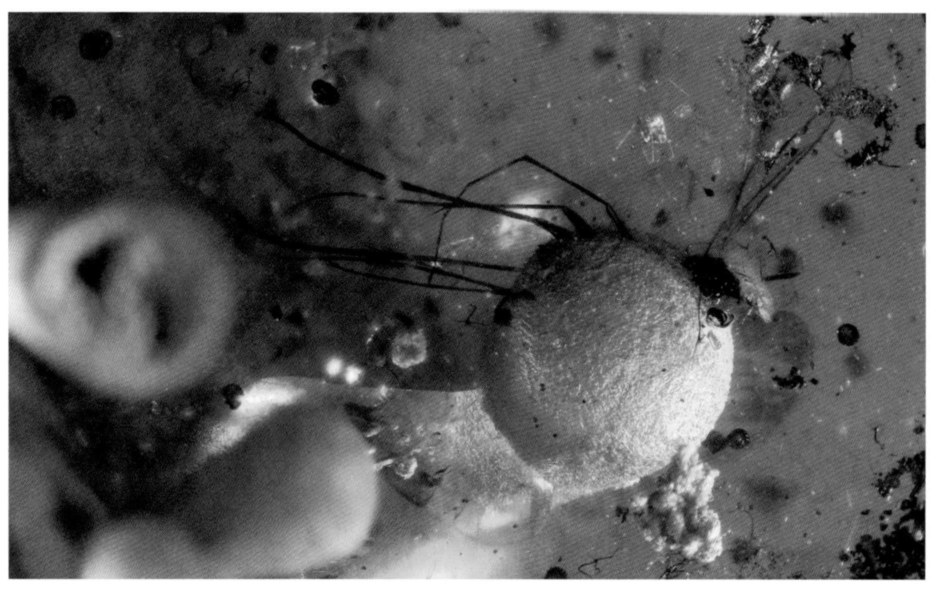

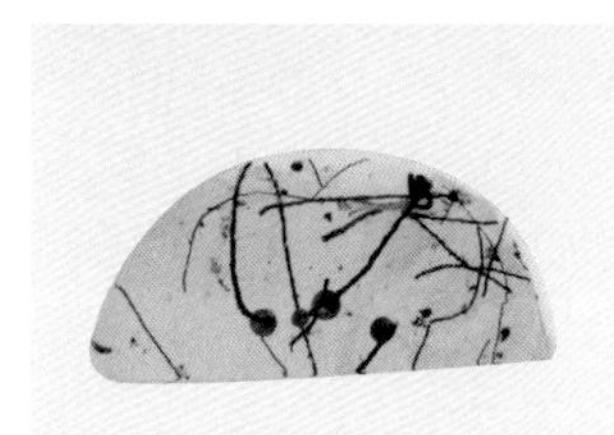

d 海笋科 *Pholadidae*

缅甸古珊瑚海笋
Palaeoclavaria burmitis

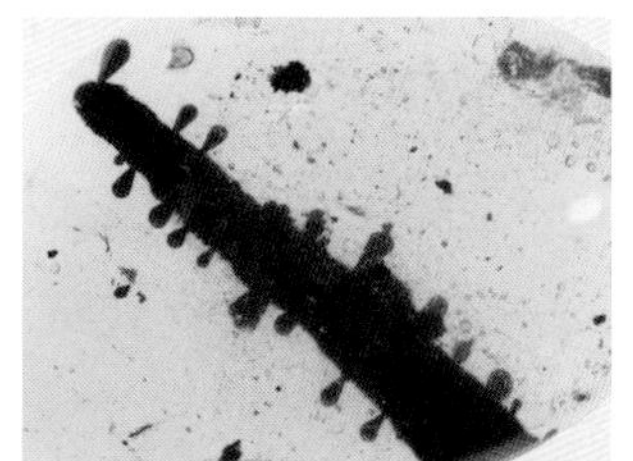

e 海笋科 *Pholadidae*

BU 缅甸古珊瑚海笋
Palaeoclavaria burmitis

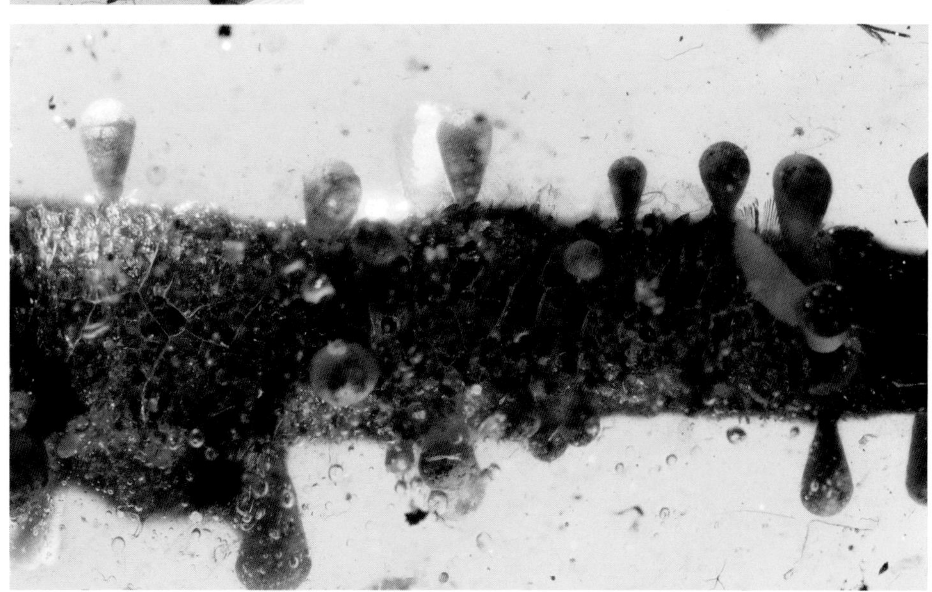

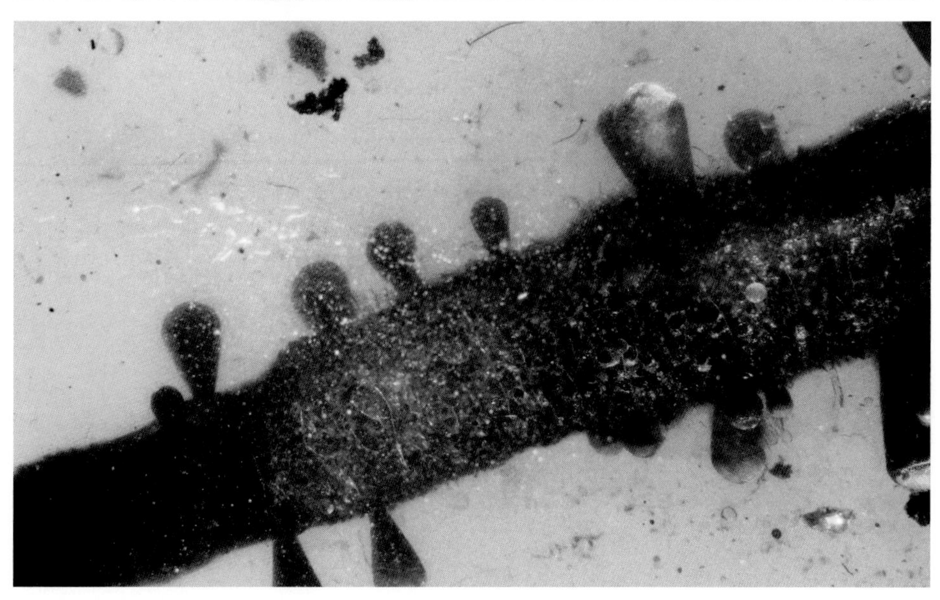

Stylommatophora

柄眼目

柄眼目的名字来自希腊语，意为“眼睛长在柄上”，是肺螺亚纲中持久生活在陆地上的蜗牛所组成的一个目。

为了避免脱水干枯，蜗牛分泌大量黏液来防止过度蒸发。此外，柄眼目动物中许多都有一个提供保护的壳，相当于它们的外骨骼，壳退化了的蛞蝓则会避免日光直射。但是，即使在大量失水 (50%~80%) 的情况下，柄眼目动物也可以生存数日。一些特别耐旱的物种拥有非常厚的石灰壳，甚至生活在沙漠里。假如干旱或者寒冷的时期很长的话，它们会使用一层膜厣 (石灰形成的膜) 把壳盖住。

目前，发现有一些古生代类似柄眼目的化石，但这些软体动物可能仅仅在外观上与今天的柄眼目类似。一些侏罗纪末期的化石有可能的确是柄眼目动物。可靠的、最早的柄眼目动物化石来自于白垩纪。

世界主要琥珀产地都有柄眼目化石发现，本书收录部分来自缅甸和多米尼加的蜗牛琥珀。瓦娄蜗牛科 [a]Valloniidae 是分布十分广泛的科，个体小，一般在松软的土层表面生活；钻头螺科 [b]Subulinidae 主要生活在腐败的落叶下。

此外，本书还介绍了一块非常奇特的蜗牛琥珀印模化石 [c]。这块琥珀内部并没有蜗牛内含物，但在表面却有几个明显的蜗牛印模。这种现象是如何产生的，还有待进一步研究。

❶ 大多具有发达的贝壳，也有一些种类贝壳退化或缺；

❷ 头部有触角 2 对，可以翻转缩入，前触角作嗅觉用，后触角顶有眼；

❸ 壳是螺旋状的，在最外面的那一圈上，尤其是在开口处，往往有不同深度的齿；

❹ 没有口盖，用侧部的厚皮把壳封住。

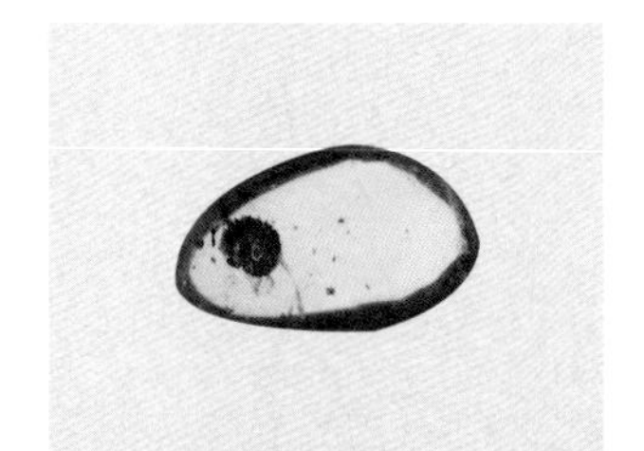

[a] 瓦娄蜗牛科 *Valloniidae*

瓦娄蜗牛
Valloniidae sp.

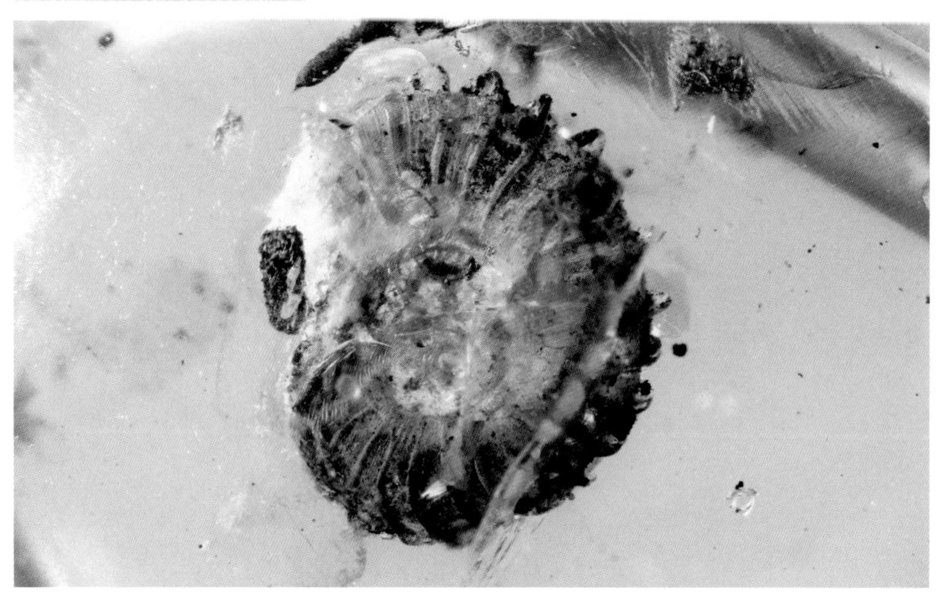

[a] 瓦娄蜗牛科 *Valloniidae*

瓦娄蜗牛
Valloniidae sp.

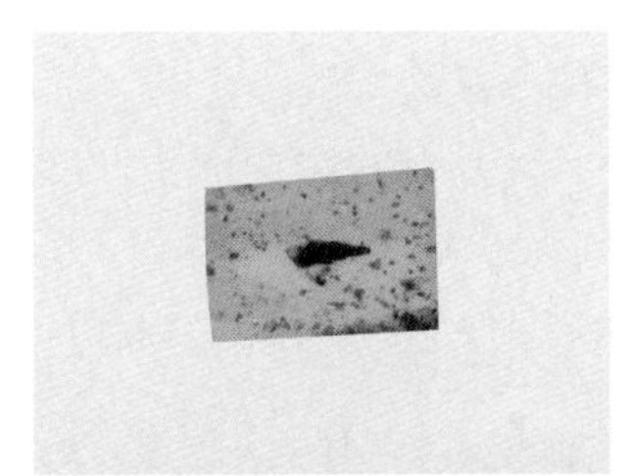

[b] 钻头螺科 *Subulinidae*

钻头螺
Subulinidae sp.

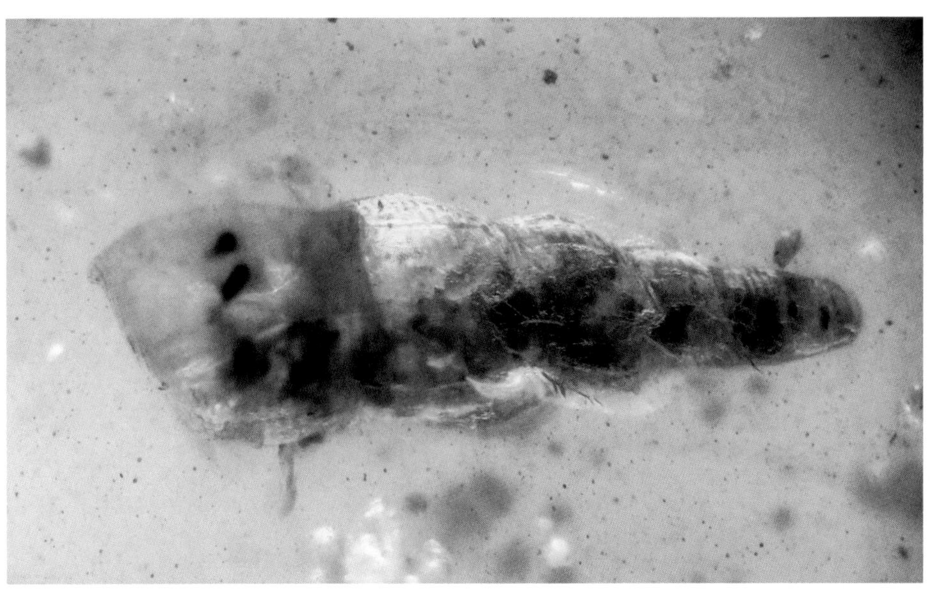

蜗牛待定科 *Incertae sedis*

白垩蜗牛
N/A

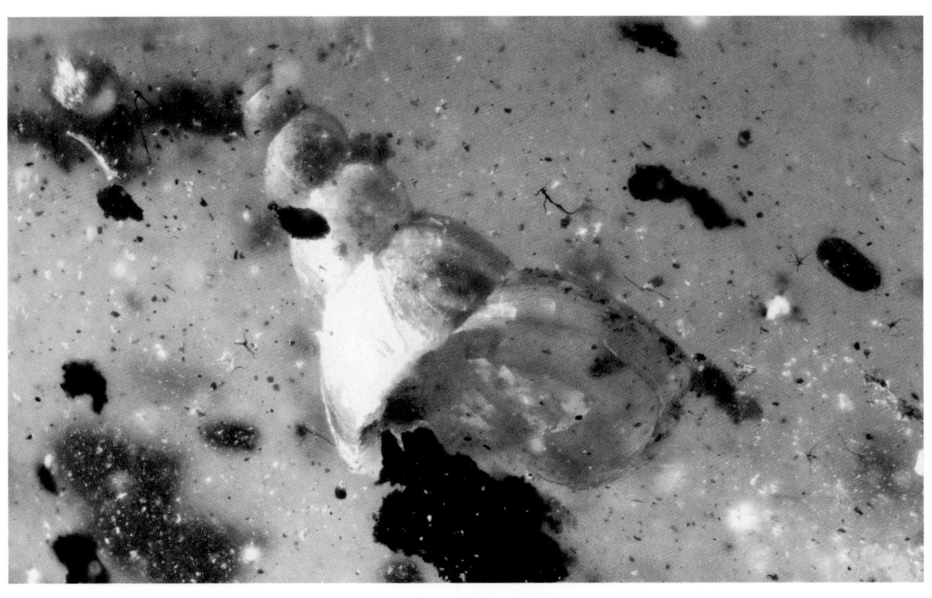

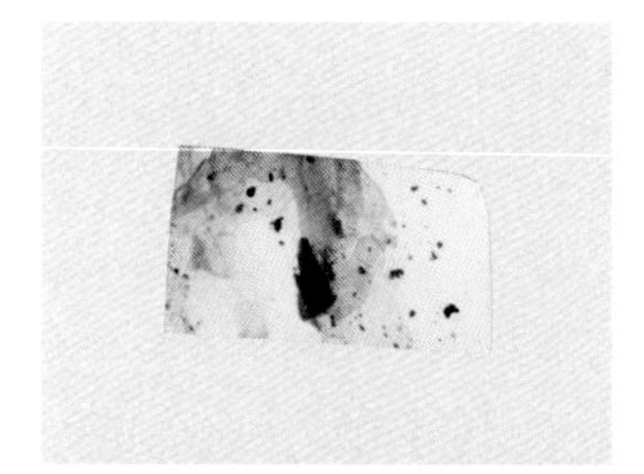

蜗牛待定科 *Incertae sedis*

BU 缅甸蜗牛
N/A

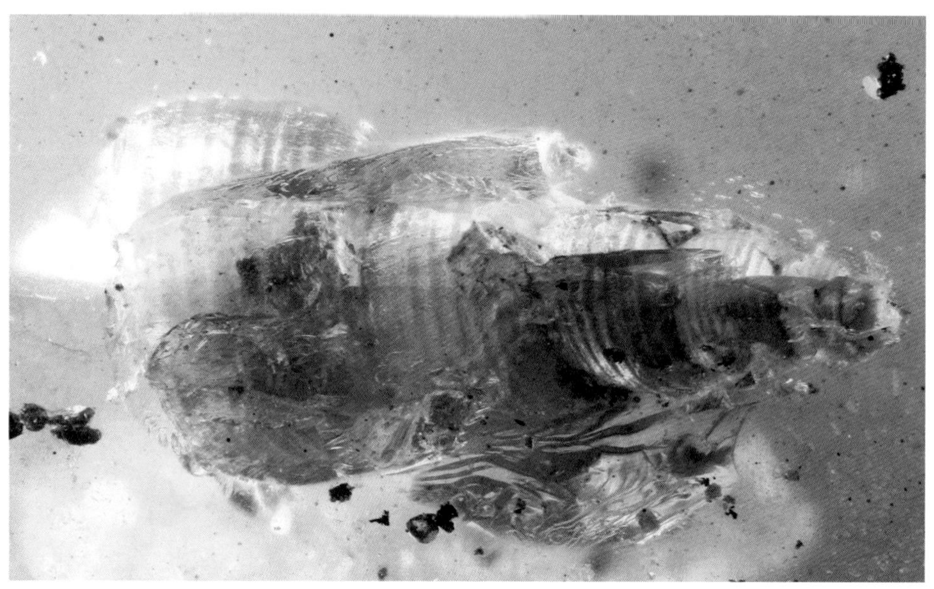

蜗牛待定科 *Incertae sedis*

DO 多米蜗牛
N/A

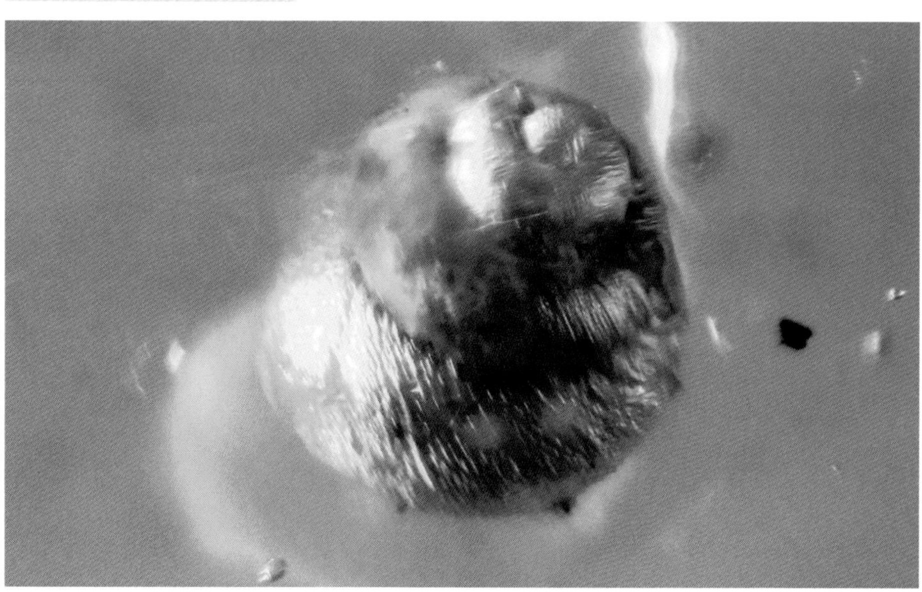

[c] 蜗牛待定科 *Incertae sedis*

BU 蜗牛印模
N/A

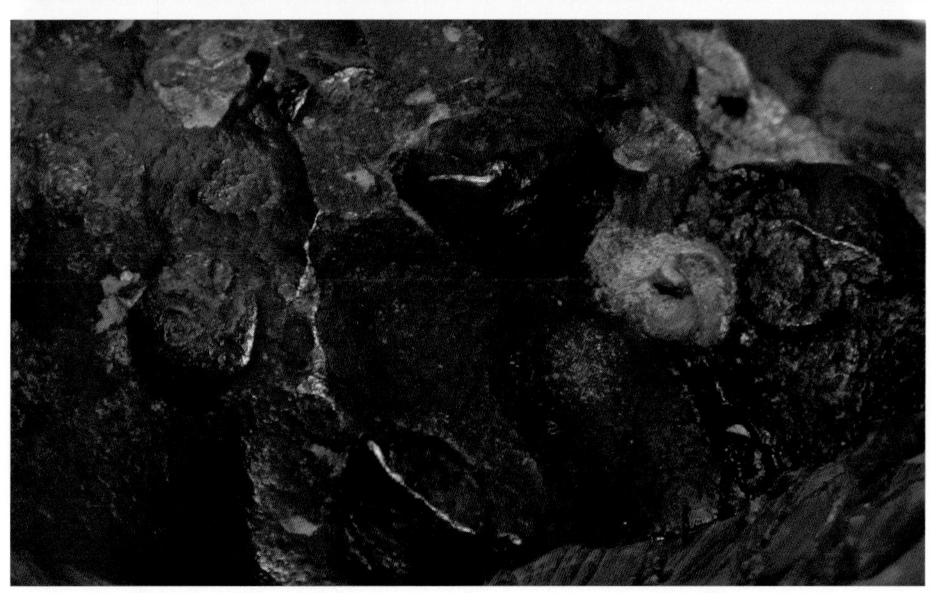

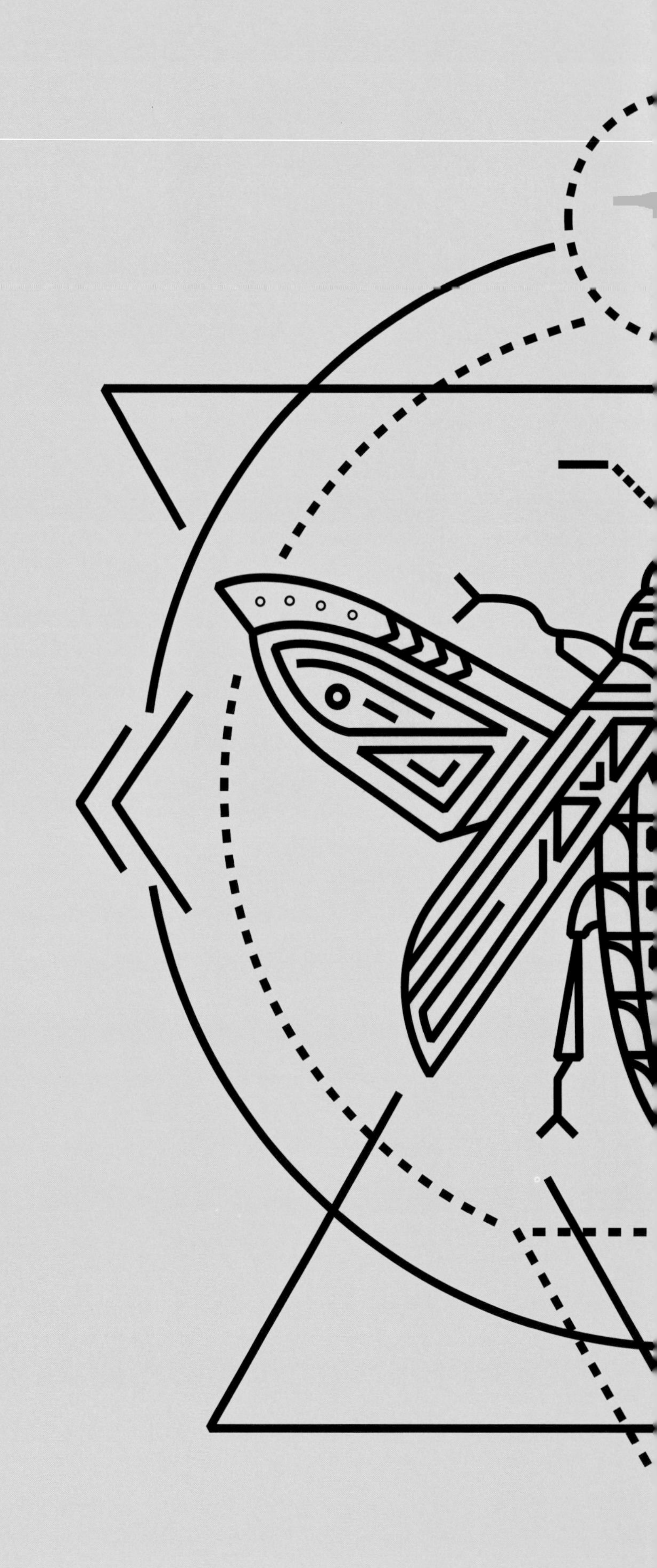

Part 3

琥珀中的

其他内含物

Frog

蛙

蛙和蟾蜍构成了无尾目，但蛙和蟾蜍这两个词并不是科学意义上的划分。一般来说，皮肤比较光滑、身体比较苗条而善于跳跃的被称为蛙，而皮肤比较粗糙、身体比较臃肿而不善跳跃的称为蟾蜍，实际上有些科同时具有这两类成员。所以在描述无尾目的成员时，多数可以统称为蛙。

无尾目历史悠久，三叠纪便已经出现，直到现代仍然繁盛。无尾目是生物从水中走上陆地的第一步，比其他两栖纲生物要先进，虽然多数已经可以离开水生活，但繁殖仍然离不开水，卵需要在水中经过变态才能成长。无尾目幼体和成体则区别甚大，幼体即蝌蚪，有尾无足，成体无尾而具四肢，后肢长于前肢，不少种类善于跳跃。

无尾目是现代两栖纲中较为特化、种类最多的一个目，现有 45 科左右，5 360 多种。除南极洲外，广泛分布于各大洲；中美、南美、非洲热带和亚热带种类最多，个别种类达北极圈南缘。

无尾目可分为水栖、半水栖、陆栖、树栖、穴居等不同的类群，数量甚多，遍布多种生境，以昆虫和各类小动物为食。

世界范围内琥珀中出现的蛙类化石，几乎是以个位数字来计算的。已经报道过的琥珀蛙类，出自多米尼加、墨西哥和缅甸琥珀。本书收录一个缅甸蛙类骨骼琥珀[a]化石，当属极为罕有。

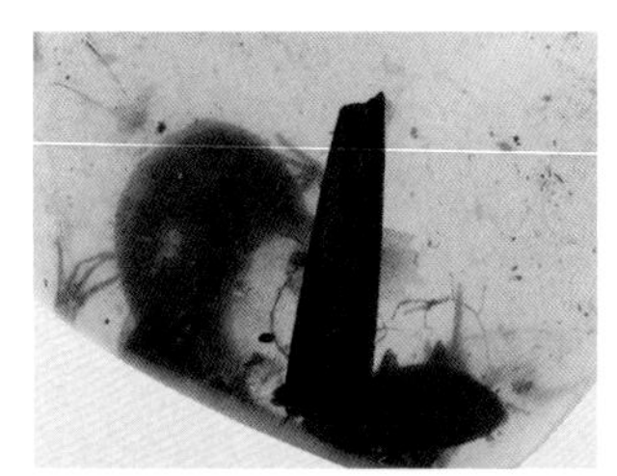

[a] 蛙类 *Frog*

BU 蛙类骨骼
N/A

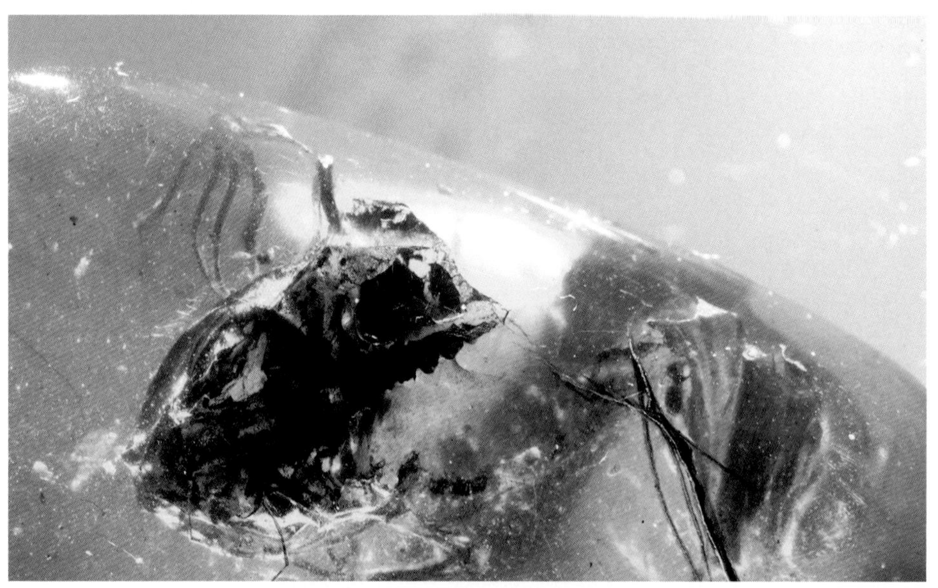

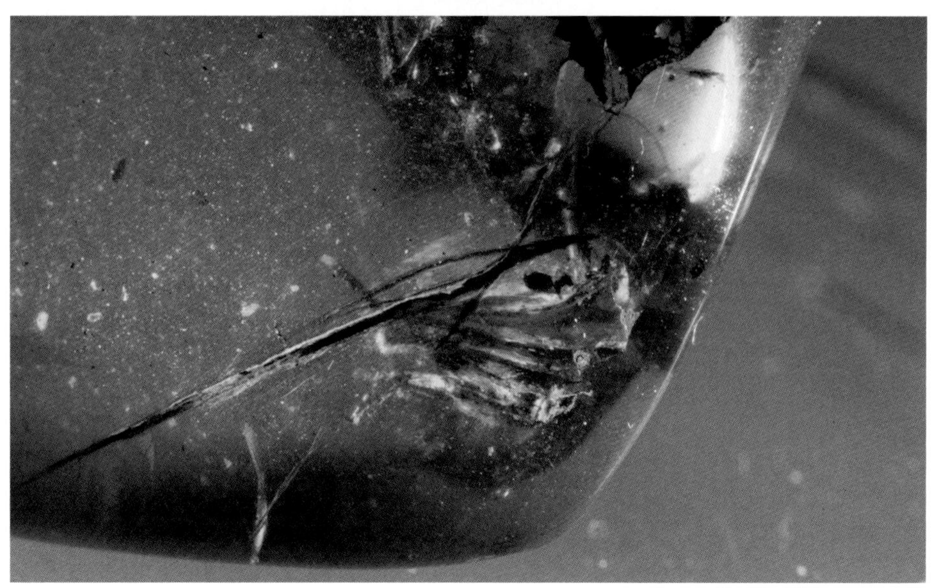

Lizard

蜥蜴

蜥蜴是有鳞目蜥蜴亚目内爬行动物的总称，俗称四脚蛇，世界各地均有分布，其种类繁多，全世界已知超过6 000种。大多分布在热带和亚热带，其生活环境多样，主要是陆栖，也有树栖、半水栖和土中穴居。多数以昆虫为食，也有少数种类兼食植物。

大部分蜥蜴为卵生，卵产于所挖穴中，树木、岩石的裂缝中，或落叶层下。有些蜥蜴为卵胎生或胎生。

多数蜥蜴昼间活动，壁虎多在薄暮至破晓之间活动，并能发出声音。蜥蜴的捕食方式为静候或搜寻。许多蜥蜴在遭遇敌害或受到严重干扰时，常常把尾巴断掉，断尾不停跳动吸引敌害的注意，它自己却逃之夭夭。这种现象叫作自截，可认为是一种逃避敌害的保护性适应。自截可在尾巴的任何部位发生。尾断开后又可自该处再生出一新的尾巴。

蜥蜴被虫珀收藏者称作“琥珀三宝”之一，主要是指完整的个体[a]很难被发现，但是残缺的蜕皮[b]或部分肢体（如爪）[c]并非十分罕见，特别是在缅甸琥珀中。

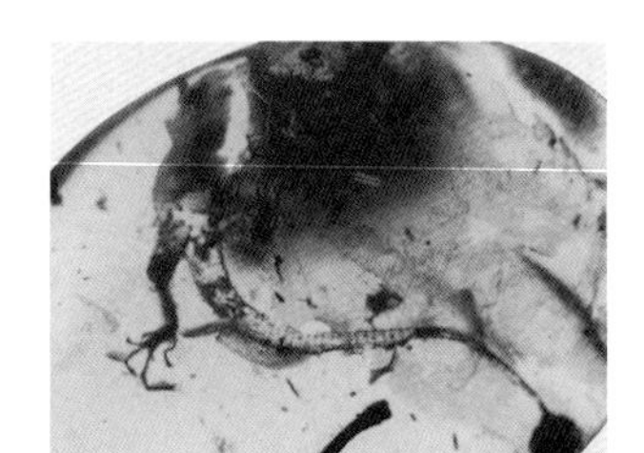

[a] 蜥蜴 *Lizard*

BU 蜥蜴
N/A

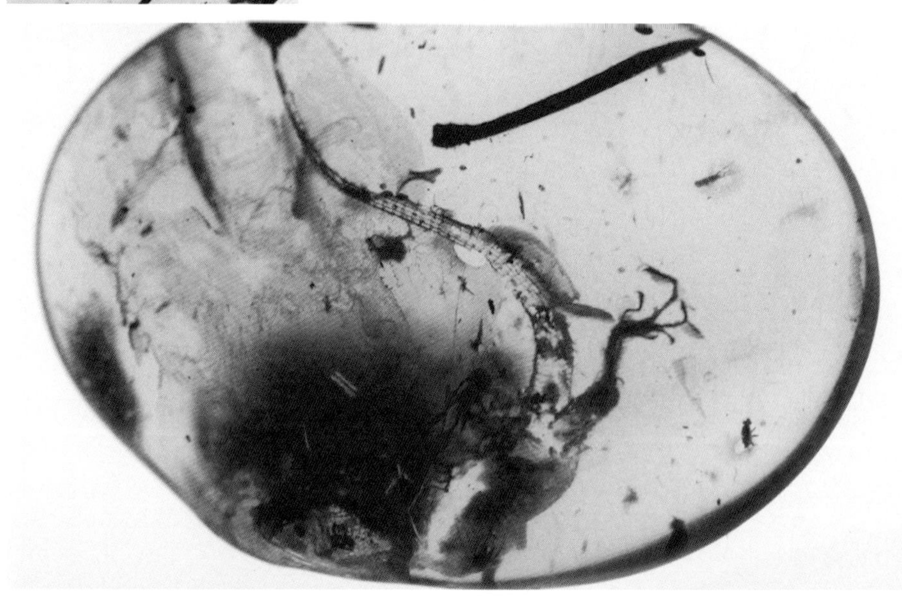

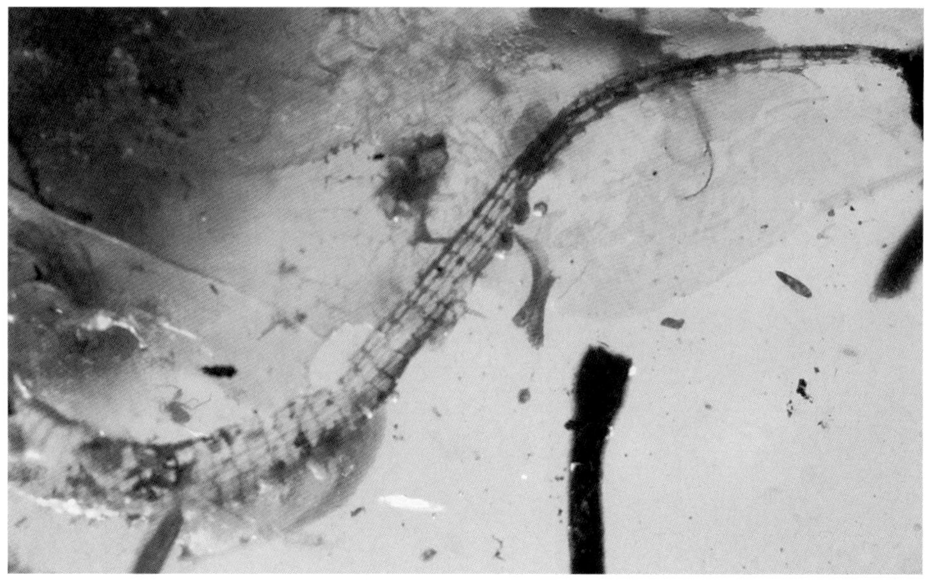

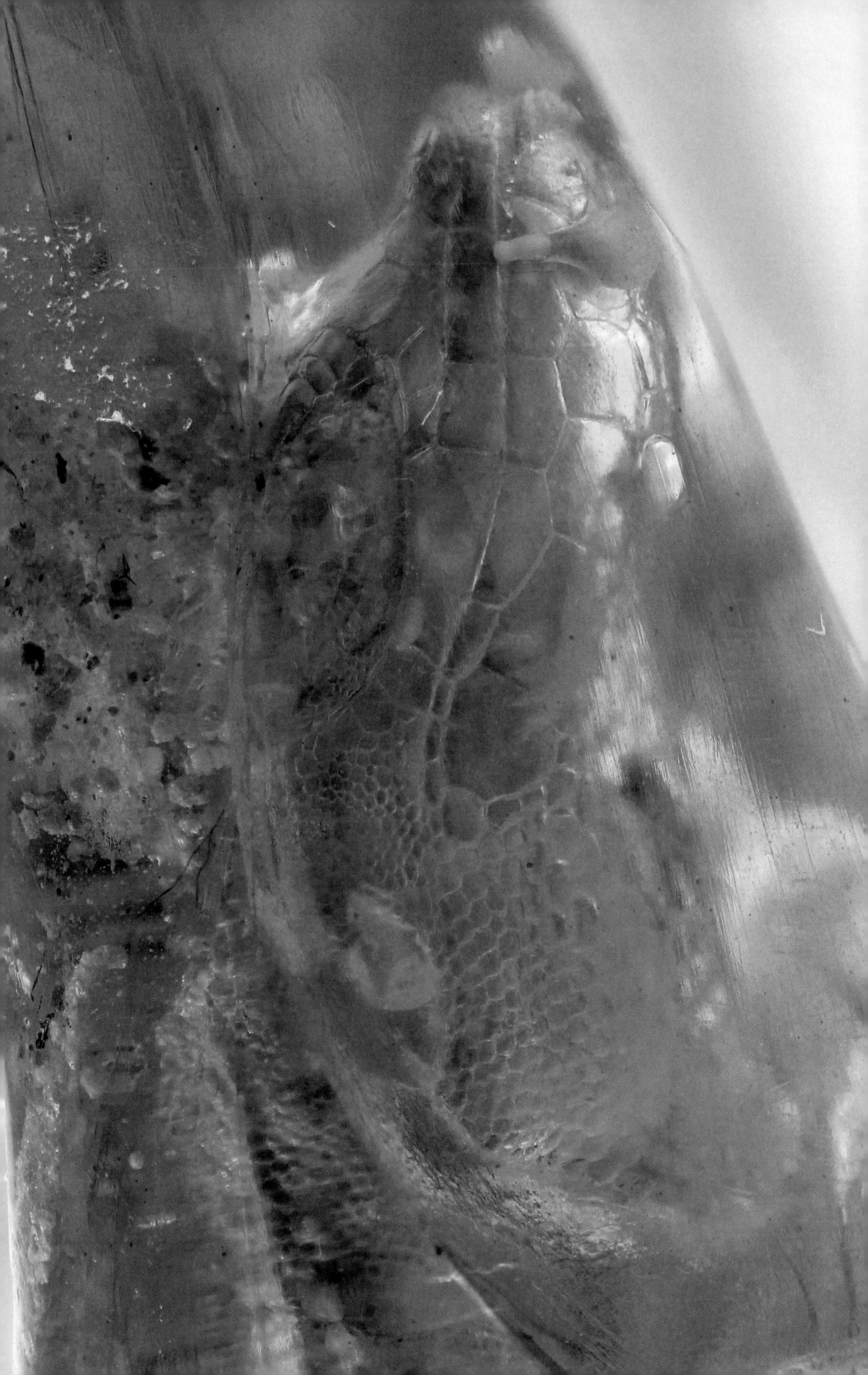

[b] 蜥蜴 *Lizard*

BU 蜥蜴的蜕皮
N/A

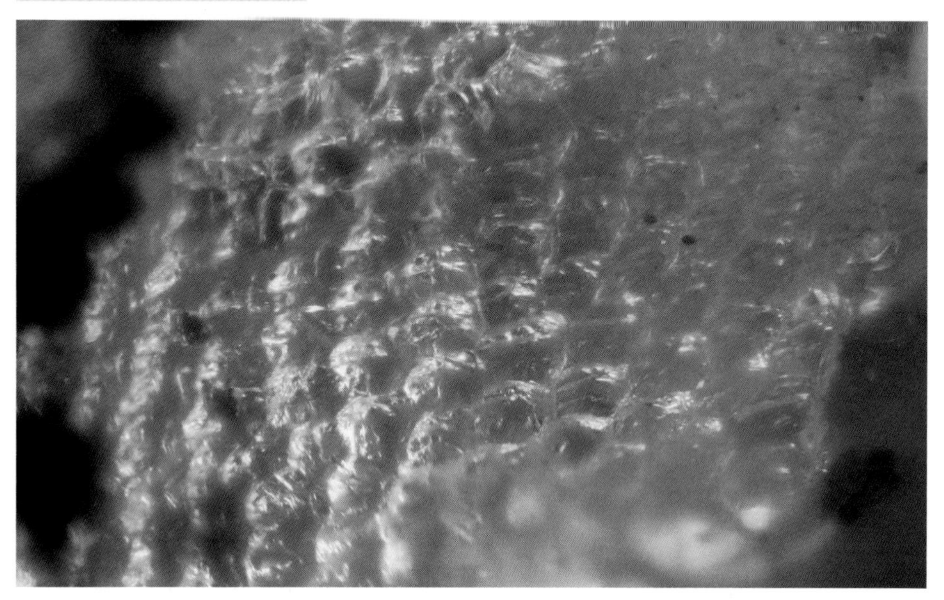

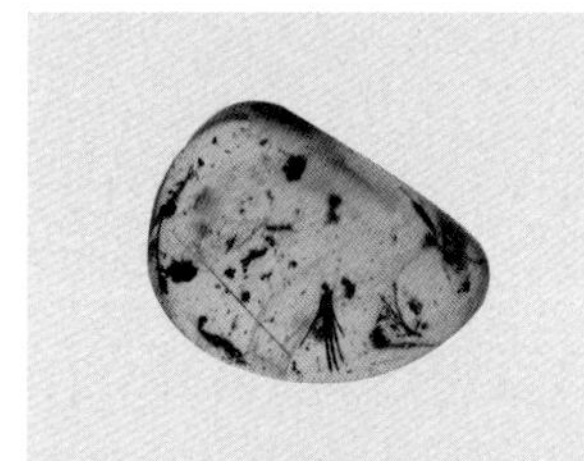

[c] 蜥蜴 *Lizard*

BU 蜥蜴的爪
N/A

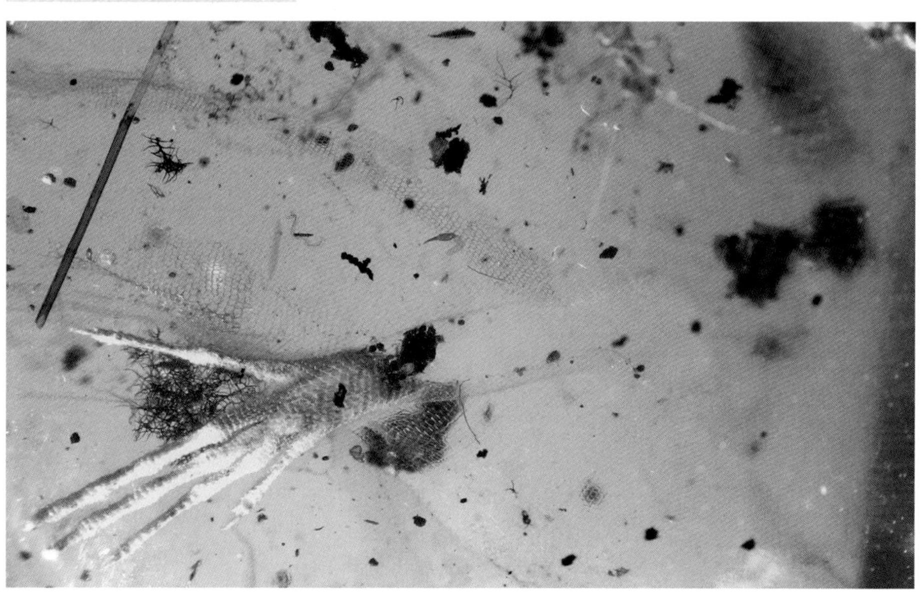

Non-avian dinosaurs and birds

非鸟恐龙与古鸟类

恐龙在分类学上属于单系群，它们有一些共同的特征与其他主龙类动物区分开来。也就是说，恐龙是生物演化的一个分支，包括了三角龙（*Triceratops*）和鸟类的最近共同祖先及其所有后裔。恐龙有两个主要分类：蜥臀类和鸟臀类。前者包括了兽脚类与蜥脚类，其中兽脚类恐龙的一个分支在侏罗纪演化成了鸟类，大量的化石证据与基因证据表明了这个演化的可靠，我们完全可以说，恐龙并没有灭绝，鸟类就是恐龙。因此，我们会将鸟类之外的恐龙统称为“非鸟恐龙”。

羽毛是一批非鸟恐龙与鸟类所有的表皮衍生物，几乎覆盖全身，其结构为中空，以减轻质量。质轻坚韧，富有弹性和保暖性。羽毛按构造可分正羽、绒羽和纤羽 3 类。羽毛轻而耐磨，是热的不良导体。飞羽与尾羽对飞翔有很大意义。多数鸟类在季节更替的时候还会换羽。在系统演化上，羽毛的出现极可能不止一次，而是在不同类群的动物上重复出现过。

曾几何时，羽毛是划分恐龙与鸟类的一道鸿沟。但是，在过去二十年间，古生物学家在中国东北部发现了越来越多的小型兽脚类恐龙，它们身上都覆盖着毛状的、原始的羽毛或完全发育的飞羽。中生代的琥珀保留了这些罕见的恐龙遗物，最初的记录是 2011 年描述的，来自加拿大的恐龙羽毛。缅甸琥珀也保存了大量的恐龙遗物，包括孤立的羽毛、反鸟类骨骼和非鸟恐龙。

孤立羽毛内容物可能是相对常见的，然而，这些羽毛尚未被详细研究。基于现生羽毛非常复杂的多样性，缅甸琥珀的羽毛内容物研究有着较高的难度。

本书收录了人类首次发现保存在琥珀中的非鸟恐龙[a]。这块琥珀保存了一只幼龙尾部，其中包含了至少八枚尾椎，尾椎被三维的、具有微观细节的羽毛包围。这些尾椎没有融合成尾综骨或棍状尾，后者常见于现生鸟类及与它们最近的兽脚类亲戚（如驰龙类）。相反，这只非鸟恐龙的尾部长且灵活，羽毛沿着椎体有规律地分布。这些羽毛并没有发达的中轴（羽轴），羽毛的分支结构表明，现代羽毛分支中最细小的两层（羽枝和羽小枝）是在鸟类演化出羽轴之前就已经出现。

而缅甸琥珀中保存的反鸟类翅膀[b]，为这种已灭绝的有齿鸟类提供了有史以来最为鲜活的样本。它们表明，反鸟类的幼年个体在只有蜂鸟大小的时候就已经具有类似成年鸟类的羽毛，而且羽毛的结构和生长方式都和现生鸟类十分相似。这些标本甚至保存了羽毛中最细小的分支（羽枝），而存留的色素表明翅膀底色为深棕色，表面带有浅色圆点或条带，底面为浅色或白色。

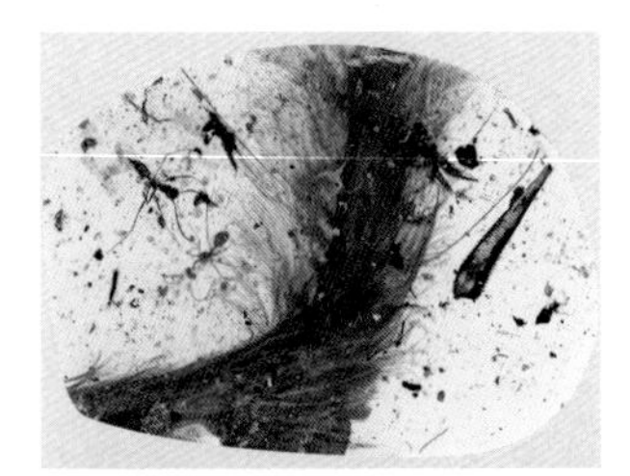

[a] 手盗龙类　*Maniraptora*

手盗龙类的尾巴（“伊娃”标本）
The tail of Maniraptora（‘Eva’）

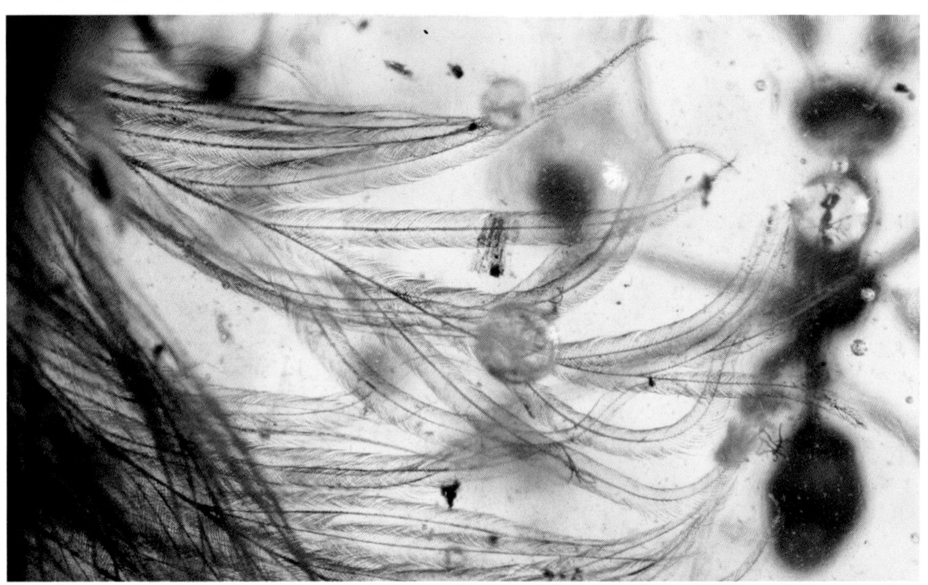

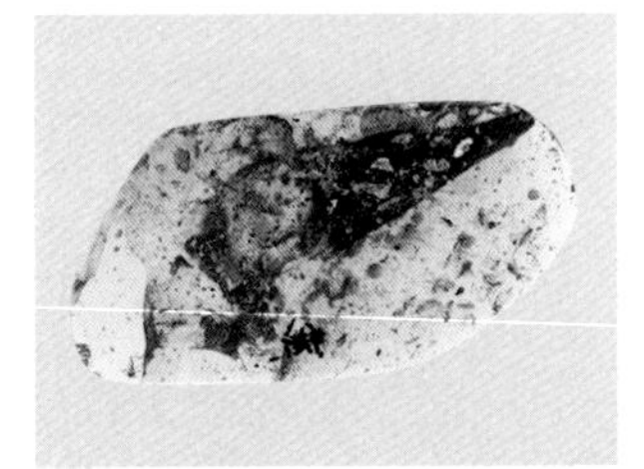

b 反鸟类 *Enantiornithine Bird*

BU 反鸟类的翅膀（“罗斯”标本）
The wing of Enantiornithine Bird（‘Rose’）

b 反鸟类 *Enantiornithine Bird*

BU 反鸟类的翅膀（“天使之翼”标本）
The wing of Enantiornithine Bird（‘Angel Wing’）

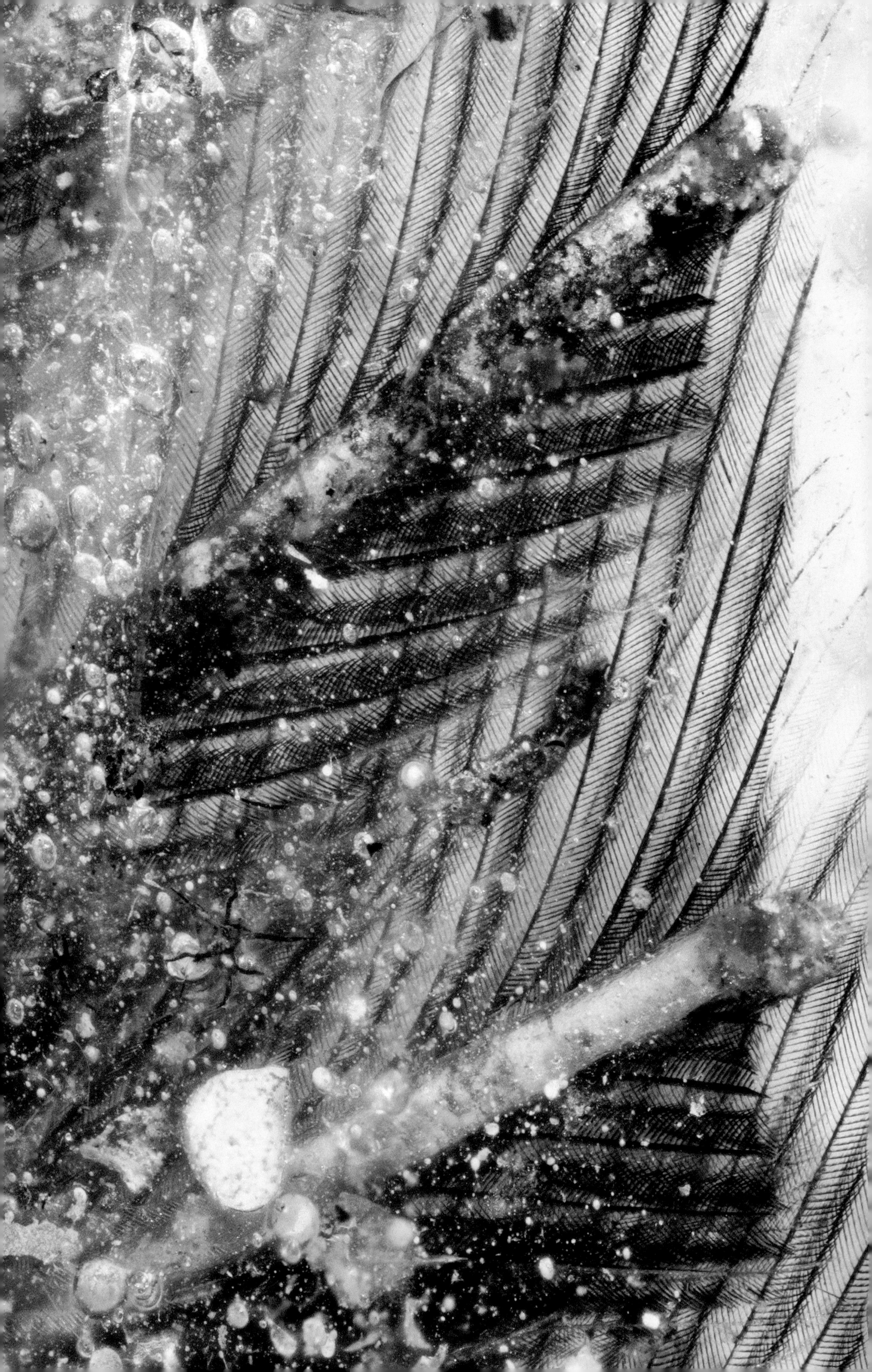

羽毛 *Feather*

羽毛
N/A

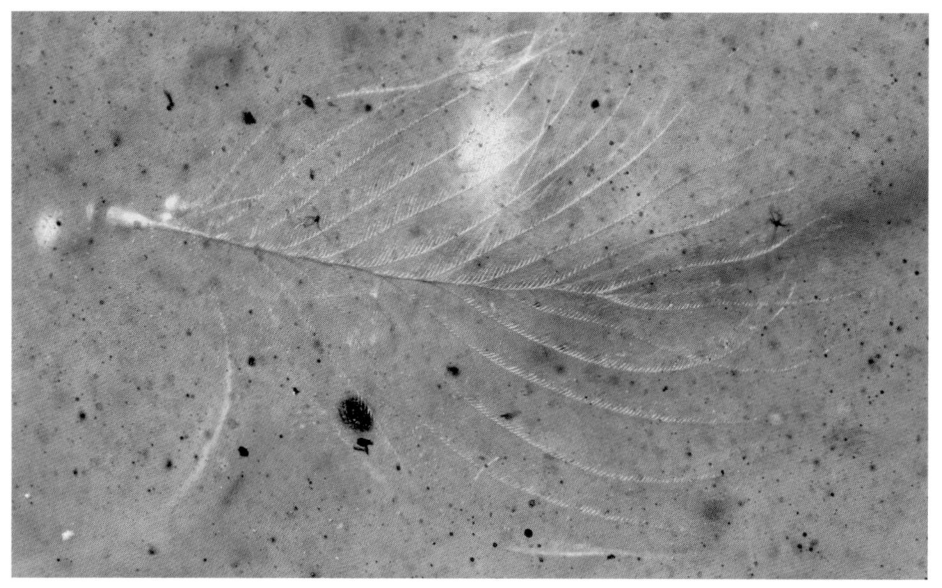

羽毛 *Feather*

羽毛
N/A

羽毛 *Feather*

羽毛
N/A

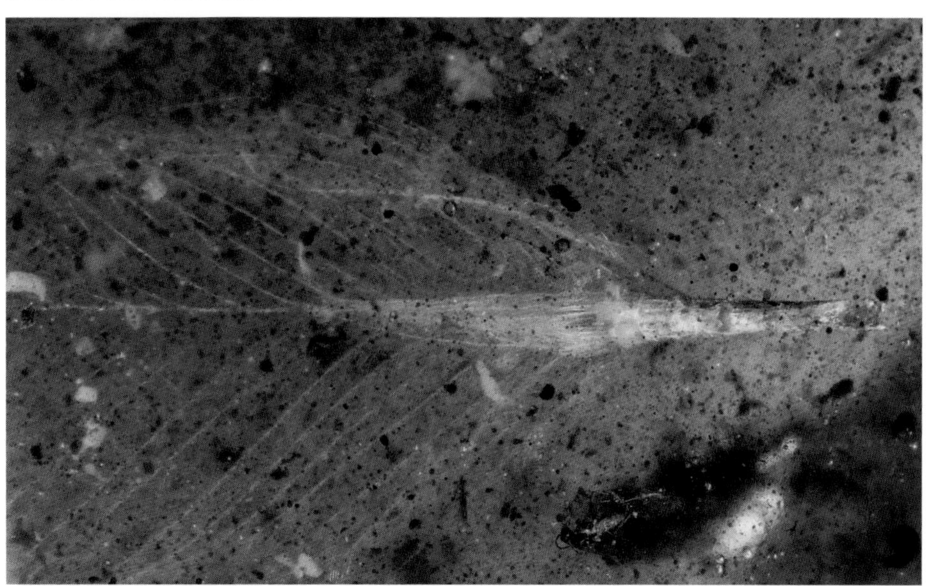

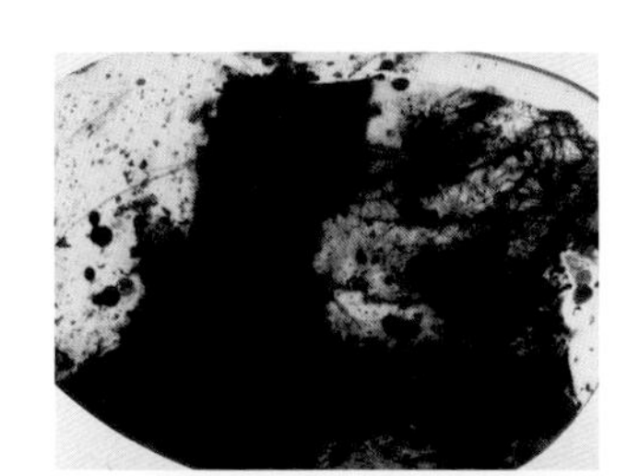

羽毛 *Feather*

羽毛
N/A

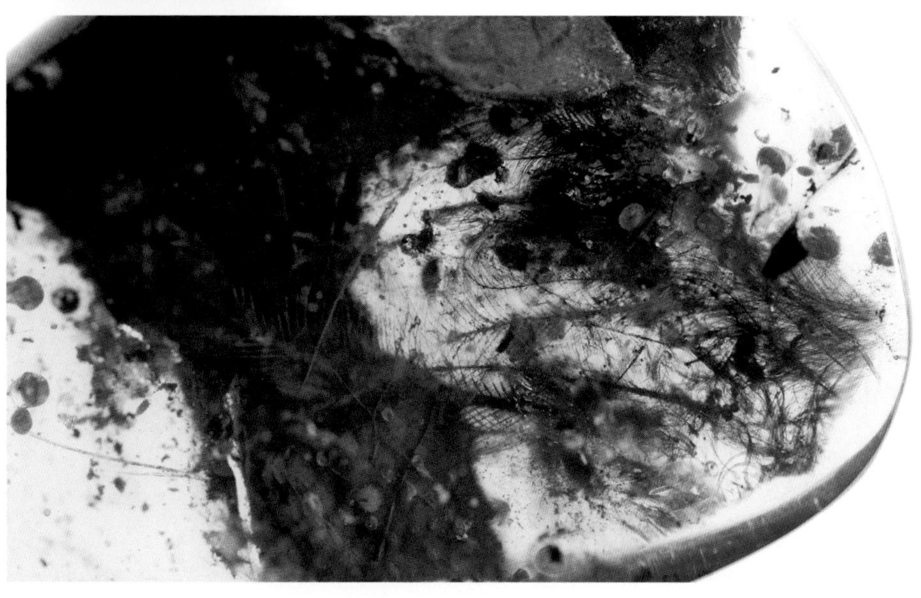

Fungus

真菌

真菌是生物界中很大的一个类群，世界上已被描述的真菌有 12 万余种。

在历史上，真菌曾被认为和植物的关系相近，甚至曾被植物学家认为就是一类植物，但真菌其实是单鞭毛生物，而植物却是双鞭毛生物。不同于有胚植物和藻类，真菌不进行光合作用，而是属于腐生生物——经由腐化并吸收周围物质来获取食物。大多数真菌是由被称为菌丝的微型构造所构成的，这些菌丝或许不被视为细胞，但却有着真核生物的细胞核。成熟的个体（如最为人熟悉的蕈）是它们的生殖器官。它们和任何可行光合作用的生物都不相关，反而跟动物很亲近，两者同属后鞭毛生物。因此，真菌被归类自成一界。

真菌的形态多样，一般分为单细胞和多细胞，酵母菌属于单细胞，而霉菌和蕈菌（大型真菌）都属于多细胞真菌。大型真菌是指能形成肉质或胶质的子实体或菌核，大多数属于担子菌亚门，少数属于子囊菌亚门。常见的大型真菌有香菇、草菇、金针菇、双孢蘑菇、平菇、木耳、银耳、竹荪、羊肚菌等。

真菌的琥珀化石尤为罕见，本书收录了非常少见的来自缅甸的蘑菇琥珀[a]、甲虫体上的白僵菌[b]以及多米尼加琥珀昆虫身上的菌丝[c]。

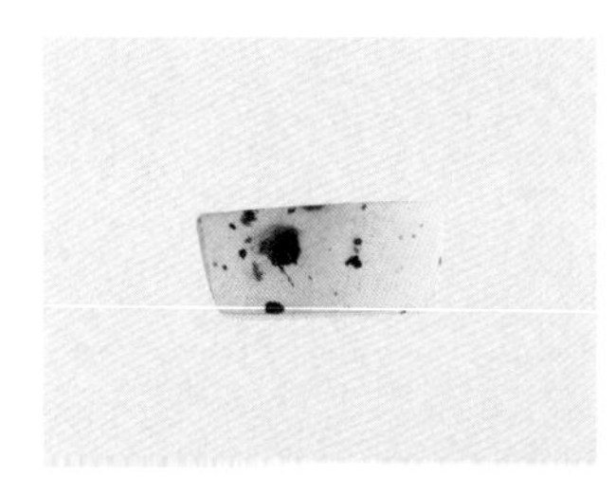

[a] 真菌 *Fungus*

蘑菇
N/A

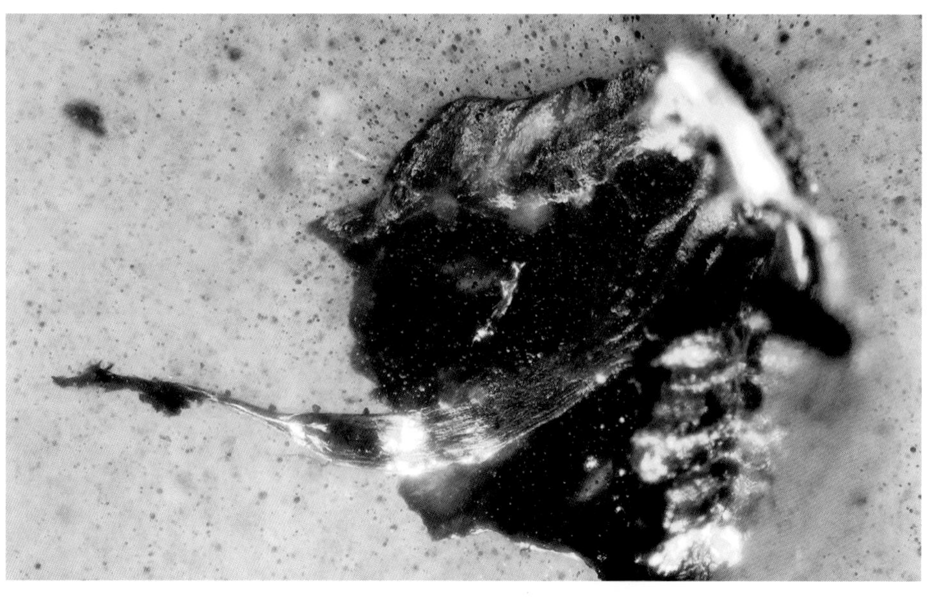

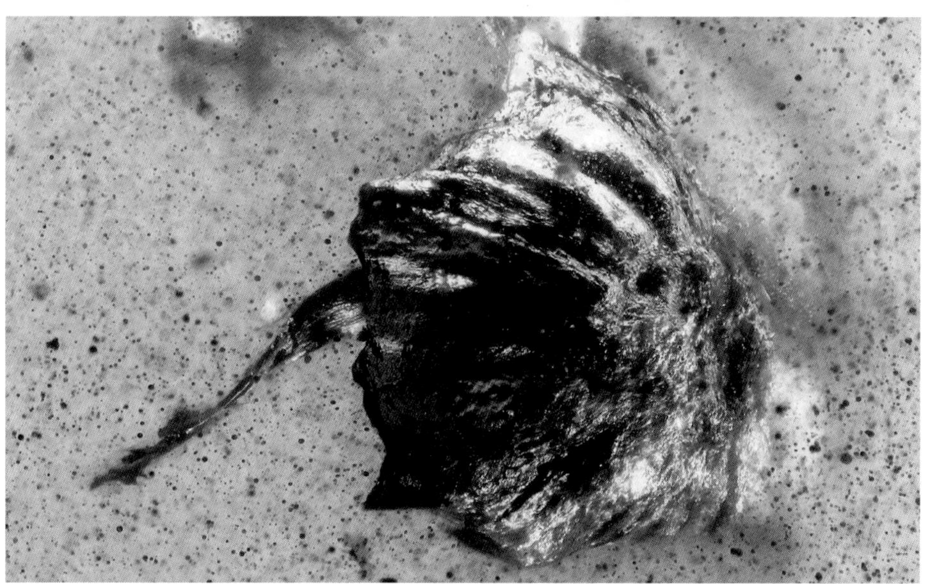

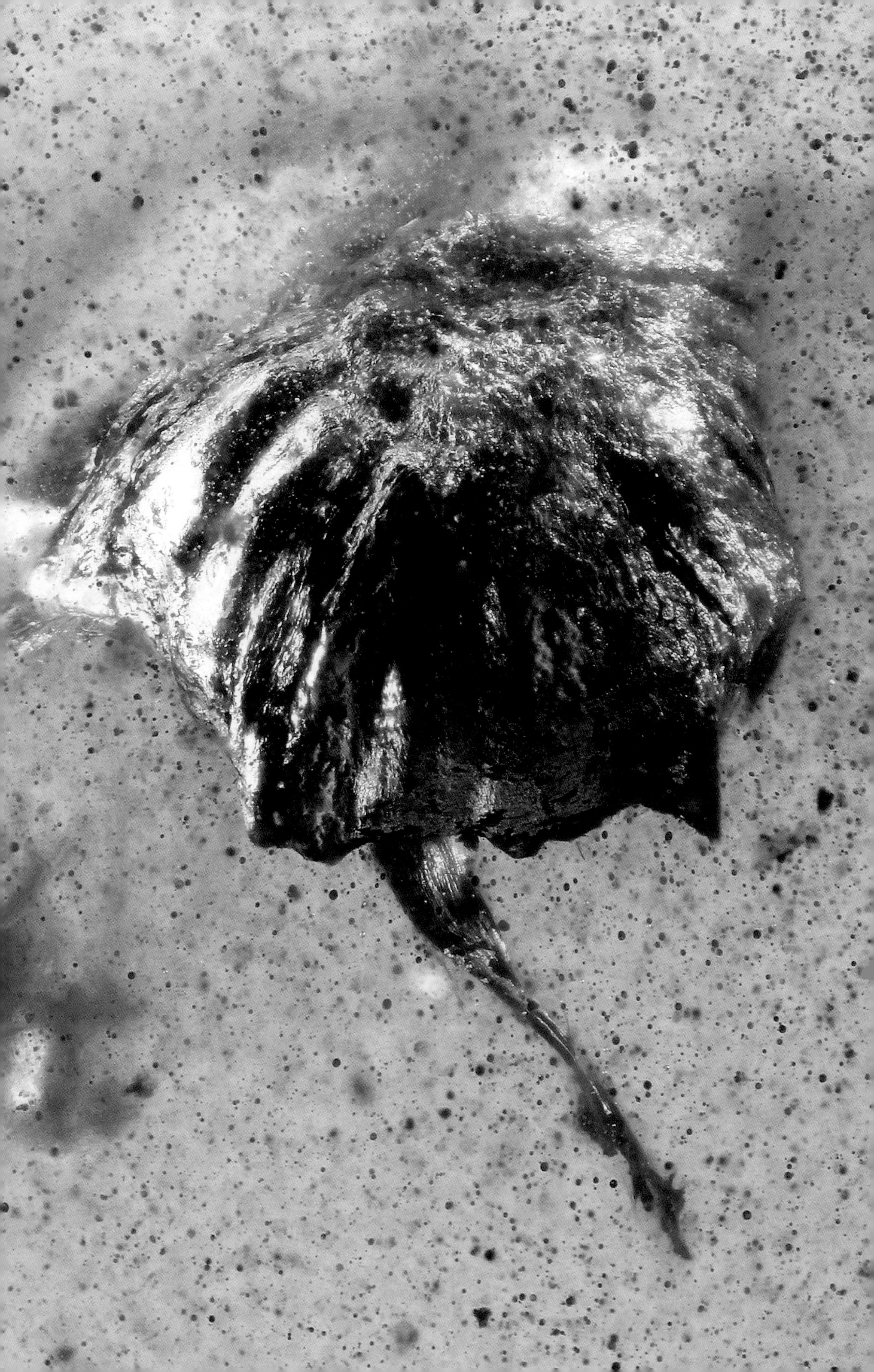

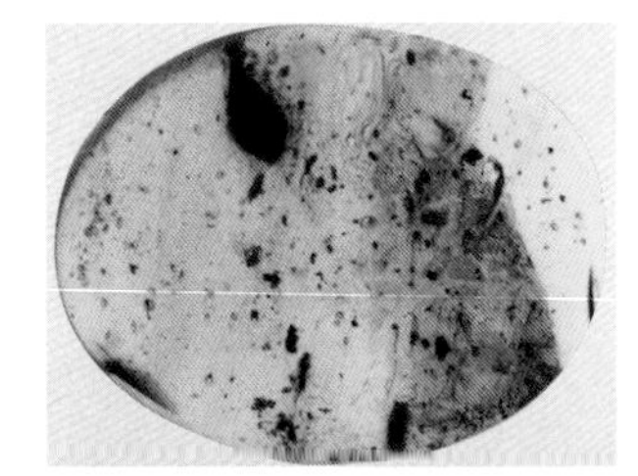

c 真菌 *Fungus*

真菌菌丝
N/A

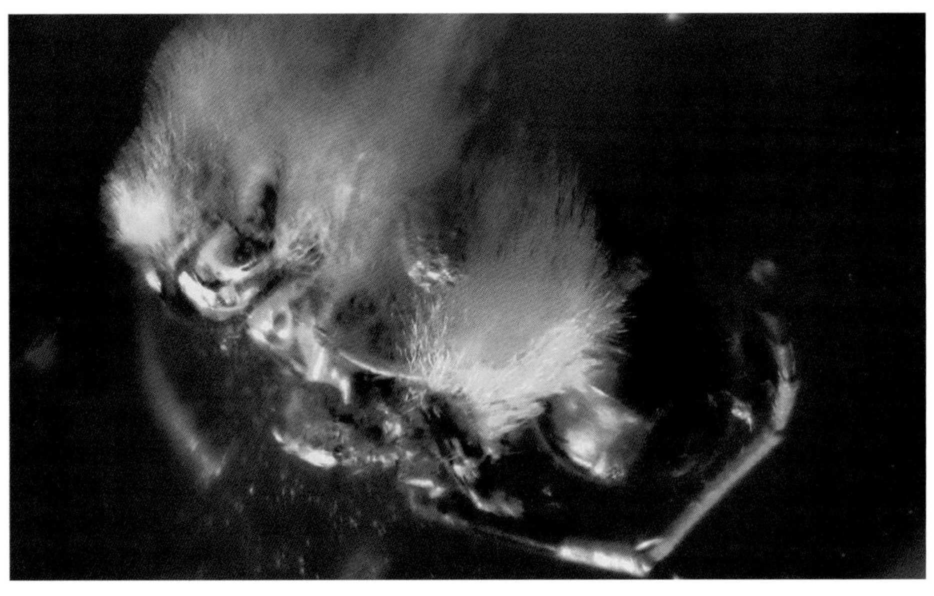

b 真菌 *Fungus*

白僵菌
N/A

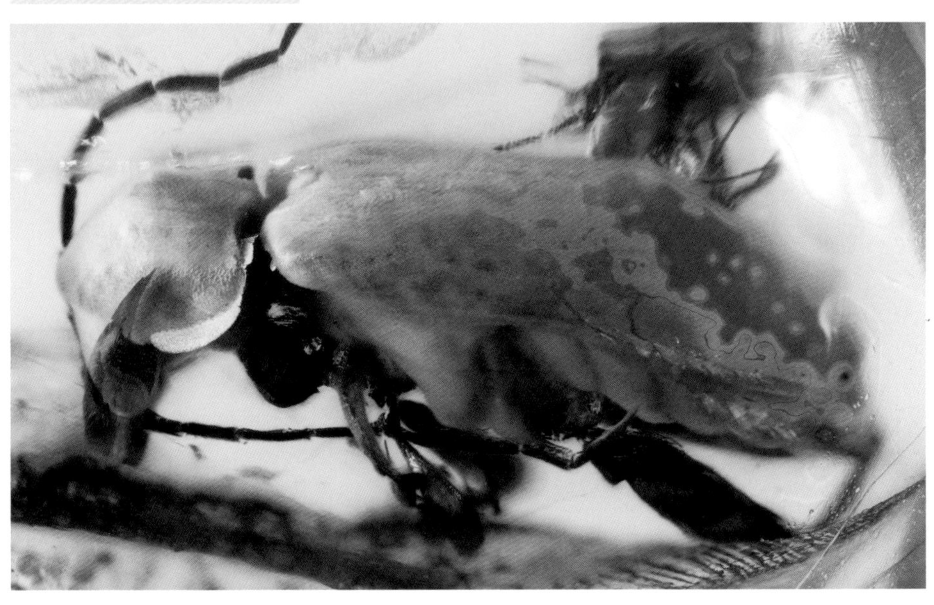

Moss

苔藓植物

苔藓植物（Bryophyta）属于最低等的高等植物。苔藓植物是一类小型绿色植物，结构简单，仅包含茎和叶两部分，有时只有扁平的叶状体，没有真正的根和维管束。苔藓植物无花，无种子，以孢子繁殖。

苔藓植物喜欢有一定阳光及潮湿的环境，一般生长在裸露的石壁上，或潮湿的森林和沼泽地。

苔藓植物分布范围极广，可以生存在热带、温带和寒冷的地区（如南极洲和格陵兰岛）。成片的苔藓植物称为苔原，苔原主要分布在欧亚大陆北部和北美洲，局部出现在树木线以上的高山地区。

全世界约有 23 000 种苔藓植物，分属于苔纲（Hepaticae）、藓纲（Musci）和角苔纲（Anthocerotae）。苔纲包含至少 330 属，约 8 000 种；藓纲包含近 700 属，约 15 000 种；角苔纲有 4 属，近 100 种。

有一种观点认为，苔藓由裸蕨类植物退化而来，裸蕨类出现于志留纪，而苔藓植物出现于泥盆纪中期，要比裸蕨晚数千万年。从进化顺序上说，它们很可能起源于同一祖先。苔藓植物的配子体占优势，孢子体依附在配子体上，但配子体构造简单，没有真正的根，没有输导组织，喜欢荫湿，在有性生殖时，必须借助于水，因而在陆地上难以进一步适应和发展，这都表明它是由水生到陆生的过渡类型。

本书介绍了一种来自多米尼加琥珀中的细鳞苔科 [a]Lejeunerceae 植物。

a 细鳞苔科 *Lejeuneaceae*

DO 细鳞苔
Lejeuneaceae sp.

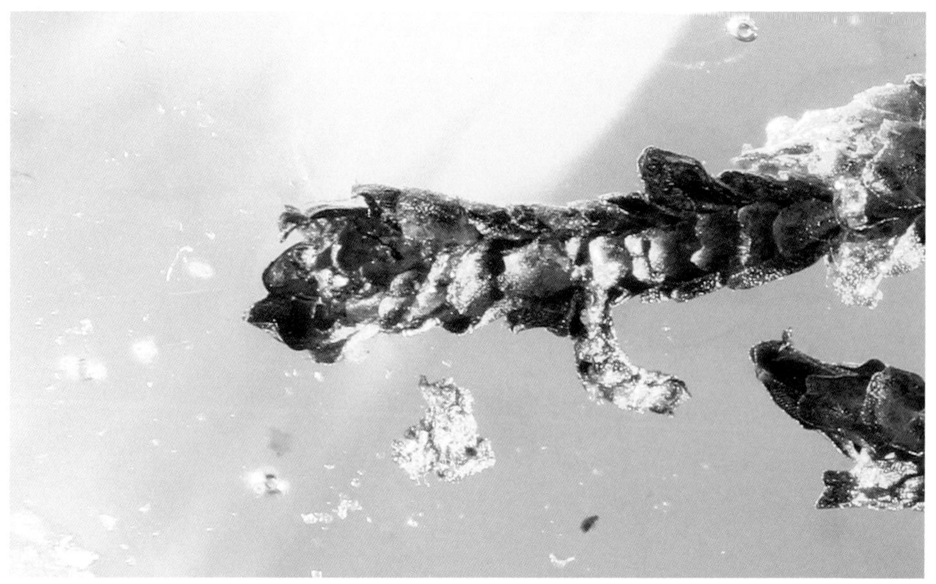

Fern

蕨类植物

蕨类（Pteridophyta）是只比苔藓植物略高级的高等植物。

蕨类植物是高等植物中比较原始的一大类群，也是最早的陆生植物。这些生长在山野的草本，有着顽强而旺盛的生命力。现存的蕨类植物约有 12 000 种，广泛分布于世界各地，尤其是热带和亚热带最为丰富。

蕨类植物是进化水平最高的孢子植物。第一代为无性繁殖世代，而第二代成为有性繁殖世代。其孢子体发达，有真正的根、茎、叶的分化，大多数蕨类植物为多年生草本，仅少数为一年生。

蕨类植物曾在地球的历史上盛极一时，古生代后期，石炭纪和二叠纪为蕨类植物时代。当时，那些大型的树蕨如鳞木、封印木、芦木等，今已绝迹，是构成化石植物和煤层的重要组成部分。到了三叠纪时，和一些现生的科有关的蕨类开始出现。“蕨类尖峰”则出现在白垩纪晚期，当时有许多蕨类植物现生的科出现。

本书收录部分缅甸琥珀中发现的蕨类[a]化石，供读者参考。

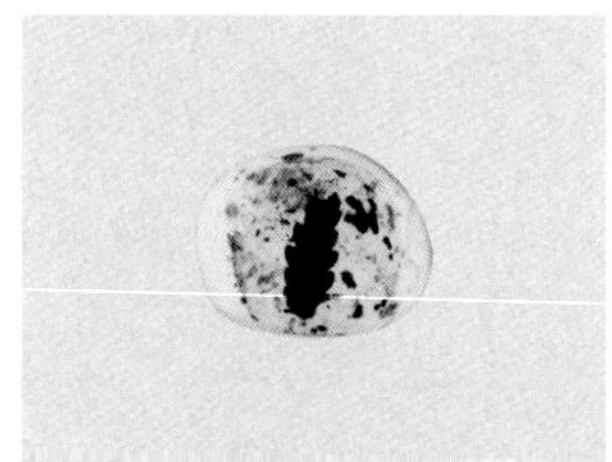

[a] 蕨类植物 *Fern*

BU 蕨类
N/A

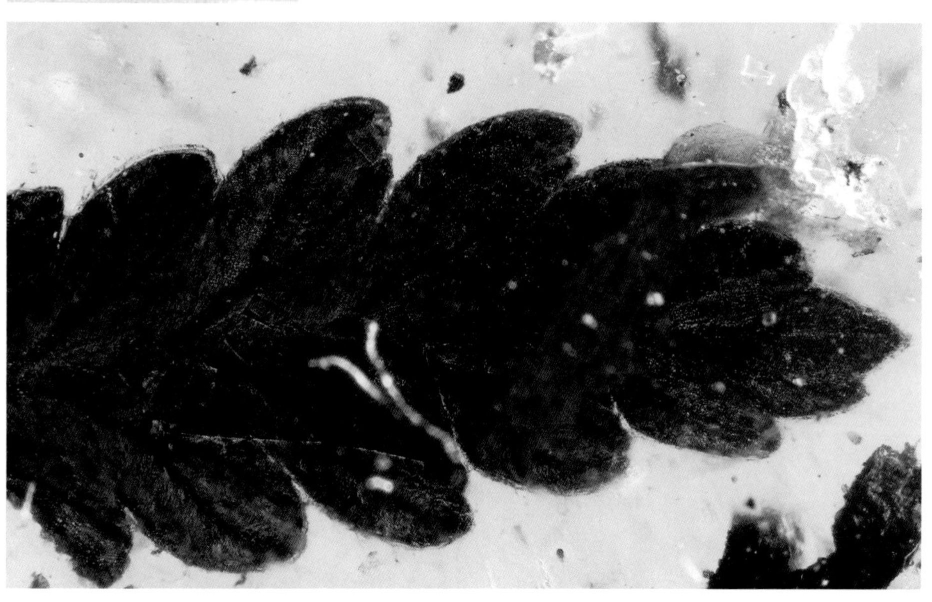

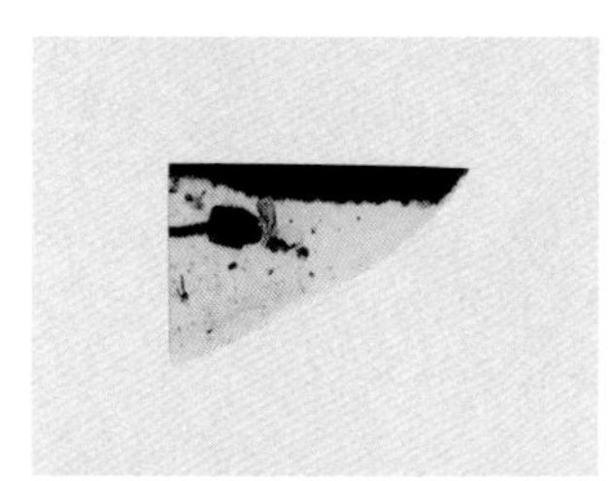

[a] 蕨类植物 *Fern*

蕨类
N/A

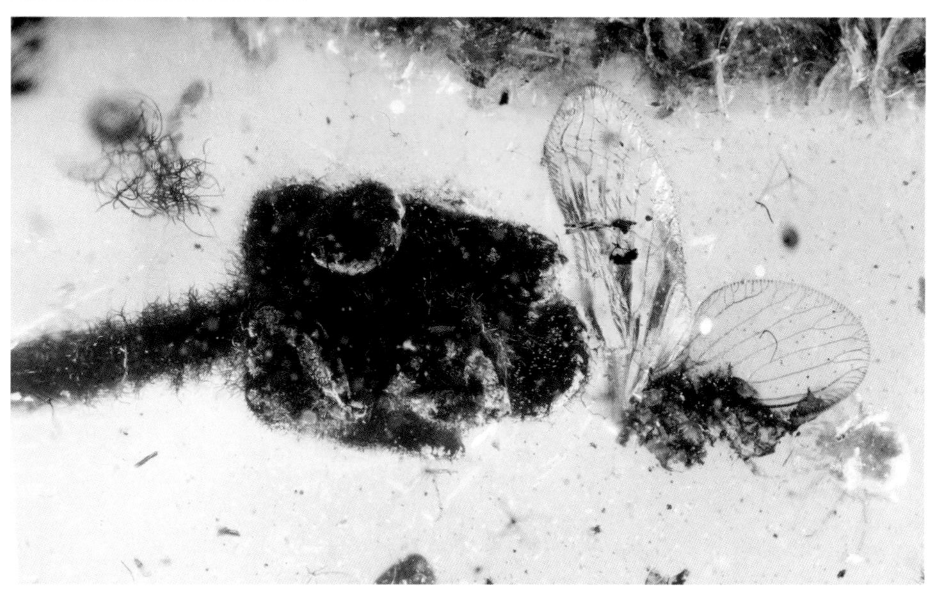

[a] 蕨类植物 *Fern*

蕨类
N/A

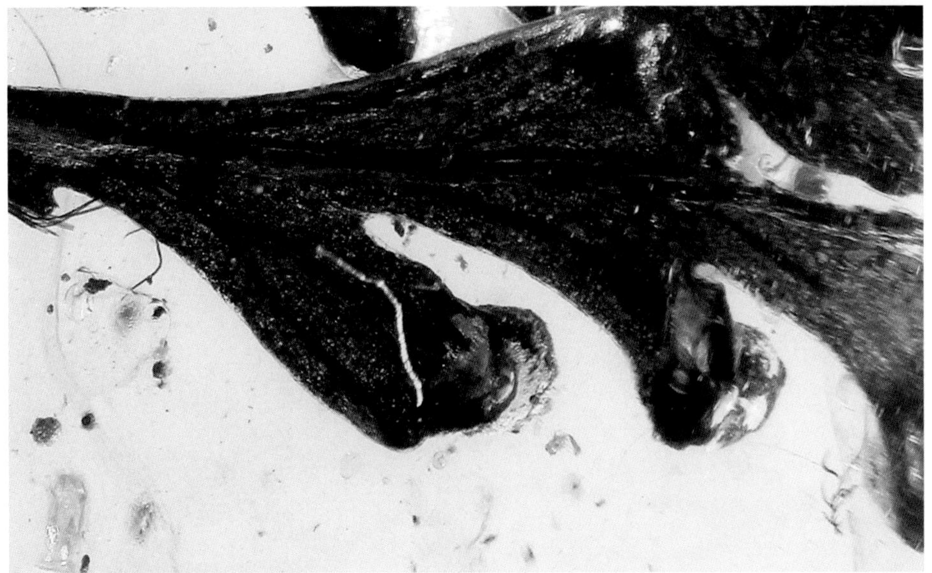

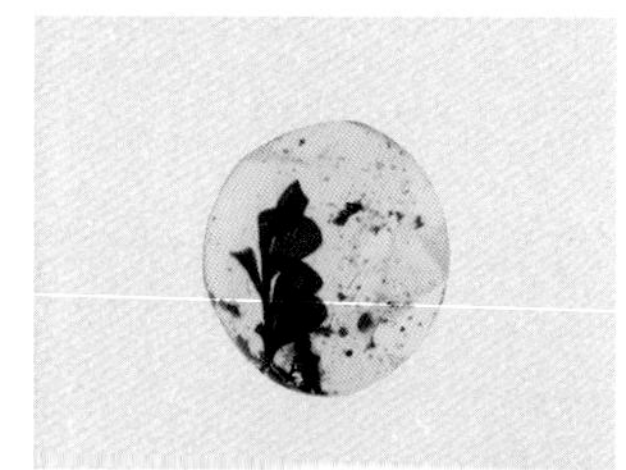

[a] 蕨类植物 *Fern*

蕨类
N/A

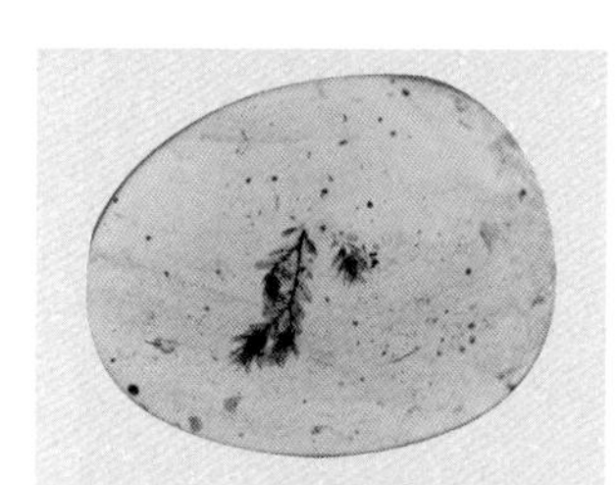

[a] 蕨类植物 *Fern*

石松类
N/A

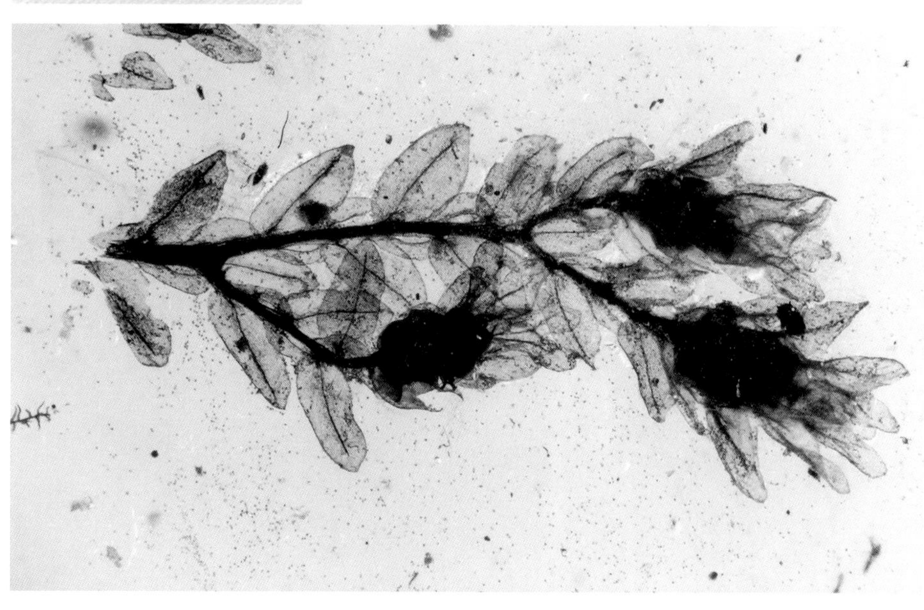

Gymnosperm

裸子植物

裸子植物是原始的种子植物，其发生发展历史悠久。最初的裸子植物出现在古生代，在中生代至新生代，它们是遍布各大陆的主要植物。现代生存的裸子植物有不少种类出现于第三纪，后又经过冰川时期而保留下来并繁衍至今的。裸子植物是地球上最早用种子进行有性繁殖的植物，在此之前出现的藻类和蕨类则都是以孢子进行有性生殖的。裸子植物的优越性主要表现在用种子繁殖上。

裸子植物是种子植物中较低级的一类。具有颈卵器，既属颈卵器植物，又是能产生种子的种子植物。它们的胚珠外面没有子房壁包被，不形成果皮，种子是裸露的，故称裸子植物。裸子植物的孢子体发达，占绝对优势。多数种类为常绿乔木，有长枝和短枝之分；叶多为针形、条形、披针形、鳞形，极少数呈带状。

现代裸子植物约有800种，隶属5纲，即苏铁纲、银杏纲、松柏纲、红豆杉纲和买麻藤纲，9目12科71属。裸子植物很多为重要林木，尤其在北半球，大的森林80%以上是裸子植物，如落叶松、冷杉、华山松、云杉等。

本书中列举了部分缅甸琥珀中发现的蕨类植物叶片[a]、花[b]和果实[c]等。

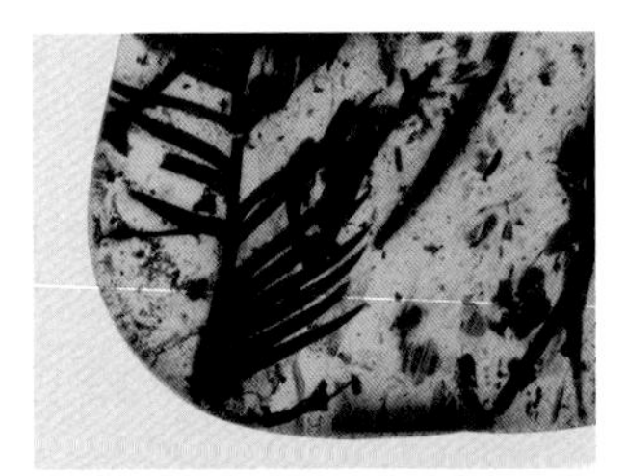

[a] 裸子植物 *Gymnosperm*

BU 叶片
N/A

[a] 裸子植物 *Gymnosperm*

BU 叶片
N/A

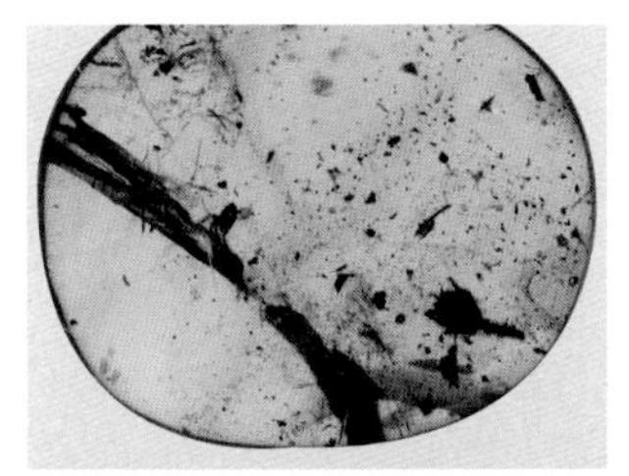

[b] 裸子植物 *Gymnosperm*

花
N/A

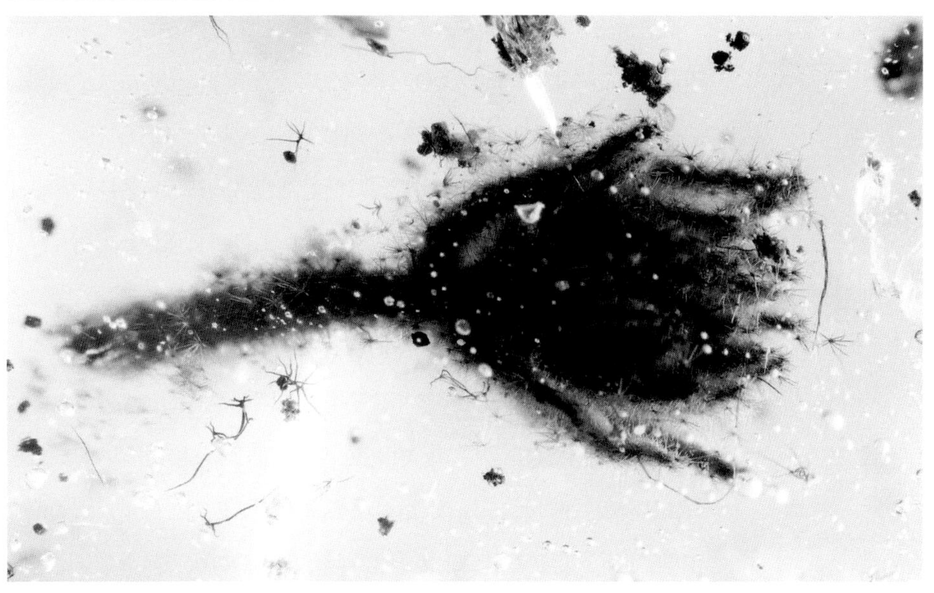

[c] 裸子植物 *Gymnosperm*

果实
N/A

Angiosperm

被子植物

被子植物 (Angiosperm) 又名绿色开花植物，在分类学上常称为被子植物门，是植物界最高级的一类，是地球上最完善、适应能力最强、出现最晚的植物，自新生代以来，它们在地球上占着绝对优势。现知被子植物共 1 万多属，约 30 万种，占植物界的一半。被子植物能有如此众多的种类，有极其广泛的适应性，这和它的结构复杂化、完善化分不开，特别是繁殖器官的结构和生殖过程的特点，提供了它适应、抵御各种环境的内在条件，使它在生存竞争、自然选择的矛盾斗争过程中，不断产生新的变异，产生新的物种。

被子植物的产生，使地球上第一次出现色彩鲜艳、类型繁多、花果丰茂的景象。随着被子植物花形态的发展，果实和种子中高能量产物的贮存，使得直接或间接地依赖植物为生的动物界 (尤其是昆虫、鸟类和哺乳类) 获得了相应的发展，迅速地繁茂起来。

被子植物的习性、形态和大小差别很大，从极微小的青浮草到巨大的乔木桉树。大多数直立生长，但也有缠绕、匍匐或靠其他植物的机械支持而生长的。多含叶绿素，自己制造养料，但也有腐生和寄生的。

本书收录部分白垩纪缅甸琥珀和渐新世多米尼加琥珀中出现的被子植物花和果实，其中包括缅甸琥珀中最常见的“五瓣花”—— 龙脊花 [a] *Tropidogyne pikei* 的花萼。

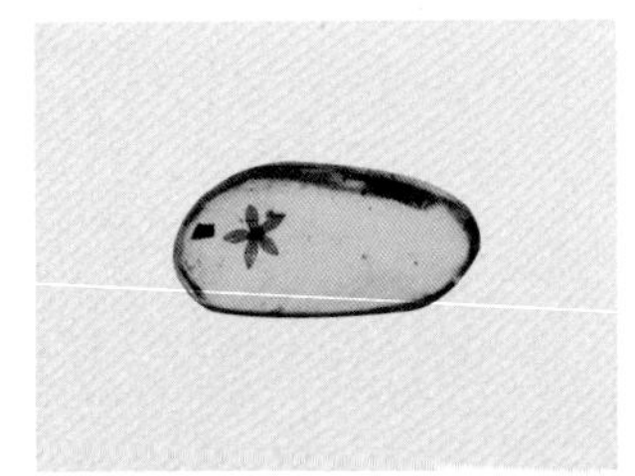

[a] 被子植物 *Angiosperm*

BU 龙脊花（花萼）
Tropidogyne pikei

被子植物 *Angiosperm*

BU 金虎尾目（花萼）
Malpighiales sp.

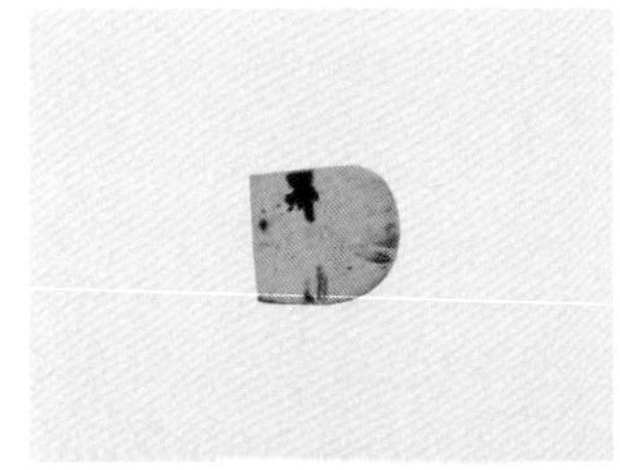

被子植物 *Angiosperm*

BU 缅甸黎明花
Eoepigynia burmensis

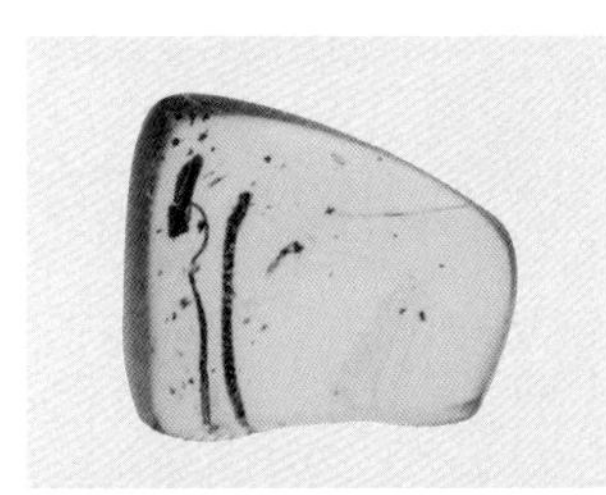

豆科 *Fabaceae*

古栾叶豆（花药）
Hymenaea protera

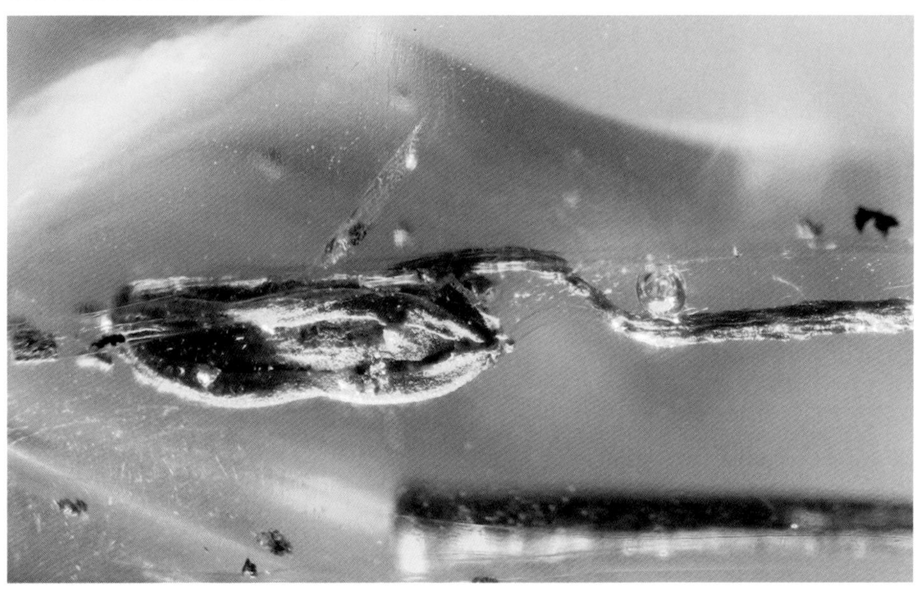

被子植物 *Angiosperm*

BU 果实
N/A

被子植物 *Angiosperm*

DO 果实
N/A

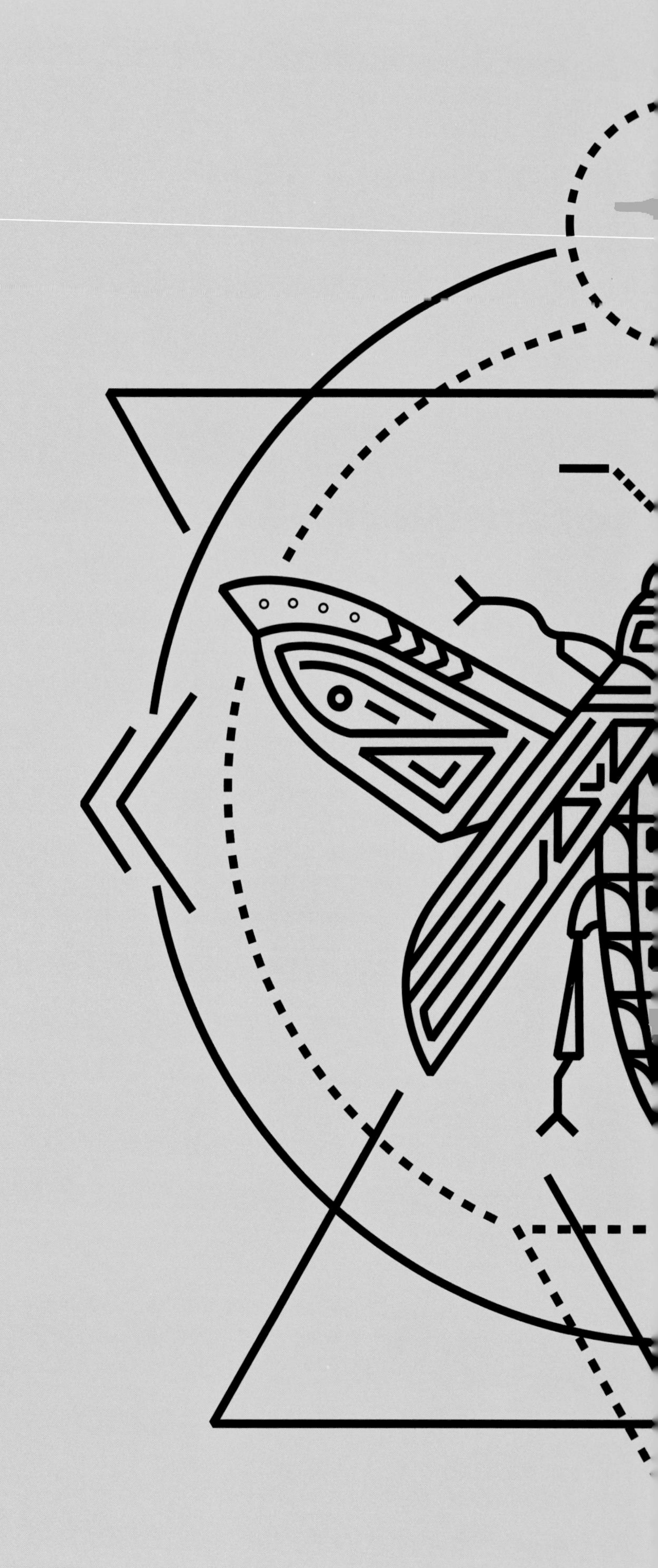

Part 4

永恒的

瞬间

Camouflage

伪装

种类繁多的昆虫，之所以能在自然界中长期生存下来，除了具有惊人的繁殖力和丰富的食物外，还有一套伪装本领。

昆虫的伪装有很多种，常说的有保护色和拟态等。但是，在琥珀中，昆虫的颜色基本褪去，就算有也基本不是本来的色彩，而拟态，在没有对比的情况下，又很难说得清楚。

因此，本书介绍的一些昆虫伪装的实例，都是昆虫利用生活环境中的植物碎片、沙石等将自己很好地隐藏起来，保持与生活环境的一致性，达到伪装的效果。

沙土中生活的蟾蝽[a]与细蛉[b]幼虫，将部分沙石背在背上，与所生活的环境融为一体，达到隐藏的目的，以便捕捉过路的昆虫。

前文提到的缅甸白垩纪拾荒草蛉[c]，将蕨类植物的毛装点在腹部长出的分叉的长刺上，由此可以判定这类草蛉的幼虫是生活在蕨类植物丛中的，并以此为掩护，捕捉过路的小型昆虫。

部分鳞翅目蛾类幼虫吐丝将从周围采集的茎叶等植物碎片连接起来，制成一个圆筒状的巢穴[d]。幼虫生活在其中，完美地隐藏了自己，有效防止了捕食性天敌和寄生性天敌的侵害。

[a] 蟾蝽科 *Gelastocoridae*

蟾蝽把沙石背在背上
Gelastocoridae sp.

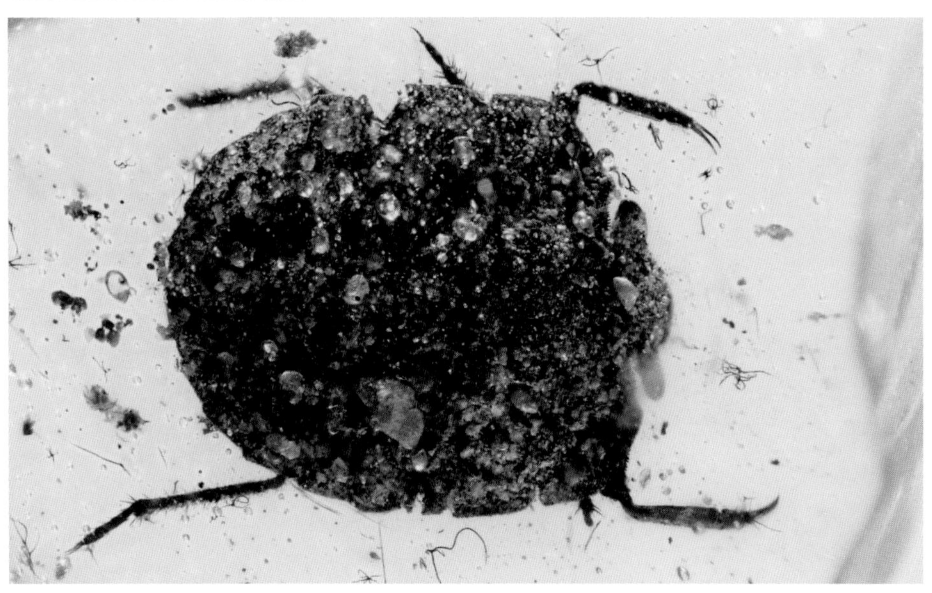

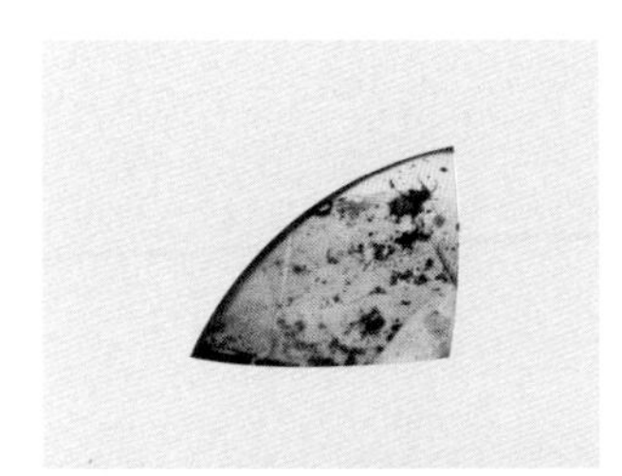

[b] 细蛉科 *Nymphidae*

细蛉幼虫把沙石背在背上
Nymphidae sp.

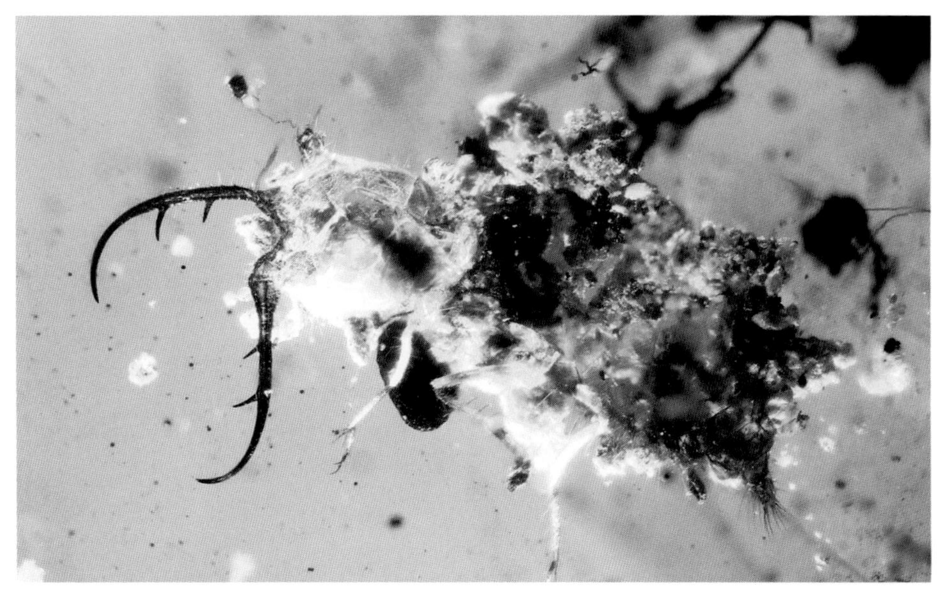

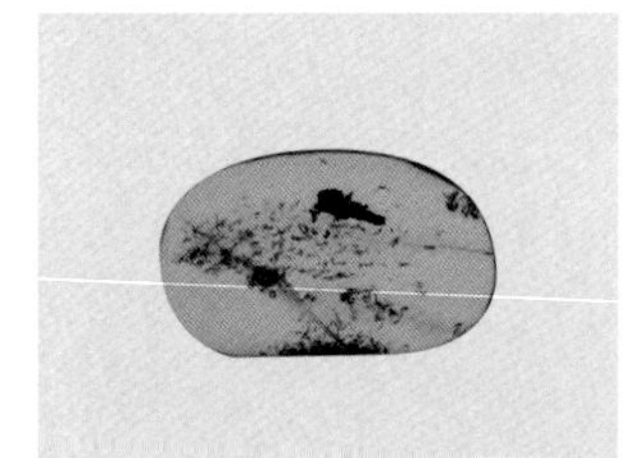

d 鳞翅目 *Lepidoptera*

d 鳞翅目 *Lepidoptera*

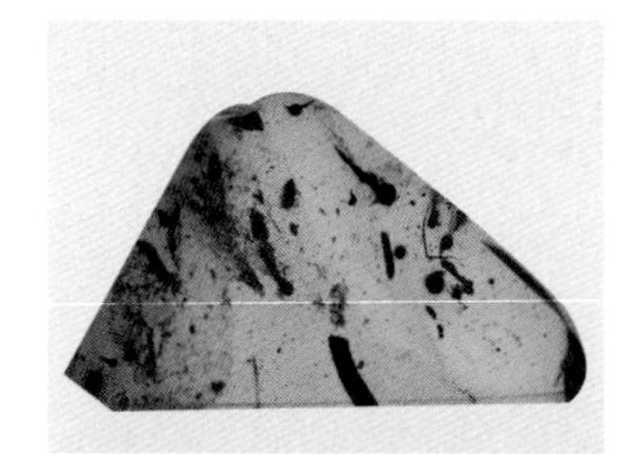

c 草蛉总科 *Chrysopoidea*

拾荒草蛉将蕨类的毛挂在竖起的刺上
Chrysopoidea sp.

Feeding

取食

取食是所有动物最为普通和正常的生活状态之一，几乎每时每刻都在进行。但是，在琥珀中发现正在取食或者捕食的状态，却是非常罕见的。

在波罗的海的琥珀中，我们可以看到一只蜘蛛正在张开 8 条腿，捕捉一只略大于自身的蚁甲[a]，这一精彩时刻，被树脂所捕捉，凝固了 4 500 万年。

缅甸琥珀中包裹的蜘蛛网[b]，竟然挂着一只蚊虫，我们甚至可以感觉到蚊虫的翅膀仿佛还在扇动着，作临死前的挣扎。

在一块缅甸琥珀中，我们可以清晰地看到，一只蚂蚁正咬住比自身大得多的蟑螂[c]。可以想象，这一幕正是我们平日经常可以观察到的，蚂蚁拖起比自身大很多的昆虫尸体向蚁巢爬去。

在不止一块缅甸琥珀中，我们发现了同样的场景：一只张开螯肢的伪蝎，夹住一个毛马陆的蜕皮[d]。很显然，伪蝎是以毛马陆的蜕皮等有机碎片为食的。

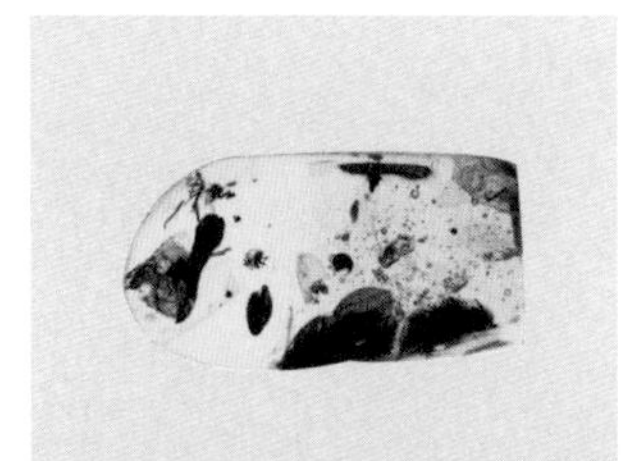

a 蜘蛛目 *Araneae*

BA 蜘蛛捕食蚁甲
Spider & Peselaphid

b 蜘蛛目 *Araneae*

BU 蜘蛛网上挂着的蚊类
Spider's net & Mosquito

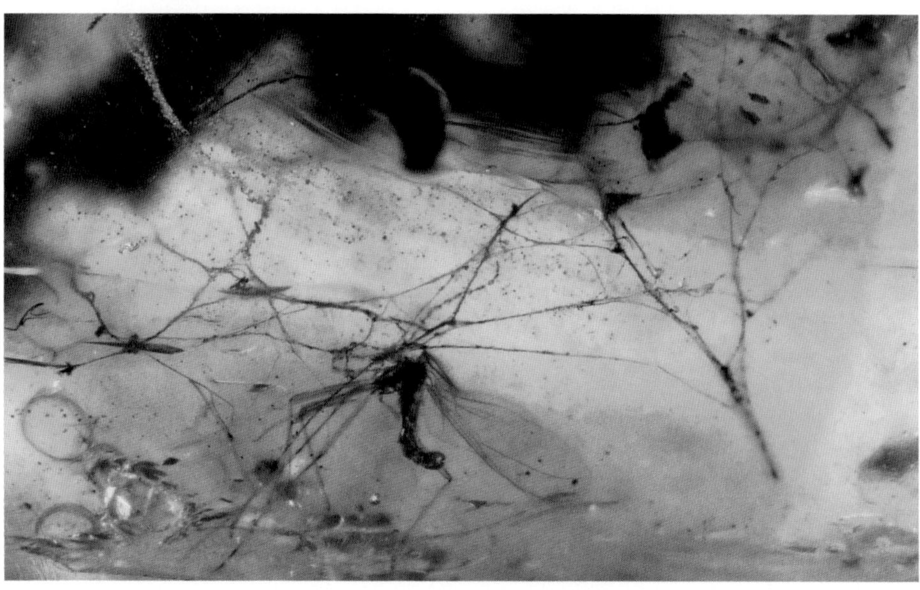

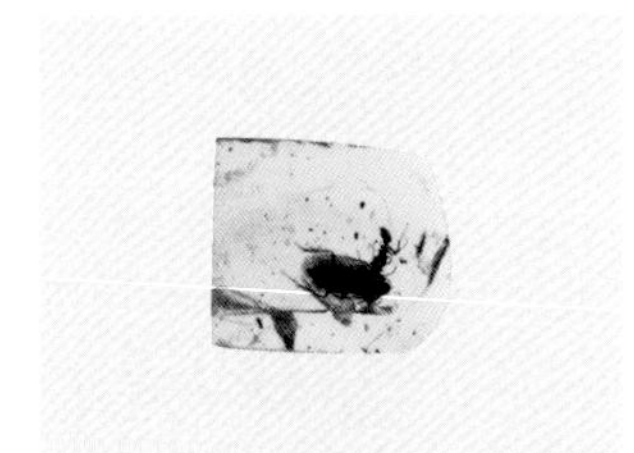

c 蚁科 *Formicidae*

BU 正在撕咬蟑螂的蚂蚁
Ant & Cockroach

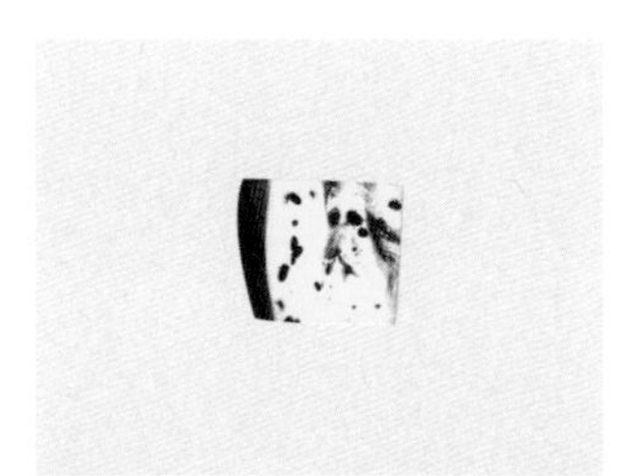

[d] 伪蝎目 *Pseudoscorpionida*

BU 伪蝎取食毛马陆蜕皮
Pseudoscorpion & Polyxenida

Mating

交配

昆虫交配通常是一件非常私密的事情，但由于有些昆虫特殊的交配习性和维持的时间较长，由此也产生了部分带有交配中的昆虫的琥珀。

双翅拟蝎蛉[a]是中生代特有的化石类群，所有种类均早已灭绝。因此，其生活习性完全不为人知。一对交配中的双翅拟蝎蛉无意中落入树脂中，经过亿万年的变迁，形成了缅甸琥珀化石，让人们得以窥视这类远古昆虫生活的奥秘。

肿腿蜂[b]的部分种类雌性无翅，很少有机会落入树脂中形成琥珀。本书展示的一枚多米尼加琥珀中，包含了一对交配中的肿腿蜂，雄性有翅，而雌性无翅。

相对而言，琥珀中出现的双翅目长角亚目蚊类[c]的交配场景略多一些。本书介绍了其中的两组，均出自缅甸琥珀。这其中触角环毛状的个体为雄性，丝状且腹部偏大的为雌性。

a 拟蝎蛉科 *Pseudopolycentropodidae*

BU 双翅拟蝎蛉交配
Parapolycentropus

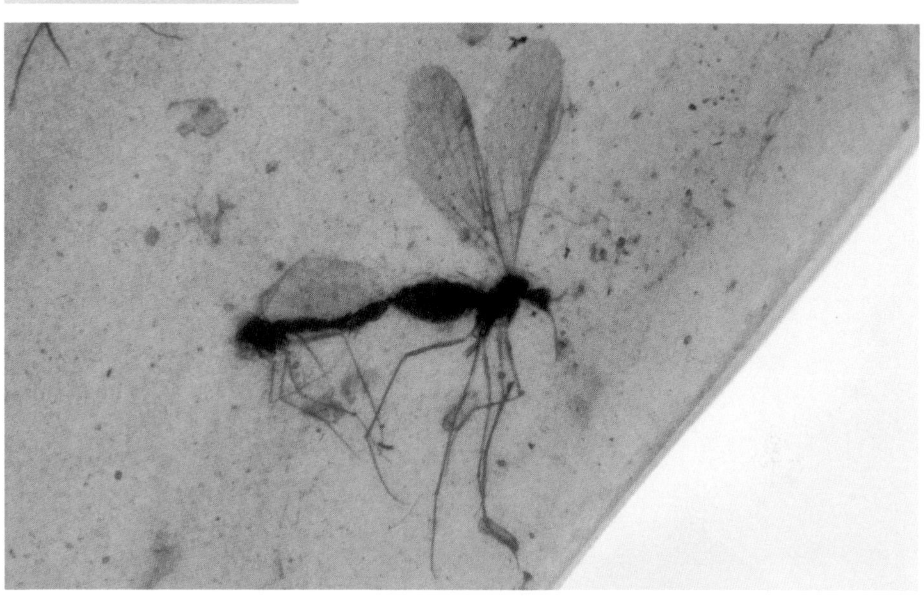

b 肿腿蜂科 *Bethylidae*

DO 肿腿蜂交配
Bethyloids

c 长角亚目 *Nematocera*

蚊类交配
Mosquito

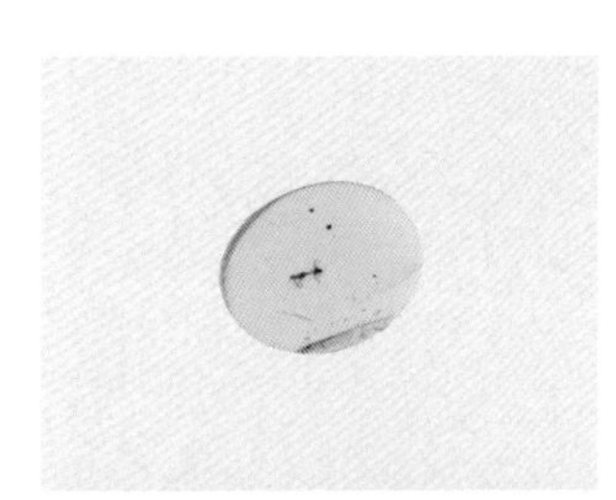

c 长角亚目 *Nematocera*

蚊类交配
Mosquito

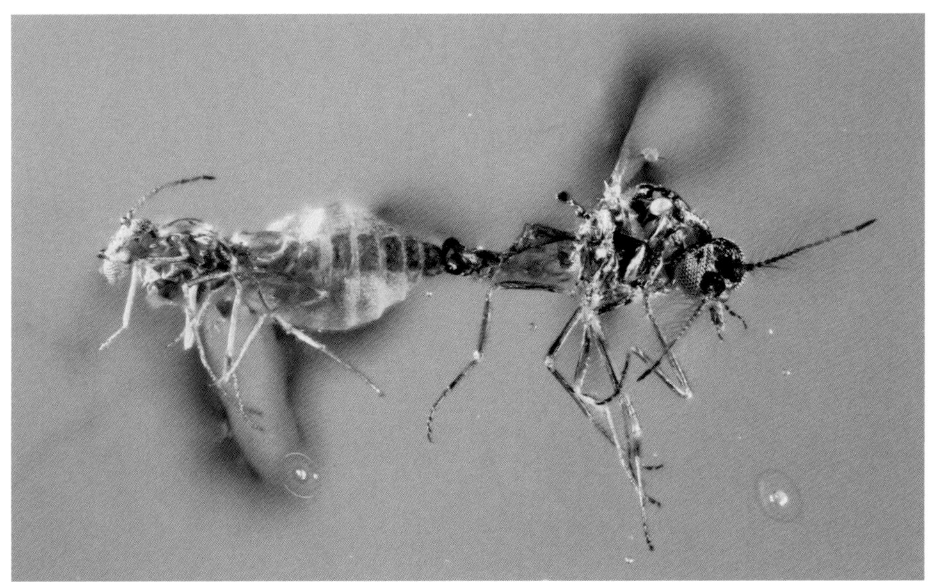

Carrying eggs

携卵

部分昆虫有一种将卵携带在腹部末端，待时机成熟才在适宜的环境下产下卵的习性。这一习性，有时也会被封存在琥珀中，将远古的奇景呈现在众人面前。

多数蟑螂的卵产在较为坚硬的卵鞘之中，每个卵鞘含卵 20 粒左右，因种类不同稍有区别，通常被分隔成左右两行。受精卵在坚硬的卵鞘中，由下生殖板夹持，经常较长时间附着在母体腹端。雌蟑螂在选择好隐蔽的适宜场所之后，将卵鞘产下，并用唾液黏附牢固，卵随即在离体的卵鞘中发育。本书收录了 2 枚缅甸琥珀蟑螂，其一腹端夹持的卵鞘完好[a]，另一只蟑螂在被树脂黏住之后，正在挣扎，情急之下将卵鞘释放[b]，但终究没有挽回形成琥珀的结局。两种不同对待卵鞘的结果，也可以反映出不同种类蟑螂在受到威胁时的应激措施。

部分蜉蝣的雌虫在准备产卵之前，会在腹部末端的生殖孔后面携带 2 个椭圆形的卵块，当蜉蝣在水面上飞行的时候，腹部接触到水面，卵块便一次性释放，卵则立刻分散开。本书收录的一枚缅甸琥珀化石中就有这样一只雌性的蜉蝣，腹部末端带有尚未产下的卵块[c]。属极为罕见之藏品。

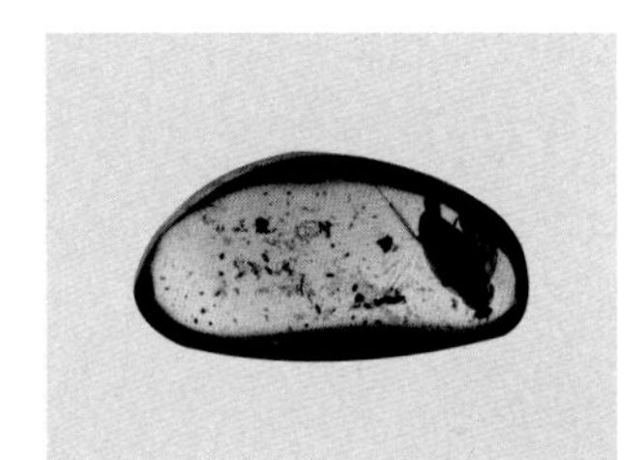

蜚蠊目 *Blattodea*

携带有卵鞘的蟑螂，受到刺激将卵鞘释放的瞬间
Cockroach

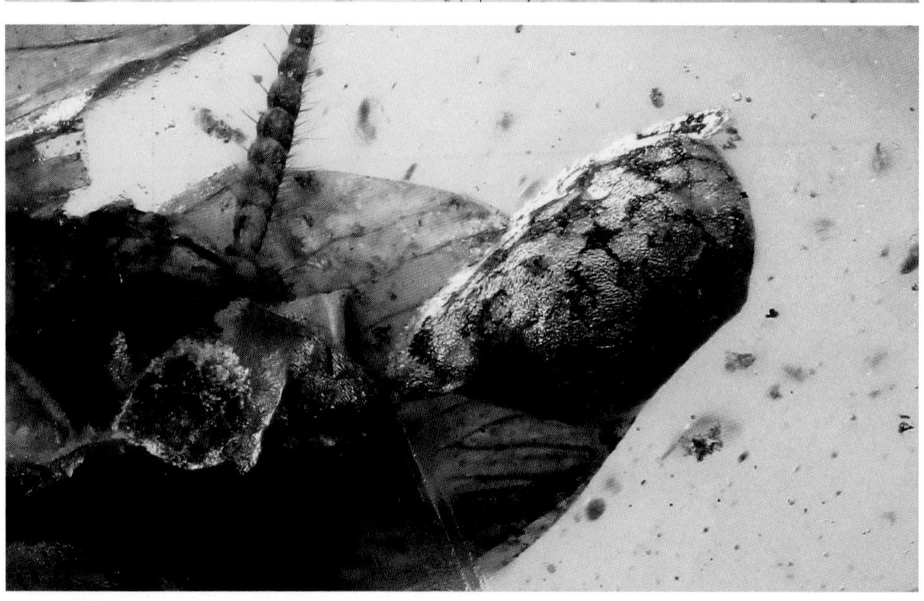

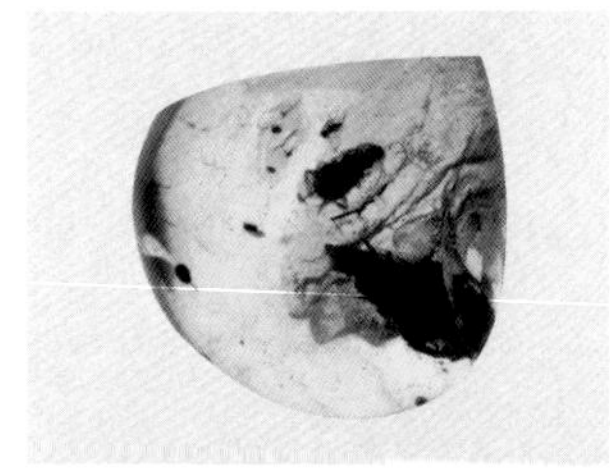

[a] 蜚蠊目 *Blattodea*

携带有卵鞘的蟑螂
Cockroach

[c] 蜉蝣目 *Ephemeroptera*

腹部末端带有团状卵块的蜉蝣
Mayfly

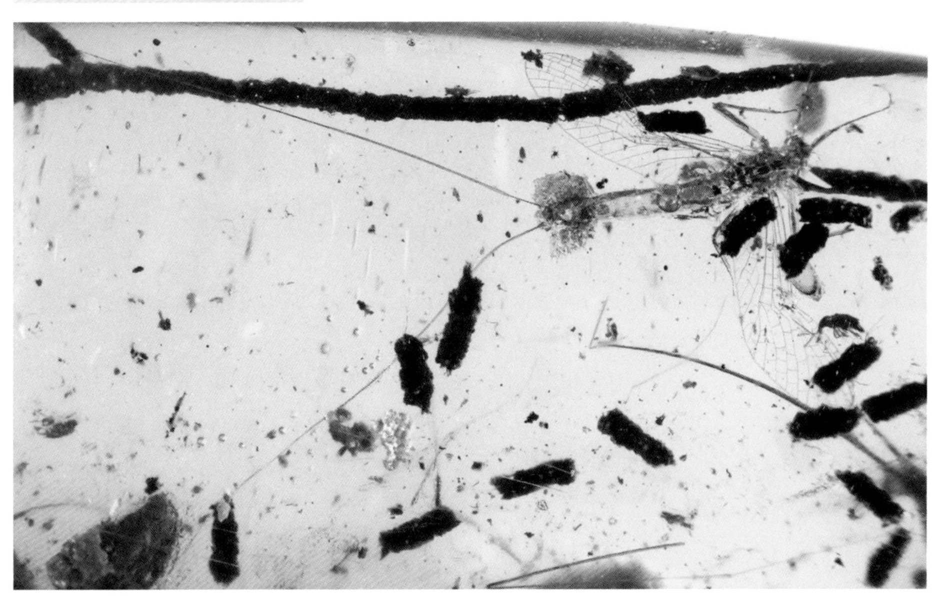

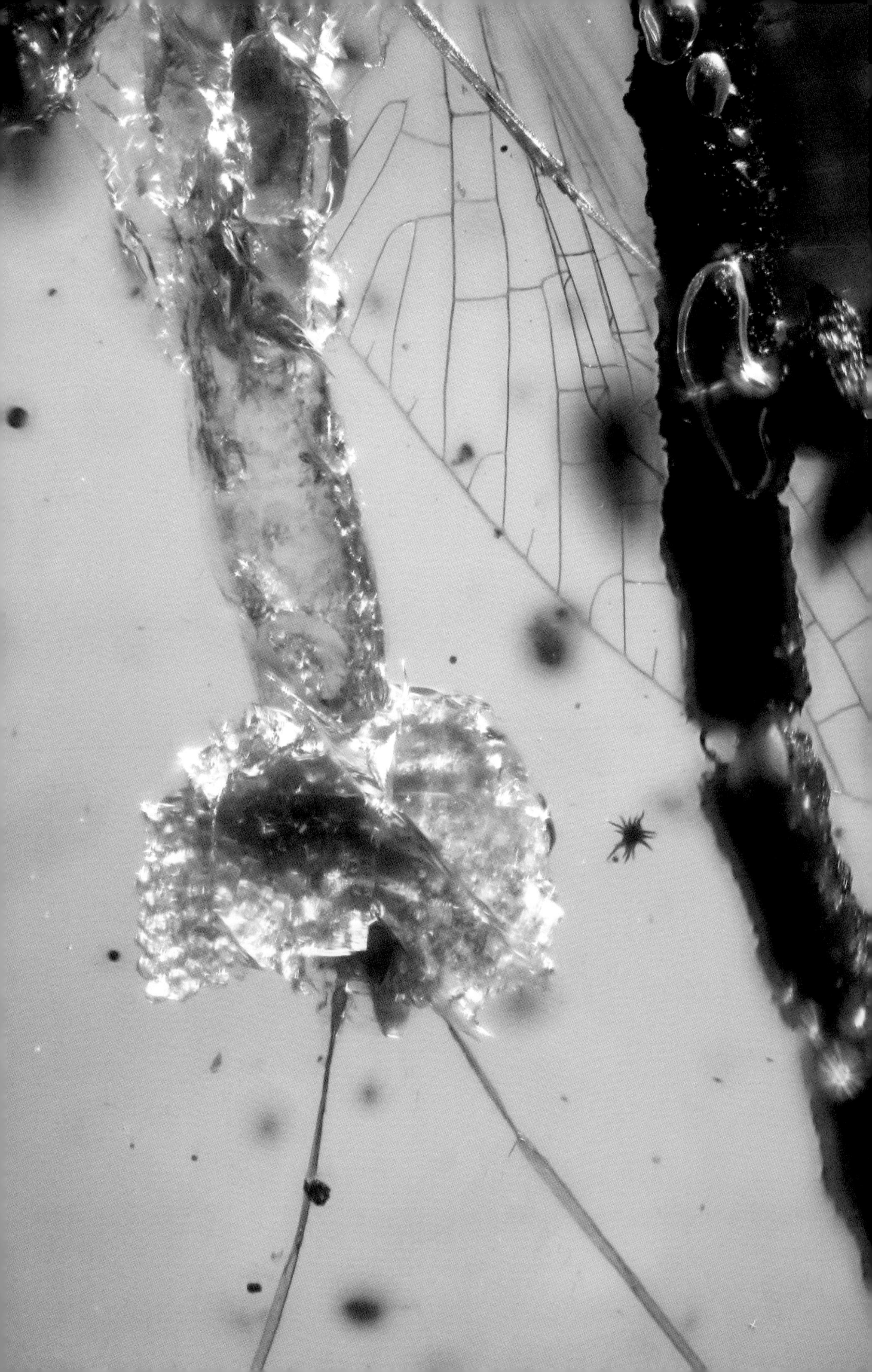

Laying eggs

产卵

产卵指卵生动物将卵从母体中排出的过程，而琥珀中昆虫的产卵行为，几乎都不是正常的产卵行为，而是一种应激的行为。

当昆虫不慎被树脂黏住之后，繁衍下一代的本能驱使，部分雌虫会随即产出腹中的卵，以求生命的延续。但是，这些卵也多半会被树脂黏住，与其一起经过亿万年的变迁，形成琥珀化石，将那个神奇的产卵过程永久地保存了下来。

半翅目 *Hemiptera*

椿象产卵
bug

啮虫目 *Psocoptera*

啮虫产卵
Psocids

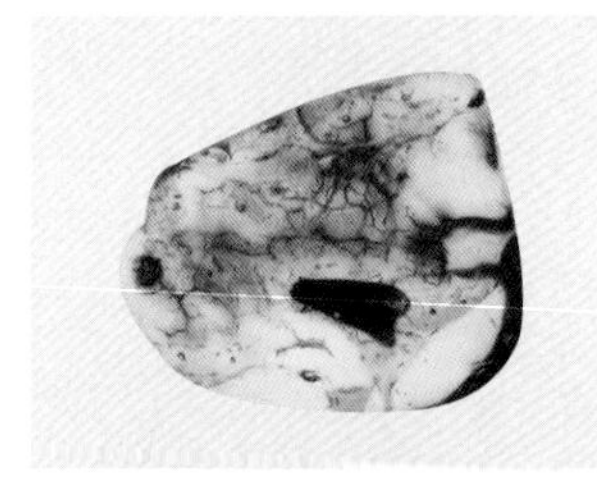

毛翅目 *Trichoptera*

BA 石蛾产卵
Caddisfly

长角亚目 *Nematocera*

BU 蚊产卵
Mosquito

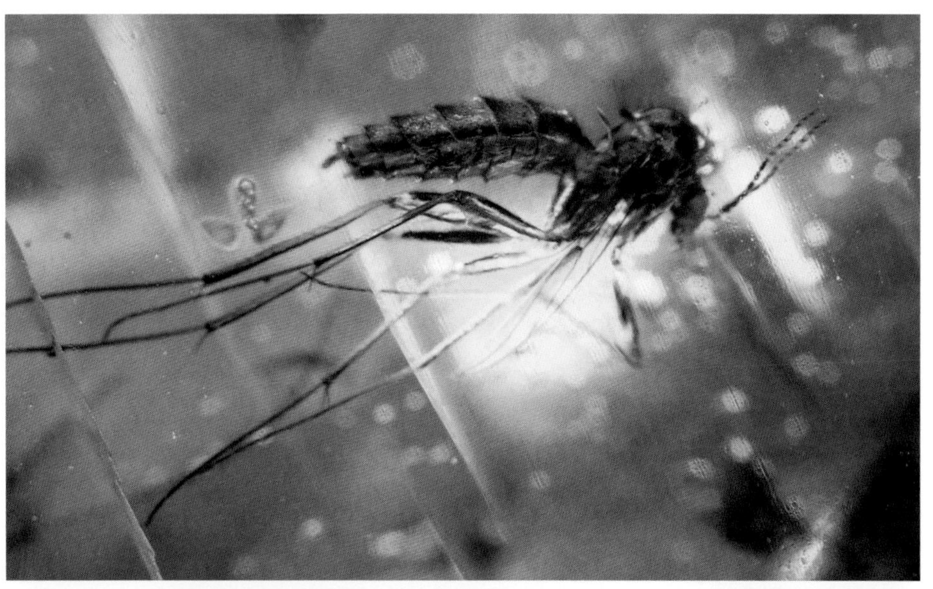

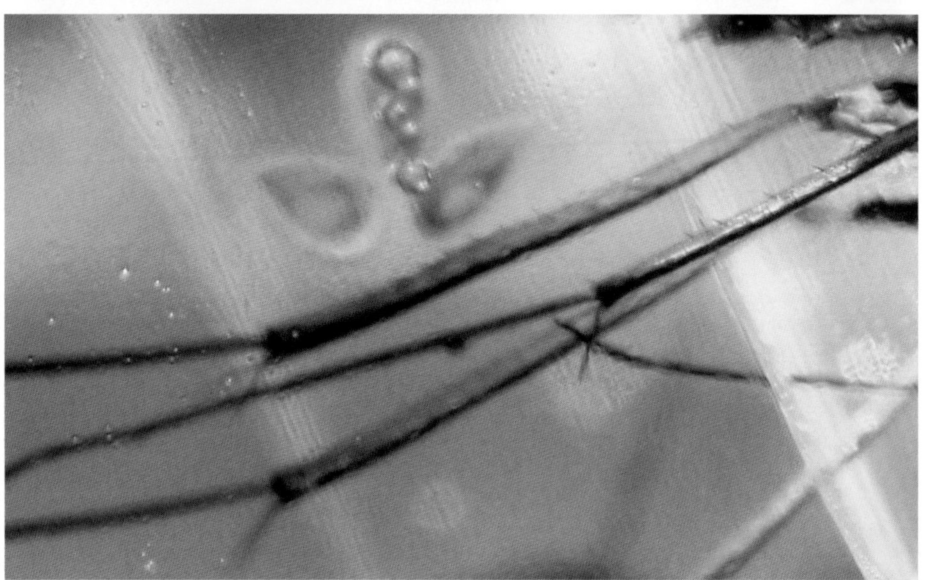

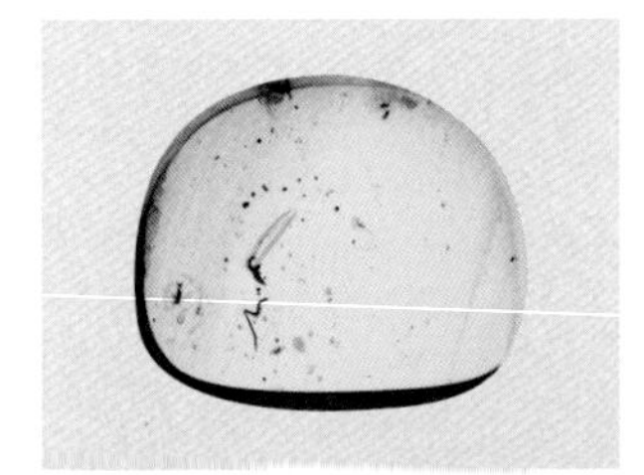

长角亚目 *Nematocera*

蛾蠓产卵
Moth fly

长角亚目 *Nematocera*

蚊产卵
Mosquito

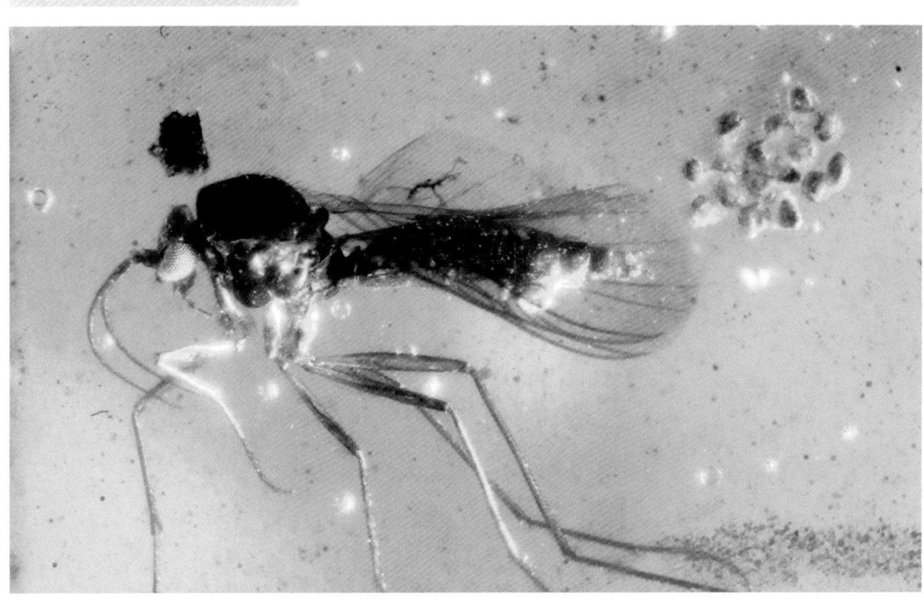

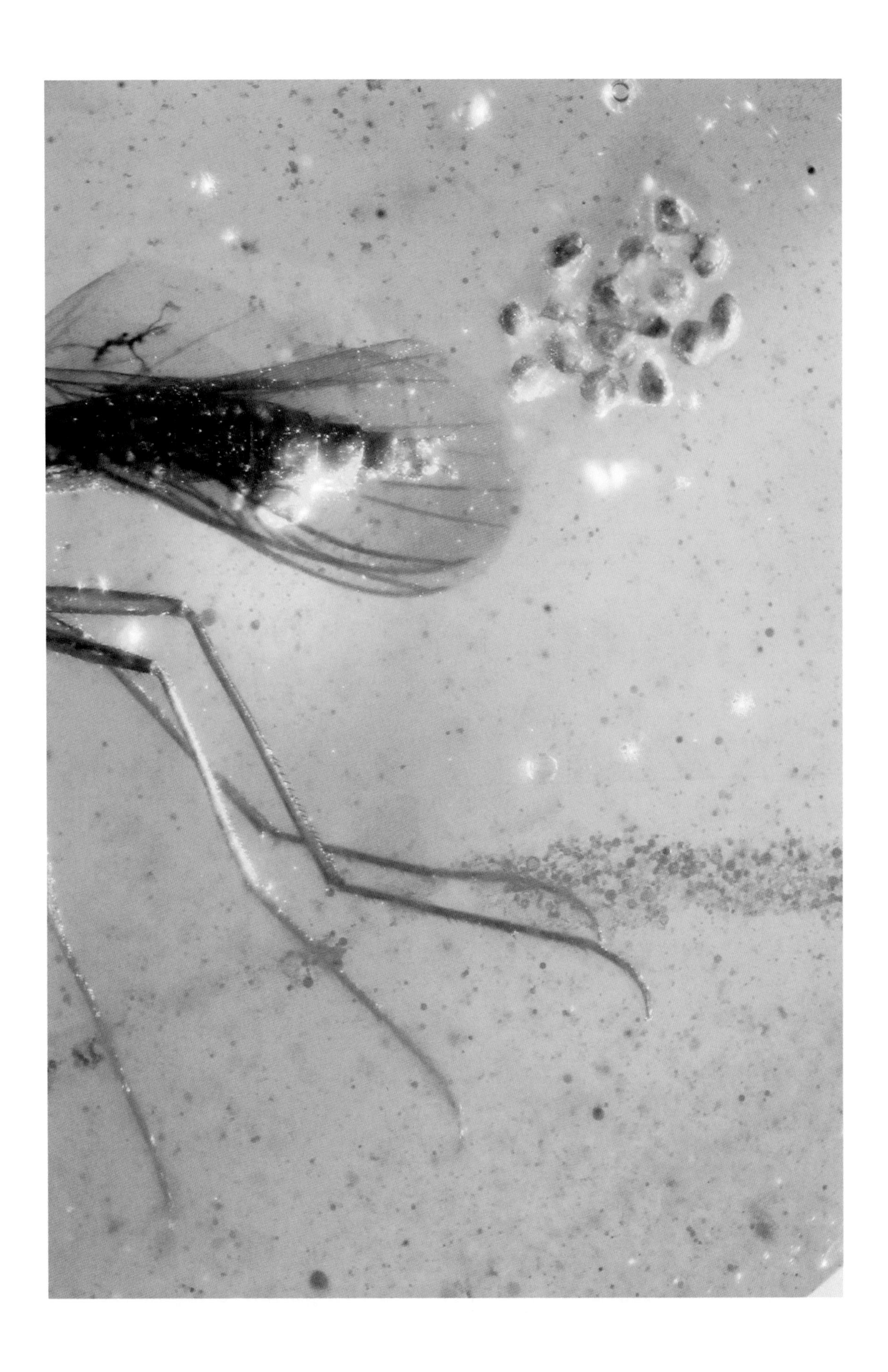

Incubation

孵化

孵化是发生于卵膜中动物胚胎，破膜到外界开始其自由生活的过程。孵化一词，一般特指卵生动物，如昆虫、鱼类、两爬等。

本书收录了一块来自缅甸的神奇琥珀[a]，琥珀中的树皮上带有一簇草蛉类的卵，这些卵白色椭圆形，下方连着一根长丝，丝的另一端固定在树皮上。椭圆形的卵都已经破开，而在周围则散落着几只拾荒草蛉的初龄幼虫。这些幼虫跟前文所述形态相同，但身上树枝状的刺上并没有蕨类植物毛作伪装，说明它们刚刚孵化出来，还没有来得及分散开，寻找自己适宜的生活场所。

[a] 草蛉总科 *Chrysopoidea*

BU 拾荒草蛉的孵化
Lacewing

Parental Care

亲代抚育

亲代抚育，是指双亲对后代的保护和喂养，直接的抚育表现为保卫、喂食、护卵和照看后代。

在林间，当我们翻开石块，经常会影响到蚂蚁的生活，这时它们或许会选择将暴露在外的食物和卵、幼虫、蛹等迅速迁移到更加隐蔽的地方。本书中这枚多米尼加琥珀中的蚂蚁[a]，正叼起一个小幼虫在转移途中，不幸的是，这一保护幼体的行为被永久地凝固在了琥珀当中。

旌蚧是介壳虫中较为特殊的一个类群。这类介壳虫的雌性成虫分泌蜡质结成紧密的蜡片，由蜡片组成的卵囊紧附在虫体的末端。白色的卵囊比虫体长，当雌成虫移动时举起卵囊，形同扛起旌旗，故被称作旌蚧。旌蚧的若虫在卵囊里孵化后，在卵囊内停留 2~3 天才爬出来，分散取食，这便是一种亲代抚育的例子，也被称作育幼。在缅甸琥珀中，也有这样的场景存在。本书中收录的这枚琥珀，在旌蚧雌虫卵囊的末端出现了令人惊奇的场景，有至少 4 只小若虫在卵囊末端开口处活动[b]。

[a] 蚁科 *Formicidae*

蚂蚁的工蚁叼起幼虫转移
Ant

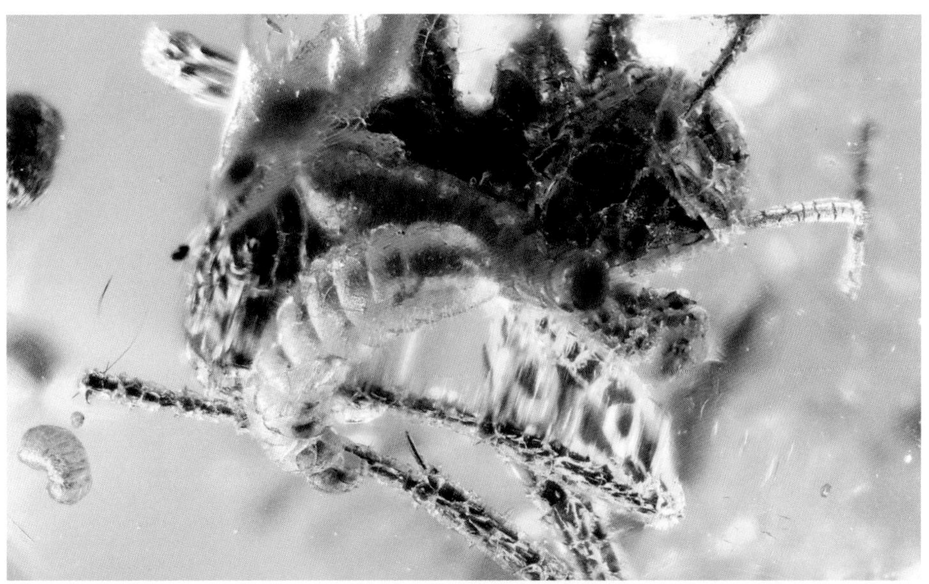

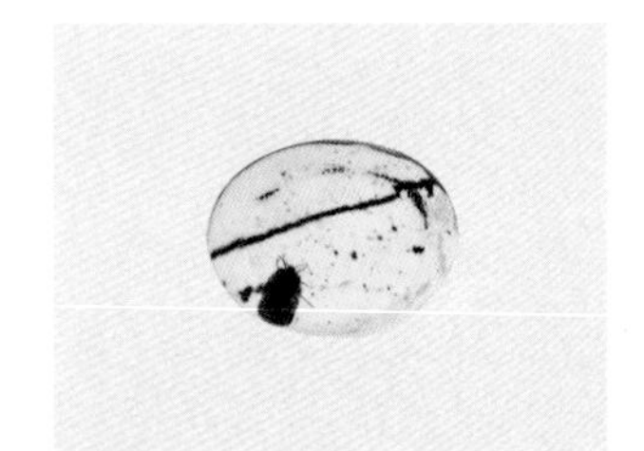

[b] 旌蚧科 *Ortheziidae*

BU

雌性旌蚧及其卵囊中的若虫
Ensign scale

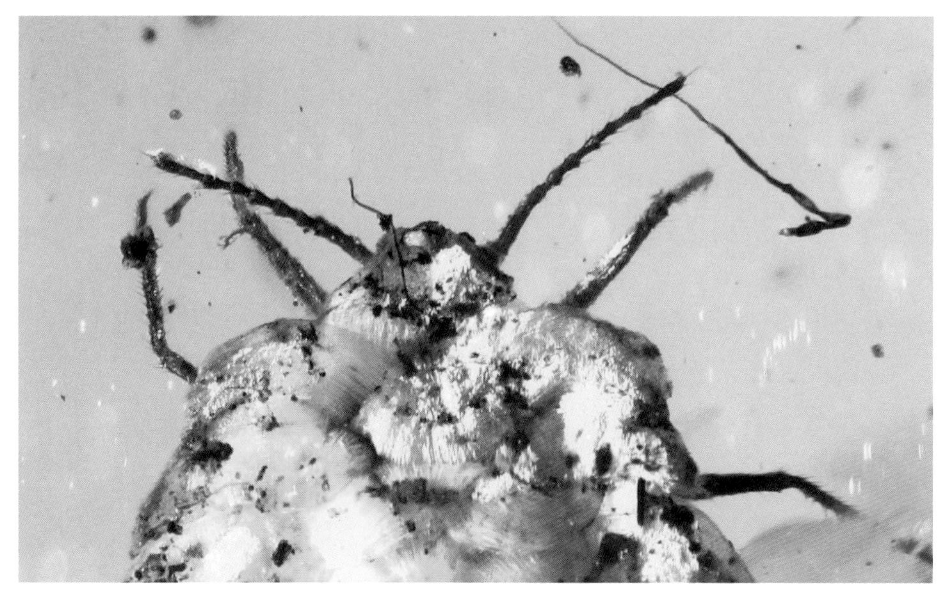

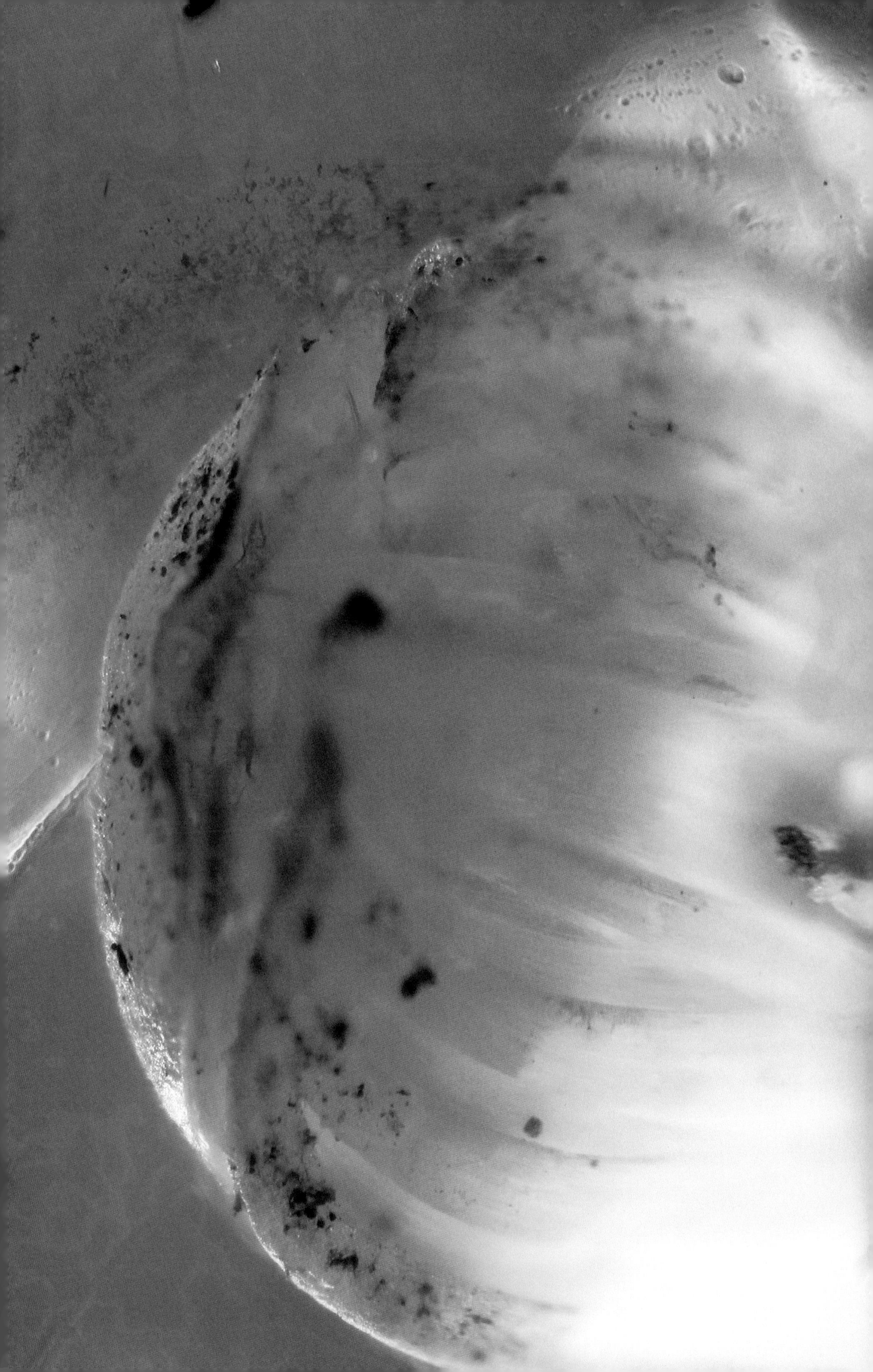

Faeces

粪便

排出粪便是几乎所有动物所固有的生理现象。在琥珀中，常常可以看到各种各样形似“粪便”的内含物，其中有一些还跟昆虫包埋在一起。但这些是否是真正的粪便，又是属于哪一类昆虫或节肢动物的粪便，实在是无从考证。

但是，部分内含物却实实在在有某一类昆虫粪便所具有的独特特征，由此也可以考证出来。

本书收录了 4 块琥珀，力求揭示出琥珀昆虫粪便，特别是蛀干昆虫粪便的冰山一角。

第一块琥珀来自缅甸[a]，里面细长的内含物相当常见，常被收藏家认为是“松针”，在显微镜下观察，可以发现这些“松针”并非光滑圆润的针状物，而是由一小段一小段蛀干昆虫的粪便组成，这些小型蛀干昆虫应该是在树干中边吃边排泄，形成了长长的孔道。

第二块琥珀同样来自缅甸[b]，里面的粪便同样也是属于蛀干昆虫，但个体却要大得多，这些粪便由不可消化的植物纤维夹杂植物碎屑所组成，形成椭圆形的团状物。

第三块琥珀也来自缅甸[c]，一只被树脂包裹的啮虫，情急之下，正在进行排便运动。

第四块琥珀来自多米尼加[d]，一只长小蠹旁边有一个跟虫体直径差不多的圆柱状物体，这就是长小蠹幼虫留下的粪便，长小蠹羽化之后，从树干的孔洞中出来时，将堵在洞口的粪便推出，此时却正好一滴松脂流过，将其连同粪便一起包裹在了树脂之中。

[a] 蛀干昆虫 *Trunk insects*

BU 蛀干昆虫的粪便
N/A

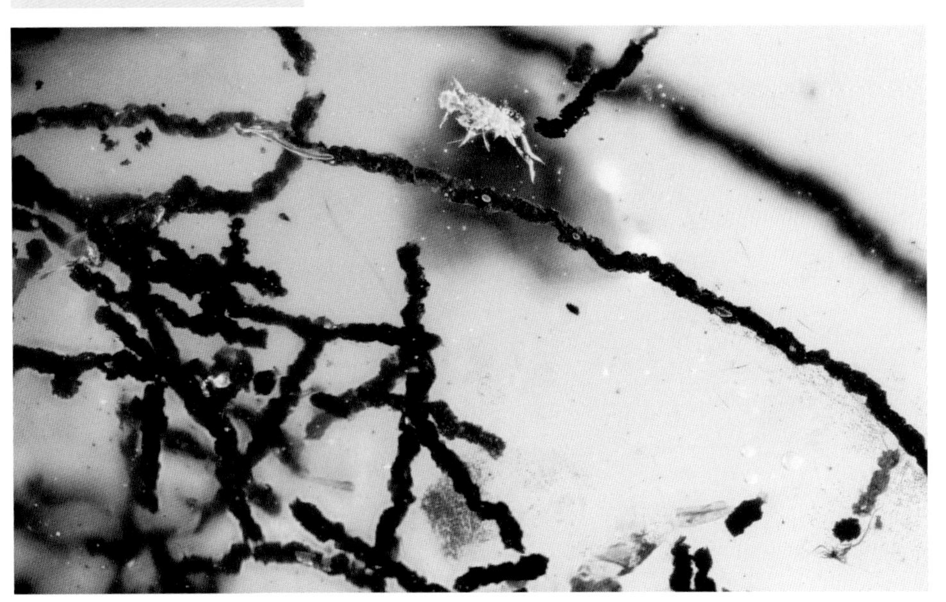

[b] 蛀干昆虫 *Trunk insects*

BU 蛀干昆虫的粪便
N/A

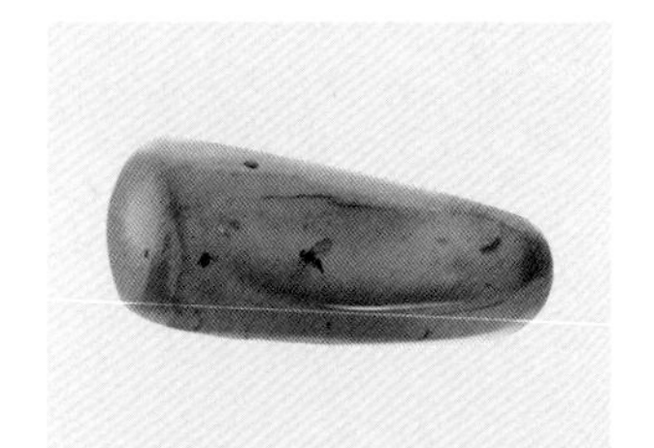

[c] 啮虫目 *Psocoptera*

BU 正在排便的啮虫
Barklice

[d] 小蠹亚科 *Platypodainae*

DO 长小蠹羽化后自树干中推出的粪便
Ambrosia beetle

Skin

蜕皮

蜕皮是节肢动物的一种周期性现象，由于节肢动物外骨骼限制了其身体的生长，只有在旧皮脱去、新皮形成尚未骨化的情况下，身体才能进一步增长。每个节肢动物通常要经过多次脱皮才能达到成虫阶段。蜕皮过程一般包括几个时期，在昆虫中，蜕皮之前上皮细胞的体积增大，同时分裂繁殖，随后旧表皮和上皮细胞分离，由上皮细胞分泌新的表皮质层。新旧表皮之间有蜕皮腺分泌的蜕皮液，将 80%~90% 的旧的内表皮分解，用以重建新表皮。

本书中收录了 2 件来自波罗的海的蟑螂琥珀化石。第一块琥珀[a]，乍看起来是 2 只蟑螂，仔细观察才发现左侧是蟑螂的蜕皮，右侧则是刚刚蜕皮出来的蟑螂，而且新生若虫的足还可以看出尚未完全从蜕皮中挣脱出来。第二块琥珀[b]中包含了正在蜕皮的 1 只蟑螂若虫，细嫩的新生体壁与脱开的深色外壳，一切都像正在发生般，栩栩如生。

[a] 蜚蠊目 *Blattodea*

BA 刚刚完成蜕皮的蟑螂
Cockroach

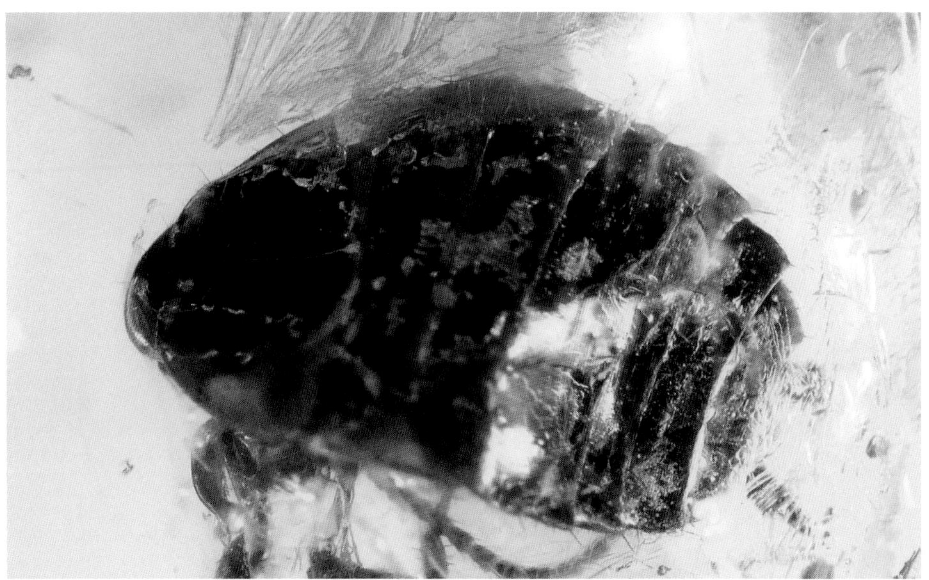

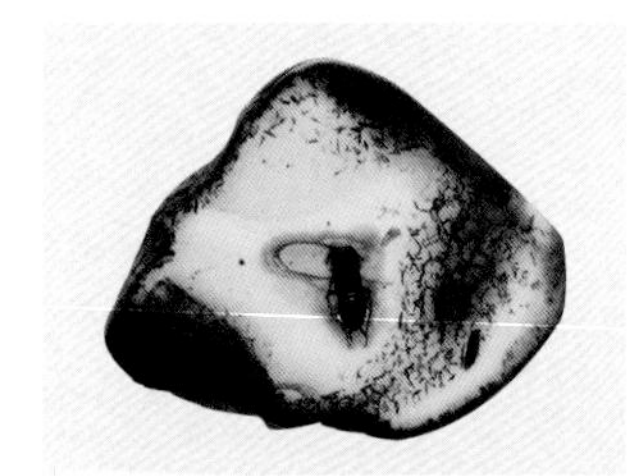

[b] 蜚蠊目 *Blattodea*

正在蜕皮的蟑螂
Cockroach

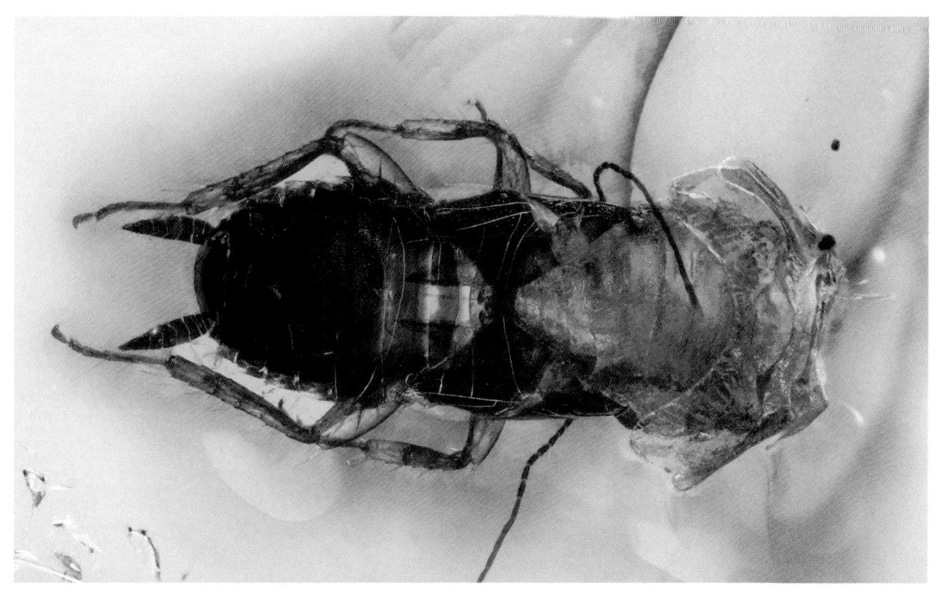

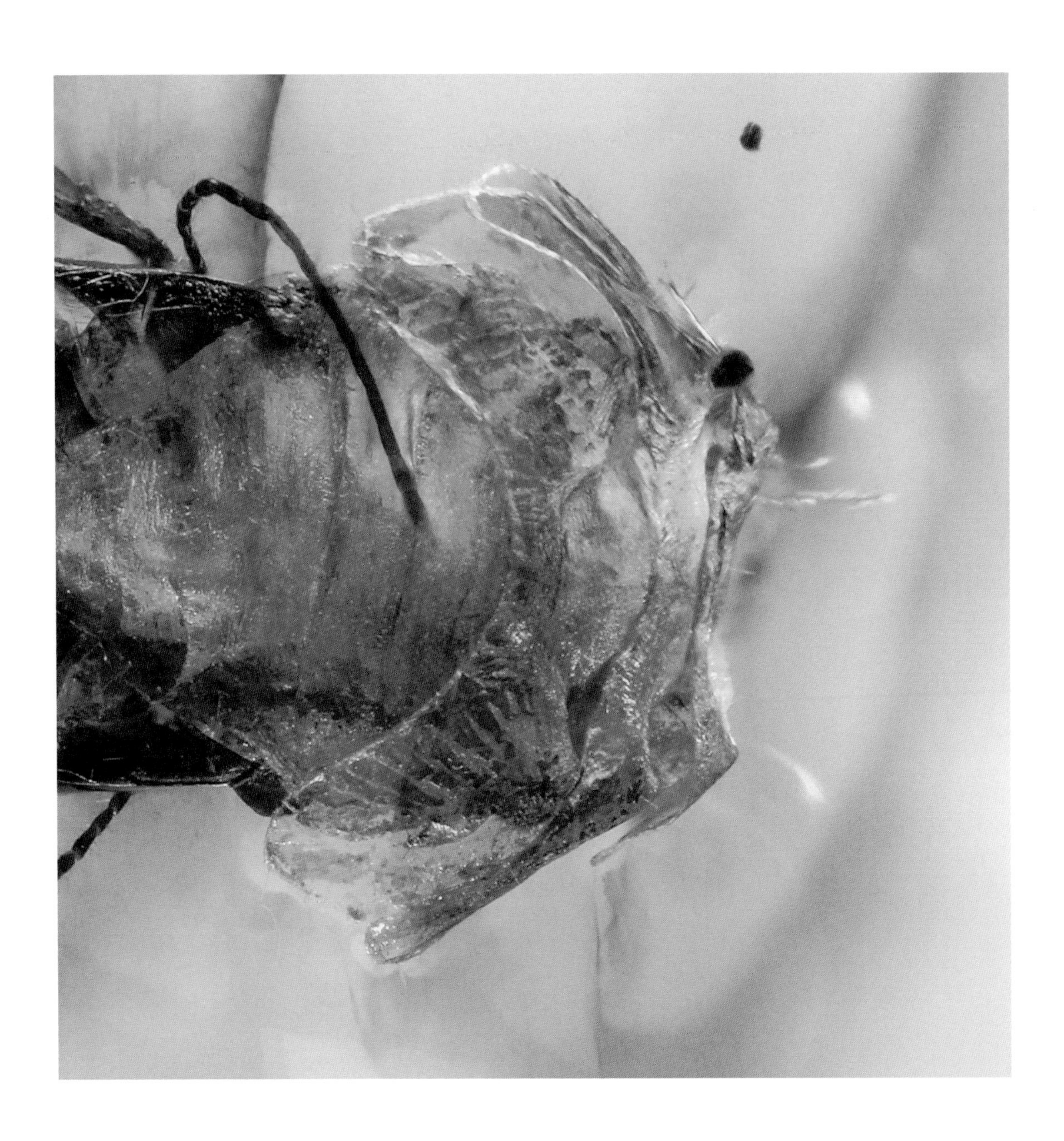

Phoresy

携播

携播是指某些小型动物具有附着在较大型、活动范围人的动物身体上被携运和扩散的现象。例如，某些螨类或其他微小动物可以整个群落附着在金龟子或粪便体上，以实现整群落的迁移，金龟子起了飞行运载工具的作用。这一行为，常常被人们形象地称为“搭车”。

本书收录了部分螨类和伪蝎在双翅目和鞘翅目昆虫体上进行携播的缅甸琥珀化石，这类携播化石非常罕见，具有极高的科研和收藏价值。

螨类的携播常常通过蚊虫[a]或金龟子类[b]昆虫完成，由于蚊虫自身个体较小，在同一个体上“搭车”的螨通常数量较少。而金龟子一类的甲虫，身体可供躲藏和攀爬的部位较多，也比较适合同时进行大规模的批量“搭车”行为。

伪蝎的“搭车”行为比螨类少之又少，能够进入琥珀中，更是极为罕见。本书收录的在金龟子类[c]、虻类[d]昆虫上“搭车”的伪蝎琥珀更加难能可贵。

[a] 蜱螨目 *Acarina*

螨在蚊类上的携播行为
Mite & Mosquito

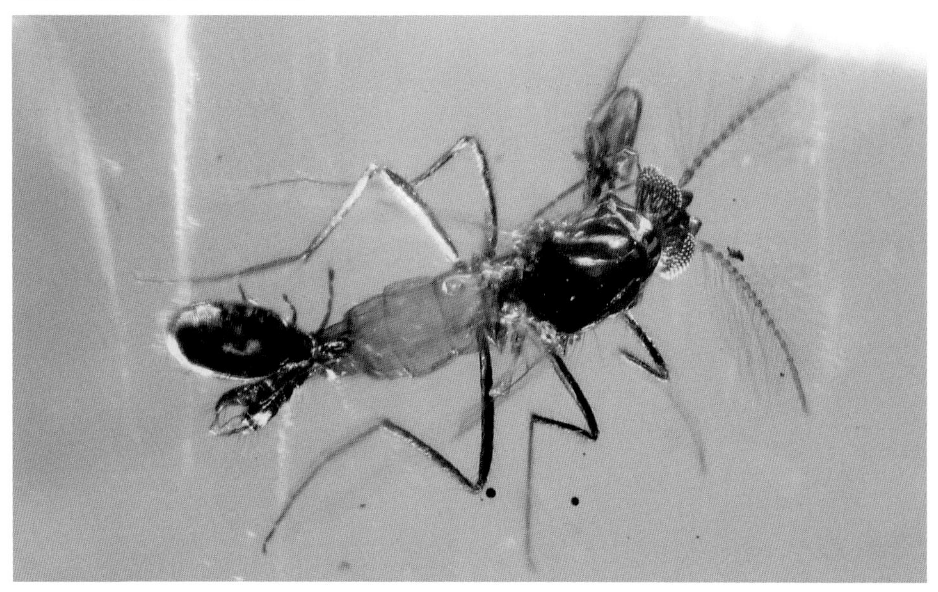

[b] 蜱螨目 *Acarina*

螨在颚黑蜣上的携播行为
Mite & Betsy beetle

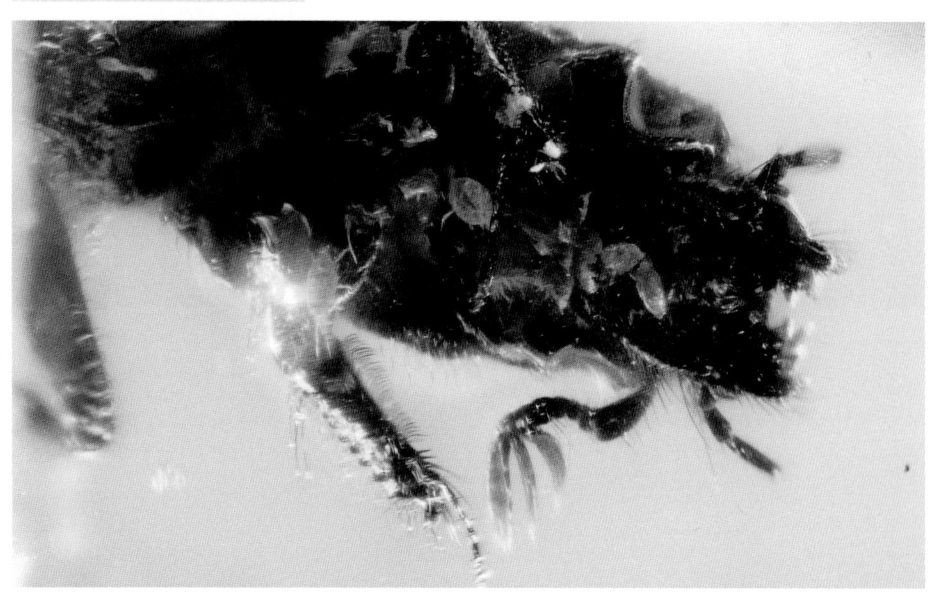

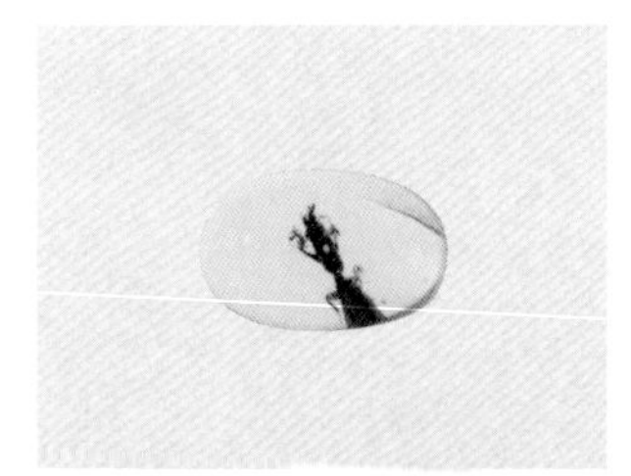

c 伪蝎目 *Pseudoscorpionida*

BU 伪蝎在颚黑蜣上的携播行为
Pseudoscorpion & Betsy beetle

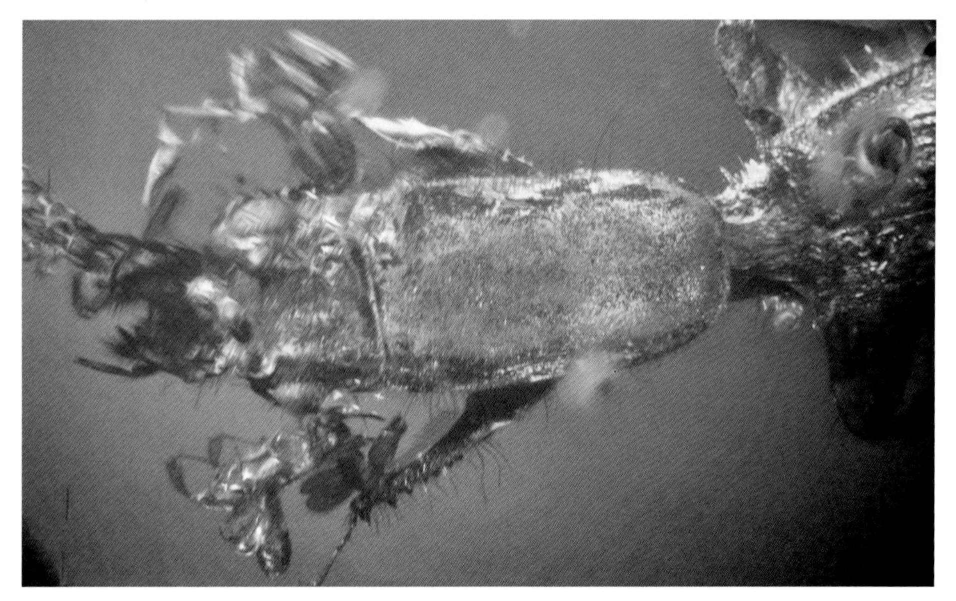

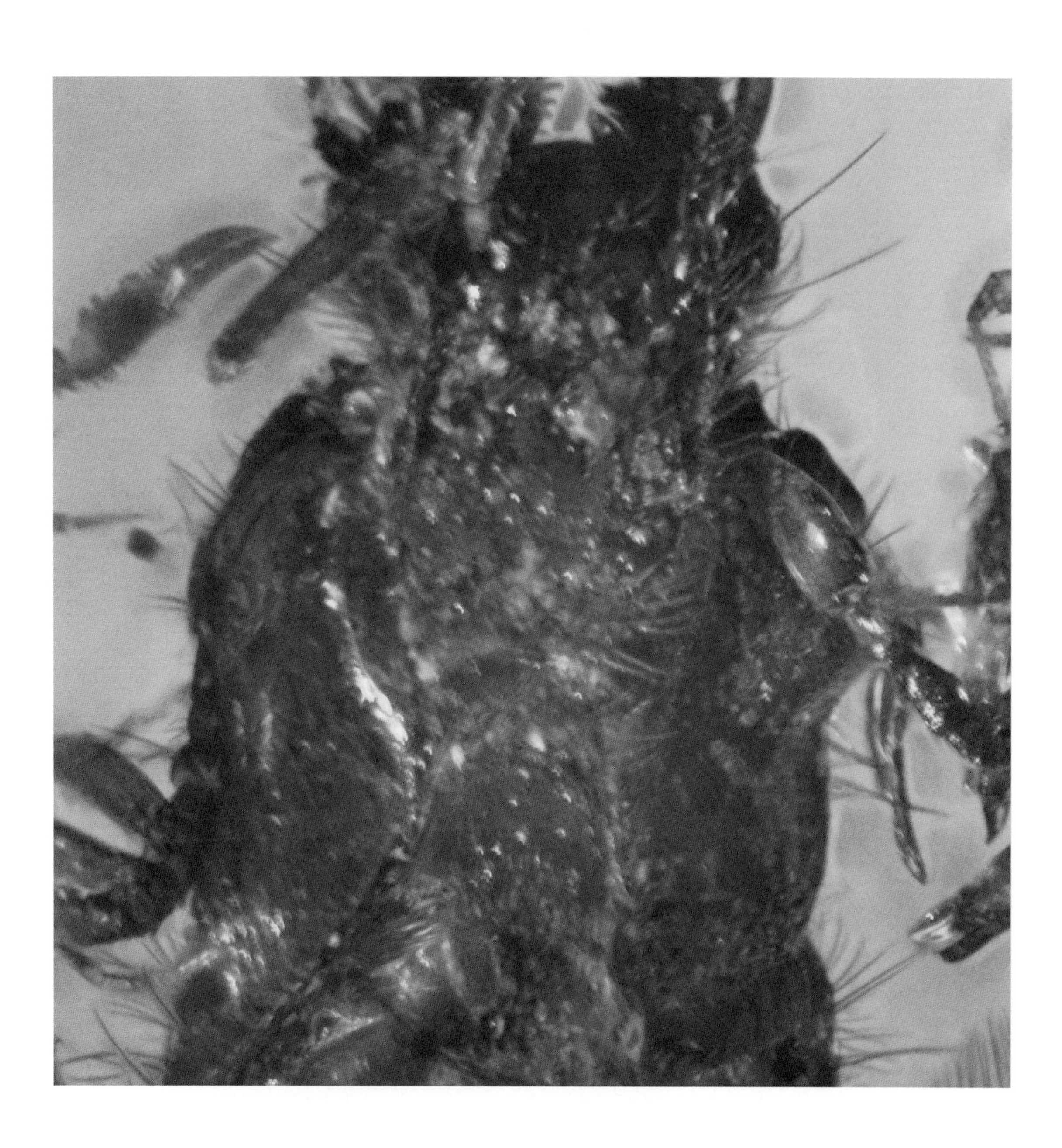

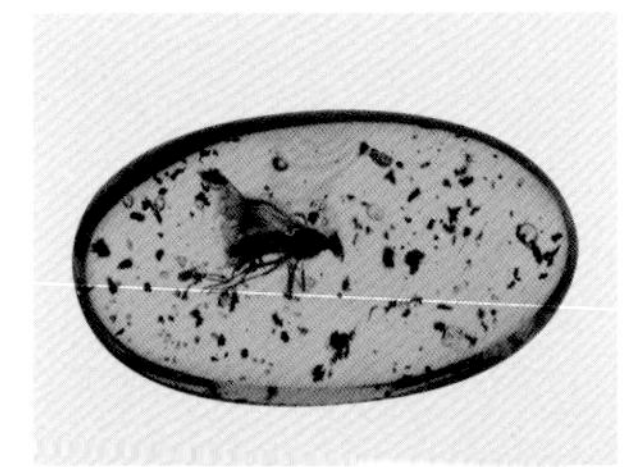

[d] 伪蝎目 *Pseudoscorpionida*

BU 伪蝎在虻类上的携播行为
Pseudoscorpion & Fly

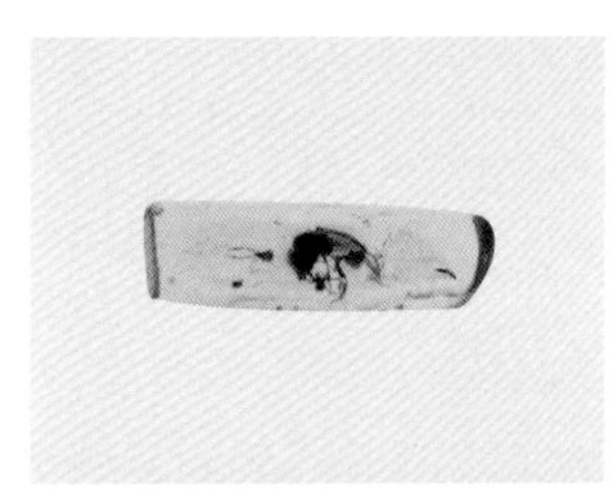

[c] 伪蝎目 *Pseudoscorpionida*

BU 伪蝎在金龟子上的携播行为
Pseudoscorpion & Scarab

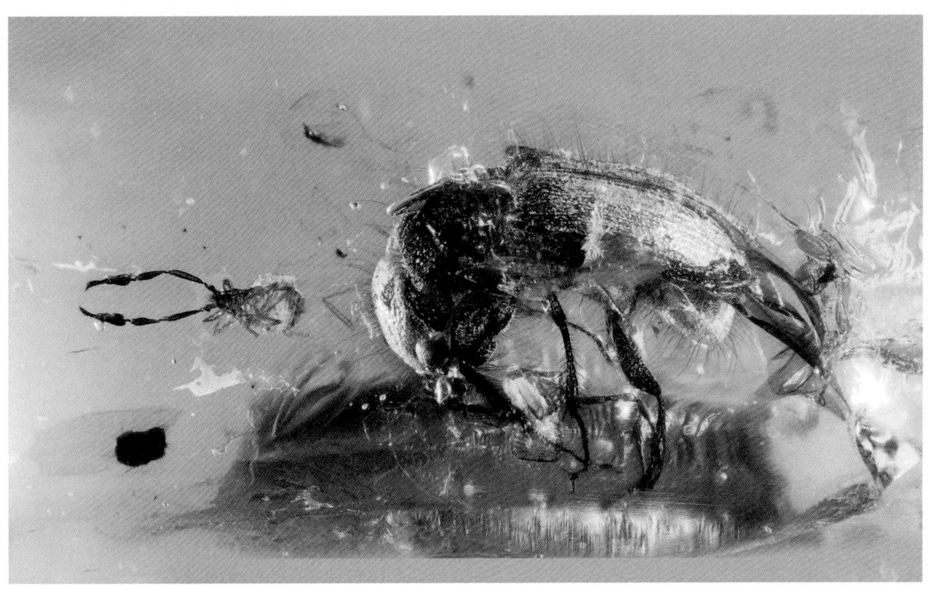

Parasitics

寄生

2 种生物在一起生活，一方受益，另一方受害，后者给前者提供营养物质和居住场所，这种生物的关系称为寄生。这一点跟携播有着很大的不同。

在琥珀中，寄生的例子并不多见。本书收录的是一块来自波罗的海的琥珀[a]，其中有一只螨虫，正在一簇哺乳动物的毛发中隐匿。螨类寄生于哺乳动物体上，并在毛发间藏匿，是很多见的，但从琥珀中有所体现，却极为难得。

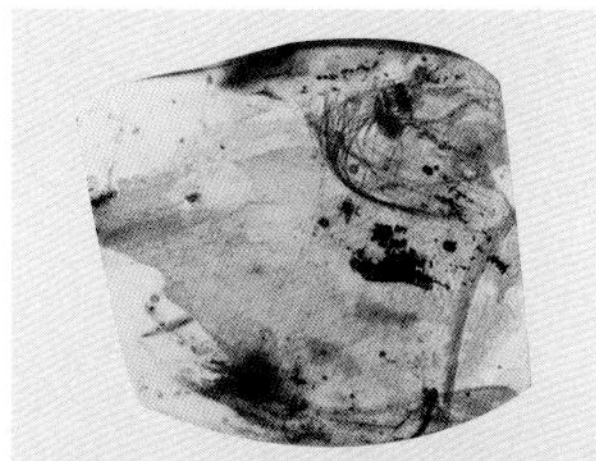

[a] 蜱螨目 *Acarina*

BA 在兽类毛发中寄生的螨
Mite & Mamma hair

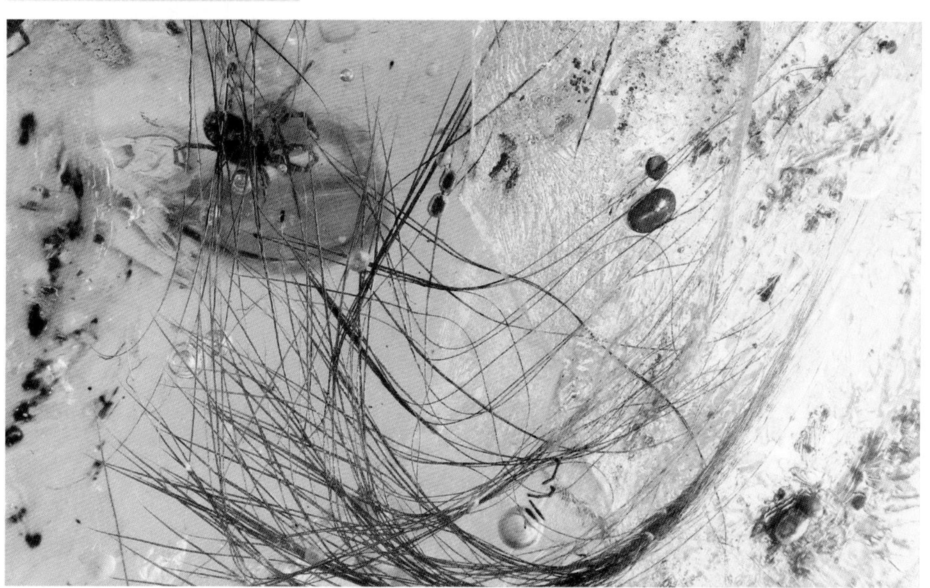

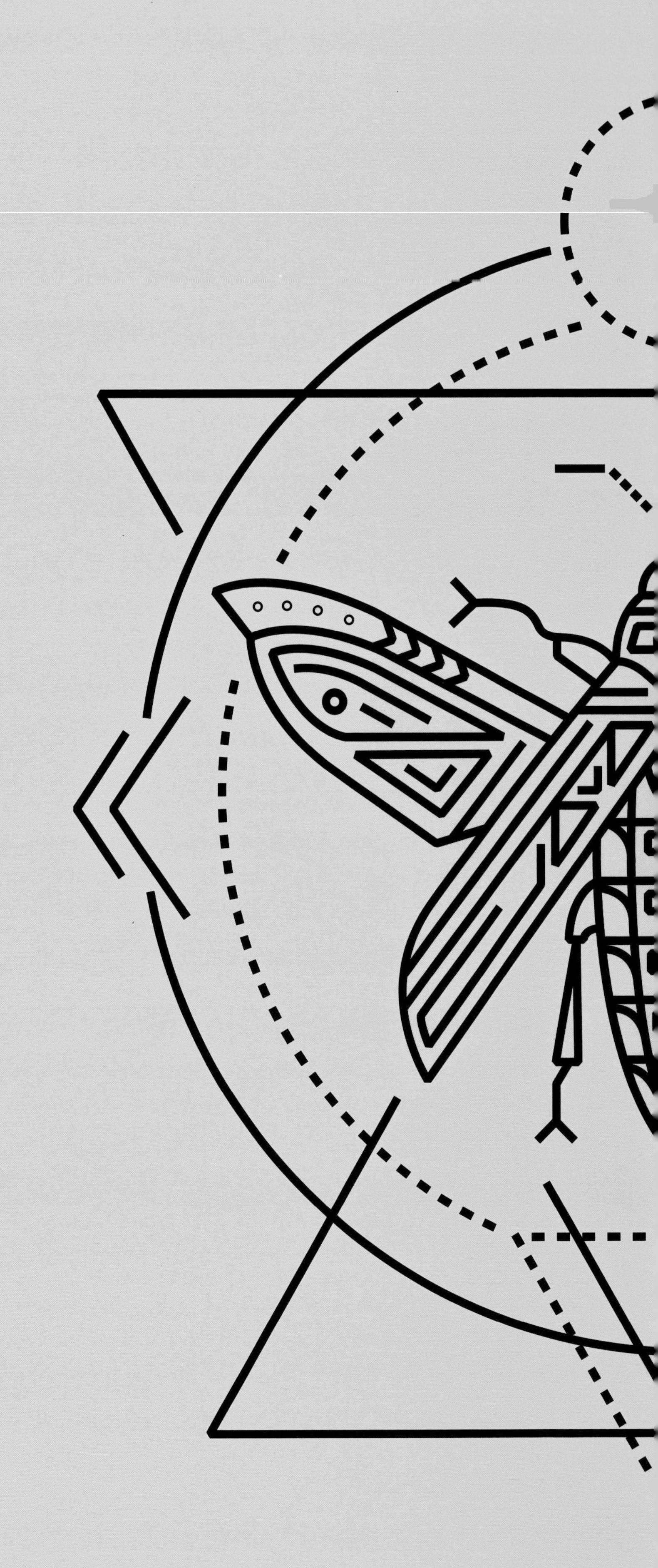

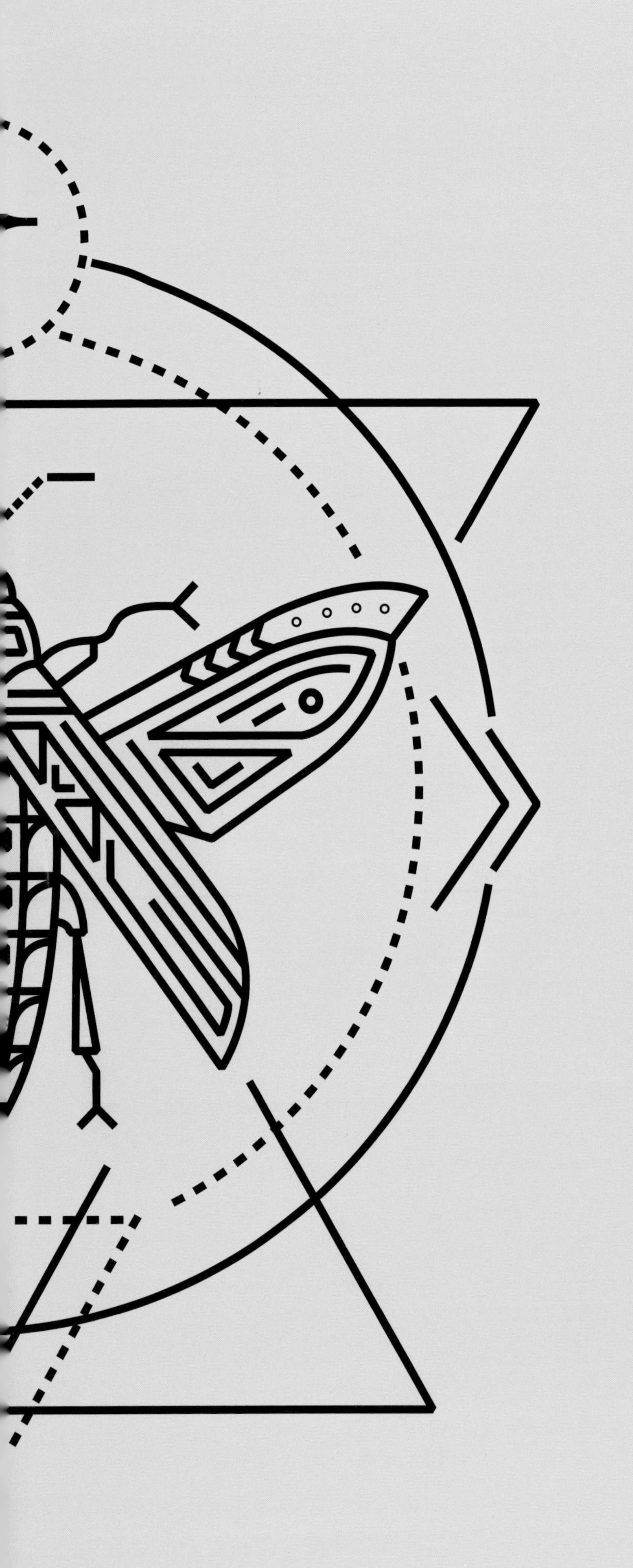

Part 5

虫珀的

保存状态

[1] 波罗的海虫珀中的白雾状包裹

波罗的海虫珀的特点是大多数较为通透，因此，我们也可以很容易发现一些被白色雾状物包裹着的昆虫等小动物。这些白色的雾状物通常紧贴虫体，有些将虫体完全覆盖，有些则只覆盖住其中的一部分。

目前较为通行的解释为：昆虫等内含物被树脂包裹后，生物内部的体液会慢慢从体表渗出，形成白色包裹体。这些白色雾状体主要是组织分解产生的微小气泡所造成的。

这种白色雾状物是波罗的海琥珀中所独有的，也是鉴别是否是波罗的海琥珀的一种方法。

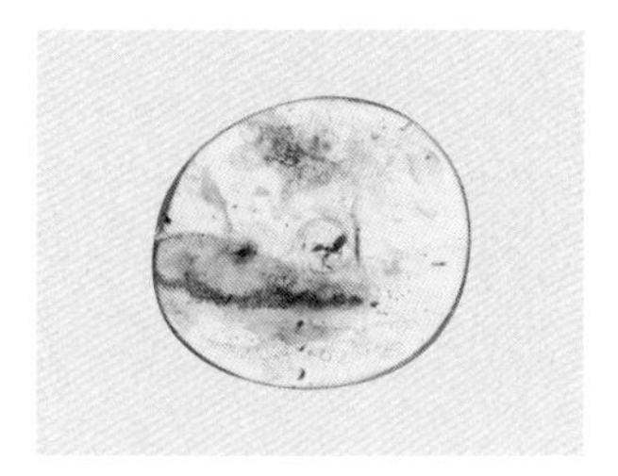

白色雾状物包裹的蚂蚁

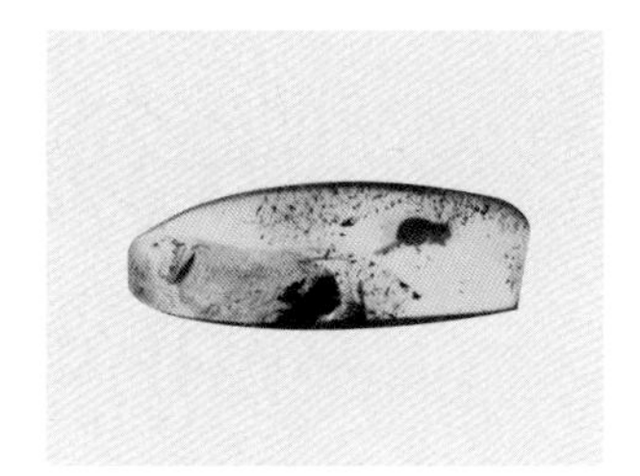

白色雾状物包裹的象甲

[2] 气泡的产生

在缅甸和多米尼加等地的琥珀中，经常可以看到包裹物虫子的腹部末端形成了一个“较大的”气泡，犹如放了一个无声的“屁”。仔细观察，你会发现，其实不仅仅是腹部末端，有些口器前端，甚至体节之间，都会形成类似的气泡。

这些气泡是昆虫等小型无脊椎动物被树脂包裹之后，体内的气体被排出所形成的，有些则是虫体略微腐烂之后形成的气体，从身体的缝隙间排放出来，而此刻的树脂还没有开始硬化。

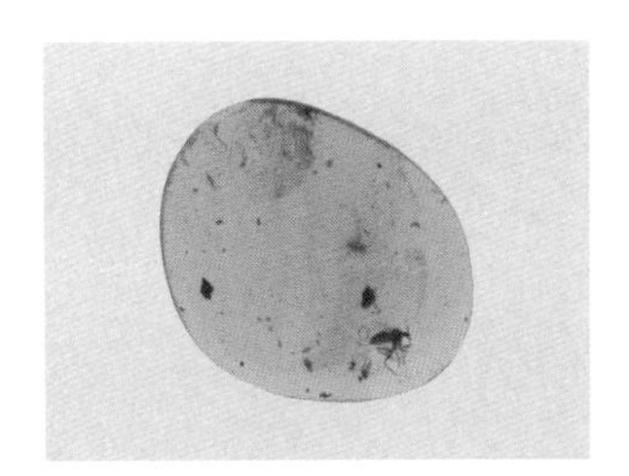

蚊类腹部末端排出的气泡

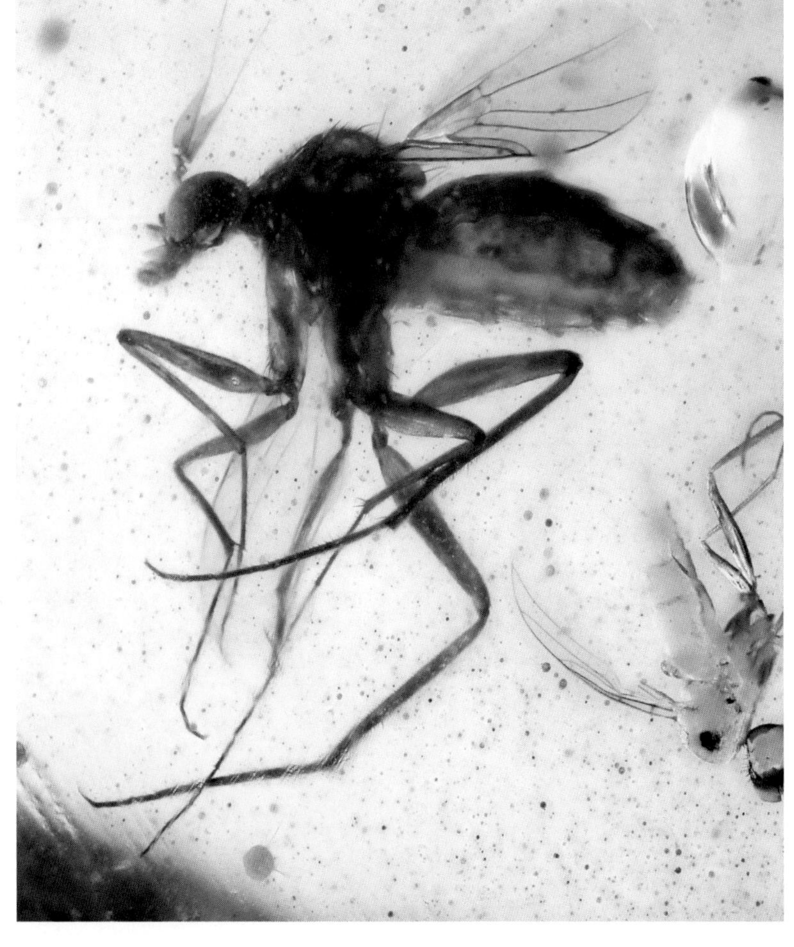

[3] 挣扎痕迹

当昆虫等小型节肢动物被树脂黏住之后，它们通常会用力挣脱，尽量舒展开肢体，但这一切往往是无助的，因为树脂的黏度通常很高，小型动物几乎没有挣脱的可能。这也是我们在琥珀中看到的昆虫经常会有非常完美姿态的原因。在挣扎中足和翅膀均得以充分伸展，甚至像蠼螋这类昆虫，人们几乎在自然状态下不可能看到展翅状态，而在琥珀中出现的频率却相对较高。

甲虫挣扎后，鞘翅和腹部之间形成一个空腔

本书介绍了几种缅甸琥珀中出现的挣扎痕迹，便于读者了解其形成的原因。

首先是一只甲虫，用力挣扎后，鞘翅脱离身体，并在鞘翅和腹部之间形成一个空腔，足以想像这只甲虫挣扎的力量和树脂的黏性。

第二是一只脉翅目的鳞蛉，看上去像是有 4 对翅膀，应该是落入树脂的陷阱之后，用力扇动了翅膀，并留下清晰的痕迹。

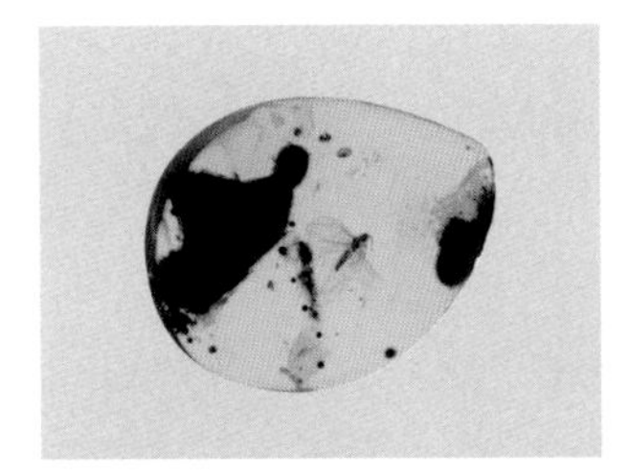

鳞蛉翅膀挣扎后留下“四对翅”的痕迹

第三块琥珀是一只马陆，在陷入树脂后，使劲摆动身体，并在树脂中留下一个空腔一样的印痕，说明当时的树脂略显黏稠。

第四块琥珀则是一只石蛃，其腹部腹面的 5 对刺突在挣扎过程中被黏掉，与现在的腹部位置几乎呈 90° ，可见其挣扎的力度。

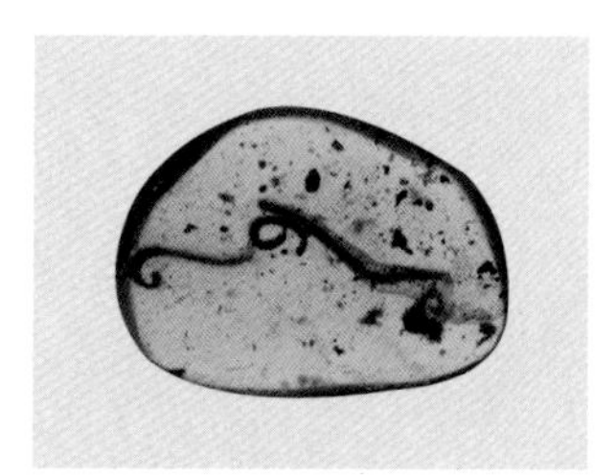

马陆挣扎造成的身体痕迹

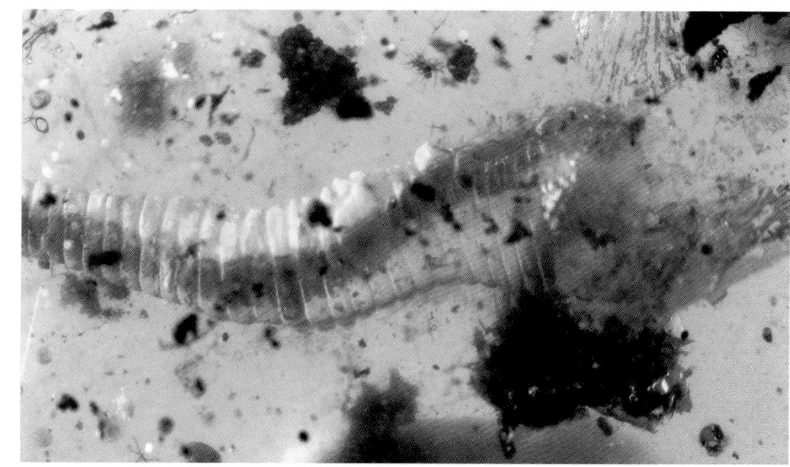

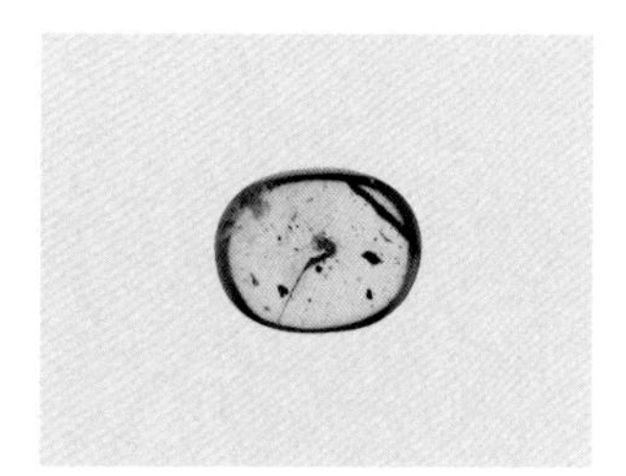

石蛃挣扎，腹部腹面的刺突被黏掉

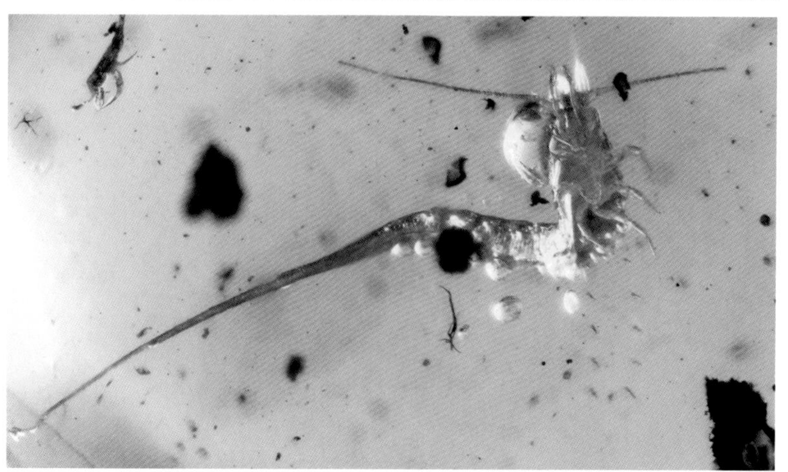

[4] 虫体印模

琥珀中的昆虫或其他生物，多数体内已经被填充，很难保留下内部结构，所以基本就是一个“空壳”。加之昆虫在琥珀中实际上是一个大型的杂质，因此，或多或少都有断裂，只是肉眼难以察觉。当这些断裂层受到人为打磨、切割、震动等因素影响的时候，就会进一步扩大，甚至完全断开。这时候，就可以看到虫体的印模显现出来。这些印模十分精细，脉络毛发都保存非常完好，对形态学研究来说，也是不可多得的标本。

鳞蛉翅膀的印模

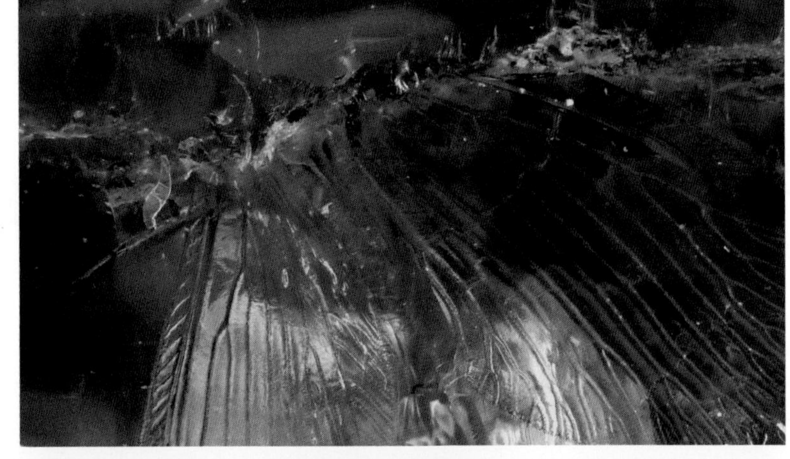

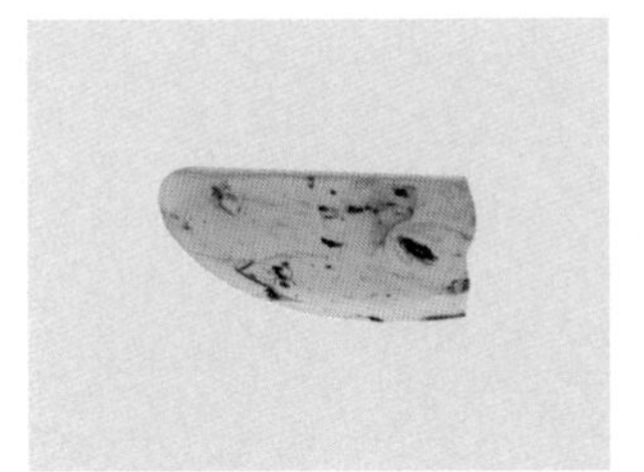

蜡蝉若虫的印模

[5] 挤压变形

当昆虫落入树脂中以后，在形成琥珀的硬化过程中，或许受到了很大的外力作用，使得一些昆虫，特别是体壁坚硬的甲虫等，产生变形。

本书收录的一个甲虫琥珀，可以非常明显地看出两侧完全不对称，其虫体周围也有一圈冰裂的痕迹。

挤压变形的甲虫

[6] 填充

一些死亡干枯，甚至断裂的虫体，有时也会被狂风刮到树脂上，最终形成琥珀。

本书收录的这个半截马陆的缅甸琥珀，不仅外层的几丁质外壳非常完整，甚至还保留了部分内脏的结构，这是完整虫珀所难以保存的一种特殊现象，极为罕见。

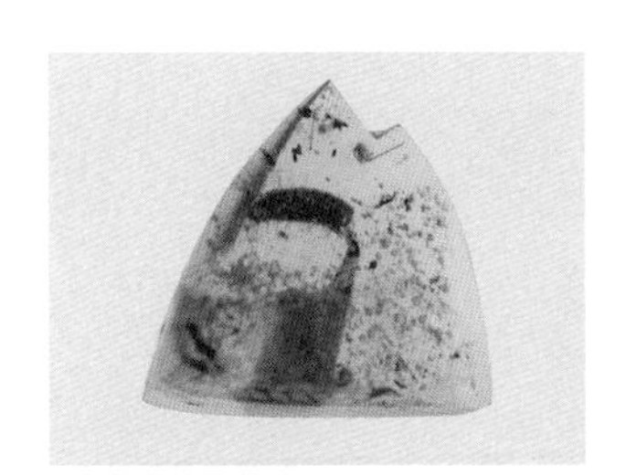

被树脂填充的半截马陆

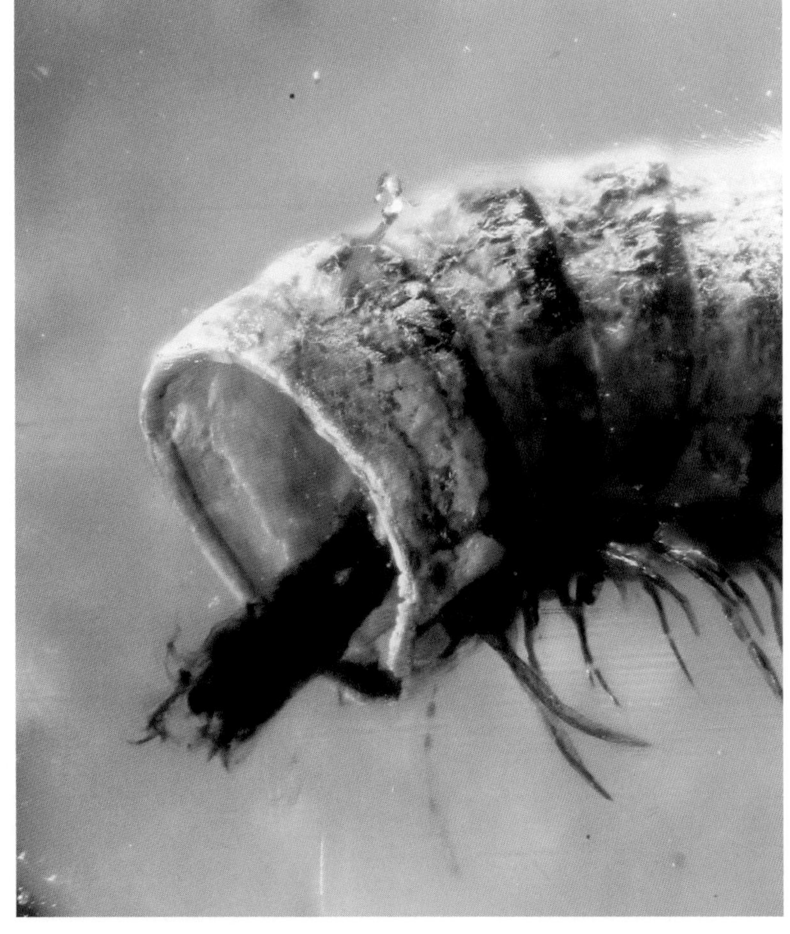

[7] 分层现象

很多缅甸琥珀都有分层的现象，有些被称作“虫窝”，有些则由于外观的原因，被人当作叶子来看待。

“虫窝”是缅甸琥珀里一种奇特的现象，在一块琥珀内看上去有一个单独的部分，很像是漩涡一样，里面包裹着相当数量的昆虫或昆虫残肢。而漩涡之外，却往往是没有太多杂质的珀体。这一现象究竟是如何形成的，为什么昆虫甚至仅仅是残肢这么集中，尚无定论。

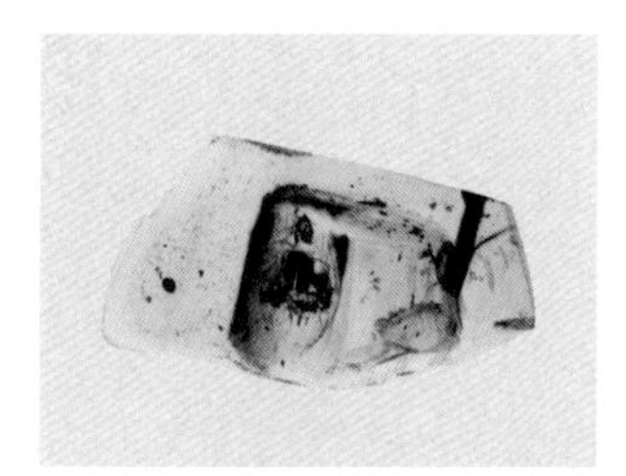

“虫窝”现象，各种昆虫的残肢

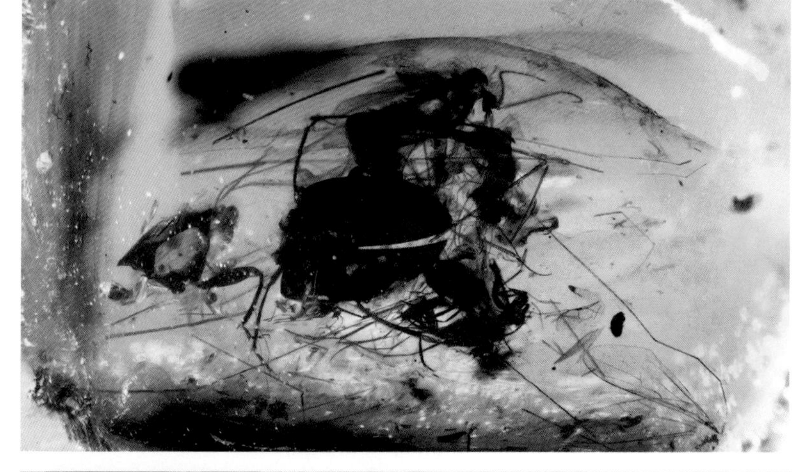

“虫窝”现象，交织在一起的各种昆虫

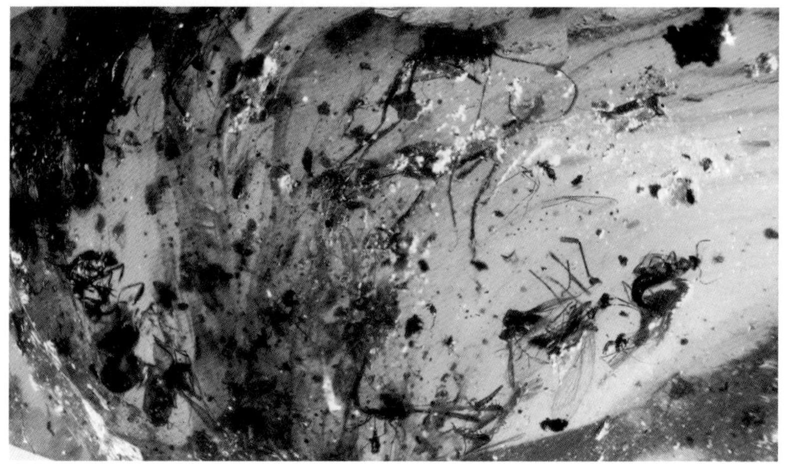

在一些缅甸琥珀中，常常可以看到一些网状结构，将琥珀分为两层。这些网状结构，有些较为稀疏，有些则非常致密，尤其是那些致密的结构，与叶脉非常接近，因此常被作为植物珀对待。有时会发现这些琥珀有昆虫嵌入其中，仿佛从叶片中生长出来，非常神奇。其实，这种情况是由于已经干枯分裂的树脂表面，再次被新鲜树脂覆盖所造成的。那些原本黏在树脂表层的昆虫仅剩下空壳或印模，再次被树脂覆盖，便形成了这种奇异的现象。

留有蜉蝣印记的分层现象

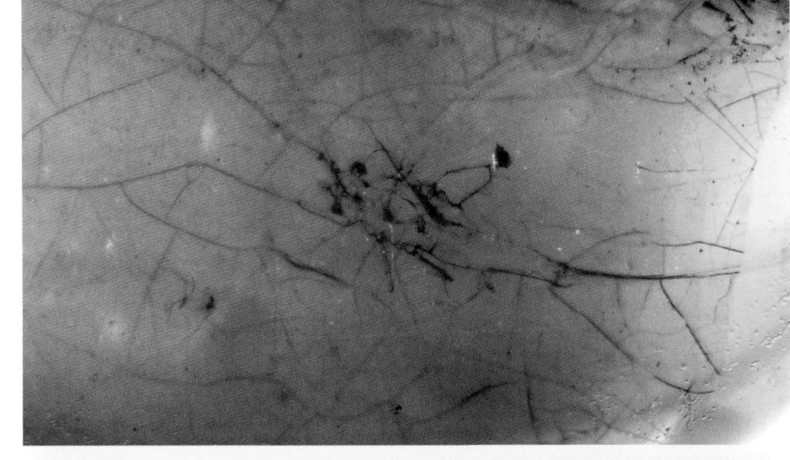

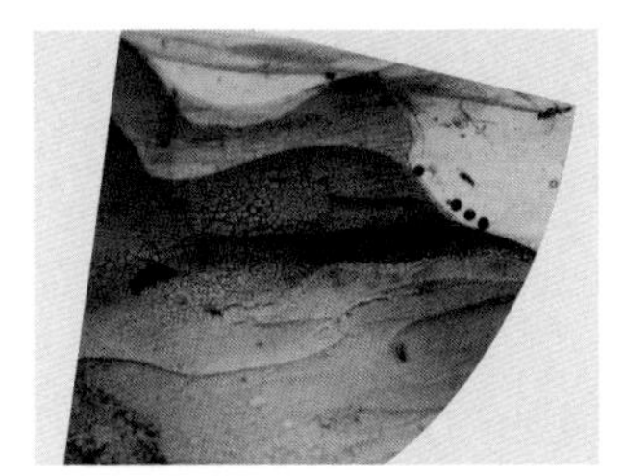

形似叶脉的分层现象

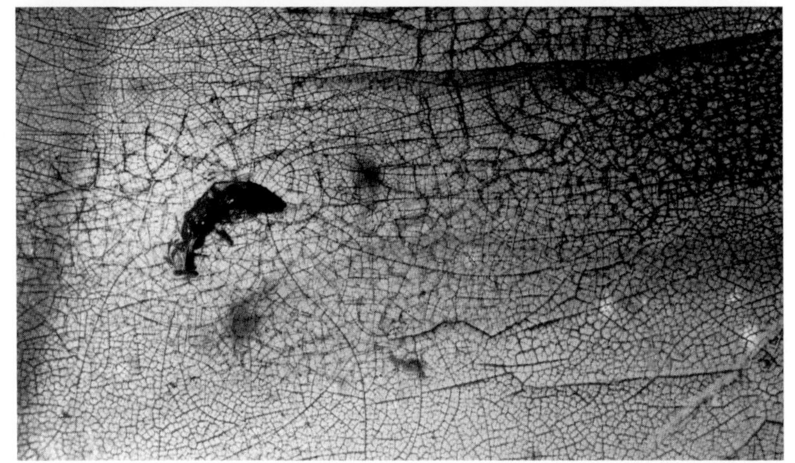

张巍巍

1968 年生于北京，著名集邮家、昆虫学者、科普作家、生态摄影师、虫珀收藏家。系统收集缅甸、波罗的海和多米尼加等地的虫珀，涵盖绝大多数曾在世界各地琥珀中出现的无脊椎动物类群。业余从事昆虫分类研究，现为国际竹节虫物种库（PSF）中国专家，曾发表现生及琥珀化石昆虫新分类阶元若干，其中包括缅甸琥珀中的化石新目：奇翅目 Alienoptera。合著有专著《Catalogue of The Stick-Insects and Leaf-Insects of China（中国竹节虫目录）》，编写或主编有《昆虫家谱：世界昆虫 410 科野外鉴别指南》《中国昆虫生态大图鉴》《常见昆虫野外识别手册》及《邮票图说昆虫世界》等书籍。

新浪微博
混世魔王张巍巍

微信公众平台
巍巍昆虫记

Facebook 脸书
张巍巍 (Weiwei Zhang)

参考文献

黄忆人．琥珀的奇幻世界 [M]. 台北：黄忆人（自印），2008.

任东，史宗冈，高太平，等．中国东北中生代昆虫化石珍品 [M]. 北京：科学出版社，2012.

谭京晶，任东．中国中生代原鞘亚目甲虫化石 [M]. 北京：科学出版社，2009.

文仮．金石昆虫草木状 [M]. 台北：世界书局，2013.

吴志强．封藏四千万年的多明尼加琥珀化石 [M]. 多米尼加：吴志强（自印），1996.

杨平世，黄忆人，隗振瑜，等．时空胶囊——琥珀 [M]. 台北：台湾博物馆，2013.

张宏实．沧海遗玉 · 细说琥珀 [M]. 香港：天地图书，1998.

张巍巍．昆虫家谱：世界昆虫 410 科野外鉴别指南 [M]. 重庆：重庆大学出版社，2014.

张巍巍，李元胜．中国昆虫生态大图鉴 [M]. 重庆：重庆大学出版社，2011.

FOOTE M, MILLER A I. 古生物学原理 [M]. 樊隽轩，等，译．3 版．北京：科学出版社，2013.

ROSS A. 琥珀——大自然的时空飞梭 [M]. 徐洪河，等，译．北京：科学出版社，2014.

ADL S, GIRARD V, BRETONET G, et al. Reconstructing the soil food web of a 100 million-year-old forest: The case of the mid-Cretaceous fossils in the amber of Charentes (SW France) [J]. Soil Biology & Biochemistry, 2011, 43 (4): 726-735.

ARILLO A, PEÑALVER E, PÉREZ-DE FUENTE R, et al. Long-proboscid brachyceran flies in Cretaceous amber (Diptera: Stratiomyomorpha: Zhangsolvidae) [J]. Systematic Entomology, 2015, 40(1): 242-267.

AZAR D, ENGEL M S, GRIMALDI D A. A new genus of sphaeropsocid bark lice from the Early Cretaceous amber of Lebanon (Psocodea: Sphaeropsocidae) [J]. Annales de la Société entomologique de France (N.S.), 2010, 46:1-2, 103-107.

AZAR D, NEL A. Four new Psocoptera from Lebanese amber (Insecta: Psocomorpha: Trogiomorpha) [J]. Annales de la Société entomologique de France (N.S.), 2004, 40(2): 185-192.

BAI M, ZHANG W W, REN D, et al. Hybosorus ocampoi: the first hybosorid from the Cretaceous Myanmar amber (Coleoptera: Scarabaeoidea) [J]. Organisms Diversity & Evolution, 2016, 16: 233-240.

BAI M, BEUTEL R G, KLASS K D, et al. Alienoptera - a new insect order in the roach - mantodean twilight zone [J]. Gondwana Research, 2016,39:317-326.

BARANOVA V, ANDERSENB T, PERKOVSKYA E E. Orthoclads from Eocene Amber from Sakhalin (Diptera: Chironomidae, Orthocladiinae)[J]. Insect Systematics & Evolution. 2014, DOI 10.1163/1876312X-45032122.

BARDEN P, GRIMALDI D A. Rediscovery of the bizarre Cretaceous ant Haidomyrmex Dlussky (Hymenoptera: Formicidae), with two new species [J]. American Museum Novitates, 2012, 3755:1-16.

BAZ A, ORTUÑO V M. Archaeatropidae, a new family of Psocoptera from the Cretaceous Amber of Alava, Northern Spain[J] . Annals of the Entomological Society of America, 2000, 93(3): 367-373.

BECHLY G, POINAR G O JR. Burmaphlebia reifi gen. et sp. nov., the first anisozygopteran damsel-dragonfly (Odonata: Epiophlebioptera: Burmaphlebiidae fam. nov.) from Early Cretaceous Burmese amber [J]. Historical Biology, 2012, 25: 233-237.

BEUTELL R G, ZHANG W W, POHLL H, et al. A miniaturized beetle larva in Cretaceous Burmese amber: reinterpretation of a fossil “strepsipteran triungulin” [J]. Insect Systematics & Evolution, 2015, DOI 10.1163/1876312X-46052134.

BOUCHARD P. The book of beetles [M]. Chicago: The University of Chicago press, 2014.

BOUCHER S, BAI M, WANG B, et al. Passalopalpidae, a new family from the Cretaceous Burmese amber, as the possible sister group of Passalidae Leach (Coleoptera: Scarabaeoidea) [J]. Cretaceous Research, 2016, 64:67-78.

BOUCOT A J, POINAR G O JR. Fossil Behavior Compendium [M]. Boca Raton: CRC Press, 2010.

BROLYA P, MAILLETB S, ROSSC A J. The first terrestrial isopod (Crustacea: Isopoda: Oniscidea) from Cretaceous Burmese amber of Myanmar [J]. Cretaceous Research, 2015, 55: 220-228.

CARMONA N B, MÁNGANO M G, BUATOIS L A, et al. Bivalve trace fossils in an early Miocene discontinuity surface in Patagonia, Argentina: Burrowing behavior and implications for ichnotaxonomy at the firmground - hardground divide [J]. Palaeogeography Palaeoclimatology Palaeoecology, 2008, 255(3-4): 329-341.

CHAMBERS K L, POINAR G O JR, BUCKLEY R. Tropidogyne, a new genus of early Cretaceous Eudicots (Angiospermae) from Burmese Amber [J]. A Journal For Botanical Nomenclature, 2010, 20 (1):23-29.

CHATZIMANOLIS S, CASHION M E, ENGEL M S, et al. A new genus of Ptilodactylidae (Coleoptera: Byrrhoidea) in mid-Cretaceous amber from Myanmar (Burma) [J]. Geodiversitas, 2012, 34 (3): 569-574.

CHRISTIANSEN K, NASCIMBENE P. Collembola (Arthropoda, Hexapoda) from the mid Cretaceous of Myanmar (Burma) [J]. Cretaceous Research, 2006, 27 (3): 318-363.

COCKERELL T D A. Two interesting insects in Burmese amber [J]. Entomological, Bari, 1919, 52: 193-195.

CRUICKSHANK R D, KO K. Geology of an amber locality in the Hukawng Valley, Northern Myanmar [J]. Journal of Asian Earth

Sciences, 2003, 21(5): 441-455.

DUNLOP J A, BIRD T L, BROOKHART J O, et al. G. A camel spider from Cretaceous Burmese amber [J]. Cretaceous Research, 2015, 56: 265-273.

ENGEL M S. The Smallest Snakefly (Raphidioptera: Mesoraphidiidae): A New Species in Cretaceous Amber from Myanmar, with a Catalog of Fossil Snakeflies [J]. American Museum Novitates, 2002, 3363: 1-22.

ENGEL M S. The dustywings in Cretaceous Burmese amber (Insecta: Neuroptera: Coniopterygidae) [J]. Journal of Systematic Palaeontology, 2004, 2(2): 133-136.

ENGEL M S. Thorny Lacewings (Neuroptera: Rhachiberothidae) in Cretaceous amber from Myanmar [J]. Journal of Systematic Palaeontology, 2004, 2 (2): 137-140.

ENGEL M S. New earwigs in mid-Cretaceous amber from Myanmar (Dermaptera, Neodermaptera) [J]. ZooKeys, 2011, 130: 137-152.

ENGEL M S, GRIMALDI D A. The first Mesozoic Zoraptera (Insecta) [J]. American Museum Novitates, 2002, 3362: 1-20.

ENGEL M S, GRIMALDI D A. The Earliest Webspinners (Insecta: Embiodea) [J]. American Museum Novitates, 2006, 3514: 1-15.

ENGEL M S, GRIMALDI D A. Diverse Neuropterida in Cretaceous amber, with particular reference to the paleofauna of Myanmar (Insecta) [J]. Nova Supplementa Entomologica, 2008, 20: 1-86.

ENGEL M S, GRIMALDI D A. Whipspiders (Arachnida: Amblypygi) in amber from the early Eocene and mid-Cretaceous, including maternal care [J]. Novitates Paleoentomologicae, 2014, 9:1-17.

ENGEL M S, GRIMALDI D A, KRISHNA. K. Primitive termites from the Early Cretaceous of Asia (Isoptera) [J]. Stuttgarter Beiträge zur Naturkunde, Serie B (Geologie und Paläontologie), 2007, 371: 1-32.

FALIN Z H, ENGEL M S. Notes on Cretaceous Ripidiini and revised diagnoses of the Ripidiinae, Ripidiini, and Eorhipidiini (Coleoptera: Ripiphoridae) [J]. Alavesia, 2010, 3: 35-42.

FANG Y, WANG B, ZHANG H C, et al. New Cretaceous Elcanidae from China and Burmese amber (Insecta, Orthoptera) [J]. Cretaceous Research, 2015, 52: 323-328.

GIRIBET G, DUNLOP J A. First identifiable Mesozoic harvestman (Opiliones: Dyspnoi) from Cretaceous Burmese amber [J]. Proceedings of the Royal Society B: Biological Sciences, 2005, 272(1567): 1007-1013.

GRIMALDI D A. Captured in amber [J]. Scientific American, 1996: 64-71.

GRIMALDI D A. Studies on Fossils in Amber, with Particular Reference to the Cretaceous of New Jersey [M]. Leiden: Backhuys Publishers, 2000.

GRIMALDI D A. Amber: window to the past [M]. New York: Harry N. Abrams, Inc, 2003.

GRIMALDI D A. A revision of Cretaceous mantises and their relationships, including new taxa (Insecta, Dictyoptera, Mantodea) [J]. American Museum Novitates, 2003, 3412: 1-47.

GRIMALDI D, ENGEL M S. Evolution of the Insects [M]. Cambridge: Cambridge University Press, 2005.

GRIMALDI D, ENGEL M S. The Relict Scorpionfly Family Meropeidae (Mecoptera) in Cretaceous amber [J]. Journal of the Kansas Entomological Society, 2013, 86(3):253-263.

GRIMALDI D, ENGEL M S, NASCIMBENE P C. Fossiliferous Cretaceous Amber from Myanmar (Burma): Its Rediscovery, Biotic Diversity, and Paleontological Significance [J]. American Museum Novitates, 2002, 3361 :1-71.

GRIMALDI D A, KATHIRITHAMBY J, SCHAWAROCH V. Strepsiptera and triungula in Cretaceous amber [J]. Insect Systematics & Evolution, 2005, 36(4): 1-20.

GRIMALDI D A, ZHANG J F, FRASER N C, et al. Revision of the bizarre Mesozoic scorpionflies in the Pseudopolycentropodidae (Mecopteroidea) [J]. Insect Systematics & Evolution, 2005, 36: 443-458.

HALL J P, ROBBINS R K, HARVEY D J. Extinction and biogeography in the Caribbean: new evidence from a fossil riodinid butterfly in Dominican amber [J]. Proceedings of the Royal Society B: Biological Sciences, 2004, 271(1541): 797-801.

HEADS S W. A new pygmy mole cricket in Cretaceous amber from Burma (Orthoptera: Tridactylidae) [J]. Denisia, 2009, 26: 75-82.

HIBBETT D S, GRIMALDI D, DONOGHUE M J. Fossil mushrooms from Miocene and Cretaceous ambers and the evolution of Homobasidiomycetes [J]. American Journal of Botany, 1997, 84 (7): 981-991.

HUANG D Y, AZAR D, CAI C Y, et al. New damselfly genera in the Cretaceous Burmese amber attributable to the Platystictidae and Platycnemididae Disparoneurinae (Odonata: Zygoptera) [J]. Cretaceous Research, 2015, 56: 237-243.

HUANG D Y, AZAR D, CAI C Y, et al. The first Mesozoic pleasing lacewing (Neuroptera: Dilaridae) [J]. Cretaceous Research, 2015, 56: 274-277.

HUANG D Y, BECHLY G, et al. New fossil insect order Permopsocida elucidates major radiation and evolution of suction feeding in hemimetabolous insects (Hexapoda: Acercaria) [J]. Scientific Reports, 2016, 6, 23004; doi: 10.1038/srep23004.

HUANG D Y, GARROUSTE R, AZAR D. et al. The fourth Mesozoic water measurer discovered in mid-Cretaceous Burmese amber (Heteroptera: Hydrometridae: Hydrometrinae) [J]. Cretaceous Research, 2015, 52 (1): 118-126.

IGNATOV M S, PERKOVSKY E E. Mosses from Sakhalinian amber (Russian Far East) [J]. Arctoa, 2013, 22(1): 79-82.

JENNINGS J T, KROGMANN L, MEW S L. Cretevania bechlyi sp. nov., from Cretaceous Burmese amber (Hymenoptera: Evaniidae) [J].

Zootaxa, 2013, 3609: 91-95.

KIREJTSHUK A G, POSCHMANN M, PROKOP J, et al. Evolution of the elytral venation and structural adaptations in the oldest Palaeozoic beetles (Insecta: Coleoptera: Tshekardocoleidae) [J]. Journal of Systematic Palaeontology, 2014, 12(5): 575-600.

KRISHNA K, GRIMALDI D A. The first Cretaceous Rhinotermitidae (Isoptera): A new species, genus, and subfamily in Burmese amber [J]. American Museum Novitates, 2003, 3390:1-10.

KRZEMINSKI W, KRZEMINSKA E. A new species of Cheilotrichia (Empeda) from the Sakhalin amber (Diptera, Limoniidae) [J]. Acta zoologića cracoviensia, 1994, 37(2): 91-93.

LIANG F, ZHANG W W, LIU X Y. A new genus and species of the paraneopteran family Archipsyllidae in mid-Cretaceous amber of Myanmar [J]. Zootaxa, 2016, 4105 (5): 483-490.

LIU X Y, LU X M, ZHANG W W. Halteriomantispa grimaldii gen. et sp. nov.: A new genus and species of the family Dipteromantispidae (Insecta: Neuroptera) from the mid-Cretaceous amber of Myanmar [J]. Zoological Systematics, 2016, 41(2): 165-172.

LIU X Y, LU X M, ZHANG W W. New genera and species of the minute snakeflies (Raphidioptera: Mesoraphidiidae: Nanoraphidiini) from the mid Cretaceous of Myanmar [J]. Zootaxa, 2016, 4103 (4): 301-324.

LOURENÇO W R. About the scorpion fossils from the Cretaceous amber of Myanmar (Burma) with the descriptions of a new family, genus and species [J]. Acta Biológica Paranaense, 2012, 41 (3-4): 75-87.

LOURENÇO W R. A new subfamily, genus and species of fossil scorpions from cretaceous Burmese amber (Scorpiones: Palaeoeuscorpiidae) [J]. Beiträge zur Araneaologie, 2015, 9: 457-464.

LU X M, ZHANG W W, LIU X Y. New long-proboscid lacewings of the mid-Cretaceous provide insights into ancient plant-pollinator interactions [J]. Scientific Reports, 2016, 6, 25382; doi: 10.1038/srep25382.

MCKELLAR R C, CHATTERTON B D E, WOLFE A P, et al. A diverse assemblage of Late Cretaceous dinosaur and bird feathers from Canadian amber [J]. Science, 2011, 333 (6049): 1619-1622.

MENDESL L F, WUNDERLICH J. New Data on thysanurans preserved in Burmese amber (Microcoryphia and Zygentoma Insecta) [J]. Soil Organisms, 2013, 85(1): 11-22.

MYSKOWIAK J, HUANG D Y, AZAR D, et al. New lacewings (Insecta, Neuroptera, Osmylidae, Nymphidae) from the Lower Cretaceous Burmese amber and Crato Formation in Brazil [J]. Cretaceous Research, 2016, 59: 214-227.

NEL A, PROKOP J, GRANDCOLAS P, et al. The beetle-like Palaeozoic and Mesozoic roachoids of the so-called "umenocoleoid" lineage (Dictyoptera: Ponopterixidae fam. nov.) [J]. Comptes Rendus Palevol, 2014, 13(7): 545-554.

OLMI M, RASNITSYN A P, BROTHERS D J, et al. The first fossil Embolemidae (Hymenoptera: Chrysidoidea) from Burmese amber (Myanmar) and Orapa Kimberlitic deposits (Botswana) and their phylogenetic significance [J]. Journal of Systematic Palaeontology, 2014, 12(6): 623-635.

PEÑALVER E, ARILLO A, PÉREZ-DE FUENTE R, et al., Long-Proboscid flies as pollinators of Cretaceous gymnosperms [J]. Current Biology, 2015, 25 (14): 1917-1923.

PEÑALVER E, GRIMALDI D A. New data on Miocene butterflies in Dominican Amber (Lepidoptera: Riodinidae and Nymphalidae) with the description of a new nymphalid [J]. American Museum Novitates, 2006, 3519: 1-17.

PEÑALVER E, GRIMALDI D A. Latest occurrences of the Mesozoic family Elcanidae (Insecta: Orthoptera), in Cretaceous amber from Myanmar and Spain [J]. Annales de la Société Entomologique de France (N.S.), 2010, 46 (1-2) : 88-99.

PENNEY D. Afrarchaea grimaldii, a new species of Archaeidae (Araneae) in Cretaceous Burmese amber [J]. Journal of Arachnology, 2003, 31(1): 122-130.

PENNEY D. Biodiversity of fossils in amber from the major world deposits [M]. Rochdale: Siri Scientific Press, 2010.

PENNEY D, GREEN D I. Fossils in amber Remarkable snapshots of prehistoric fores life [M]. Rochdale: Siri Scientific Press, 2011.

PENNEY D, JEPSON J E. Fossils insects: an introduction to palaeoentomology [M]. Rochdale: Siri Scientific Press, 2014.

PÉREZ-DE LA FUENTE R, DELCLÒS X, PEÑALVER E, et al. Early evolution and ecology of camouflage in insects [J]. Proceedings of the National Academy of Sciences of the U.S.A., 2012, 109(52): 21414-21419.

PÉREZ-DE LA FUENTE R, PEÑALVER E, DELCLÒS X, et al. Snakefly diversity in Early Cretaceous amber from Spain (Neuropterida, Raphidioptera) [J]. ZooKeys, 2012, 204: 1-40.

POHL H, BEUTEL R G, KINZELBACH R. Protoxenidae fam. nov. (Insecta, Strepsiptera) from Baltic amber - a 'missing link' in strepsipteran phylogeny [J]. Zoologica Scripta, 2005, 34(1): 57-69.

POINAR G O JR. Hymenaea protera sp.n. (Leguminosae : Caesalpinioideae) from Dominican amber has African affinities [J]. Experientia, 1991, 47(10): 1075-1082.

POINAR G O JR. Life in amber [M]. Redwood: Stanford University Press, 1992.

POINAR G O JR. Mesophyletis calhouni (Mesophyletinae), a new genus, species, and subfamily of early cretaceous weevils (Coleoptera: Curculionoidea: Eccoptarthridae) in burmese amber [J]. Proceedings of the Entomological Society of Washington, 2006, 108(4): 878-884.

POINAR G O JR. Description of an early Cretaceous termite (Isoptera: Kalotermitidae) and its associated intestinal protozoa, with comments on their co-evolution [J]. Parasites & Vectors, 2009 , 2 (1): 12.

POINAR G O JR. Palaeoecological perspectives in Dominican amber [J]. Annales de la Société entomologique de France (N.S.), 2010, 46(1-2): 23-52.

POINAR G O JR. BECHLY G, BUCKLEY R. First record of Odonata and a new subfamily of damselflies from Early Cretaceous Burmese amber [J]. Palaeodiversity, 2010, 3: 15-22.

POINAR G O JR, BROWN A E. A non-gilled hymenomycete in Cretaceous amber [J]. Mycological Research, 2003, 107 (6): 763-768.

POINAR G O JR, BUCKLEY R, BROWN A E. The secrets of Burmese amber [J]. Mid-America Paleontology Society, 2005, 29: 20-29.

POINAR G O JR, CHAMBERS K L, BUCKLEY R. Eoëpigynia burmensis gen. and sp. nov., an Early Cretaceous eudicot flower (Angiospermae) in Burmese amber [J]. Journal of the Botanical Research Institute of Texas, 2007, 1: 91-96.

POINAR G O JR, GOROCHOV A V, BUCKLEY R. Longioculus burmensis, n. gen., n. sp. (Orthoptera : Elcanidae) in Burmese amber [J]. Proceedings of the Entomological Society of Washington, 2007, 109(3): 649-655.

POINAR G O JR, MILKI R. Lebanese Amber: The Oldest Insect Ecosystem in Fossilized Resin [M]. Lorvallis: Oregon State University Press, 2001.

POINAR G O JR, POINAR R. The quest for life in amber [M]. New York: Perseus Publishing, 1994.

POINAR G O JR, POINAR R. The amber forest: a reconstruction of a vanished world [M]. Princeton: Princeton University Press, 1999.

RASNITSYN A P, GOLOVATCH S I. The identity of Phryssonotus burmiticus (Cockerell, 1917) (Diplopoda, Polyxenida, synxenidae) in cretaceous amber from Myanmar [J]. Journal of Systematic Palaeontology, 2004, 2(2): 153-157.

RICE P C. Amber: golden gem of the ages [M]. 4th ed. Bloomingtor Author House, 2006.

ROSS A. Amber: the natural time capsule [M]. Richmond Hill: Firefly books, 2010.

ROSS E S EMBIA. Contributions to the biosystematics of the insect order Embiidina: Part 5. A review of the family Anisembiidae with descriptions of new taxa [J]. Occasional papers of the California Academy of Sciences, 2003, 154 (1-6): 1-123.

SANTIAGO-BLAY J A, ANDERSON S R, BUCKLEY R T. Possible implications of two new angiosperm flowers from Burmese amber (Lower Cretaceous) for well-established and diversified insect-plant associations [J]. Entomological News, 2005,116(5): 341-346.

SANTIAGO-BLAY J A, FET V, SOLEGLAD M E, ANDERSON S R. A new genus and subfamily of scorpions from Lower Cretaceous Burmese amber (Scorpiones: Chaerilidae) [J]. Revista Ibérica de Aracnología, 2004, 9: 3-14.

SCHMIDT A R, PERRICHOT V, SVOJTKA M, et al. Cretaceous African life captured in amber [J]. Proceedings of the National Academy of Sciences of the U.S.A., 2010, 107: 7329-7334.

SHI G, DUTTA S, PAUL S, et al. Terpenoid compositions and botanical origins of late Cretaceous and Miocene Amber from China [J/OL] . PLoS ONE, 2014, 9(10): e111303. https: // doi. org / 10.1371 / joumal. pone. 0111303.

SIMUTNIK S A. The First Record of Encyrtidae (Hymenoptera, Chalcidoidea) from the Sakhalin amber [J]. Paleontological Journal, 2014, 48(6): 621-623.

SELDEN P A, DUNLOP J A, GIRIBET G, et al. The oldest armoured harvestman (Arachnida: Opiliones: Laniatores), from Upper Cretaceous Myanmar amber [J]. Cretaceous Research, 2016 (65) : 206-212.

SZADZIEWSKI R, SONTAG E. A new species of Forcipomyia from Paleocene Sakhalin amber (Diptera: Ceratopogonidae) [J]. Polish Journal of Entomology, 2013, 82(1): 59-62.

VEA I M, GRIMALDI D A. Phylogeny of ensign scale Insects (Hemiptera: Coccoidea: Ortheziidae) based on the morphology of Recent and fossil females [J]. Systematic Entomology, 2012, 37(4): 758-783.

VEA I M, GRIMALDI D A. Diverse new scale insects (Hemiptera, Coccoidea) in amber from the Cretaceous and Eocene with a phylogenetic framework for fossil Coccoidea [J]. American Museum novitates, 2015, 3823: 1-80.

VRŠANSKÝ P. Umenocoleoidea - an amazing lineage of aberrant insects (Insecta, Blattaria) [J]. AMBA Projekty, 2003, 7(1): 1-32.

VRŠANSKÝ P, GÜNTER B. New predatory cockroaches (Insecta: Blattaria: Manipulatoridae fam.n.) from the Upper Cretaceous Myanmar amber [J]. Geologica Carpathica, 2015, 66(2): 133-138.

WANG B, RUST J, ENGEL M S, et al. A diverse paleobiota in early eocene Fushun amber from China [J]. Current Biology, 2014, 24 (14):1606-1610.

WANG B, XIA F, WAPPLER T, et al. Brood care in a 100-million-year-old scale insect [J/OL]. eLife, 2015, 4: e05447. http: // dx. doi. org / 10.7554 / eLife. 05447

WEITSCHAT W, WICHARD W. Atlas of plants and animals in Baltic amber [M]. Munich, Germany: Dr. Friedrich Pfeil Publishing, 1998.

WICHARD W, GROHN C, SEREDSZUS F. Aquatic insects in baltic amber [M]. Kesse: Verlag Kessel, 2009.

WICHARD W, ROSS E, ROSS A J. Palerasnitsynus gen. n. (Trichoptera, Psychomyiidae) from Burmese amber [J]. ZooKeys, 2011, 130: 323-330.

WIPFLER B, BAI M., SCHOVILLE S, et al. Ice Crawlers (Grylloblattodea) - the history of the investigation of a highly unusual group of insects [J]. Journal of Insect Biodiversity, 2014, 2(2): 1-25.

WUNDERLICH J. Beiträge zur Araneologie, 7: Fifteen papers on extant and fossil spiders (Araneae) [M]. Hirschberg: Publishing House Joerg Wunderlich, 2012.

ZHANG W W, GUO M X, YANG X K, et al. A new species of ice crawlers from Burmese amber (Insecta: Grylloblattodea) [J]. Zoological Systematics, 2016, 41(3): 327-331.

内容提要

虫珀是琥珀中最为奇特的品种，其中包裹了亿万年前的生命体，由于保存大多完好，甚至毫发无损，成为人们窥探远古世界的一扇窗口。

本书精选了产自缅甸、波罗的海和多米尼加的虫珀800件，向广大读者全面系统地介绍了琥珀中出现的无脊椎动物6门12纲67目的600余种类，并简要介绍了其他琥珀内含物（脊椎动物、植物、菌类等）的基本情况和世界各国的主要琥珀产地。

全书照片多达2 000余幅，是关于虫珀收藏和研究重要的文献资料。本书是古生物学家、昆虫爱好者及研究者、化石收藏爱好者、琥珀（虫珀）收藏爱好者的必备工具书，也可供广大生物学、地质学、珠宝学专业师生参考。

图书在版编目（CIP）数据

凝固的时空 琥珀中的昆虫及其他无脊椎动物 / 张巍巍著 . —重庆： 重庆大学出版社，2017. 4
（好奇心书系）
ISBN 978-7-5624-9907-7

I. ①凝… II. ①张… III. ①琥珀—化石昆虫—研究 IV. ① Q915.81
中国版本图书馆 CIP 数据核字（2016）第137252号

凝固的时空 琥珀中的昆虫及其他无脊椎动物
Ninggu de Shikong Hupo zhong de Kunchong ji Qita Wujizhui Dongwu
张巍巍 著

责任编辑：梁 涛
责任校对：邹 忌
装帧设计：@broussaille 私制
美术编辑：小 黑
责任印制：张 策

出版发行：重庆大学出版社
出 版 人：易树平
社 址：重庆市沙坪坝区大学城西路21号
邮 编：401331
电 话：023-88617190 023-88617185（中小学）
传 真：023-88617186 023-88617166
网 址：www.cqup.com.cn
邮 箱：fxk@cqup.com.cn（营销中心）

印 刷：北京图文天地制版印刷有限公司
开 本：889mm × 1194mm 1/16
印 张：45.5
字 数：613千字
版 次：2017年4月第1版 2017年4月第1次印刷
书 号：ISBN 978-7-5624-9907-7
定 价：498.00元

全国新华书店经销